绿色建筑施工与管理（2021）

湖南省土木建筑学会　主　编
杨承惁　陈　浩
肖　鹏　副主编

中国建材工业出版社

图书在版编目（CIP）数据

绿色建筑施工与管理. 2021 / 湖南省土木建筑学会，杨承惁，陈浩主编. —北京：中国建材工业出版社，2021. 12

ISBN 978-7-5160-3297-8

Ⅰ. ①绿… Ⅱ. ①湖… ②杨… ③陈… Ⅲ. ①生态建筑–施工管理–文集 Ⅳ. ①TU18-53

中国版本图书馆 CIP 数据核字（2021）第 168837 号

绿色建筑施工与管理（2021）

Lüse Jianzhu Shigong yu Guanli（2021）

湖南省土木建筑学会
杨承惁 陈 浩 主 编
肖 鹏 副主编

出版发行：中国建材工业出版社

地　　址：北京市海淀区三里河路 1 号

邮　　编：100044

经　　销：全国各地新华书店

印　　刷：北京鑫正大印刷有限公司

开　　本：787mm×1092mm　1/16

印　　张：30. 75

字　　数：760 千字

版　　次：2021 年 12 月第 1 版

印　　次：2021 年 12 月第 1 次

定　　价：168. 00 元

本社网址：**www. jccbs. com**，微信公众号：**zgjcgycbs**

编委会名单

前　言

2021年是中国共产党成立100周年和“十四五”规划的开局之年，是开启“第二个百年”新征程的起点。我国迈入中国特色社会主义新时代，各行各业都在深化改革、追求创新、推动高质量发展，这是时代赋予的新使命。习近平总书记指出：中国制造、中国创造、中国建造共同发力，继续改变着中国的面貌。进入新时代，绿色建造、智慧建造、建筑工业化等新型建造技术蓬勃兴起，不断提升行业的科技含量，推动产业转型升级。湖南省土木建筑学会施工专业学术委员会在习近平新时代中国特色社会主义思想指引下，充分发挥学会专业齐全、人才集中的优势，做好桥梁纽带，学会成员单位积极开展技术研究与发展工作，特别是在绿色建造等领域的研究与应用方面取得了较丰硕的成果。

例如，湖南建工集团积极推进绿色建造试点工作，率先立项11个绿色建造试点项目，以绿色化、工业化、信息化、集约化、产业化贯穿项目策划、设计、施工、交付、运维五个阶段，把单项任务科学合理、协同高效地进行组合，以智能建造、工业互联网等新思维赋能装配式建筑技术、绿色施工技术、绿色建材等传统技术，提高效率、探索新模式、挖掘新价值，把握绿色建造新机遇，助力建筑产业碳达峰、碳中和，为我国建筑业高质量发展做出了积极贡献。湖南省工业设备安装有限公司最近几年科技成果硕果累累，特别是在垃圾焚烧发电项目施工方面取得了重大突破，其中垃圾焚烧炉安装获得1项发明专利，炉排框架纵墙铸件、水冷壁施工平台等方面研究获得了2项实用新型专利，相关省级工法6项、科学技术奖2项、科学技术成果鉴定2项，这些关键技术的创新与成果的应用，极大地提升了垃圾焚烧发电工程的施工质量与效率，不断赢得客户的广泛赞誉，取得了良好的社会效益。

本书系湖南省土木建筑学会施工专业学术委员会2021年学术年会暨学术交流会的优秀论文成果，经省内著名专家、教授及学者认真评审，优选90篇汇集而成。全书分为四篇：

第 1 篇　综述、理论与应用；

第 2 篇　地基基础及处理；

第 3 篇　绿色建造与 BM 技术；

第 4 篇　建筑经济与工程项目管理。

惟楚有材，于斯为盛。建筑湘军不仅在黄瓦红墙、飞檐斗拱和大屋顶、坡屋面等古建筑建造技术上造诣精深，在现代高层、超高层建筑以及装配式建筑等方面也高屋建瓴，在国内外享有盛名。我们要继续坚持科学发展观，力争在科技创新上起领军作用，在技术咨询中起智囊团作用，各领风骚，齐步今朝。特别是要立足国内，走向世界，在“一带一路”建设上建功立业，争创辉煌，同舟共济，为实现国家富强、民族振兴、人民幸福的伟大中国梦而努力奋斗！

主编

2021 年 10 月

目　　录

第1篇　综述、理论与应用

智能手机在高速公路测量中的应用 …………………… 陈　震　徐世强　辛亚兵　刘茂林（3）
凝汽器壳体非常规吊装技术 ………………………………………………… 黄慧敏　禹卫东（7）
大型储罐制作与自动焊接施工技术 ……………………………………………… 罗　林（14）
自平衡穹顶钢结构装配预施工技术 ……………………………………………… 蒲　勇（23）
大跨度异型采光顶可移动式马道施工技术研究 ……………………… 蒲　勇　王鹏伟（31）
建筑室内装饰工程的装配式施工工艺研究 ……… 李红艳　梁建林　苏志超　齐富利（37）
建筑装饰装修施工质量管理要点及优化对策 … 杨浴晖　欧阳辰涛　高　华　齐富利（41）
浅谈医院品质提升项目中无机涂料的探索与应用……………… 何　进　苏　毅　贺小燕（44）
养护条件对地质聚合物混凝土的影响
………………………………………… 陈伟全　欧阳舜添　朱文峰　黄朕宇　陈霄鹏（47）
基于湖南广电项目的饰面清水混凝土施工配合比优化
………………………………………… 寻　亮　伍灿良　张明亮　江　波　王大纲（52）
关于装配式墙面钢钙板施工工艺与技术的探讨 …………… 陈博矜　陈红霞　毛晓花（57）
大型露天看台聚脲防水施工技术方案研究 ……………………………………… 朱光威（63）
装配式施工在贵州信息园A8数据机房中的应用 ……………………………… 谢　逵（67）
箱形模盒现浇混凝土空心楼板问题分析 …………………………… 岳文海　赵合毅（71）
群塔防碰撞安全防护措施 ……………… 刘华光　熊　伟　徐　龙　范泽文　刘　韩（74）
某提升泵房高支模体系设计 …………… 张　瑛　周又红　林胜红　陈　猛　周　罗（80）
液压同步顶升工艺在高大网架结构中的应用
………………………………………… 宋松树　刘　洋　肖　义　黄　松　张志明（87）
装配式导光筒施工技术的应用 ……………………………………… 岳文海　赵合毅（92）
铝模深化设计应用与分析 ……………………………………………………… 胡　旭（97）
拉杆式悬挑脚手架施工技术 ……………………………… 朱　梦　谢奇云　唐继清（102）
实用新型固定桥梁支座安装辅助定位装置工艺技术 ……………………… 段　睿（107）
树木年轮纹理清水混凝土施工技术与应用 ………………………………… 李桂新（112）
ALC隔墙板与加气混凝土砌块的比较分析 ……………………… 袁西勇　刘泽源（116）
多层钢框架结构安装技术 …………………………………………………… 龙海潮（119）
关于信息技术在建筑施工管理中的运用初探 ……………………………… 刘福云（128）
建筑施工管理中流水施工技术应用的策略分析 …………………………… 刘福云（131）

铝合金模板高支撑在第四代住房项目的应用 …………………………………………… 陈　冲（134）
绿色施工节材管理与技术措施 ………………………………………………………… 王　鹏（138）
民用建筑中施工技术及质量控制措施分析 …………………………………………… 张　兴（142）
蒸压加气块内墙薄抹灰施工和实测实量应用浅谈 …………………………………… 袁小军（145）
浅谈大理石波导线预制石材模块安装 ………………………………………………… 徐志超（152）
浅谈工作清单在建筑施工项目质量管理中的应用 …………………………………… 罗　盛（157）
浅谈建筑工程装修施工关键技术 …………………………………………… 王会鹏　李智腾（160）
浅谈卫生间内墙渗漏水原因分析及防治措施 ………………………………………… 陈雲鹏（163）
浅析聚氨酯泡保温技术在中央空调供回水立管支架处的应用 ………………………… 彭跃能（167）
浅析现场管理对建筑企业的重要性 ………………………………………… 王会鹏　李智腾（171）
雨期施工对市政道路工程影响的技术探讨 …………………………………………… 刘向专（175）
土建施工中墙体砌块技术应用 ………………………………………………………… 罗赞宇（178）
现浇楼板可靠度分析及裂缝防治研究 ………………………………………………… 莫智超（181）
装配式混凝土结构预制柱套筒灌浆饱满度施工过程控制研究 ………………………… 张国宝（186）
大跨度多层劲性混凝土结构型钢梁柱一次安装施工技术
　　…………………………………………………………… 何　欣　左　乐　孙　凯（190）
高层建筑核心筒大体积混凝土钢筋支撑架设计 ……………… 向会坤　郑生中　杨执理（193）

第2篇　地基基础及处理

基于跳仓法的地下室穿插施工快速建造应用分析
　　……………………………………… 王安若　赵　恒　魏　晋　邹　晨　余建国（199）
三轴止水帷幕围护结构渗漏封堵及 MJS 工法技术研究
　　…………………………………………………… 徐　钰　石　磊　李广岩　包佳鑫（203）
永久预应力锚杆设计与施工要点分析 ……………… 肖　豹　蒋春桂　徐瑜洵　曾　乐（210）
复杂场地条件下复合锚杆拉锚结构施工方法 …… 肖　豹　杨小龙　蒋春桂　徐瑜洵（215）
绳吊芯模滑升空心（夹芯）灌注桩工艺研究 …… 梁　朋　李栋森　唐　娅　白　雪（219）
浅析破堤开挖施工技术 ………………… 何汉杰　李　勇　张　瑛　柳金华　汤宝林（226）
旋挖工艺在超高层项目基础工程施工中的运用
　　……………………………………… 易志宇　高　伟　常战魁　宋路军　胡　超（232）
锤击钢筋混凝土 U 形板桩施工技术 ………………………… 向宗幸　颜年云　王俊杰（238）
一种旋挖挤扩成孔施工工艺 ………………………………… 陈霄鹏　董道炎　邱　行（246）
沿河区域地下室底板后浇带防管涌技术研究 ………………………………………… 汪文斌（252）
长螺旋钻孔灌注桩技术工程施工应用 ………………………………………………… 李金茂（255）
试析桩基础技术在建筑工程土建施工中的应用 ……………………………………… 陶　晓（261）
建筑工程施工钻孔灌注桩技术及其应用 ……………………………………………… 谢　为（264）
混凝土结构自防水技术的应用分析 …………………………………………………… 李金茂（268）
大圆形深基坑垂直开挖施工技术 ……………………………………………………… 颜　颖（272）

第3篇　绿色建造与BIM技术

湖南创意设计总部大厦项目C栋钢结构BIM技术应用 …………………… 刘永圣　罗　冰（281）
BIM技术如何指导幕墙单元体下料 …………………………………………… 杨云轩　黄翠寒（286）
PK预应力混凝土叠合板板缝改进技术 …………………………………………… 李双全（292）
分析绿色节能建筑施工技术的关键点
…………………………………………… 彭玉新　秦　维　李京桦　王湘圳　唐凯旋（297）
花篮拉杆工具式悬臂挑架在装配式建筑中的施工应用 ………………………… 李　骏（301）
机电管线综合BIM技术在创意大厦项目现场实施过程中的应用
………………………………………………………… 谢　丰　凌慈明　刘　冰（304）
建筑施工现场节水与水资源利用绿色施工技术分析和探讨 ………………… 谢　程（312）
建筑装饰装修工程施工中绿色施工技术探析 ………………………………… 龙　呈（318）
老旧小区加装电梯的难点与对策——装配式预制混凝土电梯井的应用 ……… 鲁　滔（321）
论一种绿植单元体幕墙的施工 ………………………………………………… 欧阳营（325）
浅谈机电管线综合BIM技术在武广地标项目中的应用 ……………………… 凌慈明（334）
浅析BIM技术在建筑工程中的应用价值
…………………………………………… 黄英财　曾　涛　马国科　张　波　彭岳生（342）
BIM技术在超高层建筑大体积混凝土基础、场布、后浇带超前封闭施工中的应用
…………………………………………… 易志宇　徐志杰　高　伟　宋路军　龙华勇（345）
智能化三维自动测量施工技术研发与应用 ………………… 陆孟杰　陈洪根　蒋小军（352）
大空间异型结构与装饰全过程数字化技术综合应用探讨 ……………… 蒲　勇　谭　凯（361）
基于倾斜摄影的BIM可视化技术在建筑方案设计中的应用研究
…………………………………………………… 冯新儒　蒋春桂　杨小龙　肖　豹（369）
BIM技术辅助钢网架拼装球形节点测量定位技术
…………………………………………… 杨玉泽　谢　地　许　梦　孙志勇　刘　毅（373）

第4篇　建筑经济与工程项目管理

高层住宅铝模免抹灰质量通病防治关键技术研究 ……………………………… 杨　涛（385）
关于精细化管理在建筑工程施工管理中的应用策略分析 ……………………… 江石康（402）
浅谈施工现场水循环与自动喷淋系统结合的应用 ……………………………… 刘　扬（405）
道路排水管道工程的质量控制 …………………………………………………… 姚　文（409）
压力管道安装焊接质量控制的系统工作和措施 ………………………………… 喻终德（411）
高大圆形筒仓锥形仓顶工具式支模体系施工技术
…………………………………………… 顾　佳　彭昊云　韩宗勇　易　璐　孙志勇（416）
预应力碳纤维板加固混凝土结构裂缝施工技术 ………………………………… 王　山（424）
高大空间斜钢管柱及外挑组合结构曲线退台定位施工技术
…………………………………………………… 何　欣　张洪伍　卫世全　程勋明（430）

基于超声波传感器数字成像技术检测饰面砖粘贴施工质量的研究
…………………………………………………… 郭志勇　杨高旺　黄赛武（435）
浅谈常规地下室环氧树脂地坪漆地面找平层混凝土空鼓或开裂产生原因及处理措施
…………………………………………………… 蔡喜斌　苏　毅　贺小燕（439）
装配式铝模板体系应用效益分析——以长沙星城·东宸花园项目为例
…………………………………………………… 刘　维　胡凤祥　邹　红（443）
筒仓滑模施工质量控制策略探讨 …………………………… 占云海　张亚林（450）
项目信息化签证管理设计与应用 ……… 谢　欢　石小洲　王　娟　熊艳兵　梅建军（456）
防水外墙对拉螺杆重复利用施工技术的分析与研究 ……………………… 李勤学（464）
分格缝后置施工技术在混凝土刚性保护层施工中的运用
…………………………………………………… 姚　强　周佳伟　唐亚波（469）
浅谈外墙保温板与其他外墙材料黏结施工技术要点 ……………………… 邓玉森（474）
后记 …………………………………………………………………………（477）

第 1 篇

综述、理论与应用

智能手机在高速公路测量中的应用

陈　震　徐世强　辛亚兵　刘茂林

湖南建工交通建设有限公司　长沙　410004

摘　要：针对高速公路测量数据处理计算繁杂、重复计算量大、容易出现差错的问题，若采用传统计算方法不仅需要购置专业计算器，还需要掌握专门的编程技巧，采用智能手机能够准确、高效地解决公路测量中计算与复核的工作。工程应用表明，利用智能手机进行高速公路测量计算和复核可以提高工作效率，保证测量结果计算的正确率。

关键词：公路测量；数据记录；计算复核；工程应用

公路测量作为公路施工过程中最为重要的技术控制手段，直接影响到公路的质量、进度、经济和美观。所以如何更好、更快、更准确地进行测量，成为现场一线测量人员追求的终极目标。早先由于测量技术落后，测量技术人员采用手算测量数据。而公路测量计算不同于其他数据计算，数据非常大，基本上是六位数以上运算，手算的计算速度非常慢也容易出错，所以只能对公路中关键部分进行放样定点，对工程人员的素质要求非常高，并且严重影响工程的进度、质量与美观。后来，日本推出卡西欧系列计算器，可简单编程，将路线数据编辑进计算器随时调配进行放样，它极大地推动了现场测量技术的发展，缺点是需要系统地学习卡西欧语言，这是一种不同于计算机的语言系统，并且数据编辑进入计算器很麻烦，出现错误难以检查，内存小，如果线路比较多，很多计算内容无法编辑到计算器中。

如今智能手机已经普及，通过智能手机解决高速公路测量中的应用问题快速而高效，本文主要从高速公路测量中三四等水准和导线测量、标高复测、挂线标高、GPS手簿、桥梁结构高程与平面位置误差控制等方面介绍智能手机在公路测量中的应用，以期为公路测量提供借鉴和参考。

1　三四等水准和导线测量

公路测量工作主要分为控制测量和碎部测量。控制测量要求数据精准，其关系到控制点精度以及整个项目的测量质量；碎部测量贯穿始终，重复计算量大，现场灵活。项目进场，测量先行，可以说最为辛苦。要求在一片荒芜中布设导线点和水准点。以三四等水准为例，需要从标头一站一站一直联测到标尾，每一站都需要细心地计算前站后站的视距差，黑面与红面的常数，既麻烦又烦琐，稍微不小心，一个数据错误就可能导致几个星期的辛苦白费，需要重来。如果先在计算机中制作一张四等水准Excel计算表（这个就考验Excel水平了，作为常用的办公软件，只要掌握Excel简单函数公式运算就没问题），然后在手机里装一个WPS的App应用软件就可以把手机变成一个四等水准外业测量的手簿，如图1所示。

现场在白色格子中输入上丝下丝，手机直接算出了视距，可以看到图上第二站前距比后距远了14.4m、前尺黑面红面读数差4mm，超出三四等水准要求，手机反色显现出浅红色，就可以很快知道前尺要往回14m，前尺需重新读数。每一站的工作就只剩下记录原始数据。而累计高差值也可以在现场立刻计算出结果，在现场直接轻松复核出两已知点高差。这样现场的测量工作非常轻松，正确性也有保障，数据处理也很方便，10min就可以平差打印出结果。

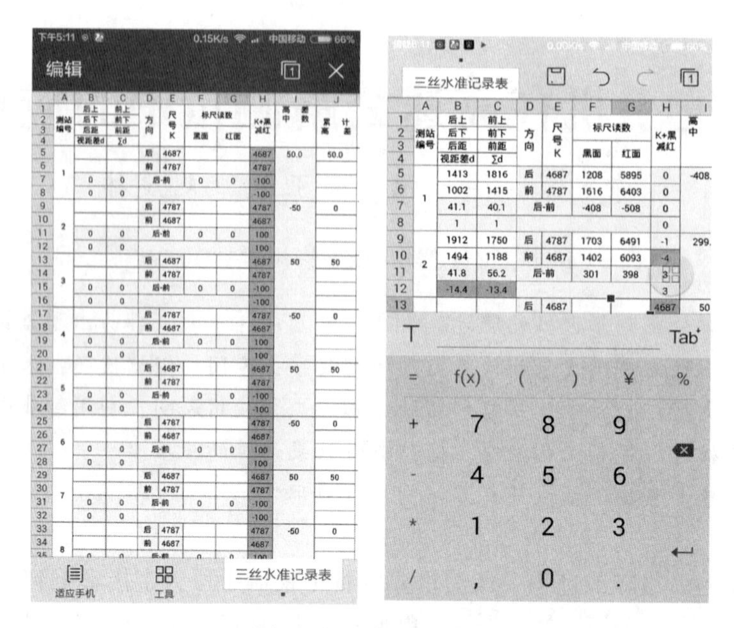

图 1　三四水准记录表

2　标高复测

路基项目主要的工作任务为施工放样、开挖边坡桩、结构物放样等，可以手机加“轻松工程测量安卓版”（其他作者开发，在此不作赘叙）即可非常轻松地完成。进入路面施工阶段，路面各层标高（精加工垫层、底基层、基层，甚至油面）复测便是每天的日常工作，工作量大，数据繁多，重复计算。如果按照以前工作方式，现场或回家还得处理数据，既慢又麻烦还容易出错。现在可以利用 Excel 加手机第一页作为数据输入栏，只要简单输入前视读数就 OK，第二页实测与设计的偏差值手机直接计算出来了，自己还可以设置规则评定标高质量，极大地减少现场计算量，数据也非常的直观，能够快速为现场施工提供数据参考（图 2）。

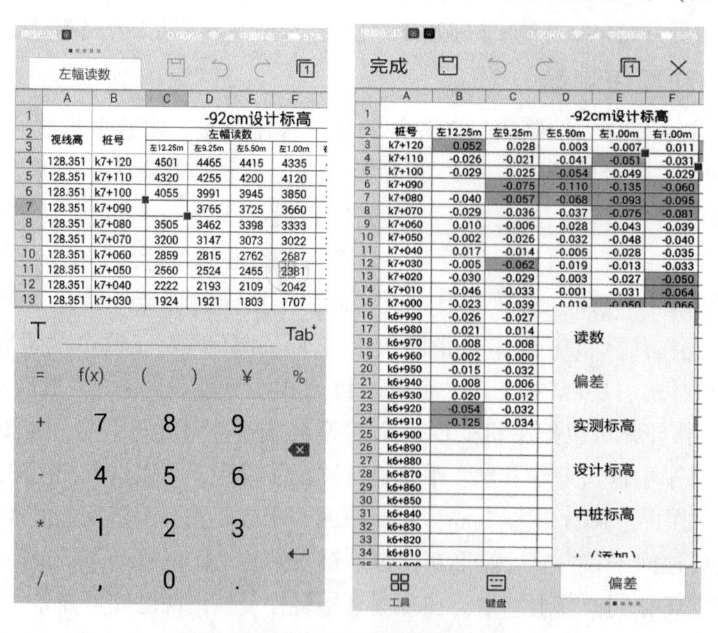

图 2　精加工全断面标高现场计算表

3　挂线标高

挂线标高是路面施工阶段除了各层标高复测之外工作量最多的工作。它的计算准确、快速直接影响到现场摊铺质量，以及后面路基的验收，是路面施工的重中之重。所以，如何在保证正确的前提下提高速度成了考验测量人员水平的标准。

手机第一页还是作为数据输入栏，输入试验路计算出来的松铺系数和现场测算出来的前视，直接得出挂线标高。第二页可以作为计算数据显示以备复核（图 3）。

图 3　垫层挂线标高计算表

4　GPS 手簿

这个非常简单，只要将 App 应用软件安装到手机就可以直接在手机上操作 GPS，比原来的手簿轻薄，也更加方便操作（图 4）。

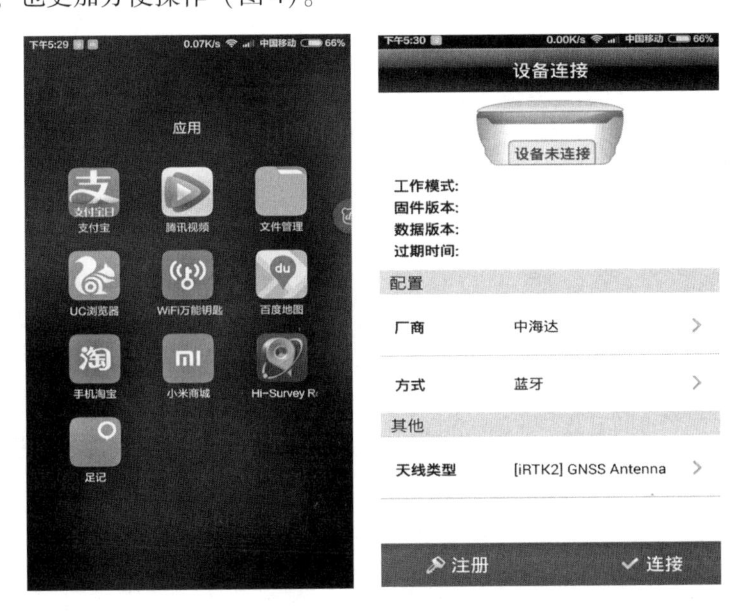

图 4　GPS 应用手簿

5 桥梁结构高程与平面位置误差控制

桥梁结构的高程与平面位置控制是桥梁施工的重中之重，在以往的放样过程中，要通过图纸计算出放样的数据和高程，再通过现场复测数据与计算机上设计数据的对比控制误差，但是如果在手机上设计出相对的 Excel 计算表格，则只需要将现场数据输入手机上的表格中就可以直接看到平面位置和高程的误差，直接地与现场施工员交接数据误差，然后进行现场校正，不必再像以前一样反复来回地放样测量，可节省大量时间。

工程测量与智能手机结合有以下优势：一是非常灵活。现场需要测量解决的问题很多，只需要根据现场的情况自己设计出简单的 Excel 计算表格即可，很便利，也减轻外业测量工作。二是正确性有保障。在外业中只要记录简单的原始数据，手机可以直接得出需要的计算结果，方便快捷。也可以回到办公室根据原始数据进行复核处理，减少人为因素影响。三是实现无纸化办公。基本的数据资料甚至图纸都可以直接存入手机，不需要携带过多资料，现场测量出原始数据可以直接计算出结果，可以利用 3G、4G 网络传输回办公室，或者直接把结果共享给现场施工员、现场主管进行质量控制。四是携带方便。手机是生活必须品，基本每人都有，操作简单，避免了其他手簿产品需要重新学习操作。

6 结语

采用智能手机处理高速公路测量数据，保证了测量结果计算的正确率，加快了公路测量工作的进度，为公路测量数据处理工作提供了借鉴和参考。

参考文献

[1] 马忠贺．道路桥梁工程测量中的 GPS 技术应用［J］．交通世界，2018（24）：56-57.
[2] 关杰良．测绘新仪器、新技术在测绘工程中的运用探究［J］．中国战略新兴产业，2018（44）：144.
[3] 刘镇．浅析 GPS 测绘技术在工程测绘中的应用［J］．建材与装饰，2018（44）：200-201.
[4] 梁文凤．数字化测绘技术在工程测量中的应用研究［J］．居舍，2018（31）：49.
[5] 魏永列．工程测量技术领域的重要发展方向［J］．住宅与房地产，2018（30）：250.

凝汽器壳体非常规吊装技术

黄慧敏　禹卫东

湖南省工业设备安装有限公司　株洲　412000

摘　要：本吊装技术主要用于解决无法利用起重机械安装汽轮发电机组的凝汽器设备，根据现场吊装环境和设备本身特性，利用主厂房行车+履带吊+手拉葫芦组合的方式，合理布置各手拉葫芦的吊点位置，通过手拉葫芦接送的方式，使凝汽器设备安装就位。此吊装技术结构布置简单，经济性强，能够有效完成任务。

关键词：凝汽器壳体吊装；手拉葫芦；非常规吊装

随着我国经济社会的快速发展，能源成为一个大问题，国家大力提倡新型能源开发，越来越多的垃圾发电及生物质发电顺势兴起。目前，垃圾发电及生物质发电大多采用凝汽式汽轮发电技术，凝汽器安装位置一般位于汽轮机岛下部，常规起重机械无法对其进行安装，如何高效、安全、经济地安装凝汽器，是施工单位必须解决的问题。

1　工程概况

1.1　凝汽器主要设计参数（表1）

表1　凝汽器主要设计参数

名称	单位	数值
型号		N-2800
型式		二流程二道制表面式
冷却面积	m^2	2800
蒸汽压力	MPa	0.0049（绝对）
蒸汽流量	t/h	99.849（MAX）
冷却水量	t/h	4900~7000
冷却水温	℃	20
水阻	MPa	0.054
冷却水压力（max）	MPa	0.6
管子材料		S31603
无水时净质量	t	58.6

1.2　凝汽器壳体简介

凝汽器分壳体、冷却水管、喉部、热井、换热管五部分，本吊装工艺主要针对凝汽器壳体的安装。

凝汽器壳体直径ϕ3232mm，总长10788mm，支座径向距离1500mm，支座轴向距离6000mm，呈轴线对称布置，质量约35t，具体尺寸如图1所示。

1.3　施工平面布置及周边环境

凝汽器安装位置在主厂房内汽轮机基座下方，介于主厂房3轴至4轴之间，轴向呈南北方向布置。吊装位置位于主厂房南侧道路上，中间间隔循环水泵房及吸水前池。

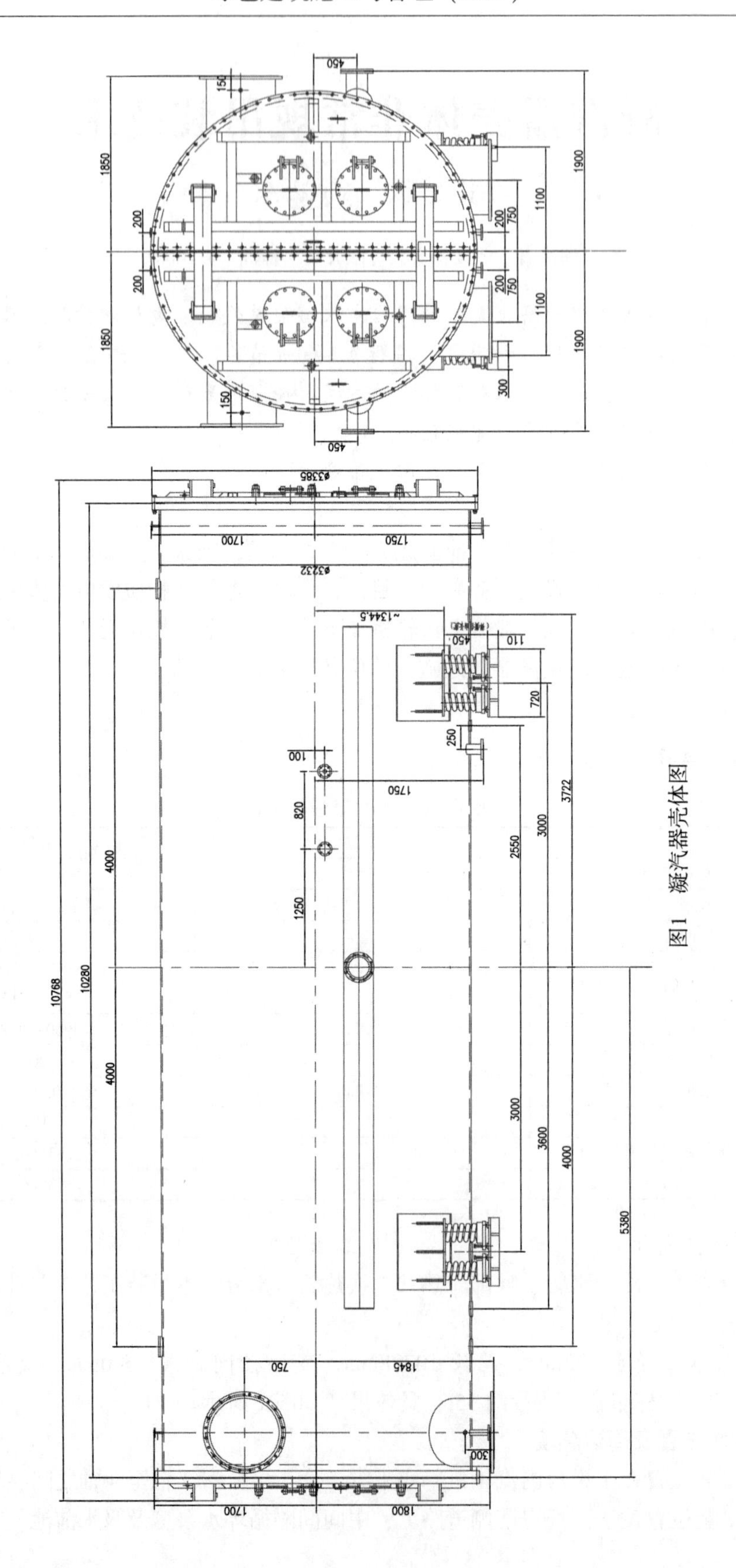
450
150
1850
200
200
1850
150
450
1900
1100
200
750
200
750
1100
1900
300
φ3385
1700
1750
φ3232
~1344.5
450
110
720
250
100
1750
820
1250
4000
4000
10280
10768
2550
3000
3722
3000
3600
4000
5380
750
1845
300
1700
1800

图1　凝汽器壳体图

施工平面布置如图2所示。

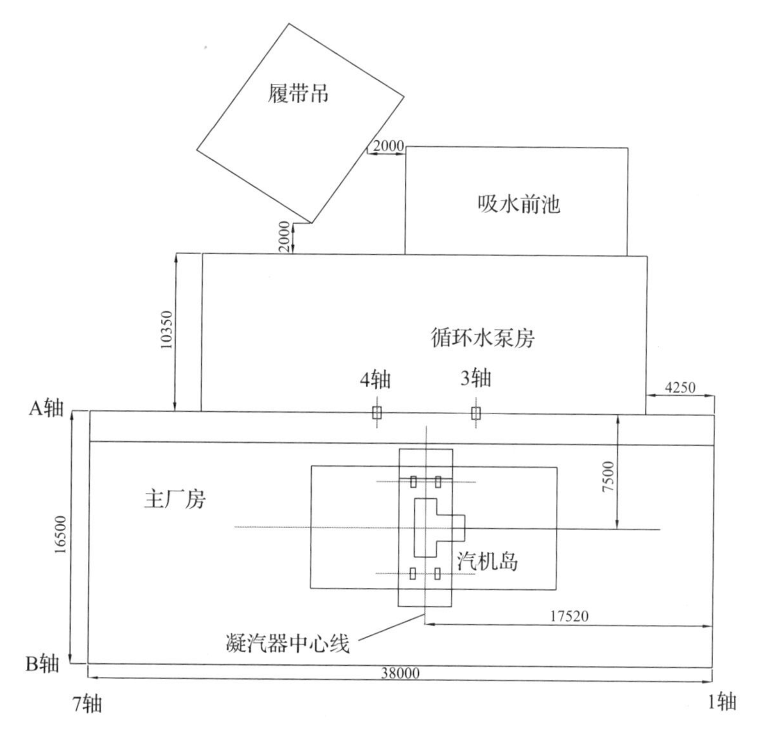

图2　施工平面布置图

2　主要施工技术

2.1　施工工艺流程及整体思路

（1）施工工艺流程

施工准备→设备基础验收与处理→凝汽器卸车检查→凝汽器吊装。

（2）吊装就位整体思路

因凝汽器壳体安装位置位于汽轮机基座下方，且中间隔循环水泵房及吸水前池，只能考虑将凝汽器从循环水泵房上方吊至与凝汽器安装基础平行高度，然后平移至基础上方安装就位，选择利用主厂房行车及手拉葫芦空中接力完成凝汽器安装。

凝汽器壳体到货后采用350t履带吊进行卸车，卸在主厂房东侧空地上，吊装时采用350t履带吊将凝汽器壳体从主厂房A/3~4排间紧靠地面从7.95m层混凝土梁下部送进去一半。再用主厂房32t行车与350t履带吊将凝汽器壳体抬起完全吊至主厂房内，最后直接采用主厂房32t行车和手拉葫芦配合将凝汽器壳体安装就位。

图3　凝汽器壳体吊装

2.2　吊装方法

（1）首先采用350t履带吊将凝汽器吊起缓慢移至汽轮机主厂房A轴附近，其中履带吊吊绳靠主厂房一侧采用两个20t的手拉葫芦加钢丝绳捆绑，另一侧采用钢丝绳兜吊，如图3所示。

（2）待凝汽器壳体进入主厂房内3340mm时，利用行车吊挂吊绳兜住受力，如图4所示。

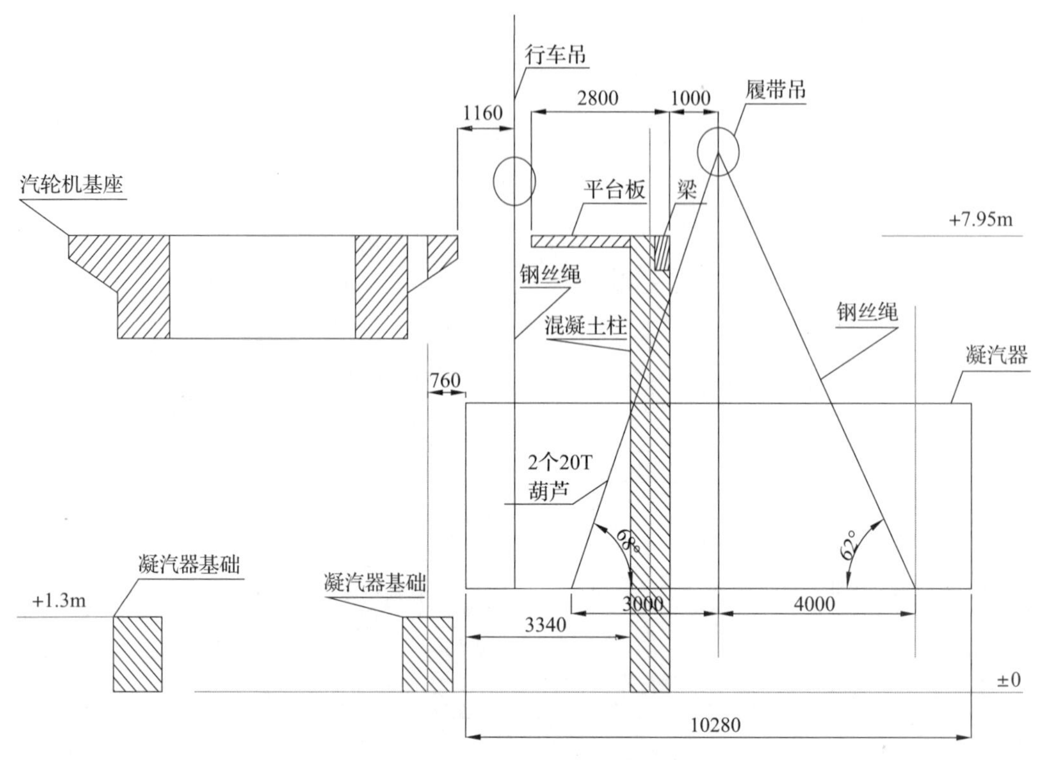

图 4　凝汽器壳体吊装设计图

（3）利用 32t 行车缓慢向左侧移动，同时两人缓慢松履带吊上左侧两个 20t 的手拉葫芦，履带吊缓慢起钩，将凝汽器壳体送入主厂房内，其间，当行车行程不够时，将凝汽器壳体左端落至凝汽器基础上，将行车吊绳往右侧移动，重复上述操作直至履带吊右侧绳与凝汽器轴线垂直，如图 5 所示。

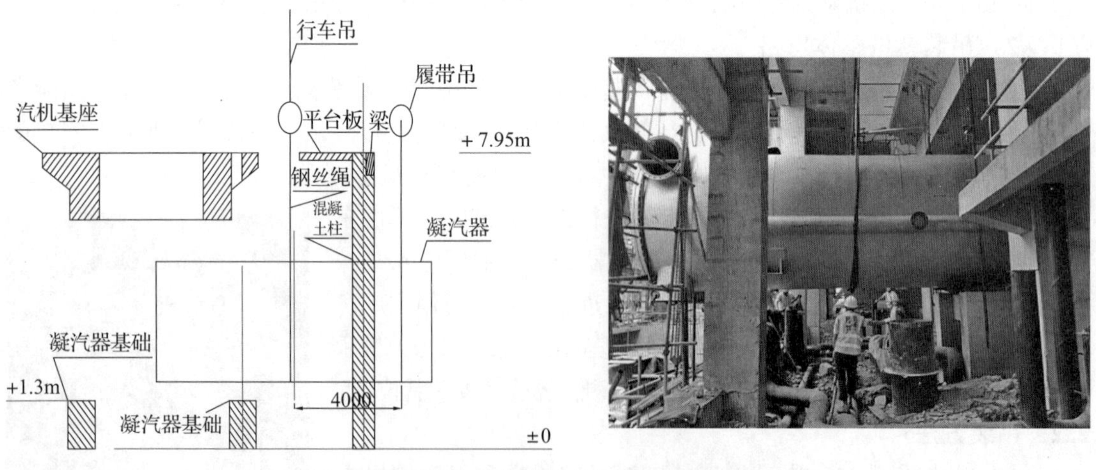

图 5　凝汽器壳体吊装到基础上的示意图及现场图

（4）此时将凝汽器壳体左端落至凝汽器基础上，从基座孔洞北端布置两根 H 型钢，挂两个 20t 手拉葫芦拉住凝汽器壳体左端，同时将履带吊吊绳换至右端 200mm 处，行车吊及履带吊起钩往左侧行走，同时两人同时缓慢拉紧上述两个 20t 葫芦，如图 6 所示。

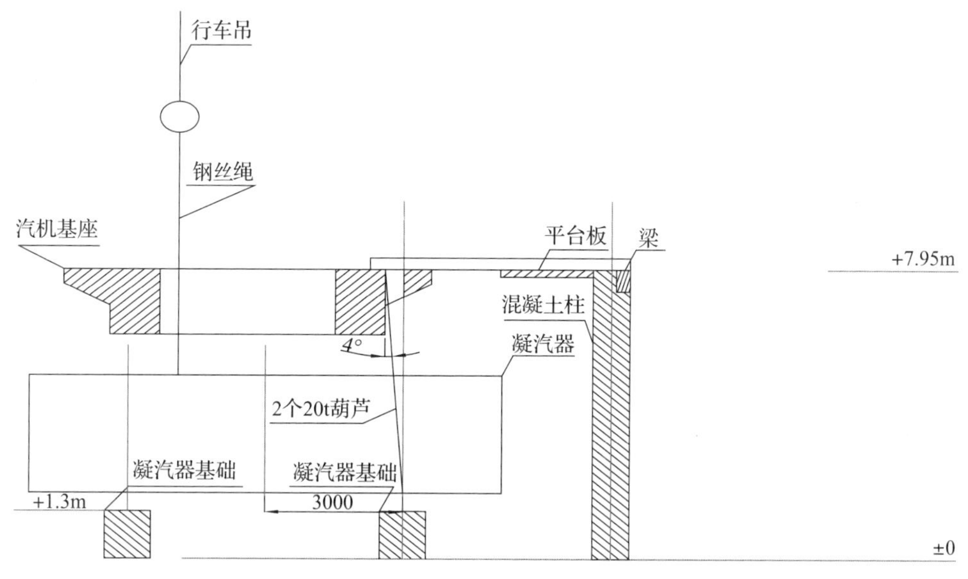

图6 用手拉葫芦配合完成凝汽器壳体入位

(5) 行车吊起钩往左侧行走，同时两人缓慢拉紧右侧两个10t葫芦，直至两个10t手拉葫芦与凝汽器轴线呈垂直，此时凝汽器壳体两端都在凝汽器基础上方，将其下落至基础上即可，如图7所示。

图7 凝汽器壳体入位现场

(6) 技术要求

①吊装所用钢丝绳夹角应尽量大些，以减少钢丝绳对构件的受力；

②吊点位置应均匀分布，以减少构件吊装变形；

③在吊装过程中，平稳起吊；

④在钢丝绳和吊装物间放置木块等以减少钢丝绳与吊装物间的摩擦。

3 吊装计算

3.1 履带吊钢丝绳校核

凝汽器壳体自重 $G=35t$，钢丝绳单根兜吊。

钢丝绳受力：

$$S=\frac{G}{n\times\sin\theta}=\frac{35}{4\times\sin62°}=9.91t$$

式中，S 为吊索每分支承受的拉力；G 为吊物重；θ 为吊装时钢丝绳水平夹角；n 为吊索分支数。

根据《建筑施工起重吊装工程安全技术规范》(JGJ 276—2012) 4.3.1中第4条，钢丝绳吊装时，钢丝绳安全系数 k_1 取6。因吊装时为钢丝绳托吊，考虑吊装不均匀系数 k_2，取 k_2 为1.2。

吊索承受的最大拉力：

$$F=S\times k_1\times k_2=9.91\times6\times1.2\times9.8=699.3kN$$

式中，F 为吊索承受的最大拉力；S 为吊索每分支承受的拉力；k_1 为钢丝绳安全系数；k_2 吊装不均匀系数。

根据《重要用途钢丝绳》（GB 8918—2006）表 A11，选用公称抗拉强度 1770MPa，6×37S+FC，ϕ42mm 的纤维芯钢丝绳，最小破断拉力为 1030kN>699. 3kN，满足要求。

3. 2　履带吊+手拉葫芦挂绳校核

凝汽器壳体自重 $G=35t$，两手拉葫芦挂吊，其两端分别选用两股钢丝绳，则吊索分支数 $n=6$。

钢丝绳受力：

$$S=\frac{G}{n\times\sin\theta}=\frac{35}{6\times\sin68^\circ}=4.72t$$

根据 JGJ 276—2012 标准 4. 3. 1 中第 4 条，钢丝绳安全系数 k_1 取 6。因吊装时为钢丝绳托吊，考虑吊装不均匀系数 k_2，取 k_2 为 1. 2。

则吊索承受的最大拉力：

$$F=S\times k_1\times k_2=4.72\times6\times1.2\times9.8=333.05kN$$

根据 GB 8918—2006 表 A11，选用公称抗拉强度 1570MPa，6×37S+FC，ϕ26mm 的纤维芯钢丝绳，最小破断拉力为 350kN>333. 05kN，满足要求。

3. 3　行车吊挂绳校核

凝汽器壳体自重 $G=35t$，其最大不超过 2/3 凝汽器质量，垂直起吊，兜吊，吊索分支数 $n=2$，则钢丝绳受力：

$$S=\frac{G\times\frac{2}{3}}{n}=\frac{35\times\frac{2}{3}}{2}=11.67t$$

根据 JGJ 276—2012 标准 4. 3. 1 中第 4 条，钢丝绳安全系数 k_1 取 6。因吊装时为钢丝绳托吊，考虑吊装不均匀系数 k_2，取 k_2 为 1. 2。

吊索承受的最大拉力：

$$F=S\times k_1\times k_2=11.67\times6\times1.2\times9.8=823.5kN$$

根据 GB 8918—2006 表 A11，选用公称抗拉强度 1770MPa，6×37S+FC，直径ϕ42mm 的纤维芯钢丝绳，最小破断拉力为 1030kN>699. 3kN，满足要求。

3. 4　350t 履带吊校核

采用 350t 履带式起重机，140t 转台平衡重+30t 车身平衡重，工况：主臂 42m、主臂角度 85°，副臂 36m，作业半径 20m。选用 100t 吊重能力的吊钩，自重 3. 85t，

钢丝绳+手拉葫芦自重 $G_{锁具}=1t$。

吊装总重：

$$G_{吊}=G_{凝汽器}+G_{吊钩}+G_{锁具}=35t+3.85t+1t=39.85t$$

吊装时动载荷系数 k 取 1. 1，则计算荷载为：

$$G_{计}=G_{吊}\times k=39.85\times1.1=43.84t$$

查 QUY350 履带式起重机塔式工况表，作业半径为 20m，吊装角度 85°时，可吊 83t>43. 84t，满足安全负荷要求。

3. 5　汽机岛处葫芦挂绳校核

凝汽器壳体自重 $G=35t$，两拉手葫芦挂吊，葫芦两端分别选用两股钢丝绳，吊索分支数

$n=6$。

则钢丝绳受力：

$$S=\frac{G}{n\times\sin\theta}=\frac{35}{6\times\sin49^{\circ}}=7.72\text{t}$$

根据 JGJ 276—2012 标准 4.3.1 中第 4 条，钢丝绳安全系数 k_1 取 6。因吊装时为钢丝绳托吊，考虑吊装不均匀系数 k_2，取 k_2 为 1.2。

吊索承受的最大拉力：

$$F=S\times k_1\times k_2=7.72\times6\times1.2\times9.8=544.73\text{kN}$$

根据 GB 8918—2006 表 A11，选用公称抗拉强度 1570MPa，6×37S+FC，直径ϕ34mm 的纤维芯钢丝绳，最小破断拉力为 599kN>544.73kN，满足要求。

4　结语

本吊装技术综合采用履带吊+主厂房行车+手拉葫芦的吊装方法，通过合理布置手拉葫芦，利用主厂房行车及手拉葫芦空中接力完成了受限空间位置凝汽器壳体的安装，解决了常规起重机械无法进行安装的难题，具有经济适用、安全高效、易于操作的特点，对此类汽轮发电机组的凝汽器的安装具有普适性，因而有较高的推广价值。

参考文献

[1] 电力建设施工技术规范 第3部分 汽轮发电机组：DL 5190.3—2019［S］. 北京：中国电力出版社，2019.

[2] 电力建设施工质量验收及评价规程 第3部分 汽轮发电机组：DL/T 5210.3—2018［S］. 北京：中国电力出版社，2018.

[3] 电力建设安全工作规程 第1部分 火力发电厂：DL 5009.1—2014［S］. 北京：中国电力出版社，2014.

[4] 建筑施工起重吊装工程安全技术规范：JGJ 276—2012［S］. 北京：中国标准出版社，2012.

大型储罐制作与自动焊接施工技术

罗　林

湖南省工业设备安装有限公司　株洲　412000

摘　要：大型储罐制作采用内悬挂平台正装法施工，能使罐壁和内浮盘同时平行作业，大大缩短储罐主体的安装时间；同时为储罐及其附件的组焊提供极为便利的施工条件，有力地保证员工的人身安全和施工质量，极大地节约成本。罐壁环缝采用埋弧自动横焊，立缝采用气电立焊，罐底中幅板焊接采用碎丝埋弧平缝自动焊，罐底与底圈壁板大角缝的焊接从打底至填充和盖面全部采用埋弧角缝自动焊，自动焊接技术对缩短工期、提高工程质量和经济效益有着明显的效果。

关键词：大型储罐；制作；气电立焊；埋弧自动焊

1　工程概况

嘉兴港独山港区液体散货作业区（A区）4泊位工程（工艺与配套罐区），有2台TK0105、TK0106 PX罐，直径为57m（容积50000m^3），壁板高度21.8m，共11圈壁板，由底至顶板厚分别为36mm、32mm、28mm、26mm、22mm、20mm、16mm、12mm、10mm、10mm、10mm，材质Q345R，重量达1334t，安装方式采用正装法。本文以TK0105、TK0106（50000m^3）正装法论述大型储罐制作与自动焊接技术施工方法。

2　技术特点

2.1　罐体制作

罐体制作采用内悬挂平台正装法施工，使罐壁和内浮盘同时平行作业，大大缩短储罐主体的安装时间；同时为储罐及其附件的组焊提供极为便利的施工条件，有力地保证员工的人身安全和施工质量，极大地节约成本。

2.2　储罐施工

储罐施工自动化程度高。储罐实行工厂化预制，采用先进的自动切割机、数控滚板机进行下料和滚弧，从根本上保证了储罐的组装质量，从而为自动焊的焊接创造良好的条件。本工程罐壁环缝采用埋弧自动横焊，立缝采用气电立焊，罐底中幅板焊接采用碎丝埋弧平缝自动焊，罐底与底圈壁板大角缝的焊接从打底至填充和盖面全部采用埋弧角缝自动焊。

3　施工程序及操作要点

3.1　罐底施工技术

（1）罐底结构形式

嘉兴港工程项目设计的50000m^{3}储罐，中幅板厚度为8mm，材质为Q235A；边缘板厚度为20mm，材质为Q345R。储罐罐底为对接加垫板结构形式，由中幅板和边缘板组成；边缘板由多块板组成外圆内多边形的环状结构，中幅板为由多块板拼成的多边形平板结构，边缘板和中幅板通过罐底收缩缝焊接在一起，构成整个罐底；底板和罐壁通过大角缝相连。

（2）罐底预制

罐底按排板图排板，中幅板下料、加工坡口均使用自动切割机一次切割成型。切割时，先同时切割两长边，再分别切割两短边。切割完毕后用角向磨光机将坡口表面的熔渣、氧化铁等打磨干净。边缘板切割采用半自动切割机，其外缘半径按图纸设计半径放大 30mm，边缘板对接焊缝间隙外部较内部小 4mm 下料。边缘板与中幅板连接部分进行削边处理，采用刨边机进行加工。

（3）罐底安装

①罐底垫板的要求

垫板铺设前，须先对基础进行验收，验收合格后，按平面图方位在储罐基础上画出两条互相垂直的中心线，然后以排板图位置进行底板或垫板的画线，罐底板铺设前先进行垫板的铺设。由于垫板为可移动结构，因此垫板的铺设仅对最初安装的中心底板的垫板进行铺设，而不应在罐底板铺设前全部铺设。

②罐底板的铺设和组对

罐底中幅板铺设时，为防吊装变形，需采用平衡梁进行吊装，平衡梁下设置多个吊点（吊点的数量按板的尺寸大小和质量确定），均匀吊装罐底板。底板铺设时，采用定位块，且边铺边对底板的位置和间隙进行调整，位置和间隙符合要求后，及时用临时定位板焊接牢固，以防温度变化而导致底板位置偏移或组对间隙的变化。

③罐底板的焊接

中幅板的焊接采用 CO_2 半自动焊打底、加碎丝埋弧焊填充盖面，CO_2 半自动焊打底及埋弧焊填充盖面时，采用从中心向两侧同向对称焊，并按先短缝再长缝最后通长缝的顺序进行施焊（焊接时无须退步）。打底焊前应用角向磨光机将坡口内的浮锈、脏物清理干净，必须保证在充分干燥的条件下焊接。打底焊焊肉高度应保证在 5mm 左右，同时为防止 CO_2 半自动焊焊接产生气孔，必须对 CO_2 半自动焊设备采取有效的防风措施。自动焊填充盖面采用碎丝工艺，焊道中填充的碎丝应保证与底板上表面齐平。焊接前，采用 H 型钢压缝，防止焊缝变形。

边缘板对接缝、收缩缝、大角缝的焊接方法为边缘板靠外侧 400mm 部位的焊缝，采用手工电弧焊；剩余对接缝及罐底收缩缝采用 CO_2 半自动焊打底、加碎丝埋弧焊填充盖面；罐底大角缝内外侧采用埋弧角缝自动焊进行焊接。

罐底大角缝的焊接会引起罐底边缘板的上翘和凸起，因此，大角缝焊接前须加设防变形支杠，但支杠的安装位置要充分考虑焊接罐底大角缝、边缘板剩余对接缝以及第一圈环缝自动焊机的正常运行，如图 1 所示。

3.2　内浮盘施工技术

本工程 50000m^3 储罐内浮盘是单盘式内浮盘，由内浮盘底板、桁架、内浮盘顶板组成，整个内浮盘被环仓隔仓板和径向隔仓板分隔成 24 个独立单仓，环仓板间距约为 5.26m，总质量 93.342t。内浮盘顶板和内浮盘底板设计厚度均为 5mm，桁架是采用 63mm×6mm 的角钢拼装而成，桁架的周向间距为 1.7m 左右，如图 2 所示。

3.2.1　内浮盘底板施工技术

（1）内浮盘桁架、隔板、内浮盘板及其附件的预制在罐外进行。其切割下料要做好防变形措施，如用夹具固定约束后再切割，高速切割的同时，割嘴后加水冷却。切割后要用直尺进行检查，发现有较大变形时进行矫正。

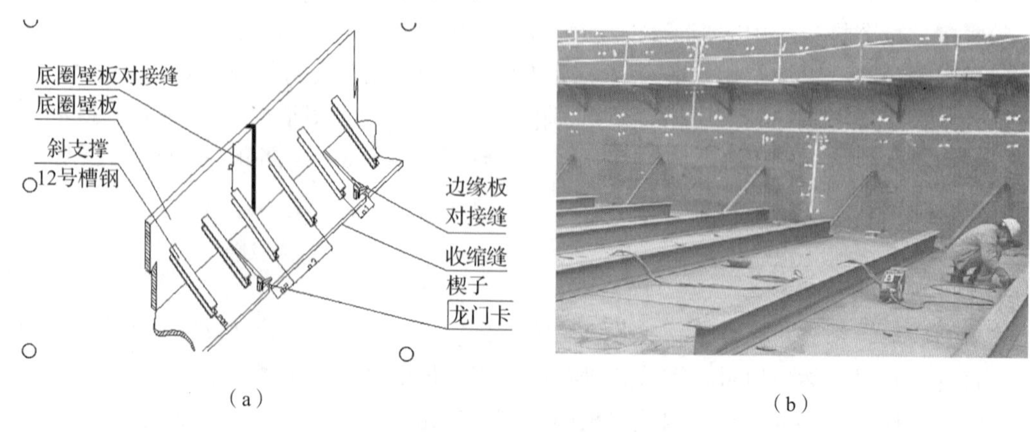

（a）　　　　（b）

图 1　罐底大角缝内侧加设支杠布置图

（2）型钢下料用砂轮切断机，加强筋及桁架在平台上组焊成半成品，型材焊接时，掌握好焊接顺序，采用槽钢压焊缝以防焊接变形，组焊后的加强筋用样板进行检查，若发现弯曲或翘曲变形，要校正合格。

（3）单盘底板组装在临时胎架上进行，单盘底板临时胎架组立时保持水平，同时临时胎架立柱与罐底加斜支撑，外侧部分横梁胎架同罐壁连接定位，如图 3 所示。

图 2　内浮盘安装图

图 3　内浮盘底板组装临时胎架制作图

3.2.2　内浮盘焊接

内浮盘的焊接方式采取手动电弧焊。内浮盘底板安装后，只进行定位点焊，点焊时注意使各板长边压实靠紧，组对完成后再进行焊接。浮仓底板进行点焊，然后进行内浮盘构件（内侧板、径向隔板、桁架、外侧板）所在部位焊缝的焊接，焊缝长度 300mm 左右为宜，焊后真空试漏合格。

3.2.3　附件安装

（1）内浮盘附件由单盘人孔、单盘支柱、浮仓人孔、浮仓支柱、自动通气阀、导向管等组成，先在罐外进行预制，待内浮盘焊完后，按照图纸标定的位置进行测量、放线、画出各个附件的安装位置线，内浮盘人孔开孔，然后到各个区域对照内浮盘底板上画线位置，准确确定支柱套管、通气阀等的位置，确定后进行上述各项的开孔、安装和焊接。

（2）内浮盘上面的附件安装焊接完成后，再进行内浮盘底板下面的搭接花焊，支柱套管底面补强板和其他附件底面补强板的焊接，支柱在罐底板的安装和焊接。

（3）内浮盘支柱安装时，先调整其高度。按其设计高度预留出 200mm 调整量，安装时由多人同时进行，安装支柱用销子固定在套管上（图 4），每根支柱都安装完成后，即可拆除内浮盘胎架，并从人孔将其拆出，架台拆除后，即可进行内浮盘底面各附件的安装和焊接。

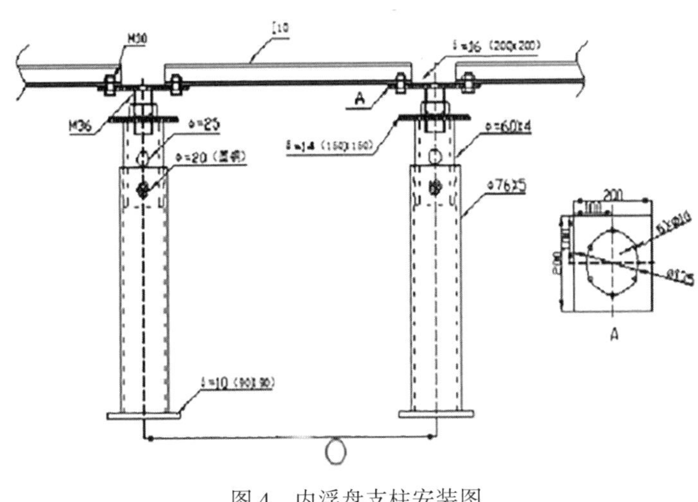

图 4　内浮盘支柱安装图

（4）内浮盘支柱的再调整是在充水试验后，内浮盘坐落前进行。

3.3　罐壁施工技术

3.3.1　罐壁预制

壁板下料使用数控龙门切割机进行下料，下料及切割坡口应严格控制其几何尺寸，壁板滚制必须严格控制弧度，特别是壁板端部的弧度要符合焊接变形的要求。壁板滚制后立置在平台上，垂直方向用直线样板检查，其间隙不得大于 1mm，水平方向用弧形样板检查，其间隙不得大于 4mm。

3.3.2　罐壁组装

罐壁采用内悬挂平台、壁挂活动小车进行正装施工，悬挂平台正装法安装大型内浮盘储罐就是利用罐内壁为储罐内侧安装的操作平台，达到罐壁与平台同时安装的目的，也使内浮盘能同步施工，如图 5 所示。

按第一圈壁板安装圆内半径，在罐底板上画出圆周线及第一圈壁板每条立缝的安装位置线，再在安装圆周线内侧 100mm 画出检查圆周线，并打上样冲眼，围板时对号入座。第一圈壁板通常从 0°或 90°、180°、270°开始，分别从两个方向开始围板。壁板的吊装采用汽车起重机，吊装时使用平衡梁以防吊装变形；围板时，板与板间的纵缝用卡具进行固定，每条纵缝安装三套卡具（图 6）。

第一圈壁板立缝焊接完毕后，进行垂直度、椭圆度及上口水平度复测，调整合格后，及时在壁板内侧打上罐底大角缝防变形支杠（图 7），然后进行第二节壁板安装。

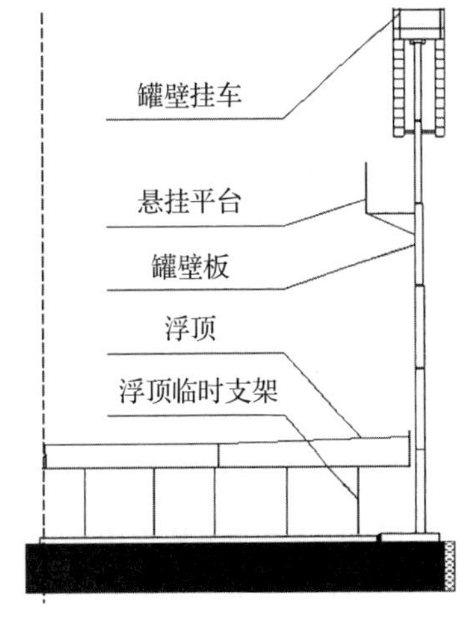

图 5　罐壁内悬挂平台示意图

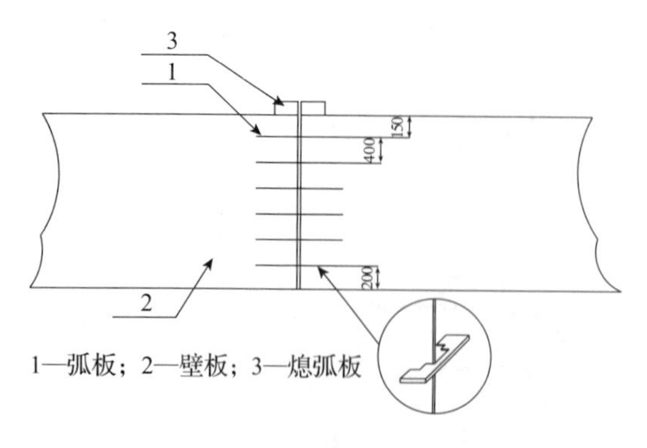

图 6　罐壁组装马卡具固定图

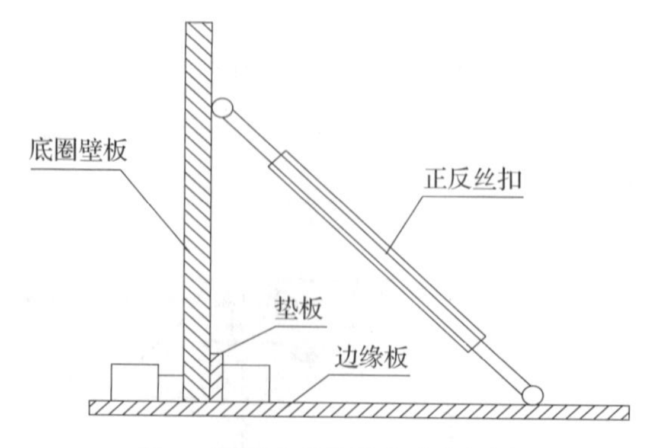

图 7　罐底大角缝防变形支杠图

第二圈壁板及其他各圈壁板立缝的坡口皆采用单面坡口，立缝焊接时从下至上一次焊接成型，由于气电立焊焊接角变形很小，因此对于其壁板在预制及组对时就无须采取反变形措施，如图 8 所示。

图 8　组装壁板的卡具分布示意图

3.4　网壳提升施工技术

本工程 50000m³ 储罐拱顶由子午线形式的网壳、边缘锥形板和罐顶蒙皮组成。网壳由上网杆（H250mm×250mm×9mm×14mm）、下网杆（H250mm×250mm×9mm×14mm）及部分连接件构成，单台网壳总质量 93.2t，内径（D=57m，罐体总高度 30.472m，网壳中面曲率半径 r=51.3m。）网壳主体由球面上分别以 x 轴及以 z 轴为旋转轴的双子午线相交而成，用作罐顶结构的部分是球心角 $2\alpha=67.498°$对应的球冠。

3.4.1　拱顶安装工艺原理

在罐底板单浮盘上组对子午线网壳，在网壳外圆周加设可采用倒装施工工艺，搭设一圈胎盘，用以增大网壳刚性，以利于整体提升。待罐壁正装法施工完毕，在顶圈壁板上组装锥形板、安装提升架，整体提升、安装网壳，最后组焊罐顶蒙皮板，拱顶网壳预制（图 9）。

图 9　拱顶网预制图

3.4.2　网壳吊装施工技术措施

以离单浮盘顶面 1m 高度的水平面作为网壳安装的基准，组装时上下网杆必须临时焊接在罐壁上，以减少单浮盘承受重量。待起吊时，切割网杆与罐壁的连接，使网壳重量全部载荷在胎盘上（图 10），网杆与胎盘组装完成后，将网杆与胎盘整体提升（图 11）。

3.5　自动焊接工艺

本工程 50000m³ 储罐依据的焊接工艺评定见表 1，其数据是根据项目部编制的焊接工艺评定中有气电立焊 EGW、埋弧自动焊 SAW 技术要求。壁板主要采用气电立焊和埋弧自动焊的焊接方法具有极大的推广性。

图10 网壳胎盘安装实物图

图11 网壳提升机安装实物图

表1 自动焊接工艺评定

序号	试件材质	焊接方法	焊接材料	焊接位置	厚度范围（mm）
1	Q345R	气电立焊	DW-S43G、ϕ1.6	立	12~32
2		埋弧自动焊	CHW-S1/CFH101、ϕ3.2	横	12~32
3		手工电弧焊	J507	立/平/横	5~28
4	Q235B+Q345R	手工电弧焊	J507	立/平/横	5~28
5		埋弧自动焊	CHW-S1/CFH101、ϕ3.2	横	12
6	Q235B	手工电弧焊	J427		5~16

3.5.1 纵缝焊接（气电立焊）

本项目工程50000m^{3}储罐纵缝的焊接选取既可控制热输入及焊接速度，效率又比较高的气电立焊工艺。同时为进一步控制焊缝过热现象，施焊过程中采用水冷铜滑块进行冷却（图12）。全部壁板立焊缝由2台气电立焊机完成，焊机选用美国LINCOLN DC600气电立焊机，气电自动立焊设备主要由焊接小车、精密磁性导轨、电气控制箱、摆动机构、焊枪以及水冷铜滑块等组成，并配以CO_2焊接电源、送丝机构、冷却水循环装置以及保护气体供气设施等（图13）。

图12 气电立焊冷却水循环装置图

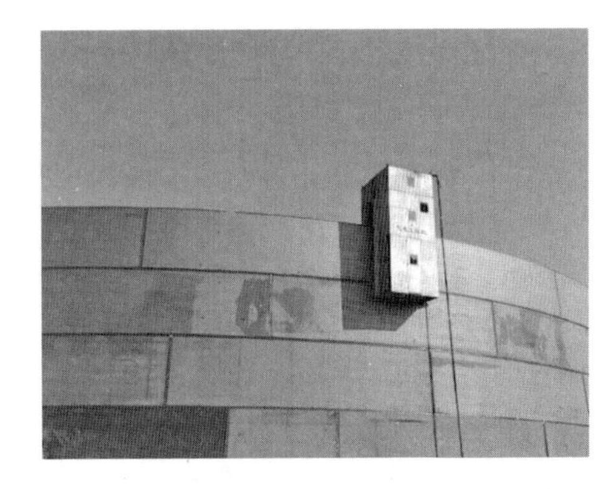

图13 气电立焊施工图

（1）焊前准备要求

清除坡口及两侧30mm范围内的水、油、杂质等污物，应用砂轮打磨，清除切割残渣、飞溅物以及横向焊缝余高等妨碍焊接正常进行的障碍物。铜滑块降至焊缝底端，焊缝起始端有阻碍时，须用手工焊条焊接至少35mm长度，焊缝填充后进行气电焊接作业。引弧前需仔细检查滑块是否与坡口两侧管壁表面贴紧，以免熔液进入滑块与钢板缝隙，造成焊缝增宽和夹层。焊前需对坡口两侧各宽 100~150mm 范围内进行 250~300℃预热，以避免建立熔池过程中因钢板温度低出现焊缝未熔合或产生气孔等缺陷。

（2）焊接工艺要求和过程

气电自动立焊装置按规定调整焊枪角度及位置，并注意以下几点：

①调整焊枪角度，使其在垂直焊接时与工件表面呈 5°~15°夹角。

②调整焊枪高度，使导电嘴顶端与铜滑块上保护气体输出口下沿的垂直距离 h 控制在 20~30mm。

③调整焊丝落点位置，使焊丝落点从板厚中心部位略向坡口正面偏移，使之处于坡口截面的重心位置。

（3）气电立焊工艺参数（表 2）

表 2　气电立焊工艺评定

焊道/焊层	焊接方法	焊材牌号	焊材规格（mm）	电流种类及极性	电流（A）	电压（V）	焊接速度（cm/min）
1/1	EGW	DW-S43G	ϕ1.6	直流反接	360~380	38~40	6~8

3.5.2　罐壁横焊（埋弧自动横焊）

本项目工程 50000m^3 储罐全部横焊缝采用 5 台横焊机完成，焊机选用美国 LINCOLN NA-3N 埋弧焊机。焊接时，焊接行走机架吊挂在储罐壁板上，壁板上端作为焊接行走轨道，行走驱动机构安装在行走机架的上部，驱动焊接行走机架沿罐壁板上端行走，焊剂托送机构的传送带靠托轮与壁板紧贴被动转动，方向与焊接机架运行相反。为适应不同的板宽需要，机架制作成伸缩式。施焊时，先焊接焊缝外侧，外侧焊接结束后，即进行内侧焊前处理，然后采用同样的焊接方式焊接内侧。焊丝直径一般选用 3.2mm，焊接效率高，成本低。

（1）焊接工艺要求和过程

①壁板环缝焊接时，需在上下两节壁板纵缝全部焊接完毕，且将 T 形接头处理完毕后实施。

②为保证焊接质量，环缝外侧封底层焊完后，必须对未熔合、夹渣、气孔及其他影响下道焊接质量的部位进行打磨修补。

③自动焊时应在引、熄弧板上进行引弧、熄弧。如在焊接过程中遇到中间熄弧、焊穿等，必须在弧坑 100mm 的范围内刨去缺陷，用手工焊修补后再继续焊接。

④为减少焊接变形，5 台埋弧焊机沿罐壁周向对称均布，同一方向等速施焊，先焊环缝外侧焊道，再进行内侧焊缝清根、焊接。

（2）埋弧横焊工艺参数（表 3）

表 3　埋弧横焊焊接工艺评定

焊道/焊层	焊接方法	填充材料		焊接电源		电弧电压（V）	焊接速度（cm/min）
		牌号	直径	极性	电流（A）		
1/1	SAW	CHW-S3	ϕ3.2	直流反接	400~450	24~26	35~38
1/2	SAW	CHW-S3	ϕ3.2	直流反接	400~480	25~27	34~36
其余	SAW	CHW-S3	ϕ3.2	直流反接	400~480	25~27	34~36

4　质量控制（表4）

表4　储罐检验质量控制点

序号	控制点名称	检验内容	执行标准	工作见证
1	基础验收	基础方位、平整度、环墙标高	图纸、SHT3528-2014	基础验收记录
2	焊条检验	质量合格证明书、焊条烘干与发放	GB 50128—2014、图纸要求	烘干与发放记录
3	主材检查	材料质量合格证明书、外观质量	GB 50128—2014、图纸要求	标识卡
4	下料、预制	几何尺寸、坡口角度、切割直线度	GB 50128—2014、图纸要求	下料检验记录
5	罐底组装	隐蔽工程验收、对口间隙	GB 50128—2014、图纸要求	储罐组装检查记录
6	壁板组装	纵缝对口间隙、各圈口壁板垂直度、焊缝外观质量	GB 50128—2014、图纸要求	储罐组装检查记录
7	焊接	焊缝外观质量超声波、射线、渗透探伤	GB 50128—2014、NB/T47013、图纸要求	焊缝外观检查记录、无损检测报告
8	开孔方位	开孔画线的方位	GB 50128—2014、图纸要求	排板图
9	附件安装	坡口检查、焊缝外观质量、补强圈严密性试验	GB 50128—2014、图纸要求	排板图
10	充水试验	罐底严密性、罐壁强度、严密性、基础沉降观测	GB 50128—2014、SHT 3528—2014 图纸要求	储罐总体试验报告，基础沉降观测记录
11	内浮盘试验	内浮盘的严密性、稳定性	图纸及内浮盘技术要求	相关试验记录

5　安全措施

（1）按规定使用安全“三宝”，即安全帽、安全带、安全网。

（2）在罐内使用气焊时，应保证皮带和枪不漏乙炔，不使用时及时拿出罐外。

（3）电焊把线及电源线应经常清理，防止相互缠绕而起火造成电源短路。

（4）高处传递物件时应用绳索绑扎传递，严禁抛掷；高处作业人员必须系好安全带，安全带应挂扣在上方牢固可靠处，作业人员应衣着灵便，衣袖、裤脚应扎紧，穿软底鞋。

6　工法技术优点和推广意义

该工法对缩短工期、提高工程质量和经济效益有着明显的效果，特别适用于大型内浮顶储罐的安装。

与同类工法相比，本工法在罐底焊接方法上采用了 CO_2 半自动焊打底加碎丝高速埋弧焊填充盖面的新方法，该焊接方法的应用极大地提高了焊接速度并显著减少焊接的线能量，达到了提高工效和降低变形的双重目的；罐底组对的H型钢压缝方法，充分利用反变形原理，大大减少了底板焊接变形，特别注意焊接顺序，从而提高了焊接质量。

与同类工法相比，本工法在内浮顶安装上采用可调节、可拆卸的浮顶专用组装台架组装浮顶，不仅提高了内浮盘组装台架的工效以及材料周转的利用率，而且有效地确保了内浮顶底板铺设的平整度；浮盘焊接时，采用槽钢压缝焊接，也大大减少了浮盘焊接变形的影响。

与同类工法相比，采用悬挂平台正装法安装大型内浮盘储罐，利用罐内壁为储罐内侧安装的操作平台，达到罐壁与平台同时安装的目的，也使内内浮盘能同步施工，缩短了施工工期。

与同类工法相比，本工艺安装网壳时，主要优势在于大型储罐罐壁正装完成及内浮盘安装后，再在较低位置采用临时支撑组装拱顶网壳，然后采用提升装置整体提升，减少了高空作业，并省去了搭设满堂脚手架的工序，避免内浮盘在密闭黑暗环境中施工。该工艺所需设备简单、操作方便、安全可靠、缩短工期、降低建造成本，提高了生产效率。

2020 年湖南省工业设备安装有限公司在嘉兴港独山港 A4 泊位工程 2 台带内浮盘 PX 拱顶储罐施工中，该工法得到了很好的应用并取得了良好的效果，为大型储罐安装提供了宝贵的施工经验。该工程仅用 4 个月时间完成了带内浮盘储罐的制作安装工作，为安全管理和质量控制创造了良好条件，取得了很好的经济效益和社会效益。

参考文献

[1] 立式圆筒形钢制焊接储罐施工规范：GB 50128—2014［S］. 北京：中国建筑工业出版社，2014.

[2] 化工储罐施工及验收规范：HG/T 20227—2019［S］. 北京：化学工业出版社，2019.

[3] 胡绳荪 . 焊接自动化技术及其应用［M］. 北京：机械工业出版社，2006.

自平衡穹顶钢结构装配预施工技术

蒲 勇

中建五局装饰幕墙有限公司 长沙 410004

摘 要：以礼嘉天街项目的曲面异型穹顶为实际载体，归纳总结出自平衡穹顶钢结构装配预施工技术。该技术不需搭设满堂支撑脚手架，极大地节约了场地需求。另外，连系梁又可作为水平防护兜网的固定端，保障钢结构施工中的安全。综合而言，实施成本低，简单易操。

关键词：穹顶钢结构；自平衡；装配；快速建造；预施工

1 应用背景

钢结构具有优异的结构性能和抗震性能，在空间结构的应用中，能完美地实现异型造型、大跨度、大空间的效果，备受建筑师和工程师喜爱。同时，因为其施工周期相对较短，在实际工作中应用越来越多，特别是广泛应用于采光顶、穹顶等。其在施工过程中，最重要的是在符合标准的情况下，保障断水节点，为屋面施工和室内施工创造条件。传统的钢结构安装需等待女儿墙结构施工完毕后方可进行钢结构的施工。在混凝土供应困难或施工人员紧张，不能满足进度要求的情况下，如仍按照传统模式施工，则必然导致大面积的工期延误。因此，必须在一定条件下解决此问题，实现钢结构的提前插入施工。

同时，快速建造已成为当今建筑行业的主旋律，装配式由于其快速、高效等特点，在行业转型与升级中大显身手。将装配式技术应用于穹顶钢结构的施工中，能够进一步保障项目工期。

2 技术原理

自平衡穹顶钢结构装配预施工技术一方面将异型网壳钢结构拆分为主梁连续拱形单元榀进行预拼装，以此作为装配式安装的基础；另一方面在未加载面板荷载的工况下，考虑施工荷载，通过计算分析其节点支座处的受力情况，采用型钢立柱+斜撑+钢丝绳拉索形式作为埋件基础，有效消化拱形单元在支座处所产生的水平推力。型钢立柱之间采用槽钢作为连系梁，将所有钢立柱连接为整体。原钢结构埋件加强应焊接于钢立柱顶端，做到安全可靠。以此实现在未浇筑混凝土的情况下，钢结构提前插入施工。

3 实际工程应用

以礼嘉天街项目的曲面异型穹顶为实际载体，归纳总结出自平衡穹顶钢结构装配预施工技术。该技术不需搭设满堂支撑脚手架，极大地节约了场地需求。另外，连系梁又可作为水平防护兜网的固定端，保障钢结构施工中的安全。综合而言，实施成本低，简单易操。

3.1 工程概况

该项目穹顶钢结构的屋面女儿墙混凝土基础一部分已浇筑，另一部分基础为钢连廊（钢结构+混凝土楼层板形式），钢连廊部分存在混凝土供应困难的情况，为满足整体工期要求，采光顶钢结构需提前插入施工，其分布情况如图1所示。

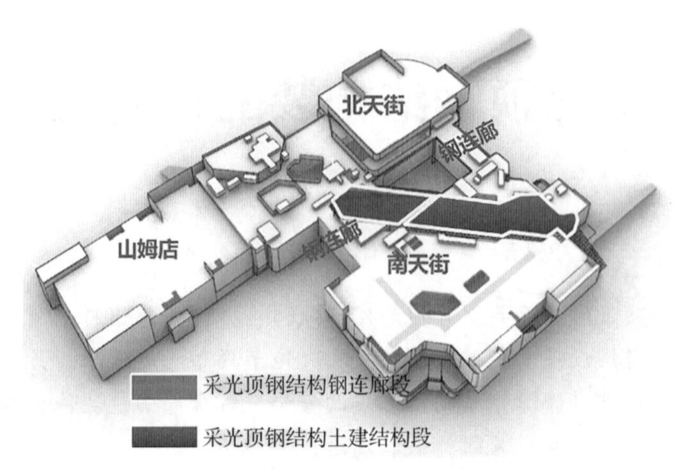

图 1　穹顶采光顶钢结构分布图

3.2　工艺及流程（图 2）

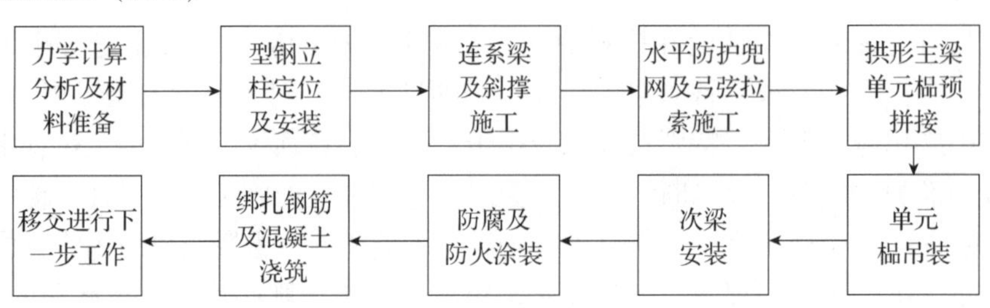

图 2　自平衡穹顶钢结构装配预施工技术流程图

3.2.1　施工准备

根据穹顶跨度及相关的钢结构图纸，考虑施工荷载，使用 SAP2000 整体建模分析内力，其在原支座节点处的内力分析如图 3 所示。

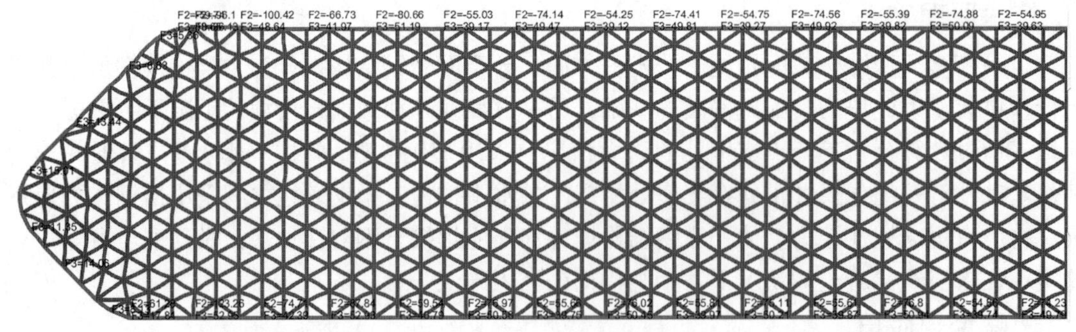

图 3　穹顶钢结构（钢连梁段）未加载面板工况下内力计算结果

注：F2 为水平方向推力，F3 为垂直方向内力。

根据上述计算结果得知各支座节点处的内力结果，从而提出在屋面混凝土女儿墙未浇筑的情况下，采光顶钢结构需要提前插入施工，使用型钢立柱作为采光顶钢结构固定基础的解决方案。该方案使用成品 H 型钢作为立柱承载和传递垂直向荷载，通过对称立柱间的钢丝绳拉索消化拱形结构的水平推力，用斜撑强化承载效果，采用槽钢作为立柱间的连系梁，将基础连接为整体，提高整体基础的刚度，解决侧向失稳问题，进一步保障本方案的结构安全性能。同时连系梁将作为后续施工安全措施的固定端。其方案实施简图如图 4 所示。

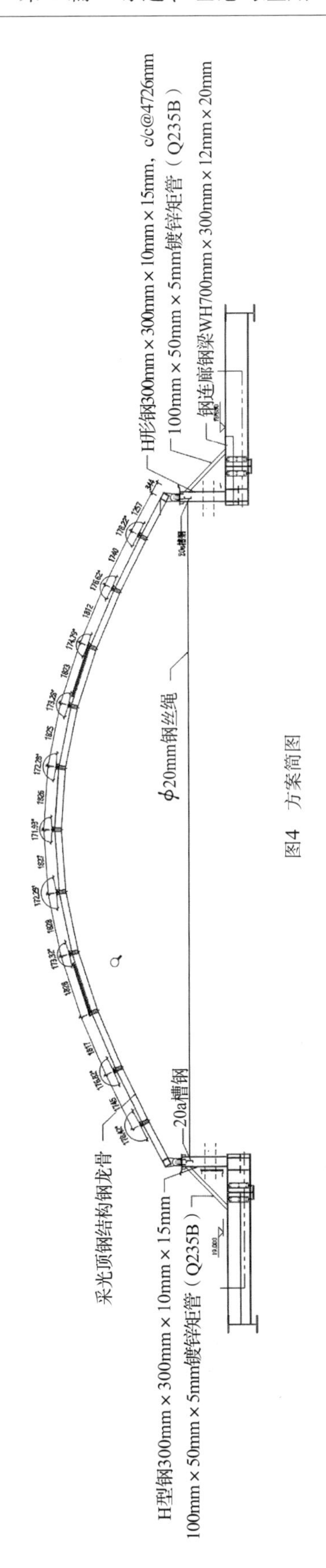
H形钢300mm × 300mm × 10mm × 15mm，c/c@4726mm
100mm × 50mm × 5mm镀锌矩管（Q235B）
钢连廊钢梁WH700mm × 300mm × 12mm × 20mm
φ20mm钢丝绳
20a槽钢
采光顶钢结构钢龙骨
H型钢300mm × 300mm × 10mm × 15mm
100mm × 50mm × 5mm镀锌矩管（Q235B）

图4　方案简图

3.2.2　型钢立柱定位及安装

根据穹顶钢结构预埋件定位图，在钢连廊上放线定位立柱安装位置。钢连廊钢梁顶标高为 18.880m，采光顶钢结构埋件顶标高为 20.250m，埋件厚度为 25mm。因此，每根型钢立柱长为 $L=20.25-0.025-18.88+3=1.342$m（3mm 为根部焊接预留缝）。型钢立柱根部采用 15mm 厚三角形加劲钢板进行加固，根部熔透焊接于钢连廊钢梁上，立柱翼缘平行于钢梁翼缘，其偏差不宜过大。其具体做法如图 5 所示。钢结构埋件使用原图纸规格，焊接于型钢立柱顶端，埋件形心应与 H 型钢形心重合，其中两条边应与 H 型钢翼缘平行，不宜偏差过大。埋件与立柱之间采用 60mm×100mm 加劲钢板和 230mm×100mm 加劲钢板分别在强弱轴方向进行对称布置补强。其具体做法如图 6 和图 7 所示。现场实施效果如图 8 和图 9 所示。

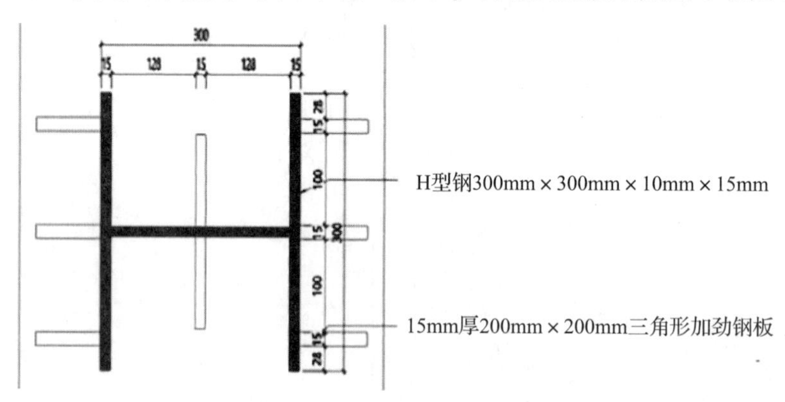

图 5　立柱根部加强节点图

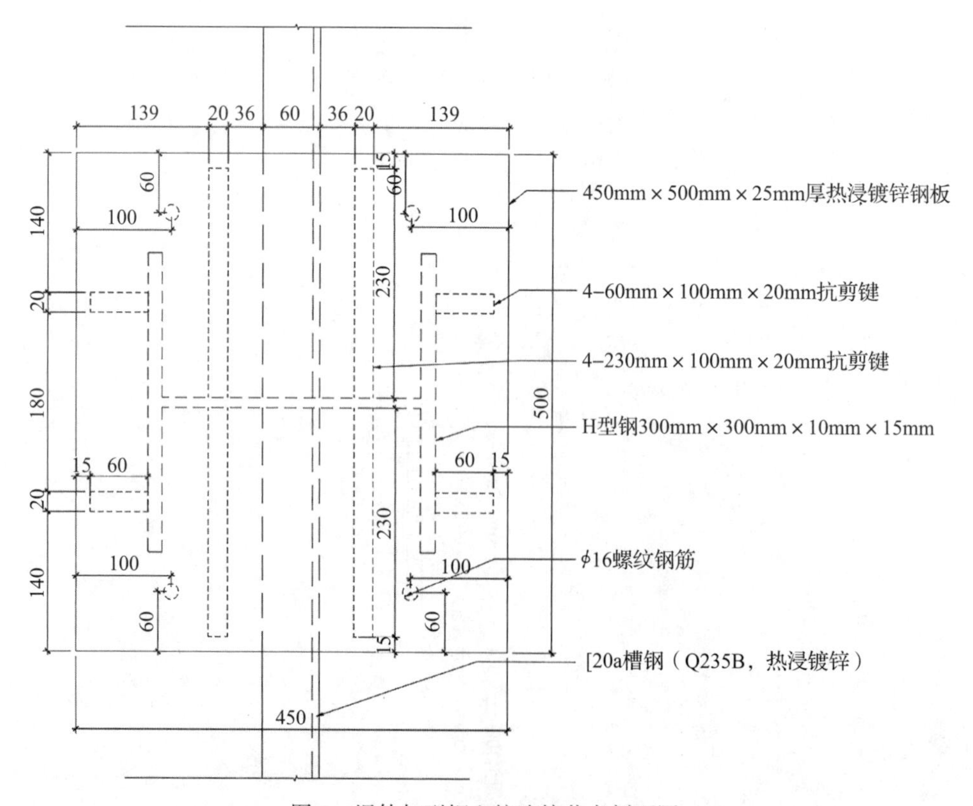

图 6　埋件与型钢立柱连接节点剖面图

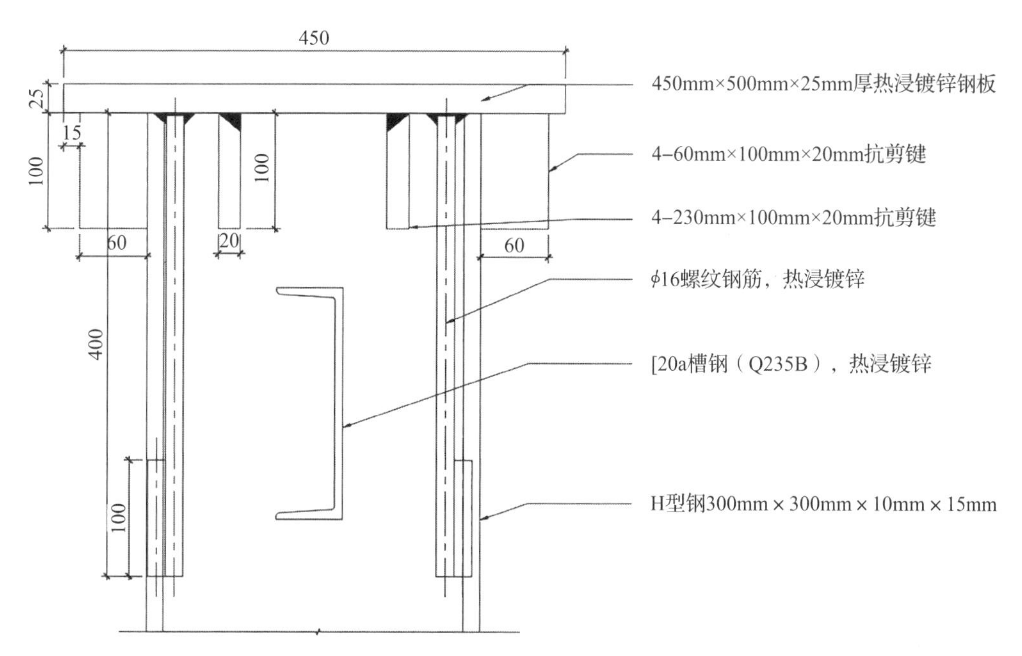

图 7　埋件与型钢立柱连接节点俯视图

图 8　型钢立柱定位施工

图 9　顶部埋件与型钢立柱现场实施

3.2.3　连系梁及斜撑施工

项目实际使用 [20a 号热轧槽钢作为连系梁，焊接于相邻两型钢立柱之间，将立柱连接为一个整体，提高了整体型钢基础的刚度，解决了立柱在平面外的失稳问题。实景图如图 10 所示。另外，采用 100mm×50mm×5mm 镀锌矩管作为斜撑，焊接于型钢立柱与钢连廊钢梁上，斜撑与钢连梁屋面完成面夹角为 45°。斜撑起分担水平推力和稳固作用。实景图如图 11 所示。

图 10　槽钢连系梁施工实景图

图 11　斜撑施工实景图

3.2.4　水平防护兜网及弓弦拉索施工

水平防护兜网采用直径为5mm的钢丝绳纵横交错编织实施，纵横向相邻钢丝绳间距≤800mm，其接长和固定采用专用绳卡。施工时必须采用专用机具进行钢丝绳张拉。钢丝绳施工完成后，采用聚酯纤维防坠安全兜网对整个张拉的钢丝绳网进行绑扎覆盖，以防高处坠落。水平兜网施工完成后，在整个防坠网表面铺设常规YX28-207-820型彩钢瓦，进一步加强防护。整个防护兜网施工完成后，在对称的型钢立柱顶端进行直径20mm的钢丝绳拉索张拉固定。其实施效果如图12所示。

图12　水平防坠网及弓弦钢丝绳拉索施工

3.2.5　拱形主梁单元榀预拼接

在整个钢结构基础施工完成后，按正常工序完成边梁和支座耳板施工。在主梁加工阶段，将整体网壳拆分为若干个拱形单元，采用数控相贯线切割机进行精确下料，每两相邻跨度主梁及次梁合称为一拱形单元榀，在工厂内实现预拼装，特别注重节点处焊接质量，保障进度和焊接质量，加快施工现场安装进程，提升施工效率。其实施过程如图13、图14所示。

图13　节点焊接质量控制

图14　拱形单元榀制作

3.2.6　拱形主梁单元榀吊装

拱形主梁单元榀在工厂预拼装完成后，运输至施工现场，提前协调好场地和塔式起重机，准备好安装人员，报审合格后进行钢结构单元榀的吊装施工。相对传统的单跨施工，该方法极大地节约了现场安装时间，一定程度上降低了安全风险，保障了施工质量。其施工过程如图15所示。

（a）

（b）

图15　拱形主梁单元榀吊装图

3.2.7　次梁安装

拱形主梁单元榀安装完成后，每相邻单元板块之间将进行次梁安装。次梁预先在工厂切割为单根成品构件，运输至施工现场，严格按照编号就位，在次梁两端点焊施工挂接耳板后，进行精准对称焊接，降低不均匀焊接的热胀冷缩引起整体钢结构产生伸缩位移和形变。安装效果如图16所示。

图16　次梁安装完成后效果

3.2.8　防腐及防火涂装

本网壳钢结构位于室内，防火等级为一级，外部有装饰封闭。根据建筑图防火相关要求采用薄涂型防火涂料保护，喷涂厚度、喷涂遍数应满足钢结构防火极限的要求，质量控制与验收等均应符合《建筑设计防火规范》（GB 50016—2018）的有关规定，耐火极限不低于2h。其各喷涂层厚度要求见表1。

表1　各喷涂层厚度要求表

油漆系统	油漆类型	产品	干膜厚度（μm）
底漆	环氧富锌底漆	—	50~60
中间漆	厚浆型环氧漆	—	50~150
防火涂料	薄型	—	3000
面漆	常温氟碳面漆	—	30~60
总干膜厚度			3160~3250

涂装前应进行表面处理，清除毛刺、焊渣、飞溅物、积尘、疏松的氧化铁皮以及涂层物等。施工现场采用高压无气喷涂，均匀分层施工，施工过程中严格报验程序。

3.2.9　绑扎钢筋及混凝土浇筑

钢结构施工完毕后，应浇筑混凝土女儿墙，以保证外装饰施工时整体结构的安全可靠。钢结构提前插入施工所产生的钢结构基础不用拆除，一并浇筑在混凝土女儿墙内。被型钢立柱打断的钢筋应与型钢立柱焊接连接。

3.2.10　移交进行下一步工作

混凝土女儿墙施工完毕，所有钢结构防火及防腐涂装施工完毕后即可移交面板外装饰施工。施工完毕后效果如图17所示。

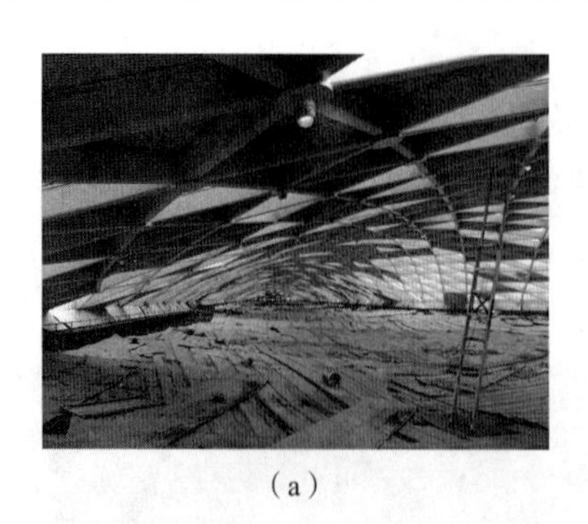
（a）

（b）

图 17 钢结构施工完毕实景图

4 结语

本施工技术充分利用拱形结构的内力消化平衡系统，从结构上保障了技术的安全可靠性。同时，施工过程中又巧妙地运用装配式施工技术，实现了工期、工效、质量等多方面的效益。花费小部分成本，解决了施工现场人员紧张、场地狭小、混凝土供应困难等诸多难题。自平衡穹顶钢结构装配预施工技术具备很强的现实操作性，其适合于室外大面积大跨度异型的钢结构，尤其适用于拱形或空间桁架结构的采光顶或屋面钢结构，但超大跨度空间网架结构使用受限。

参考文献

[1] 东南大学，同济大学，天津大学．混凝土结构设计原理［M］. 北京：中国建筑工业出版社，2016.
[2] 钢结构设计标准：GB 50017—2017［S］. 北京：中国建筑工业出版社，2017.

大跨度异型采光顶可移动式马道施工技术研究

蒲　勇　王鹏伟

中建五局装饰幕墙有限公司　长沙　410004

摘　要：基于人们对建筑美观性的要求，采光顶因其通透、明亮、开敞等特点，备受青睐。同时，人们对其造型也不再局限于规则平面，异型（球形、锥形、拱形）采光顶应运而生。在施工过程中，如何解决其面材的安装问题，成为了影响其效果实现的一项关键因素。传统方式以桁架式起重机（俗称龙门吊）、塔式起重机、脚手架作为安装措施，这些传统方式存在占地广、土建承载要求高、施工较慢、措施成本高等问题，尤其在场地受限、多家单位同时作业时，冲突更突出。在此背景下，结合实际项目，研制出大跨度异型采光顶可移动式马道系统施工技术，有效解决了诸多问题，其具有材质轻、资源可再生、操作方便、占地面积小、安全可靠、成本极低等特点，为相似采光顶施工提供了借鉴依据。

关键词：异型采光顶；可移动；马道；快速建造

1　研究背景

在大型的采光顶装饰中，面板安装一般采用的方法及优缺点：

（1）铺设轨道，搭设桁架式起重机，运输材料及安装面板。该方法安装效率高，且空间转移动作较为迅速，但占用场地较大，不利于其他工作开展，且使用前需考虑安装范围内的场地结构承载情况，造价也较高，使用较少。

（2）利用塔式起重机进行面板安装。该方法较为常用，措施费用较低，但在主体施工时提前考虑塔式起重机布置，如遇抢工阶段塔式起重机使用紧张的情况下，很难保证安装进度。

（3）搭设脚手架，固定铺设楼梯和走道进行面板安装。该方法也很常用，构造简单，实用性强。但脚手架搭设占地面积较大，不利于其他单位的工作开展，且单位时间内投入的架子工较多，耗时较多，适用于小型采光顶。

2　研究目的

研发新的施工技术，要求具备占用场地范围小、移动灵活、安全可靠且造价相对较低等特点，能显著提高工效。

3　技术原理

以礼嘉天街项目为实际工程载体，研究总结出适用于大跨度异型采光顶面板安装用的可移动式马道施工技术。该技术自制连续折弯贴合采光顶钢结构表面的成型马道（运输及行走通道合一）。马道两侧焊接立柱，穿梭生命绳。马道顶部附着运输系统，实现马道上的材料运输。马道外部设置动力牵引系统，实现马道的空间平移。通过马道+安全措施+运输系统+动力系统的有机组合，既保证了安全，又提高了工作效率，同时质量可控，进而实现了工程的综合效益。

4　实际工程开发应用

4.1　工程概况

礼嘉天街项目位于重庆两江新区礼嘉龙塘立交旁，北邻龙塘湖公园，南邻礼嘉儿童医院。礼慈路横穿建筑首层。总建筑面积约为 26 万 m^2，为框架剪力墙结构。本工程屋面有一大跨度曲面采光顶，标准跨度 24m，最大跨度 33m，纵向总长为 167.55m，为单层网壳结构，面板采用双层（夹芯岩棉）铝板和中空夹胶玻璃的三角形板块装饰。采光顶从 2020 年 4 月开工至 2020 年 7 月装饰完成（含钢结构安装时间）。整个采光顶由 3800 块各不相同的板块组成，投影面积达 3450m^2。项目效果图如图 1 所示。

图 1　礼嘉天街项目效果图

4.2　工艺及流程

4.2.1　施工准备

根据采光顶跨度及相关的钢结构图纸，确定制作设备和材料清单。另一方面，采光顶面板统一分类，采用铁架堆放，用汽车式起重机吊运至屋面采光顶旁备用。经计算，单副可移动式马道系统需要的材料清单见表 1。

表 1　单副可移动式马道系统制作材料清单

序号	材料名称	规格	单位	数量	备注
1	热镀锌钢矩管	50mm×50mm×4mm	支	12	6m/支
2	圆钢管	D=60mm×4mm	支	16	6m/支
3	镀锌钢丝绳	D=5(4.76mm-7×19)	m	80	
4	定向轮	D=100mm	个	4	
5	电动葫芦	1t	个	1	
6	手动葫芦	1t	个	4	
7	高强度纤维吊带	1t	根	4	4m/根
8	木模板	12mm 厚	张	40	可施工现场废旧利用
9	木方	50mm×50mm	m	80	可施工现场废旧利用
10	自攻自钻螺钉	M4mm×40mm	颗	若干	
11	钢钉	80mm 长	颗	若干	

注：1. 本表中 D 表示直径；

2. 本表内数据来源于礼嘉天街项目天幕采光顶实际工程。具体工程具体分析。

4.2.2　定制曲形马道

马道采用ϕ60mm×4mm 的圆钢管连续焊接成两道折线形曲形主梁，曲梁间隔宽度 B 平行布置。定制的曲形马道的 B 需与移动作业车 W 匹配（$B \leqslant W$）。在两根曲梁中间，采用 50mm×50mm×4mm 热镀锌钢矩管@ 1000mm 布置次龙骨，主次龙骨焊接固定。次龙骨上满铺 12mm 厚木模板（木模板可采用施工现场的模板重复利用），木模板采用 M4mm×40mm 自攻自钻螺钉与次龙骨连接。马道中部设置两根沿马道通长的 50mm×50mm 木方，两木方的净空间距为 A，木方采用钢钉与马道木板固定。在马道两侧按间距 300mm 设置防滑木条，防滑木条通过螺钉与马道相连。同时在两曲梁上设置 ϕ60mm×4mm 圆钢管作为立柱，立柱高度需≥1100mm，在立柱顶端开直径 $D=10$mm 的通圆孔，圆孔中设置塑料套管，直径 5mm 的镀锌钢丝绳穿过塑料套管，贯穿整个沿马道设置的立柱顶端作为生命绳使用。人员通行时，借助马道、防滑条。手扶生命绳通过。曲形马道定制加工图如图 2 所示，实景如图 3 所示。

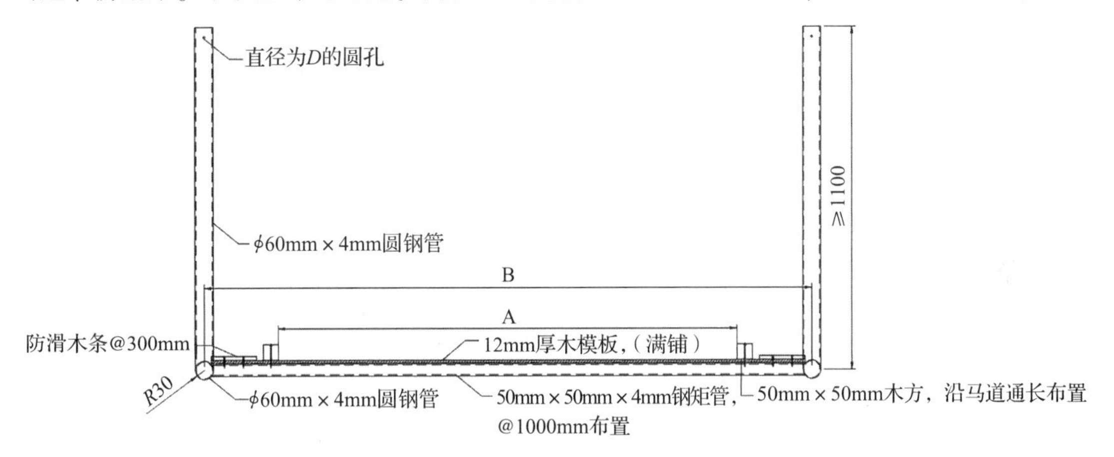

图 2　曲形马道横截面图

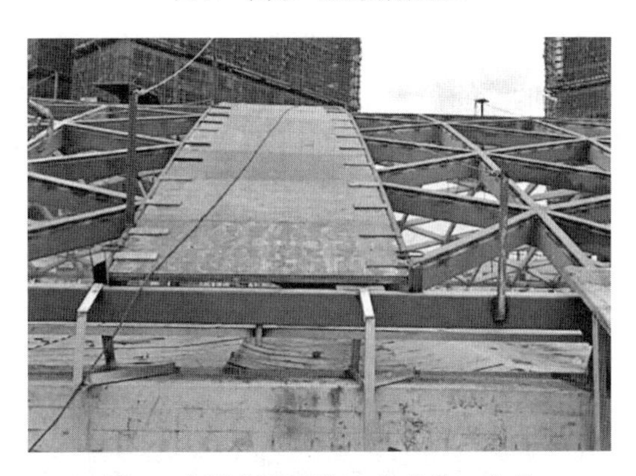

图 3　定制曲形马道（半成品）实景

4.2.3　定制马道内运输系统

自制牵引车，采用 50mm×50mm×4mm 的热镀锌钢矩管焊接完成骨架，尾部设置 200mm 高的挡板。前端焊接一牵引卡扣盘，底部四角焊接 4 个直径为 100mm 的定向轮。整个牵引车的宽度 A' 应与曲形马道的尺寸 A 相匹配，A 大于 A'10~15mm。同时在曲形马道的顶端固定一电动葫芦（通过焊接底座与马道连接），电动葫芦的挂钩与牵引车的预留牵引卡扣盘连接，以此实现牵引车在曲形的马道上按照固定轨道（曲形马道的两木方所夹成的通道）移动，实现在采光顶上的材料运输，无须额外措施且不需人员跨越钢结构网格，节省人力且安全可靠。其加工图如图 4 所示，实景如图 5 所示。

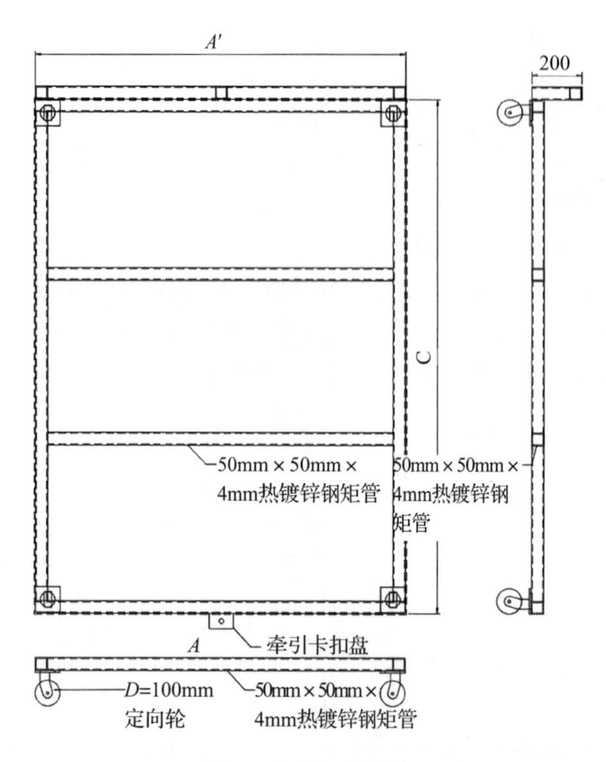

图 4　牵引车大样图

图 5　牵引车实景（挡板待实施）

4.2.4　设置外牵引系统

外牵引系统由 4 台手动葫芦组成，手动葫芦一端与预留在马道上的挂环相连，另一端与主体钢结构相连（局部采用吊带）。手动葫芦沿曲形马道欲移动的方向设置，同时操作手动葫芦，可实现马道在采光顶上的空间位置变换。至此，由以上四部分组成的大跨度异型采光顶制作完成。外牵引系统的设置如图 6 所示，成型后的整体马道系统如图 7 所示，外牵引系统连接实景如图 8 和图 9 所示。

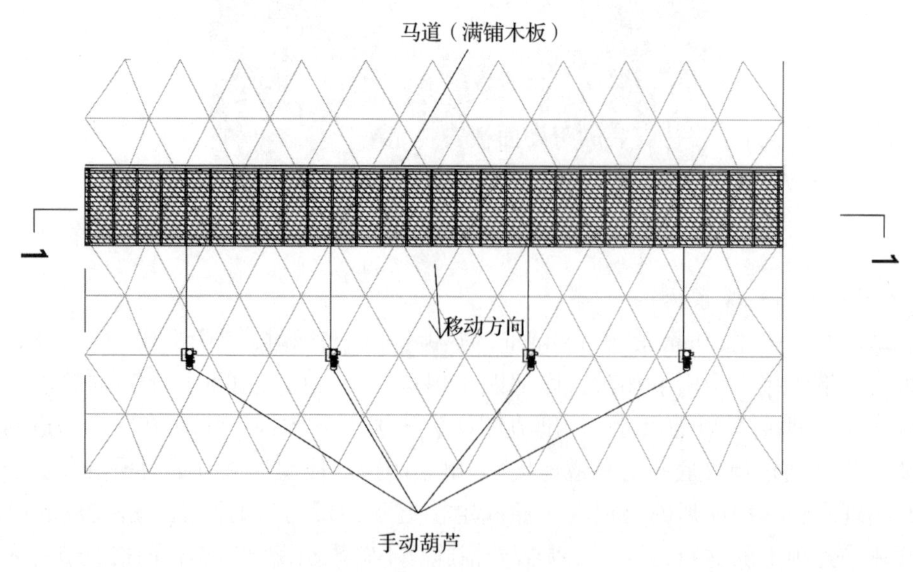

图 6　外牵引机构设置示意图

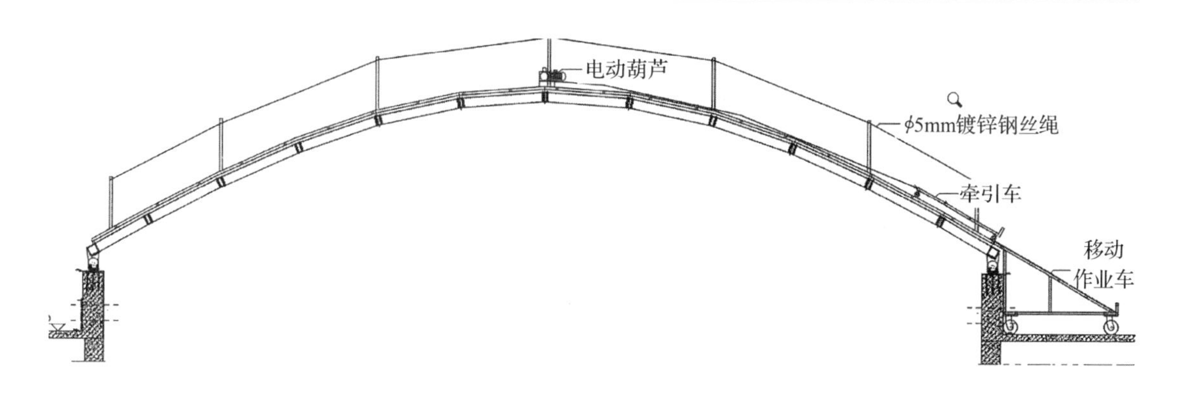

图 7 可移动式马道剖面图（体现作用关系）

图 8 手动葫芦与马道连接

图 9 手动葫芦与钢结构端连接

4.2.5 面板运输及安装

面板采用专用铁架吊至屋面后，分类和编号堆码整齐待用。将待安装的面板抬放至牵引车上，启动电动葫芦，将载有面板的牵引车牵拉至面板待安装的位置附近。安装人员将面板材料取下，对号入座，将面板安装至正确的位置并固定。同时，操作电动葫芦放绳，继续放置面板。依此类推，直至将待安装的跨度面板安装完毕。

4.2.6 整体移动马道系统

单跨面板安装完成后，4 名安装人员利用原钢结构的安全绳保障系统行走至外牵引系统的 4 台手动葫芦处。由 1 名人员指挥，同时操作手动葫芦，将曲形马道及其上的牵引车整体牵拉至下一待安装跨度。如遇局部倾斜的情况，可单独牵拉局部的手动葫芦。牵拉完毕后，采用吊带或绳索将马道的曲梁两端与钢结构绑扎固定。

在整体移动马道的过程中，曲形梁会与采光顶的连接件部分产生摩擦，会损伤连接件的顶部表面的油漆。因此，需要局部修补油漆。顶部表面属于不可见部分，防火涂料采用滚涂方式进行修补，油漆采用涂刷修补。

油漆修补完成后，再重复本步骤进行面板安装，直至面板安装完成。整体安装完成后的效果如图 10 和图 11 所示。

图 10　异型采光顶完成外景图

图 11　异型采光顶完成内景图

5　结语

工程项目通过本技术的充分利用，保障了安装质量，节约了措施费，在前面工序移交滞后的情况下保障了工期。本技术中所采用的材料均为常规规格，取材快且可废旧回收利用。相应的小型机械设备为工程通用设备，无须单独采购。最关键为占用场地小，能实现快速安装、提高工效的目标。尤其对场地狭窄又要求赶工的项目，优势体现更为明显。另外，采光顶涉及最重要的断水功能，快速安装完成后，对于本单位和其他单位极为有利。本技术满足快速建造、节能、节地等多项要求，虽存在修补油漆、涂料等工作，但总体上优势突出，为类似的异型采光顶施工提供了新的思路，具有广泛推广和应用的价值。

参考文献

［1］ 温明．关于对异型玻璃采光顶施工技术的探讨［J］．中国建筑金属结构，2013（12）：78.

建筑室内装饰工程的装配式施工工艺研究

李红艳　梁建林　苏志超　齐富利

中建五局装饰幕墙有限公司　长沙　410000

摘　要：在建筑室内装饰装修过程中，预制件装饰和装修已成为内业时尚，应用范围非常广泛。在装饰工程中，装配式装修的优点是以往传统施工技术无法比拟的。但对其出现的问题，我们应积极地创新和改变。质量始终是生产和工程的最重要和最后的底线，不能逾越。由于装配式施工在安全、进度和成本节约等方面的优势可见，我们应该抓住这个机会，使其不断完善，为装饰事业发展做出贡献。

关键词：建筑室内装饰；装配式施工工艺；策略分析

1　室内装饰工程装配式施工的概述

1.1　装配式装修

装配式装修指的是将工业化生产的部品部件通过可靠的装配方式，由产业工人按照标准化程序采用干法施工的装修过程。干式工法装配是一种加速装修工业化进程的装配工艺，规避湿作业的找平与连接方式，通过锚栓、支托、结构胶粘等方式实现可靠支撑构造和连接构造；管线与结构分离主要是指将设备与管线设置在结构系统之外的方式，在装配式装修中，设备管线系统是内装的有机组成部分，填充在装配式空间六个面与支撑结构之间的空腔里；装修部品之间的系统集成、规模化、大批量定制。装配式装修是装修建造方式的深度变革，从传统的工匠向产业化工人变革、从现场加工到移动整装车间的变革，实现了现场去环节、去手艺、去浪费、去污染的优化。

1.2　预制施工过程

（1）将建筑设计与装修设计一体化，通过结合BIM建模协同设计，达到标准化设计。

（2）将产品统一部品化，部品统一型号规格及设计标准，达到工业化生产。

（3）将工业化生产部品由产业工人现场装配，通过工厂化管理，规范装配动作和程序，达到装配化施工。

1.3　装配式装修的优势

与传统装修相比，新型装配式装修在成本、进度（表1）、环境（图1）等方面有着无法比拟的优势。成本节约体现在用工数量减少、材料现场加工损耗和运输成本减少，人工成本节约70%，工厂生产原材料节省量达到20%；施工进度优势体现在工厂化部品由产业工人现场装配，每平方米施工进度提速73%~76%；绿色装配在节水、节电、去污染、去加工方面有突出表现，项目全程节能降耗率达到70%，为促进绿色节能减排和可持续发展奠定了基础。

表1　传统装修与装配式装修用工量对比

传统装修		装配式装修	
工期 （暂定共72户，每户面积123m^2）	90日历天	工期 （暂定共144户，每户面积123m^2）	50日历天

续表

传统装修			装配式装修		
总用工量		9600 工日	总用工量		5800 工日
工种	技能要求	平均用工量	工种	技能要求	平均用工量
水电工	专业技能	135 工日/户	电工	专业技能	40 工日/户
泥工			安装工	产业工人	
木工					
油漆工					
优势：$1m^2$ 提速 73%~76%、工种减少 60%、成本降低 70%。					

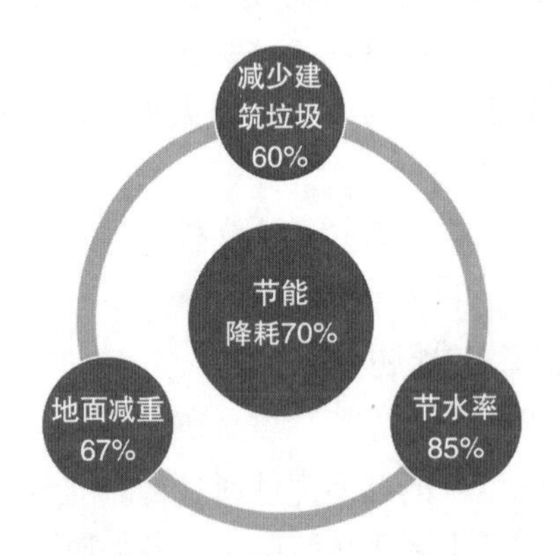

图 1　装配式装修环境优势

2　建筑室内装饰工程应用装配式施工需要注意的事项

2.1　制订完善的施工方案

传统的施工规范和标准已经不适应装配式施工的要求，因此，我们要根据室内建筑结构及格局、客户装饰要求、装饰材料特性制订完善的施工方案。明确室内前期的改造项目、预制构件的制作任务、安装施工的程序、后期支撑及养护计划等，确保整个施工过程按照正确的路线和标准，从而确保室内装饰工程的施工效果。例如，预制施工过程需要将一定量的墙上材料进行工厂加工，然后将半成品运送到施工现场组装，最后完成装饰墙建设。

2.2　关于施工管理方面

作为一个房屋的整体工程，装修施工极其复杂，所用的木料品类众多，施工人员较多，这就需要我们提前做好施工准备，以减少出错。然后，必须熟悉施工图纸，针对特定的施工合同需求，尽最大努力去了解每一个组件的细节。而且要考虑自身及气候等自然条件，一丝不苟地完成所有设计内容。建筑室内装饰工程的装配式施工必须做到材料、技术和人员的有效协调。例如，不同岗位的员工，需要在自己的位置，按照工作责任制的要求，对各种特殊情况和意想不到的问题必须及时报告，促使预制施工。室内装饰工程施工能够实现灵活调整的影响，对未来的工作安排，可以做出更多的杰出贡献，和整个的发展空间相对较大，而不是更多的监督。在施工管理过程中，必须加强前期、中期和后期的有效管理。预制施工是建筑室内装饰工程的一种特殊措施和方法。通过定期维护，能很好地处理各种特殊情况，总体上有较大的发展空间。

3　建筑室内装饰工程应用装配式施工工艺分析

装配式施工技术具有施工快捷、省时省力省钱等特点，但我国在这方面经验不足，还存在很多欠缺，需要长时间的摸索和实践。以往的住宅建筑装修以粗放式施工为主，根据不同业主需求，可造型多样性、审美多元化，但不能保证及提高施工品质。

目前装配式施工主要可分为装配式隔墙部品安装、装配式墙面部品安装、装配式架空地面部品安装、集成卫浴部品安装、集成厨房部品安装、集成采暖部品安装等；通过放线定位→龙骨及架空模块安装→集成厨卫→饰面安装→灯具、洁具、门施工流程进行安装。就目前装配式施工，怎样才能更好地既满足人们的需求，提升品质和居住体验，如何改进装配式装修施工技术，是目前必须关注和深思的问题。

3.1　放线定位

现场根据深化图纸放出龙骨位置线、孔位、完成面控制线并开出龙骨孔位。

3.2　水道管的施工

这是装修工程施工过程中最关键和重要的一个环节，因为一体化供水管道一旦出现问题，不仅会影响居民的利益，还可能对其他部位造成严重破坏。通过实践验证和研究人员不断研究，根据防火、隔声、防水等性能要求及设备设施安装需求确定装配式隔墙构造及厚度，实现管线与结构分离和薄法同层排水。如此，即使出现问题，影响也相对较小。但在综合供水管道施工过程中，必须注意以下问题：

（1）供水管道中的表阀不能与用户的供水支管连接。

（2）供水管道排水管敷设时，各管道所在的位置必须是平行的，根据房屋的实际情况再来确定管道高度和与管道之间的连接位置；冷水与热水管道的所在位置必须非常精确。右侧敷设热水管，左侧敷设冷水管，不能出现差错。

3.3　集成厨卫安装

3.3.1　集成卫浴部品安装

集成卫浴部品是由集成吊顶系统、快装墙面系统、套装门窗系统、快装给水系统、快装地板系统、架空地面系统、薄法排水系统等构成，通过工厂组装部件运输至现场干式工法组装而成。相比较传统湿作业的卫生间，集成卫浴全干法作业，成倍地缩短装修时间，特别突出的是连接构造可靠，能够彻底规避湿作业带来的地面漏水、墙面返潮、瓷砖开裂或脱落等质量通病。与传统装修比较，集成卫浴整体减重超过 67%。

3.3.2　集成厨房部品

集成厨房部品是由地面、吊顶、墙面、橱柜、厨房设备及管线等通过设计集成、工厂组装部件运输至现场干式工法组装而成，现场装配率 100%。

3.4　装配式墙面部品的施工工艺

3.4.1　装配式隔墙部品

隔墙部品一般采用轻钢龙骨系统+隔声岩棉等材料通过工厂组装加工成半成品运输至施工现场；布局灵活，适用于室内任何分室隔墙，并填充环保隔声材料具有隔声降噪功能。该部品轻薄坚固、适用性强，且管线集成灵活布置，并缩短现场施工时间。

3.4.2　装配式墙面部品

装配式墙面部品是在既有平整墙面、轻钢龙骨隔墙或者不平整结构墙等基层上，采用干式工法现场组合安装而成的集成化墙面，由自饰面硅酸钙复合墙板和连接部件等构成。可以根据使用空间要求进行不同的饰面复合技术处理，形成壁纸、布纹、石纹、木纹、皮纹、砖纹等各种质感和肌理的饰面，也可以根据客户需要定制深浅颜色、凹凸触感、不同光泽的产品。根据不同空间的防水、防潮、防火、采光、隔声要求，特别是视觉效果以及用户触感体验，可以选择相适应的自饰面墙板。自饰面硅酸钙复合墙板在工厂整体集成，在装配现场不再进行墙面的批刮腻子、裱糊壁纸或涂刷乳胶漆等湿作业即可完成饰面。

3.5 装配式吊顶施工工艺

在吊顶装修施工过程中，最难处理的就是缝隙问题。吊顶顶面的质量直接关系到金属板的切割效果，对技术要求非常高。而在实际吊顶装修施工过程中，则需考虑其所使用的材料，材料的选择必须结合业主的喜好和经济条件。室内吊顶最常用的两种材料是矿棉板和石膏板，安装时必须采用轻钢龙骨作为基面层，再用材料固定在面层上，最后再刷涂层。但是，需要注意的是，施工前必须进行测量。首先，需要安装骨架和滑动板，注意施工设备的匹配，这样做的目的是为了更好地保证预制施工的整体性。其次，要考虑的就是安装过程，分析所用材料的特点。

3.6 装配式地面施工工艺

在地板的铺设中，应先考虑所用地板的材料，在选材的过程中要优先考虑房主个人喜好和经济条件。例如，使用复合地板时，在进行铺设之前要对地板进行精密的测量，铺设过程中要考虑预算问题。普通地板和实木地板虽然铺设要求极高，但是近几年出现的无膨胀螺钉技术解决了这个问题。铺设地面时经常采用快速安装形式模块。

4 结语

综上所述，装配施工可以提高项目的整体进度和效率，节省成本，提高建筑装饰的外观质量，减少人力资源和技术难度，提高经济效益。

参考文献

[1] 装配式混凝土建筑技术标准：GB/T 51231—2016［S］. 北京：中国建筑工业出版社，2016.

[2] 季文杰 . 分析建筑室内装饰工程的装配式施工工艺研究［J］. 江西建材，2019（8）.

[3] 杨晨 . 阐述建筑室内装饰工程的装配式施工工艺［J］. 居业，2019（3）.

[4] 丁盛梅 . 关于建筑室内装饰工程的装配式施工工艺研究［J］. 建材与装饰，2019（40）.

建筑装饰装修施工质量管理要点及优化对策

杨浴晖　欧阳辰涛　高　华　齐富利

中建五局装饰幕墙有限公司　长沙　410000

摘　要：提高建筑装饰装修施工质量，有利于促进我国建筑行业的长远发展。为了解决我国建筑装饰装修施工中存在的问题，建筑企业应从多方面入手，通过提高工人的技术水平、严格把控施工材料的质量，从根本上提高工程的质量，为我国建筑行业的快速发展奠定坚实的基础。

关键词：建筑施工；装饰装修；质量管理；要点及对策

1　建筑装饰装修工程概述

建筑装饰装修工程就是建筑物完成主体工程施工后，对建筑物采用一定的装修材料进行装饰，提高建筑的美观度，从而满足人们的审美要求，增加建筑工程的使用价值和功能。建筑装饰装修工程一般包括房屋地面设计、墙面美化、门窗安装等内容。通过对建筑物的表面进行装饰，可以对建筑物存在的不足或者不合理的地方进行改进，提高建筑物的使用价值。

2　建筑装饰装修工程的施工特点

2.1　施工过程具有复杂性

人们对建筑物的装修风格要求不同，整个施工过程也会有所不同，从而增加了施工过程的复杂性。在施工过程中，需要充分考虑建筑物的主体结构，根据房屋的主体结构进行装修设计。装饰装修的施工环节众多，部分施工环节之间会有互相重合的部分，对两个环节之间的衔接部分要求比较高，如果没有处理好衔接部分的工作，就会造成施工质量问题，影响整个工程的顺利进行。

在进行整体地面施工时，因施工进度等原因，当铺贴墙面块料而无法进行整体地面的施工时，导致同部位墙面块料无法确定整体标高，在整体地面施工完成后，极容易出现块料墙面与整体地面接缝处不齐，更有甚者出现2cm以上的接缝宽度，费时费料，影响整个工程的顺利进行。

2.2　装饰装修施工工期紧张

装饰装修工程在整个建筑工程中的施工时间比较短。在整个建设工期，部分建筑企业为了缩短整个工期，将建筑施工和装饰施工同时进行，导致装修施工的工期非常紧张。

装饰装修平均工期为200d，相对于建筑平均工期1~2年，时间较短、工期紧，导致装饰装修施工质量欠佳。

2.3　装饰装修的材料种类繁多

随着人们生活水平的不断提高，企业为了满足人们的审美需求，生产出了各种各样的装饰材料，为装饰装修提供了多种选择。装修工程在选择装修材料时，应选择高质量的环保材料，既可以保证装修的效果，还可以防止劣质装修材料对人体产生危害。

在许多大型建筑中，使用的装饰装修材料种类繁多，平均达到50多种，致使施工工艺不同、部位不同、材料质量也存在高低不一，所以材料进场时要严格检验，不同的施工工序与部位要及时进行交底，以提升现场的装饰装修施工质量。

3　我国建筑装饰装修施工现存问题

3.1　施工人员综合素质普遍不高

施工人员作为整个建筑装饰装修工程的操作者，直接决定了整个工程质量的高低。从我国现阶段的装饰装修企业来看，多数施工人员的综合素质普遍不高，缺少专业的理论基础和施工技术，安全意识淡薄，导致整个装饰装修工程的施工质量存在一定的安全隐患。多数企业为了缩短整个工程的工期，提高工作效率，降低门槛，大量招聘人员，在正式上岗前没有进行培训和强化安全意识，工人在施工过程中难以运用专业的施工技术进行操作，降低了整个工程的装修效果和质量。部分企业对工人缺乏硬性规定，导致工人没有严格要求自己的工作行为，甚至出现违规操作的现象，降低了工程的施工质量。

如在踢脚线施工过程中，如果未对工人及时进行技术交底，可能会造成建筑主体铺贴的踢脚线完成面平整度较差，致使后期返工等，影响工程的顺利进行。

3.2　缺少对施工技术的规范要求

专业的施工技术为装饰装修工程的安全质量提供重要保障。随着科技的不断进步，施工技术也朝着多元化的方向发展，部分施工企业没有对工人进行统一培训，多数工人还在使用传统的施工技术，导致装饰装修的效果和质量无法满足社会的需要。我国建筑物由于装饰装修工程技术不达标，造成安全事故的现象屡屡发生，对整个工程产生了负面影响。

3.3　未严格选取施工材料

施工材料的选择是整个装饰装修工程的关键环节，材料的质量直接决定着施工的安全质量。但是，从我国建筑装饰装修总体情况来看，多数施工材料的质量都不过关，难以达到施工的基本要求，影响整个建筑物的美观性，降低建筑物的使用价值。部分施工企业为了获得最大的利益，降低成本投入，选用不合格的施工材料，从而降低了装饰装修的施工质量。少数装饰装修材料市场贩卖劣质的施工材料，导致建筑企业在购买材料的过程中难以分辨真假，如果购买到劣质的装修材料，那么会使建筑质量存在一定的安全隐患。

4　建筑装饰装修施工质量管理要点

4.1　轻质隔墙工程的质量管理要点

轻质隔墙在装饰装修工程中主要用于室内空间的分割。在施工过程中，应根据设计图纸固定好墙体的架构，确保龙骨和墙体之间形成90°直角，以保证提高轻质隔墙工程的施工质量。

4.2　吊顶工程质量管理要点

装饰装修工程中吊顶工程的施工工序非常繁琐，包括排板、龙骨安装、罩面板安装、灯具等安装工作。在正式施工之前，工人需要精确地测量出房屋的实际高度、洞口的标准高度以及相关支架标高等数据，同时，熟悉掌握吊顶内部的管道设施，避免在施工过程中相互影响。在安装龙骨时，应根据要求合理设计出龙骨的分档线，固定龙骨的位置。正常情况下，龙骨的起拱高度一般为房屋横向跨度的1‰~3‰，合理安排好主龙骨和次龙骨的位置，如果龙骨和吊杆之间的距离超出了300mm，就需要加设吊杆强化龙骨的稳定性。

4.3　地面装饰工程的质量管理要点

在进行地面装饰装修工程时，先完成地下施工，再进行地上施工。地下沟槽和管道施工完成后，要及时进行检查，保证其施工质量达标后才能进行后续的施工。装饰装修地面施工过程中，应严格控制施工环境的温度，保证地面施工材料的正常使用。每完成一项施工环节，都要进行严格的检查，不能因过于追求施工进度而降低工程质量。

5　建筑装饰装修施工质量优化对策

5.1　加强对现场施工质量的监督管理

对装饰装修工人现场施工行为进行监督管理，可以有效提高装饰装修的施工质量。公司应安排专业的安全技术人员对工人的施工行为进行监督，保证施工行为的规范性。比如，在进行建筑物的管道安装时，需要工作人员按照要求严格选择管道的安装材料，提高管道材料的安全质量。在管道安装完成后，技术员应对管道的安装结果进行严查，保证每一个管道的接口都能紧密相连，防止管道出现松动等施工质量问题。

5.2　提高施工人员的综合素质

高素质的工作人员能够在施工过程中严格要求自己的工作行为，保证工程的施工质量。企业在选择工人时，应提高招聘标准，除关注应聘者的工作技能之外，还应重点考虑其综合素质。对在职的工作人员，企业应定期进行培训，使工人掌握先进的施工技术和专业知识，强化工人的安全意识，提高其综合素质，使施工效果和质量达到业主的要求。

5.3　严格选择施工材料

施工材料的质量直接决定整个工程的施工质量。施工企业在选择材料时应加大资金投入，选择高质量的装修材料，要求供货方提供材料的合格证明和检测报告，以防材料出现质量问题时没人承担责任。在对材料进行运输和保存的过程中，应做好相应的防水、防潮、防晒等保护工作。

6　结语

综上所述，提高工程施工质量是整个建筑工程的首要任务。只有保证整个工程的质量安全，才能保证人们的使用安全。近年来，人们对建筑物的要求越来越高，在房屋装修方面，不仅要求装饰装修的质量，还要求提高装修效果的美观度。但是，从我国目前情况来看，因建筑装饰装修质量问题而影响人们后续使用的现象屡见不鲜，不仅影响人们的正常生活，严重的还会对人们的身体健康造成威胁。在激烈的建筑装饰装修市场竞争中，如何提高施工质量，提高整体核心竞争力，是每一个建筑企业亟需思考的问题。

参考文献

[1]　张延飞．分析建筑装饰装修施工质量管理要点研究［J］．江西建材，2019（23）．
[2]　卞要雨．关于建筑装饰装修施工质量管理要点及优化对策［J］．居舍，2019（35）．

浅谈医院品质提升项目中无机涂料的探索与应用

何 进 苏 毅 贺小燕

中建五局装饰幕墙有限公司 长沙 410004

摘 要： 从20世纪70年代的改革开放到2001年加入WTO，再到现在的世界第二大经济体，我国经济飞速发展，同时医疗水平得到了快速提升，医院建筑及内部环境也得到极大完善。但是经过几十年的使用，许多医院都已经到了更新换代的时候，比如室内设备老旧、光线昏暗、瓷砖破损、墙皮发霉脱落等。为了满足人们的需求和时代的进步，医院的品质提升行动刻不容缓，亟待更新换代。无机涂料以其良好的不燃性、透气性、无菌性以及环保性等特点得到广泛使用。它是一种以无机材料为主要成膜物质的涂料，是符合环保要求的高科技换代产品，广泛用于现代建筑装饰工程。本文重点从阻燃性、透气抗霉性和环保性等方面对医院品质提升项目中的无机涂料应用进行总结分析。

关键词： 装饰技术；品质提升；无机涂料；选型原则

1 前言

由于医院属于密集人群流动的特殊公共场所且24h运营，缺少对室内装饰的大型维护，导致很多室内墙体表面出现墙皮脱落、发霉等问题。因此，在现有新技术、新材料的选用上，室内墙体涂料必须考虑产品的长久稳定性和健康环保性。

本案以赣州市南康区第一人民医院项目为例，从选型原则和工程案例两个方面对医院品质提升项目中的无机涂料的应用进行探析。

2 选择无机涂料的基本原则

无机涂料是替代原有乳胶漆的环保高科技换代产品，大部分用于室内顶棚和墙面。医院建筑环境对无机涂料的特性有着严格的要求，因为长期处于这种环境下工作和生活的人们，多为医院的医护人员、患者和陪护者，所以，必须在确保材料环保的同时，既满足美观效果，又满足实用效果。因此，无机涂料的设计方案和材料选型需要遵循一些特殊的基本原则。

2.1 符合阻燃材料规范的原则

医院属于人员高密度集中区域和病患治疗中心，每日大量人流涌入，往往医院大厅是人挤人、排长队，电梯厅是一批又一批人员出入，医院的消防要求也是按最高标准进行设计和施工的，所以，我们在对医院进行品质提升时，就要对医院所使用材料的阻燃性进行筛选。大家都知道，火灾导致人员伤亡最直接的原因是烟雾窒息。根据《建筑内部装修设计防火规范》（GB 50222—2017）等消防安全相关规范的要求，所有公共建筑室内材料使用时必须达到防火B1级及以上，所有材料能够在一定时间内阻止材料快速燃烧，并能在高温下难以燃烧，以减少室内有害烟雾排放，不易发生火灾蔓延，留给人们疏散撤离的时间。常规的乳胶漆在遇明火和烟熏之后，墙面及顶棚会有明显的熏黑情况，且不耐高温，有脱落风险，而无机涂料因其特性，抗温性能特别好，不但在1200℃的高温下不会燃烧，而且还有阻燃效果，因此，无机涂料在现代建筑装饰中得到广泛使用，是代替乳胶漆材料的不二之选。

2.2 较高质量的透气抗霉标准原则

医院属于密集人群流动的特殊公共场所，容易导致细菌的滋生和传播，是细菌高度传播的公共场所之一，同时，也是细菌繁殖最理想的地方之一。比如，医院的卫生死角内经常存在乳胶漆脱壳、发霉等现象，给人们一种脏乱差的印象。因此，在选择墙面装饰材料时，就要考虑医院的特殊环境和材料的长久稳定性。

相比较于传统的乳胶漆，无机涂料因具有无机物之特性，有很好的防水性和透气性。它能使室内水分自然地向外挥发，同时具有过滤碱性物质的作用，可有效地避免面层脱壳和起气泡。另外，无机涂料还具有碱的特性（pH 值在 10.5 以上），能杀灭菌类及苔藓孢子，其良好的透气性能够保持室内干燥，因此不再需要用化学品消杀的方式来抵抗霉菌。

2.3 高环保标准的原则

无机涂料之所以为环保材料，是因为其生产基料取自于自然界的矿物质，而自然界拥有丰富的矿物质，是一种新型的环保材料，并且无机涂料基料的生产和使用多数是以水为分散介质，对环境和健康影响较小。另外，无机涂料的耐老化性能是绝大多数乳胶漆很难达到的。比如，无机涂料具有很好的稳定性，使用寿命达十余年甚至更长，且涂刷完后期无脱壳、发霉等问题，因此，拥有较好的经济性能。其次，无机涂料多数呈碱性，更适合与含碱性的水泥砂浆等基料配合使用，通过与其中的石灰发生化学反应，能够有效地和基层形成一体，拥有更好的附着力。

3 医院无机涂料的实施

3.1 案例基本情况

赣州市南康区第一人民医院是当地唯一一所集医疗、教学、科研为一体的三级综合医院，医疗服务范围涵盖当地县镇乡，新院于 2012 年投入使用。现室内装修已出现严重的乳胶漆脱壳空鼓（图 1）、乳胶漆发霉长菌（图 2）、乳胶漆暗淡失光（图 3）、门窗老旧（图 4）现象。

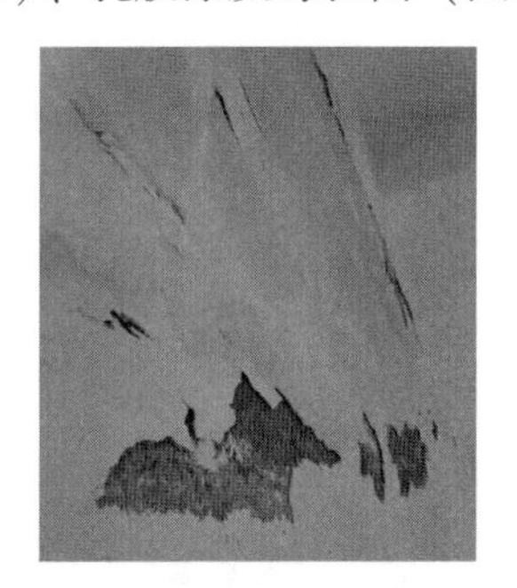

图 1　乳胶漆脱壳空鼓

图 2　乳胶漆发霉长菌

图 3　乳胶漆暗淡失光

图 4　门窗老旧

3.2　无机涂料实施要求

经过现场踏勘，南康区第一人民医院室内墙体乳胶漆部分已经存在严重的质量和安全隐患。根据《建筑工程施工质量常见问题预防措施（装饰装修工程）》（16G908-3）等质量预防措施相关规范的要求以及结合现场实际情况分析，我们先将医院室内的墙体大致分为三类来分别处理：外墙内侧墙面基层处理、内墙内侧墙面基层处理、内外墙面面层处理。

外墙内侧墙面基层部分由于受外墙影响，存在渗水浸泡过的痕迹。对此，我们对原有乳胶漆、腻子层铲除至水泥砂浆面，采用 JSA-101 聚合物水泥基防水满涂，待干后再挂网涂刷防水砂浆，完成基层准备工作。

内墙内侧墙面基层部分由于未受外墙影响，只有部分墙体开裂现象。对此，我们对原有乳胶漆、腻子层铲除至水泥砂浆面，挂网涂刷水泥砂浆，完成基层准备工作。

内外墙所有墙面喷涂渗透性抗碱底漆，待干透后，满刮腻子三遍，打磨完成验收后即进行无机涂料喷涂施工，完成面层工作（图 5）。

图 5　完工后的无机涂料

4　结语

无机涂料以其良好的不燃性、透气性、无菌性以及环保性等特点，案例应用后，进一步提高了医院的医疗环境质量，在新一轮的医院建设改造中产生了良好的社会效应。

养护条件对地质聚合物混凝土的影响

陈伟全[1]　欧阳舜添[1]　朱文峰[1]　黄朕宇[2]　陈霄鹏[1,3]

1. 湖南省第六工程有限公司　长沙　410015
2. 湖南建工建筑材料有限公司　长沙　410015
3. 湖南省机械化施工有限公司　长沙　410015

摘　要：本文旨在研究不同养护条件对矿渣粉和偏高岭土基地质聚合物混凝土性能的影响。试验采用了从低到高三种相对湿度的养护条件，分别为：（1）温度为 20℃，相对湿度为 50%；（2）温度为 20℃，相对湿度为 90%；（3）温度为 20℃的水下养护，并对试件的抗压强度、劈裂抗拉强度、动弹性模量和收缩率进行跟踪检测。试验结果表明，低相对湿度的养护条件将导致地质聚合物的抗压强度、劈裂抗拉强度及弹性模量降低。在 90% 的相对湿度下，地质聚合物的孔隙率和收缩率将降低，得到更好的机械性能。水下养护可以有效防止地质聚合物混凝土的收缩，并且不会产生明显的膨胀效应。

关键词：地质聚合物；养护条件；矿渣粉；偏高岭土；机械性能

近十年来，由于水泥生产对环境造成的巨大影响和不可再生资源储量的下降，人们开始关注可以替代硅酸盐水泥的环境友好型胶凝材料。地质聚合物属于碱激发胶凝材料，由于生产过程碳排量低，并可利用工业副产品或建筑废料作为原材料进行生产，是一种新型绿色建材。

与水泥混凝土相比，地质聚合物混凝土具有更好的耐火和耐高温性能，以及更好的耐酸碱腐蚀性能。然而，地质聚合物的工程应用推广因很多技术上的问题没有克服而受到局限。其中之一就是地质聚合物对于养护条件比较敏感，特别是在露天养护或者是在水下养护的时候，温度变化直接会影响到强度的增长。通常，地质聚合物混凝土在高温养护下能有效提高其早期强度。但养护温度超过 60℃时，地质聚合物易出现气泡和不均质结构，强度反而会降低。

目前对于地质聚合物养护温度的影响已经有了较为深入的研究，但对养护湿度的研究却较少，对地质聚合物在水下养护的文献更是稀缺。并且，大多数研究通常是基于单一硅铝质材料进行试验，对采用矿渣粉与偏高岭土混合物的研究较少，且关于地质聚合物混凝土的收缩率的报道也相对较少，而混凝土的收缩将直接影响到其机械性能和耐久性，因此拓展这方面研究很有必要。

本文在低、高相对湿度和浸入水中三种养护条件下，对矿渣粉/偏高岭土基地质聚合物的性能进行探究。研究的主要目的不是提出一种改善地质聚合物性能的处理方法，而是了解地质聚合物应用在工程中的性能，如在不同相对湿度的地区建造的地质聚合物结构，或者是用于水下混凝土的情况。

1　试验

1.1　原料及试剂

本试验采用益阳市鼎盛新型建材有限公司生产的S95级粒化高炉矿渣粉。偏高岭土采用灵寿县盛运矿产有限公司生产的偏高岭土。粉煤灰和偏高岭土的化学组成见表1。

表1　粒化高炉矿渣粉和偏高岭土的化学组成

成分	SiO_2	Al_2O_3	Fe_2O_3	CaO	Na_2O	TiO_2	MgO	K_2O	MnO
矿渣粉（%）	34.2	12.1	0.89	41.3	0.42	0.65	5.12	0.23	0.13
偏高岭土（%）	55.1	39.4	1.8	0.6	0.42	1.5	—	0.58	0.13

通过NaOH片碱（纯度≥98%）溶于水中，配置成10mol/L的NaOH溶液，碱激发剂为10mol/L的NaOH溶液与市售工业水玻璃（液体Na_2SiO_3，模数为3.36）的混合溶液。

细骨料采用河砂，含泥量≤3%。粗骨料采用破碎后的花岗岩碎石。

1.2　配合比设计

地质聚合物混凝土的不同配合比见表2。地质聚合物混凝土的设计密度取2318kg/m³，砂率为46%，矿渣粉与偏高岭土的掺量取300kg/m³，激发剂的掺量取150kg/m³，除骨料达到饱和面干状态所需水分外，不额外掺入水分或减水剂。

表2　地质聚合物的配合比

试验组编号	矿渣粉（kg/m^3）	偏高岭土（kg/m^3）	粗骨料（kg/m^3）	细骨料（kg/m^3）	水玻璃（kg/m^3）	10M氢氧化钠溶液（kg/m^3）	总密度（kg/m^3）	养护条件
1	150	150	1008	860	107.2	42.8	2318	相对湿度50%，温度20℃
2								相对湿度90%，温度20℃
3								水下养护，20℃

为了探究相对湿度和水下养护对地质聚合物性能的影响，本试验采用了三种养护条件：（1）相对湿度50%；（2）相对湿度90%；（3）水下养护。养护温度均为20℃。为测定抗压强度、弹性模量及膨胀收缩率，混凝土分别制作为（1）100mm×100mm×400mm的棱柱体试件及100mm×100mm×515mm的棱柱体试件，用于测定收缩率的试件两头预埋测头，以便使用卧式混凝土收缩仪进行测量。

试模制作好后，将做好标记的试模放入养护室进行养护，24h后拆模。养护室中温度为20℃±2℃，相对湿度为50%。

1.3　混凝土配制

混凝土配置中，粗骨料及细骨料提前测定其达到饱和面干状态所需水分的百分比，试配时按比例添加水以使骨料达到饱和面干状态。骨料与粉煤灰和矿渣粉在搅拌机中搅拌1~2min使之混合均匀，然后匀速加入碱激发剂，充分搅拌2~3min得到地质聚合物混凝土。

1.4　试验方法

抗压强度、劈裂抗拉强度使用液压伺服试验机进行测定，加压速率分别为0.5MPa/s和0.05MPa/s。根据《普通混凝土长期性能和耐久性能试验方法标准》（GB/T 50082—2009），采用动弹性模量测定仪，测定混凝土棱柱体时间的自振频率，根据以下公式计算试件的动弹性模量：

$$E_d = 13.244 \times 10^{-4} \times WL^3 f^2 / a^4 \qquad (1)$$

式中　E_d——混凝土动弹性模量（MPa）；

a——正方形截面试件的边长（mm）；

L——试件的长度（mm）；

W——试件的质量（kg）；

f——试件横向振动时的基频振动频率（Hz）。

收缩试验采用卧式混凝土收缩仪进行测量，测量标距为540mm，装有精度为±0.001mm的测微器。在试件成型60d内定期测量试件的应变变化，并且跟踪记录试件的质量损失，以探究养护条件对体积变化的影响。

2　试验结果及分析

2.1　养护条件对地质聚合物机械性能的影响

三组试验组的抗压强度和劈裂抗拉强度分别如图1和图2所示。由图1可知，三种养护条件下的地质聚合物混凝土的28d强度都超过了40MPa，在混凝土龄期为第三天时，地质聚合物强度即达到28d强度的50%，这也是地质聚合物具有较高早期强度的特点之一。由图可知，试验组1的强度是三组试验组中最低的，而试验组2在试验中取得了最高的抗压强度和劈裂抗拉强度，28d抗压强度为48MPa，28d劈裂抗拉强度为3.9MPa。水下养护的试验组相比相对湿度为50%的试验组的强度略高，而比相对湿度为90%的试验组的略低。从第三天到第七天，地质聚合物的抗压强度均有较高幅度的增长，均增加了约15MPa左右。而从混凝土的7d强度到28d强度增长更能看出养护条件对抗压强度的影响，试验组1、2、3的强度增长率分别为17.6%，23.1%和21.6%。

由图2可知，劈裂抗拉强度的成长幅度也展现了相似的规律。在早期，混凝土强度的增长很大程度上取决于水合铝硅酸钠的（N-A-S-H）合成，而矿渣粉颗粒水化反应的影响在这一时期并不明显。通常所知低钙地质聚合物的强度增长主要在早期阶段，而矿渣粉的含钙量通常较高，在高相对湿度或是水下养护的情况下，未与碱性溶液反应或是未完全反应的矿渣粉颗粒可以水化形成水合硫酸钙（C-S-H），因此试验组2和试验组3的7d到28d的强度增长比试验组1更为显著。

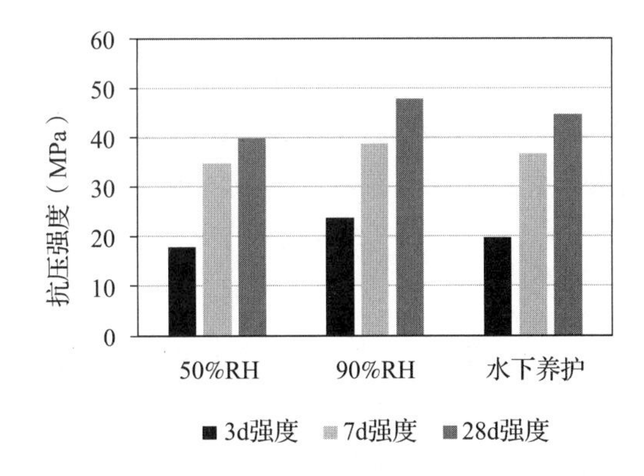

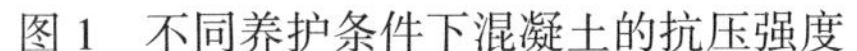

图1　不同养护条件下混凝土的抗压强度

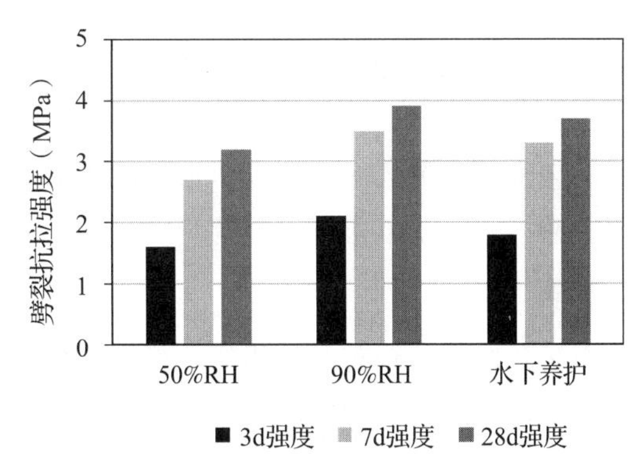

图2　不同养护条件下混凝土的劈裂抗拉强度

图3显示了三组试验的动弹性模量测试结果。由图3可知，在三种养护条件下，试件的刚度随时间推移而增加，这与试件强度的测试结果一致。其中试验组2的试件取得了最高的

测试数值，28d 弹性模量为 27.8GPa，而试验组 1 的试件的 28d 弹性模量最低，为 22.4GPa。相对地质聚合物的抗压强度来说，测试出的弹性模量是比较低的，因为正常 C40 硅酸蓝水泥混凝土应具有 32.5GPa 的弹性模量。这也是由于地质聚合物中原子键与水泥的不同而导致的。

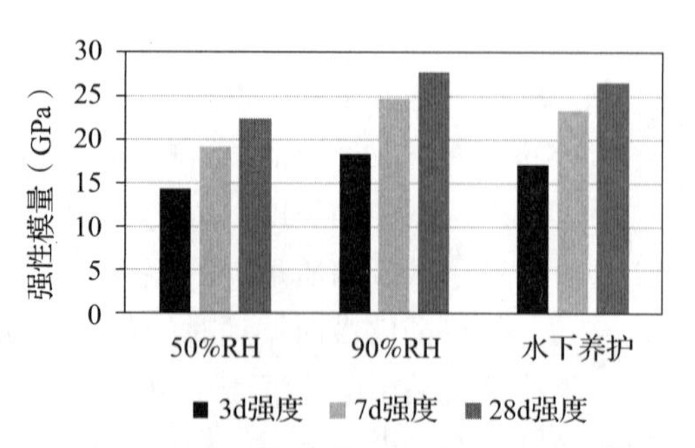

图 3　不同养护条件下混凝土的弹性模量

2.2　养护条件对地聚合物尺寸和质量的影响

不同养护条件下的地质聚合物混凝土的尺寸和质量变化如图 4 和图 5 所示。由图 4 可知，由于试件吸水，试验组 3 的试件在水中产生略微膨胀的现象，试件质量也略有增加。但试验组 3 的质量和尺寸变化范围很小，在 56d 内一直保持在 1%以内，在 14d 以后基本达到稳定。这一结果表明，水下养护是防止地质聚合物混凝土收缩的有效途径。

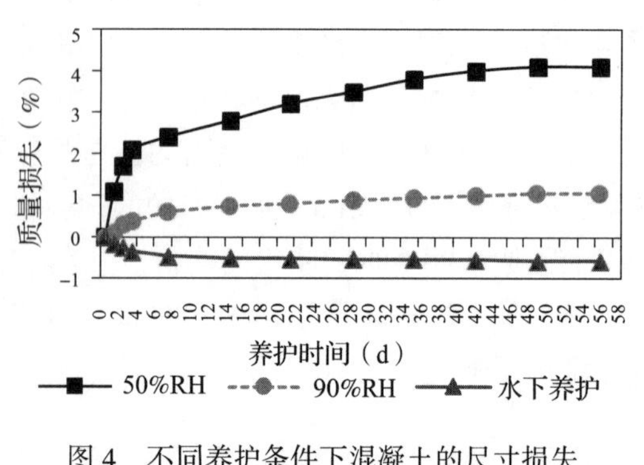

图 4　不同养护条件下混凝土的尺寸损失

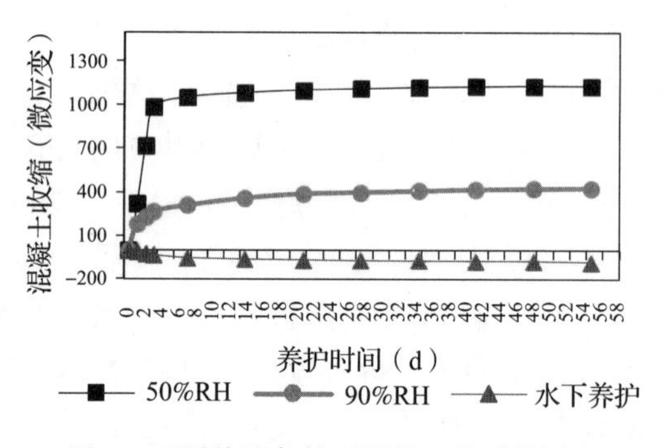

图 5　不同养护条件下混凝土的质量损失

伴随试件质量的减轻，试验组 1 和试验组 2 的试件体积也发生了收缩。这一现象在试验观察的早期最为明显，伴随时间的推移，试件变化的幅度也趋于平缓。通常所知，低相对湿度将导致试件体积的收缩。在试件体积达到稳定后，相对湿度为 50%的试验组的体积收缩率是相对湿度为 90%的 3 倍左右，这一试验结果也印证了这一结论。

试验组 1 的试件体积收缩在 14d 起趋于稳定，而试验组 2 的试件随着水分的蒸发，试件的体积继续收缩。这可能是由于在较低的相对湿度下，如 50%，早期水分的大量蒸发在地质聚合物结构内形成了大量的干缩裂缝，这些裂缝加剧了水分的蒸发速率。另一方面，在高相对湿度下（90%），空气中的大量水分阻止了地质聚合物内部的水分蒸发，游离水分子与未被碱激发剂溶解的矿渣粉发生水化反应形成地质聚合物凝胶，凝胶的形成使地质聚合物结构更紧密，进一步阻止了水分的蒸发。

3　结语

本文在低、高相对湿度和浸入水中三种养护条件下，对矿渣粉/偏高岭土基地质聚合物的性能进行了探究，得到结论如下：

（1）一般情况下，低相对湿度的养护条件将导致地质聚合物的抗压强度、劈裂抗拉强度及弹性模量降低。

（2）高相对湿度（90%）的养护条件有利于地质聚合物的机械性能的提升，并且其效果比直接在水下养护或者是相对湿度为 50%的条件下养护的效果更好。

（3）水下养护可以有效防止地质聚合物混凝土的收缩，并且不会产生明显的膨胀效应。此外，90%相对湿度的养护条件下也可以有效的缓解混凝土的收缩。

参考文献

[1] 郑娟荣，覃维祖. 地聚物材料的研究进展［J］. 新型建筑材料，2002（4）：11-12.

[2] 周筠，吴勇生，李如燕，等. 养护工艺对DHRS-FA地质聚合物材料强度的影响［J］. 硅酸盐通报，2013，32（11）：2325-2330.

[3] 中华人民共和国住房和城乡建设部. 普通混凝土长期性能和耐久性能试验方法标准：GB/T 50082—2009［S］. 北京：中国建筑工业出版社，2009.

[4] 陶文宏，付兴华，孙凤金，等. 地聚物胶凝材料性能与聚合机理的研究［J］. 硅酸盐通报，2008，27（4）：730-735.

[5] 彭晖，李树霖，蔡春声，等. 偏高岭土基地质聚合物的配合比及养护条件对其力学性能及凝结时间的影响研究［J］. 硅酸盐通报，2014，33（11）：2809-2817.

基于湖南广电项目的饰面清水混凝土施工配合比优化

寻 亮[1] 伍灿良[1] 张明亮[2] 江 波[1] 王大纲[1]

1. 湖南省第六工程有限公司 长沙 410015
2. 湖南省第二工程有限公司 长沙 410015

摘 要： 清水混凝土是在结构施工阶段一次浇筑成型，后期无外装饰处理，直接采用现浇混凝土的自然表面做装饰效果。它是混凝土结构中最原始也是最高级的表达形式，突出混凝土最本质的美感，体现其独有的“素面朝天”感觉。在清水混凝土的建筑中，混凝土设计配合比是清水混凝土工程的灵魂，是决定整幢建筑整体构成和色彩美感的基础。在实际施工中，为保证清水混凝土的工作性能和效果，需对配合比不断优化，其中原材料的调整以及外加剂的选择都是本文探讨的关键。

关键词： 清水混凝土；配合比；优化；原材料；外加剂

追求返璞归真的设计大师们，越来越多地考虑使用清水混凝土来衬托建筑的自然美。它是混凝土材料中最高级的一种表达，它显示的是一种混凝土最本质的美感，独具东方禅学的品位。清水混凝土的朴实无华、自然沉稳，以其独特的魅力受到越来越多的人青睐。

现阶段的清水混凝土与早期的纯混凝土构件有一定的区别。虽然都是一次浇筑成型，不再进行二次装饰或进行简单装饰；但现阶段的清水混凝土更系统地考虑螺杆孔、明缝、蝉缝等的布局，构件镂空、预埋、圆弧度以及垂直度的极致要求。清水施工工艺目前还处于累积和摸索阶段，但部分成品已经在美术馆、教堂等公共建筑中得到应用。本文就美术馆清水混凝土配合比优化进行了介绍和分析。

1 工程概况

湖南广播电视台节目生产基地及配套设施建设项目位于湖南省长沙市开福区金鹰影视文化城，地处长浏高速与京港澳高速交会处，是进入长沙市区的东部门户。项目两侧为长沙市世界之窗和海底世界，常年游客较多，社会关注度较大。

节目生产基地项目由7栋盒状单体建筑+1条400m长中央主轴组成，美术馆位于长沙世界之窗与海底世界之间，是湖南广电节目生产基地的西门户，同时也是人流量最大的区域。建成之后是举行讲座、论坛、艺术品展览、拍卖等的重要场所，也是长沙市区新晋网红打卡之地。美术馆内采用了大量饰面清水混凝土材料，总面积约3800m^2，清水混凝土从地下一层开始，主要分布在休息厅、楼梯间、走廊、电梯等候区、展厅等部位。室内设计的螺栓孔间距为0.6m×0.6m，清水面墙、柱的明、蝉缝以2.4m为模数整体交圈，圆柱则以1.2m蝉缝为模数交圈。本工程清水混凝土效果如图1所示。

图1 饰面清水混凝土效果图

2　饰面清水混凝土重难点分析

（1）业主对美术馆饰面清水效果要求高。基于业主单位性质，美术馆建成后将迎来众多观众和游客，对建筑自身美学要求高。美术馆装饰设计顾问单位（美国GTA建筑师事务所）对本项目清水混凝土效果要求严格，高于现行《清水混凝土应用技术规程》（JGJ 169—2009）规范验收要求；同时要求混凝土表面保护剂为无色透明材料，需要原汁原味体现清水混凝土的魅力。

（2）模板体系要求高。选对了合适的模板体系对清水混凝土工程来说就成功了一半，根据GTA要求，需采用中密度的木胶合模板，国内优质的木模板无法满足周转多次后表面平整度的要求。同时，模板吸水不均匀膨胀和自身鼓凸对整个清水混凝土成型效果影响较大。故在混凝土配合比优化阶段须选定合适的模板及加固体系，否则无法明确试验结果是否满足要求。

（3）混凝土原材料要求高。级配碎石对针片状、含泥量、压碎值等要求严格，不允许有煤矸石等颜色较深碎石，保证无杂物，且要求碎石同一产地、同一规格、同一颜色。故清水混凝土选用的级配碎石、河砂在采购前均经过专业设备清洗，保证含泥量远低于规范要求，且颗粒均匀。同时为保证整栋建筑成色均匀，减少产生色差风险，所有砂、石等原材料需一次采购完毕。

3　饰面清水混凝土配合比优化

施工前期，公司针对项目成立清水混凝土关键施工技术课题组，并组织对其他单位在建的清水混凝土建筑进行考察学习，明确了试验阶段的饰面清水混凝土色块及工作性能要求。针对本项目混凝土强度等级，进行相关配合比设计计算，再通过咨询有经验的行业专家，得到初始饰面清水混凝土配合比，见表1。

表1　初始配合比

强度等级	材料用量（kg/m³）						
	水	水泥	砂	碎石	粉煤灰	矿粉	外加剂
C40	155	290	800	1000	50	80	10.5

通过已确定的初始配合比进行试验，根据试验结果优化配合比，以满足本项目的饰面混凝土的工作性能以及饰面清水表观效果要求。

3.1　明确饰面清水混凝土原材料状况

（1）水泥：采用湖南地区水化热较低的海螺水泥厂生产的普通硅酸盐水泥，强度等级42.5MPa，凝结时间及安定性等各项性能都满足要求。

（2）碎石：选用江西矿区浅色碎石，压碎值10%以下，连续级配保证粒径在5~25mm之间。

（3）细骨料：选用优质天然河砂，细度模数约2.7，含泥量≤0.5%；项目所选河砂均为同一产地、同一颜色。

（4）外加剂：前后采用了金华达SDQS-1、西卡清水专用外加剂，满足2h坍落度变化≤15mm，且对钢筋无锈蚀。

（5）粉煤灰：选用Ⅱ级优质粉煤灰，细度（45μm方筛筛余）≤20%，需水量比105%；

（6）矿粉：选用S95级矿粉，28d活性约97%。

3.2　第 1 次配合比调整

本次试配在借鉴初始配合比的基础上进行试配调整，采用了金华达 SDQS-1 外加剂，争取达到满足清水色块的要求（表 2）。

表 2　第 1 次配合比表

强度等级	材料用量（kg/m³）						
	水	水泥	砂	碎石	粉煤灰	矿粉	外加剂
C40	155	290	850	950	50	80	10.5

在原始配合比基础上经调整的清水混凝土配合比，流动性较初始配合比的好，但坍落度稍大，接近预定扩展度要求。按计划操作规程进行色块的浇筑和振捣，拆模后色块整体颜色较好，上部略有微型气泡；因浇筑和振捣时间控制得当，故色块表面无黑色纹路，基本满足业主方要求的清水效果（图 2）。

第 1 次配合比调整后进行样板施工，生产条件及原材料无变化，唯一变化为运距较远，运输时间达 1h。满足养护 48h 后，样板拆模时颜色不均，气泡富集，7d 养护完毕后颜色不均匀，试验结果不佳，无法满足使用要求。

3.3　第 2 次配合比调整

在第 1 次配合比调整基础上降低砂率和用水量，同样采用金华达 SDQS-1 外加剂，稍微降低外加剂用量（表 3）。

表 3　第 2 次配合比表

强度等级	材料用量（kg/m³）						
	水	水泥	砂	碎石	粉煤灰	矿粉	外加剂
C40	150	290	800	1020	50	80	10.2

本次清水混凝土不耐振，不利于长久振捣。混凝土在振捣 40s 时开始出现离析情况，粗骨料沉底，上部浮浆达 200mm 深。且标准养护 48h 后拆模效果差，试块表面黑色水纹纵横交错，浮浆层交界线明显，效果完全达不到饰面清水混凝土要求（图 3）。

图 2　第 1 次调整结果

图 3　混凝土浮浆层厚度较深

3.4　第 3 次配合比调整

在第 2 次配合比调整的基础上，增加西卡清水专用外加剂对比组，调整外加剂用量（表 4）。

表 4　第 3 次配合比表

强度等级	材料用量（kg/m³）						
	水	水泥	砂	碎石	粉煤灰	矿粉	外加剂
C40	150	290	800	1020	50	80	9.5

混凝土生产过程严格按照标准进行选料、计量、搅拌、运输。采用西卡外加剂的混凝土工作性能良好，浇筑过程无离析、泌水现象，各项指标满足饰面清水混凝土要求。试块养护48h后拆模情况良好，随即进行第2次样板工程。见图4。

（a）样板坍落度检测

（b）样板辅助振捣施工

图4　第2次样板施工

由于浇筑当天气温较低，样板养护完毕后拆模效果不佳，前期混凝土表面有青白色斑点，养护至后期阶段，样板呈现局部不均匀花斑；但样板整体气孔较少，局部区域效果良好。

3.5　第4次配合比调整

经过第3次配合比调整，基本判定西卡清水专用外加剂效果更佳，故在此基础进行配合比优化，稍微降低坍落度和扩展度获得第4次配合比数据见表5。

表5　第4次配合比表

强度等级	材料用量（kg/m³）					
	水	水泥	砂	碎石	粉煤灰	矿粉	外加剂
C40	145	290	780	1035	50	80	9.0

样板采用分层浇筑，每层插入式振捣棒均匀振捣时间满足35s，辅助振捣自开始浇筑至浇筑完成后5min结束。根据第4次优化后的配合比样板试验结果，证明使用该混凝土配合比生产的混凝土工作性能、成型效果俱佳。样板工程经参建各方现场验收通过后，确定第4次清水配合比为最终设计配合比。同时，经过实体工程施工检验，效果已达到业主方的要求。清水混凝土样板及实体效果如图5所示。

（a）样板清水混凝土效果

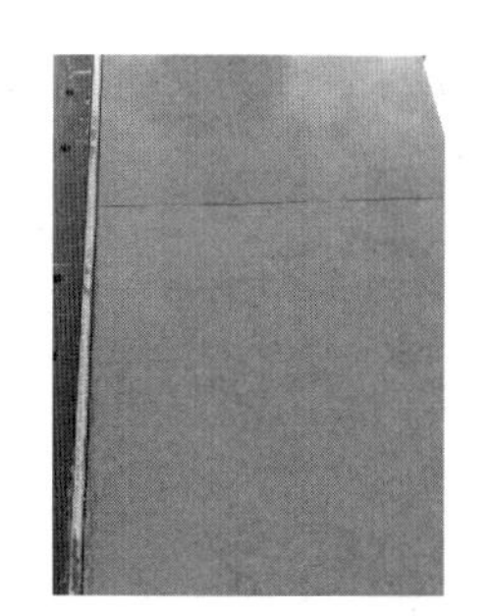

（b）实体清水混凝土效果

图5　饰面清水混凝土成型效果

4　结语

通过一系列的饰面清水混凝土配合比优化试验，充分证明了原材料和外加剂的选择是清水混凝土工作性能和效果的关键；同时，合适的设计配合比在很大程度上能保证清水混凝土构件的完美体现。

饰面清水混凝土免装饰性的本质对成本控制而言十分有利，也更符合现在追求的绿色和环保。清水建筑完成后看似朴实无华，实际施工制作十分烦琐，各工序必须精益求精，稍有不慎则整体效果受损。本项目与商品混凝土站通过大量配合比优化工作验证，确定混凝土色块；再通过工程样板的施工，找出了适合本工程的最优配合比。该配合比优化过程将对长沙地区饰面清水混凝土建筑的发展具有一定的参考意义。

参考文献

[1] 曹长柱，范业侃，陈雨，等．现浇圆管柱薄壁饰面清水混凝土在亚洲基础设施投资银行总部工程中的应用［J］．建筑技术，2020，51（12）：1455-1457.

[2] 陈金平，邵津琛，何静，等．清水混凝土配合比正交试验和质量控制［J］．粉煤灰综合利用，2020，34（5）：72-76，110.

[3] 刘亚莲．丰满水电站重建工程厂房清水混凝土配合比优化［J］．东北水利水电，2020，38（10）：41-43，72.

[4] 税明洪．桥梁工程中高性能清水混凝土的性能研究［J］．公路交通科技（应用技术版），2020，16（10）：202-204.

[5] 李学鹏，杨磊，徐佳，等．某学校清水混凝土颜色试配的研究及应用［J］．建筑技术，2020，51（5）：558-560.

[6] 任清波，宋雪峰．饰面清水混凝土施工技术及质量控制［J］．工程建设与设计，2020（9）：273-275.

[7] 孙惊涛，赵优俊．清水混凝土配制与生产质量控制［J］．建材与装饰，2019（31）：63-64.

[8] 朱蕾．高性能饰面清水混凝土的应用分析［J］．成都工业学院学报，2019，22（3）：54-57.

[9] 林辉，张玉峰，朱爱民，等．清水混凝土配合比设计的优化与应用［J］．中国标准化，2019（16）：10-11，14.

[10] 清水混凝土应用技术规程：JGJ 169—2009［S］．北京：中国建筑工业出版社，2009.

关于装配式墙面钢钙板施工工艺与技术的探讨

陈博矜　陈红霞　毛晓花

湖南六建装饰设计工程有限责任公司　长沙　410015

摘　要： 本论文所述装配式墙面钢钙板，采用龙骨装配式安装，面板用型材卡条固定，克服了不锈钢挂件、公母挂扣、焊接等安装方式的弊端，兼顾了各细部收口处理。加工安装龙骨架、安装型材卡条及钢钙板是本分项工程的质量控制点，可供参考选用。

关键词： 装配式；钢钙板；型材卡条

1　引言

钢钙板是以环保材料纤维高强水泥板为基材，双面经过高温、高压等先进工艺与金属板复合而成。正面金属板表面涂烤多层耐候性极强、色彩稳定的氟碳漆或无机涂层的新型复合材料。目前，钢钙板安装方式不统一，存在诸多弊端。湖南六建装饰公司承接和实施了长沙市轨道交通 5 号线公共区车站装修及导向标识系统施工，包括火炬村站、鸭子铺站、马栏山站、月湖公园北站共 4 个车站，现就装配式墙面钢钙板施工工艺与大家探讨。

2　工艺特点

（1）与其他木质或金属板相比，钢钙板具有强度高、耐撞、耐磨、防火、防水、防潮、耐酸碱腐蚀、无眩光、耐候性强等特点，钢钙板表面可按要求喷涂需要颜色。

（2）与挂件安装方式相比，本工艺用型材卡条固定钢钙板，板材不需开槽，也不需使用云石胶等胶粘剂，无扬尘、无挥发性有害物质释放，绿色环保。

（3）与公母挂扣安装方式相比，本工艺用型材卡条固定钢钙板，龙骨骨架、板材背面不需安装公母挂件，不存在公母挂件安装误差而影响安装板块质量。该工艺用型材卡条固定板材，简化了工序，安装快速便捷，质量稳定有保障。

（4）本工艺除了钢转接件与后置埋板需焊接外，转接件与立柱，立柱与横梁均采用螺栓可调节连接，钢钙板四周与钢龙骨接触处垫通长橡胶条。这种抗振动结构设计，使钢钙板能很容易满足有抗振和需消除温差变化较大的特殊工作环境的要求。

（5）本工艺钢骨架采用装配式安装方式，拆卸方便，材料可循环使用，节材节能。装配式安装避免了因焊接应力造成的附加变形而使钢龙骨施工质量控制难度加大。

（6）本工艺兼顾了墙面钢钙板与配电箱、广告灯箱、检修门、变形缝、人防门、特殊板面位置（90°、45°等墙面转角）、墙面下部与地面等处的收口处理。完成的钢钙板墙面各处收口精致美观，工艺考究。

3　适用范围

本工艺可替代金属板适用于建筑高度不大于 150m 的不需焊接或不能焊接的民用建筑幕墙或建筑外装饰，也适用隧道、地铁、机场等有抗振动、耐酸碱腐蚀、耐撞、防火、防水、防潮等要求较高的室内墙柱面装饰。

4 工艺原理

（1）根据现场主体结构、设计图纸，对墙面测量放线，标定出墙面龙骨完成面、钢钙板完成面；

（2）确定转接件长度并下料制作；

（3）用机械锚栓将后置埋板与钢筋混凝土墙面固定；如果外墙为砖墙，用对穿螺杆固定；

（4）对方钢立柱开眼定位、加工；

（5）用不锈钢螺栓将立柱与转接件连接；

（6）用不锈钢螺栓将横梁与立柱连接；

（7）将型材卡条用不锈钢螺钉固定在立柱和横梁上；

（8）钢钙板背面四周与钢龙骨接触处垫 20mm×3mm 橡胶条；

（9）从下往上安装钢钙板；

（10）型材卡条内安装铝合金压条。

钢钙板墙面排板如图 1 所示；横剖面、竖剖面如图 2、图 3 所示。

5 工艺流程和操作要点

5.1 工艺流程

前期准备工作→测量放线→安装后置埋板、转接件→加工、安装龙骨架→隐蔽工程验收→安装 20mm×3mm 橡胶条→安装型材卡条及钢钙板→安装铝合金压条→卫生清理。

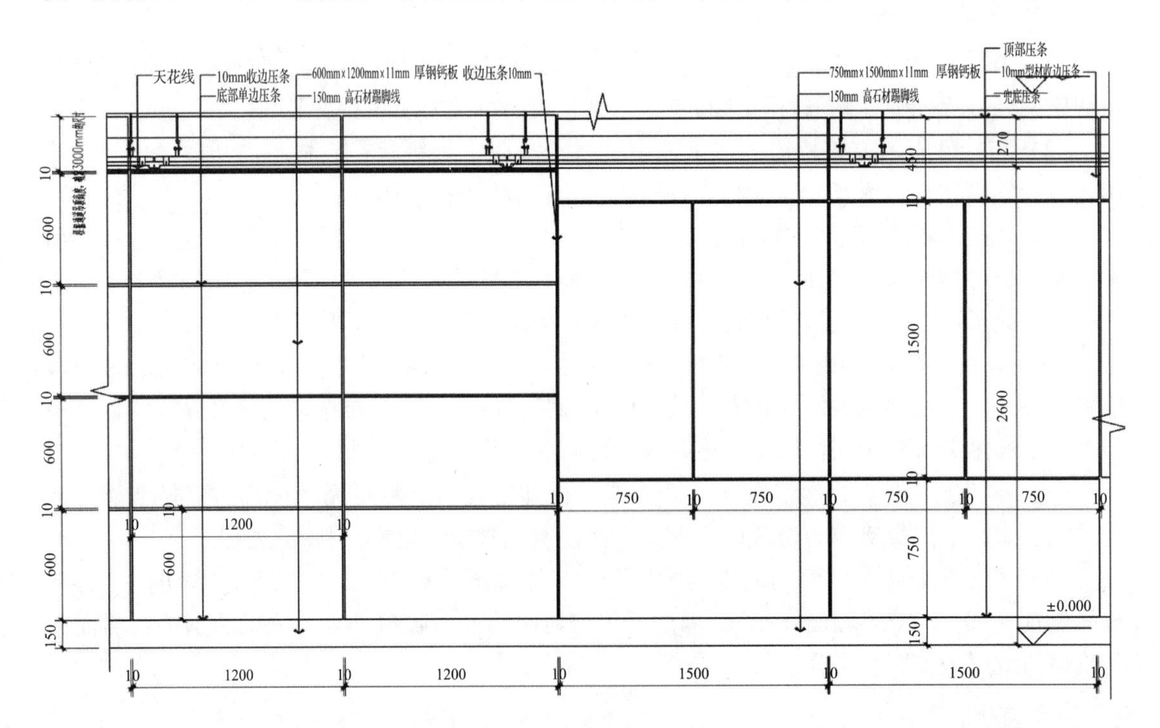

图 1 钢钙板墙面排板图

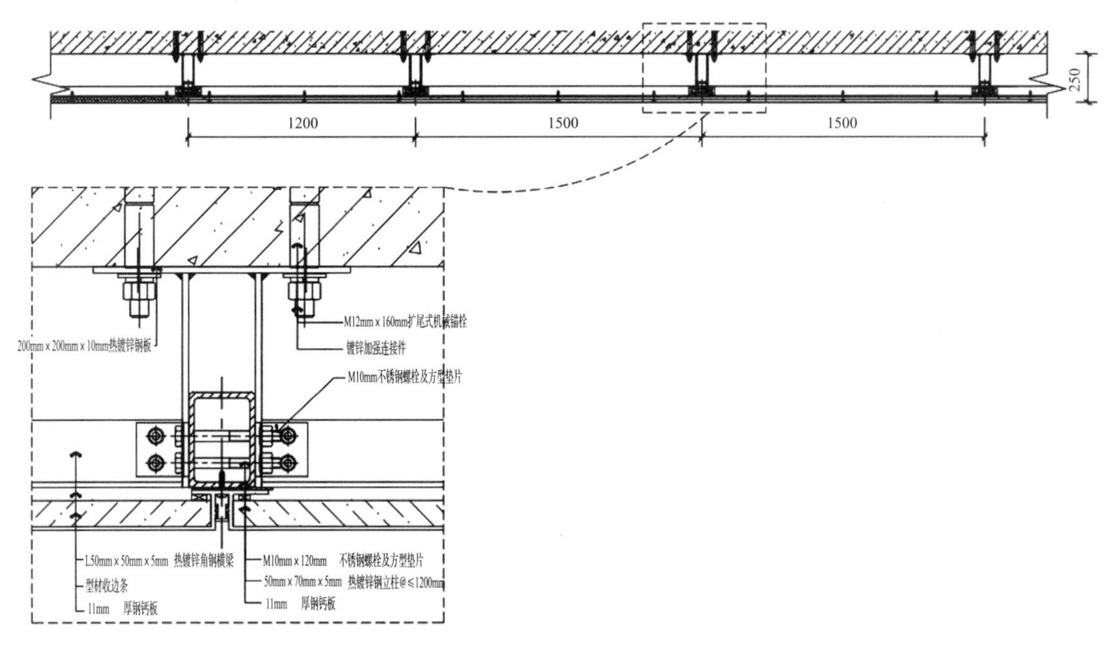

图2　钢钙板墙面横剖面图

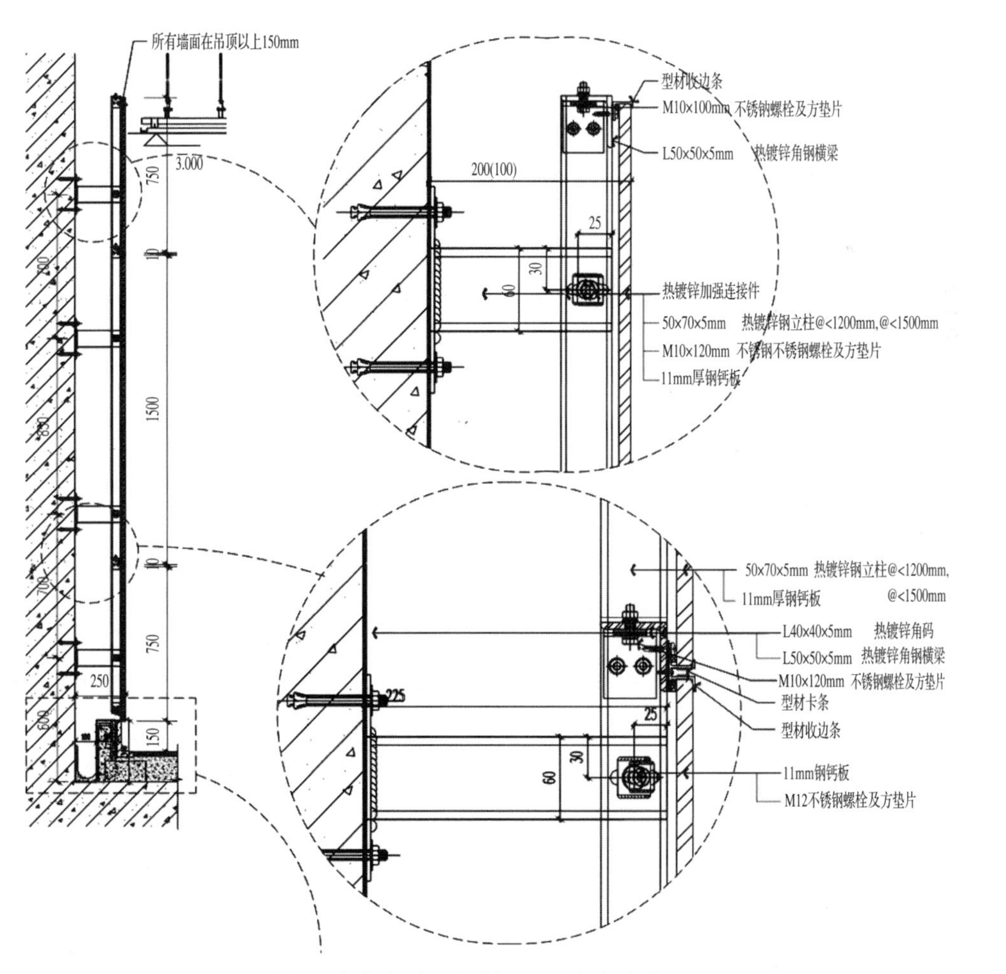

图3　钢钙板墙面竖剖面图及细部安装图

5.2 操作要点

5.2.1 前期准备工作

（1）熟悉图纸及相关资料，准备测量数据，以便现场使用；

（2）掌握有关技术、设计交底，充分了解本分项工程的特点、难点；

（3）编制好测量方案，并做好测量方案交底工作；

（4）测量放线的依据、标准：

①测量放线图；

②设计平面图、立面图、节点大样图；

③工程建筑图、结构图；

④总包单位提供的控制点、线布置图；

⑤《工程测量规范》（GB 50026）；

⑥《城市测量规范》（CJJ/T 8）；

⑦《金属与石材幕墙工程技术规范》JGJ 133。

5.2.2 测量放线

（1）放线前请总包方提供基准点线布置图，以及墙面附近原始标高点，施工技术人员依据基准点、线布置图，复核基准点、线及原始标高点。

（2）根据总包提供的基准点及控制网图上的数据，用全站仪对基准点轴线尺寸、角度进行检查校对，对现场坡度的设定、配套单位出现的误差进行适当合理的分配，经检查确认后，填写轴线、控制线实测角度、尺寸、记录表。

（3）根据现场实际情况，结合设计图纸，在地面、墙面分别用墨斗弹出完成面控制线、标高控制线、主龙骨分隔线以及排板控制线。

（4）从控制基准点测设至墙面容易上下拉尺的位置，此点应往返测量并消除误差，此点在墙面以红漆表示，上平面表示测量的水准面并注上相对标高。以基准点开始，分别在每层的1m线处作标记，超出测量工具测量范围后应进行修正读数，修正标记后，以油漆记录在主柱或剪力墙的同一位置，并注明装修专用，此高度标志必须予以保护不允许破坏。每个轴线设置1个标志点来满足要求。通过标志的1m标高水平线，引测到四周柱子或墙面上便于墙面龙骨定位使用，校核合格后作为起始标高线，并弹出墨线，用红油漆标出高程数据，以便于相互之间进行校核。

（5）根据图纸进行主龙骨墙面定位排板，确定距离后弹出主龙骨墨线。

（6）经监理工程师或业主现场代表确认后，方可进入下一道工序的施工。

5.2.3 安装后置埋板、转接件

按设计图纸要求与现场墙面实际情况，对墙面及进出口通道进行测量，将测量数据输入电脑，采购、加工适合现场墙面长度安装的转接件。首先按设计要求用4个M12mm×160mm扩尾式机械锚栓将200mm×200mm×10mm热镀锌钢板与墙面固定。钢板位置准确，标高偏差不应大于10mm，钢板左右位置偏差不应大于20mm，钢板与主体结构连接牢固。钢板与立柱采用双转接件连接方式：转接件一端与钢板焊接固定，要求连接牢固，焊缝长度、厚度必须符合设计要求，不低于三级焊缝质量要求；转接件另一端采用2个M12mm×120mm不锈钢螺栓与立柱连接。

5.2.4　加工、安装龙骨架

（1）按照设计图纸要求，选用 L=6000mm 的 50mm×70mm×5mm 热镀锌方钢作为立柱，常规长度立柱与墙面连接点不少于4个转接件相连，特殊尺寸适当增加或减少连接点，立柱间距≤1200mm 或≤1500mm（具体详施工图要求），阴阳角、门洞、伸缩缝等需做特殊处理的地方应适当加密。立柱采用2个 M12mm×120mm 不锈钢螺栓与双转接件活连接。立柱安装标高偏差不应大于3mm，轴线前后偏差不应大于2mm，左右偏差不应大于3mm；相邻两根立柱水平标高偏差不应大于3mm，相邻两根立柱前后偏差不应大于2mm。

（2）横梁采用 50mm×50mm×5mm 热镀锌角钢，按分格尺寸扣除调节间隙的长度加工好，根据钢钙板排板分格尺寸与立柱采用 M10mm×120mm 不锈钢对穿螺栓连接。相邻两根横梁水平标高偏差不应大于1mm。

5.2.5　隐蔽工程验收

通知甲方、监理对隐蔽部位后置埋件、转接件、立柱、横梁、防雷连接、防腐处理、其他专业的线管预留预埋等进行隐蔽验收，符合要求方可进入下道工序。

5.2.6　安装 20mm×3mm 橡胶条

根据型材卡条安装位置弹线，在弹线位置安装橡胶条（采用双面胶条定位黏结），要求橡胶条横平竖直。

5.2.7　安装型材卡条及钢钙板

（1）先在龙骨上弹线，要求位置准确，标高偏差不大于2mm，垂直左右偏差不大于2mm。

（2）采用规格 M6mm 不锈钢螺钉，间距不大于350mm，一人扶住型材卡条，另一人用电动工具将卡条与钢龙骨固定。要求安装的卡条横平竖直，与钢骨架连接牢固，贴合严实。

（3）钢钙板规格等要求：按照现场墙面长度和设计图纸排板要求进行实际钢钙板排板，电脑排板后，将规格尺寸发到厂家，进行钢钙板定做。

（4）按照钢钙板墙板排板图，根据钢钙板墙面与配电箱、广告灯箱、检修门、变形缝、人防门、特殊板面位置（90°、45°等墙面转角）、墙面下部与地面等处的收口处理方法，确定收口型材的类型，长度、安装方法，并下单制作，应考虑必要的材料损耗。先完成这些特殊部位钢钙板，再进行中间部位钢钙板的施工（图4、图5）。

图4　钢钙板与检修门收口处理

图5　钢钙板与广告位收口处理

（5）钢钙板尽量不在现场开孔，对于墙面预留的电源插座、疏散指示灯等安装末端设备的孔洞，必须在钢钙板下单图上准确标注位置。

（6）为了防止意外触电事故的发生，钢钙板和背后管线须有可靠绝缘构造处理。

（7）先将钢钙板下端放入型材卡条凹槽内，然后在钢钙板上端安装型材卡条；待墙面钢钙板安装完毕后固定竖向型材卡条。

5.2.8　安装铝合金压条

将铝合金压条卡入型材卡条内，用力不能过大，当听到“咔嚓”声音，卡条已安装到位，此时不能再用力往里按了（图6、图7）。

压条表面不能有划痕，凹凸不平，漆膜磨损等质量缺陷。压条接缝尽量留在人视高以外不明显处。

5.2.9　卫生清理

（1）揭开板面保护膜纸，若已产生污染，应用中性溶剂清洗后，用清水冲洗干净。若洗不干净则应通知供应商寻求其他办法解决。

（2）板面的胶丝迹或其他污物可用中性溶剂洗涤和清水冲洗干净。安装全过程中注意成品保护。

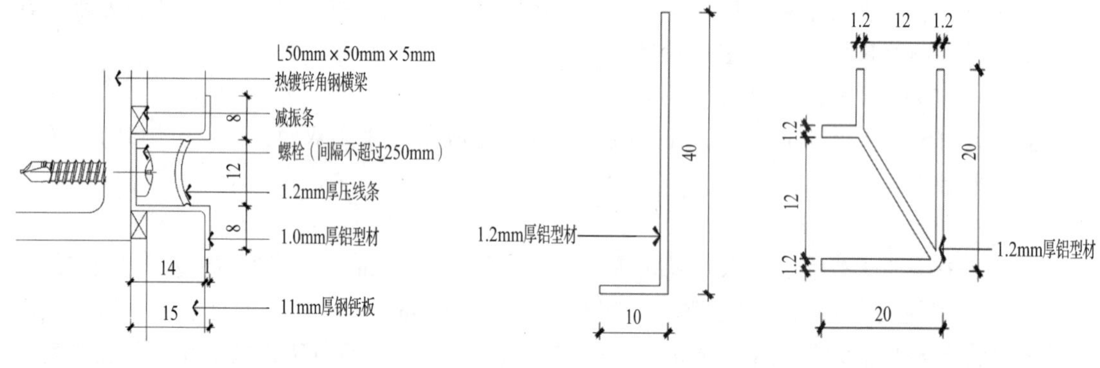

图6　铝合金压条安装图　　　　图7　钢钙板铝合金压条断面示意图

6　应用实例

长沙市轨道交通5号线一期工程车站公共区装修及导向标识系统施工开工日期2019年7月30日，竣工日期2020年5月13日。26个站墙面钢钙板施工面积约52000m^2。墙面钢钙板严格按本工艺组织实施，完成的该分项工程结构安全，满足抗振要求，观感质量好，细部收口精致美观，工艺考究，设计、业主、监理给予很高的评价。

7　结语

该工艺经工程实践证明成熟可靠，质量稳定，节材环保，经济效益和社会效益显著，应用前景广泛，值得推广。

参考文献

[1]　王彩屏．建筑装饰工程质量监控中的技术管理要点［J］．科技资讯，2008（3）：33.

[2]　郭爱华．建筑工程施工工艺标准汇编（缩印本）［M］．北京：中国建筑工业出版社，2005.

大型露天看台聚脲防水施工技术方案研究

朱光威

湖南六建装饰设计工程有限责任公司　长沙　410015

摘　要：大型露天看台防水施工存在施工面积大、看台原始裂缝多、施工受室外天气环境影响大、防水施工完成后工作环境不稳定、维修多等诸多施工困难，采用聚脲防水喷涂可以较好地解决这一系列问题，本文对聚脲材料及施工技术进行探讨，旨在为防水施工提供更多的选择。

关键词：聚脲防水；环氧树脂砂浆；腻子；底涂；聚脲脂肪族

采用喷涂聚脲防水施工体育场馆室外露天看台，得益于喷涂聚脲防水材料的优异性能以及施工速度快。

1　工程概况

本案例为某竞技摔跤场观众看台防水项目，属地气候属于热带海洋性气候，降雨量较少年平均气温29℃，平均最大风速41m/s，常年平均主导风向北风，平均相对湿度为73.5%。建筑呈“U”形布置，总建筑面积约18000m²，可容纳观众两万人，椭圆形比赛场地，如图1所示。观众看台区域为弧形阶梯，喷涂1.5mm厚喷涂型聚脲防水涂料，喷涂上层聚脲脂肪族保护层，喷涂面积约1.8万m²，看台防水施工工期不足一个月，且2万余个座椅需要紧随其后进行安装。

图1　某竞技摔跤场观众看台完成效果图

2　喷涂聚脲防水的优点

喷涂聚脲弹性体技术是国外近十年来继高固体涂料、水性涂料、光固化涂料、粉末涂料等低（无）污染涂装技术之后，为适应环保需要而研制开发的一种新型无溶剂、无污染的绿色施工技术，它将新材料、新设备和新工艺有机地结合起来，相比传统涂装技术是一次革命性飞跃。

该技术的优点：不含催化剂，快速固化，可在任意曲面、斜面及垂直面上喷涂，不产生流淌现象，5s 凝固，1min 即可达到步行强度；对水分、湿气不敏感，施工时不受环境温度、湿度的影响；双组分，100%固含量，对环境友好；可以 1∶1 体积比进行喷涂或浇筑，一次施工达到厚度要求，克服了以往多层施工的弊病；优异的物理性能，如抗张强度、柔韧性、耐磨性、耐老化、耐介质等性能优良；具有良好的热稳定性，可在 100℃下长期使用，可承受 150℃的短时热冲击；配方体系可任意调，手感从软橡皮（邵 A30）到硬弹性体（邵 D65）；可加入各种颜、填料，制成不同颜色的制品，喷涂聚脲防水涂料和其他类型防水材料性能比较详见表 1。

表 1　喷涂聚脲防水涂料和其他类型防水材料性能对比表

性能	喷涂聚脲防水	聚氨酯防水涂料	SBS 防水卷材
环保性	纯固含量无 VOC，环保	含 VOC，不环保	热熔法施工不环保，基层处理剂释放 VOC，不环保
有无接缝	整体喷涂，无接缝	整体施工，无接缝	卷材铺设，有接缝
施工工序	喷涂施工，工序简单，周期短，效率高	多道施工，周期长，效率低	工序复杂，铺设施工，机械固定，接缝需要烘烤，周期长，效率低
竣工后维修	简单	简单	复杂
质量	快速固化，涂层致密，优异的防水防腐性能，延展性能好	强度好，延展性能差	易开裂，接缝处易渗水，对基层形变适应性较差，抗穿刺性较差
耐候性	优异	一般	较差
使用寿命	20 年以上	5 年	5 年

聚脲喷涂防水涂料耐老化性能好，对结构复杂、面积大的防水处理具有很大的优势，对施工基面存在平面、立面、异型面多面共存情况，对施工区域内有施工缝、变形缝、穿墙管（盒）、埋设件、预留孔洞等特殊部位存在，都可采用喷涂聚脲防水涂料进行防水施工，并能形成一个整体无接缝的柔性防水层，例如大型场馆看台、地下室、水池、路桥、涵洞等。

本项目所使用的分层做法详见图 2。

图 2　某竞技摔跤场聚脲喷涂分层做法图

3　工艺流程及技术操作要点

3.1　施工工艺流程

清理基层、细部打磨、修补→喷涂底涂→喷涂聚脲防水层→喷涂上层聚脲脂肪族。

3.2　技术操作要点

（1）清理基层、细部修补、打磨

清理基层表面残留的砂浆、硬块及凸出部分；阴阳角、管子根部等部位抹成圆弧；将基层上的明水、油脂及其他异物清理干净；对基层表面孔洞部位用环氧树脂砂浆进行修补，开裂部位采用专用腻子填平封堵，温度缝处采用专用弹性腻子填充，打磨处理后表面不得有孔洞、裂缝、灰尘、杂质等，采用专用砂轮机将基层表面细致打磨（图 3），彻底去除混凝土表面浮浆、起皮、疏松和杂质等结合薄弱的物质，使得基层获得合适的粗糙度，以增强喷涂聚脲涂层与基层的黏结强度。

(2) 喷涂底涂

基层处理完毕后，基层表面粗糙、干燥、清洁、平整，在其上喷涂聚脲专用底涂，将底涂严格按照配比搅拌均匀（使用机械搅拌），喷涂时保持机械的压力及温度，掌握好喷枪与基层（100~200mm）距离，下一道喷涂的方向垂直于上一道，将底涂均匀喷涂于基层表面，不漏涂、不堆积、无漏喷、流挂现象（图4）。

图3　基层表面全部细致打磨

图4　喷涂底涂

(3) 喷涂聚脲防水层

底涂施工完成后6~8h，采用固瑞克生产的最新一代产品XP3自动化控制设备以及双组分枪头撞击混合喷射系统的喷涂设备进行聚脲喷涂施工。

开始正式喷涂作业前，在施工现场喷涂一块500mm×500mm大小、1.5mm厚样片，在施工技术人员进行外观评定检查合格后，再进行喷涂施工。

喷涂作业时，喷枪垂直于待喷基层，保持与基层100~200mm距离匀速移动，按照先细部后整体顺序连续施工，一次多遍、交叉喷涂至1.5mm厚度，不出现漏涂点或一次喷涂太厚（图5）。

(4) 喷涂上层聚脲脂肪族

喷涂聚脲防水层施工完成后，在验收达到标准后，清洁干净聚脲表面，即可在其上喷涂上层聚脲脂肪族罩面，保证均匀不出现漏涂（图6）。

图5　喷涂聚脲施工完成图片

图6　喷涂上层聚脲脂肪族完成图

(5) 施工过程控制要点

喷涂（纯）聚脲防水涂料施工时，环境温度在10~35℃且相对湿度在75%以下。

基层打磨粗糙度要达到规范要求，底涂喷涂清基面要清理干净，保持干燥。

每工作日正式喷涂前应先试喷涂一块500mm×500mm（厚1.5mm）的试块，由施工技术主管现场进行质量评价，当试喷的涂层质量达到要求后，固定工艺参数，方可正式进行喷涂施工。

两次施工间隔在 3h 以上，需搭接连成一体的部位，第一次施工应预留出 15～20cm 操作面同后续防水层进行可靠的搭接；施工后续防水层前，应对已施工的防水层边缘 20cm 宽度内的涂层表面进行清洁处理，保证原有防水层表面清洁、干燥、无油污及其他污染物。

4　应用效果

本竞技摔跤场看台防水面积约 1.8 万 m^2，施工面主要为弧形台阶，开工日期为 4 月 14 日，完工日期 5 月 12 日（图 7），日完成防水面积达 $600m^2$，而施工聚脲的专业防水工人仅 5 人，聚脲喷涂施工完成后随即进行了座椅安装，实现与后续施工无缝衔接，相比传统防水做法，该工艺节约了大量的时间，可以在短时间内为后续座椅安装提供足够的施工作业面，为项目所有工作如期完成打下了坚实的基础，并且施工完成后防水效果很好，提供了整洁美观经久耐用的座椅看台地面。

图 7　喷涂聚脲防水施工完成图

5　结语

喷涂聚脲防水施工工艺，经体育场馆工程实践证明成熟可靠，质量稳定，施工快捷，绿色环保，克服了传统防水做法的诸多缺点，经济效益明显，社会效益显著，应用前景广泛，值得推广。

参考文献

[1]　钟鑫，孙慧．喷涂聚脲弹性涂料及其应用领域［J］．聚氨酯工业，2007（5）：9-12.

[2]　高炯．喷涂聚脲防水涂料施工要点浅析［J］．河南建材，2013（3）：95-97.

装配式施工在贵州信息园A8数据机房中的应用

谢　逵

湖南六建机电安装有限责任公司　长沙　410000

摘　要：本文结合贵州信息园A8数据中心空调机房机电安装工程的实际情况，系统介绍了大型机房机电管线工厂预制化施工过程，阐述了从模型搭建、方案比选、深化设计到拆解模型分段出图、工厂预制、现场拼装中的技术要点。

关键词：BIM技术；数据中心；装配化施工

1　引言

装配式的出现，在传统机电施工中无疑是一次革命性的创新，越来越多的施工企业投身于装配化的应用与研究，基于装配式的机电技术可以更好地优化机电管线的排布，提高施工效率，节约施工工期，减少施工现场的环境污染，满足绿色施工要求。

2　项目概况

贵州信息园A8数据中心空调主机及末端空调系统安装工程施工位于贵州省贵安新区电子信息产业园内。A8数据中心地上4层，建筑高度22.50m，建筑面积15992m^2（图1）。

图1　A8数据中心

3　项目特点与重难点

本数据中心是中国电信在全国部署的两大云计算数据中心之一，要求规范、美观、安全、可靠，各设备的消声、隔声、减振、防火、控制等自动化程度高。由于数据机房系统繁多，工程量大，面广，工期紧，且多专业交叉作业，存在极大的安全隐患。

采用装配式安装，安装精度高，影响因素众多，返工成本高。机房构件体积大，运输难度高，现场装配高空作业多，危险系数大。

4　BIM技术应用

4.1　精准模型搭建及深化

4.1.1　模型搭建

项目开始初期，由现场BIM工程师根据设计蓝图创建各专业模型，通过导出轻量化NWC模型进行各专业间的碰撞检测，找出施工中的重难点，并组织现场施工人员结合BIM模型对设计错、漏、碰、缺等问题进行集中梳理、集中反馈，集中解决，将设计问题解决在施工前，为创建优质工程打下基础。

有现场相关技术人员编制装配式施工方案，制定BIM模型颜色方案，模型深化标准及支吊架布置方案等一系列施工方案。通过对设备检修空间，运输安装路径，美观性考虑，确定设备的最优定位。

4.1.2 精度管控

（1）模型精度控制：土建模型基于项目机房实时扫描生成，确定管道、阀件、设备厂家后，根据厂家参数文件创建 1∶1 的管道及管道附件族，设备采用厂家提供的设备族，确保模型精度达到装配式施工要求。

（2）加工精度控制：将模型拆分，分段加工，采用试切法对管道逐一加工，管道对接前对胎膜的水平度及垂直度进行复测，组装后逐一复核对接管道的同轴度及垂直度，并复测构件的尺寸精度。

（3）装配精度控制：结合模型确定安装基准点，采用放样机器人确定构件及设备的安装位置和标高，并预留管道补偿段进行调整。

4.1.3 方案比选

（1）设备进出口管道方案比选：通过最优的设备定位，确定了设备出口管道在同一垂直面，否决了进出口管道两个垂直面的方案（图 2、图 3）。

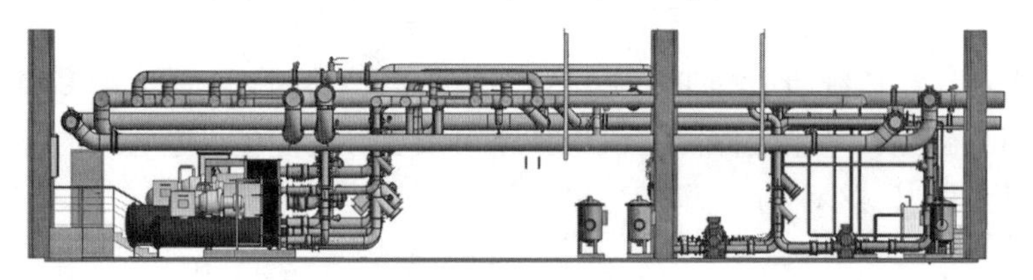

图 2 方案一：冷水机组进出口管道分为两个垂直面

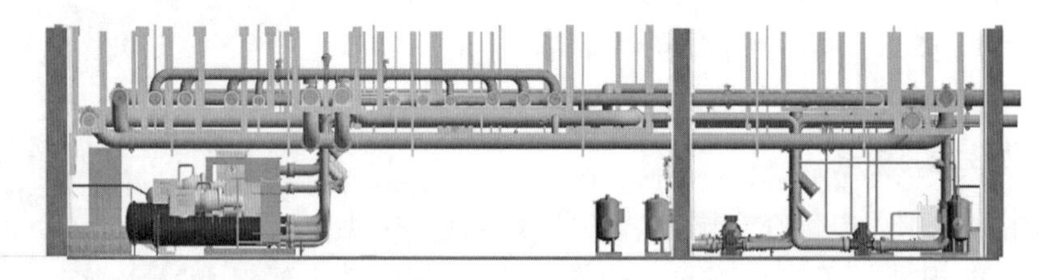

图 3 方案二：冷水机组进出口管道在同一个垂直面

（2）管道深化方案比选：确定了管道进出口位置三层管道的排布，其他区域分两层的管线排布方案，并将调整后的优化设计编入具体的施工方案，以确保工程好、快、省、安全地完成（图 4、图 5）。

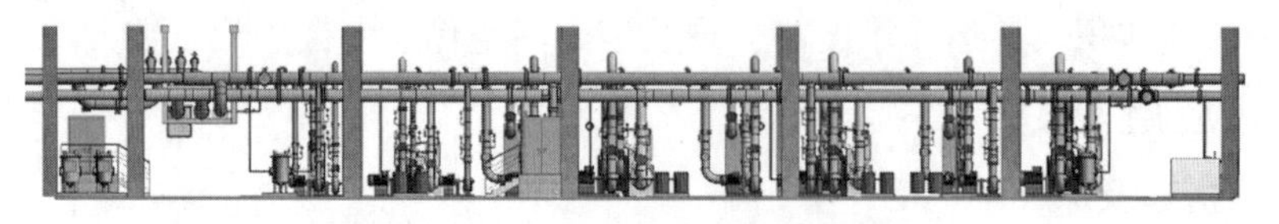

图 4 方案一：所有区域分为三层排布

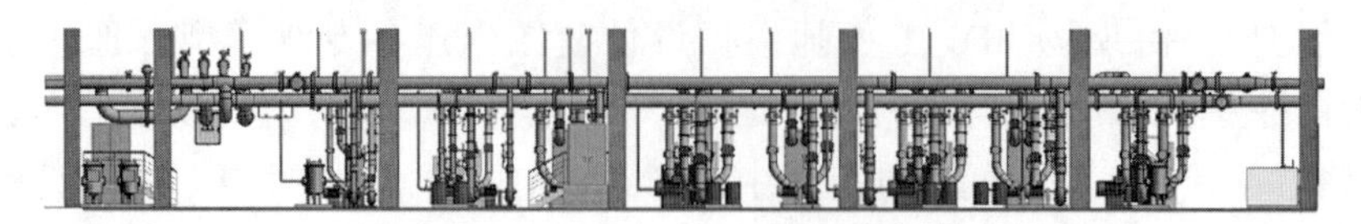

图 5 方案二：除进出口外其他区域分为两层排布

4.1.4 模型深化

待设备定位及深化方案确定后由专业的 BIM 工程师进行模型深化。管综排布应遵循小管让大管，有压管让无压管，还应考虑各管段之间的安装空间，支吊架安装空间，设备运输、检修空间及装配式拆图方案。模型深化完成后，交由现场技术人员进行审核，确定最终模型后再进行拆解工作。

4.1.5　支吊架布置

管线深化完成后，对管线分层设置综合支吊架。支吊架的性能应能满足荷载的要求，利用软件支吊架计算功能，校核各部位支吊架受力情况，导出支吊架校核书及加工明细表。支吊架安装时应埋设平整牢固，位置正确，与管道接触紧密，供回水管下应有与保护层等厚的木托，支吊架间距应符合规范要求（图 6）。

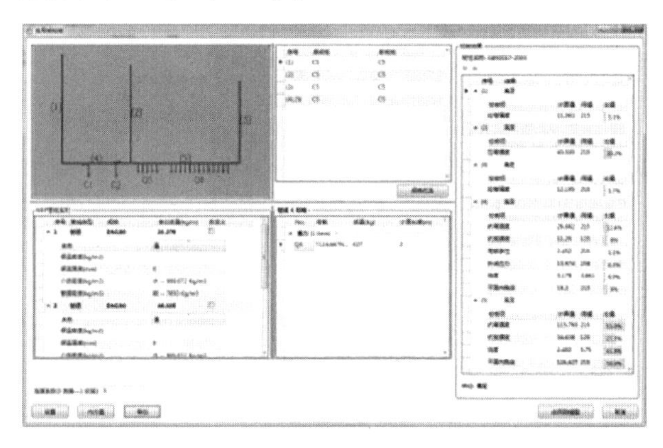

图 6　支吊架受力分析

4.2　拆图预制

根据运输要求、转运通道、预制条件等因素，对模型进行合理拆分，各类构件根据施工顺序进行统一编号并出具预制加工图，图中应标明管道长度、弯头大小、焊口位置等详细信息，预留管道补偿段为最后接口点，方便现场施工人员进行调整。所有预制构件必须做到准确、一次到位，预制完成后对管道进行热镀锌处理，做到安装时顺利、流畅（图 7）。

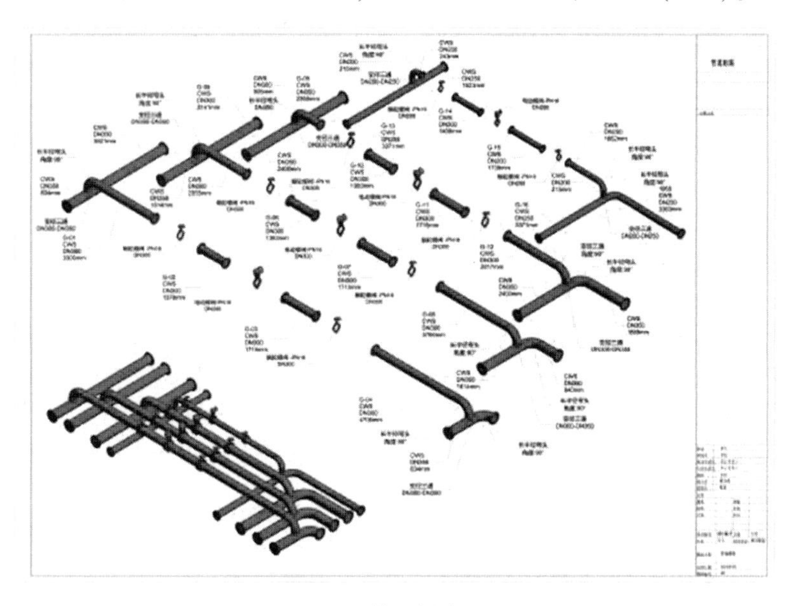

图 7　管段拆分图

4.3　技术交底

通过 BIM 技术可视化进行设备安装技术交底，明确施工顺序。针对施工中的关键部位、施工重难点、管道补偿段、精度控制等关键施工工艺、施工节点及注意事项等进行全面的交底，为确保工程能够一次成优，现场施工应严格按照 BIM 图纸进行施工。交底分为工厂预制交底和现场装配交底，预制交底需明确制作工艺和精度控制要求，装配交底可配合动画确定施工流水和效果。

4.4　工厂预制

工厂根据 BIM 拆解图进行备料。待弯头、三通、法兰等管件验收合格，阀门等附件检验合格，管道除锈等准备工作完成后开始备料制作。通过一系列设备进行管道的切割下料、组对焊接、构件复核以便达到现场装配式施工精度。成品完成后由检测员进行 100% 检测，待产品检测合格后出具相应的检测合格证书，并贴上含有构件信息的二维码。

4.5　构件进场规划

按工程进度计划及现场装配工艺要求，预制构件进场前通过读取构件上的二维码信息合理安排构件进场顺序，宜遵循先主后次、先大后小、先里后外的原则且预留管道补偿段为最后驳接点，通过驳接点来调整管道整体误差。同时应明确各构件进入现场的路线、时间及地点。构件按计划逐步进场，按规定地点和方法放置，并应进行验收和标识。

4.6　现场装配

设备就位后，根据提前编制的《装配式施工方案》，进行详细的安全技术交底，采用放样机器人进行精准定位，确定各管线及设备位置，确保误差控制 3mm 以内，然后根据构件进场的先后顺序合理安排现场施工人员进行拼装，拼装应严格按照编号顺序进行，以免发生后期交叉作业的情况产生，并通过管道补偿段来调整整体管道的误差，确保机房能够一次成优（图 8、图 9）。

图 8　现场施工

图 9　设备安装完成

5　结语

分析比较 A7 数据中心现场施工情况，A8 数据中心采用装配式施工后，可大大减少施工工期，通过深化模型，可以出具材料明细表，确定项目实际所需工程量，同时形成备料计划，有利于合理使用资金，使项目效益最大化。管道由工厂制作安装，提高了制作质量水平，减少了人工，且制作下料精准，减少了材料上的浪费。现场装配式安装，减少了高空作业的时间及传统施工现场环境中的噪声污染、光污染和气体污染，符合绿色施工要求。

参考文献

［1］　杨雪明．浅谈机电安装工程预支装配化施工技术［J］．安装，2018（6）：16-18.
［2］　赵艳文．BIM 技术在机电装配式工程中的应用［J］．安装，2018（12）：47-48.

箱形模盒现浇混凝土空心楼板问题分析

岳文海　赵合毅

湖南北山建设集团股份有限公司　长沙　410000

摘　要：目前，建筑设计中，现浇混凝土空心楼板的结构设计，已经取代了传统较为落后的建筑设计。应用现浇混凝土空心楼板技术，能够满足国家节能减排的要求。此技术的工作原理主要是借鉴空心隐梁桥板结构力学，将此技术应用于楼板结构后能够大幅度提升楼板强度、承载力、抗震能力，并且此楼板还具有质轻的特点。

关键词：箱形模盒；现浇混凝土空心楼板；存在的问题；解决方法

民用建筑工程建设中已经普遍采用现浇钢筋混凝土空心楼板技术，此楼板主要采用薄壁水泥砂浆，空腔状态表现出筒形与箱形的特点。现浇钢筋混凝土空心楼板技术的应用不需要加入梁，即使楼板跨度较大，应用此技术也可以满足建设要求。由于此技术在我国应用的时间较短且缺乏技术总结与交流，在设计此类结构楼板时存在因计算方式发生偏差的问题。在偏差因素的影响下，建筑结构会产生挠度过大与开裂的问题。因此，需要挖掘出存在的问题，并针对问题采取有效的改正措施。

1　现浇混凝土空心楼板结构技术的原理分析

研究分析，该类楼板可以表现出两方面的作用：一是可以满足建筑分割楼层的需求，二是可以成为承载楼面荷载的构件。

作为承载荷载的构件，采用空心混凝土楼板的设计方式不会对楼板承载能力产生任何影响。在实际施工时，需要将楼板的中间部分掏空，进而创建出双向的、连续的楼板。楼板中间掏空后，重量大幅度降低，同时减少了钢筋的使用量，节省施工企业成本。

应用常规楼板时会因跨度的增加而增加楼板的厚度，在加厚过程中会增大楼板的自重，进而限制跨度较大楼板的承载力与经济性。因此，在设计常规楼板时普遍采用3~4m的跨度。应用现浇空心楼板技术，不仅使常规楼板的受力性能、刚度得到良好的保持，还能够增强，且降低结构的自重，在满足建筑工程建设需求的同时，具有较好的经济性，降低施工企业的成本（图1）。

图1　现浇混凝土空心楼板结构

2　空心楼板体系具体应用情况——以古丈县人民医院门诊住院综合楼项目为例

2.1　空心楼板体系设计概况

该项目2~11层楼面除卫生间、电梯前室等局部设计为现浇实心钢筋混凝土板外，其余均设计为270mm厚的现浇空心楼板。空心楼板采用450mm×450mm×150mm的CXV高分子合金方箱（箱形模盒，图 2）。

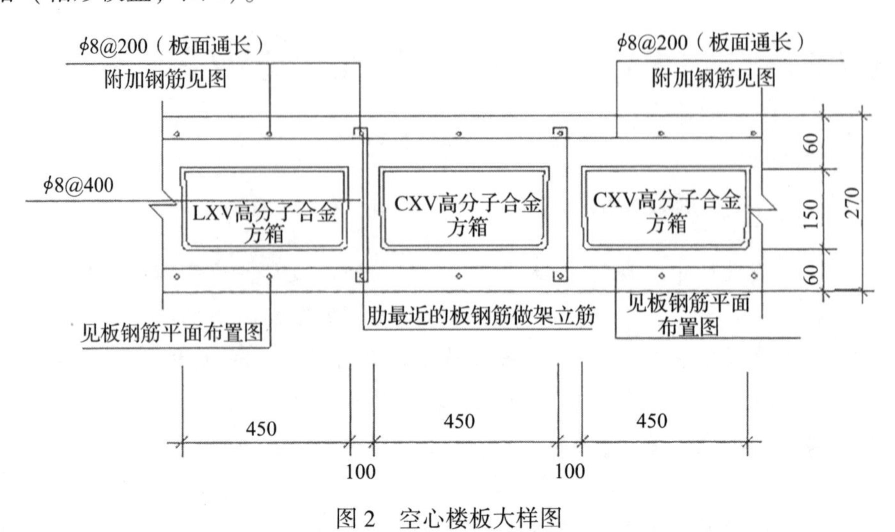

图 2　空心楼板大样图

空心楼板混凝土强度等级 2~6 层为 C35，7~11 层为 C30，空心楼板模盒厚度 150mm、上下面层和模盒之间的暗肋为 60mm 实心混凝土，空心楼板板厚 270mm。

肋梁宽度为 100mm，混凝土保护层厚度梁为 25mm、板为 20mm。

2.2　空心楼板体系与普通有梁楼板体系的比较优势

该项目楼板跨度为 7.2m，与普通有梁楼板体系相比，具有如下优势：可以节省出楼层的净空间 400mm 左右；可以节省普通有梁楼板应用的钢筋数量 30%~50%以上；能够方便支模与拆模作业，并且可以节省 50%以上的模板应用数量；在布设管线作业中可以方便施工，并且管线（直径 30~50mm）可以在密肋梁内实现自由式穿插；楼板空心率可以达到 27%~40%，有效降低楼板自重，大幅度提高结构的抗震性能与刚度；可以将原有工期缩短 1/3 以上；解决传统楼板存在的隔声不佳的问题；具有较好的隔热性能，能量消耗有效缩减；无须实施二次装修，有效降低装修成本。

3　箱形模盒现浇混凝土空心楼板存在的问题及解决方法

3.1　箱形模盒下有现浇混凝土板

箱形模盒现浇混凝土板中顶板与底板厚度要在 50mm 以上，楼板的上下位置存在着具有一定厚度的现浇板与肋梁，两者之间形成了空腔。楼板受到荷载的影响产生变形时，上下板与肋梁会及时发挥作用，通过支撑、抗扭、协调的过程降低变形发生率。因此，在设计计算模型时可根据现行应用的薄板弹性理论对内力与挠度值按照“Ⅰ”字形截面的方式计算。而在以往设计中却存在着只注重减轻结构自重的设计，忽视底板现浇混凝土实际存在的灌注难度大与振捣作业无法开展的问题，导致部分楼板拆模时产生蜂窝与麻面，甚至还发生过“狗洞”的问题，严重影响结构质量。在发生这些问题后，施工人员只采取简单抹平与填堵处理，却未将楼板协调变形的作用充分考虑在内，进而影响薄板弹性理论计算的结果，引发偏差后降低现浇空心楼板的刚度与承载力。要解决以往设计中存在的这些问题，应限制箱形模盒底面的边长，将其控制在 550mm 以内。在设计双向板时应将两个方向的刚度保持一致，也就是箱体底面的形状应为正方形。

3.2　连续边板未依照连续板配筋

在设计连续板时存在着设计成简支板的问题，此种设计方式会引发连续板支座的上部分产生水平裂缝，导致板与板之间的拉结作用缺失，进而影响建筑的整体刚度。针对此问题，应根据连续板的要求对配筋进行计算，比如支座位置配筋的调幅应控制在规定的范围内。

3.3　箱形模盒下无现浇混凝土板

如果在现浇混凝土空心楼板的箱形模盒中未实施混凝土浇筑，而是采用 10~20mm 厚度的砂浆箱形底板，可以解决上述有现浇混凝土的箱形模盒存在的问题，但在计算结构内力与挠度时不能依照薄板弹性理论计算。

部分设计者在设计时存在着曲解国家标准设计要求的问题，主要表现在：对“如果具备经验可应用其他外形箱体，并且设计的中底板厚度可以根据经验进行设定”这句话存在曲解。由于模盒下不存在现浇混凝土层，结构截面从原有的“Ⅰ”字形转变成了“T”形，楼板成了密肋楼板的结构形态。此时计算内力与挠度仍应用薄板弹性理论，是错误的计算方式，会导致跨中部位肋梁的承载能力降低，进而导致受力较大的跨中出现结构性裂缝，产生较大的挠度变形，为工程结构带来较大的安全隐患。

因此，应根据不同结构选择合理的计算模型，以保证工程结构的受力计算达到正确的要求。比如对于上述结构，在计算边支构件时应依照井字梁的计算方法进行内力与挠度的计算，在计算时还应按照“T”形截面计算出正弯矩对肋梁的作用。而在计算负弯矩对肋梁的作用时，矩形截面计算宽度应等于梁底部宽度。

4　结语

综上所述，在箱形模盒现浇混凝土空心楼板设计中存在较多影响质量的问题，并且在实施建设后还会引发较多结构不良的现象。因此，应挖掘出设计中存在的问题并进行良好的解决，保证设计效果及计算的准确性，进而保证结构满足建设需求且具有良好的质量，推动建筑行业健康发展。

参考文献

[1]　杨骁，王艳晗．箱形转换层研究现状及展望［J］．山西建筑．2011（6）：98.
[2]　唐思贤，余建方．箱形转换层研究现状及应用［J］．科学之友．2013（11）：32.
[3]　冯丽娜．工业与民用建筑工程管理现状及解决对策［J］．门窗．2019（12）：45.

群塔防碰撞安全防护措施

刘华光　熊　伟　徐　龙　范泽文　刘　韩

湖南望新建设集团股份有限公司　长沙　41000

摘　要：随着城市建设迅速地发展，现代化机械在建设中起着重要作用。塔吊作为城市建设的重要角色，群塔作业已经成为不可避免的现实，如何做好群塔作业协调管理，杜绝因塔吊使用不当引发安全事故已成为建筑工程施工的重中之重。本文以在建某小区的群塔作业为例，就如何做好防碰撞措施提出几点建议。

关键词：群塔；安全；空间限位器；防碰撞

1　工程概况

本工程规划15幢高层住宅、4幢叠墅、3幢洋房，各楼栋层数不同，分6层、8层、16层、17层、18层，塔吊初、终装高度错开，所安装塔吊终装时将形成低塔位3台、高塔位8台的2个梯次运行格局。各楼栋基本同时施工，在塔吊初装时相邻塔吊的安装高度必须保证垂直上错开。施工过程中保持各楼栋同步施工，进度保持均衡，确保塔吊垂直上始终相互错开安全运行。在满足施工场地覆盖及安装附墙锚接的前提下，避开地下室的柱、梁结构进行选位布置。其中，T2塔吊安装水平角度限位装置，防止碰撞9号楼。T5塔吊减臂至55m，与规划三路南侧已完建筑安全距离约10m。为了减少塔吊交会距离，T7塔吊减臂至45m。为了保持与西侧山体安全距离，T3塔吊减臂至45m，T4塔吊减臂至50m。塔吊离西侧山体最短安全距离（T11）有3.8m（图1、图2）。

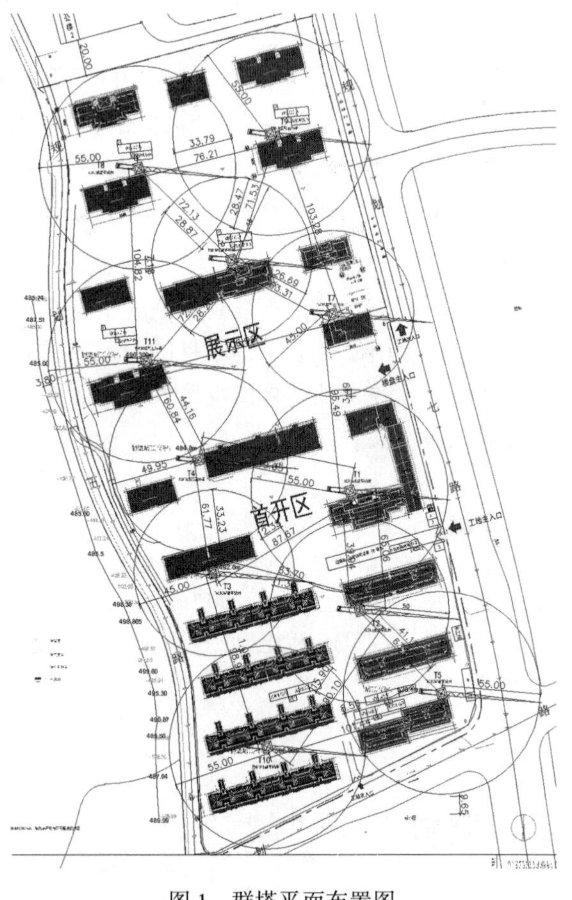

图1　群塔平面布置图

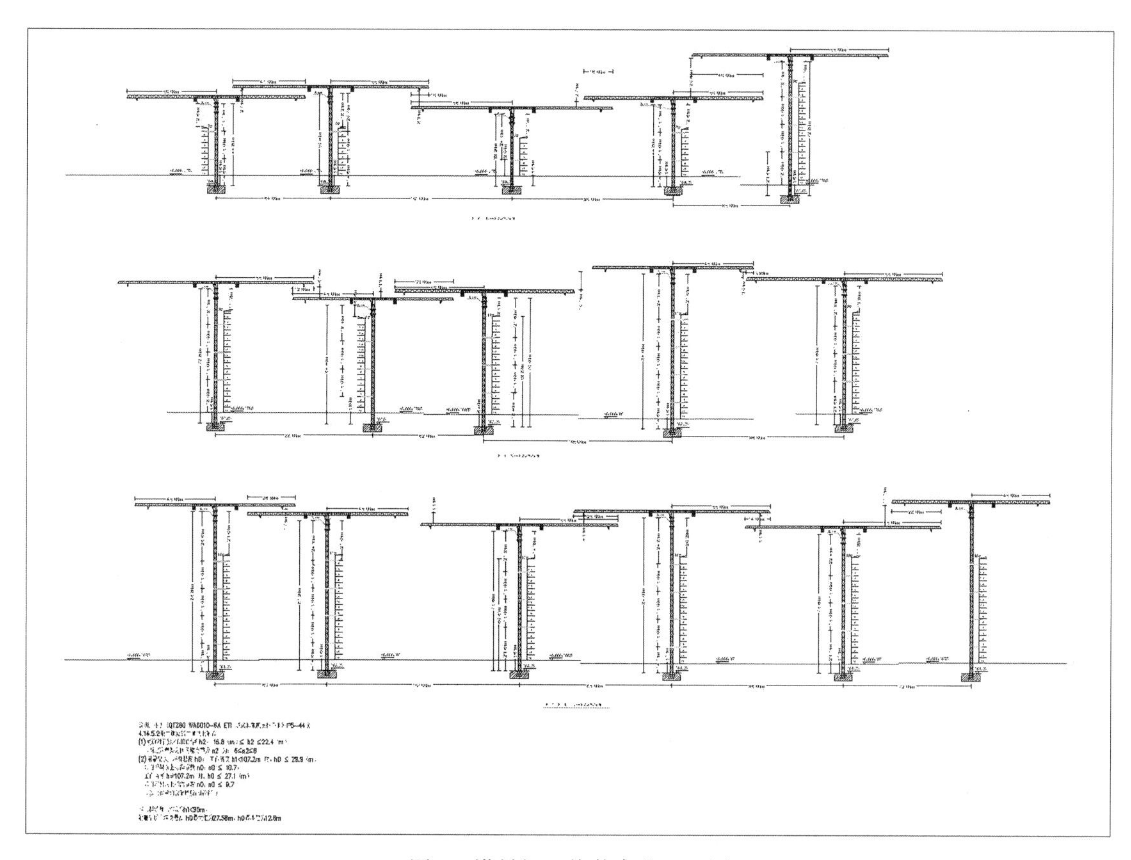

图2　塔吊初、终装高差立面图

2　塔吊在使用过程中的要求

（1）塔吊覆盖率尽可能地覆盖全部小区施工面，以满足主体施工阶段的最大需求量。

（2）塔吊之间的安全距离尽可能满足施工安全技术规范。

（3）塔吊大臂在回转过程中尽可能地少重叠或不出现。

（4）塔吊应有足够的高度。

（5）塔吊的选型应能满足施工过程最大起重量的要求。

（6）在出现大臂重叠的塔吊时，两个塔吊大臂的高度差不能小于2m。

（7）与紧邻施工单位的塔吊有足够的安全距离。

3　塔吊的选型与安装

（1）选型：

塔吊编号	服务楼栋号	型号	最大安装臂长（m）	额定起重力矩（kN·m）	独立高度（m）	标准节（m）	出厂日期核准有效期	生产厂家
T1	9、11、12	QTZ80(6010)	60	800	40	1.6×1.6×2.8	2021年 2036年	中联重科
T2	6、7、3、4	QTZ80(6010)	60	800	40	1.6×1.6×2.8	2021年 2036年	中联重科
T3	4、8	QTZ80(6010)	60	800	40	1.6×1.6×2.8	2021年 2036年	中联重科

续表

塔吊编号	服务楼栋号	型号	最大安装臂长（m）	额定起重力矩（kN·m）	独立高度（m）	标准节（m）	出厂日期核准有效期	生产厂家
T4	10、11	QTZ80(6010)	60	800	40	1.6×1.6×2.8	2021年 2036年	中联重科
T5	5、6	QTZ80(6010)	60	800	40	1.6×1.6×2.8	2021年 2036年	中联重科
T6	16、17	QTZ80(6010)	60	800	40	1.6×1.6×2.8	2021年 2036年	中联重科
T7	14、17、23	QTZ80(6010)	60	800	40	1.6×1.6×2.8	2021年 2036年	中联重科
T8	18、20、21	QTZ80(6010)	60	800	40	1.6×1.6×2.8	2021年 2036年	中联重科
T9	19、21、22	QTZ80(6010)	60	800	40	1.6×1.6×2.8	2021年 2036年	中联重科
T10	1、2、3	QTZ80(6010)	60	800	40	1.6×1.6×2.8	2021年 2036年	中联重科
T11	13、15、16	QTZ80(6010)	60	800	40	1.6×1.6×2.8	2021年 2036年	中联重科

（2）安装参数

塔吊编号	型号	安装臂长（m）	初装高度（m）	塔吊基础标高（m）	终装高度（基础以上m）	安装中心点坐标	附墙道数
T1	QTZ80(6010)	55	39.2	464.85	75.6	Y=499908.823 X=3359212.304	3
T2	QTZ80(6010)	50	28	469.35	44.8	Y=499914.333 X=3359147.48	2
T3	QTZ80(6010)	45	28	464.6	64.4	Y=499833.159 X=3359168.066	3
T4	QTZ80(6010)	50	19.6	463.35	70	Y=499824.541 X=3359229.150	3
T5	QTZ80(6010)	55	22.4	469.35	50.4	Y=499959.927 X=3359102.823	2
T6	QTZ80(6010)	45	39.2	461.35	89.6	Y=499843.208 X=3359337.572	4
T7	QTZ80(6010)	45	28	462.35	84	Y=499899.362 X=3359308.332	4
T8	QTZ80(6010)	55	22.4	461.35	84	Y=499791.012 X=3359387.352	4
T9	QTZ80(6010)	55	33.6	461.35	75.6	Y=499864.972 X=3359405.715	3
T10	QTZ80(6010)	55	39.2	469.35	39.2	Y=499862.797 X=3359073.576	1
T11	QTZ80(6010)	55	33.6	462.35	75.6	Y=499795.538 X=3359282.634	3

（3）顶升加节附着安装

塔号编号	楼栋号	终装高度（基础以上m）	第一道附着位置/标高（m）	第二道附着位置/标高（m）	第三道附着位置/标高（m）	第四道附着位置/标高（m）	第五道附着位置/标高（m）
T1	9	75.6	6F/28	11F/33	16F/48	—	—
T2	7	44.8	6F/18	—	—	—	—
T3	8	64.4	3F/9	8F/24	13F/39	—	—
T4	11	70	4F/12	9F/27	14F/42	—	—
T5	5	50.4	3F/9	8F/24	—	—	—
T6	16	89.6	3F/9	8F/24	13F/39	18F/54	—
T7	14	84	3F/9	8F/24	13F/39	18F/54	—
T8	18	84	3F/9	8F/24	13F/39	18F/54	—
T9	19	75.6	6F/18	11F/33	16F/48	—	—
T10	2	39.2	—	—	—	—	—
T11	13	75.6	6F/18	11F/33	16F/48	—	—

（4）大臂交叉参数

塔吊编号	安装楼栋号及层数	计算建筑总高度（m）	安装臂长（m）	安装高度（自基础起算）			中心距、交会距、高差（m）			
				基础标高（m）	初装高度（m）	终装高度（m）	影响塔吊编号	中心距离（m）	交会距离（m）	初/终装高差（m）
T1	9	62	55	464.85	39.2	72.8	T2	65	40	6.7/23.5
							T3	88	12	11.45/8.65
							T4	86	19	11.45/4.3
							T7	96	4	13.7/5.9
T2	7	33.12	50	469.35	28	44.8	T1	65	40	6.7/23.5
							T3	84	11	4.75/14.85
							T5	64	41	5.6/5.6
							T10	90	15	11.2/5.6
T3	8	56.03	45	464.6	28	64.4	T1	88	12	11.45/8.65
							T2	84	11	4.75/14.85
							T4	62	33	9.65/4.35
							T10	99	1	8.85/20.45
T4	11	59.03	50	463.35	19.6	70	T1	86	19	11.45/4.3
							T3	62	33	9.65/4.35
							T11	61	44	13/4.6
T5	5	33.12	55	469.35	22.4	50.4	T2	64	41	5.6/5.6
							T10	101	9	16.8/11.2
T6	16	62	45	461.35	39.2	86.8	T7	63	27	10.2/4.6
							T8	72	28	16.8/2.8
							T9	72	28	5.6/11.2
							T11	73	27	4.6/10.2

续表

塔吊编号	安装楼栋号及层数	计算建筑总高度（m）	安装臂长（m）	安装高度（自基础起算）			中心距、交会距、高差（m）			
				基础标高（m）	初装高度（m）	终装高度（m）	影响塔吊编号	中心距离（m）	交会距离（m）	初/终装高差（m）
T7	14	62	45	462.35	28	81.2	T1	96	4	13.7/5.9
							T6	63	27	10.2/4.6
							T9	103	-3	
							T11	107	-7	
T8	18	62	55	461.35	22.4	84	T6	72	28	16.8/2.8
							T9	76	34	11.2/8.4
							T11	105	5	12.2/7.4
T9	19	62	55	461.35	33.6	75.6	T6	72	28	5.6/11.2
							T7	103	-3	
							T8	76	34	11.2/8.4
T10	2	28.35	55	469.35	39.2	39.2	T2	90	15	11.2/5.6
							T3	99	1	8.85/20.45
							T5	101	9	16.8/11.2
T11	13	62	55	462.35	33.6	75.6	T4	61	44	13/4.6
							T6	73	27	4.6/13
							T7	107	-7	
							T8	105	5	12.2/7.4

4 群塔作业安全管理措施

由于本工程场地小，工地一面为同小区施工的其他单位塔吊，既要确保施工的顺利进行，又要保证作业现场及周围车辆、人员及其他单位大型设备的安全。而大型垂直运输机械在整个施工过程中承担着大量材料吊运任务，由于使用频率高、时间长，人、机、物都有可能发生突发。为预防垂直吊装事故发生，保障人、机、物的安全，最大限度地减少或降低垂直运输中的风险，编制了相关的群塔作业管理措施，以规范操作人员的操作行为，防止野蛮施工造成事故。具体的管理措施如下：

（1）坚持塔吊作业运行原则

低塔让高塔原则：低塔在运转时，应观察高塔运行情况后再运行。

后塔让先塔原则：塔吊在重叠覆盖区运行时，后进入该区域的塔吊要避让先进入该区域的塔吊。

动塔让静塔原则：塔吊在进入重叠覆盖区运行时，运行中的塔吊应避让该区停止的塔吊。

轻车让重车原则：在两塔同时运行时，无载荷塔吊应避让有载荷的塔吊。

客塔让主塔原则：另一区域塔吊在进入他方塔吊区域时应主动避让主方塔吊。

同步升降原则：所有塔吊应根据具体施工情况在规定时间内统一升降，以满足塔吊立体施工的要求。

（2）作业前检查和作业时检查的重点

①机械结构外观情况、各传动机构应正常。

②各齿轮箱、液压油箱的油位应符合标准。

③主要部位连接螺栓应无松动。

④钢丝绳磨损情况及卡具紧固和穿绕滑轮应符合规定。

⑤供电电缆应无破损。各限位器工作是否正常、空间限位器工作状态是否良好。

(3) 检查电源、电压是否符合规定，送电前启动控制开关应在零位，接通电源后检查金属结构部分无漏电后方可上机。照明与塔吊主断路器应分接，当主断路器切断电源时，照明不应断电。

(4) 空载运转，检查行走。回转、起重、变幅等各机构的制动器，安全限位，防护装置，确认正常后方可作业，操作时力求平稳，严禁急开急停。

(5) 提升重物平稳时应高出其跨越的障碍物0.5m以上。塔吊司机、信号司索工在吊装中应严格执行“十不吊”。

(6) 下机时将每个控制开关拔至零位依次断开各路开关，关闭操作室门窗，下机后切断电源总开关，打开高空指示灯，严禁断开空间限位器开关。

(7) 任何人员上塔帽、吊臂、平衡臂的高空部位检查和修理时，必须佩戴安全带及安全帽。

5　结语

对施工现场塔吊统一规划布置、统一协调是施工过程中安全保证的重要措施，只有对施工现场精确计算，确保塔吊全面覆盖施工现场，才能满足施工需要。塔吊作为建筑工程施工垂直运输设备是现阶段不可替代的机械设备，必须做好安全生产管理，提高施工水平，充分发挥其在建设工程中的作用。

参考文献

[1] 建筑施工塔式起重机安装、使用、拆卸安全技术规程：JGJ 196—2010 [S]. 北京：中国建筑工业出版社，2010.

[2] 湖南望新建设集团股份有限公司贺龙体育馆建设工程项目经理部. 恩施安澜园项目群塔作业施工专项方案 [Z]. 2021，4.

某提升泵房高支模体系设计

张 瑛 周又红 林胜红 陈 猛 周 罗

湖南望新建设集团股份有限公司 长沙 41000

摘 要：日前，按照住房城乡建设部建质［2018］37号文《危险性较大的分部分项工程安全管理规定》：搭设高度8m及以上；跨度18m及以上；施工总荷载15kN/m及以上；集中线荷载20kN/m及以上的，其高大模板工程在施工前必须编制专项施工方案，并经专家论证审查通过后，方能施工。本文结合实际工程专项施工方案实践，探讨高支模体系设计、施工中应注意的事项及对应措施，供同行参考。

关键词：高支模；施工设计；安全措施

1 工程概况

本工程危险性较大的分部分项工程为：附厂房▽39.0框架梁、附厂房▽42.3梁板以及水泵层▽42.3（±0.00）框架梁板的超高模板支撑架的施工，结构高支模基本情况见表1。

表1 高支模区域超限梁板一览表

序号	支模区域	支模		支模范围内			支撑的地基	梁板的混凝土等级
		标高（m）	高度（m）	梁截面尺寸（mm）	梁跨度（m）	板厚（mm）		
1	水泵层	34.0（支架最低标高28.3）	6~13.7	500×800	3.8	300	水泵层0.3m厚板（进水池1.0m厚板）	C30
					5.3			
2	附厂房-3.3（▽39.0）梁	28.3~29.7	8.7~10.3	250×400	3.0		进水池1~2.4m厚底板	C30
				250×500	6.0			
				300×400	2.24			
				300×400	3.8			
				300×400	5.3			
				300×600	2.0			
				300×600	5.8			
				300×600	6			
3	附厂房±0.00（▽42.3）梁板	28.3~29.7	12.4~13.8	300×400	5.3	180	进水池1~2.4m厚底板	C30
				300×600	6			
				300×800	6			
				250×400	3.8			
				250×500	6			

从表1对照可以得出结论：最不安全的是在水泵层▽42.3(±0.00）的13.7m高500mm×800mm梁及电机安装口处的500mm×1500mm梁处的支模架；根据布设结果需考虑进水池层水泵安装口500mm×800mm梁处的支模架的稳定性，故本方案以三处的支模架来设计计算。

2　支撑系统设计

支撑系统由扣件式立杆、水平杆、连墙杆、剪刀撑、斜杆和抛撑（在脚手架立面之外设置的斜撑）等组成，支撑系统采用ϕ48mm×3.0mm、Q235钢管，立杆下垫板为2000mm×200mm×50mm木板。因主梁之间跨度不一，立杆间距作相应调整，原则是不大于900mm×900mm的设计值。

（1）进水池层水泵安装口偏心梁板支撑系统设计见表2。

表2　进水池层水泵安装口偏心梁板支撑系统设计表

新浇混凝土梁支撑方式	梁一侧有板，梁底小梁平行梁跨方向
梁跨度方向立杆间距 l_a(mm)	600
梁两侧立杆横向间距 l_b(mm)	900
步距 h(mm)	1500
新浇混凝土楼板立杆间距 l'_a(mm)、l'_b(mm)	900、900
混凝土梁距梁两侧立杆中的位置	自定义
梁左侧立杆距梁中心线距离（mm）	500
梁底增加立杆根数（个）	2
梁底增加立杆布置方式	自定义
梁底增加立杆依次距梁左侧立杆距离（mm）	300、600
梁底支撑小梁最大悬挑长度（mm）	300
梁底支撑小梁根数（个）	5
梁底支撑小梁间距（mm）	125
每纵距内附加梁底支撑主梁根数（个）	0
结构表面的要求	结构表面隐蔽

（2）水泵层中间梁板支撑系统设计见表3。

表3　水泵层中间梁板支撑系统设计表

新浇混凝土梁支撑方式	梁两侧有板，梁底小梁平行梁跨方向
梁跨度方向立杆间距 l_a(mm)	600
梁两侧立杆横向间距 l_b(mm)	900
步距 h(mm)	1500
新浇混凝土楼板立杆间距 l'_a(mm)、l'_b(mm)	900、900
混凝土梁距梁两侧立杆中的位置	居中
梁左侧立杆距梁中心线距离（mm）	450
梁底增加立杆根数（个）	2
梁底增加立杆布置方式	按梁两侧立杆间距均分
梁底增加立杆依次距梁左侧立杆距离（mm）	300、600
梁底支撑小梁最大悬挑长度（mm）	300
梁底支撑小梁根数（个）	5
梁底支撑小梁间距（mm）	125
每纵距内附加梁底支撑主梁根数（个）	0
结构表面的要求	结构表面隐蔽

（3）水泵层电机安装口梁板支撑系统设计见表4。

表4　水泵层电机安装口梁板支撑系统设计表

结构重要性系数 γ_0	1
脚手架安全等级	Ⅱ级
新浇混凝土梁支撑方式	梁一侧有板，梁底小梁平行梁跨方向
梁跨度方向立杆间距 l_a(mm)	600
梁两侧立杆横向间距 l_b(mm)	900
步距 h(mm)	1500
新浇混凝土楼板立杆间距 l'_a(mm)、l'_b(mm)	900、900
混凝土梁距梁两侧立杆中的位置	居中
梁左侧立杆距梁中心线距离（mm）	450
梁底增加立杆根数（个）	2
梁底增加立杆布置方式	按梁两侧立杆间距均分
梁底增加立杆依次距梁左侧立杆距离（mm）	300、600
梁底支撑小梁最大悬挑长度（mm）	300
梁底支撑小梁根数（个）	5
梁底支撑小梁间距（mm）	125
每纵距内附加梁底支撑主梁根数（个）	0
结构表面的要求	结构表面隐蔽

支架的平面布置如图1所示；支架立面图如图2所示；梁节点大样如图3～图5所示。

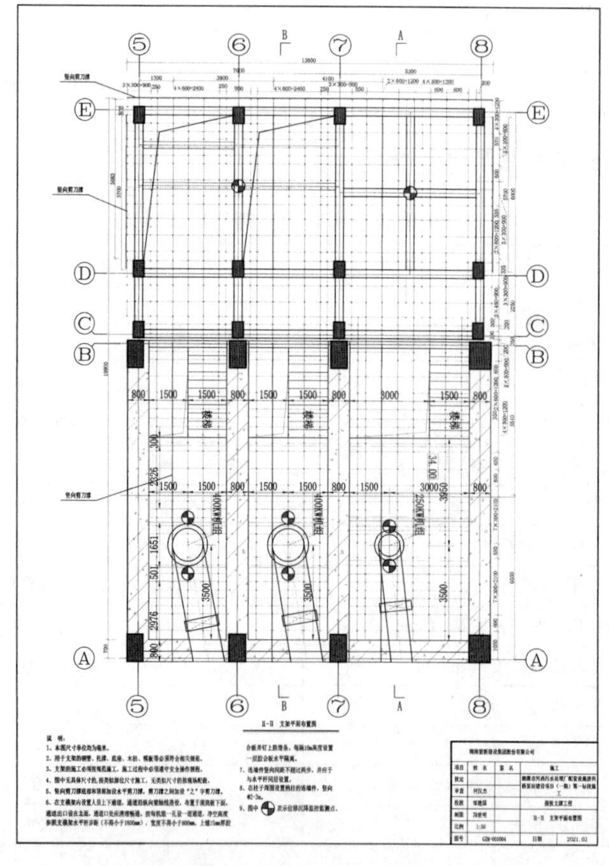

图1　支架平面布置图

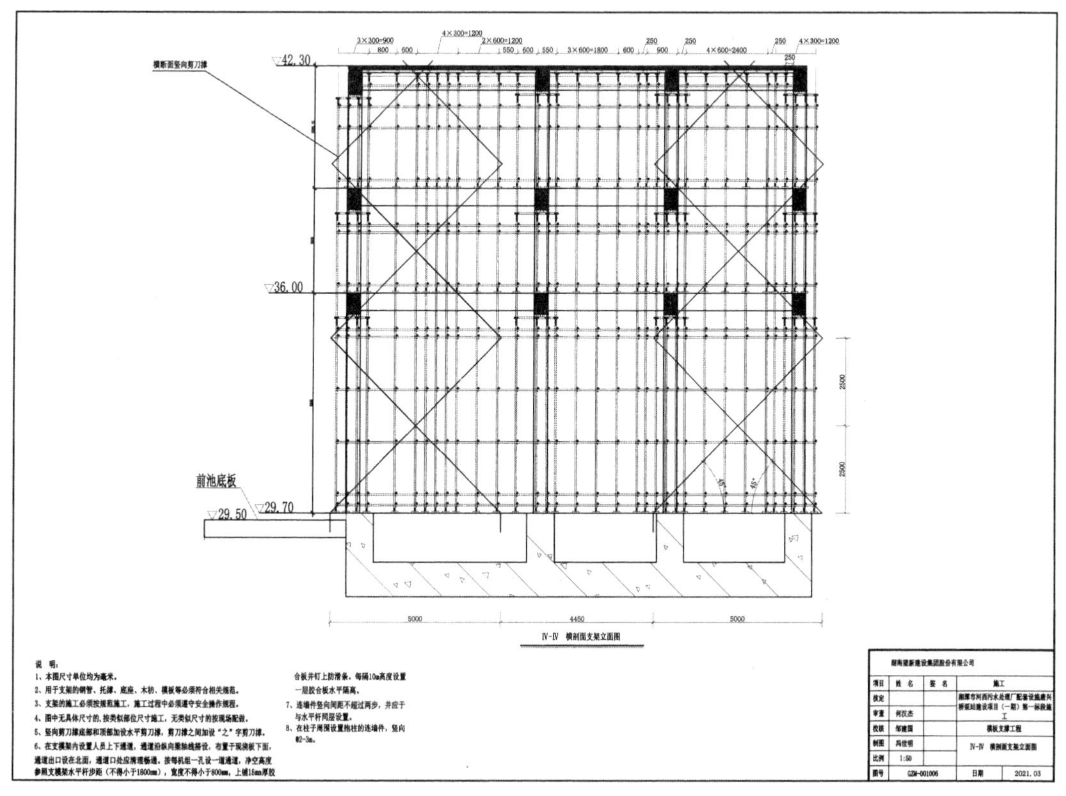

图2　支架立面图

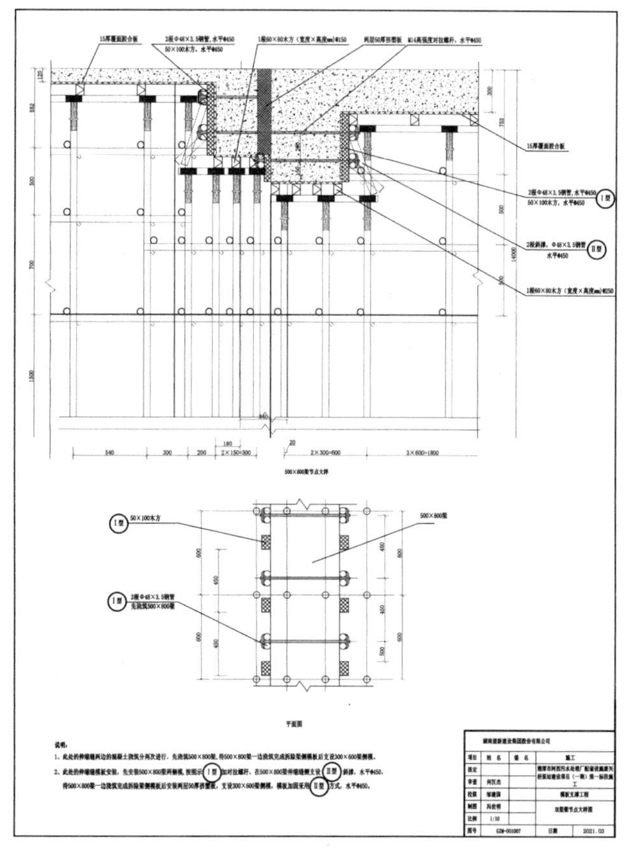

图3　双梁节点大样图

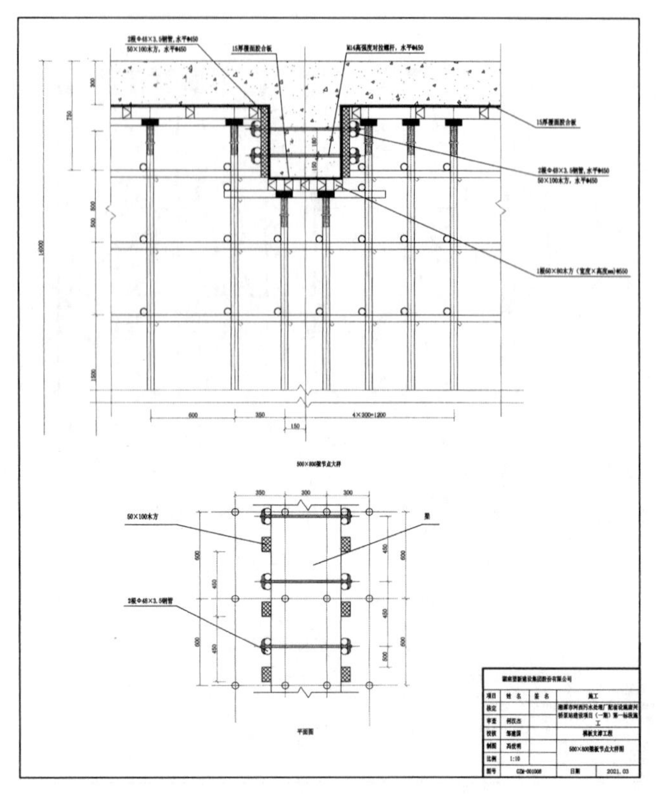

图 4　500mm×800mm 梁节点大样图

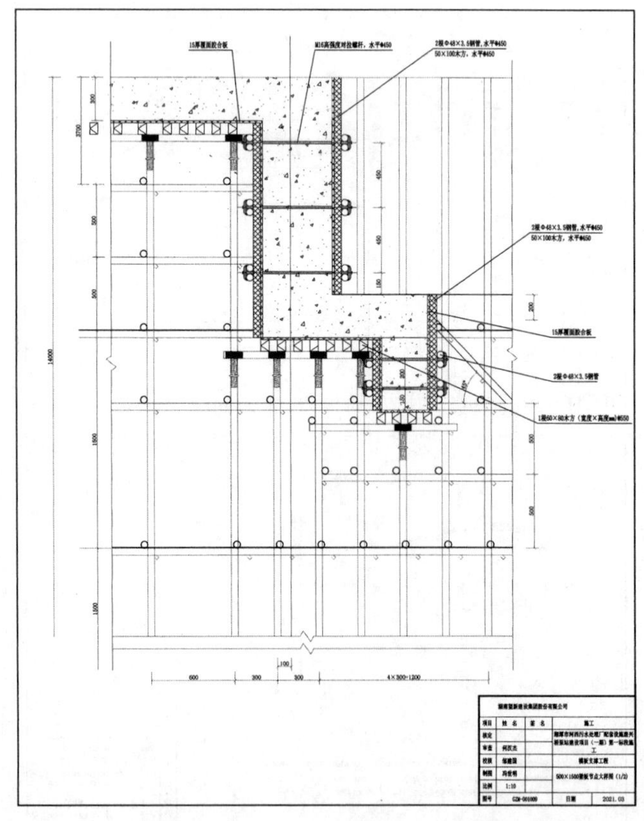

图 5　500mm×1500mm 梁节点大样图

3　支架搭设要求

（1）搭设本方案提及的架子开始至混凝土施工完毕具备要求的强度前，该施工层下2层支顶不允许拆除。

（2）一般规定：

①保证结构和构件各部分形状尺寸及相互位置正确。

②具有足够的承载能力、刚度和稳定性，能可靠地承受施工中所产生的荷载。

③不同支架立柱不得混用。

④多层支撑时，上下两层的支点应在同一垂直线上，并应设底座和垫板。

⑤现浇钢筋混凝土梁、板，当跨度大于4m时，模板应起拱；当设计无具体要求时，起拱高度宜为全跨长度的1/1000～3/1000。

⑥拼装高度为2m以上的竖向模板，不得站在下层模板上拼装上层模板。安装过程中应设置临时固定措施。

⑦当支架立柱成一定角度倾斜，或其支架立柱的顶表面倾斜时，应采取可靠措施确保支点稳定，支撑底脚必须有防滑移的可靠措施。

⑧梁和板的立柱，其纵横向间距应相等或成倍数。示意图如图6所示。

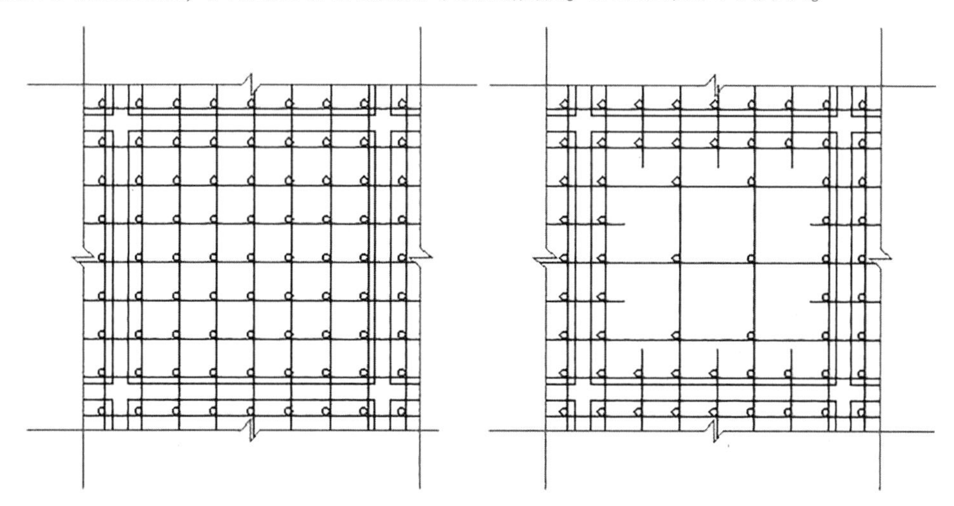

图6　支架搭设间距

⑨在立柱底距地面200mm高处，沿纵横向水平方向应按纵下横上的程序设扫地杆。可调支托底部的立柱顶端应沿纵横向设置一道水平拉杆。扫地杆与顶部水平拉杆之间的距离，在满足模板设计所确定的水平拉杆步距要求条件下，进行平均分配确定步距后，在每一步距处纵横向各设一道水平拉杆。

⑩所有水平拉杆的端部均应与四周建筑物顶紧顶牢。无处可顶时，应在水平拉杆端部和中部沿竖向设置连续式剪刀撑。

⑪钢管立柱的扫地杆、水平拉杆、剪刀撑应采用ϕ48.3mm×3.5mm钢管，用扣件与钢管立柱扣牢。钢管扫地杆、水平拉杆应采用对接，剪刀撑应采用搭接，搭接长度不得小于1000mm，并应采用不少于2个旋转扣件分别在离杆端不小于100mm处进行固定。

4　验收要求

根据施工进度，支架应在下列环节进行检查与验收：

（1）施工准备阶段，对进场构配件进行检查验收。

（2）在基础完工后模板支架搭设前，对基础进行检查验收。

（3）首层水平杆搭设安装后进行检查验收。

（4）每搭设完两层及全部搭设完成后，对模板支架进行检查验收。

（5）模板支撑架搭设至设计高度后及投入使用前，对模板支撑架进行检查验收。

（6）在模板施工完成后混凝土浇筑前，对安全防护设施进行检查验收。

5　结语

本工程高大支模施工方案符合住房城乡建设部建质［2018］37号文《危险性较大的分部分项工程安全管理规定》的要求，通过了专家论证。搭设过程严格按照施工方案施工，通过了长沙市安监、质监、业主及监理等有关部门的综合验收。混凝土成型质量较好，支架基础没有发现下沉及开裂现象，从而保证了整个工程的施工质量。

参考文献

［1］　建筑施工模板安全技术规范：JGJ 162—2016［S］. 北京：中国建筑工业出版社，2016.

［2］　建筑施工扣件式钢管脚手架安全技术规范：JGJ 130—2011［S］. 北京：中国建筑工业出版社，2011.

［3］　湖南望新建设集团股份有限公司东山湾泵站项目经理部. 东山湾泵站高支模安全专项施工方案［Z］. 2019，10.

液压同步顶升工艺在高大网架结构中的应用

宋松树　刘　洋　肖　义　黄　松　张志明

湖南望新建设集团股份有限公司　长沙　41000

摘　要：以贺龙体育馆屋面网架为例，根据工程特点和现场实际情况，采用分步顶升，逐层拼装，直至具备整体顶升条件后，顶升至设计标高的施工方法，研究液压顶升技术在网架拼装场地狭促中的应用，发现液压顶升技术减少了高空焊接球散拼的难度，保障了施工安全。

关键词：网架；液压顶升；场地狭促；分步顶升

1　工程概况

本工程为贺龙体育馆网架工程，屋面为焊接球网架，长 77m×77m，高 23.770m（净高 16m）。贺龙体育馆于 1986 年完成施工建设，已不能满足现在的使用要求，故准备拆除钢屋盖后，在原有基础上重建。重建后高度为 27.150m（净高 19m），屋面净高提高 3.000m，原混凝土柱顶埋件不变，网架由上弦支撑改为下弦支撑。

网架结构形式为八边正交斜放网架，支撑为周边多点柱点支撑，支座采用成品网架支座，跨度 79.200m，网格尺寸 4.95m×4.95m，网架厚度 4~6.772m，如图 1、图 2 所示。

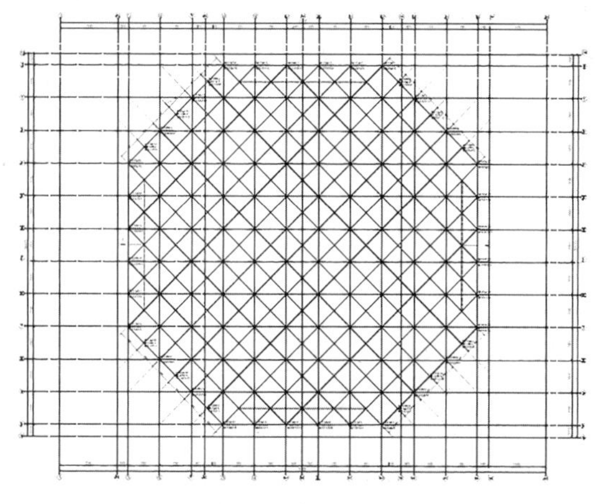

图 1　网架平面图

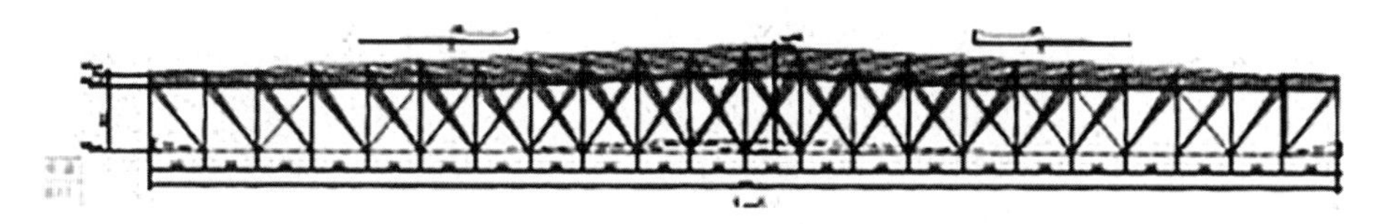

图 2　网架立面图

2　液压顶升技术方案的确定

焊接球节点网架的特点是拼装时定位须将下弦节点放线至某一平台上，本工程网架下方有标高不同的混凝土结构（观众席），给下弦节点放线定位带来一定难度。网架厚度较大是本工程又一个难题。经多种施工方案比较，采用液压同步顶升工艺进行施工可以解决上述问题。该工艺可以将下弦节点位置投影在地面及楼面，在地面拼装焊接网架，然后将拼装、焊接完成的网架同步顶升至某层看台，再在相应的楼层进行拼装、焊接，最后采用液压千斤顶在计算机的控制下将网架同步顶升至设计高度。由于顶升点数量较少，可以在顶升设备的下层对楼板进行加固处理，有效地解决了难题。

3　液压顶升技术施工方法

本工程钢网架分成三个施工阶段，总体安装思路是先在比赛场地地面拼装网架，该过程称为第一阶段。然后将拼装完成的网架同步顶升，当网架下弦高度与某层观众席混凝土高度一致时停止顶升，在观众席混凝土结构上再拼装网架，网架拼装完成后继续顶升，直至顶升至设计高度，该过程为第二阶段。最后安装周边支座及相应杆件，该过程俗称封边，为本工程的第三阶段（图3）。

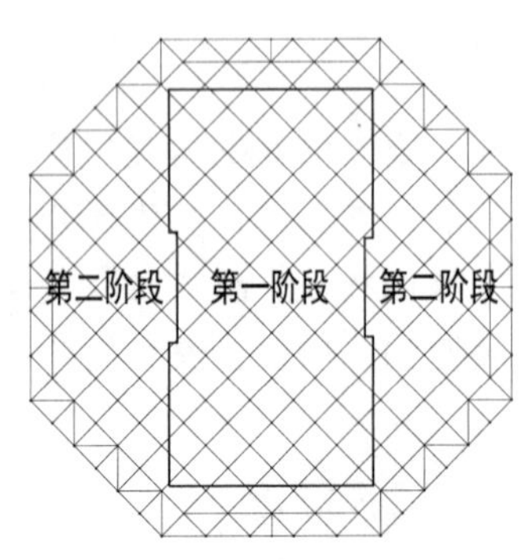

图3　施工阶段划分图（第三阶段为封边，略）

4　方案实施

4.1　工艺流程

准备工作→清点杆件（球）→放线→在比赛场地上设置临时支撑并组对、拼装、焊接网架→安装顶升设备→顶升钢网架至适当高度→向四周延伸拼装网架→增加、调整顶升设备位置继续顶升至设计高度→封边→卸载、拆除顶升设备。

4.2　第一阶段拼装钢网架（檩条可同时安装）

在场地上（比赛场地）拼装、焊接网架，网架从中间向两侧逐网格延伸，先下弦，后上弦。下弦球必须在其投影线上。地面上拼装、焊接网架（马道、檩条可同时安装），如图4~图6所示。

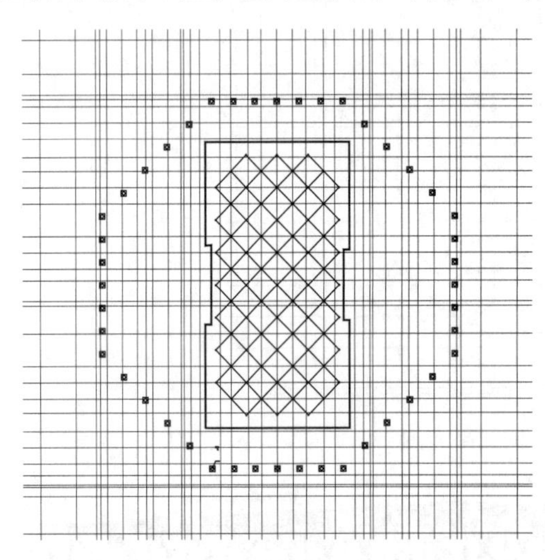
图4　第一阶段网架拼装平面图

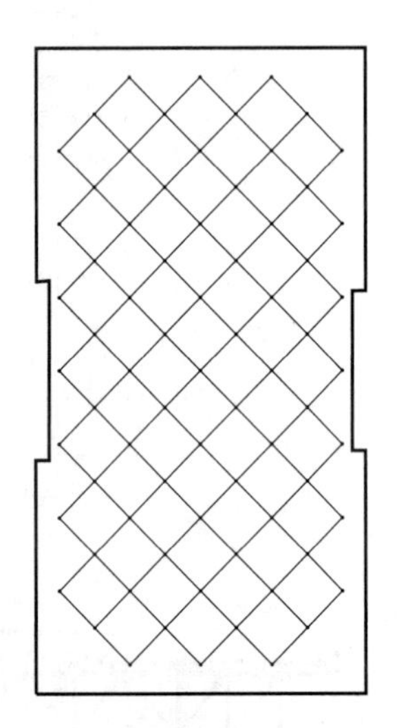
图5　第一阶段拼装完成后平面图

4.3　安装顶升设备（第二阶段）

将顶升设备按照图7位置安装到位，调试后进行网架顶升，直至网架下弦节点高出三层楼面。第二阶段设8个顶升点，均设在网架下弦节点（图7、图8）。

4.4　封边（第三阶段）

安装周边支座及杆件，如图9所示；封边后平面图如图10所示。

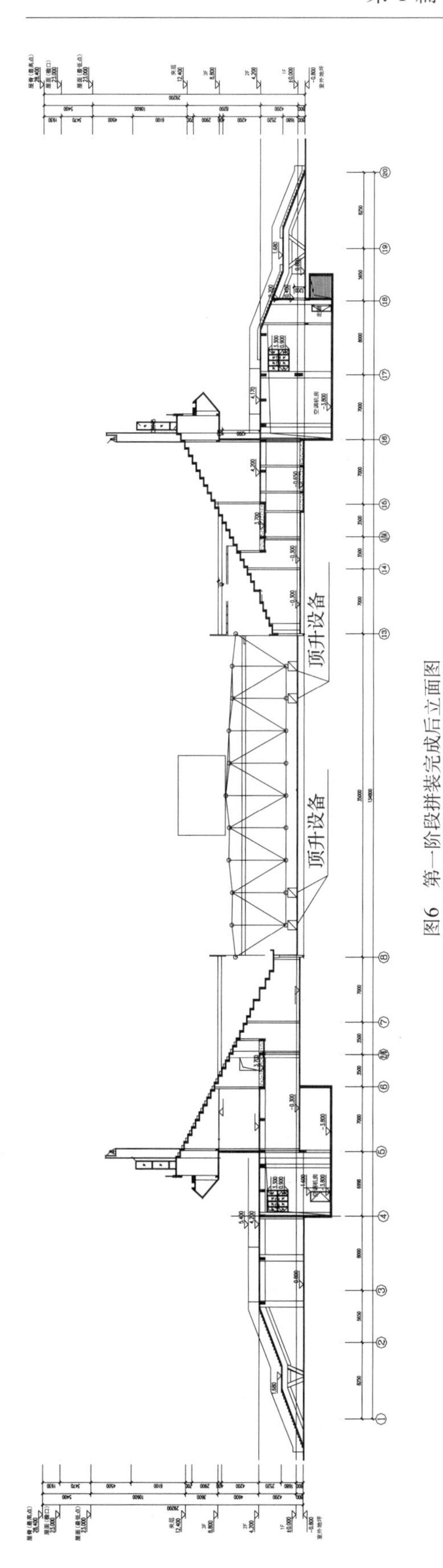

图6　第一阶段拼装完成后立面图

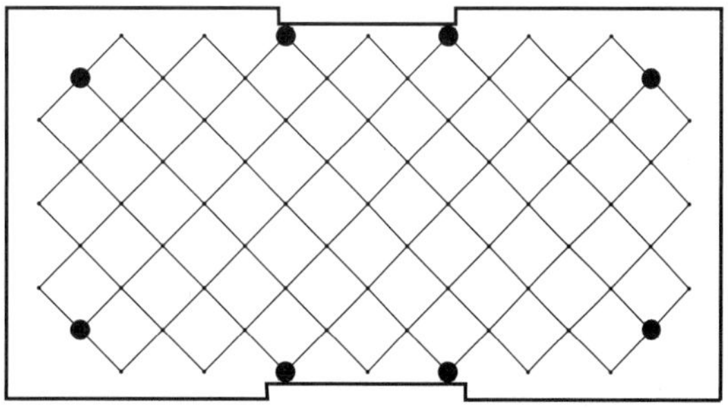

图7　第二阶段顶升点布置图

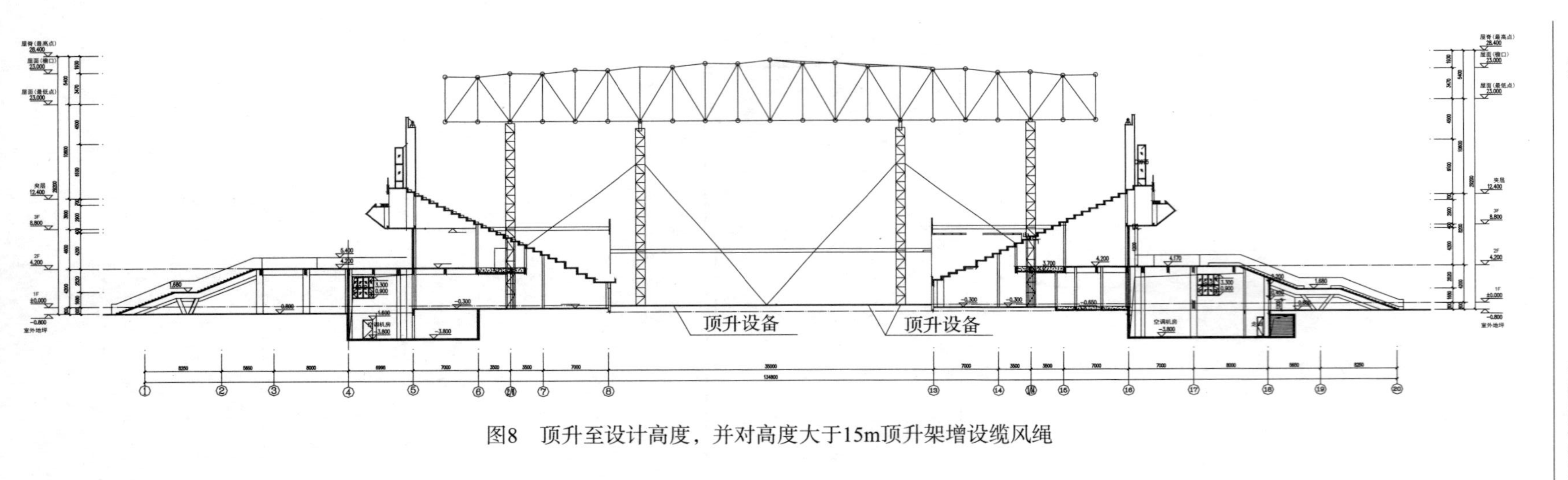

图8　顶升至设计高度，并对高度大于15m顶升架增设缆风绳

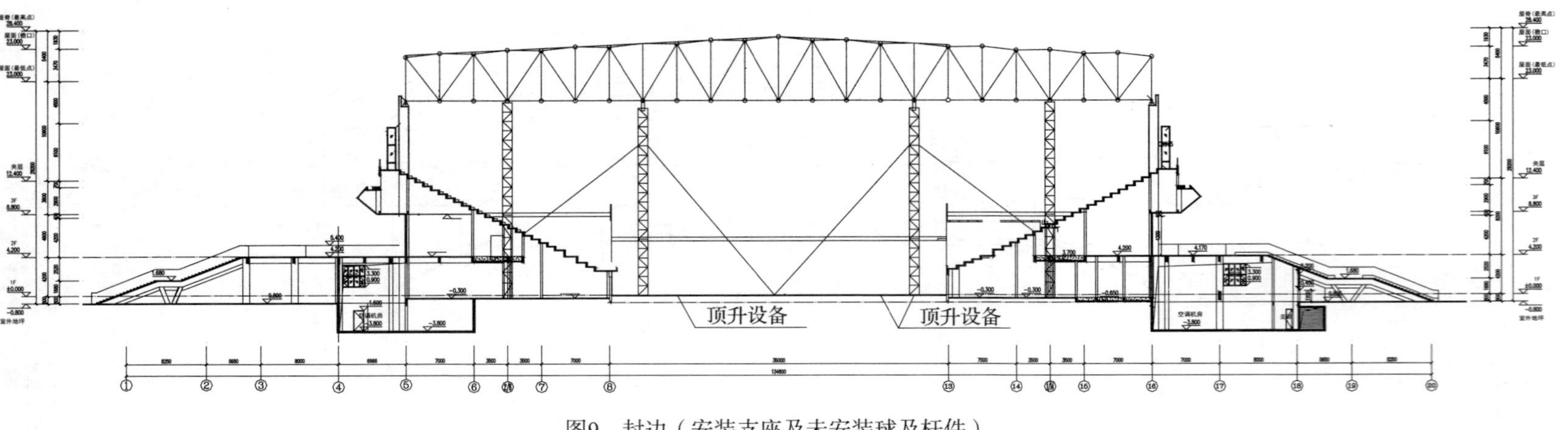

图9　封边（安装支座及未安装球及杆件）

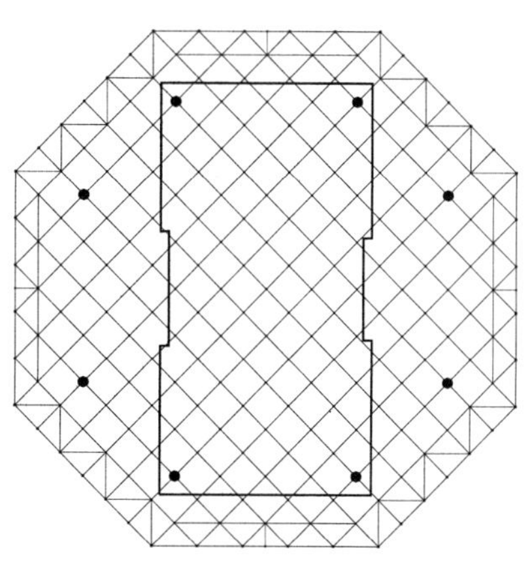

图 10　封边后平面图

5　结语

综上所述，本工程采用整体同步液压顶升施工技术进行了网架结构安装，实现了既定工程安全、质量和工期目标。同时，也减少了投入，节约了成本，提高了项目的综合效益，对今后类似工程施工具有一定的借鉴作用。

参考文献

[1]　湖南望新建设集团股份有限公司贺龙体育馆建设工程项目经理部．贺龙体育馆网架安装施工专项方案［Z］. 2020，5.

装配式导光筒施工技术的应用

岳文海　赵合毅

湖南北山建设集团股份有限公司　长沙　410000

摘　要： 太阳能是一种取之不尽、用之不竭的绿色能源，导光筒为充分合理利用天然光资源开辟出了新的途径，所形成的光导照明技术是综合开发利用太阳能的重要方式。它具有健康、环保、无能耗的特点。本文介绍了装配式导光筒施工技术的应用，旨在响应国家号召，推广绿色施工技术。

关键词： 装配式；导光筒

导光筒具有健康、环保、无能耗的特点，特别是对于不适合采用电、油、火照明的仓库、地下空间等特殊部位的照明，更具有很强的优势。这种照明可以全天候采光，无论是黎明还是黄昏，甚至是阴雨天气，导光照明系统都可以有效地将天然光导入室内，使用寿命可达 30 年以上，维护费用不高。用在建筑工程上，可以节省大量能源。据测算，一盏ϕ450 的导光筒与同等亮度的电源灯相比较，每年可节电 2000kW · h，因此受到用户的欢迎，逐渐得到广泛推广应用。

1　工程概况

长沙伍家岭城市综合体项目，由 1 号楼、2 号楼、3 号楼、4 号楼四栋分别为 3 层、25 层、30 层、32 层的酒店、办公楼及住宅楼组成，总建筑面积近 156496. 7m^2，其地下室设计安装了 40 个导光筒（图 1）。

图 1　导光筒应用效果

2　技术特点

导光筒与预制围护结构在工厂一体化装配完成后运输至现场进行吊装就位，现场进行装配式导光筒构件与结构的接缝及防水节点处理。

使用垂准仪、全站仪并结合计算机设计、建模对导光筒安装进行准确定位，充分保证导光筒的位置精确，满足设计要求。

导光筒的安装缝隙采用不燃材料进行深层封堵，保证导光系统的隔热、防火性能。

导光筒安装时周边防水采用密封嵌固的处理方法，使导光筒周边无积水，雨水顺坡自然隔绝，避免接缝处防水处理的难题，能够加快施工进度，节约施工成本。

3　工艺原理

通过采光罩高效收集自然光线，将其导入系统内重新分配，然后通过特殊工艺制作的导光筒传输和强化后，再由系统底部的漫射装置将自然光高效均匀地照射到有光线需求的地下建筑，得到由自然光带来的特殊照明效果。

4　工艺流程及施工要点

4.1　工艺流程

施工现场准备→预留洞口→预制钢筋混凝土圆筒吊装→防雨装置摆放→防雨装置再次检测防水性能→导光筒连接→安装导光筒→导光筒与防雨装置的连接→采光罩安装→漫射器安装→系统检查→系统调试验收。

4.2　操作要点

4.2.1　施工现场准备

根据图纸仔细核查所有预留孔洞的位置、尺寸，是否与图纸标注相符合，如有误差及时与现场施工人员或甲方联系解决问题。

清理预留孔及其周边残余物体，确保后续工程施工的顺利进行及在安装时光导照明系统各部分装置内不落入灰尘。

4.2.2　预留洞口

弧形预留孔高出覆土层200mm，预留孔端面须平整光滑，孔内径圆整光滑，无遮挡物，提前做好防水，无漏水痕迹，符合安装条件。

平顶式预留孔低于路面155~160mm，预留孔端面须平整光滑，孔内径光滑无遮挡物，提前做好防水，无漏水痕迹，符合安装条件。

4.2.3　预制钢筋混凝土圆筒吊装就位

吊装时先将卡环穿入外吊装环，然后缓慢开动吊车，使圆筒缓慢竖直，此时需仔细观察洞口是否与钢丝绳接触，若接触应及时人工校正，以防损坏钢丝绳。圆筒竖直后临时固定，并将钢丝绳从外吊装环移到内吊装环，然后进行试吊作业。具体为：开动吊车，将圆筒起吊至下部悬空，距地面300mm左右停止提升，再次仔细检查各滑轮、钢丝绳、吊点等部位，确认无故障后方可正式吊装。正式吊装必须缓慢起吊，起吊速度不得过快，设专人看护。在圆筒上口接近洞口时根据情况及时调整圆筒位置，防止圆筒与洞口周边发生磕碰（图2）。

图2　预制钢筋混凝土圆筒

4.2.4　防雨装置摆放

摆放防雨装置时用吊锤测量预留孔内底口，达到预留孔内底口与防雨装置内口四周距离相等。

摆放弧形防雨装置（用水平尺测水平），预留孔口端面水泥面与防雨装置的底面接触面用硅酮结构密封胶黏结（黏结面硅酮结构密封胶必须充足，起到最佳密封效果——通常打胶的宽度为30mm，厚度为3mm）。最后在防雨装置最边缘涂抹一周45°斜坡的硅酮结构密封胶。防雨装置表面擦去灰尘，罩上半圆采光罩。(图3)

在平顶防雨装置底部安装一圈密封圈，预留孔口端面水泥面与平顶防雨装置的底面黏结用硅酮密结构封胶连接（连接面硅酮结构密封胶必须充足，起到最佳密封效果——通常打胶的宽度为30mm，厚度为3mm），在防雨装置边缘用防水水泥涂抹一圈，厚度在30mm。

在平顶防雨装置内侧放置5mm钢化玻璃，玻璃底部与防雨装置连接部位用硅酮结构密封胶封堵。

在平顶防雨装置最上方放置10mm+10mm夹胶钢化玻璃，在玻璃的下方放置2圈O形密封圈，玻璃底部与防雨装置连接部位用硅酮结构密封胶封堵。

4.2.5　防雨装置再次检测防水性能

此时开始检测防水性能，先在预留孔墩位下外侧用自来水浇筑30min以上，地下室或预留口内侧无渗水证明甲方防水没问题，最后再用自来水浇筑采光罩顶部，如地下室或预留口内侧无渗水方可继续安装导光筒。

4.2.6　导光筒连接

导光筒咬合处用自攻螺钉连接（每300mm长的间隔），两筒连接处每200mm长的间隔用自攻螺钉连接。

从上往下看必须导光筒小头在内、大头在外逐个顺序连接，导光筒与导光筒连接搭盖率在20~30mm；连接时要按顺时针或逆时针逐个无间隙且不得跳打，如果导光筒直径偏小与防雨装置直径不一致时，可将导光筒咬合处拉开，在拉开处再用自攻螺钉连接；两导光筒连接处和导光筒圆咬合接缝处外表面用镀银胶带密封（图4）。

图3　防雨装置

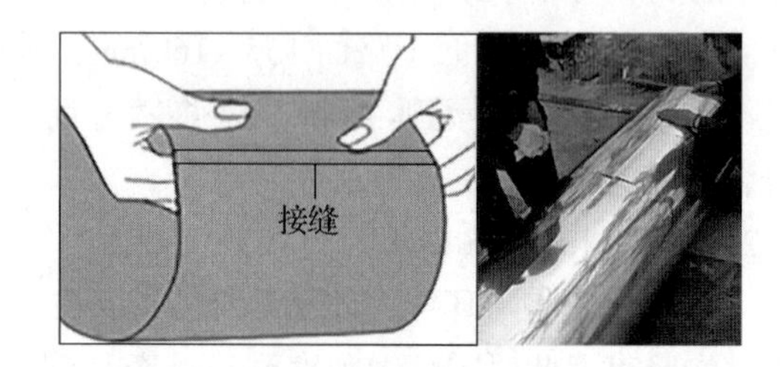

图4　导光筒连接

4.2.7　安装导光筒

将成型的导光筒从防雨装置上方慢慢插入，此时一定要注意导光筒圆咬合接缝处在正南面（图5）。

导光筒安装完成后，在混凝土基座阴角处用水泥砂浆抹倒角，再做两道卷材防水层，且上翻至采光罩同一平面收口，最后抹水泥砂浆保护层。

在导光筒与预留孔洞之间的安装间隙，采用不燃材料填充密实。填料要分若干层，每层填实后方可充填下一层，层层压密实，直到不燃材料填满整个安装间隙，若有导光筒穿越楼板时，参照防水套管的做法做好防水，孔洞与套管之间仍用不燃保温材料充填密实，以增强其隔热性能，达到防火要求。

4.2.8　导光筒与防雨装置的连接

当导光筒从上口插入防雨装置后两端口齐平时，用锥子从防雨装置外侧预留的孔洞中定位，然后从内侧用ϕ3.9mm×12mm 的自攻螺丝固连，连接时沿着顺时针或逆时针方向紧贴防雨装置内壁固连，最后一处连接应该是正南面两导光筒接缝处，这样才能保证导光筒与防雨装置之间无缝隙（图6）。

图5　安装导光筒

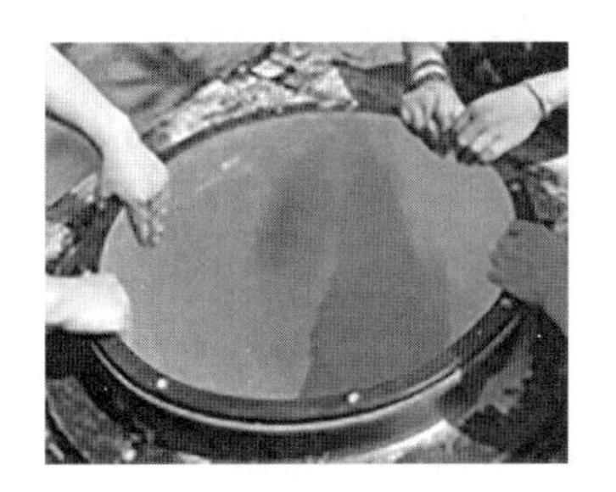

图6　导光筒与防雨装置的连接

4.2.9　采光罩安装

在防雨装置与采光罩连接部位穿插十字防盗钢条，两端用 M5 螺母固连，并安装盖帽。采光罩罩在防雨装置上，用螺丝加平垫圈固连。

撕去增光板和导光筒内塑料保护膜，如导光筒内侧及散射器内有垃圾，用吸尘器吸净（图7）。

4.2.10　漫射器安装

导光筒伸出顶部或天花板，装饰环套入导光筒，装饰环与室内顶部用自攻螺钉固连，导光筒尾端用8个ϕ3.8mm×15mm 的自攻螺钉与已安放好钻石花的装饰环连接（图8）。

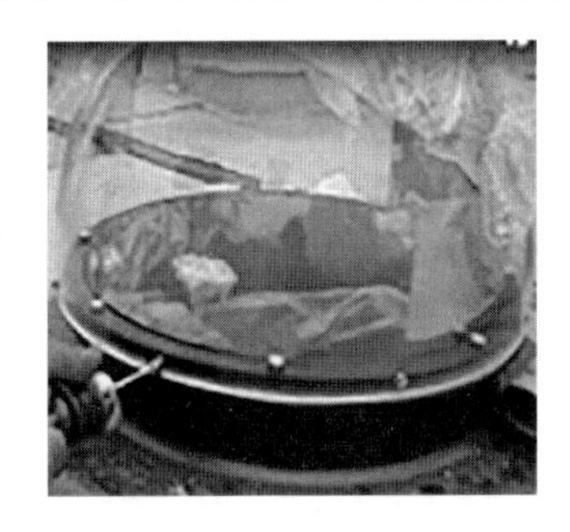

图7　采光罩安装

图8　漫射器安装

4.2.11　系统检查

检查系统的防水性，采用淋水（斜面）、蓄水（平面）方式对导光系统的周边防水性能进行检测。

检查采光装置、导光装置内部是否有杂物及影响采光的障碍物。

检查漫射装置发光是否正常，发光是否均匀。

检查调光装置对采光系统的调节是否有效。

4.2.12　系统调试验收

依据设计及验收规范、标准，由专业人员对整个系统进行调试验收。

5　经济效益分析

本工程地下室应用了40个导光筒，假设普通电灯泡每天开启11h，耗电约为0.1kW·h/(盏·h)，电费为0.9元/(kW·h)，那么年度用电电费为：365×11×0.1×0.9×40=14454（元）。

该项目灯泡系统价格约为500元/套。根据照明灯具国家标准寿命3年（10000h）计算，得年度节省设备更新费：(40×500)/3 = 6666（元）。

此外，在平时的使用过程中，雨水能够将采光罩的灰尘冲刷干净，达到自洁效果，维护方便。

由此可见，装配式导光筒兼具经济性与环保性，有好的应用前景。

6　结语

目前，我国照明耗电量占总发电量的 15%左右，2020 年全国发电量达到 75110 亿 kW · h，年照明耗电量达到了 75110 亿×15% = 11266. 5 亿 kW · h。据专家统计，白天照明占总照明用电的 50%以上，主要是商业和工业照明用电，安装光导照明系统可以平均节约 80%以上的白天照明，全国 50%以上白天需照明的场所都可以安装光导照明系统。

如果推广普及光导照明系统，每年可以节省耗电量 11266. 5 亿×50%×80%×50% = 2253. 3 亿 kW · h，相当于三峡、葛洲坝、溪洛渡、向家坝四座梯级电站 2020 年累计发电量的总和（2269. 3 亿 kW · h）。以每千瓦时 0. 8 元计算，每年可以节省电费约 2253. 3 亿×0. 8 = 1802. 64 亿元。

每节约 1 度电，就相当于节省了 0. 4kg 煤的能耗和 4L 净水，同时还减少了 1kg 二氧化碳和 0. 03kg 二氧化硫的排放。由以上推算得出，每年相当于节省：

耗煤量：0. 4kg×2253. 3 亿 = 901. 32 亿 kg，即 0. 901 亿 t；

净水：4L×2253. 3 亿 = 9013. 2 亿 L；

二氧化碳排放量：1kg×2253. 3 亿 = 2253. 3 亿 kg；

二氧化硫排放量：0. 03kg×2253. 3 亿 = 67. 60 亿 kg。

以投资回报期平均 2 年计算，整个光导照明产业将有 2×1802. 64 亿元 = 3605. 28 亿元的市场份额。同时，利用光导照明技术能让人们有更多的时间在自然光下工作和生活，保护视力，减少学生近视，有益人体健康。光导照明系统的开发和应用具有明显的社会效益和经济效益。

参考文献

[1]　国家能源局 . 2020 年全社会用电量同比增长 3. 1% [EB/OL]. http://www. nea. gov. cn/2021-01/20/c_139682386. htm，2020-1-20.

[2]　国务院国有资产监督管理委员会 . 2269. 3 亿度！三峡集团梯级水电站年度累计发电量创历史新纪录 [EB/OL]. http://www. sasac. gov. cn/n2588025/n2588124/c16469675/content. html，2021-1-11.

铝模深化设计应用与分析

胡　旭

浏阳兴阳置业有限公司　长沙　410000

摘　要： 铝模在建筑工程施工中得到越来越广泛的应用，对于铝模的深化设计，已有较多的探索和成功经验。本文结合工程实践，阐述了铝模深化设计应用的思路与要点，并列举了部分典型节点的工程实例，可供同类项目参考借鉴。

关键词： 铝模；深化设计；免抹灰；节点做法

1　引言

近年来，铝模在建筑工程施工中得到越来越广泛的应用。在工程实践中，根据项目自身的特点和要求，对铝模节点做法进行深化设计，是铝模应用的重要步骤。以下结合工程实践，探讨铝模深化设计及其应用。

2　铝模的主要优点

与传统木模相比，铝模具有以下主要优点：

（1）材料可回收。铝模材料回收价值高，可循环利用，符合绿色、环保、可持续的发展理念。

（2）标准化、模块化。铝模属于高度标准化、模块化产品，易于拆装，对工人技术要求低。

（3）成型质量好。采用铝模浇筑的混凝土，其表面平整度、垂直度远优于木模，混凝土表面可免抹灰。

（4）便于结构造型。因铝模拆模时不会损坏模板，可根据结构造型需要加工模板，多次使用。

另外，与传统木模相比，采用铝模也更有利于现场文明施工及安全生产管理。

3　铝模深化设计的基本思路和要点

铝模优化设计一般由施工单位与铝模生产专业公司共同完成。铝模优化设计的目的主要是为了提高工程质量、节约工程成本、便于现场管理、降低安全风险等。铝模深化设计的基本思路和要点如下：

（1）优化设计应具有针对性。应根据具体工程的实际需求和特点进行优化。

（2）优化设计应具有经济性。经优化设计后应更加节约成本而不是增加成本。

（3）优化设计应具有可行性。优化设计后的方案做法应便于现场实施，应降低施工难度而不是增加施工难度。

（4）优化设计应突出和把握重点。应重点对易产生质量通病的部位、后期施工难度大的部位进行重点优化。

（5）要广泛借鉴同类项目的先进经验，集思广益。

4　铝模深化设计节点做法实例

4.1　外墙全现浇、电梯井道全现浇

采用铝模浇筑的混凝土表面平整度、垂直度远高于传统木模，可实现免抹灰。一般在铝模深化设计时将砖砌外墙全部调整为现浇外墙，既可以降低工程成本（减少工程量、节约工期），又有利于外墙渗漏水的控制。与此类似，一般把电梯井壁也调整为全现浇结构，既可以减少抹灰，也免去施工难度较大的电梯井圈梁施工。图 1、图 2 为外墙深化设计前后对比。

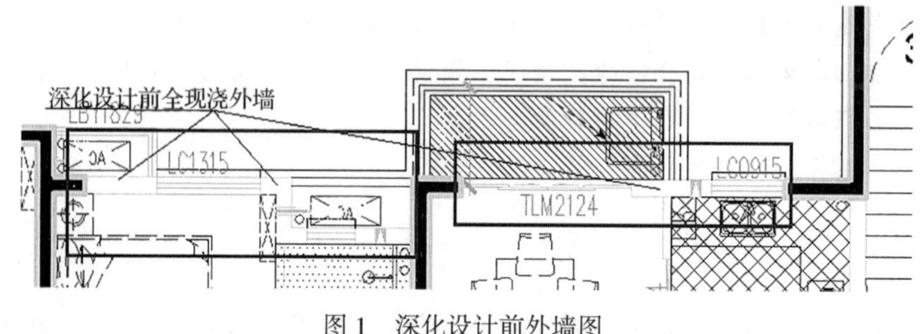

图 1　深化设计前外墙图

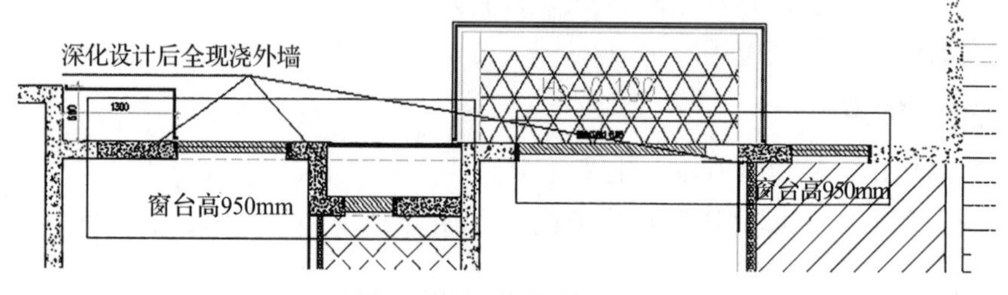

图 2　深化设计后外墙图

4.2　窗洞预留企口

窗边是外墙渗漏水的高发部位，是施工过程中须重点控制的节点。为了降低窗边渗漏水隐患，在铝模深化设计时，一般在窗洞设计三级或两级企口。窗洞三级企口的做法见图 3、图 4。

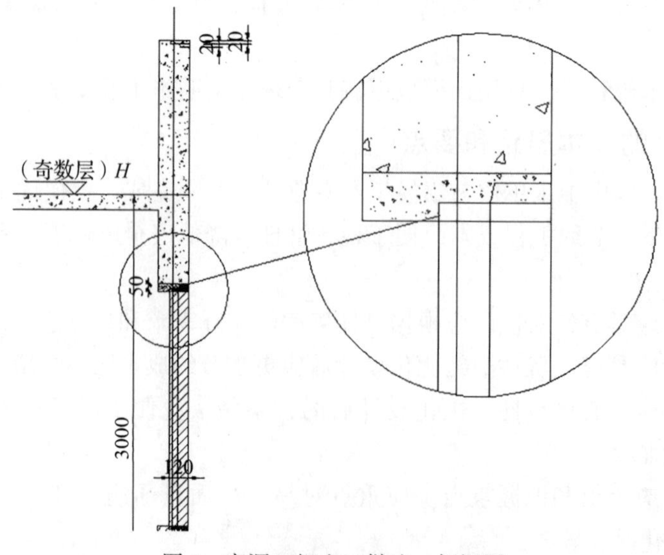

图 3　窗洞三级企口做法　侧视图

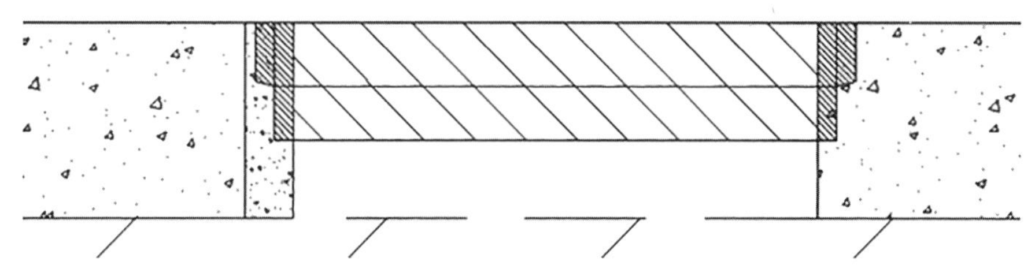

图 4　窗洞三级企口做法　俯视图

4.3　滴水线与结构一次成型

在铝模上设置滴水线凹槽，可使滴水线与混凝土结构一次成型，减少后期工作量。滴水线做法如图 5 所示。

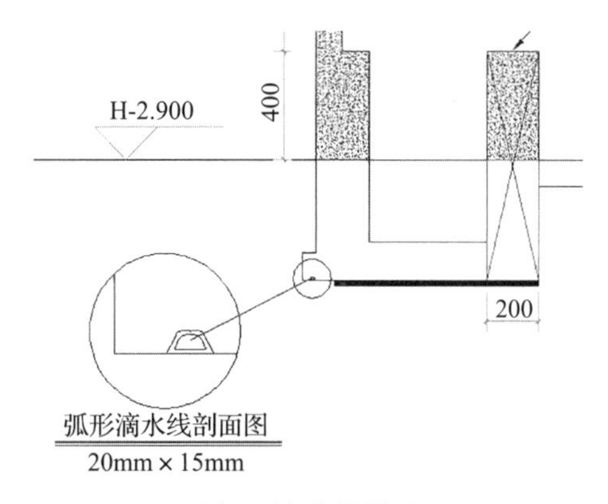

图 5　滴水线做法

4.4　剪力墙与砖墙交接部位做法

因现浇墙面免抹灰，在剪力墙与砖砌墙交接处预留企口，便于接缝处挂网抹灰，防止接缝处裂缝。根据抹灰厚度预留企口，一般薄抹灰企口为 100mm×10mm，正常抹灰企口为 150mm×15mm。图 6、图 7 为顺接压槽、梁侧压槽做法示意图。

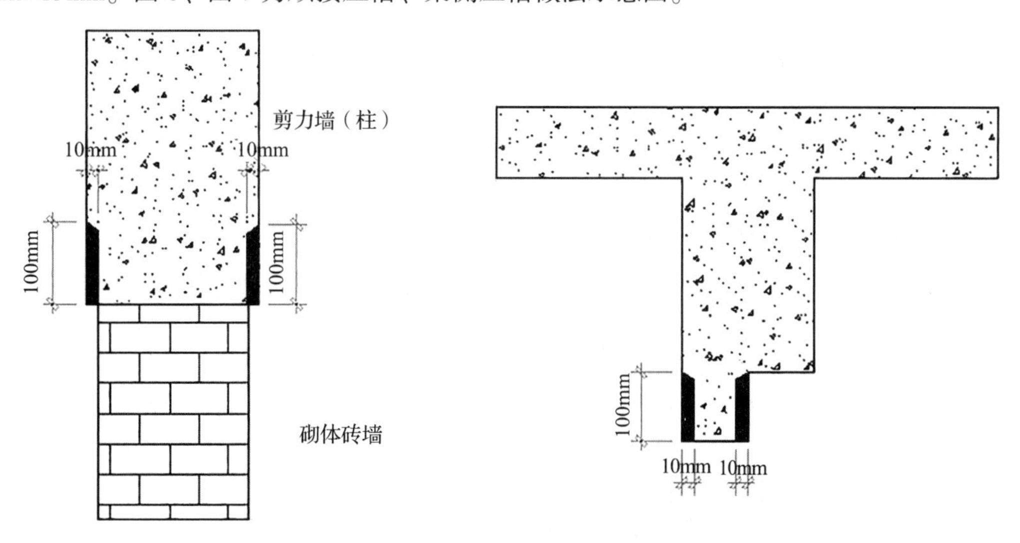

图 6　剪力墙与砖砌墙连接做法 1（顺接压槽）　　图 7　剪力墙与砖砌墙连接做法 2（梁侧压槽）

4.5 门垛、短墙现浇

砖砌门垛、短墙需植筋、砌筑、抹灰，施工工序多，施工难度较大，且接缝处裂缝、空鼓隐患较大。调整为现浇门垛、短墙可有效避免上述问题。与此类似，将门头砖砌墙调整为现浇门头挂板，可免去门头过梁、砌筑、抹灰等复杂施工，见图 8。

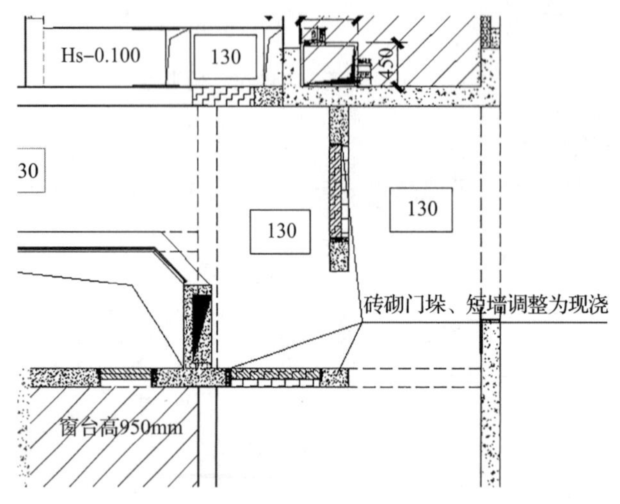

图 8　砖砌门垛、短墙现浇

4.6 其他

以上列举了部分铝模深化设计中重点关注的部位，除此之外，还有一些优化设计做法值得借鉴，如卫生间倒角、喇叭形传料口、厨卫止水反坎一次成型、踏步楼梯一次成型等。卫生间倒角做法见图 9，传料口做法见图 10。

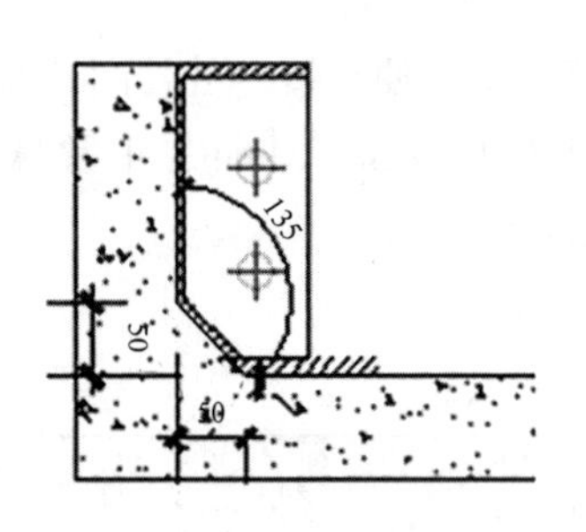

图 9　卫生间倒角做法

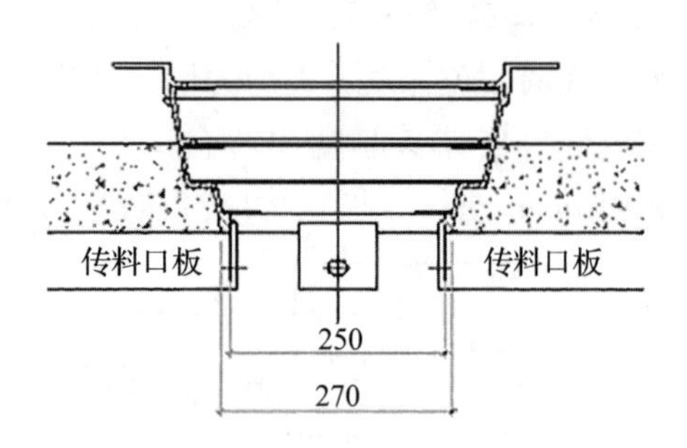

图 10　传料口做法

5 铝模深化设计及应用的难点

虽然铝模应用已渐趋成熟，但仍有部分难题亟需解决，或须在应用过程中特别注意的。以下列举几个典型的问题。

5.1 铝模生产行业标准化体系尚不成熟

目前，铝模生产的标准化体系还很不完善。不同生产商之间，同一生产商的不同项目之间，铝模产品均没有形成统一的标准化体系。这一方面大大降低了铝模的生产效率，另一方便导致不同生产商、同一生产商的不同项目铝模难以通用，实际工程应用中，一个项目完工后，铝模只能选择材料回收，造成极大浪费。

5.2 生产成本仍比较高

与传统木模相比，铝模的生产成本仍比较高，这大大限制铝模的工程应用，若周转次数较少，使用铝模没有成本优势，比如建筑楼层数较少，或虽然楼层较多但楼层间布局不同的，很少有选择使用铝模。要解决这一问题，一方面是寻求其他成本更低的替代材料，另一方面是加强铝模的标准化体系建设。

5.3　楼梯、飘窗等位置易形成蜂窝、狗洞等结构缺陷

在混凝土浇筑时，楼梯、飘窗等部位易因集气造成蜂窝、狗洞等结构缺陷。一般通过在铝模板上留置排气孔、加强相应部位的振捣来避免上述问题，但实际工程应用中，仍难以完全杜绝上述问题的产生，应在施工过程中予以足够重视。

5.4　铝模快拆体系对混凝土裂缝控制要求较高

铝模采用快拆体系，一套铝模一般包含1套模板，3~4套立杆支撑。混凝土浇筑完成后，一般18h后拆除墙模，24h后拆除板模，拆模时禁止拆除及挪动立杆支撑。模板拆除后虽然保留了立杆支撑，但由于混凝土强度低，在上层作业及堆载的影响下，极易造成混凝土开裂。图11为模板拆除后铝模的立杆支撑体系现场图片。

图11　铝模立杆支撑体系

6　结语

铝模与传统木模相比，具有明显的经济性、环保性，必将在建筑工程施工中得到更广泛的应用。本文结合多个项目的工程实践，简要阐述了铝模深化设计及其应用。

参考文献

[1]　王永好，李奇志．全铝合金模板在某超高层建筑施工中的应用［J］．施工技术，2011（40）：35-37，353.
[2]　许明清．建筑绿色施工中建筑铝模板的实际应用［J］．居舍，2018（25）：47.
[3]　路亮．建筑工程施工中铝合金模板综合价值研究［D］．太原：太原理工大学，2017.
[4]　张晓德．探析铝模板技术在房建施工中的应用［J］．江西建材，2018（2）：162-163.

拉杆式悬挑脚手架施工技术

朱　梦　谢奇云　唐继清

湖南建工集团第五工程有限公司　株洲　412000

摘　要：外架搭设采用普通悬挑工字钢脚手架搭设时，与楼板连接的锚固端局部会破坏混凝土楼板，且对外墙砌筑和抹灰人员通行造成极大不便，且增加材料和成本。如若采用拉杆式悬挑脚手架即工字钢锚固端在外框梁上，对混凝土结构的整体性、美观性、施工操作的便捷性、安全性具有良好的影响，同时可降低施工成本。本文着重阐述拉杆式悬挑脚手架的施工工艺流程、主要施工方法及操作要点、安全质量控制措施。

关键词：拉杆式悬挑脚手架；施工方法；操作要点；质量控制；安全控制

1　工程概况

意法时尚中心项目建设地点为株洲市芦淞区建设南路209号，位于株洲市芦淞区服装商圈，地下共3层，地上裙房10层，1号塔楼16层，2号塔楼20层，其中1~8层为专业服装市场，9层为餐饮综合配套服务，10层为时尚发布中心，11~20层为商务办公用房，总建筑面积约为16.68万m^2。建筑层高：地下3层、地下2层层高为3.8m，地下1层层高为5.1m；地上1层层高5.4m，2~9层层高5.0m，10~20层层高均为4.5m，屋顶层层高为3.0m。根据设计图纸结合现场实际情况，本工程外架搭设采用落地式双排钢管扣件脚手架与拉杆式悬挑脚手架结合的搭设方式。

拉杆式悬挑脚手架由型钢梁和上斜拉杆组成。水平型钢梁采用16号工字钢，通过两根8.8级M22高强螺杆与主体墙柱梁连接；上斜拉杆由两根型号规格为Q235，ϕ18mm正反车丝圆钢及Q235B，ϕ34mm可调镀锌钢管组成。水平型钢设置在悬挑钢管脚手架每一横排内外两根立杆底部，长度一般为1.0~3.0m，工字钢内端垂直方向焊接一块200mm×250mm×12mm底座钢板，通过两根高强螺杆与主体框架墙柱梁连接。斜拉杆与工字钢吊耳板通过一根M22mm×50mm螺栓连接，斜拉杆与主体结构通过一根高强螺杆与框架墙柱梁连接。具体参照图1。

2　拉杆式悬挑架施工特点

（1）工厂化生产，质检报告合格，专家评审论证通过，安全有保障。

（2）可重复使用，节能环保，用钢量为传统悬挑架的45%，节约资源。

（3）无须大量占用塔吊时间，缩短工程工期。

（4）工字钢不穿墙，不破坏剪力墙结构，避免外墙渗水。

（5）楼面整洁，文明施工。

3　工艺流程

预埋连接套管→安装拉杆式悬挑主梁→搭设立杆、纵横水平杆、扫地杆，并设置剪刀撑→上斜拉杆、连墙件→铺脚手板→扎防护栏杆及扎安全网。

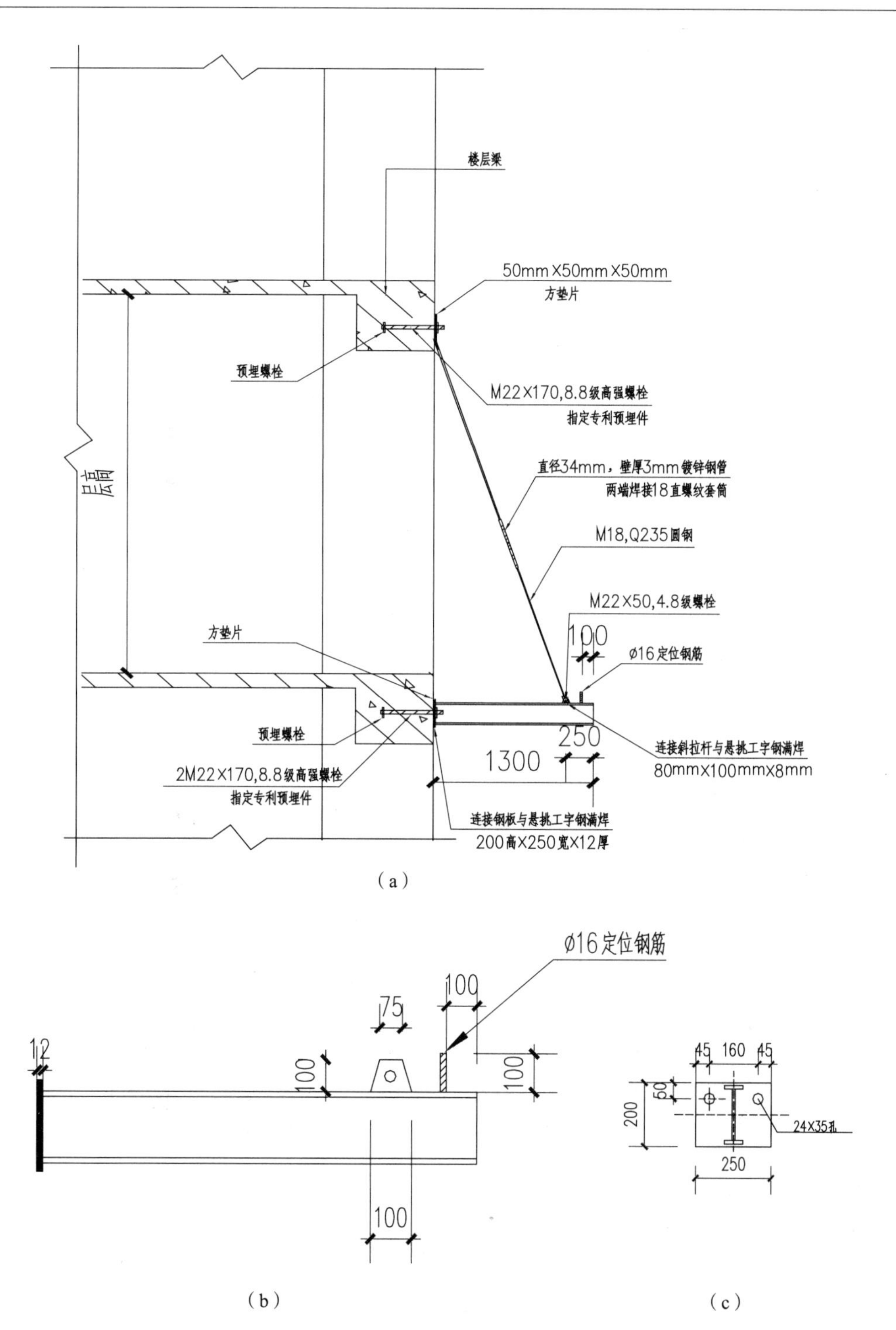

图 1　拉杆式悬挑脚手架剖面及节点详图

4　主要施工方法及操作要点

4.1　预埋连接套管

对各层按照排布好的图纸进行现场预埋（内、外侧模板组装好及钢筋布设好，浇筑混凝土前，进行预埋）。每根悬挑梁，在外侧模板上开两个ϕ2. 25cm 的圆孔，再通过配套专用的螺杆临时固定，确保混凝土浇筑过程中预埋件不会产生偏位。待混凝土强度达到 10MPa 或相关要求的强度后，安装双头螺杆。

4.2　安装拉杆式悬挑主梁

预埋螺栓待拆模后安装拉杆式悬挑主梁，混凝土终凝后拧紧螺母后可搭两步架，混凝土达到 10MPa 或规定要求后，继续开始搭设外架。

4.3　搭设立杆、纵横水平杆、扫地杆，并设置剪刀撑

立杆横距 0.9m、纵距 1.5m、步距 1.8m，内立杆距外墙面 0.3m。严格按照方案及规范要求搭设立杆、纵横水平杆、扫地杆，脚手架外侧立面整个长度和高度上连续设置剪刀撑。

4.4　上斜拉杆、连墙件

在不具备连接“上拉杆”条件时，脚手架可搭设最高高度为 10m，当悬挑层上层的混凝土强度达到要求后将外侧模板拆除，把拉环拧入预埋件内连接，并将“斜拉杆”连接好，同时调节至受力状态，最后再将外架往上搭设至 20m，并采用连墙件拉紧。

4.5　铺脚手板

脚手板采用钢筋网片，在搭设完毕的外脚手架作业层上，满铺一层事先准备好的成型钢筋网片。钢筋网片铺设在横向水平杆上，与水平杆接触处四角及中部用直径为 16 号的镀锌铁丝箍绕 2~3 圈固定牢固，防止移位。保证操作层满铺、铺稳。

4.6　扎防护栏杆及扎安全网

设置防护栏杆，脚手架外侧使用建设主管部门认证的合格定型化钢挡板沿架高全长封闭，且将定型化钢挡板固定在脚手架外立杆外侧（图 2）。

图 2　拉杆式悬挑脚手架安装效果图

5　拉杆式悬挑钢梁体系验收

拉杆式悬挑工字钢安装完成后，由现场工长报项目技术部，由技术部组织现场各部门进行联合验收，验收内容如下：

（1）材料品种、规格，制作焊缝，检查核对制作时的检查记录。

（2）悬挑架与建筑物连接时混凝土强度达到 12MPa 以上。

（3）穿墙高强螺栓品种、规格符合设计要求。

（4）螺栓、垫圈或垫板、压板不得漏缺。

（5）拧紧高强螺栓抽查 5%，8.8 级 ϕ20 螺栓扭矩力值不小于 150N · m，不合格数不得大于抽查数 10%。

（6）钢挑梁间距纵向允许偏差不超过±50mm。

（7）钢挑梁必须水平，水平度小于 *L*/1000，且不得大于 20。

（8）钢挑梁间高差不超过±20。

（9）验收、整改合格后，资料由安全员收集存档，供上级部门或监理检查。

（10）安装双头螺杆时，虽无法看清内端是否与预埋件内的方形螺母牢靠连接，但可观测双头螺杆的外露长度，确定是否已安全连接。

6　质量控制措施

6.1　材料质量控制措施

钢梁、螺杆、脚手架钢管、扣件、脚手板、安全网等原材料均具有出厂合格证和检验报告。

6.2　加工钢材质量控制措施

对外加工的悬挑钢梁、拉接杆、工字钢、钢板、螺栓等钢材均应有采购质量证明书、焊接检测报告、自检合格证明等资料。

6.3　拉杆式悬挑安装质量控制措施

（1）安装过程中，对工字钢尺寸进行抽查，重点检查工字钢表面的锈蚀、刻痕缺陷，允许偏差应满足该规格型钢的技术标准。单根工字钢梁应采用完整的工字钢段，不得用焊缝、螺栓等拼接。

（2）钢梁上与立杆的连接件固定后，进行检查，重点检查连接钢筋、钢管的长度和焊缝。

（3）检查焊缝外观质量，包括表面缺陷和焊缝尺寸。具体允许偏差要求参阅规范《钢结构焊接规范》（GB 50661—2011）。电焊作业人员必须有上岗证。

（4）脚手架搭设完毕后，对扫地杆、立杆和水平杆的构造进行检查，包括立杆底部与钢梁的连接情况、立杆垂直度、间距、水平杆高差和扣件位置、扣件拧紧力矩。具体允许偏差值参阅《建筑施工扣件式钢管脚手架安全技术规范》（JGJ 130—2011）。

7　安全控制措施

7.1　钢管材质及其使用的安全控制措施

（1）扣件的紧固程度为 40~50N·m，并不大于 65N·m。

（2）各杆件端头伸出扣件盖板边缘不小于 100mm。

（3）钢管有严重锈蚀、压扁或裂纹的不得使用，禁止使用有脆裂、变形、滑丝等现象的扣件。

7.2　脚手架上施工作业的安全控制措施

（1）楼层梁板强度要求：悬挑架在混凝土强度达到 10MPa 后进行安装，在混凝土强度达到 15MPa 后才能逐步施加荷载。

（2）结构外脚手架每支搭一层，支搭完毕后，经本项目质安部门和技术人员及监理工程师验收合格后方可使用，任何班组长和个人，未经同意不得任意拆除脚手架部件。

（3）严格控制施工荷载，脚手板上不得集中堆放荷载，施工荷载不得大于 3kN/m^2，确保较大安全储备。

（4）当作业层高出其下连墙件 3m 以上，且其上尚无连墙件时应采取适当的临时抛拉措施。

（5）各作业层之间设置可靠的防护栏杆，防止坠落物体伤人。

（6）定期检查脚手架，发现问题和隐患，在施工作业前及时维修加固，以达到坚固稳定，确保施工安全。

7.3　脚手架搭设的安全控制措施

（1）搭设过程中设置工作标志区，禁止行人进入，统一指挥、上下呼应、动作协调，严禁在无人指挥下作业。当解开与另一人有关的扣件时必须先告诉对方，并得到允许，以防坠落伤人。

（2）脚手架及时与结构拉结或采取临时支顶，以保证搭设过程安全，未完成脚手架在每日收工前，一定要确保架子稳定。

（3）脚手架须配合施工进度搭设，搭设高度不得超过相邻连墙件以上两步。

（4）脚手架搭设时应注意使横向水平杆、纵向水平杆伸出脚手架外立杆的长度保持在100mm之外。

（5）在搭设过程中应由安全员、架子班长等进行检查、验收和签证。每两步验收一次，达到设计施工要求后挂合格牌。

（6）脚手架搭设完，经验收合格后，在建筑物的每层，每隔20～30m设脚手架验收合格牌和警示牌。

（7）搭设脚手架时在四周需设置防雷接地，使用ϕ10圆钢连接，最终连接在建筑物的基础钢筋上，电阻不得小于10Ω，雷雨天气时脚手架上不得有人员作业。

（8）施工电梯两侧脚手架需设置之字形加强杆，保证架体整体稳定性，加强杆与横杆连接伸出不得小于10cm。

8　结语

拉杆式悬挑脚手架的应用解决了采用传统普通工字钢悬挑架带来砌筑不便而外墙渗漏的影响，其锚固端设置在框架梁外侧，极大便利了作业人员的操作施工，保证了主体结构的完整性。不仅造价便宜、搭拆方便，而且可以多次周转使用、环保节能，值得运用及推广。

参考文献

［1］王炜杰．建筑施工花篮拉杆式悬挑脚手架的安全管理探析［J］．中国建设信息化，2021（4）：60-61.

［2］成功．基于高层建筑螺栓拉接式悬挑脚手架施工技术［J］．中国建材科技，2021，30（1）：127-129，35.

［3］蒋锐．高层建筑梁侧悬挑脚手架施工技术研究——以和顺·沁园春住宅楼施工为例［J］．安徽建筑，2021，28（1）：60-61.

［4］何淳健，方华建．梁侧锚固螺栓悬挑脚手架施工技术［J］．建筑施工，2020，42（11）：2083-2085.

［5］罗俊君，樊晓晨，丁宁，等．花篮螺栓斜拉式型钢悬挑脚手架施工技术分析［J］．住宅与房地产，2020（30）：149-150.

［6］王家琪．新型斜拉式悬挑脚手架在高层建筑的应用［J］．中国建筑金属结构，2020（9）：94-95.

［7］刘树宝．下撑式悬挑型钢施工平台设计方案研究与应用［D］．济南：山东大学，2020.

［8］鲁烨，韦应彬，沈海杰．花篮拉杆式型钢悬挑式脚手架施工技术［J］．施工技术，2020，49（S1）：886-889.

［9］王进，蒋凤昌，梅俊．高层建筑工具式悬挑脚手架创新设计与施工技术［J］．江苏科技信息，2020，37（17）：64-66.

［10］满家丙，唐浩铭．小直径超高景观塔“上拉下撑”式悬挑脚手架施工工艺［J］．工程技术研究，2019，4（14）：38-40.

实用新型固定桥梁支座安装辅助定位装置工艺技术

段　睿

湖南省第五工程有限公司　株洲　412000

摘　要：我国地震频发，属于地震多发国，因此在进行桥梁设计的过程中，如何进行减震与抗震成为了主要问题，现阶段已经研发了多种减震、隔震装置。当前在桥梁设计应用中的减震、隔震装置主要有两种，分别是分离式减震、隔震装置与整体式减震、隔震装置。目前的桥梁减震器大多是利用螺栓直接和支撑座进行固定连接的，因此需要大量的螺栓与螺钉，安装与拆卸的操作十分复杂，耗时较长，导致工作效率低下，并且无法适应不同形式的减震器固定需要。本文将对减震技术的实用新型固定桥梁支座安装辅助定位装置的工艺进行论述。

关键词：桥梁；支座；辅助定位装置

1　前言

本文主要对适用于固定桥梁减震器的新型支撑装置进行描述，这种支撑装置由支撑底座以及两组呈十字交叉方式设置的固定夹具组件与调节螺杆组成。固定夹具组件当中有两个相对设置的固定夹具，固定夹具分别和所述支撑底座滑动连接，各个调节螺杆都具有属于自己相对应的固定夹具，调节螺杆和相对应的固定夹具组件中间需要使用固定夹具螺纹进行连接，并且每个调节螺杆和所述支撑底座转动连接。当中各个调节螺杆在转动的过程中推送相对应的两个固定夹具相向或者相反滑动，通过支撑底座使用的两组呈十字交叉方式设置的固定夹具组件，方便对各种类型的减震器进行固定，极大程度地降低了螺栓与螺钉的使用率，将安装步骤进行了简化，使安装变得更加便捷，并且便于进行拆卸。

2　桥梁支座的作用

支座主要是设置在桥梁的上部结构和墩台之间，作用于传递上部结构的支撑反力，包括恒载和活载引起的竖向力和水平力；保证结构在温度变化、混凝土收缩等各种因素的作用下可以随意变形，让上下结构的实际受力情况能够符合结构的静力要求。

3　桥梁支座的布置原则

对较宽的桥梁进行设置的过程中需要沿着纵向与横向设置可移动的活动支座。若是拱桥，应该考虑支座沿弧线方向移动的可能性。如果桥梁建造在地震多发地区，支座的构造还需要对桥梁的防震设施进行充分的考虑，普遍情况下会使用多个桥墩承担水平力。活动支座与固定支座的布置，应将利于墩台传递纵向水平力作为原则。对于桥跨结构而言，最好是使梁的下缘在水平力的作用下受压，这样能够将部分竖向荷载在梁下缘产生的拉应力抵消。

4　桥梁支座布置注意事项

桥梁支座在进行布置时需要依据桥梁的结构形式和桥梁宽度进行确定。简支桥梁一端设置固定支座，另一端设置活动支座。铁路桥梁因为桥宽相对较窄，支座横向变形较小，因此只需要设置纵向活动支座，公路T形桥梁因为桥面相对较宽，因此需要对支座横桥向移动的可能性进行充分考虑。在固定墩上设置一个固定支座，相邻的支座设置成横向活动、纵向固定的单项活动支座，在活动墩上设置一个纵向活动支座，其与固定支座相互对应，其余均设置多向活动支座。连续梁桥每联只需设置一个固定支座，是为了避免梁活动端的伸缩缝过大；固定支座最好位于每联中间的支点上，如果墩身高，就需要选择避开或者是进行特殊措施，避免墩身的承载水平力过大。曲线连续桥梁的支座布置会对梁的内力分布造成直接的影响，并且支座的布置应该让其能够充分地适应曲梁的横纵向自由转动与移动的可能性，一般适合采取球面支座，并且多向活动支座。另外，曲线箱梁中间常设单支点支座，仅仅在一联梁的端部设置双支座，用来承受扭矩，并有意将曲梁支点向曲线外侧偏离，可以对曲梁的扭矩分布进行调整。

5 工艺原理及施工控制点

本实用新型固定桥梁减震器的支撑装置，能够满足各种不同类型减震器的固定需求。本实用新型用于固定桥梁减震器的支撑装置，是由支撑底座、两组成十字交叉方式设置的固定夹具组件和调节螺杆组合而成，每组固定夹具组件包括：两个相对设置的固定夹具，每个固定夹具分别与所述支撑底座滑动连接；所述调节螺栓与每组固定夹具组件相对应，且每个调节螺杆与其对应的固定夹具组件中的固定夹具螺纹连接，每个调节螺杆与所述支撑底座转动连接；其中，每个调节螺杆在转动时推动其对应的两个固定夹具相向或相反滑动。

所述支撑底座表面设有与每个固定夹具相对应的滑槽，所述滑槽的横截面为倒置的T字形；所述固定夹具包括T形滑块，与所述T形滑块固定连接的钳体以及设置在所述钳体侧表面的钳口，且每组固定夹具组件中的两个钳口位置相对；其中，所述T形滑块对应滑动装配在所述滑槽内。

选用钳口应以上方设有弧形端口的为最佳。最好选择支撑底座上设置有与每个钳体配合的限位挡片。

可以固定桥梁减震器的支撑装置，滑槽有纵向滑槽和横向滑槽两种，纵向滑槽和横向滑槽都位于支撑底座的中心线处，滑槽内设置有防尘布，其位于滑槽边缘处。

调节螺杆包括外露在支撑底座外的旋转头，旋转头连接的螺杆，且螺杆与支撑底座转动连接；螺杆上设置有旋向相反的两节螺纹，且每节螺纹分别与一个固定夹具螺旋连接，支撑底座连接处设有的轴承。

调节螺杆与支撑底座之间通过轴承转动连接。

本实用新型装置的效果是：在支撑底座表面相对设置的固定夹具，使用螺杆对固定夹具进行调节，使相对设置的固定夹具同时进行运动，便于对不同的减震器进行固定，减少螺钉和螺栓的使用，将安装步骤进行简化，便于进行安装和拆卸，该技术适应不同形式的减震器固定需要。

6 附图说明

图1为本实用新型支撑装置俯视结构示意图。

图2为本实用新型支撑装置局部剖视结构示意图。

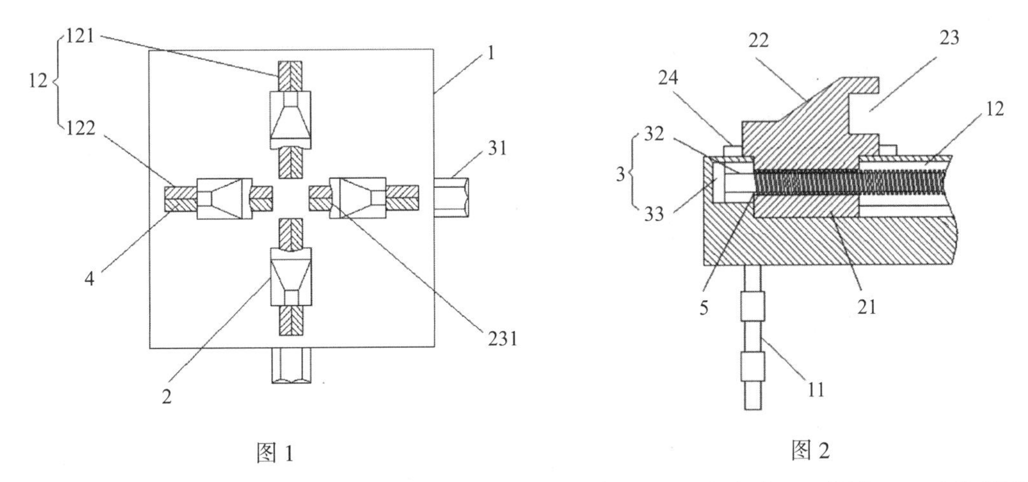

图1　　　　图2

图1、图2中，支撑底座1，固定夹具2，调节螺杆3，防尘布4，螺纹5，地脚螺栓11，滑槽12，纵向滑槽121，横向滑槽122，T形滑块21，钳体22，钳口23，弧形端口231，挡片24，旋转头31，螺杆32，轴承33。

7　具体实施方式

图1、图2中支撑底座1表面设有与每个固定夹具2相互对应的滑槽12，滑槽12的横截面为倒置的T字形；固定夹具2包括T形滑块21，与T形滑块21固定连接的钳体22以及设置在钳体22侧表面的钳口23，且每组固定夹具组件中的两个钳口23位置相对；其中，T形滑块21对应滑动装配在滑槽12内。

钳口23的上部设有弧形端口231。

支撑底座1上设置有与每个钳体22配合的限位挡片24。

滑槽12包括纵向滑槽121和横向滑槽122，纵向滑槽121和横向滑槽122均位于支撑底座1的中心线处，滑槽12内设有防尘布4，防尘布4位于滑槽12边缘处。

调节螺杆3包括外露在支撑底座外的旋转头31，与旋转头31连接的螺杆32，且螺杆32与支撑底座1转动连接；且螺杆32上设置有旋向相反的两节螺纹5，且每节螺纹5分别与一个固定夹具2螺旋连接，以及与支撑底座1连接处设有的轴承33。

调节螺杆3与支撑底座1之间通过轴承33转动连接。

为了方便理解本实用新型提供的支撑装置，下面结合具体的实例对其进行详细的描述。

将图1、图2作为参考依据，本实用新型支撑装置提供的技术方案用于固定桥梁减震器，包括支撑底座1、固定夹具2和调节螺杆3，固定夹具2位于支撑底座1的表面，固定夹具2与支撑底座1滑动连接，支撑底座1的边缘处设有调节螺杆3，调节螺杆3与支撑底座1转动连接；支撑底座1的底部设有地脚螺栓11，地脚螺栓11均匀分布于支撑底座1的四个角处，支撑底座1的表面设有滑槽12，滑槽12包括纵向滑槽121和横向滑槽122，横向滑槽122与纵向滑槽121均位于支撑底座1的中心线处，滑槽12横截面为T形；固定夹具2包括T形滑块21、钳体22、钳口23和挡片24，钳体22与滑槽12间隙配合连接，钳体22的右端设有钳口23，钳体22的底部设有T形滑块21，T形滑块21与滑槽12滑动连接，钳体22与支撑底座1的连接处设有挡片24，挡片24与钳体22固定连接；调节螺杆3包括旋转头31、螺杆32和轴承33，旋转头31与螺杆32固定连接，螺杆32与支撑底座1的连接处设有轴承33。

滑槽12内设有防尘布4，防尘布4位于滑槽12的边缘处，通过在滑槽12内设有防尘布4，减少灰尘进入螺杆32的表面，防止螺杆32与T形滑块21运动卡死。

T形滑块21内设有螺纹孔5，螺纹孔5与螺杆32旋合连接，通过在T形滑块21内设有螺纹孔5，便于通过螺杆32调节T形滑块21的位置。轴承33与支撑底座1固定连接，通过在支撑底座1内设有轴承33，便于减小调节螺杆323与支撑底座1的摩擦系数，提高调节螺杆3的使用寿命。钳口23的上部设有弧形端口231，通过在钳口23的上部设有弧形端口231，便于夹持不同形状的减震器，使用更加方便。

本实用新型支撑装置的支撑底座1、地脚螺栓11、滑槽12、纵向滑槽121、横向滑槽122、固定夹具2、T形滑块21、钳体22、钳口23、弧形端口231、挡片24、调节螺杆3、旋转头31、螺杆32、轴承33、防尘布4、螺纹孔5均为通用标准件或本领域技术人员知晓的部件，其结构和原理可通过技术手册获知或通过常规试验方法获知，本实用新型支撑装置通过在支撑底座1的表面使用对称分布的固定夹具2，便于对不同的减震器进行固定，减少螺钉和螺栓的使用，简化安装步骤，方便快速安装和拆卸。

本实用新型支撑装置在使用时，将减震器放置在支撑底座1的表面，通过旋转支撑底座1边缘的旋转头31，使螺杆32转动，通过螺杆32转动带动T形滑块21沿螺杆32移动，使相对称的两个固定夹具2相对或相向运动，通过螺杆32带动固定夹具2同时运动，使固定夹具2对减震器固定更加稳定，固定夹具2通过纵向滑槽121和横向滑槽122相对运动，通过钳口23将减震器固定在支撑底座1的表面，减少螺钉和螺栓的使用，使用更加方便。

本实用新型支撑装置通过在支撑底座1的表面使用对称分布的固定夹具2，便于对不同的减震器进行固定，减少螺钉和螺栓的使用，简化安装步骤，方便快速安装和拆卸。

8 结语

以上对于本实用新型支撑装置的基本原理、主要特征以及优点进行了详细的表述。本实用新型支撑装置不限于上述示范性实施例的细节，并且在不违背本实用新型支撑装置的精神与基本特征的状况下，能够以其他的具体形式实现本实用新型支撑装置特征的功能。

参考文献

[1] 云南建投第十建设有限公司．桥梁支座安装辅助定位装置：CN201921726235.3［P］.2020-06-29.

[2] 济南城建集团有限公司．一种辅助桥梁支座下钢板安装的装置：CN201520556932.4［P］.2015-12-15.

[3] 济南城建集团有限公司．一种辅助桥梁支座下钢板安装的装置：CN201510452888.7［P］.2017-02-14.

[4] 陈开桥．沪通长江大桥主航道桥边墩、辅助墩钢沉井定位施工技术［J］.世界桥梁，2016，44（5）：5-10.

[5] 倪青．桥梁板式橡胶支座更换施工及控制技术［J］.价值工程，2020，39（14）：174-175.

[6] 黄小红，吴岩．桥梁板式橡胶支座更换施工及控制技术研究［J］.交通世界（下旬刊），2020，（12）：54-55.

[7] 柳胜，赵连刚，梁旭．桥梁支座用球面不锈钢成型缺陷分析及工艺优化［J］.模具工业，2020，46（10）：36-40.

[8] 王贺，李凯婕，郭存．季冻区公路桥梁板式支座病害快速检测及性能劣化和病害等级评定分析［J］.江西建材，2020，（10）：38，40.

[9]　王桂萱，葛政青，秦建敏．基于 ANSYS 模拟桥梁支座的弹簧单元刚度系数率定与振动台试验验证［J］. 公路，2020，65（2）：74-78.

［10］　石岩，王浩浩，秦洪果，等．近断层地震动下公路桥梁铅芯橡胶支座变形发热及性能退化效应研究［J］. 振动与冲击，2020，39（23）：96-106.

［11］　李艳敏，马玉宏，赵桂峰．考虑尺寸效应的近海桥梁天然橡胶隔震支座力学性能老化时变规律研究［J］. 世界地震工程，2020，36（4）：169-177.

［12］　李洋．运营线地铁桥梁支座更换新旧支座螺栓孔位不一致的处理方法［J］. 太原城市职业技术学院学报，2020，（3）：182-184.

树木年轮纹理清水混凝土施工技术与应用

李桂新

湖南省第五工程有限公司　株洲　412000

摘　要： 介绍了一种树木年轮纹理清水混凝土施工技术的工程应用案例，从该施工技术的工艺原理、工艺流程到实施效果等方面剖析技术应用。

关键词： 清水混凝土；树木年轮；年轮纹理衬板

随着国民经济的飞速发展，建筑产业节约资源、保护环境、绿色建造势在必行。建筑师将树木年轮的天然纹理直接印刻在混凝土表面，让自然美与建筑艺术巧妙结合，将呆板的水泥混凝土赋予大自然的生命力，创造出各种优美的树木年轮纹理清水混凝土建筑艺术品。这样不仅避免了混凝土结构表面的再装饰，还减轻了建筑自重，降低成本，缩短建设周期，绿色环保，在节约资源、绿色建造中作用巨大。

通过对钢筋混凝土成型的模具进行适当处理，将树木年轮的天然纹理图案刻画在混凝土表面，形成独特的清水混凝土艺术作品是本文介绍的核心技术。

1　工程概况

长沙县全域旅游集散中心（田汉戏剧艺术文化园）总用地面积 234810m²，建筑面积 14870m²（其中田汉艺术中心为 2 层框架结构 3439.2m²，田汉艺术学院为 2 层框架结构 2461.2m²，游客服务中心及接待中心为 2 层框架结构 3525.9m²，戏剧艺术街 1 号楼~5 号楼为 1 层框架结构）；建设单位为长沙县果园镇人民政府，湖南大学设计研究院有限公司设计，湖南和天工程项目管理有限公司监理。工程于 2017 年 7 月开工，2017 年 12 月主体完工，2018 年 9 月竣工验收交付使用。其应用树木年轮纹理清水混凝土面积约 18000m²。

2　树木年轮纹理清水混凝土施工技术

2.1　技术工艺原理

本技术主要是在用于钢筋混凝土成型的模具中的混凝土表面衬贴树木年轮纹理衬板，在混凝土凝结硬化过程中两者紧密贴合，模具拆除后，树木年轮纹理衬板上的年轮纹理图案就牢固印刻在成型混凝土的表面，形成具有树木年轮纹理的优美清水艺术混凝土（图 1~图 8）。

图 1　树木年轮纹理衬板安装

图 2　树木年轮纹理衬板圆弧面安装

图3　树木年轮纹理衬板异型构件安装

图4　树木年轮纹理衬板楼面梁板模板安装

图5　树木年轮纹理衬板柱模板安装

图6　树木年轮纹理衬板圆弧屋面梁、衬板模板安装

图7　树木年轮纹理衬板模板安装

图8　树木年轮纹理衬板旋转楼梯模板安装

2.2　技术工艺流程

树木年轮纹理清水混凝土施工工艺流程如下：

施工准备→传统模板制作+年轮纹理衬板制作安装→钢筋混凝土工程→模板拆除→混凝土表面清理及螺杆孔洞处理→喷涂保护剂。

2.3　技术要点

选用50mm×70mm杉木木方做小梁骨架，厚度15mm的胶合板做模板打底；选用杉树年轮纹理衬板，厚度约为5mm、宽度100mm，板材含水率不应大于20%。

经过逐片检查验收合格后，将制作好的年轮纹理衬板用手动气打枪射钉器射钉固定（射钉间距：每块纹理衬板距离边缘30mm、横向设3排、纵向间距≤150mm）安装在胶合板模板上。模板及其支架必须有足够的强度、刚度和稳定性；支模螺杆的设置应上下对齐左右成线，位置误差不超过2mm。

钢筋保护层厚度较常规要增加3~5mm；混凝土用石子直径控制在5~31.5mm，混凝土的搅拌时间比普通混凝土延长20~30s，坍落度严格控制在120±20mm范围内。为确保振捣质量减少混凝土表面气泡，合理延长混凝土的振捣时间或采用二次振捣；浇筑混凝土时应设专人监控，防止漏振和欠振，注意观察模板的使用情况，发现问题及时处理。

浇筑混凝土前，应对模板上的杂物认真清理，并用清水冲洗湿润；振捣时振动棒不应碰伤模板，振捣密实，不超振、欠振、漏振；浇筑完及时做好养护和产品保护。混凝土强度达到一定强度后，按照拆模方案进行拆模，非承重模板的拆除时间，应较普通混凝土推后 24h 以上；拆除模板时应加强成品保护，防止强拆、硬撬损伤混凝土，影响表面效果。

模板拆除后及时对表面进行清理，局部缺陷的修补应保持木年轮纹理清晰；墙、梁、柱的室外支模螺杆孔洞在拆除锥形垫后先用聚氨酯发泡剂封堵，表面再用 20mm 厚的防水砂浆封堵，填堵面凹入 4～6mm；墙、梁、柱的室内支模螺杆孔洞可按上述方法处理也可不做封堵。

为抵御雨水侵蚀、紫外线对混凝土的老化以及空气中二氧化碳的碳化，在混凝土表面喷涂透明保护剂，以提高混凝土耐久性。

3　实施效果

工程应用本技术后，施工质量好，为顺利实现工期计划打下坚实基础，同时也为同类型项目的施工积累下丰富的施工经验，得到了公司领导、建设单位、设计单位及国内外建筑大师的高度认可，该建筑作品荣获“中国年度建筑大奖冠军 2019”（图 9～图 12）。受到业主和社会各界好评、树立企业良好形象的同时，提高了企业知名度。

同时节省了清水混凝土的装饰时间约 60d，节约装饰造价约 14400000 元（$18000m^2 \times 800$ 元/m^2），经济效益显著提高。

图 9　成型后的锥形墙

图 10　成型后的柱表面

图 11　成型后的异型屋面梁板

图 12　成型后的圆弧屋面板

技术先进可行、安全可靠，经济合理。

4　结语

本工程多栋号、多个部位、各种形状的钢筋混凝土构件应用树木年轮纹理清水混凝土施工技术，达到将树木年轮的天然纹理直接印刻在混凝土表面，使呆板的水泥混凝土赋予了生命力，成为优美的木年轮纹理图案的清水混凝土建筑艺术品。该技术不仅避免混凝土结构表面的再装饰，还有利于减轻建筑自重，降低成本，主体完成后即可交付使用，不必进行复杂、耗资巨大的建筑装饰装修，从而缩短了建设周期。最大程度地节约了资源，也减少了对环境的负面影响，如施工扬尘、施工噪声以及装饰建筑垃圾等，从而实现绿色施工、绿色建造，是一种可推广的新型实用技术。

参考文献

[1] 混凝土结构设计规范：GB 50100—2010［S］. 北京：中国建筑工业出版社，2010.
[2] 混凝土结构工程施工规范：GB 50666—2011［S］. 北京：中国建筑工业出版社，2011.
[3] 国家建筑标准设计图集：04G415-1：［S］. 北京：中国建筑标准设计研究院 .
[4] 建筑施工手册：第五版［M］. 北京：中国建筑工业出版社，2012.

ALC隔墙板与加气混凝土砌块的比较分析

袁西勇　刘泽源

湖南省第五工程有限公司　株洲　412000

摘　要：ALC隔墙板和加气混凝土砌块是替代传统的黏土实心砖的新型墙体建材，ALC轻质隔墙板全称为蒸压加气混凝土板材（简称ALC），是高性能蒸压加气混凝土，可用于建筑内墙、外墙、楼板，屋面等，属于墙体装配式建筑的一种，可完美替代蒸压加气混凝土砌块，本文从性能、工期、经济性三方面对这两种建材进行对比分析。

关键词：ALC隔墙板；加气混凝土砌块；性能；工期；经济

蒸压加气混凝土内隔墙板，又称之为ALC隔墙板。ALC隔墙板由石灰、水泥、硅砂等材料组成，内含气孔，具有耐火、防火、保温、抗震等性能。隔墙板具有以下优点：采用蒸汽养护、高温、高压复合方式制备，板面厚度相对较薄，板身轻，实现了扩展房间使用空间的目的；隔墙板内部含有钢筋，并对钢筋进行了除锈处理，增加其强度；施工步骤简单，有效提高工作效率，减少劳动量，现已在工程中被广泛使用。

加气混凝土是以硅质材料（砂、粉煤灰及含硅尾矿等）和钙质材料（石灰、水泥）为主要原料，掺加发气剂（铝粉），经加水搅拌，由化学反应形成孔隙，通过浇筑成型、预养切割、蒸压养护等工艺过程制成的多孔硅酸盐制品。加气混凝土砌块由于中间的气孔，使得这种材料较为轻质，故又称作轻质砖；因为材料中含有大量的空气又被称作加气砖、加气块，同时，这种材料具有良好的隔热保温性能，又称作隔热砖、节能砖；最主要的是，它是用混凝土做成的，具有很高的强度，所以叫它蒸压加气混凝土砌块。

1　ALC隔墙板与加气混凝土砌块的性能比较

1.1　规格比较

ALC隔墙板内部有双层双向钢筋，宽度600mm，厚度分别为100mm、125mm、150mm等，可按照现场尺寸定尺加工，最大长度可达6m；而加气混凝土砌块为长度600mm的常规尺寸；不能定尺生产，内部没有钢筋加强。

1.2　隔声比较

ALC隔墙板微观结构是由很多均匀互不连通的微小气孔组成，具有隔声与吸声的双重性能，可以创造出高气密性的室内空间，提供宁静舒适的生活环境。从数据上来看，100mm厚ALC板隔声指数为40.8dB，由于本材料为大板面，每块面积最大可达3.6m^2，拼接面有凹凸槽，使其性能均匀分布，整体隔声效果更好。而加气混凝土砌块由于在使用中块与块需要砌筑砂浆处理，导致墙面有很多砖缝（且很多砖缝不密实）而使隔声性能降低。

1.3　防火比较

ALC隔墙板是不燃硅酸盐材料，热阻系数高，体积热稳定性好，具有很高的耐火性，在高温和明火下均不产生有害气体。作为墙板耐火极限，100mm厚板为3.62h，150mm

厚板大于4h，50mm厚板保护钢梁耐火极限大于3h，50mm厚板保护钢柱耐火极限大于4h，且由于ALC板内部有双层双向钢筋支撑，故火灾时不易过早的整体坍塌，所以能有效防火。而加气混凝土砌块墙体因无整体网架支撑，火灾时会层层剥落，最终在短时间内造成坍塌。

1.4　构造比较

ALC板作为墙板使用时不需要构造柱和配筋带或圈梁，门窗不需要过梁；可以独立使用而不需要任何辅助和加强的结构构件。而加气混凝土砌块作为墙体时根据建筑规范规定需要增加混凝土圈梁、构造柱、拉结筋、过梁等以增加其稳定性及抗震性。

2　ALC隔墙板与加气混凝土砌块的工期比较

ALC隔墙板施工工艺流程：放线找平→打入膨胀螺栓→焊接通长角钢→ALC板钻孔、就位—勾头螺栓焊接、校正→插入木楔→灌入水泥砂浆→底部处理、清理验收。

加气混凝土砌块施工工艺流程：施工准备→植筋→画线→排脚（或浇筑返边混凝土）→墙体砌筑→墙顶斜砌砌筑。

从工艺流程中的四个方面进行比较。安装方面，ALC板根据图纸及现场尺寸实测实量，定尺加工生产，精度高，因此到达施工现场的是可以直接进行现场组装拼接的成品，故工人安装施工速度很快。而加气混凝土砌块为固定尺寸，不能定尺生产，且需准备砌筑砂浆等，故与ALC板比较，施工速度明显要慢很多。

辅助结构方面，ALC板不需要构造柱和圈梁、配筋带辅助，因此缩短了工期。而加气混凝土砌块需要增加构造住、圈梁等，故施工速度受到制约。

装饰抹灰方面，ALC板不用抹灰而直接批刮薄层砂浆或腻子，故施工速度再次大大提高；加气混凝土砌块需要挂钢丝网进行双面抹灰且湿法施工，速度慢。

工序工种方面，采用ALC板时单一工序、工种即可完成全部墙体工程施工；采用加气混凝土砌块时需搅拌、吊装、砌筑、钢筋、模板、混凝土、抹灰等多个工序及工种交叉施工方可完成整个墙体，耗时费力。

3　ALC隔墙板与加气混凝土砌块的造价比较

材料方面，ALC板假定价格（运输到施工现场）为90元/m^2（以100mm厚ALC板作内墙为例）；200mm厚的加气混凝土砌块运到工地价格约为260元/m^3；折合1m^2单价为52元/m^2。砌筑方面，ALC板只需板间挤浆，材料费约10元/m^2，安装人工和工具费用约为50元/m^2；加气混凝土砌块砌筑砂浆及搅拌、吊装等约10元/m^2；砌筑人工费约为35元/m^2。抹灰方面，ALC板不用抹灰，直接批刮腻子，无此费用；加气混凝土砌块双面抹灰砂浆及搅拌、吊装、钢丝网等约20元/m^2；双面抹灰人工费约为30元/m^2。抗震构造，ALC板不用拉结筋、构造柱、圈梁或配筋带等抗震构造，无此费用；加气混凝土砌块墙体需设拉结筋、构造柱、圈梁或配筋带，材料和人工费用造价约合40元/m^2。措施费取费方面，ALC板可由厂家负责施工，价格一次包干，无措施费及定额取费；框架结构墙体工程措施费及定额取费约为30元/m^2。

最终价格，采用100mm厚ALC板做墙体材料直接和间接造价在160元/m^2左右；采用200mm加气砌块做墙体直接和间接造价在220元/m^2左右（不含因荷载增加的结构费用）。造价对比详见表1。

表 1　造价比较

序号	比较项目	蒸压轻质加气混凝土板	加气混凝土砌块
1	运输	90 元/m^2（100mm 厚 ALC 板）	260 元/m^3，折合 52 元/m^2（200mm 厚加气块）
2	砌筑	板间挤浆材料费 10 元/m^2 安装人工费和工具费约为 50 元/m^2	砌筑砂浆材料等+人工费用约 45 元/m^2
3	抹灰	无（ALC 板不用抹灰，直接批刮腻子，无此费用）	双面抹灰材料等+人工费约为 50 元/m^2
4	抗震构造	无（ALC 板不用拉结筋、构造柱、圈梁或配筋带等抗震构造，无此费用）	设拉结筋、构造柱、圈梁，材料和人工费用造价约合 40 元/m^2
5	措施费	无（ALC 板可由厂家负责施工，价格一次包死，无措施费及定额取费）	框架结构墙体工程措施费及定额取费约为 30 元/m^2
综合单价		采用 100mm 厚 ALC 板做墙体材料直接和间接造价在 160 元/m^2 左右	采用 200 厚加气砌块做墙体材料直接和间接造价在 220 元/m^2 左右

4　结语

通过以上各方面的比较可知，ALC 隔墙板相较于加气混凝土砌块在性能、工期、造价上都具有显著优势，在应用蒸压加气混凝土砌块的项目上，ALC 隔墙板可完美替代。现阶段 ALC 轻质隔墙板还处于推广时期，其在节约能源、废物利用、预防火灾方面优势显著，具有良好的应用前景。

参考文献

[1] 安建科，杜颖煊．论建筑工程主体结构检测在工程实体质量监督中的作用［J］．建材与装饰，2016，12（26）：79-80.

[2] 周萍．建筑工程主体结构检测在工程实体质量监督中的作用研究［J］．中国建筑金属结构，2013，34（24）：178，180.

[3] 金福，郭安春，汪仲琦．蒸压轻质加气混凝土板在内隔墙和围护墙的应用［J］．施工技术，2001，30（8）：24-25.

[4] 蒸压轻质加气混凝土板（NALC）构造详图：03SG715-1［S］．北京：中国建筑标准设计研究院征求意见稿．

[5] 蒸压轻质加气混凝土板应用技术规程：DB32/T184-1998［S］．北京：中国建筑工业出版社，1998.

多层钢框架结构安装技术

龙海潮

湖南省第五工程有限公司　株洲　412000

摘　要：随着近年来钢结构施工技术的迅速发展，各种高层、大跨度的建筑结构不断地出现，钢结构作为一个新兴的结构形式，在施工的过程中存在结构稳定性高、自重轻、跨度大以及施工方便、外形美观等优势，受到人们的高度关注和重视。而钢结构的发展也从工业建筑逐渐向民用建筑发展，多层钢框架结构也越来越多地被使用。多层钢框架结构有着层数多、钢构件多、连接点多、安装过程较复杂等特点，对施工的要求也更高。本文以江西樟树生物医药产业园一期项目为例，就多层钢框架结构建筑的安装技术进行分析和阐述，提出了多层钢框架结构施工中的方法和质量控制的关键技术。

关键词：钢结构；多层钢框架结构；多层钢框架结构安装技术

1　工程概况

江西樟树生物医药产业园一期项目共有六栋钢结构建筑，其中办公大楼为典型的钢框架结构建筑，共9层，层高为4.2m，长为56.7m，宽17.4m，总建筑面积为9130.66m^2，建筑高度39.05m，框架柱为箱型钢柱，其主要材料为Q345B，外框架梁为H型钢梁，梁跨为2.9~8.2m，其主要材料为Q345B，构件之间主要采用焊接和螺栓连接。楼板采用楼承板铺设支模安装完后浇灌混凝土。楼板采用TDA6-70/90楼承板，厚度为100/120mm。

多层钢框架结构建筑安装过程中容易出现累计误差，对钢框架结构安装精度要求更高，施工质量要求更高。作为工程的管理者，为了确保钢框架结构工程施工质量，确保人民生命财产的安全，必须要加强对施工质量的控制，施工前制定好可行的施工方案，指导施工，避免出现质量问题。

2　施工前准备工作

2.1　施工工艺流程

图纸深化设计→构件、设备人员准备→放线及验线→钢柱预埋验收及基础面处理→构件中心线及标高控制→安装柱、梁核心框架→高强度螺栓初拧、终拧→柱与柱节点焊接→钢楼梯安装→梁与柱、与梁节点焊接→超声波探伤→零星构件（隅撑）安装→安装楼承板→楼承板焊接、螺栓连接→钢构件防锈、防腐、防火涂料施工。

2.2　图纸深化设计

在多层钢框架结构进行施工前必须进行图纸深化设计，对设计图纸中关于钢结构部分优化和细化，深化后的图纸要经过原设计单位认可。从实际施工角度出发，在施工开始前解决图纸中存在的问题，也要充分利用图纸会审的机会，让设计符合施工实际，便于制作、运输、安装，提高经济效益。避免施工过程中出现问题，造成返工。

2.3　BIM技术的应用

钢结构施工过程包括深化设计、加工制作、现场吊装三个过程，三个阶段相互衔接，因此信息的传递十分重要。BIM 技术实现了施工管理的高度信息化、集成化。在工程施工前通过运用 BIM 技术进行施工过程中三维建模，并对关键部位可施工性进行分析，提前发现问题，优化施工图纸，避免加工以后出现的返工。所有的钢构件、节点连接、螺栓焊缝等信息建立出完整的三维模型，保障 BIM 建模的精度，钢结构设计与土建、安装的 BIM 模型进行碰撞检查，优化设计，解决各专业之间存在的问题，方便指导今后的施工（图 1）。

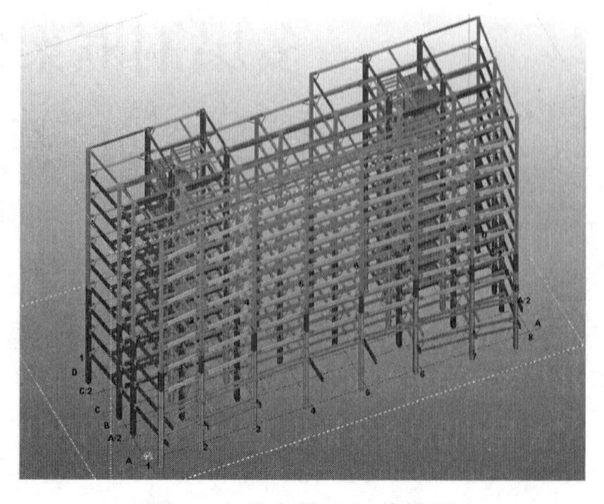

图 1　办公大楼 BIM 建模图

2.4　钢构件的制作与存放

本工程钢柱、钢梁等构件是在工厂里进行加工制作的，制作出成品后运往施工现场，钢构件的加工也要运用 BIM 技术。在钢柱加工前要根据钢柱的层高、安装条件来决定每节钢柱的长度。综合考虑下，办公大楼钢柱按照三节（图 2）来进行加工。这样可以尽可能地减少钢柱直接对接焊的焊接点数量，优化钢柱受力，同时也方便施工操作。

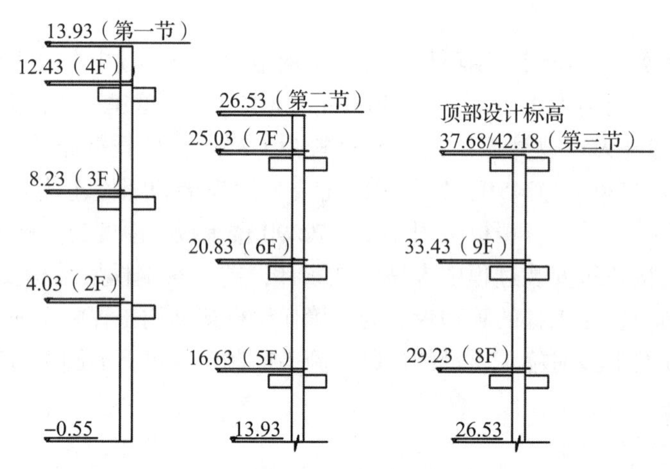

图 2　每节钢柱加工示意图

钢框架结构加工的成品质量对工程的质量非常关键，对于进场的钢构件必须进行质量把控，严格按照设计图纸上的材料、尺寸进行验收进场，严禁不合格产品进场使用，对钢材材质的检验单、钢材材质证明、无损检测检测报告和探伤检测报告等质量资料进行检查。

划出专用的场地对钢框架结构构件进行存放，进场的构件必须存放在场地平整、地面干燥、排水畅通的地方，构件底层垫块要有足够的支撑面，不允许有较大的沉降。

3　吊车的选用

先对办公大楼的钢柱和钢梁的质量进行分析，对所有的钢柱加工的每一节进行编号，根据钢构件的质量和现场实际情况来选用吊车的型号。办公楼纵向方向远远小于横向，吊车从办公楼纵向方向两侧进行吊装，现场根据不同的情况选用多种吊车进行吊装。采用 BIM 建模的方式来确定吊车选用时的一些重要参数。

从表 1 可以看出一节钢柱的质量为 4. 55~6. 35t，考虑到吊车钢丝绳的安全长度为 2m 以上，办公大楼的 2-2 轴线的钢构件吊装难度最大，纵向距离最长，单个钢柱、钢梁的质量最重，所以就 2-2 轴线截面图为例来进行吊装分析。

表 1　办公大楼第一节钢构件质量

构件编号	构件质量（t）第一节/第二节/第三节	构件编号	构件质量（t）第一节/第二节/第三节
GZ1-1	5. 7/3. 87/4. 46	GZ1-16	5. 7/3. 87/4. 46
GZ1-2	5. 7/3. 87/4. 46	GZ1-17	5. 7/3. 87/4. 46
GZ1-3	5. 7/3. 87/4. 46	GZ1-18	5. 7/3. 87/4. 46
GZ1-4	5. 7/3. 87/4. 46	GZ1-19	6. 2/5. 35/6. 35
GZ1-5	6. 2/5. 35/6. 35	GZ1-20	6. 2/5. 35/6. 35
GZ1-6	6. 2/5. 35/6. 35	GZ1-22	5. 86/4. 55/5. 27
GZ1-7	5. 86/4. 55/5. 27	GZ1-23	5. 7/3. 87/4. 46
GZ1-8	5. 86/4. 55/5. 27	GZ1-24	6. 2/5. 35/6. 35
GZ1-9	6. 2/5. 35/6. 35	GZ1-25	6. 2/5. 35/6. 35
GZ1-10	6. 2/5. 35/6. 35	GZ1-26	5. 86/4. 55/5. 27
GZ1-11	5. 86/4. 55/5. 27	GZ1-27	5. 7/3. 87/4. 46
GZ1-12	5. 86/4. 55/5. 27	GZ1-28	5. 7/3. 87/4. 46
GZ1-13	5. 7/3. 87/4. 46	GZ1-29	5. 7/3. 87/4. 46
GZ1-14	5. 7/3. 87/4. 46	GZ1-30	5. 7/3. 87/4. 46
GZ1-15	5. 7/3. 87/4. 46	钢梁	均小于 1. 2t

要考虑吊钩及其他配件的质量，吊装时钢丝绳长度至少为 2m，第二节以上吊车的撑腿离建筑边缘至少保持 2m 的安全距离（图 3）。

第一节钢柱吊装，吊装最大质量为 6. 2t，考虑吊车撑腿长度为 6m×7m，吊点高度按照 3. 4m 考虑，作业半径按照 12m 考虑。

第一节钢梁吊装，吊装质量小于 1. 2t，考虑吊车撑腿长度为 6m×7m，吊点高度按照 3. 4m 考虑，作业半径按照 14m 考虑。

第二节钢柱吊装，吊装最大质量为 5. 35t，考虑吊车撑腿长度为 7m×7. 5m，吊点高度按照 3. 7m 考虑，作业半径按照 14m 考虑。

第二节钢梁吊装，吊装质量小于 1. 2t，考虑吊车撑腿长度为 6m×7m，吊点高度按照 3. 4m 考虑，作业半径按照 16m 考虑。

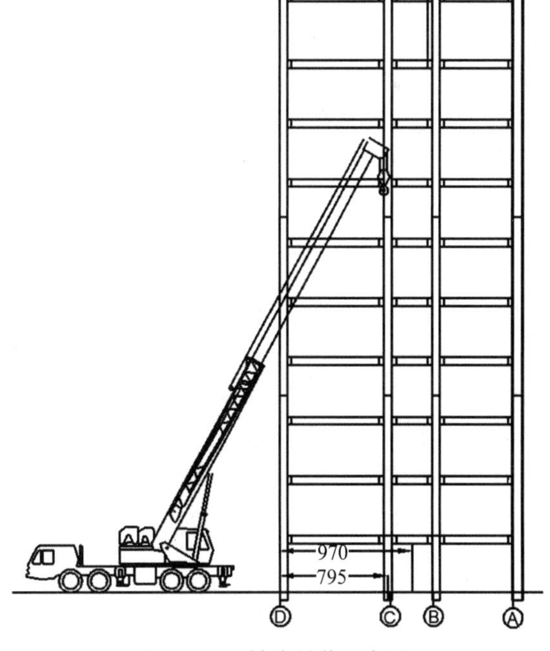

图 3　2-2 轴线吊装示意图

第三节钢柱吊装，吊装最大质量为 6. 35t，考虑吊车撑腿长度为 7m×8m，吊点高度按照 4m 考虑，作业半径按照 14mm 考虑。

第三节钢梁吊装，吊装质量小于 1. 2t，考虑吊车撑腿长度为 7m×8m，吊点高度按照 3. 7m 考虑，作业半径按照 16m 考虑。

综合考虑吊装所需的臂长和作业半径、起吊量等因素，并且考虑一定的安全系数，吊车选用见表2。

表2　办公大楼吊车选用

钢构件	第一节钢柱	第一节的钢梁	第二节钢柱	第二节的钢梁	第三节钢柱	第三节的钢梁
选用吊车（t）	50	50	60	50	100	50
作业半径（m）	12	14	14	16	14	16
构件最大质量（t）	6.2	1.2	5.35	1.2	6.35	1.2

吊车吊装时性能见表3。

表3　吊车性能

吊车型号	作业半径（m）	所需最短臂长（m）	起重量（t）	备注
徐工 QY50	12	17.5	6.8	支腿全伸360°作业或不全伸（吊臂在侧面或者后方）
徐工 QY100K	14	42.6	9.2	支腿全伸360°作业或不全伸（吊臂在侧面或者后方）
加藤 60t	14	28.5	9.6	支腿全伸360°作业或不全伸（吊臂在侧面或者后方）
徐工 QY50	16	28.2	4.4	支腿全伸360°作业或不全伸（吊臂在侧面或者后方）
徐工 QY50	16	43.2	3.9	支腿全伸360°作业或不全伸（吊臂在侧面或者后方），使用副臂
徐工 QY50	14	17.6	4.8	支腿全伸360°作业或不全伸（吊臂在侧面或者后方）

也可采用吨位更小的吊车加配重，在安全使用的前提下按照要求来进行吊装。

4　首层柱杯口施工

多层钢框架结构的水平和垂直度控制非常重要，水平标高和垂直度的偏差会使结构受力变差，影响结构稳定性。首层柱的水平标高和垂直度最为关键，必须采用合适的方法来严格控制钢框架结构每层构件的水平标高与垂直度，配备好满足精度要求的测量仪器，减少误差带来的影响。

本工程的基础采用的是直接将钢柱固定在箱型混凝土杯口承台内的设计。杯口承台分两次浇筑混凝土，承台顶部及杯口底在装模板时要严格控制水平标高。浇筑完上部杯口混凝土后，要严格控制拆模的时间，防止损坏杯口基础承台而对基础结构造成严重破坏。

在杯口承台混凝土浇筑达到强度后，清理杯口承台并进行打磨平整。清理打磨好后再使用全站仪在承台上进行轴线的引测。在吊装钢柱前，要先对各个杯口底部的标高进行测量，根据每个杯口底部与设计标高的高差来加工每根钢柱，调整底部标高用的槽钢，加工的槽钢采用10号槽钢材料，将加工后的槽钢焊接在钢柱底部中心，以此可以消除每根钢柱加工时的误差和承台杯口施工时的误差，控制好底部标高，同时也能让钢柱底部灌浆料更加密实，使钢柱受力均匀。

每个钢柱要加工8个三角楔铁用来临时固定钢柱（图4、图5），使用吊车将钢柱吊装进杯口内，调整好钢柱的位置后，再每个方向用2个三角楔铁将钢柱临时固定在杯口内。

根据承台的所有杯口底部标高与设计高差，加工底部标高用的槽钢，采用10号槽钢，将加工后的槽钢焊接在钢柱底部中心，以此可以消除每根钢柱加工时的误差和承台杯口施工时的误差，同时也能让钢柱底部灌浆更加密实，使钢柱受力均匀（图6）。通过控制柱底槽钢厚度 Δh 和钢柱高度 h 来控制钢柱底标高，从而整体控制各楼层标高（图7）。

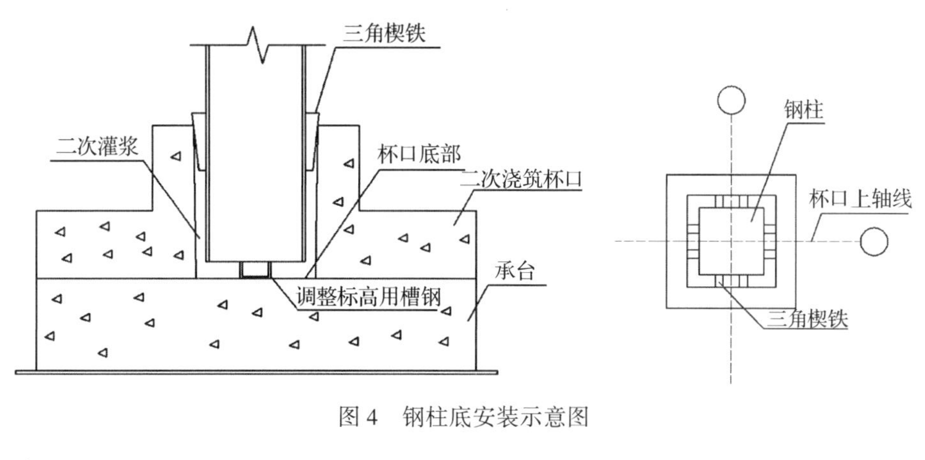

图4　钢柱底安装示意图

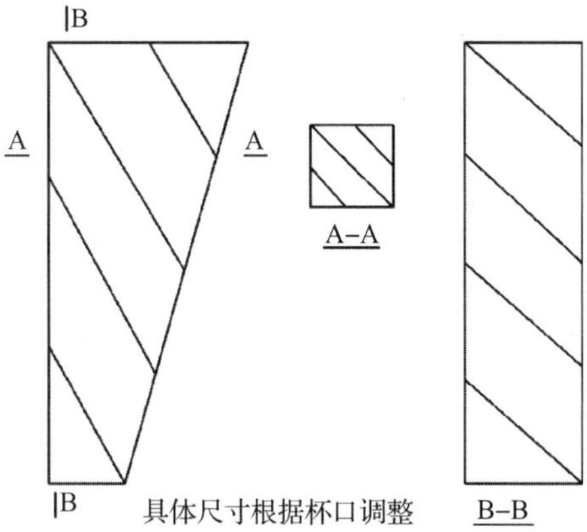

A　A　A–A　B　B　B–B

具体尺寸根据杯口调整

图5　三角楔铁示意图

图6　底部钢柱加焊槽钢

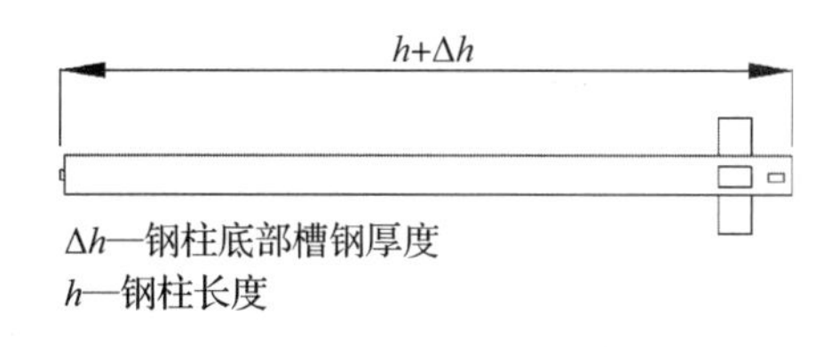

图7　首层钢柱示意图

将钢柱吊装进杯口内，调整好钢柱的位置后，每个方向再用2个三角楔铁将钢柱临时固定在杯口内。将钢柱用揽风绳进行固定，使用汽车吊，2台10t液压千斤顶拉动揽风绳来调整钢柱的平面位置、垂直度，在两个方向架设经纬仪来准确控制垂直度，经纬仪要架设在与钢柱等距离的两条垂直的轴线上。将标高、垂直度偏差控制在允许范围内后，用楔铁将钢柱固定牢，再检查平面位置、垂直度，确认无误后，再吊装下一根钢柱。

首节的钢柱、钢梁安装完毕，形成稳固的单元体后再进行杯口灌浆，杯口分两次浇筑、第一次浇筑至楔铁底部，强度满足要求后再拆除楔铁，进行二次浇筑。混凝土强度达到设计要求后再解除揽风绳。

5　单元体的拼装

5.1　单元体拼装顺序

钢柱、钢梁的安装均采用汽车吊进行吊装，由于本工程体量大，合理的安装顺序可以确保结构安装中整体与局部的稳定性，保障结构的刚度和强度，减小安装过程中的变形，确保安装精度。

本工程采用先吊装竖向构件，后吊装平面构件，以减少建筑纵向长度安装的累计误差，将相邻的四个钢柱呈现口字形连接，从下到上顺序进行安装，形成一个个空间单元体，再将相邻的单元体之间的钢梁进行安装（图 8、图 9）。

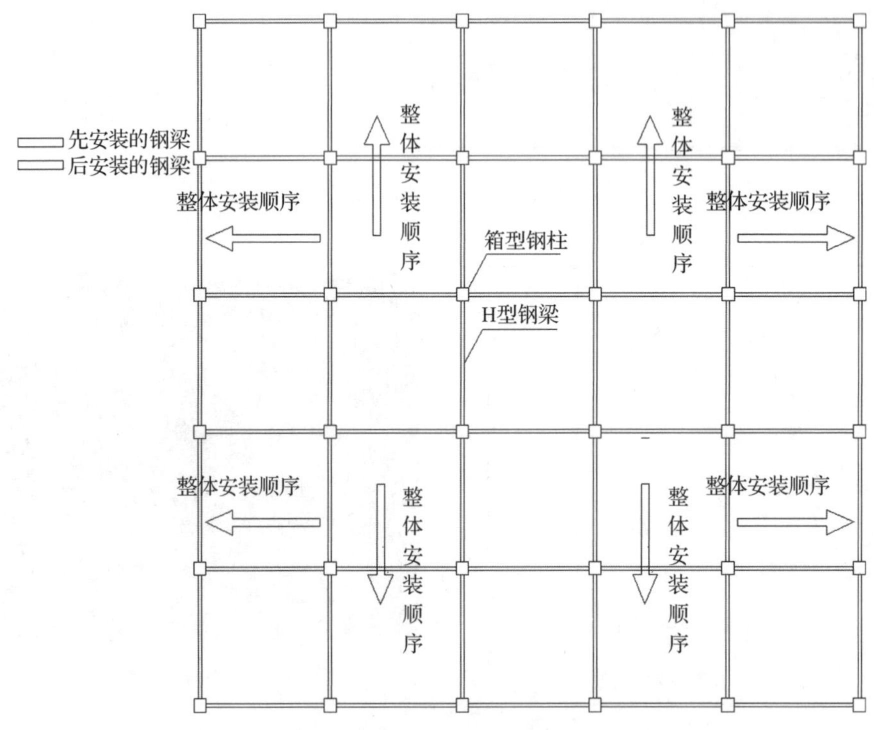

图 8　钢框架结构钢柱、钢梁安装顺序示意图

图 9　钢柱、钢梁的安装

由于本项目工期很紧，从施工进度的角度考虑，整体的安装以从中间向四周的顺序进行，按照结构的特点对称进行安装，减少累计误差。也可以采用从侧向另一侧的顺序进行安装，这样能够将累计误差消除在一侧。如果结构存在伸缩缝，则可以由两侧向伸缩缝的顺序进行施工，将累计误差消除在伸缩缝处，以减少对整体的影响。首层柱进行杯口的灌浆并且

达到强度后才能再进行下一节的钢柱安装。

5.2　构件安装控制

钢构件安装采用设计标高安装控制的方法。钢梁安装前必须保证钢柱的轴线、标高、垂直度已经调整到位，钢梁在钢柱上进行连接时，要在每个钢柱上引测标高，画出楼层标高+1.00m线，作为标高竖向传递和梁安装标高的依据，还要对所有钢柱上引测的标高控制线进行复测，保证各个钢柱的标高控制线准确，尽量减少误差。钢梁的安装严格按照标高控制线进行安装，安装前后都必须用水准仪和标尺对钢梁面和两端的高差进行复核，保证钢梁水平标高的准确性。

箱型柱上下连接采取对接焊，钢柱下节柱与中节柱对接处采用吊耳进行铰接来进行安装时的连接，吊耳的制作按照设计图纸进行施工。待钢柱稳定后切割对接耳板，再进行对接焊（图10）。

图10　对接吊耳

钢柱的安装过程中必须保证钢柱从上到下的垂直度和轴线偏差，保证钢柱接口对齐，上下通线，不出现错口现象，严格地控制钢柱顶部标高在允许误差范围内。在构件的连接施工完成后都要对其标高、轴线进行复核，尽可能避免安装时发生的标高，轴线变化，尤其焊接过程中一定要加强观测。

在框架、钢梁、屋面及柱间支撑安装完成，并形成空间承载体系前，必须设置足以保证钢框架结构在各个方向上施工稳定的揽风支撑，防止多层钢框架结构安装过程中发生钢柱、钢梁的偏位位移。揽风绳与钢柱的夹角在45°~60°范围内。

6　其他要点

6.1　安全注意事项

由于本工程高空作业多、施工难度大、不安全因素多，因此必须认真采取有效的安全防护措施，严格执行安全操作规程和各项安全措施，确保安全优质、按时完成施工任务。

每日工作前要进行班交底，安装人员要佩戴好安全绳，安全绳要牢固绑在钢索上，安装人员必须持有安全操作证方可上岗；上岗前焊工要接受安全交底；钢柱上要绑扎好临时钢梯、安装用钢索绳、高强螺栓安装工作平台的卡具。吊装安装时，构件下严禁站人，杜绝上下、立体交叉作业。

安装人员应穿戴好劳防用品；焊机接地要良好，防止触电事故发生；作业前对脚手架等临时设施进行检查，确保安全可靠后方可焊接；高空作业要带好安全带（高挂、低用）；高空作业不得向下丢焊条头等杂物；作业区不得有易燃、易爆物品，防止火灾发生；焊接完后及时关闭焊机开关，将焊钳放在绝缘物品上或悬挂起来，不得与构件接触。

6.2　楼承板质量控制

跨度较大的楼承板下方必须设置有效支撑，楼承板浇筑混凝土必须控制好板厚，以免钢楼承板或支撑钢梁破坏，浇筑顺序应该由支撑处（钢梁）开始向跨中浇捣。悬臂构件及楼承板下的主梁必须现场焊接完成检测后才可铺设楼承板。浇筑混凝土楼板时还要按照规范设置诱导缝，钢楼承板在柱子处边缘的部分可现场进行切割，切割的楼承板应该按照要求用角钢支撑加以支承，在钢柱周围要有附加的钢筋来加强洞口。

6.3 多层钢框架结构的测量

多层钢框架结构的坐标定位主要使用全站仪、激光铅直仪来完成，垂直度通过激光经纬仪来控制，测量精度有保障。轴线偏差、标高钢柱垂直、螺栓定位都是要重点把控的项目，保证控制钢框架结构定位轴线、钢柱定位轴线、地脚螺栓位移情况、钢柱底柱基准点标高、节柱柱顶高差、底部轴线对定位轴线的偏移、上下连接处位移、扭转及错位、单节柱垂直度、主梁同一梁端顶面高差、次梁与主梁表面高差、主体结构整体的垂直度、平面弯曲等参数在规范允许的范围内（表4）。

表4　所使用仪器

测量仪器名称	主要用途
全站仪	主要用来测设多层钢框架结构构件安装平面控制网；检测构件拼装、安装结果；监测结构变形
经纬仪	多层钢框架结构构件安装测设定位线及长轴线，控制钢柱垂直度
水准仪	多层钢框架结构构件安装测设标高
激光铅直仪	平面控制点顺次向上投点传递标高

6.4 高强螺栓连接与焊接质量

6.4.1 焊接连接

施工管理人员在安装过程中要加强巡视检查和旁站，严格按照焊缝等级进行质量把控，相关安装工人必须持证上岗。

焊接要有焊接节点的施工方案，保证其必须符合设计及规范要求。本工程六栋钢框架结构建筑面积大，钢框架结构连接节点多、焊接量大，层高较高，箱型柱采用全熔透焊，梁柱翼缘抗弯连接，综合考虑焊接效率和操作难度，现场焊接采用手工电弧焊，采用焊材为E50XX和E43XX。施工时大部分构件采用开坡口的全熔透焊，坡口呈现V形，为保障焊接的质量和钢材收缩量，尽量采用窄间隙单面坡口焊接工艺。焊接施工先焊接主体结构，再去完成次要结构，焊接尽量采用对称焊法，使焊接变形和收缩量最小，收缩量大的部分先焊，收缩量小的部分后焊，将主体结构先形成稳定的框架体系。焊接过程应注意清渣，彻底清除焊根缺陷，应使焊接过程加热量平衡。不合格的焊缝不得擅自处理，严格控制返修质量。未经设计允许，不能在现场加焊板件，用任何方式在制孔。

6.4.2 高强螺栓连接

本工程高强螺栓采用10.9级高强螺栓，普通螺栓采用C级螺栓、性能等级为4.6级。高强度螺栓进场后要仔细检查其强度等级，并按规格和类型分类存放。高强度螺栓必须带双垫圈，安装时应注意垫圈和螺帽有里外之分可，不可装反。高强度螺栓用电动或手动扭矩扳手进行紧固，扭矩扳手使用前必须到专门的检查部门进行标定和校正。安装高强螺栓时，焊接构件的摩擦面以及连接处焊接点必须保持干燥，严禁雨天作业。

在同一层进行施工时，应按照先主梁后次梁，同一个节点从中央向外施工的顺序进行，螺栓的垫片、拧紧程度和摩擦面清理都要进行验收，高强螺栓不能作为临时螺栓，螺栓拧紧要注意按一个方向施拧，当天安装的要终拧完成，做到逐个检查，螺栓应自由拧入孔中，不得强行敲打以及气割扩孔。安装时接触面如有缝隙，缝隙不得大于1mm，大于1mm的应处理。施工质量必须严格按照相关规范进行控制。

7　结语

本工程充分的体现了多层钢框架结构的施工特点，根据吊装不同的构件，选用不同起重量的吊车设备，节省了成本，提高了工作效率，大大提高了安全性，杯口标高的控制也大大提高了钢结构的安装精度。通过工程实例，为今后越来越多的多层钢框架结构的施工积累了宝贵的经验和高效的施工方法。只有加强多层钢框架结构的质量管理，施工组织，加强安装控制，克服多层钢框架结构的一些难点、常见的问题，确保工程质量，才能保证多层钢框架结构能更好的运用在城市建设当中。

参考文献

[1]　唐小平．浅谈 BIM 技术在钢结构工程当中的运用［J］．城市建设理论研究：电子版，2014（19）：585-585.

[2]　云彦红．简述 BIM 技术在钢结构工程管理中的应用［J］．居舍，2018（3）：127.

[3]　袁鹏．连续钢构桥梁施工控制［J］．城市建设理论研究，2014（31）：3222-3223.

[4]　赵玉明．多层钢结构安装施工技术的应用［J］．山西建筑，2018，44（13）：91-93.

关于信息技术在建筑施工管理中的运用初探

刘福云

湖南省第五工程有限公司　株洲　412000

摘　要：随着我国社会的不断发展，我国的建筑信息电子技术的产业发展也越加迅速，且在我国建筑工程行业中的技术应用也越来越广泛。现阶段，互联网已经覆盖到了人们的日常生活之中，无处不在的企业网络应用环境已经逐渐开始向其他网络专业技术领域延伸。在这样的时代背景下，规模化、专业化、信息化已经成为我国建筑施工管理行业一个重要的发展趋势，信息化技术在企业建筑施工质量管理过程中的广泛应用更加普遍。在现代信息网络技术的强大支持下，建筑施工质量管理工作的科学效率性和效果进一步得到提升，更有效地维护了建筑工程质量。

关键词：信息技术；建筑施工管理；运用

1　引言

现今我国建筑行业已经完全迈入了一个信息化网络时代，信息化网络技术被广泛地应用在各个领域，当传统信息网络技术与现代计算机网络技术结合后，将推动我国建筑行业快速发展并达到前所未有的新技术高度。随着发达国家国民经济的迅速发展，建筑工程机械企业的员工数量迅速增加，建筑工程企业若是想脱颖而出，需要不断完善自我以迅速赢得其在市场竞争中的优势。建筑企业在自我完善的过程中，要对企业的管理合理创新，运用信息技术提高工程施工管理的水平。

2　信息技术在建筑施工管理中的应用现状

2.1　缺乏完备的信息技术应用

目前信息技术在建筑施工管理中的应用程度没有在建筑工程行业普及，还存在一定的局限。一些企业对计算机信息技术的应用局限于下达任务、传达公司制度、收发电子邮件、查询检索信息等方面，在工程进度、质量和成本等管理方面还没有完全实现信息化，缺乏对数据的分析和整合，不能有效地结合施工动态进行管理，导致信息技术应用程度有限，没有完全发挥其优势。

2.2　缺乏拥有综合能力的专业人才

在建筑工程管理中应用信息技术，要具备专业的知识技能，还要不断学习信息技术管理模式，从而发挥信息技术在建筑项目管理中的实际作用。但在建筑企业内部，拥有此类专业的人才数量较少，在实际应用信息技术的过程中也会发生诸多问题。此外，信息技术需配套项目管理流程和细则，对计算机管理软件进行深入开发，使信息技术各项功能达到最优化，在实际使用过程中结合项目管理需要，对信息进行灵活处理，但拥有综合专业的人才更是少之又少，导致软件开发薄弱。

2.3　忽视技术管理

很多建筑企业虽然想要充分运用信息网络技术在各个阶段建筑施工质量管理过程中的重

要作用，但是在具体实施和进行长远规划设计方面却忽视了运用信息网络技术施工管理，在具体实施和长远规划方面忽视了信息技术管理。例如，在应用先进施工科学信息技术手段进行企业施工信息管理工作过程中，很多企业工作人员只是单一采用施工信息管理技术的某一部分相关管理功能，如施工自动化或者数据储存管理功能等。在具体实施工作过程中，他们并没有将企业信息化的技术管理进行全面的研究应用，技术化在管理中所发挥的重要作用没有真正得到充分的高度重视。同时，当前阶段忽视信息技术管理还表现在信息部门专业高素质人才的缺乏和相关高水平设备的严重匮乏，这一现象也使得信息技术管理难以在施工技术水平提高中发挥全面、积极且有效的作用。

3　信息技术在建筑施工管理中的运用

3.1　在建筑施工管理安全和质量管理的应用

在工程建设施工质量管理中，安全技术管理和施工质量监督管理永远都会是重中之重，信息安全技术如果用于建筑施工质量管理中就可大幅度提高建筑施工质量管理的安全系数和施工质量管理水平。信息技术可根据国家规范和质量标准进行信息化、规范化管理，从而实现对工程施工环节和过程中的有效管理；根据既定的工程质量标准有针对性地进行质量管理，严格把控工程质量；另外信息技术通过采集安全信息，对工程安全检查、安全方案等方面的内容进行监管，可以对施工安全事故的预防起到积极作用。

3.2　在工程设施和材料管理中的应用

在建筑工程施工设施以及材料管理方面也可应用信息化技术。信息技术是在通信技术以及计算机技术的基础上发展的，因此精确度比较高。通过将信息技术应用于设施和材料管理中，能够对施工全过程中所使用的各类设施以及材料进行分类汇总分析，结合施工现场实际情况进行科学合理的分配，进而保障各类设施和资金的使用。另外，通过利用工程信息管理技术还可以对各类施工机械设备和建筑材料的采购使用情况及时进行有效跟踪管理，同时还可以对各类工程机械设备的使用性能情况进行有效监测，延长各类工程机械设备的设计使用寿命，保证工程项目前期建设工程预期进度，保证项目建设工程进度。

我公司承建的湖南建工·东玺台EPC总承包项目二标段，利用智慧工地管理平台（图1），对现场机械设备、人员管理、扬尘控制、场质量安全等多个方面进行全方位监控，做到足不出户就能对现场的实际情况进行精准把控，管理人员能通过平台信息的反馈情况，合理分配资源，进而保障各类设施和资金的使用，确保施工进度和质量安全。

3.3　在施工进度管理中的应用

信息管理技术系统可确保所有施工进度和所有施工流程的基本一致；防止了一些建筑工程企业因为建筑工程贷款逾期而需要承担大量的工程费用融资风险；能够自动编制一个建筑工程主要实施阶段进度施工计划，然后形成一个网络施工计划，设立阶段性的施工任务计划确保工程施工进度不落后。例如，总部的网络中心发布一个工作计划任务，由下面的每个项目承包部把工作任务计划发送到各项目承包单位，每一个项目承包单位把工作任务计划完成执行情况的相关数据及时反馈到总部的网络中心。总设计网络把项目设计任务完成的实际情况和项目进度中的计划情况进行比较，分析并研究制定适宜的解决方案。各个模块进度信息管理跟其他进度信息管理模块之间相互联系紧密，同时可以展开进度管理工作。

图 1　智慧工地管理平台——东玺台项目

4　结语

综上所述，本文主要对网络信息技术在建筑工程设计、施工、安全、技术、质量管理过程中的具体应用以及方式特点进行了详细理论探究。现如今，建筑行业高速发展，这对于建筑工程信息管理技术的要求也越来越高，在建筑工程企业施工相关技术项目管理中，可以充分利用工程信息管理技术，对各项工程施工技术环节进行有效工期控制，确保企业在符合工期控制要求内顺利完成工程项目前期建设，保障建筑工程企业施工技术质量，促进我国建筑工程企业国际市场综合竞争力的不断提升。

参考文献

[1]　杨清海．简析信息技术在建筑施工管理中的应用［J］．城市建筑，2014（12）：137-137.
[2]　唐山荣．信息技术在建筑施工管理中的运用分析［J］．中国房地产业，2016（5）：121-122.
[3]　阮丁彬，纪安．信息技术在建筑施工管理中的运用［J］．现代物业：中旬刊，2020（1）：235-235.

建筑施工管理中流水施工技术应用的策略分析

刘福云

湖南省第五工程有限公司　株洲　412000

摘　要： 随着社会经济的多元化发展，建筑行业迎来了前所未有的发展机遇和挑战，市场竞争也变得日趋激烈。为了从根本上提高市场核心竞争力，建筑企业都在加大建筑施工管理工作的有效开展。流水施工技术的应用能够从根本上提升施工效率和质量，减少施工资源的浪费，有效缩短施工周期，因此有着极为广泛的应用空间。本文简单介绍了建筑施工管理中流水施工技术的应用意义，同时提出相关应用策略，希望对建筑施工管理工作的开展有所帮助。

关键词： 施工管理；流水施工技术；应用意义；策略

1　前言

流水施工技术属于现代化施工技术的一种，能够广泛应用于不同工程项目，可以起到提高工作效率的作用，因此得到了极为广泛的推广与应用。流水施工技术更加侧重于对各个施工环节的有效划分，进而按照施工周期进行细化施工，实现对整个施工现场资源的有效调配，大大提高了施工的完成效率，避免了施工资源的过度浪费，为建筑企业的发展带来经济效益。

2　流水施工技术的应用意义

2.1　提升建筑工程施工效率

建筑工程施工现场经常会涉及到大量的施工人员、环节、设备，将流水施工作业进行科学划分，保证对资源进行合理分配非常重要。对建筑流水工程施工机械技术手段进行合理应用，对间歇性建筑工程各项施工机械作业阶段进行合理划分，结合各个工程施工作业阶段的不同施工要求，对各项施工机械队伍建设进行适当优化配置，对各项施工机械设备功能进行合理配置应用，能够确保建筑工程建设进行过程中，队伍建设相互高效紧密配合。建筑工程具体施工期间，整个施工中的工作人员要相互协作，共同努力，完成工程施工，从而使工程的整体施工效率得到进一步提升，保证建筑工程的最终质量，满足应用需求。结合各个施工阶段的不同要求，对施工队伍进行适当配置，提高对机械设备的利用率。

2.2　提升资源的合理配置

建筑工程中会涉及到许多内容，工程建设周期长，任务量大，工程难度大。整个项目工程建设中会消耗大量资源，经常会投入大量的人力。在大型建筑工程项目建设中，对各种流水施工相关技术进行推广应用，做好流水相应技术管理工作，保证其在建筑工程建设中的每一项施工环节的操作规范化、专业化，为流水施工的正常顺利开展提供技术支持。通过对整体流水施工作业技术的合理推广应用，能够有效保证整个流水施工过程作业的技术科学性与程序合理性，进而使得整个工程建设所需的各项施工材料得到充分的利用，从而有效减少不必要的施工成本浪费等，使整体流水施工进度得到大幅提升，缩短整个工程建设周期。

2.3　提升建筑工程的综合效益

将建筑流水线的施工管理技术应用到施工质量管理中，可以对建筑工程的实际应用需求更加科学化和细化，减少在建筑工程作业中对材料、时间和人力的浪费。在建筑工程企业管理中充分应用流水施工技术，可以有效实现对各项资源的高效综合利用，保证建筑工程的企业整体施工质量水平达到国家要求标准，并且可以减少建筑工程企业在施工成本上的支出，使施工企业自身经济效益与社会效益发展最大化，提升我国建筑工程企业在国际市场竞争中的整体综合性和竞争力。

3　建筑施工中流水施工技术的应用策略

3.1　定位流水施工技术对象

结合整个建筑工程的实际要求对建筑施工的进度做出准确的施工工期计划。因为大多数建筑工程在进行施工时的各个时间节点都是比较紧迫的，工程项目的业主不仅会对不同施工方的项目进度以及计划分项有明确要求，甚至还可能会要求制定详细的月度施工计划，因此就需要进一步分解建筑工程分项，一方面为了能够更好地满足不同业主所提出的施工需求；另一方面也希望能对整个工程进度规划有一个从整体到局部各个细节的合理规划。对于那些必须按照要求严格控制工程施工进度的大型建筑工程建设项目，在工程流水线的施工进度计划中一般可以绘制水平曲线图表和垂直曲线图表，便于各建设部门的工程施工人员理解建筑工程进度控制要求。

3.2　选择流水施工应用方式

为了确保流水施工技术在建筑项目管理中有效地应用并取得良好的效果，企业需要根据工程具体情况选择适宜的应用方式。

全等节拍流水施工。为确保建筑项目建设全过程都可以保持相同流水节拍以及步距和节拍对应，企业可采取全等节拍流水施工。采用该方式后所有施工队伍能够实现连续不断的作业，同时团队数量也和施工阶段总数量相同。

成倍利用节拍施工流水线的施工工法。建筑项目管理中应用成倍节拍流水施工技术时主要是按照最大公约数倍数来确定不同建设阶段人员，这样做能够使工程以最短工期完成。最后，分别使用流水进行施工。

分别流水施工技术在项目施工管理过程中应用是因为不同建设工程阶段间在工程量以及管理人员施工效率上均存在着较大差异，此时通过综合运用该施工方式可以最大程度提高各个建筑施工队伍在一个施工不同时间段内进行工续安排的合理性。

3.3　合理配置施工现场资源

经过对建筑流水工程施工现场技术合理分配应用，有效避免了工程施工现场的机械设备器具、物料等资源的不合理分配问题，使各流水施工段的管理小组成员可以对工程施工现场需要的物料资源合理进行调配，避免浪费资源的情况出现。在实际进入施工现场阶段，我们不仅需要对环保工程施工现场区域规划进行合理的划分，同时还要加大跟进施工后续的施工现场任务的管理工作。在工程施工现场我们需要合理规划整个工程施工计划，调配工程项目的施工资源，加强施工段的各项内容监管，确保工程项目的施工任务顺利完成。

4　结语

综上所述，在进行建筑工程项目施工质量管理中，应对传统流水线的施工管理技术进行合理的推广应用，这对促进建筑工程流水施工期间工期的缩短，施工过程资源的优化配置等都有着积极的促进作用。因此，在我国建筑工程技术管理发展过程中，应不断增强对大型流水施工管理技术的研究，同时还要不断提高对此施工技术的实际应用水平，确保这一施工技术的重要作用最终能够充分地发挥出来。

参考文献

[1] 张彦芳．建筑施工管理中流水施工技术应用的措施分析［J］．中国室内装饰装修天地，2020，(5)：307.
[2] 常燕飞．建筑施工管理中流水施工技术应用的措施分析［J］．建材发展导向，2019，17（8）：300.

铝合金模板高支撑在第四代住房项目的应用

陈 冲

湖南省第五工程有限公司 株洲 412000

摘 要：铝合金模板具有较优的力学性能、安拆简便、不产生建筑垃圾、周转率高等特点。因其制作工厂化，通用及适用性强；另铝合金模板的早拆体系可使施工进度更快捷，对于第四代住房结构复杂，异型结构较多，选用铝合金模板相较于胶合板模板更能满足施工要求。根据《组合铝合金模板工程技术规范》（JGJ 386—2016），其可调钢支撑不宜超过3.3m，因建筑结构及使用功能的特点，绿化平台及公共平台部分高度达到6.2m，为不影响其早拆施工要求，保证支撑稳定性及安全性，需找到合适的铝合金模板高支撑体系，以解决工程实际超高单项支撑立杆应用的相关问题。

关键词：铝合金模板；单项支撑；高支撑；承插式盘扣钢管

1 概述

铝合金模板技术采用整体挤压成型的铝型材加工而成，其标准化程度高、质量轻、承载力强、配合精度高，在施工过程中无须塔吊等机械设备协助，做到建筑垃圾零排放。相较于传统木模板施工，铝合金模板材料周转次数多，残值高，可再生利用，能最大限度的节约木材资源以及减少对环境的负面影响，其中先进的模板材料工艺、早拆体系，能减少施工人员并降低劳动强度，加快施工进度、提高施工质量，满足绿色施工的要求。第四代住房项目因结构和使用功能的影响，在绿化平台及公共平台部分处异型、圆弧结构较多，采用铝合金模板能完美配合其结构形式，以确保混凝土工程的质量。由于其层高达到6.2m，铝合金模板在应用时将面临超高单顶支撑立杆的问题。

2 工程概要

株洲第四代住房未来社区项目为湖南省首个第四代住房建筑项目，该项目结构复杂，异型结构较多，楼栋层高3.1m，为保证不影响房间采光及私密性，每户的绿化平台在奇偶数层错层布置，开敞式公共平台在奇数层布置，因此其高度达到两个自然层高，均为6.2m，根据工程实际情况，项目中有10栋建筑采用铝合金模板施工，铝合金模板高支撑搭设面积共计约10.97万m^2。

3 铝合金模板高支撑选型与安全计算

3.1 材料要求

（1）承插型盘扣钢管支撑架

承插型盘扣式钢管支撑架的构配件其材质应符合现行国家标准《低合金高强度结构钢》（GB/T 1591）、《碳素结构钢》（GB/T 700）以及《一般工程用铸造碳钢件》（GB/T 11352）的规定，各类主要构配件材质应符合表1规定：

表1　承插型盘扣式钢管支架主要构配件材质

立杆	水平杆	竖向斜杆	水平斜杆	扣接头	立杆连接套管	可调底座、可调托座	可调螺母	连接盘、插销
Q345A	Q235A	Q195	Q235B	ZG230-450	ZG230-450或20号无缝钢管	Q235B	ZG270-500	ZG230-450或Q235B

杆件焊接应牢固可靠，焊丝宜采用符合国家标准《气体保护电弧焊用碳钢、低合金钢焊丝》（GB/T 8110—2008）中气体保护电弧焊用碳钢、低合金钢焊丝的要求，有效焊缝高度不应小于3.5mm。

铸钢或钢板热锻制作的连接盘厚度不应小于8mm，钢板冲压制作的连接盘厚度不应小于10mm。

（2）铝合金模板单顶支撑立杆

支撑立杆材质应符合国家标准《低合金高强度结构钢》（GB/T 1591）、《碳素结构钢》（GB/T 700）有关规定。

3.2　铝合金模板高支撑选型

铝合金模板支撑体系分上下两层搭设，下层支撑架采用承插型盘扣钢管支架ϕ48系列搭设满堂脚手架，立杆采用ϕ48mm×3.2mm焊管制成（材质为Q345），搭设高度3.1m，承插式盘扣钢管架受力以轴心受压为主，由于有斜拉杆的连接，使得架体的每个单元形成格构柱，相较于普通的扣件式钢管架安全性能更为可靠，不易发生失稳，且搭拆更为快捷，在下层支撑架搭设完成后，在水平横杆上满铺扣式钢脚手板作为上层铝合金模板施工的操作平台，立杆上接250mm高的承插型盘扣套管；上层支撑架为“65型”铝合金模板的单顶支撑立杆，单顶支撑立杆采用内外套管，外管截面ϕ60mm×2.5mm，内管截面ϕ48mm×2.75mm，材料均为Q235（图1）。内外套管之间的连接采用插销，通过插孔来实现高度调节，搭设时下层满堂架立杆需要与上层铝模单顶立杆的投影位置重合，上层铝模单顶底板设计有直径50mm的孔，可套入下层直径48mm的满堂架立杆，单顶立杆底板落于下层立杆的连接盘上（图2）。

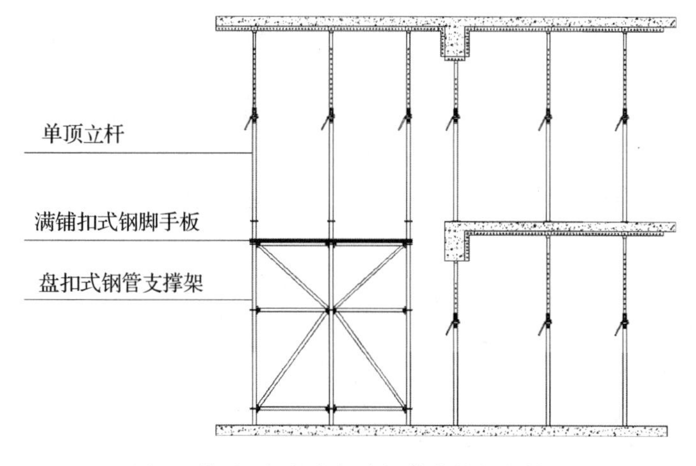

图1　单顶立杆与盘扣式钢管支撑架大样图

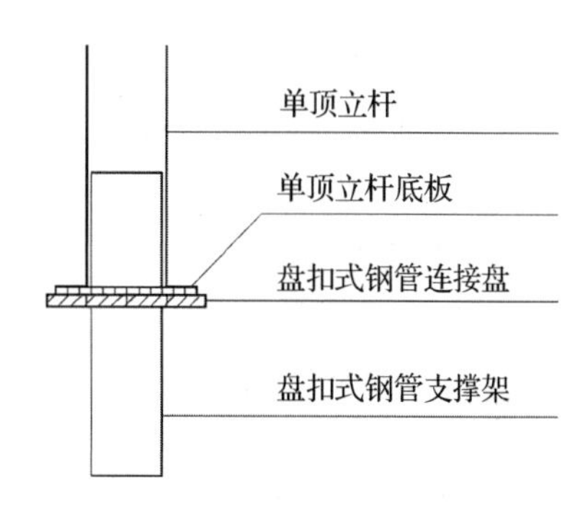

图2　单顶立杆与盘扣式钢管支撑架对接节点图

3.3　安全计算

根据《建筑施工承插型盘扣式钢管支架安全技术规程》（JGJ 231—2010），承插型盘扣式钢管支架作为支模架时，连接盘可作为支撑点，需验算盘扣节点抗剪承载力，盘扣节点连接盘的抗剪承载力设计值 $Q_b=40kN$，本工程铝模单顶支撑立杆与盘扣式钢管支撑架均为常规支撑架体，不另作验算，连接盘承受上方单顶支撑立杆的竖向荷载 F_R，最大受力位置为 0.3m×0.9m 的梁，梁底立杆支撑间距 1.2m；

铝模板自重（包括配件）：$G_{1K}=0.25kN/m^2$

施工荷载（布料机上料）：$Q_{1K}=2.5kN/m^2$

风荷载标准值（按 90m 计算）：$Q_{2K}=0.5kN/m^2$

0.3m×0.9m 梁：

最大计算压力：$P=1.35\times(25\times0.90+0.25)+1.4\times(2.5+0.5)=34.91kN/m^2$

竖向荷载：$F_R=34.91\times0.3\times1.2=12.57kN\leqslant Q_b$

根据验算，本工程作用在盘扣节点处连接盘上的竖向力设计值小于 40kN，满足要求，因此该高支撑架体安全。

4　施工工艺技术要点

4.1　铝合金模板深化设计

前期铝合金模板深化设计时需充分考虑下层承插型盘扣脚手架搭设模数，使上层铝合金模板单顶支撑立杆分布间距与下层承插型盘扣脚手架立杆搭设模数相符，减少下层支撑架不必要的增设立杆。

4.2　测量放线

当楼层混凝土浇筑完成后，根据铝合金模板单顶支撑立杆布置图进行测量放线，将上层单顶立杆位置标记于混凝土楼面上，搭设下层支撑架时，根据放线点布置立杆，确保下层满堂架立杆与上层铝合金模板单顶支撑的投影位置重合。

4.3　下层支撑架搭设

（1）支撑架须在地面上放好线点，经检查认可后才能进行搭设，做到位置准确。架体立杆下设 50mm×200mm×200mm 的硬木板并将之铺平。底座、垫板均应准确地放在定位线上。

（2）放好硬木板将立杆放进底座内。布置好可调支座，按照先立杆后水平杆再斜杆的顺序施工，形成基本的架体单元，再以此扩展成整体的支架体系。

（3）支撑架搭设完后，在顶层水平杆满铺设挂扣式钢脚手板作为铝合金模板施工的操作平台。

（4）支撑架上口接 250mm 承插型盘扣套筒，套筒上焊接有连接盘作为铝合金模板单顶支撑立杆的支撑部位。

4.4　上层单顶支撑立杆

单顶支撑立杆下部底板设计 50mm 孔，将单顶支撑立杆套插入下层承插型盘扣支撑架立杆上，单顶支撑立杆底板落于承插型盘扣支撑架的连接盘上，承插型盘扣套筒顶与连接盘间距尺寸 100mm，其可伸入铝合金模板单顶立杆外套管内形成刚性连接，当铝模单顶的分布不规则时，在下层盘扣式钢管支撑架中增设立杆，使用万向扣和横向钢管连接满堂架立杆，原则上不遗留任何一根独立的满堂架立杆，支撑立杆垂直度偏差不大于层高的 1/300。

5　结论

铝合金模板在建筑工程中因其所具有的各项良好性能而被广泛使用，由于早拆体系中单顶立杆的支撑高度限制及第四代住房项目中绿化平台及公共平台层高的特殊性，其在项目中的使用将受到限制，而第四代住房未来社区项目中所选用的承插型盘扣支撑架和铝合金模板单顶立杆的组合支撑架在实际使用解决了此项难题，将组合铝合金模板与销键型盘扣支撑架组合应用，使其应用于高支撑处的异型、弧形结构，确保混凝土结构的观感质量，达到清水混凝土的要求，无须进行粉刷，且采用铝合金模板与销键型盘扣支撑架，其全部配件均可重复使用，施工拆模后，现场无模板建筑垃圾，现阶段施工共计已完成铝合金模板高支撑面积约3.8万m^2，实际使用效果同时也体现出铝合金模板和承插型盘扣支撑架应用的经济效益、进度优势及各项技术指标，为类似工程使用提供参考。

参考文献

[1] 建筑施工承插型盘扣式钢管支架安全技术规程：JGJ 231—2010 [S]. 北京：中国建筑工业出版社，2010.

[2] 组合铝合金模板工程技术规程：JGJ 386—2016 [S]. 北京：中国建筑工业出版社，2016.

[3] 建筑施工扣件式钢管脚手架安全技术规范：JGJ 130—2011 [S]. 北京：中国建筑工业出版社，2011.

绿色施工节材管理与技术措施

王　鹏

湖南省第五工程有限公司　株洲　412000

摘　要： 本文主要分析了绿色施工节材管理与技术措施，通过结合实际工程案例，从施工准备、结构施工、安装及装修等环节入手，探究在绿色施工过程中的具体节材管理措施，并提出废旧木方二次利用技术、建筑垃圾回收利用技术、BIM技术等措施，实现工程造价和投资降低的目标。旨在为相关工程提供借鉴和参考。

关键词： 绿色施工；节材管理；技术措施

绿色施工是当前我国建筑行业的主要发展方向，其符合环保节能的时代要求，是推动我国绿色建筑普及推广的重要途径。而在绿色施工中最为关键的即是注重材料节约，合理控制成本。因此在实际工程项目中，通过采取有效的节材管理和技术措施，有利于节省大量的建筑材料，实现降低成本、提高经济效益的施工目标，扩大工程利润空间，以促进建筑行业的良好、平稳发展。

1　工程概况

湖南中医药高等专科学校附属第一医院中医药大楼项目共建设29层，其中包含地下2层、地上27层，功能分区为住院楼、门诊楼、地下车库等，总建筑面积达41574.1m^2。为保障该项目的经济效益最大化，决定采用绿色施工模式，将节材管理作为施工管理重点，制定可行的节材目标，实现钢材、混凝土以及木材等建材损耗比定额损耗量降低30%，建筑垃圾再造利用率超过40%，节约安装装修量比定额损耗量降低20%等。

2　绿色施工节材管理

一般情况下，建筑项目的材料费用占总体造价的70%以上，其需要大量的建筑材料，以拼装成完整的建筑形态。因此通过节材管理有利于建筑工程的损耗。在工程管理过程中，应当注重节省材料，实现废旧材料再利用、采用绿色环保材料、尽量就地取材等，节省材料费用、人工费用、机械设备使用费用，以此提高工程综合效益。因此结合该工程的实际情况，可确定各个阶段的节材管理措施，具体如下：

2.1　施工准备节材管理

在施工准备阶段，应当树立良好的节材管理意识，根据工程现场具体条件，从以下几个方面入手，提高节材管理实效。

（1）尽可能选择利用有利于节材的建材，比如现场临时围挡设施、办公室、宿舍以及食堂等设施，均可选择可重复利用的彩钢板材料。

（2）对现场及周围的办公区、生活区地面和临时道路等，采用可周转的水泥砖、广场砖、预制钢筋混凝土块等材料，便于二次拆除和二次利用，并且对环境产生的污染相对较小。

（3）对施工现场的养护用水、扬尘控制用水等，建立水资源使用的管理制度，施工现场建立雨水回收系统，节水器具配置率100%，冲洗现场的机具、设备、车辆用水，设立循环用水装置等，通过各种节水措施，达到节约用水。

(4) 对施工现场的钢筋加工、木工加工、安全通道等防护棚，则应当使用工具式防护棚，如图1所示，建筑外围脚手架采用整体提升工具式脚手架，替代以往的钢管搭设形式，避免钢管随意切割和成品损耗。

图1　工具式防护棚

(5) 对现场所应用的方木材料，采用二次利用技术，采购专用的对接机以及包钢木方加工机，实现对废旧木方的接长，提高材料使用效率，减少固体建筑垃圾数量。

(6) 对剪力墙模板的制作，应当改变传统的木胶板形式，着重采用定型钢模。另外，对现场砂浆要严格按照我国相关标准开展预拌，减少材料浪费。

2.2　结构施工节材管理

在该工程的建筑结构施工阶段，其节材管理措施首先是制定合理的材料使用计划及限额领料制度，按照实际施工进度、材料库存情况等，有序安排材料采购和进场，并且科学规划材料堆放场地，尽可能保障大构件、砌体材料以及钢材等一次卸货就位，减少移动搬运，避免出现材料损坏、污染等。同时对施工所用脚手架，采用插扣式可重复利用的方法，采用早拆支撑体系。

坚持就地取材原则，建筑材料用量中，水泥、砂石、钢材和砖等材料70%来自施工现场附近500km以内。

在该工程中，为实现节材目标，需提高对钢筋加工的重视程度，优化线材下料方案，现场加工钢筋损耗率控制不大于1.5%，还可利用其所产生的钢筋头制作沟盖板、马凳等，实现废弃物再造利用。

提升混凝土废渣的利用效率。在本次工程中，主要是利用粉碎机进行粉碎，拌和适当比例的水泥以制备水泥砖等，用于厕所、屋面、窗间墙的砌筑，符合绿色施工的要求。

2.3　安装及装修节材管理

在该工程施工中，安装及装修环节应采取合理的节材管理措施，其一是利用BIM技术，基于可视化，在施工开始前，对该工程在施工过程中可能遇到的管线与管线、管线与结构之间的碰撞问题预先发现和解决，并根据工程施工的需要对现场所有的管线进行合理优化，防止出现管线错位、预埋件遗漏等问题，可有效减少二次返工而形成的材料损耗。其二，对于贴面类块材进行施工时，可以根据施工现场的实际情况开展总体的排板策划，有利于减少废料的产生，节约工期。

3 绿色施工节材技术

3.1 废旧木方二次利用技术

由于在该项目的施工现场存在大量的废旧木方，为实现节材目标，应当用二次利用技术减少建筑垃圾产生量，增加经济效益。采用包钢木方制作机械将带钢加工成为 U 形槽钢，并将废旧木方填塞到槽钢中以制备包钢木方。该方式下的成品具有高强度、承载力较大的优势，在支模施工时能够减少方木的使用量。同时包钢木方的经济效益较高，成本可节省近一半，通过增加周转次数减少材料使用和损耗，降低单次使用成本。

在本次工程中，新木方和包钢木方的经济效益分析见表 1，其周转次数分别为 9 次、38 次，单次使用成本为 0.5 元/m 和 0.26 元/m。利用废旧木方二次利用技术，具有较好的节材效果。

表 1 该工程包钢方木经济效益分析

项目	成本（元/m）	周转次数（次）	单次使用成本（元/m）
新木方	4.5	9	0.5
包钢木方	10	38	0.26

3.2 建筑垃圾回收利用技术

在传统建筑施工中，建筑垃圾产生量较大，回收困难，很容易造成材料浪费和利用率不高的问题。在本次工程的绿色施工过程中，采用混凝土余料、工程废料收集系统，是当前一种高效的节材技术措施。实际运用时，对混凝土浇筑后的泵车和泵管冲洗，可直接将布料机的软管对接到废料收集系统的薄壁钢管，从而将冲洗后的废水、废渣等引到地下室，再对其进行固液态分离，液态导入集水坑中沉淀，促使其达到排放标准，最后通过排污管道进行排放。固态经分离网收集后进行二次处理再利用。

经过本工程实践后，该技术的应用效益可见表 2，对建筑垃圾的回收利用需支出人工费和机械费，每月可节省 7280 元。

表 2 该工程建筑垃圾回收利用经济效益分析

项目	数量（月）	费用单价	月节约费用（元）
人工费	24 工日	220 元/工日	5280
机械费	10t	200 元/t	2000

3.3 BIM 技术

随着科学技术的不断进步，在建筑工程绿色施工中，BIM 技术的应用越来越普及，其能够对建筑物进行仿真模拟，通过输入真实信息获得比较全面的数字信息综合。在实际的施工流程中，相关人员可结合具体情况及建筑参数等，构建三维虚拟建筑模型，基于对数据的分析处理，能够制定最佳的施工方案。在这一过程中，通过对建筑环境的集成管理，则能够实施碰撞分析、管线综合以及工程量统计和施工进度模拟等，自动生成材料、设备统计表，以此为依据制定比较精确的材料采购和使用计划，并且在限额领料制度下，能够极大地节约材料，降低工程成本。在本次工程中，利用 BIM 技术，检查出该建筑工程中存在管线碰撞点 75 个，有效避免了二次返工、材料浪费等。在该工程的管线安装和结构施工中，运用 BIM 技术实施节材管理的效益见表 3，大约节省成本 164500 元。

表 3　该工程 BIM 技术措施经济效益分析

项目	费用单价，返工（元/项）	数量（项）	节约费用（元）
管线安装	2000	46	92000
结构施工	2500	29	72500

4　结语

综上所述，在建筑工程绿色施工中，通过实施在施工准备阶段、结构施工阶段和安装及装修阶段采取有效的节材措施，能够最大限度的降低材料损耗量，并且在具体施工环节应用废旧木方二次利用技术、建筑垃圾回收利用技术、BIM 技术等，可实现建筑工程的节材目标，减少材料浪费、提高利用率，促使建筑工程总体经济效益得到提升。基于此，相关建筑项目应当在绿色施工中注重节材管理和技术措施的应用，以此降低造价和成本，推动建筑工程的可持续发展，充分体现绿色环保、经济节约的新时代理念。

参考文献

[1]　高博雅．新时期绿色建筑施工管理存在的问题及改善措施［J］．山西建筑，2020，46（13）：184-186.

[2]　冯加兵．绿色施工理念背景下建筑工程施工管理的创新研究［J］．工程技术研究，2020，5（19）：143-144.

[3]　熊文康，黄亮．超高层建筑绿色施工技术实践与应用［J］．城市住宅，2020，27（7）：223-224.

[4]　张占伟．绿色建筑理念下的材料可循环利用措施研究［J］．三门峡职业技术学院学报，2020，19（4）：138-141.

[5]　岑锦秀，刘小伟，陶富录，等．泵管尾料回收再利用系统在高层建筑施工中的应用［J］．建筑施工，2018，40（7）：1240-1241，1244.

民用建筑中施工技术及质量控制措施分析

张　兴

湖南省第五工程有限公司　株洲　412000

摘　要：目前，我国的经济在快速发展，社会在不断进步，民用建筑工程与人们生活密切相关，在生活水平逐渐提高的当下，人们对民用建筑的安全性、实用性、美观性、舒适性等方面有了更高的要求，这就要求施工企业不断提高施工技术，严格把控施工质量，才能满足人们不断增长的需求。对此，文章从加强民用建筑施工技术及质量控制的必要性入手，介绍了民用建筑施工技术及质量控制中存在的主要问题，并有针对性地提出了解决措施，以期促进民用建筑工程行业健康发展。

关键词：民用建筑；施工技术；质量控制

民用建筑工程施工质量监督管理体系是我国民用建筑工程管理的重要组成部分，现阶段我国的民用建筑工程施工项目质量监督管理仍然存在许多突出问题，还需要质量管理人员与大型民用建筑工程企业进一步配合完善，为推动我国现代民用建筑行业的繁荣和谐发展做出更大贡献。

1　概述

1.1　项目概况

某民用住宅项目总建筑面积约111607m^2，建筑采用框架+剪力墙结构，剪力墙采用装配式施工技术。

1.2　加强民用建筑工程施工质量管理的必要性

提升民用建筑工程施工质量管理水平，能够进一步促进施工企业在管理方面以及施工技术方面的提升。在具体的项目工程建设施工过程中，相关管理措施是否科学，已经成为现代民用建筑领域衡量企业管理和技术水平高低的综合指标。项目工程在实际建造施工期间，不管是领导管理人员还是施工技术人员，都应该将质量放在首要位置，并在施工建造过程中运用先进的施工技术，加强施工各个环节的有效管控，双管齐下，保障项目工程的建设质量。另外通过加强民用建筑工程施工质量的有效管理，还能够进一步提高施工现场技术人员的专业水平，提升施工技术质量，营造良好的施工技术工作队伍，有利于民用建筑企业整体施工素质的提升。

2　民用建筑中施工技术及质量控制措施分析

2.1　提升基坑工程的施工质量

在开挖土石方工程之前，现场技术人员一定要认真核实现场，重新检查以及评估施工单位提供的实际勘测报告，检查土方以及勘测报告是否一致，检查地下管线的具体方向。采取针对性的预防措施，并设置合适的场地土石方进行开挖、支护以及实施防水排水等施工计划。按照基坑的开挖原理，挖掘时逐层地进行支护，控制开挖面的大小、裸露时间以及开挖深度等，并且在浇筑基础板前进行铺垫，保障基坑开挖可以实施良好的引流。在实施深基坑施工时，需要在斜坡顶部安装相应的警告标示以及安全防护措施，并且需要安装基坑监测装置，以进一步监测斜坡顶部的位移以及斜坡的沉降情况。桩基完成之后，需要按照施工技术要求完成高程轴的测量，并在施工中对基坑内的地下水采取比较合理以及科学的防水排水措施，以保障基坑的稳定性。

2.2　保证施工材料的质量

在民用工程建筑过程中，为了使民用建筑质量得到有效的保证，必须对民用建筑工程施工材料进行有效的质量控制，民用建筑中常用的施工材料有粗细骨料、水泥、掺合料、钢筋及钢材、混凝土砌块、防水材料等。这些施工材料应统一采购、供应和管理，对工程所需的材料进行严格的质量检验和控制，选择质量可靠的材料供应商。材料均按要求送至有资质的单位检验，对达不到标准的材料一律不得采购和使用，现场设置材料储备仓库，配备专人分区堆放管理，实施材料动态管理和统一调配。

2.3　做好质量验收和安全检查

质量验收的实质目标是为了保证房建施工质量，将其落实到每个施工的验收环节，可以及时发现施工质量问题或安全隐患，并且采取有效的整改或优化措施，减少对后续施工工序的影响。开展质量验收工作时，要以质量管理体系为依据，确保质量追踪工作落实到位，没有任何遗漏。如果发现任何材料质量问题、堆放不合理等，要找到这一问题的产生原因，追究负责人的责任，保证房建工程质量的同时，避免类似问题再次发生；安全检查是房建工程顺利实施的前提条件，也是降低施工现场事故率、提升施工安全性的重要路径，所以安全检查工作是非常重要的。在此过程中，要加强施工人员的安全意识培训，围绕房建工程安全管理要点，有针对性地开展安全培训和思想教育，以提升技术人员的安全意识，不定期地开展安全措施检查工作，比如，是否佩戴安全帽，高空作业有无安全防护措施等等，保障房建工程顺利进行。

2.4　开展监理标准化管理的基础工作

在开展民用建筑工程施工质量管理的过程中，企业应充分意识到开展质量管理的重要性，尤其是需要加强企业职工技能培训和职业教育。要认真制定更加完善的工程质量体系标准文件，做好质量宣传教育工作，让公司全体管理员工深刻准确认识到维护民用建筑工程产品质量安全的迫切重要性，充分把握理解，确保工程项目质量管理体系、质量标准逐步与国际标准完全接轨，要求公司全体管理员工认真贯彻学习和严格执行国家民用建筑产品质量安全控制体系标准。制定行动计划并组织实施，成立专门的产品质量安全监督领导小组，做好产品标准化监督管理人员指导培训工作，实施产品质量安全标准化监督管理。各上级职能部门和各领导班子要准确认识和做好自己的工作岗位职责，根据不同工作层次需要制定全年工作发展计划，明确各职能部门和相关人员的工作职责，并认真加以贯彻落实。实时安全调查跟踪分析工程施工安全现状，在组织开展企业标准化项目管理培训活动时，监督员还应认真做好有关项目整体实施情况现状的前期调查跟踪分析，调配和合理充实项目相应的软硬件、人员设备配置等。

2.5　严格技术交底

一个项目工程在施工建造之前，施工单位一定要联合建设单位、设计单位进行有效的技术交底。项目工程的施工单位还需要加强与设计单位的有效沟通，并与设计单位签订完善的技术交底文件，将其作为项目工程建设施工的主要依据。在具体的技术交底过程中，应该重点明确施工关键环节，隐蔽工程的施工技术要求，并规范施工单位的施工行为，严格按照设计方案的要求进行建设。在具体的项目工程施工建造过程中，对于工程技术负责人员和监理工程师所提出的方案变更情况，技术变更情况以及设计变更要求应该及时做出补充，执行前期所签订的书面技术交底方案，并在设计方案中详细地标注更改的内容、更改的目的以及具体的施工要求。另外在施工建造之前，施工方也需要深入施工现场进行有效的调查和勘测，准确地掌握施工现场的地质条件、水文条件，并进行有效的测量放线，掌握全面详细的信息之后，才能够进行施工建造。各种测量结果出台之后，严禁随意变动并做好详细的登记和记录工作。另外对于施工单位的各种测量记录，施工测量放线报验单也需要进行认真细致的复查，由监理工程师签字确认，确保测量的质量。

2.6 软土处理技术

我国地域面积较大，各地区之间的气候条件相差甚远，不同地区之间的土质也有很大区别。民用建筑工程在施工过程中应该考虑到地基的问题，但是当建筑施工地区的土质较软时，这就要求施工单位掌握软土处理技术。首先，施工单位应详细了解软土的特点，软土之所以被称为软土，就是因为土质自身较软，没有办法承受较大的重量，对于民用建筑工程的展开有一定的限制，此外，软土的稳固性较差，不能承载正常的建筑施工。其次，民用建筑施工的工作人员应该按照软土的含水量、施工地区的气候条件等因素选择适合的施工方案，减少软土对施工过程中的影响，加快施工进度，提高民用建筑工程的质量。

2.7 钢筋施工技术

钢筋的使用需要遵循施工程序，因此要尽可能严格地规范生产和安装工作，以确保民用建筑物的稳定性。在施工过程中，必须仔细检查钢筋的数量和质量，以确保其没有缺陷。另外，在施工过程中，施工人员必须严格遵守钢筋工艺规程，以确保钢筋质量。从加固技术的角度出发，必须严格控制民用建筑施工中的加固质量。在民用建筑施工阶段，钢结构施工占有重要地位。因此，对于某些施工过程，施工单位必须严格要求执行各种程序，其施工程序包括拆卸、安装、焊接、测量、控制及吊装。另外，各种钢结构可通过钢梁、主墙、斜撑等连接，只有这种连接才能确保钢结构施工的可靠性。

3 结语

综上所述，民用建筑工程的质量与其施工材料的质量和施工技术息息相关。在施工过程中，应严格把控材料的采购、使用，引进先进的施工技术和新型的机械设备，加强施工过程中的技术管理及质量检验，保证民用建筑工程施工质量，提高民用建筑工程的安全性和可靠性，提供给居住者安全性和舒适性，促进我国社会经济持续稳定增长。

参考文献

[1] 杨秀峰．浅谈土建工程质量的常见问题及防范措施［J］．城市建设理论研究：电子版，2016（6）：2863-2863.

[2] 刘洋，刘庆东．民用建筑工程常见质量问题及预防措施探讨［J］．黑龙江科技信息，2015（16）：207.

[3] 飞高，艳红杨，小亮张．装配式民用建筑施工常见质量问题与防范措施分析［J］．民用建筑发展，2018（2）：5.

[4] 刘贤昭．探讨民用建筑电气施工常见问题和预防措施［J］．投资与合作：学术版，2014（12）：367-367.

蒸压加气块内墙薄抹灰施工和实测实量应用浅谈

袁小军

湖南省第五工程有限公司　株洲　420000

摘　要：新型蒸压加气块内墙薄抹灰技术是当下广泛应用的新工艺，是一种节能、节材和绿色环保的施工工艺。在施工中采用实测实量质量控制措施有效提高抹灰面的平整度、规方、厚度等，减少返工，提高施工管理水平，能节约材料有效提高施工利润。全面来看，通过实测实量等质量控制措施能显著提高工程质量。

关键词：内墙抹灰；实测实量；平整度；成本

湖南省第五工程有限公司广东直属分公司自 2018 年开始，陆续承接碧桂园、金乐地产等大型房地产开发企业的项目。在施工过程中，主体结构的模板均采用铝合金模板施工工艺，砌体结构采用新型加气混凝土砌块，涉及采用这两项新施工工艺的项目有四个。项目管理团队面对新挑战，积极学习新施工技术，在施工管理过程中边应用边改进，在施工过程中贯彻公司实测实量的质量管理制度，最终形成了我们自己的薄抹灰施工经验。薄抹灰技术能提高综合工时和经济效益，是我们以后项目重点推广的施工技术。

1　工艺介绍

薄层抹灰是指厚度不大于 5mm 的抹灰，骨料粒径最好在 1.25mm 以下（控制 50~80 目）。薄层抹灰灰层非常薄，水分散失快，所以要求有较高的保水率（>99%）和黏结强度。薄层抹灰工效非常快，且杜绝了泥水的湿作业，为后续工艺的穿插提供了必要条件。

薄抹灰工艺的砂浆经过试验室配合比制出的材料的黏结性及抗裂性能优越，不会出现空鼓、开裂现象，且硬度比传统抹灰好，现场不需要堆放水泥、河沙，可以避免工地扬尘、降低噪声，有效实现现场文明施工和绿色建造。

通过对比发现，使用专用砂浆作薄抹灰，有助于节能减排和资源综合利用，促进节约型社会的建设，有助于确保工程质量提高施工效率，减轻劳动强度，促进文明施工，有助于降低施工现场噪声和扬尘污染，减轻城市环境压力，及促进经济与环境协调可持续发展等方面都有着积极的意义。

2　工艺原理

聚合物砂浆是由水泥、骨料和可以分散在水中的有机聚合物搅拌而成的。聚合物可以是由一种单体聚合而成的均聚物，也可以由两种或更多的单聚体聚合而成的共聚物。聚合物必须在环境条件下成膜覆盖在水泥颗粒子上，并使水泥机体与骨料形成强有力的黏结。聚合物必须具有阻止微裂缝发生的能力，而且能阻止裂缝的扩展。

采用聚合物薄层抗裂抹灰砂浆由高分子聚合物、外加剂、高强度等级水泥及助剂精制而成。一般抹灰厚度在 3~5mm，抹灰厚度最大不超过 8mm。

3　施工工艺

3.1　工艺流程

基层处理→检查墙面垂直、平整度及方正性，确定抹灰厚度→刮专用砂浆抹面层→验收。

3.2　施工要点

3.2.1　基层处理

应清除表面杂物，残留灰浆、尘土等。预留企口位置必须进行凿毛处理。加气块与混凝土交界处粘贴耐碱玻纤网格布（质量不小于 120g/m^2 玻纤网），每边搭接宽度不小于 100mm，使用胶泥粘贴。

3.2.2　确定抹灰厚度

用红外线激光仪对砌筑好的墙面进行垂直度检查，要求垂直度误差在 5mm 内。用 2m 铝合金靠尺进行检查，要求平整度误差在 5mm 内。用阴阳角尺或用红外线激光仪套出墙体方正性，要求方正性误差在 10mm 内。

根据检查出来的垂直、平整度及方正性确定墙体的抹灰厚度，控制在 8mm 以内（图 1~图 4）。

图 1　墙体垂平实测

图 2　确定抹灰厚度，打点冲筋、挂网

图 3　打点冲筋

图 4　打点冲筋、挂网完成

3.2.3　砂浆抹面层

待基层清理干净后，开始进行薄抹灰施工，刮板先竖向满刮再横向满刮，同一面墙分上下两次施工时，先施工上半部分，后施工下半部分。同一墙面墙长方向先完成中间部分，最后做阴阳角，抗裂砂浆应在1个小时内用完，随拌随抹（图5~图9）。

图5　砂浆现搅现用

图6　砂浆铺抹

图7　大面刮平

图8　细部收头

图9　成品效果

4　质量标准

抹灰的允许误差见表1。

表1　抹灰的允许误差

项次	项目	允许偏差（mm）	检验方法
1	墙面垂直	0.4	用2m靠尺检查
2	墙面平整度	0.4	用2m靠尺塞尺检查
3	阴阳角方正	0.4	用转角卡尺（以短边校长边）

5　实测实量

5.1　全面进行实测实量，保证质量

墙面抹灰应在砂浆初凝完成后立即进行，并进行墙面表面平整度（抹灰）、墙面垂直度（抹灰）、阴阳角方正（抹灰）和方正性（抹灰）四项检查。

在砂浆终凝后，应进行门洞尺寸偏差、外窗内侧墙体厚度极差和开间/进深极差三项检查。

5.2 实测实量工具（表 2）

表 2 实测实量工具表

序号	工具名称	规格型号	数量
1	红外线激光仪	1200W	2
2	靠尺	2m	1
3	阴阳角尺	直角尺 25～50cm	1
4	塞尺		1
5	钢卷尺	5m	4
6	手持电动搅拌器		2
7	灰桶		8
8	定制高马凳	1.5m	4
9	不锈钢抹刀		4
10	手持式激光测距仪	Ⅱ等激光、最大输出功率≤1mW	1

5.3 测量方法和数据记录

5.3.1 墙面表面平整度（抹灰）

每一个墙面作为一个测区，累计实测实量 15 个实测区。

当墙面长度小于 3m，在同一墙面顶部和根部 4 个角中，选取左上、右下 2 个角按 45°角斜放靠尺分别测量 1 次，踢脚线位置水平测 1 次。

当墙面长度大于 3m，在同一墙面 4 个角任选两个方向各测量 1 次，在墙长度方向任意位置增加 2 次水平测量，在踢脚线位置水平测 2 次；所选实测区墙面优先考虑有门窗、过道洞口的，在各洞口 45°角斜测两次，记一个计算点，数值取两次中较大偏差值，洞口两边竖向各测一次；阳露台部位墙体须抽选到；以上各实测值作为合格率 1 个计算点（图 10）。

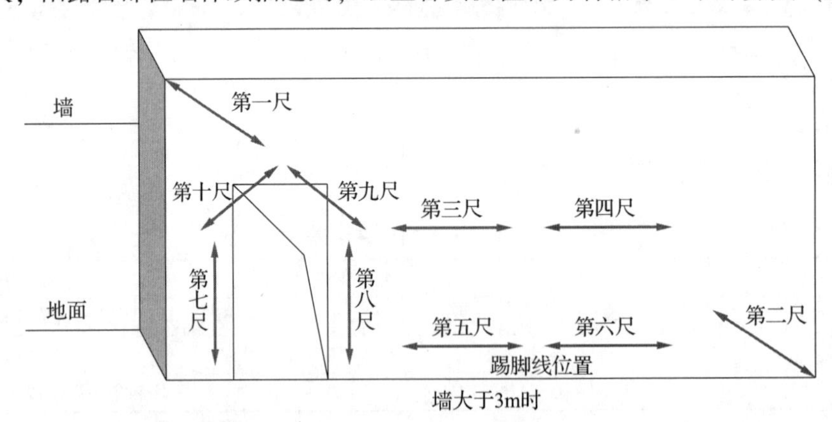

图 10 墙面表面平整度（抹灰）实测示意图（墙大于 3m 时）

5.3.2 墙面垂直度（抹灰）

每一个墙面作为一个测区，累计实测实量 20 个实测区。

当墙长度小于 3m 时，同一面墙距两端头竖向阴阳角约 30cm 位置，分别按以下原则实测 2 次：一是靠尺顶端接触到上部混凝土顶板位置时测 1 次垂直度，二是靠尺底端接触到下部地面位置时测 1 次垂直度。

当墙长度大于3m时，同一面墙距两端头竖向阴阳角约30cm和墙体中间位置，分别按以下原则实测3次：一是靠尺顶端接触到上部混凝土顶板位置时测1次垂直度，二是靠尺底端接触到下部地面位置时测1次垂直度，三是在墙长度中间位置靠尺基本在高度方向居中时测1次垂直度（图11）；具备实测条件的门洞口墙体垂直度为必测项。阳露台部位墙体须抽选到。

5.3.3　阴阳角方正（抹灰）

每户选取对观感影响较大的4个阴阳角进行测量（若阳角不具备实测条件，可用阴角代替），优先测量放家具的部位，飘窗部位阴阳角应纳入抽检范围，每一个阴角或阳角作为1个实测区，累计实测实量20个测区。

同一个部位选取两个点（两点间距不小于50cm）分别测量1次。踢脚线部位的阴阳角必测。测量时采用50cm角尺进行测量，以角尺短边靠紧墙面，用塞尺测量角尺长边与墙面缝隙最大处得出一个实测值。2次实测值作为判断该实测指标合格率的1个计算点（图12）。

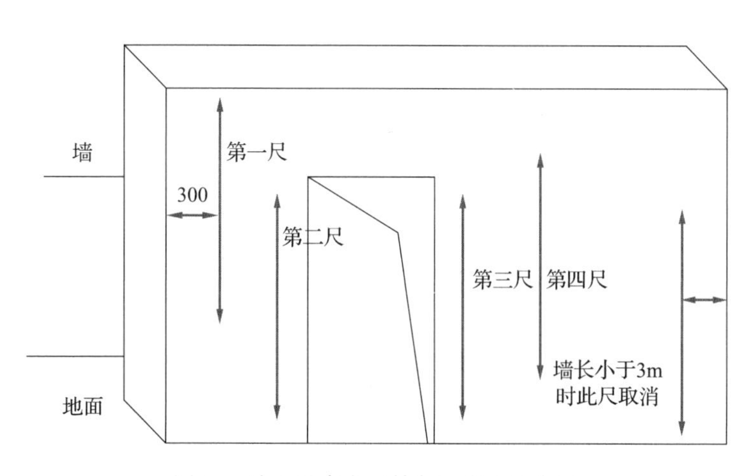

图11　墙面垂直度（抹灰）实测示意图

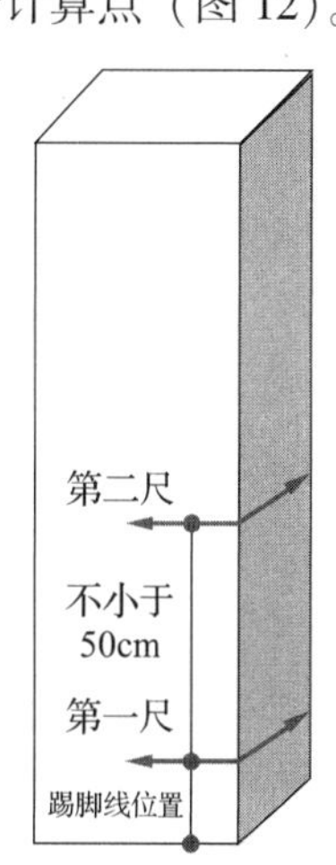

图12　阴阳角方正（抹灰）实测示意图

5.3.4　方正性（抹灰）

同一面墙作为1个实测区，累计实测实量10个实测区。

每套房同层内必须设置一条方正控制基准线（尽量通长设置，降低引测误差），且同一套房同层内的各测区（即各房间）必须采用此方正控制基准线，然后以此为基准，引测至各测区（即各房间）。

砌筑前距墙体30~60cm范围内弹出方正度控制线，并做明显标识和保护：

在同一测区内，实测前需用5m卷尺或激光扫平仪对弹出的两条方正度控制线，以短边墙为基准进行校核，无误后采用激光扫平仪打出十字线或吊线方式，沿长边墙方向分别测量3个位置（两端和中间）与控制线之间的距离（长边超出短边2倍长度的范围不在实测范围）。选取3个实测值之间的极差，作为判断该实测指标合格率的1个计算点。如该套房无方正基准线或偏差超过5mm/2m，则该套房内所有测区的实测值均按不合格计，并统一记录为“50mm”（图13）。

5.3.5　门洞尺寸偏差

每一个户内门洞都作为1个实测区，累计实测实量15个实测区，门洞高度、净宽、墙体厚度各30个检测点，共计90个检测点、45个计算点。

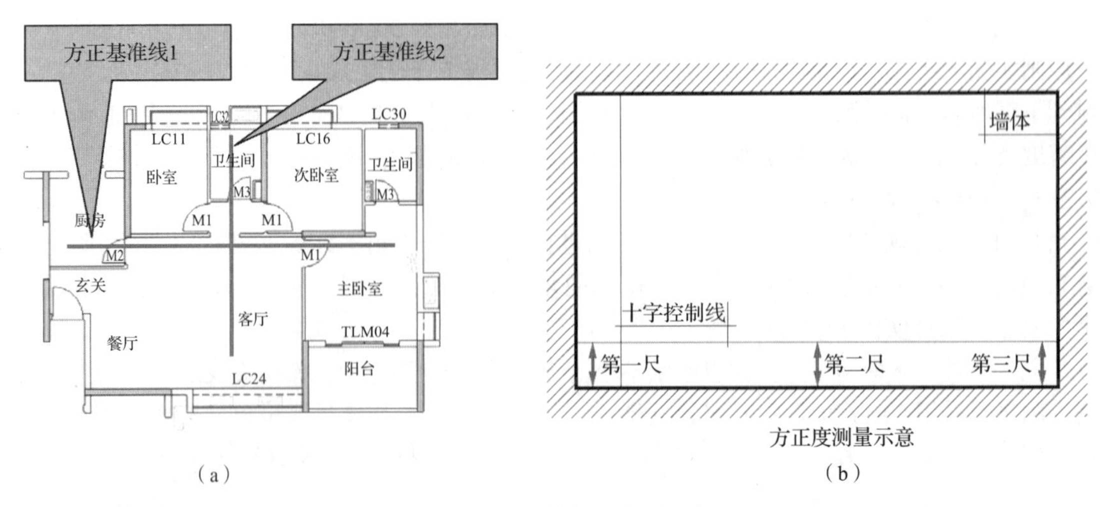

（a）　　　　（b）

图 13　方正性（抹灰）实测示意图

实测前需了解所选套房各户内门洞口尺寸。实测前户内门洞口侧面需完成抹灰收口和地面找平层施工，以确保实测值的准确性。

实测最好在施工完地面找平层后，同一个户内门洞口尺寸沿宽度、高度各测 2 次。若地面找平层未做，则从现场 1m 标高线测量并计算实测户内门洞口高度 2 次。高度以 2 个测量值与设计值之间偏差的最大值，作为高度偏差的 1 个实测值；宽度以 2 个测量值与设计值之间偏差的最大值，作为宽度偏差的 1 个实测值；墙厚则左、右边各测量一次，2 个测量值与设计值之间偏差的最大值，作为墙厚偏差的 1 个实测值。每个门洞的高度、净宽、墙体厚度的 3 个实测值中，有任何一个超出评判标准，则 3 个实测值均不合格（图 14）。

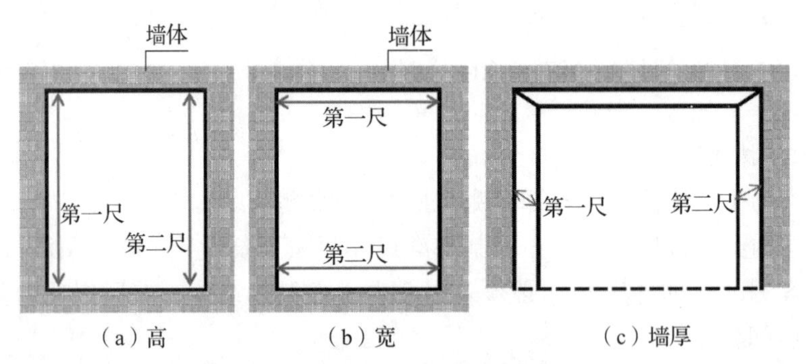

（a）高　　（b）宽　　（c）墙厚

图 14　门洞尺寸偏差实测示意图

5.3.6　外窗内侧墙体厚度极差

任意外窗作为一个实测区，累计实测实量 10 个实测区。

实测时，外墙窗框等测量部位需完成抹灰或装饰收口。

对于户内所有外窗框内侧墙体（抹灰完成面），在窗框侧面中部各测量 2 次墙体厚度 B1、B2 和沿着竖向窗框尽量在端位置测量 1 次墙体厚度 B3。这 3 次实测值之间极差值作为判断该实测指标合格率的 1 个计算点（图 15）。

5.3.7　开间/进深极差

同一户选取一个房间和任一厨卫。每一个功能房间的开间和进深分别各作为 1 个实测区，累计实测实量 10 个功能房间的 20 个实测区。

同一实测区内按开间（进深）方向测量墙体两端的距离，各得到两个实测值，比较两个实测值之间的偏差（图16）。

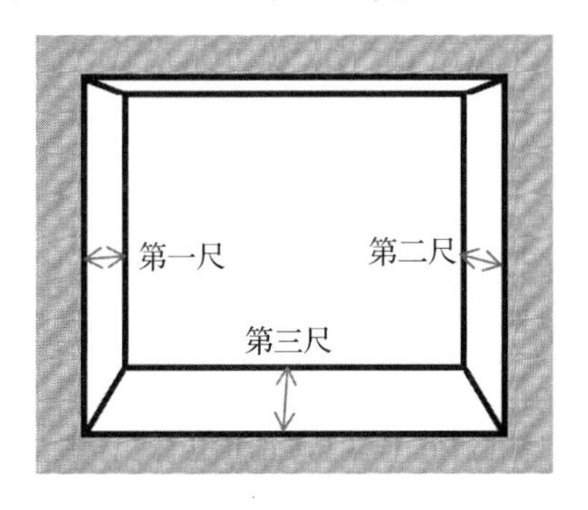

图15　外窗内侧墙体厚度极差实测示意图

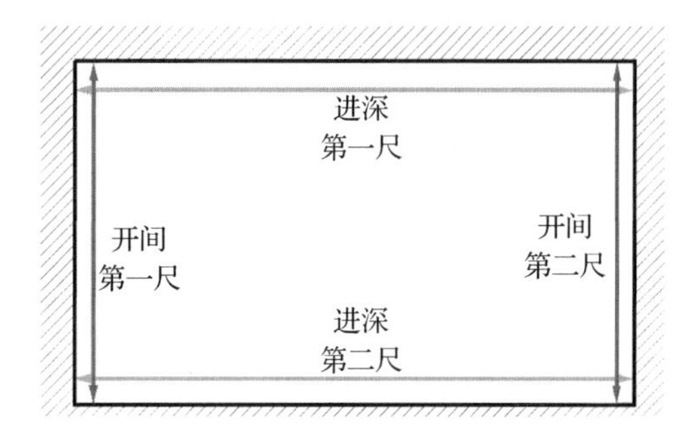

图16　开间/进深极差实测示意图

6　成品保护措施

（1）抹灰前必须将门、窗口与墙间的缝隙按工艺要求将其嵌塞密实，对塑钢或金属门、窗口应采用贴膜保护。

（2）抹灰完成后应对墙面及门、窗口加以清洁保护，门、窗口原有保护层如有损坏的应及时修补确保完整直至竣工交验。

（3）在施工过程中，搬运材料、机具以及使用手推车时，要特别小心，防止碰、磕划墙面、门、窗口等。后期施工操作人员严禁蹬踩门、窗口、窗台，以防止损坏棱角。

（4）抹灰时墙上的预埋件、线槽、盒、通风箅子、预留孔洞应采取保护措施，防止施工时灰浆漏入或堵塞。

（5）移动高马凳时要加倍小心，轻拿轻放，集中堆放整齐，以免撞坏门、窗口、墙面或棱角等。

（6）当抹灰层未充分凝结硬化前，防止快干、水冲、撞击、振动和挤压，以保护灰层不受损伤和有足够的强度。

7　注意事项

（1）户内、公共部位、消防楼梯间，墙面抹灰厚度要求≤5mm。

（2）结构施工时，与砌体交接的部位，要先预留100mm（宽）×8～10mm（深）的压槽，以便抹灰时挂网处理。

（3）冲筋条两侧抹灰须压紧压实，不留空腔气泡。

（4）踢脚线部位抹灰基层清理要仔细，抹灰面收平时动作要慢，防止刮尺将灰带起而引起的空鼓。

（5）铝合金、入户门、防火门边收口时，需压住边框5mm。

8　结语

薄抹灰新技术是精细化管理的一个缩影；运用实测实量是标准化管理的一个实践。把薄抹灰新技术与实测实量综合运用起来，是绿色建造的要求。标准化、精细化、规范化管理是行业发展的趋势，质量管理是一个动态发展变化的状态，重视过程控制是根本，我们将虚心向业界各单位学习，努力使项目管理工作再上一个新的台阶。

浅谈大理石波导线预制石材模块安装

徐志超

湖南艺光装饰装潢有限责任公司　株洲　412000

摘　要：建筑装饰装修中地面石材波导线变化多样，传统的地面波导线铺贴中，石材铺贴完后再铺贴地面波导线，现场切割加工多，人工消耗大，材料损耗大，转角处等宽收边拼接操作难度大，对角尺寸的精准度不高，且地面排板难以保证设计效果。通过波导线与地面石材黏结加工形成预制石材模块，增加了地面整体性，避免了现场切割加工和材料不必要的损耗以及转角造型复杂处对角不美观等问题。

关键词：大理石波导线；预制模块安装

1　前言

在室内装修过程中，波打线主要是起到进一步装饰地面的作用，使地面更富有美感，楼地面做法中加入与整体地面颜色不同的线条以增加空间效果。在传统的波导线铺贴中，石材铺贴完后再铺贴波导线，现场切割加工多，人工消耗大，材料损耗大，转角处等宽收边拼接操作难度大，对角尺寸的精准度不高，且地面排板难以保证设计效果。通过波导线与地面石材黏结加工形成大理石波导线预制石材模块，实现了现场铺贴高效化的同时还降低了施工成本，缩短了建设周期。

经株洲新桂广场新桂国际办公楼实例验证，大理石波导线预制石材模块施工技术效果好、质量高。

2　工艺特点

（1）本工艺是通过对传统的施工技术深化提升，达到新颖的艺术效果。

（2）操作简便，工程技术人员都可熟练应运。

3　适用范围

适用于大型地面空间、造型尺寸多的地面空间石材波导线铺贴施工。

4　工艺原理

本工艺主要是用于建筑装饰地面石材波导线中，通过石材波导线与地面石材的预制加工，实现现场铺装高效化。

5　施工工艺流程及操作要点

5.1　本工艺施工工艺流程

通过现场放线测量尺寸，运用 CAD 绘图软件进行地面排板，定位波导线每块的位置轮廓，分析每块波导线与石材模块尺寸，进行石材编号，下料后由工厂加工生产，波导线与石材黏结加工形成预制石材模块并标识与图纸一致的编号，运输至施工现场，按照图纸编号进行铺贴。

5.2　施工操作要点

5.2.1　现场放线测量

分别放出平面图控制线、完成面控制线、地面±0.00水平线、1m水平线。通过控制线测量室内墙面完成面轮廓详细尺寸、角度。工具有水准仪、投线仪（红外十二线）、电子测距仪、电子角度仪、钢卷尺、喷字模、手喷漆、铅笔、棉线、墨斗、扫把等。

5.2.2　CAD软件排板

提前规划好所有的排板布局模数，考虑平面及与立面交口及对缝关系，定位波导线的位置轮廓，分析每块波导线与石材模块尺寸，进行石材编号。综合考虑材料的出材率及石材加工、现场找料及安装难度。避免在视觉空间区域消除半块以下铺贴规格的石材。波导线石材锐角转角、钝角转角和直角转角，对缝方式为45°对缝。避免出现小于规格板1/3的小板，通过合理模数及尺寸调整优化小板或使用加长板。排板图应该结合铺装留缝要求和石材加工误差情况。优化铺装模数，在保证必须满足的关系下（中轴对称、不出现大小板）优化铺装模数，做到尺寸排模，整尺寸加工。

5.2.3　地面石材与波导线选材及加工

石材选料：满足《天然大理石建筑板材》（JC/T 79—2001）中优等品或一等品的技术要求。色调与花纹协调，无突然变化，表面平整，边缘整齐，棱角无损伤、无隐伤、风化、色斑、色线等缺陷。石材表面干净整洁，表面光泽度达到国家及行业规定。

加工要求：波导线石材与地面石材黏结需在干净平整的台面上，按照图纸位置要求先配好石材与波导线，再烘干石材上的水分，磨毛黏结面，调配好胶粘剂进行黏结。严禁在防护液中添加染色料或其他化学成分。石材须经72h阻燃干燥，含水率≤10%方可操作，防护处理后的石材避免遇水，24h后方可使用。所有石材均应做六面防护处理、进场做石材六面防水性测试。

5.2.4　大理石波导线预制石材安装铺贴

（1）熟悉图纸：以施工图和加工单为依据，了解各部位尺寸和做法。

（2）试拼：正式铺设前，对大理石波导线预制石材半块应按图案、颜色、纹理试拼。试拼后按两个方向编号排列，然后按编号放整齐。

（3）弹线：在铺装空间的主要部位弹出互相垂直的控制十字线，用以检查和控制石材板块的位置，十字线可以弹在混凝土垫层上，并引至墙面底部。

（4）试排：在房内的两个相互垂直的方向，铺两条干砂，其宽度大于板块，厚度不小于3cm。根据编号图要求把石材板块排好，以便检查板块之间的缝隙、位置。

（5）基层处理：在铺砌石材板之前将混凝土垫层清扫干净（包括试排用的干砂及石材块），然后洒水湿润，扫一遍素水泥浆。

（6）铺砂浆：根据水平线，定出地面找平层厚度做灰饼定位，拉十字线，铺找平层水泥砂浆，找平层一般采用1∶3的干硬性水泥砂浆，干硬程度以手捏成团不松散为宜。砂浆从里往门口处摊铺，铺好后刮大杠、拍实，用抹子找平，其厚度适当高出根据水平线定的找平层厚度。

（7）铺石材块：按照试拼编号，依次铺砌。铺前将石材板在铺好的干硬性水泥砂浆上先试铺合适后，翻开石板，在石材板块背面先满批石材胶粘剂后批水泥浆，然后正式镶铺。安放时四角同时往下落，用橡皮锤或木锤轻击木垫板（不得用木锤直接敲击石材板），根据水平线用水平尺找平，铺完第一块向两侧和后退方向顺序镶铺，如发现空隙应将石板掀起用砂浆补实再行安装。石材板块之间，接缝要严，不留缝隙。

（8）抛光处理：部分石材特别是吸水率高的大理石，应该采用石材抛光处理。

5.2.5 大理石波导线预制石材安装铺贴施工及验收

（1）主控项目

①石材面层所用板块的品种、规格、颜色和性能应符合设计要求。

②面层与下一层应结合牢固，无空鼓。

③饰面板安装工程的预埋件、连接件的数量、规格、位置、连接方法和防腐处理必须符合设计要求。

（2）一般项目

①石材面层的表面应洁净、平整、无磨痕，且应图案清晰、色泽一致、接缝均匀、周边顺直、镶嵌正确、板块无裂纹、掉角、缺棱等缺陷。

②石材面层的允许偏差应符合质量验收规范的规定。

③主要控制数据：表面平整度 2mm；缝格平直 2mm；接缝高低 0.5mm；板块间隙宽度 1mm。

6 材料与设备

主要材料、设备配备明细见表 1。

表 1 设备配备明细

序号	名称	单位	数量	备注
1	计算机	台	1	绘制图纸、编制方案
2	经纬仪	台	1	放线
3	水准仪	台	1	标高测量
4	50m 钢卷尺	把	1	测量长度
5	投线仪	台	2	放线
6	电子测距仪	台	1	测量长度
7	电子角度仪	台	1	测量角度
8	水平尺	把	按进度需要	水平度控制
9	橡皮锤	把	按进度需要	石材铺贴安装

7 质量控制

本工艺主要遵照执行以下国家规范中的相应条款：

《建筑装饰装修工程质量验收标准》（GB 50210—2018）；

《建筑地面工程施工质量验收规范》（GB 50209—2010）；

《建筑工程施工质量验收统一标准》（GB 50300—2013）；

《建筑节能工程施工质量验收标准》（GB 50411—2019）。

8 安全措施

（1）本工艺安全技术措施主要遵照执行：《建筑现场临时用电安全技术规范》（JGJ 46—2005）、《建筑机械使用安全技术规程》（JGJ 33—2012）、《建设工程施工现场消防安全技术规范》（GB 50720—2011）、《建筑施工安全检查评分标准》（JGJ 59—2011）中的相应条款和省、市、企业制定的施工现场及专业工种安全技术操作规程。

（2）施工前对进场职工进行一次全面的安全教育，强调安全第一，预防为主。

（3）进入施工现场必须戴安全帽，穿好绝缘鞋，严禁酒后进入现场。

（4）把安全工作贯彻到整个施工现场，坚持每周的安全活动及每日施工前的安全交底，并做好记录。

（5）工程完毕时要及时清理作业区内的废料、杂物，并拉掉所有用电设备的电源，确认无误后，方可离开。

9　节能环保措施

（1）本工艺采取的环境保护措施主要遵照执行《建筑施工现场环境与卫生标准》（JGJ 146—2013）中的相应条款。

（2）识别各种机械设备的性能，合理选用高效、节能、低噪声的机械设备。

（3）尽量做到优化施工组织设计，改进施工工艺，降低噪声、强光、有毒气体对环境的影响。

（4）定期对有毒有害的废弃物应独立分类，远离宿舍区并应由专人收集和处理。

（5）加工生产用水多级沉淀后再利用；加工方面进行湿式作业；生产人员穿戴劳保防护用品。

10　效益分析

（1）社会效益

通过本技术的运用，最大程度地节约了资源与减少了对环境的负面影响，如施工扬尘、施工噪声以及装饰建筑垃圾等，从而实现"四节一环保"（节能、节地、节水、节材和环境保护）的目的；同时铺装高效化，从而缩短了建设周期；株洲市新桂广场新桂国际，通过波导线预制石材模块施工，避免了现场切割加工、材料不必要的损耗和转角造型复杂处对角不美观等问题。受到业主和社会各界好评、树立企业良好形象的同时，提高了企业知名度。

（2）经济效益

采用此方法后，造型多变的石材波导线效果得以实现。节省了现场拼装时间，利于加快工程进度；避免了现场材料损耗、人工的消耗，降低了工程造价。

（3）环境效益

采用此方法后，石材波导线不需要现场切割加工避免了施工时产生的建筑垃圾，绿色、环保节能。

11　应用实例

株洲市新桂广场·新桂国际总建筑面积29345.94m^2，建筑基地面积1903.73m^2；建设单位为株洲市湘建房地产开发有限责任公司，湖南建工集团装饰工程有限公司设计。工程2017年5月开工，2018年10月完工。该项目大理石波导线预制石材模块安装约320m^2，采用此方法后，节省了现场加工时间约10d，节约装饰造价约$320m^2 \times 200m^2/元 = 64000$元。

工程实例表明：本工艺技术成熟、操作便捷、效果良好、施工过程绿色环保。

地面大理石波导线预制石材模块安装效果照片见图1。

图 1　大理石波导线模块安装效果

参考文献

［1］　王彩屏．建筑装饰工程质量监控中的技术管理要点［J］. 科技资讯，2008（3）：33.
［2］　徐勇．关于建筑装饰工程质量监控问题的探析［J］. 中国建筑科技；2007（10）：167.
［3］　建筑装饰装修工程质量验收规范：GB 50210—2018［S］. 北京：中国建筑工业出版社，2018.
［4］　建筑机械使用安全技术规程：JGJ 33—2013［S］. 北京：中国建筑工业出版社，2013.
［5］　建筑施工安全检查标准：JGJ 59—2011［S］. 北京：中国建筑工业出版社，2011.
［6］　施工现场临时用电安全技术规范：JGJ 46—2005［S］. 北京：中国建筑工业出版社，2005.

浅谈工作清单在建筑施工项目质量管理中的应用

罗　盛

湖南省第五工程有限公司　株洲　412000

摘　要： 工作清单在建筑施工项目质量管理中的应用具有重要意义，对于提升项目质量管理水平具有重要作用。本文首先对建设工程项目质量管理中存在的问题做出阐述，然后对工作清单在建筑施工项目质量管理中的应用优势予以说明，最后结合实际情况，提出工作清单在建筑施工项目质量管理中的应用策略，希望可以对业内起到一定参考作用。

关键词： 工作清单；建筑施工项目；质量管理

随着社会经济的快速发展与城市化进程的持续推进，我国建筑工程项目建设规模逐渐扩大，但与此同时，项目质量管理问题也屡屡出现，这对于建筑工程项目顺利投运具有阻碍作用，对建设施工企业经济效益具有不利影响，工作清单的应用对于此类问题解决具有重要意义。

1　建设工程项目质量管理中存在的问题

在日常建设工程项目质量管理工作中，出现的问题可以归纳为两种类型：一类是“无知之失”，另一类是“无能之失”。“无知之失”主要指的是因建设施工企业未掌握科学处理措施而产生的问题；“无能之失”主要指的是建设施工企业掌握科学处理措施，但未对此类措施予以正确使用而产生的问题。“无知之失”，可以原谅；“无能之失”，不被原谅。随着建设工程行业的迅速发展，现阶段，各种质量通病、常见质量问题均具有相应的防治措施与管理方法。但因为个人的理解不正确、有偏差或者个人能力水平存在差异等原因，可能会让人员在防治措施、管理方法的执行工作中产生偏差，可能因此产生新问题或是无法达到应有效果。

2　工作清单在建筑施工项目质量管理中的应用优势

工作清单是完成一项工作所需做事的先后顺序及所有工作内容的关键点，在工作清单编制中，需明确建筑工程项目中施工各个岗位以及不同工作人员的日常工作任务，应对各个岗位工作人员工作职责进行梳理，对日常具体工作要求进行细化处理，与此同时，工作清单可以监督、考察任务完成情况，方便工作人员进行日常总结、考核，保证基层工作人员责任可追溯。就工作清单在建筑施工项目质量管理中的应用优势而言，可以将其归纳为以下主要方面：

（1）清单可以提醒建筑工程建设施工人员记住一些必要的步骤，可以为建设施工人员提供一种认知防护网，能够抓住每个人生来就有的认知缺陷，如记忆不完整或注意力不集中等，并让操作者清楚具体操作方法，形成保障高水平绩效的纪律；

（2）工作清单可以让工作重点更为简明扼要，可以让核心问题、管理关键点得以显现，进而提升工程项目整体工作效率；

（3）工作清单可以让工序操作更为方便，本身具有较强的实用性，如果建筑工程项目较为复杂，那么工作清单应用可以让工程项目质量问题、安全事故得到有效避免，让各个工作流程得到精细化处理，对于项目资源利用合理性具有重要意义；

（4）工作清单应用可以让项目质量可检验性得以增强，通过具体划分项目工作内容、工作职责，可以让建设施工单位高质量开展事前预防工作、事中控制工作以及事后责任追溯工作，进而把控项目整体进度。

3 工作清单在建筑施工项目质量管理中的应用策略

3.1 清单制作

工作清单制作是在建筑施工项目质量管理中应用的首要工作，在制作过程中，首先，建设施工企业应针对工程项目设定清晰检查点；其次，建设施工企业应对清单类型进行合理选择，保证清单类型与工程项目内容高度相符；再次，建设施工企业应保证清单具有简明扼要特点，在清单用语上，应保证其具有准确性、精炼性；最后，应保证清单具有整洁版式，避免有杂乱无章情况产生。值得注意的是，工作清单在质量管理中是否有效是无法凭借理论判定的，需要在现实环境中对其进行检验。

3.2 清单执行

3.2.1 计划阶段

在建筑施工项目质量管理计划阶段，建设施工单位应对项目情况开展分析研究工作，并完成工程项目质量目标、质量计划、管理项目以及拟定措施的确定工作，与此同时，建设施工企业应结合清单，针对现有问题制定改进措施，针对可能出现的质量问题制定防控措施，为整体质量管理措施完善提供帮助。例如，在编制管理项目清单时，其针对的具体管理项目考虑是否完整准确，内容是否清晰可辨识是决定管理项目过程中成败与否的重要因素，也是建设企业在施工建设过程中做好质量管理工作的有效前提。

3.2.2 管理阶段

在建筑工程项目质量管理阶段，首先，建设施工企业应着眼于工作清单中的关键内容、关键工序开展质量检验工作，建筑工程项目具有复杂性特点，会对不同类型工序、工作予以涉及，在此过程中，应保证施工流程具有简易性，重点内容具有突出性，为检查、控制工作开展提供帮助；其次，建设施工企业应对工作清单中的工作先后顺序进行检查，保证工作进展科学性、有序性，避免有工序颠倒情况产生；再次，建设施工企业应在施工过程中，结合工作清单积极收集关键工作内容的质量管理信息，并在信息分析后提供反馈结果，以制定整改措施，值得注意的是，在此过程中，建设施工企业应积极归纳、整理项目质量管理信息，让项目数据库得以形成，包含项目质量信息数据库、质量问题数据库等，为项目竣工总结工作有效开展提供帮助；最后，建设施工企业应对质量管理问题开展滚动研究工作，并进行持续改进，与此同时，应利用工作清单对施工内容出现问题之处开展人员追责工作，对工作人员进行有效奖惩。例如，在市政道路工程项目中，清单体系的划分对每一处匝道、每一个桥梁工程量都有详细的拆解，每一个桥梁、每一处匝道就是一个单元，如果某个桥梁发生变更，直接替换这个单元；在复杂的互通变更、项目代建中，变更界面更清晰明了。

3.2.3 评价阶段

评价阶段是建设施工企业对质量管理措施实施效果予以衡量的关键时期，在评价工作开展中，其关键评价内容包含项目范围管理情况、项目管理计划实施情况、质量检验情况、质量管理成本情况、工期进度计划落实情况、质量管理信息收集情况、质量管理改进措施落实情况等。在此时期，建设施工企业可以利用工作清单对建设施工各个关键工序施工情况进行逐一检查、评价，并保证评价工作开展客观性、科学性。例如，工程竣工验收时，相关的验收人员应严格按照施工图纸及变更中的规定开展和进行工作，客观真实、实事求事的对项目质量管理过程中的各项质量管理清单完成情况及相关资料存档情况进行核查。此外，对工程质量进行检查、审核时应依据施工合同的具体要求，对合同中其他相关条款的实施和落实情况进行认真检查和审核，并对工程实体质量及观感进行审查、评价。

3.3　清单改进

清单的精髓是改变建设施工企业工作人员传统错误的价值观，是让执行标准程序变得更为科学，通过对工作清单予以精心设计，可以让工作清单灵活性、有效性得以提升，帮助建设施工企业工作人员节省有限脑力，释放出充足精力对主要问题进行解决。与此同时，工作清单是一种实用支持体系，可以转化复杂问题为简单问题。但值得注意的是，清单质量有好坏之分，现阶段，部分建设施工企业清单存在精确性差、模糊不清、冗长、实用不便等特点，因此，建设施工企业需积极开展清单改进工作。在清单改进工作中，首先，建设施工企业应明确工作清单基本特点，即具有高效性、精确性、稳定性，即使在出现紧急情况时，工作清单依然应能够进行使用；其次，建设施工企业应结合实际情况、质量管理需求对难度较高任务予以删除。值得注意的是，建设施工企业应对删减项目数量予以控制，如果删减项目过多，就有可能让关键工序检查资源投入、时间投入受到不利影响；如果保留项目过多，就有可能让工作清单变得冗长，对其使用方便性造成不利影响。因此，建设施工企业应保证简洁与有效的高度结合，在此基础上，不断改进清单内容，保证工作清单内容科学。

4　结语

综上所述，和以往的工作流程相比，工作清单可以在最大程度上防止在建设工程项目质量管理工作中的“无能之错”，并在“无知之错”的预防中起到重要作用，利用工作清单是建设工程项目质量管理工作开展的有效手段。值得注意的是，工作清单的力量是有限的，使用工作清单仅仅能对项目工程质量管理起到辅助作用，对此，建设施工企业还应积极推进人员开展团队合作，并提升其清单应用能力，培养人员质量管理意识。

参考文献

[1]　郑道阳．工程量清单模式下建筑造价管控建议分析［J］．价值工程，2020，39（2）：30-31.

[2]　纪晓勤．浅谈建筑安装工程招标工程量清单及招标控制价的编制［J］．江西建材，2019（12）：205-206.

[3]　涂中强，赵盈盈．建筑给排水安装工程量清单编写要点［J］．价值工程，2019，38（32）：194-197.

[4]　杨怀军．试论清单计价模式下建筑工程造价管理途径［J］．绿色环保建材，2019（10）：181.

[5]　陶安．完善建筑工程中工程量清单的招投标管理［J］．居舍，2019（24）：156.

浅谈建筑工程装修施工关键技术

王会鹏　李智腾

湖南省第五工程有限公司　株洲　412000

摘　要：现阶段我国建筑行业迎来了巨大的机遇和发展，装饰装修施工技术也愈发引起重视和关注。在建设项目中，建筑工程装饰装修施工有着十分重要的地位，它的施工对于提高工程质量有着重要的推动作用，直接决定了建筑物的感观效果和最终实体质量。本文对装饰装修施工的关键技术展开分析，以利于建筑装饰施工质量的提高。

关键词：建筑工程；装饰装修施工

现阶段装修装饰行业的新兴技术不断涌现，实际施工过程中应不断开发合理的施工方案，因地制宜，根据实际建设需要，合理采用装修装饰施工工艺，提高对房屋舒适性和美观性的要求，提升工程整体质量。建筑工程装饰装修主要是由墙体抹灰、吊顶、粉刷和地面砖铺贴等组成。

1　建筑装饰装修施工的特征

建筑装饰装修存在一定的复杂性。建筑装饰装修施工不单是简单的施工工序，还需要各个环节施工相互配合，存在多个工种和多道工序共同施工、交叉施工的情况。装饰作业要结合实际施工计划，制定合理的应急预案，考虑各道工序对装饰装修的影响，要针对所面临的各种问题，找出解决办法。施工单位要做好管理工作，控制施工现场的秩序，装饰装修施工以人为操控为主，自动机械设备相对较少，机械化水平不高，需要施工单位管理者做好施工工序的把控。建筑装饰装修施工专业性很强。建筑装饰装修是对建筑物的使用性能和功能的优化，为了提高美观和舒适水平，饰面施工是其中一个要点，而防水防渗、消防、基层和预埋件施工，隐蔽性很强，需要施工人员高度重视，运用专业的水准，来保障施工的安全和质量。

装饰装修施工为专业性极强的技术工种。现场的技术人员，要有专业的职业素养，拥有丰富的知识储备和施工经验，要熟悉图纸，严格按照规范和图纸施工，保证施工顺利进行，消除安全隐患。

建筑装饰装修施工体现了经济性。装饰装修可以提高和完善建筑的使用功能，能够配合整体建筑物，完成它的使用功效。施工单位要结合工程实际成本，做好施工预算，采用新型材料和技术，保证施工的利润，提高经济效益。建筑装饰装修施工受规范规章制约，要遵守国家的规范要求和规章制度，才能保证人们的居住安全，带来完美的舒适体验。另外，强弱电改造和空调安装、电梯安装等施工，要依据相关规范，保证人们的生命和财产安全。建筑装饰装修施工具备一定的风险性。施工人员要根据施工条件和施工要求，制定科学的应急预案和风险预警制度，避免施工中的不良影响，保证工作顺利开展，提高工程建设水平。

2　建筑工程装饰装修施工技术

2.1　一般抹灰技术

室内抹灰是抹灰作业的重要组成部分。室内抹灰施工前，应对房间进行开间进深测量，做出控制点灰饼，要保证基层表面的平顺整洁，用水浸湿，先对底层抹灰，利用打点灰饼进行冲筋抹灰、不同材质交界处需增设玻纤网，再依次对中层和面层进行抹灰施工。作业人员要做好养护工作，抹灰时，要预留好管线的孔洞和水暖设施安装位置，注意阴阳角的套方，控制好砂浆比例，保护施工位置不被破坏，保证施工作业面的清洁和光滑。同时，需要注意抹灰层厚度超过 35mm 的要进行加强处理，大于 5mm 的要进行基面剔凿。在抹灰施工中，分层抹灰是最重要的环节，施工人员必须要对抹灰的力度进行合理的控制，确保抹灰厚度相同，同时也要确保抹灰牢固，避免抹灰施工完成后，墙面出现开裂。施工完成后应及时实测实量，平整度、垂直度不满足要求的地方及时刮平返工，待养护期过后，进行空鼓检查，空鼓、开裂部位进行凿剔补修。在人员、材料进出的地方做好保护，防止阳角的损坏。

2.2　卫生间防水工作

卫生间防水施工是十分重要的装修部分，如果防水没处理好，直接导致卫生间积水，对入住以后的正常生活有着十分不利的影响。遵照相关行业标准及施工要求，做好卫生间的干湿分离。防水施工前应先进行基面的清理，凿剔工作，阴阳角处做圆弧处理，浇筑防渗混凝土，确定浇筑混凝土达到施工要求以后，再对管道做好安装定位，增强防水效果。再进行防水施工，混凝土施工时，要保持混凝土振捣的密实度，做好压光处理。所有施工完成后，要做好防水试验，及时发现问题，做好补救措施，进行二次试水，另外在地漏等容易漏水部位，应增设防水附加层。确保防水合格以后，才能进行后续装饰装修施工工序。

2.3　吊顶施工技术

现在常用的吊顶施工方法是直接式和悬吊式两种。吊顶以前，应在现场及软件上进行预排工作，要做好室内标高和管道标高测量，运用测量数据，确认吊顶的标高，在墙体上做好标记。施工人员必须要在施工开展之前，计算承重力，吊顶的起拱设计，应在 1‰~3‰范围以内，跨度设计以室内实际跨度为标准，另外还要对龙骨的吊杆长度进行准确测量，主龙骨跨度不应过大，安装吊杆的过程中应对其间隔严格地把控，确保吊杆处于同一水平线上，调整平整度，避免后期施工出现弯曲而影响整体质量。如果出现灯具安装与电线线路冲突的状况，施工人员应当采取相应的措施及时对其进行调整。整体面层吊顶单边距离超过 12m 时应设置伸缩缝。例如石膏板吊顶，施工人员在制作承重结构时，必须要采取铝挂板与轻钢龙骨进行结合的方式，从而在最大程度上避免出现吊顶下落的状况。

2.4　地面砖施工

地面砖施工以前，先对地面清理并用水保湿，再进行铺砖工作，水泥砂浆配制以前，要做好原材料的选材，保证水泥的配合比和强度能够满足地面质量的要求，同时，地面作业人员要做好水泥浆的调配，水泥涂抹完毕，需检查涂抹工作是否存在漏涂、涂抹不匀等，做好刮平工作，防止地面不平整的现象，施工过程中需使用激光仪器、拉线、水平尺等找平工具控制贴砖平整度及标高。要处理好施工缝隙的位置，做好擦缝工作。另外需要做坡度的地面区域，必须采用专业工具进行放坡定位，保证地面砖排水通畅。所有工序完成后，要遵循美观和保证质量的原则对地砖进行选择，随后铺设地砖。施工人员专业性极强，要做好装饰装修环节和标准的把控，以保证整体质量。施工完成后须及时检查瓷砖空鼓、翘曲等质量问题，避免后期脱落，影响使用、美观。

3　建筑工程装饰装修施工的新技术引用

建筑工程装饰装修施工不仅需要考虑建筑物的舒适度和美观效果，还要引用先进的绿色环保技术来提高工程的环保性能，减少资源浪费，达到建筑工程可持续发展的目的。

3.1　绿色环保新技术的特征

绿色环保新技术与传统的施工技术相比，在节约资源方面具有很强的优势。其中，利用物理原理和化学效应为基础，过滤掉有杂质的水资源，再把过滤好的水资源应用到建筑工程中去，此类技术称为节水过滤技术，使用效果较好，降低了水资源的浪费，在实际施工中得到了广泛的应用。另外，太阳能技术也是绿色环保技术中广为应用的一项技术，此种技术主要是通过吸收和储蓄太阳能，将其转化成电能，以达到节约用电的目的。绿色环保新技术的应用，能够提高水资源和电能的应用价值，为建筑工程降低施工成本，帮助企业提高经济效益。绿色环保新技术还具有环保效果。所使用的建筑材料是环保材料，能够减少污染，保护环境。施工人员对墙壁进行涂抹时，可以应用环保性能强的涂料，此种涂料甲醛含量很低，对人体造成的伤害小。施工人员可以采用控制扬尘污染的措施，减少施工现场的粉尘，降低对周围环境的破坏。这些都是绿色环保新技术的应用体现。

3.2　绿色环保新技术的优势

为了缓解我国现阶段水资源极度缺乏的问题，建筑工程的水资源也应该进行合理控制：对水资源加大利用率，减少水资源的过度浪费；将工业废水通过科学合理地收集过滤，实现再次利用；在雨季对雨水进行归集，将其加工，将自然资源转化为施工用水。建筑工程装饰装修施工技术，可以应用先进的技术理念，针对施工设计图模拟施工流程，估算出材料用量，对材料用量不合理的地方进行修改和完善，降低实际施工过程中建筑材料的浪费，提高项目的施工进度。

4　结语

现阶段，随着经济的发展，建筑工程装饰装修施工取得了很大的进步，是非常关键的施工环节，在一定程度上影响了建筑工程的功能性和实用美观效果。具有工种繁多，工序复杂的特点，这就要求我们施工时，要做好工序的有序衔接，做好施工工艺和施工质量的控制，进行标准化施工，高标准严要求，以保证施工技术能够达到用户需求，提升装饰装修施工的技术质量水平，保证建筑行业的稳定可持续发展。

参考文献

[1]　绿色建筑工程验收规范：DB11/T 1315—2020 [S]. 北京：中国建筑工业出版社，2020.

浅谈卫生间内墙渗漏水原因分析及防治措施

陈雲鹏

湖南省第五工程有限公司 株洲 412000

摘 要：卫生间作为房屋建筑重要使用功能的空间，其内部出现的各种渗漏已成为常见的质量问题。解决卫生间渗漏问题已成为重要任务之一，现就卫生间内墙渗漏水原因分析及防治措施做以下阐述。

关键词：内墙渗水；内墙渗水预防；治理

1 引言

随着社会经济的发展，生活水平的提高，人们更加追求舒适的生活环境。对于居住环境，人们对卫生间的舒适性的要求越来越高。卫生间作为民用建筑中重要组成部分，其对整个工程质量的影响不容忽视，一旦发生渗漏水问题，往往会带来很大的经济损失。解决卫生间内墙渗漏问题已成为民用建筑必须要直面的重要任务之一，为很好地解决此类问题，需对卫生间内墙渗水的原因进行研究，并提出合理的预防和治理措施。

2 卫生间内墙渗漏水的原因分析

卫生间内墙渗水的主要原因分为卫生间内向墙体外渗水、墙体内管道漏水。

2.1 卫生间内向墙体外渗水

2.1.1 防水工程施工质量

防水工程应由有资质并审查合格的防水专业队伍进行施工，作业人员应持有当地建设行政主管部门颁发的上岗证。但通过对多家建筑工地的调查，发现进入施工现场的施工队80%是借用的防水资质。分析其原因，主要是由于大部分防水工程标的小、工期短、工程不连续、现场管理混乱，小规模的施工单位没有固定的专业施工人员，往往是接到工程后临时招募施工人员，造成大量施工技术不熟练的新手上岗，无法保证施工队伍素质，这就必然做不出高质量的防水工程。

2.1.2 翻边未施工

根据《建筑地面工程施工质量验收规范》（GB 50209—2010）第4.10.11条规定，厕浴间和有防水要求的建筑地面必须设置防水隔离层，楼层结构必须采用现浇混凝土或整块预制混凝土板，混凝土强度等级不应小于C20；房间的楼板四周除门洞外应做混凝土翻边，高度不应小于200mm，宽同墙厚，混凝土强度等级不应小于C20。但由于部分施工企业在施工过程中遗漏或偷工减料导致卫生间翻边未浇筑，也是卫生间内墙渗漏水的一个原因。

2.2 墙体内管道漏水

2.2.1 墙体内预埋管道接头渗水

卫生间内有许多预埋水管，当墙体内预埋水管接头处理不到位时，容易造成接头处渗水。墙体内水管可能是接头松动导致漏水，也可能是接头裂缝导致漏水。当墙体内水管接头松动导致漏水，可以直接用工具拧紧就可以了。当接头裂缝导致漏水，一般采用防水剂、防水胶等产品来进行修补，进而解决接头处漏水的问题。

2. 2. 2　预埋水管破损漏水

施工作业人员在对卫生间洁具及隔断板进行安装时，如果不注意墙体内水管的布局，容易在打螺丝钉时将水管打破，造成漏水。且现在房屋建筑内墙多采用多孔砖，一处管道漏水将造成地面及墙体下部均渗水，会造成墙面及地面的返修，造成较大损失。

2. 2. 3　出墙接头处渗水

卫生间内一般存在多处出墙接头，当出墙接头处渗漏水时，水会从瓷砖黏结层内向墙体内渗透，导致墙体地面渗水及另一侧墙面出现渗漏点，此处也是漏水最容易发生的部位，一般要特别注意。

2. 2. 4　线管渗水

线管渗水比较难判断原因，因为线管错综复杂，大部分均为主体时预埋的管道。在主体施工及后期洁具安装等过程中特别需要注意。一般线管渗水，可能是端部进水或墙体内的水管均破损，水流经过墙体，从破损的线管中流出，此时需要将水管破损点找出来进行修复即可。

3　渗漏水的预防

3. 1　防水队伍的选择

一定要选择合格的施工队伍，这支队伍一定要有防水的专业资质（不是挂靠的），要有专业的防水施工人员，尤其要看重队伍的信誉，还要考察队伍的业绩，最好在公司长期合作的防水专业队伍中进行比选。一个信誉好的队伍，对待自己单位的品牌和声誉就像对待自己生命一样，不仅在施工中十分注重质量，而且对售后服务做得也会很到位。如果队伍信誉不好，不重视工程质量，即便是工程预留的质保金超过国家标准规定也没有多大意义，他们宁肯不要质保金，也不愿投入大量人力物力，去做完善的维护、维修等售后服务。

3. 2　防水质量控制

需要从施工工序及材料对防水工程质量进行控制。如果材料有问题，做得再好都是白搭，很难保证防水寿命。在控制材料质量方面不要没有依据地狠压价格，一分价钱一分货的道理想必大家都懂。防水工程的价格为主材价格加辅材价格加人工费加管理费加合理利润，通过市场调查，工程造价很容易计算确定，而不是到鱼目混珠的防水市场上打听、考察。

在施工过程中也需要进行严格控制，一定要做好每一道环节、每一个细节的管理工作。开始施工前一定要注意对上道工序进行交接检验，做好防水后确保绝对不能出现积水。在防水层及面层施工完毕后应检测防水的工程质量，必须要做蓄水试验，不能因赶工期等原因省略。

3. 3　管道施工质量控制

卫生间在装修时必须将卫生间排水管安装得合理，先进行布局设计，按照横平竖直的方式敷设，在敷设的过程中要尽可能保证两条管道之间不会交叉，如果说发生了交叉要搭过桥，冷热水管道之间要分开并且保持一定的距离。给排水管材、件应符合设计要求并应有产品合格证书。管道敷设方式、管卡位置及管道坡度等均应符合规范要求，各类阀门安装应位置正确且平正，便于使用和维修。

管道接头处一定要接缝严密，确保不渗漏水。在预埋管道覆盖前必须进行打压试验，检查管道接口、配件处是否有渗漏现象。如有渗漏，应中止试压，要查明原因并解决渗漏，反复进行打压试验至无渗漏为止。

3.4　卫生器具、隔断板等安装

卫生器具的品种、规格、颜色应符合设计要求并应有产品合格证书，各种卫生器具与台面、墙面、地面等接触部位均应采用硅酮胶或防水密封条。

卫生器具、隔断板安装前，必须先了解卫生间管道预埋布局，并用标记进行标明。防止卫生器具、隔断板安装时螺丝钉打中管道，造成管道破损并渗漏水。卫生间器具及隔断板安装对整个工程质量的影响不容忽视，由于墙体及地面装饰完成，一旦发生渗漏水问题，会造成很大的经济损失。

4　渗漏水的治理

卫生间内墙渗漏水的治理应从源头上解决问题，必须先找到漏水点，确定漏水源头后再确定渗漏水原因，并采用相应办法进行堵漏。

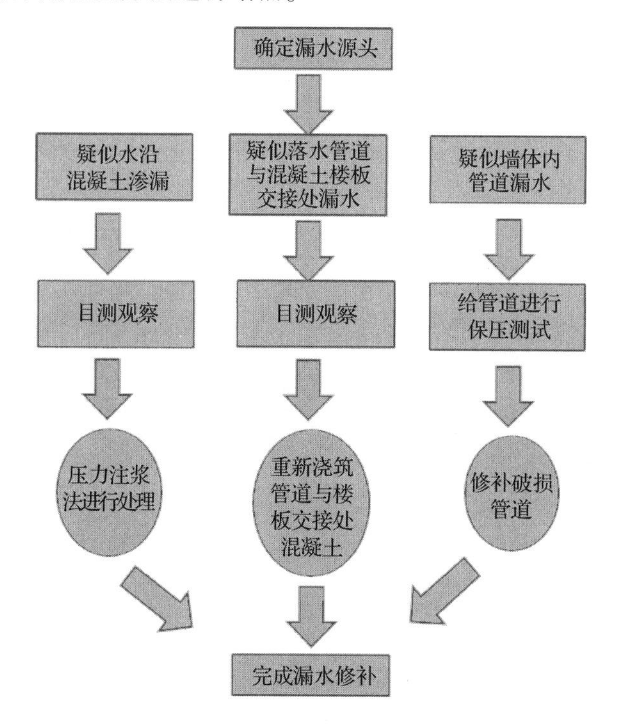

必须对渗漏点附近管道可见接头进行检查，判断是否是接头处出现渗漏水流入砖墙内导致内墙其他部位出现渗漏点，当排除此因素后，确定是否由于管道漏水、防水不到位等问题造成。

当渗漏水是沿着结构的裂缝、混凝土墙面的薄弱环节渗入，如果仅仅从混凝土表面设置防水层，水仍然能够渗入到混凝土内，造成渗漏面向周围扩散。为把渗漏问题根本解决，选择采用压力注浆法将裂缝、混凝土自身的空隙彻底封堵的方法进行堵漏。该方法无论是从技术上还是从经济方面都是最佳的选择。

当疑似卫生间墙体内管道漏水时，首先采用手动打压器给管道进行保压测试，通常打压6~8kg，当压力下降，说明该管道存在漏水。然后采用管道测漏仪对管道进行测量漏水点位置并标记，最后对标记点管道进行维修。维修完毕后，重新对管道进行打压，检测是否还存在漏水现象。当墙体线管内出现漏水现象，必须确定线管在卫生间的布局，需找到线管上端口是否有水流入，如果有则进行整改。当线管端头无渗漏痕迹，可能为墙体内管道漏水经过墙体流入破损线管，需要对给水管道进行打压并采用管道测漏仪找出渗漏点并整改。

当卫生间落水管道与楼板混凝土交接处漏水时，应凿除交接处混凝土，分 2 次重新浇筑混凝土并涂刷防水涂料。

5　结语

切实采取合理的预防和治理措施，定能消除卫生间墙体渗漏水这一质量通病，给人们更舒适的居住环境。

浅析聚氨酯泡保温技术在中央空调供回水立管支架处的应用

彭跃能

湖南天禹设备安装有限公司　株洲　412000

摘　要：中央空调供回水立管和承重支架连接处，因结构复杂，异型件多，采用一般的橡塑保温等板材进行保温，难免会造成保温不严密，夏季空调制冷运行时，保温不密实的地方产生冷凝水，造成管道和支架锈蚀，影响使用寿命和观感度。同时，也造成了能源的损失。本技术采用聚氨酯泡保温技术对复杂异型部位进行保温，施工简便，保温密实度高，保温效果好，从而解决以上难题。

关键词：供回水管；不锈钢桶状模具；聚氨酯泡；保温

目前，随着民用建筑趋向于高层及超高层，为提供舒适的生活环境，中央空调系统设置也越来越普遍。中央空调供回水系统立管井内，竖向活动支架处因结构复杂，保温施工难度大，造成保温不到位，易产生冷凝水，造成支架锈蚀，严重影响使用寿命。

针对此问题，经过多个项目调研分析和试验，在水管竖向活动支架处，设计定制不锈钢模具包裹供回水管竖向活动支架和供回水管及附件，模具固定妥当后，再往模具内注入聚氨酯泡，聚氨酯泡凝固后，用防火泥和面漆收口。该方法施工机具简单、取材方便、受力合理、安全可靠，安装质量好、简洁美观、费用低，具有明显的经济效益和社会效益。

1　工程概况

湖南创意设计总部大厦项目由 A、B、C 三栋楼组成，A 栋为精品酒店（层高 59. 55m、建筑面积 12559. 18m^2）；B 栋甲级写字楼+裙楼（层高 99. 15m、建筑面积 31843. 8m^2）；C 栋定制写字楼（层高 94. 8m、建筑面积 26878. 75m^2），地下室 2 层。本项目空调系统的制冷供热能源由马栏山视频文创产业园建设的南、北两个区域能源站提供，经板式换热器机组进行换热，用水泵输送至各使用楼层的空调末端。

2　工艺原理

中央空调系统供回水立管施工完成后，在竖向活动支架处，根据实际管道和支架的形状和规格，定制不锈钢桶状模具包裹水管竖向活动支架和水管附件，模具加工、安装完成后，对模具进行固定，再往模具内注入保温型聚氨酯泡，以注满为宜，待聚氨酯泡凝固后，对多余聚氨酯发泡板进行修整，最后用防火泥和面漆收口，采用此方法解决了异型管件保温不严实容易产生冷凝水的难题。

3　工艺流程及操作要点

3.1　施工工艺流程（图 1）

3.2　操作要点

3.2.1　施工准备

施工前应具备下列设计施工文件：

（1）中央空调工程水系统立管原理图；

（2）中央空调工程水系统管道平面布置图；

（3）施工方案，制作及安装工艺要求、测量偏差控制措施、仪器工具等；

（4）聚氨酯泡的质量证明文件。

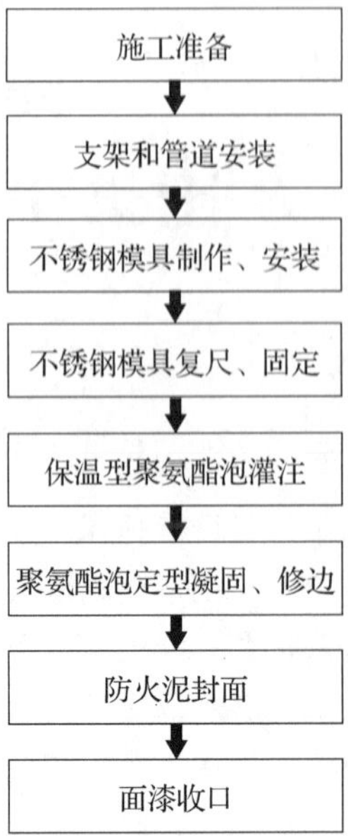

3.2.2　支架和管道安装

立管安装前先安装支架，立管上的变径采用同心，对于不同管径、管段的支架设置应保证立管轴线在同一铅垂线；预先进行管段下料坡口加工，管段下料加工完后进行除锈和刷防锈漆两遍（图2）。

安装时，在建筑上部设置手动葫芦，以钢丝绳牵引，在次底层设置拼装平台，按管道先上后下的顺序进行焊接拼装，以手动葫芦逐段提升。对口点焊时要注意管道对中与进行垂直度检查，防止歪斜，检查无误后再进行焊牢。立管固定支架依照设计要求设置固定。

施工准备
↓
支架和管道安装
↓
不锈钢模具制作、安装
↓
不锈钢模具复尺、固定
↓
保温型聚氨酯泡灌注
↓
聚氨酯泡定型凝固、修边
↓
防火泥封面
↓
面漆收口

图1　工艺流程图

3.2.3　不锈钢模具制作安装

（1）选择厚度为1.5mm的304不锈钢板材作为制作模具的主材；

（2）测量管道和支架的尺寸，采用CAD绘制不锈钢模具图纸；

（3）不锈钢加工厂家根据图纸制作模具，标注好楼栋、楼层；

（4）不锈钢模具制作完成后，对模具进行外观检查和尺寸厚度复核，检查无误后，再按照要求进行安装。安装过程中，应采取相应的防护措施，确保模具不变形、不损坏（图3）。

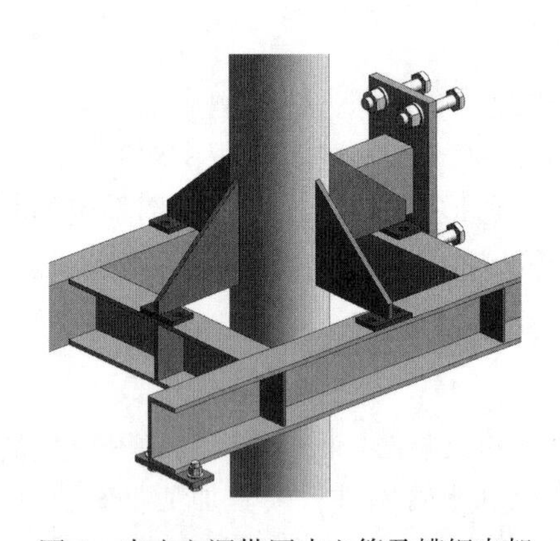

图2　中央空调供回水立管及槽钢支架

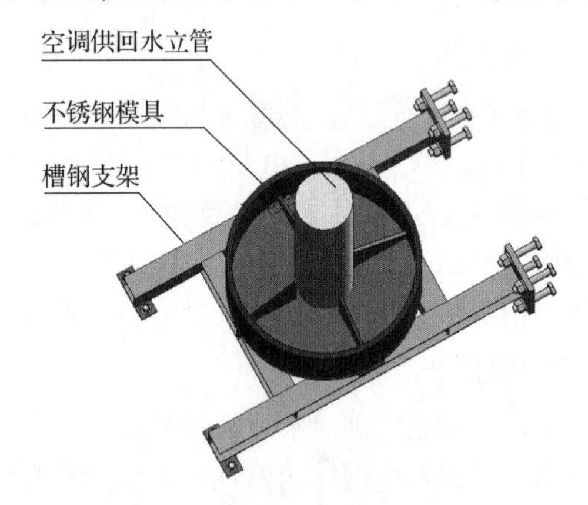

图3　不锈钢模具安装效果图

3.2.4　不锈钢模具复尺、固定

不锈钢模具安装完成后，采用钢尺、直角尺等测量工具，对模具的垂直度、水平偏差、同心度等参数进行再次复核，偏差不得超过1mm，符合要求后，采用临时外支架，对整个模具系统进行固定，确保模具固定安全牢靠。

3.2.5　保温型聚氨酯泡灌注

（1）选用的保温型聚氨酯泡应符合设计的保温要求。施工前，应去除施工表面的油污和浮尘。

（2）使用前，将聚氨酯发泡剂罐摇动至少60s，确保罐内物料均匀。

（3）采用枪式聚氨酯发泡剂，使用时将料罐倒置与喷枪螺纹连接，旋转打开流量阀，调节流量后再进行喷射。

（4）喷射时注意行进速度，通常喷射量至所需填充体积的一半即可。填充时应由外圈到内圈，由下往上；匀速逐层灌注，一次性成型。由于重力的作用，未固化的泡沫会下坠，保证了聚氨酯泡的密实性（图4）。

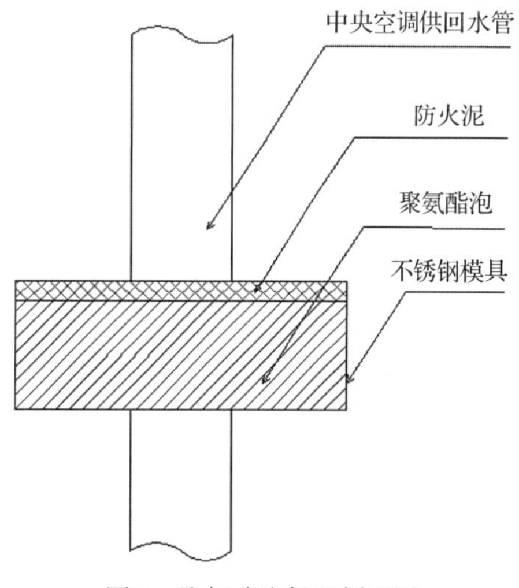

图4　聚氨酯泡保温剖面图

3.2.6　聚氨酯泡定型凝固、修边

10min左右聚氨酯泡脱粘，60min后初凝固，此时，聚氨酯泡具有一定的强度和柔软度，采用美工刀对多余的聚氨酯泡进行修口，切割聚氨酯时，使聚氨酯的高度低于不锈钢模具上端口2~3cm，切口应水平整洁。

3.2.7　防火泥封面，面漆收口

（1）防火泥封面前，应将封口清理干净，进行除油、除尘处理。

（2）将防火泥取出揉匀成面团状。若气温过低，可将堵料连同塑料膜包装置于40~70℃的温水中加热，待柔软后取出再进行施工。

（3）利用其任意变形的特点直接用手或辅助工具将防火泥均匀地覆在聚氨酯保温层上，直至填满不锈钢模具上端口（图4）。防火泥的高度为2~3cm。

（4）根据装饰的需要，后期可以采用调和油漆进行面层处理。

4　材料与设备

4.1　材料

空调水系统立管采用国标无缝钢管，承重支架根据管道的规格尺寸，选择10~16号国标槽钢制作，焊材选用E43XX系列碳钢焊条。不锈钢板采用SUS304，厚度为1.0mm，聚氨酯泡采用环保保温型。

4.2　设备

无缝钢管采用5t链条葫芦吊装；管道和型钢采用砂轮切割机下料；其他在工程项目施工组织设计中选用的机械设备，可满足本技术要求。

5　质量控制

5.1　质量控制措施

（1）管道垂直度应符合要求。

（2）槽钢支架应采用满焊，无气孔、夹渣、裂纹等缺陷。

（3）不锈钢模具应密实，无变形。

（4）聚氨酯泡应填充饱满，无断层、间隙。

（5）防火泥应压紧填实。

（6）油漆面光滑、平顺。

5.2 成品保护措施

施工完成后，整个不锈钢模具不得经受外力，不锈钢模具采用塑料薄膜进行保护。

6 安全措施

按工程项目施工组织设计中的安全措施执行，另外强调以下措施：

（1）焊接作业时，劳保防护应到位。

（2）进行管道吊装定位调整时，应统一指挥，确保不倾斜，钢丝绳理顺，施工人员相互协调配合。

（3）作业时，对管井内进行临时封闭并挂警示牌。

（4）施工现场准备好灭火器、消防沙等消防器具。

7 环保措施

（1）场外运输按要求办理相关手续，采用规定车辆进行运输。

（2）施工时，应及时清除干净建筑垃圾、及时清除干净易燃物等。

（3）生产、生活垃圾不随意丢弃。

8 结语

湖南创意设计总部大厦项目为创鲁班奖工程，中央空调系统供回水立管井支架处采用聚氨酯泡保温技术，不需要专门的施工机具设备，取材方便，施工简单，费用低。原理简单，实用性强，保证了使用效果及外观质量，且使用年限长，密封性能好，杜绝冷凝水产生并节能。对异型件多和复杂部位的保温有指导和借鉴作用。

参考文献

[1] 通风与空调工程施工质量验收规范：GB 50243—2016［S］. 北京：中国建筑工业出版社，2016.

[2] 碳钢焊条：GB/T 5117—1995［S］. 北京：中国建筑工业出版社，1995.

[3] 不锈钢冷轧钢板和钢带：GB/T 3280—2007［S］. 北京：中国建筑工业出版社，2007.

浅析现场管理对建筑企业的重要性

王会鹏 李智腾

湖南省第五工程有限公司 株洲 412000

摘 要：随着我国建筑领域的快速发展，各大城市的建筑工程施工规模大，施工数量多。在施工建设过程中，做好现场管理至关重要。本文重点针对现场管理对建筑施工企业的重要作用进行了详细的分析，并提出了加强现场管理的几种策略，旨在提升建筑工程的施工质量，促进建筑施工企业的稳定发展。

关键词：现场管理；建筑施工企业

在我国社会经济发展速度逐渐加快的背景下，建筑施工企业面临着巨大的竞争压力。只有做好现场管理，不断提升现场管理能力，才能够不断提升自身的市场竞争力。但是，在建筑工程的施工现场，有大量的施工人员，堆放着各种各样的施工材料和施工设备，要想做好施工现场管理，具有一定的难度。在这种情况下，要充分意识到现场管理对建筑施工企业的重要作用，不断提升现场管理水平。

1 现场管理对于建筑施工企业的重要作用

现场管理指的是运用科学合理的方法，对建筑工程施工现场的各个要素进行有效管理。做好现场管理的目的就是通过现场各要素之间的协调配合来保障建筑工程施工目标的顺利实现。现场管理对于建筑施工企业的重要作用，主要体现在以下几点：

1.1 为建筑工程的施工进度与施工质量提供保证

在建筑工程的施工管理工作实施当中，现场管理是最关键的一部分。无论是建筑工程的设计单位与施工企业，还是建筑工程的业主单位，都需要对施工现场的协调管理予以高度的重视。但是无论是人员素质方面的差异、管理体制的差异、施工技术的差异，还是施工工种的差异，都会使建筑工程施工过程中出现各种各样的问题。而这，就会对建筑工程正常施工进度的推进、施工质量的提升产生影响。要想解决这些问题，就必须做好相应的现场管理。

1.2 促使现场工作人员实现和谐相处

一般情况下，建筑工程的施工建设涉及多种不同的施工项目，而不同的施工项目需要使用到不同的施工队伍，不同的施工队伍所采用的管理模式有着明显的差异，所以如果各个施工队伍过于关注自身利益，而不以建筑工程为核心，那么就可能因为施工管理职责不明确而降低整个建筑工程的施工管理效率。而做好现场管理，则可以对施工现场不同施工队伍之间的矛盾，管理人员与基层施工人员之间的矛盾进行妥善地解决。只有现场所有工作人员实现和谐相处，整个建筑工程的施工才能够顺利进行。

1.3 保证施工现场的安全有序

现代化建筑的发展与进步，提升了建筑工程现场施工的机械化水平。与此同时，建筑工程的专业性与复杂性也越来越强。要想保证建筑工程的顺利施工，就必须对施工技术进行严格的控制与管理。但是针对不同的施工项目，需要使用到的施工技术也不同。在这种情况下，只有与专门的施工技术研究机构进行合作，使其为建筑工程的顺利施工提供有力的技术支持，才能够保证施工现场不同施工项目、不同施工工序的协调进行，进而提升施工现场的安全性与有序性。与此同时，还需要加强现场管理，通过交互、沟通、约定、谈判等方式来保证各个方面的协调性与配合性。

2 建筑施工企业提升现场管理水平需要遵循的原则

建筑施工企业要想提升现场管理水平，需要遵循以下三大原则。首先，经济效益性原则。即建筑施工企业不仅要加强施工进度与施工质量的控制，还要对精品风险、施工成本的降低以及市场的拓展予以高度重视，确保以最小的投入获得最大的回报，尽可能减少不合理开支和不必要浪费现象的发生。其次，科学合理性原则。即建筑施工企业需要采取一系列科学合理的措施来进行现场管理，确保各项管理措施符合现代化生产要求，确保施工现场的施工作业流程足够清晰、施工现场的资源能够得到充分利用，施工人员的特长也能够得到充分发挥。最后，标准规范化原则。即建筑施工企业必须按照统一的标准来对待施工现场的所有要素，提升各种施工生产活动的协调性与有序性。

3 建筑施工企业现场管理中存在的问题

3.1 施工人员管理难度较大

建筑工程的施工建设具有投入成本高、施工周期长等特点，施工企业需要引进大量的施工人员。而施工人员越多，对于施工人员的管理难度就越大。而且，现阶段我国建筑工程施工现场的施工人员，除了专业的施工人员之外，还有一些临时的农民工。这些临时的农民工并没有过硬的施工水平，其相应的安全施工意识也偏低。稍有不慎，就容易出现意外事故。

3.2 施工材料与施工设备的管理不到位

在建筑工程的现场管理过程中，施工材料与施工设备的管理是非常重要的一部分。但是，实际的施工材料与施工设备管理却存在着很多不到位的地方。首先，部分建筑工程的施工现场，施工材料的堆放过于随意，保护措施非常欠缺，很容易因为施工材料丢失或者施工材料受损而影响建筑工程施工进度的有序推进。其次，部分建筑工程的施工现场储存着大量暂时不用的施工设备。而当需要使用这些施工设备的时候，又发现一些零配件处于缺损状态。而且，很多施工设备都因为没有得到合理的养护而出现了严重的老化现象，使用过程中充满安全隐患。

3.3 安全管理水平偏低

脏乱差是绝大多数建筑工程施工现场普遍存在的问题。首先，建筑工程的施工作业条件本身就比较恶劣，地面平整度差，如果遭遇极端恶劣天气，无论是施工材料的搬运，还是施工作业的正常进行，都会受到严重的影响。其次，施工现场安全装备的设置与摆放还不够规范、合理，安全生产停留在表面形式。最后，个别建筑工程的施工现场虽然也设置了安全标志，但是其设置位置不够显眼，无法发挥其应有的警示性作用。

4 建筑施工企业现场管理中问题的解决策略

4.1 编制完善的施工方案

要想有效地解决现场管理中存在的各种问题，建筑施工企业需要编制完善的施工方案。首先，一套完整的施工方案需要包含以下几方面的内容。（1）建筑工程的性质；（2）建筑工程的结构；（3）建筑工程的施工规模；（4）建筑工程的施工工期要求；（5）建筑工程的施工难度；(6) 建筑工程施工现场的周边条件等。将这些内容落实到施工方案当中，可以对施工现场的人力、物力以及财力等资源进行科学的优化和分配。其次，在施工初期阶段，管理人员需要与一线施工人员、施工技术管理人员等进行有效的交流和沟通，提升施工方案的可行性。

4.2　加强所有施工技术的管理

要想有效地解决现场管理中存在的各种问题，建筑施工企业需要加强所有施工技术的管理。首先，施工技术管理人员要对建筑工程项目进行有效的调研与评估，并做好施工准备工作。其次，构建一支高素质、高水平的施工技术管理队伍，为建筑工程施工建设的顺利进行提供保证，提升施工现场各项施工技术的应用水平。最后，施工技术管理人员要做好技术交底，加强整个施工技术应用环节的监督与管理。

4.3　加强施工材料与施工设备的管理

首先，对施工现场各种施工材料与施工设备的来源渠道进行严格的控制，确保施工材料与施工设备的引进可以满足相应的施工需求。其次，对建筑工程施工现场的实际情况进行详细地分析，针对施工现场的各种资源，制定有效的奖惩机制，避免出现资源浪费或者应用不合理等问题。同时，积极引进先进的施工技术与施工设备，促进施工效率与施工质量的提升。最后，对施工现场的施工材料与施工设备进行有效的维护，避免因为长期闲置而影响下一次的使用。

4.4　制定科学合理的现场管理制度

要想有效解决现场管理中存在的各种问题，建筑施工企业需要制定科学合理的现场管理制度，并保证现场管理制度的有效落实。一旦某一施工环节出现问题，就要结合现场管理制度来对某些个人或者部门进行追责。只有这样，才能够提升现场管理的规范性与有效性。

4.5　做好施工过程的沟通与协调

要想有效解决现场管理中存在的各种问题，建筑施工企业需要做好施工过程的沟通与协调。只有做好施工技术问题的沟通，做好与参建各方的沟通，才能够妥善处理施工过程中出现的工程变更问题，及时解决施工过程中出现的各种突发问题，尽可能地避免返工以及资源浪费，加强施工成本控制。

4.6　加强施工人员的培训教育

要想有效解决现场管理中存在的各种问题，建筑施工企业就必须要加强施工人员的培训教育，提升施工人员的专业素养与职业素养。首先，对施工人员进行施工技术培训，提升施工人员的施工技能，强化施工人员规范施工的意识。其次，将制度意识灌输给施工现场的施工人员，确保其可以严格按照相应的施工制度来约束自身的施工行为，为建筑工程施工质量的提升提供保障。再次，加强施工人员的安全教育，确保每一位施工人员都可以树立较强的安全施工意识、安全施工技能，通过科学合理的自我防护来降低施工现场各种意外事故的发生的概率。最后，加强安全生产宣传，避免安全生产仅停留在表面形式。

4.7　做好相应的安全检查工作

要想有效解决现场管理中存在的各种问题，建筑施工企业需要做好相应的安全检查工作。首先，加强安全教育，提升施工人员的安全意识。其次，构建完善的安全事故预警机制，确保在发生安全事故的时候，可以第一时间做出反应，消除安全事故的后续影响。最后，制定完善的安全生产奖惩机制，加强施工现场违法施工行为、不规范施工行为的惩处。

4.8　加强施工现场的安全管理

要想有效解决现场管理中存在的各种问题，建筑施工企业需要加强施工现场的安全管理。首先，加强施工现场的用电安全保护措施。即安排一名专业的电力工作人员常驻施工现场，定期对施工现场的用电设备进行全面的检查，及时找出施工现场的用电安全隐患，并采取有针对性的处理措施。与此同时，还要做好用电设施的防雨措施，尤其是各种开关设备、进出线或者保险装置的防雨措施。其次，加强施工现场的消防安全保护措施。即施工现场所有的消防设施都要有明显的标志，施工现场的消防器材要配置充足，消防通道要畅通无阻。为了降低火灾事故的发生，还要禁止施工现场出现明火。最后，还要做好施工现场高空作业的安全保证措施。例如，针对高空作业的操作平台，必须要有可靠的防护设备，参与高空作业的工作人员应当做好充分的安全防护措施，佩戴好安全帽、系好安全带，操作平台下方应当设置安全网等。

5　结语

综上所述，对于建筑施工企业来说，做好现场管理可以为建筑工程的施工进度与施工质量提供保证、促使现场工作人员实现和谐相处、保证施工现场的安全有序。而要想提升现场管理水平，建议编制完善的施工方案、加强所有施工技术的管理、加强施工材料与施工设备的管理、制定科学合理的现场管理制度、做好施工过程的沟通与协调、加强施工人员的培训教育、做好相应的安全检查工作、加强施工现场的安全管理。

参考文献

[1]　企业现场管理准则：GB/T 29590—2013［S］. 北京：中国建筑工业出版社，2013.

雨期施工对市政道路工程影响的技术探讨

刘向专

湖南省第五工程有限公司　株洲　412000

摘　要：随着城市化进程的不断加快，市政基础建设投资项目不断增长，市场对市政基础设施建设速度的要求越来越高，由于市政工程要尽量避免冬期施工，加之建设周期较长，所以经常会受到夏季降雨等自然条件影响。本文将根据市政道路施工管理和施工中的经验，研究在具体施工过程中的难点和应对措施，为解决市政工程雨期施工管理提供参考。

关键词：市政工程；雨期施工；技术应用

1　导言

市政道路工程施工质量的好坏，是关系到人民生活财产安全的大事。降雨对市政工程的施工影响巨大，要做好充分的防范措施，才能保证市政工程的施工质量和工期。下面，就结合笔者的施工经验，就雨期对市政工程施工的影响和防范措施进行探讨。

2　雨期施工对市政道路工程的影响

雨期降雨量大，而道路工程对结构含水率有明确要求，水分过大会严重影响工程整体质量。在一些工程建设中，难以避免雨期施工；此时，就必须提前了解雨期施工带来的施工风险，提高应对的手段。

2.1　施工难度增大

雨期施工对路基的影响。由于降雨会导致施工区域内大量积水，从而给施工人员的作业带来不便，以及对工程的施工实际操作带来不利影响，从而推延工期，危害工程质量。路基存水对于路基质量的危害是非常大的，为了保证路基的施工质量，就必须经过一定时间的晾晒使路基含水率合理化，这样也会一定程度上延误工期，如果在路基含水率过高的情况下直接进行施工，会危及路基的工程质量。

2.2　路基性质变化

公路建设需要使用大量的水泥、砂石、石灰等材料，雨期施工，受雨水影响，空气湿度大，也可能导致施工材料直接受雨水侵蚀。如果没有做好材料防潮保护工作，会导致材料性能发生变化。例如，水泥被雨水淋湿后会板结，受潮后会松散，降低黏结性。受潮的水泥应用在道路建设中，会明显影响工程质量。

2.3　沥青混凝土性质变化

市政道路工程施工常会使用高性能的沥青混凝土材料，沥青混凝土受雨水影响会导致性质变化。当沥青遇水时，会在沥青表层产生一层水膜，这一层水膜会降低沥青实际附着性以及结构中所用碎石的黏附性，从而使沥青混凝土整体结构耐久性受到负面影响。因为雨水影响，沥青混凝土结构中一些包裹碎石的沥青材料形成的薄膜会有脱落的可能性，进而产生花料、脱粒现象，使道路使用性能受到影响。沥青材料碾压施工后有孔隙率要求，雨水会使孔隙率增大，从而导致抗渗性能降低，使用过程中更多雨水渗入路面内部，甚至渗入下承层，形成层间水，在服役期间这一层水会破坏路面结构，进而导致道路快速损坏，影响使用寿命。

2.4　对施工进度的影响

建设工程通常有明确的工期要求，工程在规定时间内完成，有助于顺利获得工程款，减少意外。道路工程在野外施工，天气因素会明显影响到工程施工进度，雨期施工更容易受到雨水影响，从而导致工程暂停。如果连绵降雨，会导致施工在较长一段时间内无法进行，道路半成品也可能受到雨水影响，导致质量难以满足要求。所以，在实际施工中，应尽量避开冬期施工，也要注意雨期施工中雨水对工程建设的影响，避开多雨时节。实际中，工程可能受建设进度约束，不得不在雨期开展施工工作，这种情况下必须做好预防，做好雨水期施工的工程质量管理，加强质量验收工作。

3　雨期道路施工应对措施

雨期施工需要特别注意雨水对施工各方面的影响，加强防护，做好预案，科学预防雨水对工程的负面影响，在保证施工安全的前提下兼顾质量与工期。

（1）做好施工准备。有关的管理部门应该做好雨期施工的准备工作，将各种可能发生的降水对路基现场施工的危害进行预测，并结合施工实际情况制定相应的预防和治理措施：首先，要成立专门的小组对雨期路基施工问题进行管理，实行专人负责制；其次，要制定一个较为完善和详实的雨期路基施工计划，使各项施工作业有据可依；再次，要认真检查施工区域内的排水系统的功能是否正常；其四，要随时关注近期的天气变化情况；最后，要做好相关的排污工作和材料准备工作。

（2）雨期路基施工过程中，为了保障工程的工期和质量，要注意以下几点：首先，降雨后应该第一时间对施工区域进行排水处理；其次，如果在土方施工的过程中，突发降雨，应该立即停止施工，待降雨过后认真检查挖掘区域状况，确认无裂缝和边坡开裂现象后，方可继续。再次，要将施工材料和器械的存放地点尽量选在地势较高的施工区域内，以免降水过程中被淹没。

（3）雨期路面基层施工前，要认真检测材料的含水率和表面湿度，不合格的情况下要通过晾晒等方式予以调整。施工前看近期天气预报，在确保天气晴朗干燥的情况下进行。如果施工过程中突发降雨，应该对已经摊铺的无机物材料进行封水碾压，或者采用外物遮盖的方式对其进行防水处理。水泥稳定土拌和后 4h 内如果降雨不停，则材料应该废弃。当石灰土类无机料已摊开，但未碾压成型即遭到雨淋时，可根据实际情况加以处理，雨量很小时可马上翻开晾晒，并在允许的时间范围内予以成型，若雨大含水率超标时，应进行处理或废弃。

（4）沥青混合料施工时，要提前备足防雨物资、工程材料等，并妥善保管。做好沥青路面单项雨期施工的组织设计，组织指导施工。工程进入雨期，需设专人收集天气预报，做详细记录。如遇天气异常影响，应对施工计划和施工安排进行调整。对路面施工现场周围的排水系统进行调查，对可能影响疏浚的区段进行整治，防止雨期排水不畅，路面积水影响施工。在路面两侧，若有挡水缘石，必须将其排水口清理干净，以利降雨后雨水及时排走。进行沥青混凝土路面施工前，应关注天气预报，选择好天进行作业，当降雨的概率较高时，不宜施工。每一辆沥青混凝土车均应备有苫布，料车出拌和站之前予以覆盖，进行保温防雨，一般都能取得较好的效果。

4　结语

综上所述，雨期只要防雨准备充足，工序安排合理、施工组织严密，对出现的各种质量隐患处理果断，采取有效措施，市政道路施工是可以保证质量、安全，并缩短工期争创效益。

参考文献

[1]　刘国涛．试析公路工程路基路面雨季施工技术的应用［J］．城市建设理论研究（电子版），2017（34）：169.

土建施工中墙体砌块技术应用

罗赞宇

湖南省第五工程有限公司　株洲　412000

摘　要：我国进入21世纪快速发展的新时期后，建筑工程行业是我国的重要行业，在我国的建筑领域，各种砌块非常常见，是墙体的主要构成材料。在工程项目的开展过程中，墙体砌块施工需要用到相应的技术，如果这些墙体砌块技术不能得到有效的落实，就会严重的影响到房屋建筑墙体的品质。本文对土建施工中墙体砌块技术的应用进行分析，并且提出了几点浅见。

关键词：土建施工；工程项目；墙体砌块技术

砌块是通过混凝土和其他材料制作而成的人工材料，与砖相比，具有施工速度快等特点，通过外形的不同可以分为实心砌块和空心砌块，空心砌块有单排方孔、单排圆孔和多排扁孔三种形式，这些不同的形式在具体的土建施工中有着不同的作用，可以提高施工质量，加强墙体的保温效果等。在现代的土建工程中，砌块已经逐渐代替砖成为建筑中的主要材料。砌块由胶凝材料、发泡剂、骨料和添加剂等混合制作而成，可以有效地降低建筑成本，对环境来说也有着重要的意义，所以墙体砌块技术在未来发展中有着广阔的前景。

1　墙体砌块技术基本特征

1.1　节能减排，节约成本

墙体砌块技术在应用实践中，其能源的消耗不足黏土砖的50%，工作量也会大大减少，砂浆使用量仅为黏土砖的30%。墙体砌块技术应用之后，可以降低能源消耗与施工成本，切实提升工程的质量，使得建筑工程结构更具耐久性与安全性。

1.2　密度小、质量轻

墙体砌块的质量仅为黏土砖的30%~50%，所以整个建筑的自重载荷比较小，具备较强的抗震性能，且方便运输，施工更加的便捷。

1.3　便于施工

在相同工程量的基础上，墙体砌块技术具备施工简便等优势，这就大大降低了人员工作量，提高施工效率，整体项目的成本有所下降。

2　土建施工中墙体砌块技术应用

2.1　“三一”砌砖法

“三一”砌砖方法应使用完全摊铺和挤压的方法，即“一铲灰、一块砖、一挤揉”的砌砖方法。同时要注意的是，放置砖块时必须水平地铺设砖块，此外，砌体必须垂直，砖的正面和背面必须是平坦的，并且顶部和底部必须与铅线和棱保持一致。水平和垂直灰缝的宽度通常控制在5~10mm之间，最好10mm。为确保清水壁的立缝垂直，且不游丁走缝，必须在一步安装后对位于砖墙位置的两条垂直竖线隔开2mm左右的间隔，控制分段的走缝。在使用墙体砌块技术时，施工人员必须密切监视项目的施工并及时检查问题，如果发现偏差，则必须予以纠正，并采取补救方案。墙体砌块技术对砌筑砂浆提出了很高的要求，因为水泥砂浆和水混合后不能过夜使用，而且使用时间只有3~4h，因此必须始终搅拌并及时使用。此外，在砌筑墙时应控制划缝深浅，以确保深度均匀，划缝应随时堆砌，划缝后，切记要不断擦掉舌头灰以确保墙面干净（图1）。

图1　“三一”砌砖法示意图

2.2　叠砌法

叠砌法也是墙体砌块技术中的一种有效手段，保证墙体的强度，满足特殊的施工要求，下层的竖缝被上层的砌块压住。常用的压缝方法有一顺一顶法、三顺一顶法等。在砌块砌筑的过程中，要做到横平竖直，每两层的砌块必须保持在同一水平，否则在垂直荷载的作用下，就会产生相应的作用力，使砂浆无法与砌块处于黏结的状态，最终导致墙体的破坏。墙体的表面也必须保持在竖直的状态，否则很容易失去应有的稳定性。其次，在叠砌法的应用中，砌缝都是相互交替的，隔层之间的竖缝应该错开，如果灰缝上下连通，就会导致墙体从两侧裂开。另外，要保证砂浆在涂抹过程中的均匀，不能存在干瘪的现象，保证传力作用的顺利开展。竖缝的砂浆应该避免出现大缝隙，造成透风、漏水等情况，提高墙体的保暖性能。一般叠砌法在土建施工中较少用到，在塔的施工中，基本会用到这种墙体砌块技术，保证外围墙体的美观大方以及安全稳定。

2.3　挤浆法

挤浆法的砌筑是在砌砖时利用灰勺、大铲或小灰桶等在墙面上倒砂浆，然后用大铲或推尺铺灰器将砂浆铺平，最后按照深度和位置要求用手将砖挤入砂浆中。挤浆法的运用应该注意：①砖应该放置在正确的位置，如放平、上下齐边、横平竖直；②利用带头灰的砌筑方法，即施工人员左手拿砖，右手舀取适量的灰浆放置在顶头的立缝之中，随即挤砌在要求的位置上，这种方法也叫加浆挤砖法；③每次灰浆铺设的长度应为50~75cm，尤其是在气温较高的时候，铺灰长度应控制在50cm以下。挤浆法的砌筑效率较高，是砌筑方法中应用最多的方法。因为挤浆法可以连续挤砌顺砖2~3排，避免多次铺灰，减少重复动作。在挤浆法操作过程中，灰缝要饱满。为保证砌筑质量，可以采用平推平挤砌砖或加浆挤砖的方法。

2.4　打刀灰法

打刀灰法在墙体砌筑的时候也比较常见，这种墙体砌筑方法主要在砌筑空斗墙时应用。这种墙体砌筑方法对水泥砂浆的要求比较高，要保证水泥砂浆具有很强的黏性，这样才能把砌块黏结在墙体上。在配制好水泥砂浆以后，要在砖体上均匀地涂抹水泥砂浆，然后把这个砖块放在砌块墙顶端的位置上。

2.5　走砌法

走砌法是指在土建施工过程中，通过粉煤灰砌块、混凝土砌块等材料进行砌筑的方法。通过对材料的高标准要求来达到施工工艺和质量方面的目标。对于走砌法来说，首先就要进行找平方面的工作，在施工开始之前，应该在基础防潮层或者墙体上标出相应的高度，并通过水泥砂浆或者混凝土的材料对其进行找平，保证施工过程中的技术要求。然后进行放线的工作，根据设计图纸上的具体方案，在墙体上标记大致的尺寸，用墨线画出相应的轴线和宽度线，对相应的位置做出不同的判断。之后再进行砌筑砌块的操作，在施工完成后，注意勾缝和其他的清理工作，减少施工中垃圾的排放。

2.6 墙体砌块技术在土建施工中的质量控制要点

第一，务必要做好灰缝的处理工作。灰缝是土建工程墙体砌块技术的处理重点，它指的是两个砌块之间存在的裂缝，一般来说，根据灰缝的方向可将其分成水平灰缝和垂直灰缝两种，能否做好灰缝处理，直接决定了结构的隔热性能、稳定性能等，甚至会对其抗震性等造成影响。因此施工人员务必要控制好灰缝的宽度，并严格遵守行业标准进行施工，管理人员也需要加强巡检、抽检工作，对发现的灰缝处理不到位的问题进行及时处理，保证土建工程整体质量。第二，要合理保障混凝土浇筑效果。混凝土材料的浇筑施工有一定复杂性，要求施工人员具有丰富的施工操作经验，施工人员可根据混凝土结构的体积大小确定浇筑方式，涉及到大体积混凝土结构时，应利用分层浇筑技术完成施工，而后适当做好振捣工作，降低混凝土砂浆中存在的气泡、孔洞，提升混凝土结构的最终质量。最后，要严格控制混凝土材料配比及拌和流程。混凝土材料是一种包含有多种材料的混合物，各种材料的配比是否合适，直接决定了混凝土砂浆的性能，因此在进行配制之前，应根据以前的配制经验以及计算结果，选取部分材料进行预先配制，在对这部分样品进行质量检验并确认无误后，再进行大量的配制。另外，在根据混凝土情况完成拌和之后，需要利用车辆将混凝土材料运输到施工现场，在这个过程中需要保证车辆内部的清洁度，避免杂物污染混凝土砂浆，还需要实现选择运输路线，保证在规定时间内将砂浆运输到土建工程施工现场，降低混凝土离析概率，为砌块施工提供有力支持。

3 结语

墙体砌块施工技术种类丰富，具有节能减排、节约成本、密度小、质量轻、便于施工等特点。本文对墙体砌块技术的实施、土建施工技术在建筑施工中的监管作用进行详细的论述，在墙体砌块技术施工过程中应加强对施工前的准备，比如材料的选取、器械的准备、作业图纸和条件的准备等；严格按照要求施工，聘用有专业水平的施工人员进行施工；对墙体砌块技术在土建施工中的应用进行分析，同时提出在应用中应该注意的要点。墙体砌块施工技术在土建中的应用不仅能大大提高施工技术，而且能节约施工人力、物力、财力，但在运用这项技术时仍有许多不足之处，在具体的施工过程中，施工者应该根据实际情况及时改变施工策略，将墙体砌块技术与土建施工紧密地结合在一起，为墙体砌块技术的发展和进步提供保障。

参考文献

[1] 曲晓龙．墙体砌块技术在土建施工中的应用研究［J］. 居舍，2017，37（27）：38.
[2] 周杰．墙体砌块技术在土建施工中的应用分析［J］. 建筑安全，2016，31（8）：16-18.

现浇楼板可靠度分析及裂缝防治研究

莫智超

湖南省第五工程有限公司　株洲　412000

摘　要：工程裂缝是现浇楼板的主要病害之一。首先，针对现浇楼板的特点，深入分析了裂缝的成因及影响因素；其次，以概率论为基础，结合JC法，建立了基于最大裂缝宽度的可靠度计算公式，对各裂缝防治的设计措施进行了敏感度分析；结果表明：混凝土轴心抗拉强度指标敏感性最为显著，混凝土保护层厚度次之，楼板高度较小，而改变钢筋直径则对工程可靠性影响不大；最后，结合工程实际，从施工使用角度，提出了具体的裂缝施工防治措施与注意事项，以供工程参考。

关键词：现浇楼板；可靠度分析；裂缝；防治

随着商品混凝土的广泛应用及混凝土强度的逐步提高，现浇混凝土板已发展为现代建筑楼面的主要形式，而不同程度、不同形式的裂缝是其最为常见的工程病害，越来越受人们关注。这些裂缝一般不会影响结构的安全，但对结构的正常使用和观感却有一定的影响，极易造成“不安全感”，从而导致大量质量投诉，故现浇楼面的裂缝防治已成为房建工程中急需解决的技术难题。

本文针对现浇楼板的特点，深入分析常见裂缝产生的原因及影响因素，在此基础上，分别从设计、施工及使用阶段提出防治措施。在设计方面，以概率理论为基础，建立以裂缝控制的现浇楼板可靠度分析方法，并分析各影响因素的敏感度，从而提出裂缝的设计措施；最后，深入探讨裂缝控制的具体施工防治措施，供工程参考。

1　现浇混凝土楼板裂缝成因分析

现浇混凝土楼板裂缝成因十分复杂，主要包括以下几个因素：

1.1　混凝土干缩

混凝土的体积收缩由硬化过程中的“凝缩”与自由水分蒸发所产生的干缩两部分组成。当收缩所引起的体积变形不均匀或某一部位的收缩变形过大，混凝土互相约束而产生的拉应力或剪应力将大于混凝土的抗拉强度时，从而引起裂缝。

1.2　温度变化

在混凝土硬化初期，水泥水化释放出较多热量，而板内温度较板面高，以致内部混凝土的体积产生较大膨胀，板面外部混凝土却随着气温降低而收缩，内部膨胀和外部收缩相互制约，在板面产生拉应力，从而产生了板面裂缝，严重影响结构的整体性、防水性和耐久性。温度裂缝还受季节施工的影响。

1.3　外荷载的作用

施工操作过程中由于模板、钢管等周转材料的集中堆放而产生的动荷载、冲击荷载，使现浇楼板因承受高于设计荷载而出现裂缝；此外，加上商品混凝土或泵送混凝土中泵送剂、粉煤灰等外加剂的添加，造成混凝土的早期强度上升很快，浇筑后一周甚至五天，试块强度即达到设计强度 80%，而一旦拆模时间过早，则造成混凝土强度不稳定，极易出现裂缝。

1.4 材料性能的影响

若混凝土拌和物中含有某些矿物质和有害物质，如黏土、淤泥、细屑、有机杂质等，黏附在粗细骨料的表面，从而降低混凝土强度；同时，还增加了水泥的用量，加大混凝土收缩，从而使现浇板产生膨胀性裂缝。

此外，混凝土的超缓凝及施工质量等问题，也是现浇楼板出现裂缝的原因之一。

2 最大裂缝宽度的可靠度分析

针对以上原因产生的裂缝危害，为有效控制现浇楼板裂缝的发生，其措施包括设计、施工与使用等方面。从设计角度出发，一般可采用加大楼板厚度、降低保护层厚度、提高混凝土强度等级或采用大直径钢筋等，但何种方法最为有效，各参数影响程度如何，尚缺乏统一认识。本文基于可靠性分析，对各参数敏感度进行分析。

2.1 结构可靠度基本理论

结构可靠度指结构在规定时间内、规定条件下完成预定功能的概率，其可靠性采用可靠指标 β 来具体度量。β 与结构失效率 P_f 存在一一对应关系。β 越大，P_f 越小，表明结构越可靠。

设正常使用极限状态的功能函数为 $z=g(x_1, x_2, \cdots, x_n)$，$x_i$ 为基本随机变量，则结构状态可描述为：

$$\begin{cases} z > 0, & \text{结构可靠} \\ z = 0, & \text{极限状态} \\ z < 0。 & \text{结构失效} \end{cases} \tag{1}$$

若 P_f 服从正态分布，则：

$$P_f = P\left(\frac{z-\mu_z}{\sigma_z} < -\frac{\mu_z}{\sigma_z}\right) = \Phi\left(-\frac{\mu_z}{\sigma_z}\right) \tag{2}$$

可靠度指标 β 表示为：

$$\beta = \frac{\mu_z}{\sigma_z} \tag{3}$$

式中，Φ、μ_z、σ_z 分别为标准正态函数、z 均值和标准差。

然而，在工程中各基本变量不可能完成符合正态分布，此时，可采用 JC 法将非正态随机变量当量化为正态随机变量。

选取结构失效边界 $z=0$ 且与结构最大可能失效概率对应点 $p^*(x_1^*, x_2^*, \cdots, x_n^*)$，并将极限状态方程线性化：

$$z \approx g(x_1^*, x_2^*, \cdots, x_n^*) + \sum_1^n (x_i - x_i^*) \left.\frac{\partial g}{\partial x_i}\right|_{x_i^*} \tag{4}$$

由于 P^* 点过 $z=0$，所以上式第一项为零，故 z 的平均值：

$$\mu_z \approx \sum_1^n (\mu_{xi} - x_i^*) \left.\frac{\partial g}{\partial x_i}\right|_{x_i^*} \tag{5}$$

z 的标准差为：

$$\sigma_z = \left| \sum_1^n \left| \left.\frac{\partial g}{\partial x_i}\right|_{x_i^*} \sigma_{x_i} \right|^2 \right|^{\frac{1}{2}} \tag{6}$$

将式（5）、式（6）代入式（3），即可得到不同分布下的可靠度指标表示式。

2.2 基于最大裂缝宽度公式的β计算

2.2.1 功能函数确定

结构可靠度分析一般可采用挠度计算公式或裂缝计算公式，但计算表明，裂缝宽度计算公式的可靠性水平比挠度计算公式高，能满足裂缝要求亦可满足挠度要求，且如前所述，裂缝在现浇楼板工程中的控制极其关键，故本文采用最大裂缝宽度来建立功能函数。

《混凝土结构设计规范》规定，结构最大裂缝宽度为：

$$\omega_{max} = \alpha_{cr}\psi\frac{\sigma_{sk}}{E_s}\left(1.9c + 0.08\frac{d_{ep}}{\rho_{te}}\right) \tag{7}$$

对于正常实用极限状态，功能函数为：

$$z = [\omega_{max}] - \omega_{max} \tag{8}$$

式中，$[\omega_{max}]$为规范允许设计值，取0.3mm。

2.2.2 功能函数参数确定

对于式（7），参数众多，各参数意义及确定如下：

（1）α_{cr}、E_S分别为构件受力特征系数与钢筋弹性模量，按规范选取，为基本变量；

（2）ρ_{te}为纵向钢筋配筋率，$\rho_{te}=nA_s/0.5bh$。其中n为截面钢筋数量，A_s为单根钢筋截面面积，bh为现浇梁的截面宽度与高度（此参数反映加大楼面厚度的影响）；可见，ρ_{te}为随机变量函数；

（3）σ_{sk}为等效应力，本文按受弯构件考虑，由于外荷载的影响不在本文的谈论范围之内，故本文采取简化为服从正态分布的恒载与服从极值Ⅰ型活载之和；

（4）c为混凝土保护厚度，随机变量；

（5）$\psi=1.1-0.65f_{tk}/\rho_{te}\sigma_{sk}$，随机变量函数；

（6）$d_{eq}=\sum n_i d_i^2/\sum n_i\nu_i d_i$，$d_i$为钢筋直径，$\nu_i$为钢筋相对黏结特征系数，常数。

由此可知，功能函数共有2个基本变量α_{cr}、E_S与6个随机变量c、b、h、d、f_{tk}、σ_{sk}。其中混凝土保护层厚度c、楼板厚度h、混凝土强度指标f_{tk}与钢筋直径d为本文敏感度分析的对象。

3 设计参数的敏感度分析

3.1 随机参数选取

各随机变量参数的概率分布及相关参数见表1（其余变量从略）。

表1　随机变量参数

变量名称	概率分布	k	δ
楼板高度h	正态分布	1.00	0.02
保护层厚度c	正态分布	0.85	0.40
f_{tk}	正态分布	1.65	0.21
恒载	正态分布	1.08	0.08
活载	极值Ⅰ型	0.69	0.30
钢筋直径d	正态分布	1.0	0.01

注：k为均值与标准值之比；δ为变异性系数。

3.2 敏感度分析

基于上述可靠度分析思路，采用 FORTRAN 程序编制了 JC 法计算 β 的基本程序（程序从略）。各变量的敏感性系数求解为：

$$\alpha_{x_i} = \frac{|\partial g/\partial x_i|_{x_i^*} \cdot \sigma_{x_i}}{\sigma_z} \tag{9}$$

据此进行实例分析，分别选取 4 种不同计算参数分别进行计算。各主要参数见表 2。

表 2　计算参数表

计算次数	计算参数			
	h(cm)	c(mm)	f_{tk}(MPa)	d(mm)
1	400	25	1.54	ϕ4
2	500	25	1.54	ϕ6
3	600	30	1.78	ϕ8
4	700	35	2.01	ϕ8

各参数敏感度系数计算结果见表 3。

表 3　基于可靠度分析的敏感度系数

计算次数	敏感度系数			
	h(cm)	c(mm)	f_{tk}(MPa)	d(mm)
1	-0.146	0.289	-0.724	-0.06
2	-0.150	0.314	-0.755	-0.02
3	-0.162	0.376	-0.855	-0.04
4	-0.165	0.245	-0.826	-0.05

由表 3 可知，4 个设计参数中，f_{tk} 敏感性最为显著，c 次之，楼板高度 h 较 c 小，而改变钢筋直径影响不大。但值得注意的是在提高 f_{tk} 的同时，混凝土强度等级过大，则收缩较大而若楼板厚度相对较小，较易出现裂缝（混凝土强度等级不宜高于 C40。）

4　施工阶段楼板裂缝防治

施工阶段是全面预防和控制现浇楼板混凝土裂缝的关键阶段。笔者结合多年工程经验，特提出以下措施：

（1）重视施工前期控制。精心编制施工组织设计和施工方案，加强技术交底工作；

（2）施工中优先选用干缩小的普通硅酸盐水泥和级配良好的砂石，尽量减小水灰比与水泥用量，严格控制坍落度。对于泵送混凝土，粉煤灰掺量不得超过水泥用量 15%，碎石最大粒径与输送管内径之比宜为 1∶3；而砂率应控制在 40%~50%；

（3）正确留置施工缝。尽量不留施工缝，若留宜留在结构受力最小部位。单间板可留在平行于板短边的任何位置，肋形楼盖应留在次梁跨度中间 1/3 范围内，双向板施工缝的位置应按设计要求留置。

（4）确保浇筑质量。首先模板支撑体系应经验算设计确定，保证足够的强度、刚度和稳定性，在混凝土浇筑前，对模板内的杂物和钢筋上的油污等应清理干净。浇筑时加强振捣，楼板混凝土的虚铺厚度应略大于板厚，用表面振动器或内部振动器振实，用铁插尺检查混凝土厚度。板面采用二次抹压工艺，可预防早期表面干缩裂缝的产生。

（5）加强养护与严格控制拆模时间。加强混凝土早期养护，延迟收缩发生，防止早期混凝土强度较低时产生较大的收缩、变形，出现干缩裂缝。必须经过验算，满足要求后方可拆除模板。对于跨度大于 4m 的楼板，拆模龄期宜控制在 15d 以上。

此外，工程竣工交付使用后，应严禁在楼板上随意开槽、打洞、钻孔，避免楼板中央承受过大振动、冲击荷载，以确保楼板良好的工作性能。

5　结语

（1）分别从材料性能、荷载及外部条件等方面深入分析了现浇楼板裂缝的成因及影响因素；

（2）建立了最大裂缝宽度的可靠度指标计算方法，并对各设计参数的敏感性进行分析，结果表明，混凝土强度的敏感度最为显著，保护层厚度及楼面厚度次之，而增大钢筋直径影响不大；

（3）从原材料、施工措施、后期养护及竣工使用等角度出发，提出了全面系统的现浇楼板裂缝防治措施，供工程参考。

参考文献

[1]　王铁梦．工程结构裂缝控制［M］．北京：中国建筑工业出版社，1998.
[2]　冯乃谦．实用混凝土大全［M］．北京：科学出版社，2001.
[3]　孙进祥．建筑物裂缝［M］．上海：同济大学出版社，2001.
[4]　赵志缙．新型混凝土及施工工艺［M］．北京：中国建筑工业出版社，1996.
[5]　韩素芳．混凝土结构裂缝控制指南［M］．北京：化学工业出版社，2004.
[6]　富文权．混凝土工程裂缝分析与控制［M］．北京：中国铁道出版社，2002.
[7]　混凝土结构工程施工质量验收规范：GB 50204—2015［S］．北京：中国建筑工业出版社，2015.
[8]　混凝土结构设计规范：GB 50010—2010［S］．北京：中国建筑工业出版社，2010.

装配式混凝土结构预制柱套筒灌浆饱满度施工过程控制研究

张国宝

湖南建工建筑工业化有限公司　株洲　412000

摘　要：以马栏山湖南创意设计总部大厦项目为例，采用灌浆套筒塑料检测管对项目全部预制柱构件在安装过程中进行灌浆饱满度过程控制，根据检测结果可看出灌浆塑料套管饱满度检测管能够快速、直观反映出套筒内部灌浆的饱满程度，并且灌完浆能够对套筒是否漏浆或排完空气浆液是否下降有直观的判断，同时解决了等灌浆料从出浆口溢出再封堵出浆口而造成的灌浆料浪费和预制构件被灌浆料污染的问题。

关键词：装配式预制柱；套筒灌浆；塑料套筒检测管；灌浆饱满度控制

1　钢筋套筒灌浆应用

目前我国装配式混凝土结构逐步发展，但装配式竖向结构发展较为缓慢，装配式竖向结构主要有预制剪力墙、预制柱、预制筒体等，竖向结构发展缓慢原因主要为竖向结构连接困难，而建筑物竖向结构又是建筑的主要结构。现阶段我国装配式竖向结构连接方式主要为钢筋套筒灌浆连接，钢筋灌浆套筒主要分为全灌浆和半灌浆，材质主要分为铸铁套筒和挤压式钢套筒等。

装配式建筑相比传统现浇结构从施工方式到施工技术有较大区别，致使现阶段我国装配式建筑行业严重缺乏技术管理人员及技术工人，对施工现场灌浆套筒施工缺乏管理和施工经验。现阶段在行业里虽已有传感器、雷达等工具来检测和保证灌浆饱满度，但该类方法还不普遍且成本较高，大部分施工中，钢筋连接套管灌浆饱满度基本靠人工观察确定，对现场管理人员及操作工人的素质和经验要求极高。

本文以马栏山湖南创意设计总部大厦项目 A 栋装配式建筑框架结构预制柱钢筋连接套筒灌浆施工为例，采用灌浆饱满度检测塑料套管对所有预制柱中全部灌浆套筒饱满度进行施工过程控制，结合施工前期的试验结果和施工过程中控制结果进行分析和研究。

2　预制柱钢筋套筒灌浆施工准备

预制柱安装前的准备工作。预制柱进场后首先检测钢筋灌浆套筒是否有混凝土、杂物等堵塞情况，确保灌浆套筒内畅通、干净后准备吊装。

预制柱安装位置清理。清除预制柱安装连接范围内现浇混凝土表面浮浆杂物等，防止杂物在灌浆时堵塞灌浆套筒。

量测预制柱预留伸出钢筋长度、钢筋间距、钢筋垂直度。通过测量确定无误后，沿预制柱安装轮廓线内侧放置坐浆料，坐浆料放置完成后准备预制柱起吊安装工作，预制柱安装时尽量一次就位。

预制柱斜支撑安装完成后用上述同等级坐浆料对预制柱连接处进场封仓处理，封仓时尽量不扰动已挤压的坐浆料，坐浆料在预制柱安装轮廓线外侧与预制柱形成三角形倒角，坐浆时以不影响后期地面装修高度为宜。

预制柱封仓后24h，坐浆料强度大于20MPa后检查灌浆套筒是否有堵塞等情况，检查无误后准备灌浆工作。首先在预制预埋灌浆套筒注浆口安装封堵塞，一个预制柱留一个注浆口即可，预制柱灌浆套筒出浆口全部使用灌浆检测塑料套管，包括排气孔，也使用塑料检测套管。堵浆孔和出浆口安装完堵浆塞和灌浆检测套管后，准备对预制柱钢筋灌浆套筒进行灌浆。

预制柱安装及套筒灌浆工艺流程：预制柱吊装准备→定位放线→楼面凿毛→钢筋校正→安放垫块→安装预制柱→安装预制柱斜支撑→复核调整垂直度→坐浆料封仓→套筒灌浆→查看灌浆饱满度→检测拆除堵塞、检测管→封堵灌浆、出浆口。

3　预制柱钢筋套筒灌浆及灌浆饱满度检测过程

预制柱套筒灌浆前严格按照灌浆料厂家提供的使用说明进行加水搅拌并按规范要求进行试验，试验合格后进行灌浆工序施工。依据灌浆料生产厂家及试验确定的配合比进行灌浆料的配制，灌浆料搅拌完成后现场测试流动度和制作强度试块。将适配完成的灌浆料投入灌浆机开始套筒灌浆工作（图1）。

图1　灌浆套筒灌浆工艺检验

灌浆时灌浆机枪口插入预制柱预留灌浆口，一个人负责灌浆机，在一个预制柱灌浆过程中保证灌浆料供应及时不断料，始终保持灌浆机中的灌浆料不少于三分之一，其他两人分别在预制柱两侧负责通过灌浆检测塑料套管观察预制柱灌浆情况。灌浆过程中灌浆料先灌满预制柱底部封仓区域，然后灌浆料从各灌浆套筒开始上升，最后灌满每一个灌浆套筒，包括最后灌浆料从高于灌浆套筒出浆口的排气孔出浆（图2、图3）。

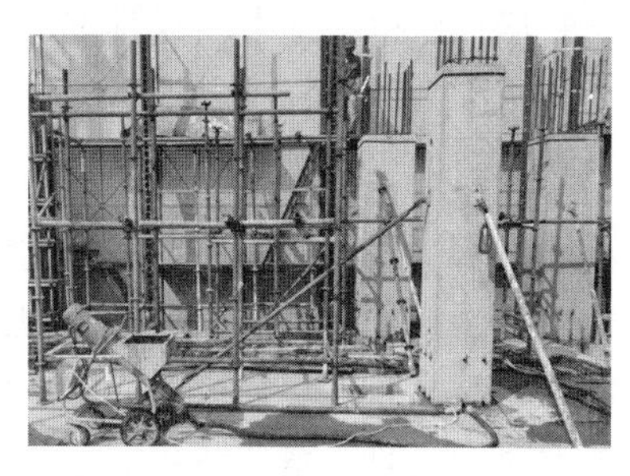

图2　预制柱灌浆

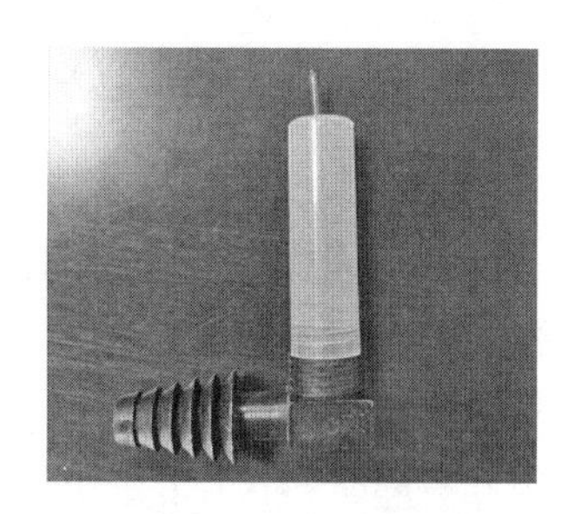

图3　灌浆饱满度塑料检测管

在灌浆过程中发现灌浆套筒底部灌浆口的堵塞或出浆口检测塑料套管被灌浆料冲出时，及时叫停灌浆机，等重新封堵、安装好再开始灌浆，灌浆至预制柱所有灌浆套筒和预制柱预留灌浆排气孔溢出浆液，并将检测管中塑料活塞全部顶起，说明该预制柱灌浆完成，灌浆完成后先不急于拔出注浆枪口，继续稳压 30s，待灌浆套筒中空气全部排出后，迅速拔出注浆枪口，并封堵灌浆口（图 4、图 5）。灌浆完成后继续派人观察预制柱灌浆套筒塑料管检测器中浆液是否有下降等情况，持续 30min 后若塑胶检测管中浆液无变化，则预制柱灌浆完成。

图 4　灌浆前

图 5　灌浆后

4　预制柱钢筋套筒灌浆检测结果分析

4.1　套筒灌浆无法灌满原因分析

预制柱灌浆过程中若发现有一只或几只检测管未看到浆液，周边其他检测管有浆液时，该灌浆套筒可能堵塞，此时应停止灌浆，取出未灌浆的注浆管，查明原因。一般情况有如下几种情况造成：（1）灌浆料搅拌不充分有块状灌浆料进入灌浆套筒；（2）灌浆时将预制柱底部坐浆料块状物冲入灌浆套筒；（3）灌浆套筒在预制柱吊装前检查不到位，灌浆套筒中有水泥浆液等杂物堵塞；（4）预制柱下部预留钢筋长度测量不准确或预制柱预埋钢筋长度过长，钢筋顶至灌浆套筒中间隔板上将套筒中间隔板通浆封封堵。

4.2　套筒无法灌满的处理措施

发现灌浆套筒被杂物堵塞时，用细钢丝从灌浆套筒出浆口插入进行通孔，直至浆液冒出。若因钢筋过长将灌浆套筒中隔板通浆孔封堵时，可用钢筋从出浆口或灌浆口插入，轻轻敲击灌浆套筒中的灌浆，使钢筋略移动，留出灌浆料通过的缺口，因灌浆料有速干的特性，上述处理措施必须迅速完成，并开始再次灌浆，直至所有灌浆套筒灌满灌浆料，所有塑料检测管中都进入浆液并顶起塑料活塞。

灌浆过程中或灌完浆观察期间发现灌浆饱满度检测塑料套管中活塞下落且塑料套管中浆液下降，有可能为预制柱连接处漏浆或灌浆套筒进浆口封堵件脱落，应及时处理漏浆处，并及时补灌。若无漏浆情况，可能是套筒中空气排出后浆液下降，同样需要补灌。

5　结语

以马栏山创意设计总部大厦为例，采用饱满度检测塑料套管对该工程预制柱竖向钢筋连接套筒灌浆饱满度进行了现场检测。可看出灌浆塑料套管饱满度检测能够快速、直观地反映出套筒内部灌浆的饱满程度，同时解决了等灌浆料从出浆口溢出再封堵出浆口而造成灌浆料浪费和预制构件被灌浆料污染的问题，并且在灌完浆能够对套筒是否漏浆或排完空气浆液是否下降有直观的判断。当预制柱接缝封仓处发生漏浆和再次补灌时，通过饱满度检测塑料套管即可准确判断套筒内部是否达规定灌浆饱满的要求，便于实现对装配式混凝土结构灌浆施工过程中对所有灌浆套筒饱满度控制。

结合现场控制后效果可以看出，接缝封仓处封堵质量的好坏，灌浆套筒安装前是否检查及清理杂物直接影响后续灌浆施工是否顺利、套筒内部灌浆是否饱满。灌浆过程中一旦发生漏浆，应重新进行封堵预制柱连接处，并及时进行补灌。补灌时重新检查所有灌浆套筒塑料检测管是否全部进浆，并将检测管中塑料活塞全部顶起。另外，补灌应及时，以防止已经注入套筒的灌浆料发生凝固，导致灌浆通道堵塞，补灌不成功。

参考文献

[1] 混凝土结构工程施工质量验收规范：GB 50204—2015 [S]. 北京：中国建筑工业出版社，2015.
[2] 水泥基灌浆材料应用技术规范：GB/T 50448—2008 [S]. 北京：中国建筑工业出版社，2008.
[3] 钢筋套筒灌浆连接应用技术规程：JGJ 355—2015 [S]. 北京：中国建筑工业出版社，2015.

大跨度多层劲性混凝土结构型钢梁柱一次安装施工技术

何　欣　左　乐　孙　凯

中国建筑第五工程局有限公司　长沙　410000

摘　要：型钢混凝土结构在目前的高层和超高层建筑中被广泛采用，针对该结构施工中遇到的工序穿插频繁，严重影响施工工作面，导致工程进度缓慢的难题，本文归纳和梳理了一套型钢梁柱连续安装施工技术，包括BIM技术深化设计、加装增强临时支撑杆件、型钢结构连续施工等，对确保型钢混凝土施工达到工期进度要求和确保施工质量具有良好的指导意义。

关键词：型钢混凝土；连续安装；稳定型钢

随着现代公共建筑向多功能和综合用途发展，设计大跨度劲性混凝土结构的建筑不断增多，由于逐层安装钢结构，又逐层进行钢筋混凝土施工，工序穿插频繁，尤其在场地受限的条件下，大部分型钢结构在提前进入现场后，严重影响施工工作面，导致工程进度缓慢，因此劲性混凝土结构型钢穿插吊装是影响施工进度和工程质量的主要难题。

1　施工技术要点

（1）应用BIM技术深化设计，对劲性钢结构拆分成模块，工厂化加工，现场吊装焊接，提高了构件加工与安装的质量；

（2）将劲性钢结构部分连续安装，整体进入钢筋混凝土分部施工，节约了场地，方便了施工，缩短了工期；

（3）增加钢结构框架临时连接杆件，控制了钢结构框架的变形量，保证了整体稳定性。

通过建立钢结构Tekla模型及BIM模型、深化设计，确定钢结构分段、分模块加工与吊装的方式；将劲性钢结构部分连续安装整体进入钢筋混凝土分部施工；通过增加钢结构框架临时连接杆件，控制钢结构框架吊装过程的变形量，确保其稳定性。

2　施工工艺流程及操作要点

2.1　施工工艺流程

施工工艺如图1所示。

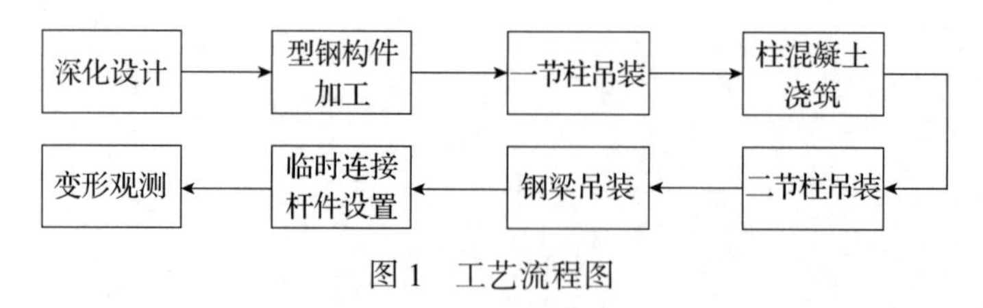

图1　工艺流程图

2.2　操作要点

2.2.1　深化设计

采用Tekla软件建模技术，针对大跨度巨型钢结构吊装分段及劲性混凝土结构核心区钢筋处理方式，对型钢混凝土梁、柱结构的每一个连接点绘制节点大样，预先计划钢结构分段、节点纵向钢筋弯折、锚固情况及连接板和套筒位置。

（1）根据深化设计模型及预先计划钢结构分段：钢柱最大高度为18.15m，分两段，第一段6.15m，第二段12m；钢梁最大跨度为32.6m，一次性吊装到位。

（2）劲性混凝土梁柱核心区采用连接板连接，连接板工厂加工，保证梁柱节点处施工质量。

2.2.2 型钢构件的制作

型钢构件及连接板经深化设计，按1∶1的比例翻样后下料，均由工厂集中制作，成型质量较好（图2）。

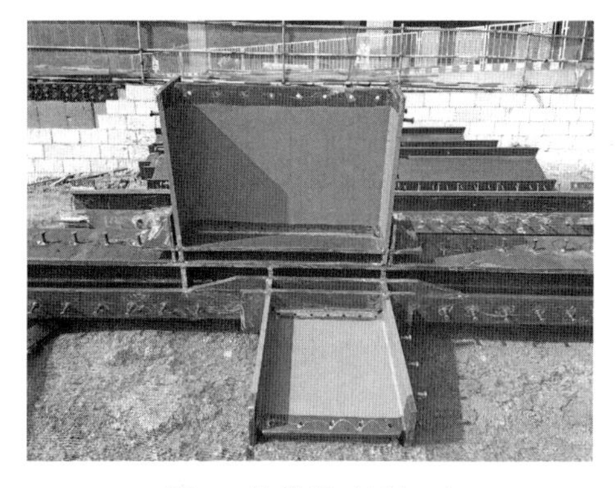

图2 连接板工厂加工

2.2.3 型钢结构安装

（1）钢柱吊装要点

根据深化设计模型及预先计划钢结构分段：钢柱最不利吊装长度为12m，质量约10t。由于场地受限，吊车采用从坡道处下到底板处进行型钢就近安装；选用50t吊车，臂长27.5m，工作幅度8m，额定起重量15.8t，起升高度25m，钢柱质量10t，满足吊装要求。

吊点设置在预先焊好的连接耳板处。为防止吊耳起吊时的变形，采用专用吊装卡具，采用单机回转法起吊。起吊前，钢柱应垫上枕木以避免起吊时柱底与地面的接触，见图3，起吊时，不得使柱端在地面上拖拉。

一节柱安装完成后，浇筑柱混凝土至一层梁底，待柱混凝土达到设计强度的70%后，再安装上部钢柱。钢柱安装完成后，立即拉设缆风绳进行临时固定（图4）。

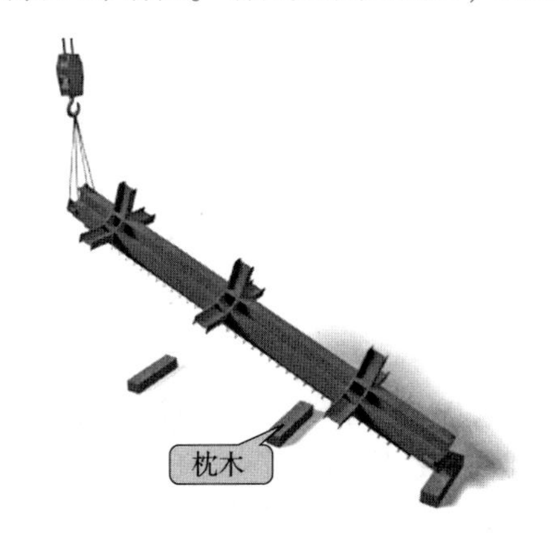

图3 钢柱吊点设置和起吊方式

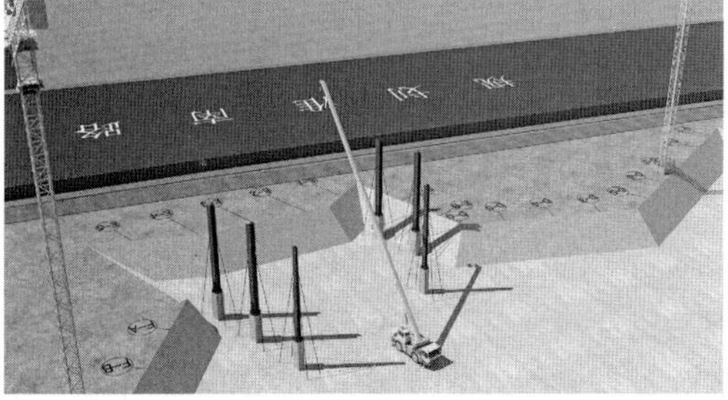

图4 型钢柱吊装

（2）型钢梁安装要点

钢柱焊接完成检测合格后，进行钢梁吊装。

根据深化设计模型及预先计划钢结构分段：钢梁集中分布在二层、三层，整根钢梁长32.6m，整梁质量达27t，吊车可从坡道下地下室进行就近吊装，选用130t吊车，工作幅度9m，臂长40.9m，额定起重量49t，起升高度35m。钢梁质量27t，就位顶部高度12.55m，吊钩距构件10m，满足吊装要求。

吊点设置：单机两点吊装，吊索与构件水平夹角不得小于45°，绑扎必须牢固。钢梁的吊点设置在梁的三等分点处，在吊点处设置耳板，待钢梁吊装就位完成之后割除。为防止吊耳起吊时的变形，采用专用吊具装卡，此吊具用普通螺栓与耳板连接。

型钢梁翼缘应与钢柱对接焊接完成及螺栓拧紧后，汽车吊方可松开吊绳卸载。

（3）稳定型钢安装要点

由于该区域钢结构先于混凝土结构施工，自成体系。为保证钢结构的稳定，每2榀钢梁安装完成后，即在钢梁上设置H形拉杆，杆件采用H200mm×200mm×8mm×12mm，使已安装的钢构件形成整体刚度单元如图5、图6所示，防止在施工过程中，因为风荷载和重力荷载的作用导致构件失稳或破坏，拉杆设置完成后收起缆风绳。

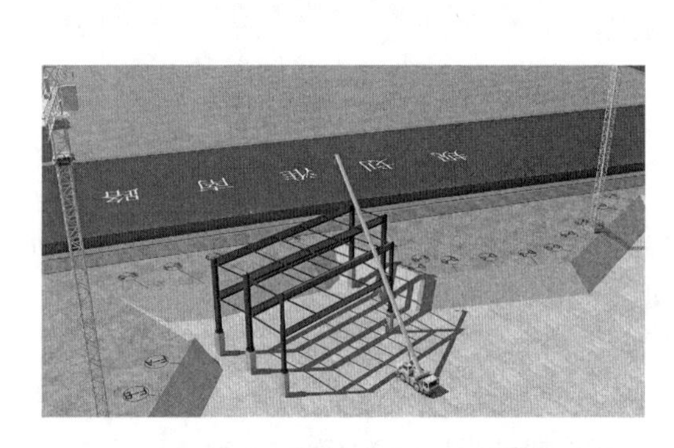

图5　临时支撑杆件设置详图

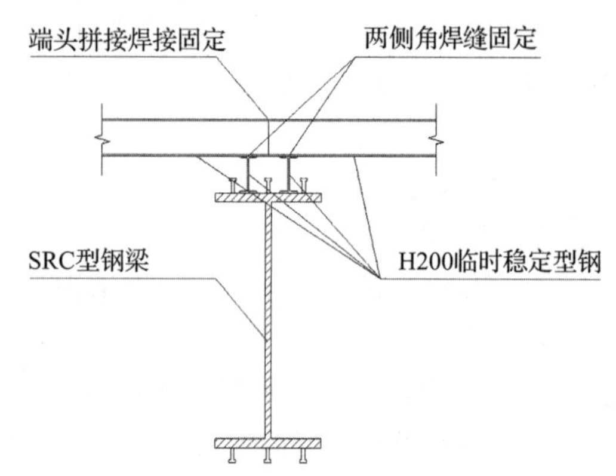

图6　临时支撑杆件固定

稳定型钢随土建施工随层拆除，即为土建楼层施工完成后，拆除本层稳定支撑，不得提前解除。

2.2.4　钢结构变形监测

对钢柱的垂直度和侧向弯曲进行监测，共布置3处，位于钢柱三等分处；监测阶段为单层钢柱吊装完成至混凝土浇筑完成，监测频率为每日一测，变形稳定后可每三日一测。

对钢梁进行挠度监测，监测点布置于大跨度钢梁，共布置3处，位于钢梁中央一点及跨度的四等分点；监测阶段为单层钢梁吊装完成至混凝土浇筑完成，监测初始值取汽车吊卸载前数值，监测频率为每日一测，变形稳定后可每三日一测。

3　结语

通过BIM技术深化设计、加装增强临时支撑杆件等技术措施，使型钢混凝土结构中的型钢结构连续施工，有效避免了工序穿插频繁，严重影响施工工作面，导致工程进度缓慢的难题。与传统施工工艺相比，采用大跨度多层劲性混凝土结构型钢梁柱连续安装施工技术，具有缩短工期、保障安全、降低成本等特点，为高效、安全地完成大跨度型钢混凝土施工提供了一条全新的思路，推广应用前景广阔，社会与经济效益显著。

参考文献

［1］ 陈敏敏，吴学军，熊壮，等．型钢混凝土组合结构钢骨开孔与穿筋深化设计［J］．施工技术，2013（8）：12-16.

［2］ 王伟峰．型钢混凝土组合结构节点设计［J］．施工技术：下半月，2012（2）：47-49.

高层建筑核心筒大体积混凝土钢筋支撑架设计

向会坤　郑生中　杨执理

中国建筑第五工程局有限公司　长沙　410000

摘　要：大体积混凝土钢筋支架存在于高厚混凝土板的上下层钢筋之间，通常采用钢筋或型钢焊制来支撑上层钢筋荷载，以此来控制标高和上部操作平台的全部施工荷载。江西省赣江新区临空置地广场项目位于儒乐湖总部经济大楼，底板厚度为 0.5~5.3m，其中核心筒区域底板厚度为 1.9~5.3m，属于大体积混凝土施工范围。为确保集水井、电梯井基础钢筋及地下室筏板钢筋位置的准确性，以及保证施工安全和钢筋绑扎质量，工程采用 C28 钢筋进行支架固定，该技术能大幅度提高架体的安全性与可靠性。

关键词：大体积混凝土；钢筋支架；核心筒

1　工程概况

本工程大体积混凝土区域总面积为 3381m^2，其中，5-9/L-Q 轴筏板厚度 1.9~5.3m，3-11/J-U 轴筏板厚度为 0.5~2m，核心筒区域均属于大体积混凝土，核心筒外围底板厚度为 500mm，承台、底板采用 C35P8 混凝土，垫层 C15 混凝土 100mm 厚（表 1、图 1、图 2）。

表 1　工程概况

序号	区域	面积（m^2）	厚度（m）	混凝土	方量（m^3）
1	塔楼底板核心筒部分	662	1.9-5.3	C35P8	2400
2	塔楼底板除核心筒部分	1571	0.5-2	C35P8	1500
3	大体积混凝土一次浇筑除塔楼底板部分	1148	0.5-1	C35P8	700

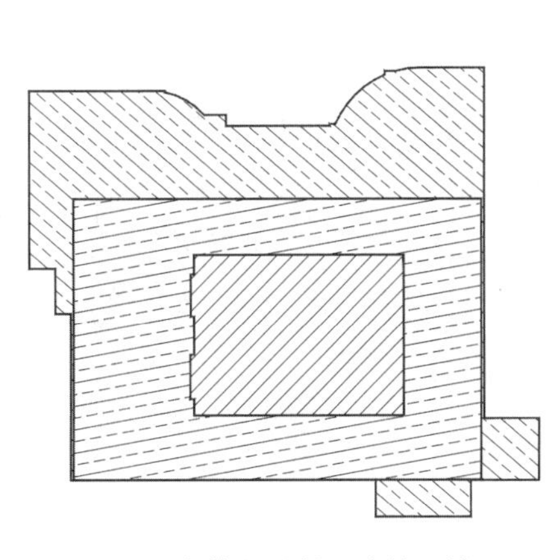

图 1　大体积混凝土浇筑区域

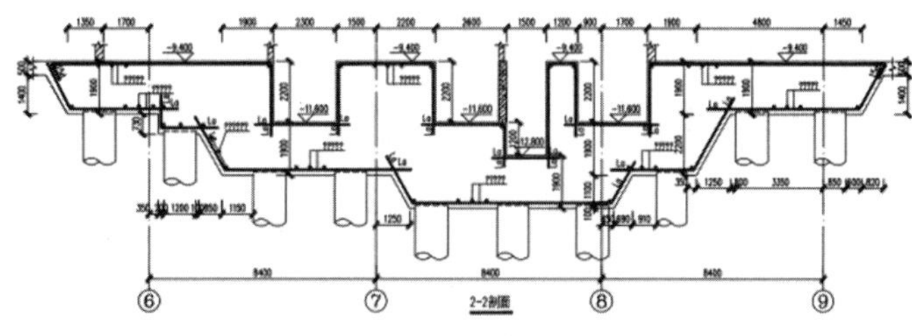

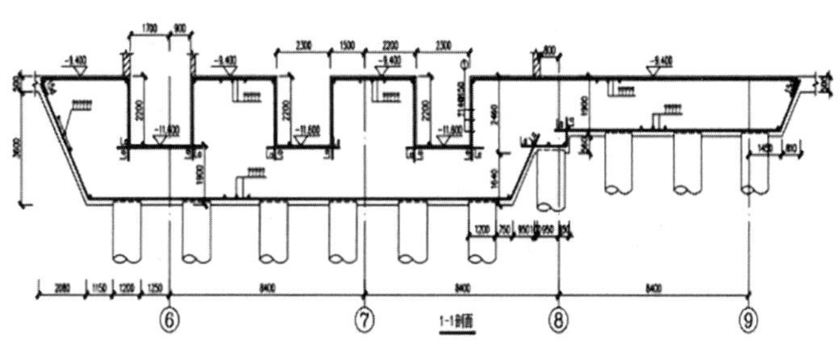

图 2　核心筒区域剖面图

2　钢筋支架

2.1　钢筋支架设计

钢筋支架所承受的荷载包括上层钢筋的自重、施工人员及施工设备荷载。钢筋支架的材料根据上下层钢筋间距的大小以及荷载的大小来确定（表2）。

表2　支架参数

基本参数			
钢筋层数	3	支架横梁间距 l_a（m）	1.50
除底层钢筋外，从上到下各层钢筋依次自重荷载（kN/m²）	1.1，1.2	施工人员荷载标准值（kN/m²）	0.50
施工设备荷载标准值（kN/m²）	0.50		
横梁参数			
横梁材质	HRB400Φ28 钢筋	钢筋级别	HRB400
钢筋直径（mm）	28	最大允许挠度（mm）	6
横梁的截面抵抗矩 W(cm³)	2.155	横梁钢材的弹性模量 E(N/mm²)	2.05×10^5
横梁的截面惯性矩 I(cm⁴)	3.017	横梁抗弯强度设计值 f(N/mm²)	360
立柱参数			
立柱总高度 H(m)	5.300	立柱计算步距 h(m)	1.500
立柱抗压强度设计值 f(N/mm²)	360	立柱间距 l(m)	1.00
立柱材质	HRB400Φ28 钢筋	钢筋级别	HRB400
钢筋直径（mm）	28	横梁与立柱连接方式	焊接
角焊缝焊脚尺寸 h_f(mm)	6	角焊缝计算长度 l_w(mm)	150
焊缝强度设计值 ff_w(N/mm²)	160		

本工程核心筒底板厚度为1.9~5.3m，配筋为Φ14@150的双层双向钢筋网片，当承台厚度大于2000m时，在板厚中间部位设置Φ12@300的双向钢筋，核心筒区域采用钢筋支架，支架钢筋型号均为HRB400Φ28，立柱间距1.0m，横梁间距1.5m，从两侧边线200mm处开始布设。立杆设在承台底筋平面网格角部，立杆根部与筏板底筋用电焊固定。立杆顶部一根水平贯通架立筋，利用同向的一根筏板主筋下移替代。立杆稳定斜拉钢筋采用HRB400Φ14钢筋，斜撑钢筋采用HRB400Φ20钢筋（图3、图4）。

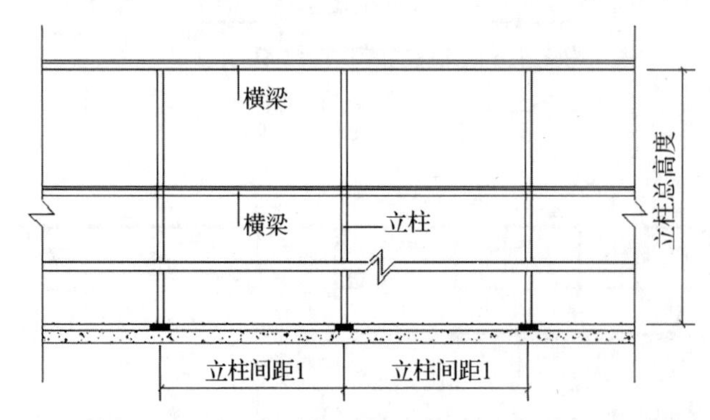

图3　钢筋支架立面图

图4　钢筋支架搭设

除核心筒底板外，其他区域底板厚度均在深度0.5~2m，该区域承台支撑架需在钢筋中间增加一排Φ28钢筋作为横梁，以此来提高底板钢筋的整体性。

2.2　相关参数计算

（1）顶层支架横梁计算

支架横梁按照三跨连续梁进行强度和挠度计算，支架横梁在小横杆的上面。按照支架横梁上面的脚手板和活荷载作为均布荷载计算支架横梁的最大弯矩和变形。

①静荷载的计算：$q_1=1.2\times1.10\times1.50=1.98\text{kN/m}$。

②活荷载的计算：$q_2=1.4\times0.50\times1.50+1.40\times0.50\times1.50=2.10\text{kN/m}$。

③强度计算：最大弯矩考虑为三跨连续梁均布荷载作用下的弯矩，其值为：$M_{1\max}=0.08q_1l^2+0.101q_2l^2=(0.08\times1.98+0.101\times2.10)\times1.0^2=0.371\text{kN}\cdot\text{m}$，支座最大弯矩为：$M_{2\max}=-0.10q_1l^2-0.117q_2l^2=-0.444\text{kN}\cdot\text{m}$，本文选择支座弯矩和跨中弯矩的最大值进行强度验算：$\sigma=205.88\text{N/mm}^2<360\text{N/mm}^2$。

④挠度计算：最大挠度考虑为三跨连续梁均布荷载作用下的最大挠度为：$\nu_{\max}=(0.667q_1+0.990q_2)l^4/100EI=4.2069\text{mm}<6\text{mm}$（其中，静荷载标准值：$q_1=1.65\text{kN/m}$，活荷载标准值：$q_2=1.50\text{kN/m}$）。

（2）中间层支架横梁计算

支架横梁按照三跨连续梁进行强度和挠度计算，支架横梁在小横杆的上面。取中间层钢筋最大的自重荷载层进行计算，中间层支架横梁不考虑活荷载作用。

①均布荷载值计算：静荷载的计算：$q_2=1.2\times1.20\times1.50=2.16\text{kN/m}$。

②强度计算：最大弯矩为：$M=0.101q_2l^2=0.1\times2.16\times1.0^2=0.216\text{kN}\cdot\text{m}$，则 $\sigma=\frac{M}{W}=0.216\times10^6/2.115\times10^3=100.226\text{N/mm}^2<360\text{N/mm}^2$。

③挠度计算：静荷载：$q_2'=1.20\times1.50=1.80\text{kN/m}$，则 $\nu_{\max}=1.9702\text{mm}<6\text{mm}$。

综上所述：由于中间层支架均布荷载较小，且考虑此处实际挠度因素较小，按照 HRB400Φ28 钢筋设计值要远大于现场实际值，故满足现场施工需求。

（3）支架立柱计算

支架立柱的截面面积 $A=6.16\text{cm}^2$，截面回转半径 $i=0.7\text{cm}$。支架立柱作为轴心受压构件进行稳定验算：$\sigma=N/\Phi A\leqslant[f]$，其中 σ 立柱应压力，N 轴向压力设计值，Φ 轴心受压杆件稳定系数，$[f]$ 立杆抗压强度设计值。

①长细比验算：根据立杆的长细比 $\lambda=h/i=250.00/0.7=214.00\leqslant250$。

②稳定性验算：根据立杆的长细比 $\lambda=214.00$，经过查表得到 $\Phi=0.159$，$[f]=360\text{N/mm}^2$。采用第二步的荷载组合计算方法，可得到支架立柱对支架横梁的最大支座反力为：$N_{\max}=1.1\sum q_1l+1.2q_2l=7.074\text{kN}$，$\sigma=72.254\text{N/mm}^2\leqslant[f]$。

（4）立柱与横梁连接节点验算

顶层横梁最大支座反力：$R_1=1.1q_{1静}l+1.2q_{2活}l=4.698\text{kN}$；

中间层横梁最大支座反力：$R_2=1.1q_{2静}l=2.376\text{kN}$；

横梁最大支座反力：$R=\max(R_1,R_2)=\max(4.698,2.376)=4.698\text{kN}$。

（5）焊缝强度验算

$R/(0.7h_flw)=4.698\times10^3/(0.7\times6\times150)=7.457\text{N/mm}^2<f_{f^w}=160\text{N/mm}^2$。

综上所述，按照目前设计值满足现有工程施工结构受力安全要求，并经反复验算，立柱间距 1.0m、横梁间距 1.5m 为极限值，在现场保证施工安全的前提下做到了材料的最大限度节约。

3　结语

本项目大体积混凝土支架采用直径为28mm三级钢筋进行搭设，是在考虑到传统的钢筋马凳支架无法满足现场结构安全需求的情况下，对支架设计进行优化。施工前对核心筒区域筏板基础钢筋、施工机械的均布荷载值、作业人员荷载值的受力情况进行计算，分析钢筋架体的稳定性与可靠性，保证架体的强度与安全。另外，采用直径为28mm三级钢筋作为钢筋支架，一方面可以利用钢筋支架网作为温度筋有效降低核心筒中间的水化热，避免温度裂缝的产生；另一方面，钢筋做支架相比钢管架做筏板钢筋的支架能有效避免底板防水问题。本文以对江西赣江新区临空置地广场项目为载体，对其核心筒区域底板大体积混凝土钢筋支架进行研究讨论，通过实践证明，该方法有较高的安全性和可靠性，能弥补传统钢筋支架的不足。当然，核心筒大体积混凝土采用钢筋作为支架前需要进行结构安全验算，对于超厚的核心筒可以采用刚度更大的方钢或者槽钢进行支撑。

参考文献

[1] 王建英．浅谈厚片筏多层钢筋支撑体系的施工方法［J］．粉煤灰综合利用，2010（4）：41-43.

[2] 卜凡栋，马庆吉．大体积混凝土钢筋支架设计［J］．中小企业管理与科技（中旬刊），2019（9）：193-194.

[3] 叶弘菁，路梦良，赵小勤，等．钢管+型钢组合钢筋支架在超厚筏板施工中的应用［J］．工程质量，2020，38（4）：33-36.

[4] 李文飞．筏板基础超厚大体积混凝土施工技术［J］．建材世界，2020，41（6）：29-32.

[5] 郝伟．大体积混凝土工程管理要点分析［J］．居舍，2020（35）：137-138.

[6] 虞春永．超厚筏板基础钢筋支架的设计与施工［J］．门窗，2013（3）：221-222.

[7] 徐洁，李洋，胡信芳．用钢筋支架兼做冷凝水管对厚大体积混凝土进行降温的施工技术［J］．工程建设与设计，2014（4）：120-122.

[8] 陈彦红，陈季，杨建新，等．大体积现浇抗裂混凝土施工裂缝防治研究［J］．森林工程，2021，37（1）：105-110.

第 2 篇

地基基础及处理

基于跳仓法的地下室穿插施工快速建造应用分析

王安若　赵　恒　魏　晋　邹　晨　余建国

中国建筑第五工程局有限公司　长沙　413000

摘　要： 地下室主体结构采用跳仓法进行施工，由于跳仓法具有不设后浇带的优势，拆模清理后结构即可成为一个整体，不需要对后浇带进行二次封闭以及对顶板后浇带进行支撑，即具备后续工序的穿插施工条件。相比传统留设后浇带的施工工艺，基于跳仓法的地下室穿插施工不仅可以节约地下室结构的施工工期，还可以加快材料周转及后续装饰装修、机电安装的施工进度。本文通过结合跳仓法不设缝的施工工艺，提出一种基于跳仓法的地下室装饰装修、机电安装的快速穿插施工应用理念，为后续项目提供借鉴与参考。

关键词： 跳仓法；后浇带；穿插施工；快速建造

快速建造是现在大力推广的新型施工理念，通过优化设计、优化工序穿插时间等措施，使项目建设达到高周转、快建造、省成本的目的。目前国内比较热门的致力于快速建造工艺有碧桂园的SSGF工法、装配式安装工艺等，但针对地下室的快速建造施工措施的研究以及实施较少。

1　地下室后浇带设计中存在的问题

地下室结构设计中，解决超长、大面积地下室结构温度裂缝的处理方式为留设40~50m后浇带。留设后浇带，意味着在后浇带没有浇筑完成前，地下室不是处于一个封闭的状态，由于后浇带的影响，地下室装饰装修以及机电安装的施工时间会在主楼装修施工完成之后才能进行。这会制约消防验收的时间，从而影响工程竣工验收节点。

留设后浇带，由于后浇带内常常积水，存留垃圾，清理难度大，同时后浇带的浇筑工艺常常不能满足规范要求，大量的留设后浇带会增加结构渗漏的风险，影响装饰装修工程的施工质量。如何通过现有的技术措施，使得地下室装饰装修工程、机电安装工程不受后浇带的影响，提前组织装修工序穿插的施工，达到快速建造的目的，是一个值得探讨的议题。

2　跳仓法的施工原理简介

跳仓法就是把建筑物结构分成若干段或块，采用间隔施工的一种施工方法。跳仓法适用于大面积、超长、超宽、不设沉降后浇带的地下室和主楼施工。

跳仓法的施工原理就是“放”与“抗”的原理，将板面分为长宽不大于40m的方格进行浇筑，早期释放混凝土的应力，后期则利用混凝土自身的抗拉能力来防止混凝土裂缝；通过优化混凝土配合比，减小胶凝材料用量与用水量，控制混凝土入模温度与入模坍落度，减少混凝土的收缩裂缝。通过控制混凝土原材料质量、细致振捣提高混凝土的密实度、加强构造配筋等措施提高混凝土的抗拉强度。

采用跳仓法施工时，相邻仓混凝土需要间隔7d后才能浇筑，并加强原材料质量控制与结构的保温、保湿措施，通过跳仓间隔释放混凝土前期大部分温度变形与干燥收缩变形引起的约束应力，同时应注意施工缝部位加强钢筋以及施工缝铁丝网的拦设，后期对施工缝加强监控以及做好防水加强。

3　取消后浇带采用跳仓法施工的优势

（1）在后浇带留置期间，钢筋会锈蚀，混凝土面会结垢污染，凿毛、清理、除锈异常艰难。同时后浇带极易成为渗漏点和结构安全隐患，取消后浇带将保证质量并节省大量清理费用。

（2）后浇带贯穿于整个地下、地上结构，所到之处梁板均断开，给施工带来不便；后浇带悬挑处需要大量的模板支撑，后期处理工艺烦琐，取消后浇带可减少了剔凿、支撑等工序，节约工期，节省人工、钢管扣件租赁费用。

（3）取消后浇带，一次浇筑成型，可减少后期浇筑及封堵工序，可提前进行土方回填，减少后浇带对后期二次结构、装饰装修等专业施工穿插的影响，节约工期。

（4）结构不留设后浇带可最快地形成整体工作面，极大方便现场材料堆放与运输，节省后浇带未封闭前覆盖模板或钢板的保护费用。

4　跳仓法在快速建造领域的穿插施工应用

（1）关键技术

基于跳仓法组织地下室装饰装修的快速建造施工时，应采用混凝土连续跳仓施工的技术，即按“品字形”或“隔一浇一”的方式对分区的结构进行跳仓浇筑，在保证相邻区域的混凝土浇筑时间大于7d的情况下，尽可能地使地下室主体形成大面积、整体且连续的结构，在拆模清理完成后，具备插入装饰装修及机电安装施工的条件，为地下室的快速穿插作业奠定基础。

（2）设计优化方面

①取消原结构设计后浇带，按不大于40m的跳仓施工流水段设置施工缝，施工缝部位采用同型号钢筋加密。

②混凝土设计中，可考虑增加外加剂配置，降低混凝土水化热，减少收缩裂缝的出现。

③地下室底板设置地梁时，施工缝封堵及清理难度大，宜采用整体式筏板结构，相邻柱间可设置暗梁调节底板沉降。

④地下室顶板及侧墙的防水设计可考虑采用非固化沥青防水。

（3）基于跳仓法组织穿插施工时的施工工艺流程

跳仓施工流水段划分→组织跳仓结构施工作业→地下室结构拆模清理→砌体抹灰插入施工→顶棚涂料插入施工→机电安装插入施工→墙面腻子第一遍施工→地下室地坪施工→墙面腻子第二遍施工→标识划线及标识标牌施工→竣工验收。

（4）与留设后浇带相比跳仓穿插施工的工期节约分析

①留设后浇带组织施工时，插入装修所需要的工期时间分析（图1）：

以100m×100m的一层地下室进行分析，假定完成一个区块（50m×50m）所需要的时间为60d，则按流水施工顺序，完成整个地下室结构所需要的时间为60d×4＝240d。假定地下室采取穿插施工，至少要完成①、②两区块，形成作业面，考虑①区块与②区块之间的后浇带封闭、拆模清理的时间，则插入装修施工的时间为60d×2（结构施工时间）+60d（后浇带封闭等待时间）+28d（后浇带养护时间）+7d（拆模清理时间）＝215d。同理，③区块与④区块之间后浇带封闭合拢后，插入装修施工所需要的时间至少为240+60+7＝335d。

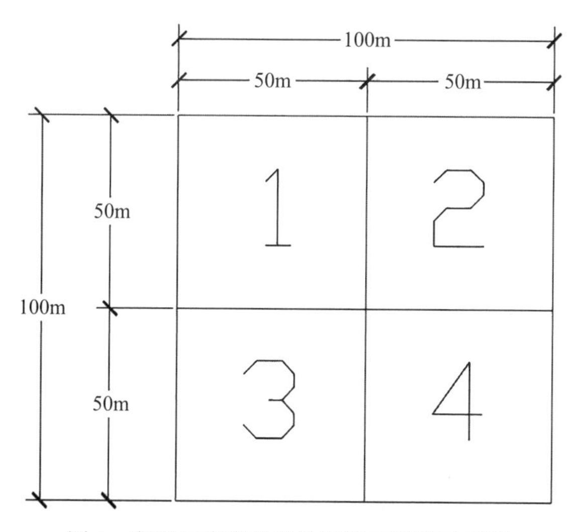

图1　留设后浇带时的分区施工顺序示意图

②采用跳仓法组织施工时，插入装修所需要的工期时间分析：

同样以100m×100m的一层地下室进行分析，按跳仓法施工规范要求，将地下室划分为9个区块，假定投入同等的人力以及物力，划分后一个区块的施工面积为33m×33m，是后浇带留设时施工面积的43.6%，故完成一个区块的时间为60×0.436=26d，考虑跳仓施工组织难度的影响，按30d完成一个区块进行计算，则完成整个地下室所需要的时间为270d。跳仓的施工顺序如图2所示，按①~⑨的顺序组织施工，确保相邻区块的施工间隔大于7d。

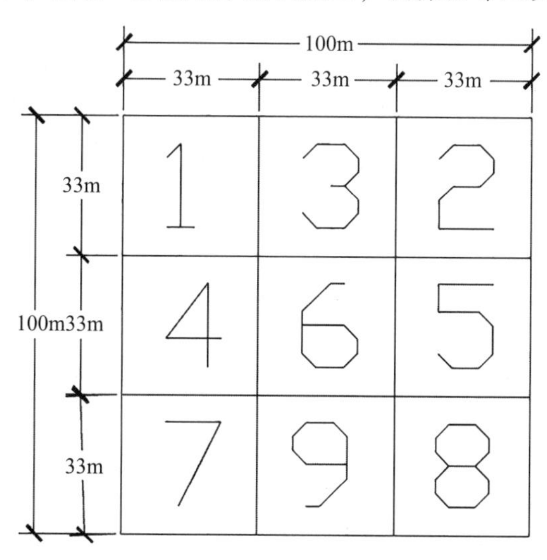

图2　采用跳仓施工时的分区施工顺序示意图

现计算第一次插入装饰装修的大区，即①~③区块所需要的时间为：30×3（结构施工所需时间）+28（最后一个区块养护完成的时间）+21（首开大区模板、架管、扣件等材料拆模清理所需要时间）=139d，相比留设后浇带时，装修插入的时间提前了215−139=76d。最后一个大区（⑦-⑨-⑧组成）插入装修的时间为30×9+28+21=319d，相比留设后浇带时，装修插入提前了16d。

故采用跳仓法施工时，能大大缩短装饰装修插入的时间，特别是针对首开区段，能提前

76d 插入装饰装修的施工，这与快速建造中的快速穿插、一次成活的理念不谋而合。

（5）基于跳仓法组织装修穿插施工时应注意的问题

①主体验收程序方面：在地下室组织施工穿插作业时，与 SSGF 工法（高质量建造体系）类似，由于地下室未闭合，结构分部、人防分部可能未组织验收，提前插入了装饰装修的施工，需要与监理单位、建设主管部门提前沟通，采取分段验收或新工艺应用报告等方式完善验收程序，在组织装饰装修施工前，应注意结构表面不能隐蔽，并且相应的主体结构检测报告应在装饰装修施工前出具。

②各专业配合方面：基于跳仓法施工时，由于穿插时间提前，涉及到机电安装、装饰装修、设备采购等单位的招标、定标必须前置，在具备移交装修作业面时，装饰装修工作中各专业的人、材、机必须就位。

③施工顺序方面：应注意地下室跳仓施工的首开区段应为靠近上地面通道、联络口等部位，在结构拆模清理完成以后，具备材料运输至地下室内的条件。

④渗漏水风险防治方面：由于跳仓施工的原理为充分利用混凝土的抗拉性能，故应严格按照规范对混凝土进行养护，减少收缩裂缝的出现。同时，在地下室结构合拢后，应注意对已发现渗漏水的部位提前进行堵漏处理。

⑤地下室抗浮风险方面：由于结构采用跳仓施工不设缝的特性，地下室承受的浮力比留设后浇带时大，应考虑加强抗浮设计，做好地下水的水位监测措施，并尽快组织地下室顶板的回填。

4 小结

基于以上分析，由于跳仓法本身不设后浇带的优势，结构拆模清理后即可成为一个整体，不需要对后浇带进行二次封闭以及对顶板后浇带进行支撑，即具备后续工序的穿插施工条件。相比传统留设后浇带的施工工艺，基于跳仓法组织地下室的装饰装修穿插施工不仅可以节约地下室结构的施工工期，也可以加快材料周转及后续装饰装修、机电安装的施工进度。在国家以及企业大力推行快速建造的当下，本工法具备很好的实施应用条件，相信在未来可以得到推广。

参考文献

[1] 王铁梦．工程结构裂缝控制［M］．北京：中国建筑工业出版社，2007.

[2] 王文明，周剑敏，刘湘平．跳仓法施工原理及工程技术分析［J］．上海建设科技，2014（5）：35-38.

[3] 江友志．地下室后浇带渗漏原因分析及处理［J］．河南建材，2011（5）：114-115.

[4] 张鑫．浅谈超长地下室混凝土结构“跳仓法”施工技术［J］．商品与质量·建筑与发展，2014（4）：428-428.

三轴止水帷幕围护结构渗漏封堵及 MJS 工法技术研究

徐　钰　石　磊　李广岩　包佳鑫

中建五局华东建设有限公司　杭州　311100

摘　要：深基坑施工过程中，围护结构的防渗堵漏一直是工程的重点和难点。以杭政储出（2019）9号商业商务项目为例，阐述在深基坑施工过程中，如何处理三轴止水帷幕围护结构的渗漏问题。该项目周边环境复杂，地下管线多，土质松散，所以必须要考虑施工过程中对周边路面和建筑物的影响。结合现场情况，在原止水帷幕外侧施工一排 MJS 工法桩作为新的止水帷幕。MJS 工法成桩质量好，占用场地小，对周边扰动小，相较于传统喷射注浆法更具优越性，适用于本项目，值得周边环境复杂的工程借鉴和应用。

关键词：深基坑；围护结构；渗漏；复杂环境；MJS 工法

本工程围护设置为：钻孔灌注桩+两道水平支撑形式，钻孔桩后采用三轴水泥搅拌桩作为止水帷幕，桩间采用高压旋喷桩加固（挖除抛石后施工搅拌桩及钻孔桩）；坑中坑位置采用高压旋喷桩加固；本项目的深基坑工程施工过程中，围护桩之间时常发生渗漏现象，桩间土流失严重，在渗漏期间用堵漏王进行了封堵，这对于渗漏不是很严重的部位能起到堵漏的效果，但对于渗漏严重的T2区域，必须采取更加有效的堵漏措施。经过分析，推断出T2靠近妇女活动中心一侧区域的止水帷幕有破损，并且T2区域上方污水管线破裂，大量污水涌入基坑中，同时携带了大量的泥沙，路面也因此沉陷。单纯地在围护桩缝隙封堵起不到止水的效果，项目部决定在渗漏的围护桩外侧再施工一排 MJS（全方位高压喷射）工法桩，并修补破损的污水管线，待基坑不再渗漏后再施工。

1　概述

1.1　工程概况

杭政储出（2019）9号商业商务用房项目，位于杭州市上城区雷霆路与望潮路交叉口，拟建场地四周均有高层建筑物，东南至雷霆路，西南至望潮路，北至钱江路，东北至杭州市妇女活动中心。本工程用地性质为商业商务用地，建筑高度 74.9m。建设用地面积 $26682m^2$，建筑面积 $205414.6m^2$，其中地上建筑面积 $141414.6m^2$，地下建筑面积 $64000m^2$，一层底商面积 $5700m^2$，结构形式为框架-核心筒结构+钢结构，地下3层。项目设计方案由4栋16层办公塔楼及底商、商业街、配套用房形成中心广场区（图1）。

图1　项目效果图

1.2　水文地质情况

根据工程地质勘探结果，岩性特征自上而下分别为：①杂填土、①2层素填土、①3层淤泥质填土；②1层砂质粉土、②2层砂质粉土：②3 层砂质粉土夹粉砂：③1 层粉砂：③2 层砂质粉土：③3 层砂质粉土夹粉砂：⑥1 层淤泥质粉质黏土：⑦1 层粉质黏土：⑨1 层粉砂：⑨2 层圆砾：⑩3 层中等风化凝灰岩。

据浙江省气象中心、杭州市气象局资料，杭州常年平均气温 16.2℃，历年平均降雨量 1464.2mm，降雨主要集中在 4~6 月（梅雨季）和 7~9 月（台风雨季）。

1.3　围护结构渗漏原因

本项目土方开挖最大深度为-18.1m，属于深基坑工程（图 2）。在土方开挖过程中围护桩之间水土流失严重，妇女活动中心侧的局部路面更是因水土流失发生了沉陷。初步判断渗漏原因为：止水帷幕破损，止水效果缺失。妇女活动中心大楼外与本项目基坑间上部为杂填土层，开裂下沉处下方为污水管网，污水管破裂造成水土流失引起地表硬化面层与下卧土层脱离，该处围墙等临时设施随即出现开裂（图 3）。

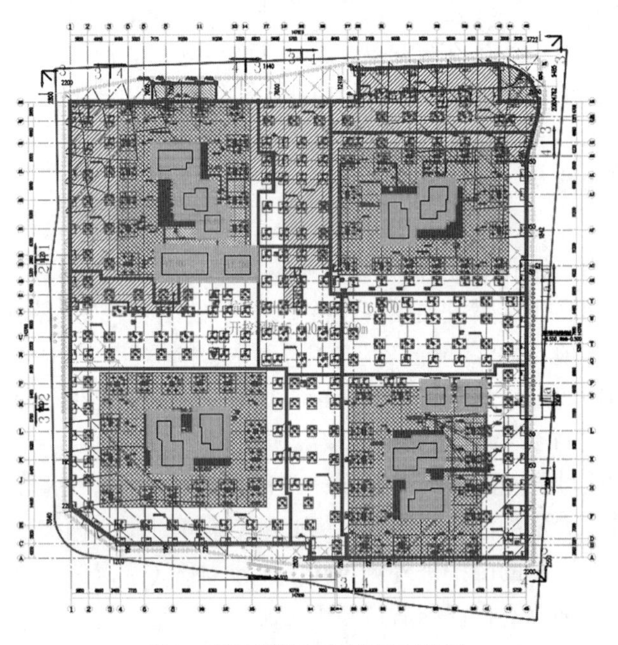

图 2　基坑围护结构平面布置图

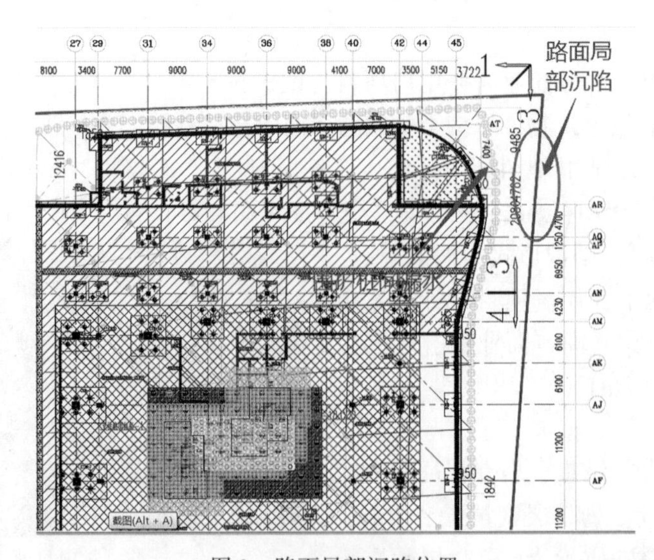

图 3　路面局部沉陷位置

2　缺陷修复方案

针对三轴止水帷幕围护桩渗漏及路面局部沉陷，现场制定了如下抢救措施：

（1）注意高压电缆走线，垃圾连夜清运；箱式变电站位置做好支撑和加固防止倾倒。

（2）发电机就位、接线、调试。

（3）基坑底部围护桩渗水漏水位置用棉被和土工布塞实堵漏，用沙袋和水泥反压，并安排挖机回土压实，回土回到第二道支撑梁底部。

（4）地上沉陷处混凝土全部破除，重新砌筑污水井、雨水井，对破损管线进行修复，使其恢复原有功能。

（5）由于塌陷处下方的三轴止水帷幕有破损，失去了止水效果，需要重造妇女活动中心侧面的止水帷幕。MJS工法桩加固具有施工扰动小、土压力稳定、效果可靠等诸多优点，因此采用MJS工法桩作为新的止水帷幕。

（6）重新硬化恢复路面，拆除砖砌围墙改成轻质隔墙。

（7）在妇女活动中心一侧路面上、基坑内支撑梁上、变压器防护等处做好观测点，定期观测数值变化情况，发现异常立即反馈。

3　MJS工法桩施工方案

（1）根据现场条件情况，制定了两种施工方案（图4）：

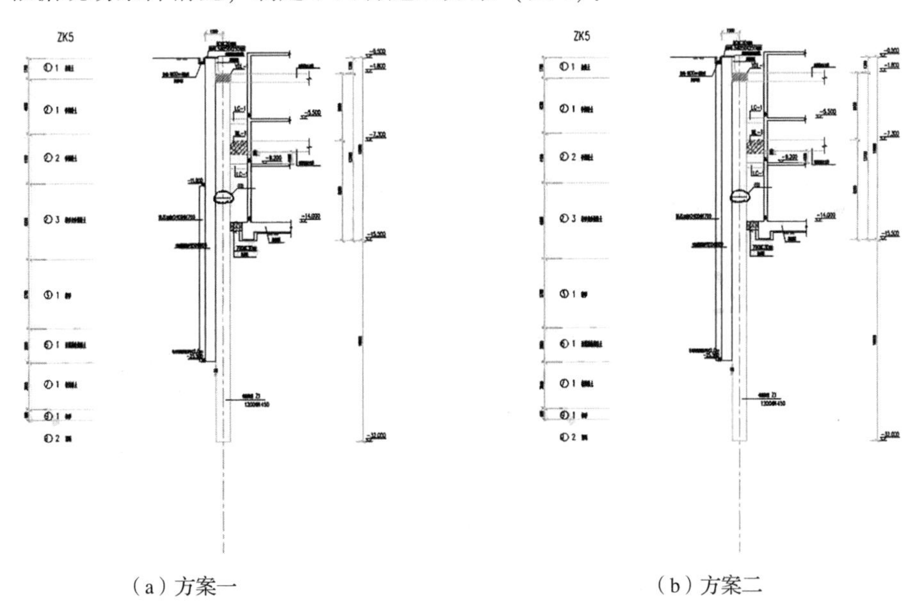

（a）方案一　　（b）方案二

图4　MJS工法桩施工方案

①在基坑漏点处，原三轴搅拌桩外侧施工一排共15根半圆MJS工法桩，桩径2400mm。桩间距1700mm，MJS桩中心距离三轴搅拌桩500mm，地面标高-0.5m，MJS桩底标高与三轴搅拌桩同深（-25.5m），桩顶标高高出渗漏点1m(-11m)，需在坑内至少回土至渗漏点上方2m并压实。本方案实施完成后，由于后续存在桩顶上部的泥水冲下来的可能，因此需降水单位进行配合降水。

②在基坑漏点处，原三轴搅拌桩外侧施工一排共15根半圆MJS工法桩（暂定），桩径2400mm。桩间距1700mm，MJS桩中心距离三轴搅拌桩500mm，地面标高-0.5m，MJS桩底

标高与三轴搅拌桩同深，桩顶标高与地面同高。此方案实施前需由结构队伍先在 MJS 影响范围内，坑内的钻孔灌注桩夹缝处进行封钢板，钢板与灌注桩主筋之间需焊接牢固，避免施工 MJS 工法桩时喷射到较薄弱的三轴止水帷幕上并将其击穿。

通过对表 1 中方案一和方案二在经济性、安全性、进度、质量方面的对比，最终选取了方案一的施工方法。

表 1　方案比选

方案	经济性	安全性	进度	质量
方案一	桩身长仅 14.5m，水泥等材料用量少，经济性较好	桩顶上部的泥水有冲下来的可能，需要降水来配合，安全性较差	无须施工钢板桩，每根桩的桩身短，能加快施工进度	MJS 桩施工质量较好控制
方案二	桩身长 25m，夹缝处需封钢板，经济性差	围护桩之间焊接钢板加固，MJS 桩的止水效果好，安全性好	围护桩之间要焊接钢板，每根桩的长度大，施工进度慢	MJS 桩施工质量较好控制

（2）MJS 施工时将附近的 2 口降水井关闭，避免浆液流入井中，造成井管堵塞。

（3）MJS 工法施工时严格按照跳孔施工，相邻两孔之间施工间隔时间须大于 24h；

（4）施工时，需将管线位置排摸清楚后方可成孔。工程钻机预先在地面上钻直径为 220mm 的孔，在这个 220mm 的孔中下放 MJS 多孔管，MJS 的喷浆、吸浆和测压等均通过多孔管进行。

（5）泥浆循环倒吸出的泥浆排入到临时的泥浆池中，待硬化后外运。

（6）采用 P · O42.5 水泥进行喷浆作业。

4　主要机械设备（表 2）

表 2　MJS 旋喷主要机具设备

序号	设备名称	规格	数量	用电量（kW）
1	MJS 工法桩机	MJS-65CVH	1 台	65
2	拌浆桶	SM-700	1 套	8
3	贮浆桶	SS-400	1 套	6
4	高压水泵	GF-75	1 台	55
5	空压机	$12m^3$	2 台	55
6	高压泥浆泵	GF-200	1 台	150
7	引孔钻机	HDL-160	1 台	50
8	相关辅助设备	—	若干	

5　MJS 工法主要技术参数

MJS 工法桩主要施工技术参数见表 3。

表 3　MJS 工法主要技术参数

项目	施工参数	项目	施工参数
水灰比	1 : 1	地内压力	1.2~1.5 的系数（视地质情况适当调节）
桩径	2400mm	成桩垂直度误差	≤1/100
浆压力	≥40MPa	水泥用量	1.65t/m（180°）
空气压力	0.7~1.0MPa	提升速度	20min/m（180°）
空气流量	1.0~2.0Nm^3/min	浆液流量	80~100L/min

6　MJS 工法桩施工工艺流程

MJS 工法桩施工工艺流程如图 5 所示。

（1）采用 HDL-160 工程钻机钻孔，随时监测钻孔垂直度，误差不应大于 1/150，及时纠偏。

（2）检查主机、高压泥浆泵管、高压水泵、空压机、多孔管、泥浆搅拌机等设备的连接，并检查管道连接的密封性，正常后，在钻头无负荷的情况下对设备进行清零。

（3）主机放置平稳，设备连接正常清零后，下放 MJS 钻杆。

（4）动力头 180°转动，将钻杆钻入导孔。如土质较硬时，可打开削水孔，用高压水切割土体，然后动力头 180°转动。

（5）钻头到达设计标高后，开回流气和回流高压泵，在确认排浆正常后，打开排泥阀门，开启高压水泥浆泵和主空压机，确认各项参数正常后，在底部喷浆不少于 2min 后提升钻杆。

（6）对地内压力密切监测，及时对不正常现象进行改正。

（7）当钻杆提升出一根时，将钻杆拆卸下来，拆卸时检查密封圈和数据线是否发生损坏，地内压力是否有较大变化，发生问题及时处理。卸下来的钻杆及时冲洗干净并进行养护。

（8）重复（6）、（7）步骤，直到施工结束。

（9）施工结束后，清洗设备，打扫现场。

（a）引孔

（b）泥浆搅拌

（c）泥浆循环

（d）注浆

图 5　MJS 工法桩施工过程

7　施工实施监测数据分析

7.1　基坑周边监测

在施工期间，为保证施工区域可控，监测单位每天都要对施工区域周围的道路进行监测，每天都要将监测数据及时通报，进行信息化施工。

7.2　监测点布置

妇女活动中心侧的渗漏位置有 1 个深层土体水平位移监测点 CX11，报警值为：累计变化达到 45mm、变化速率 5mm/d（图 6）。

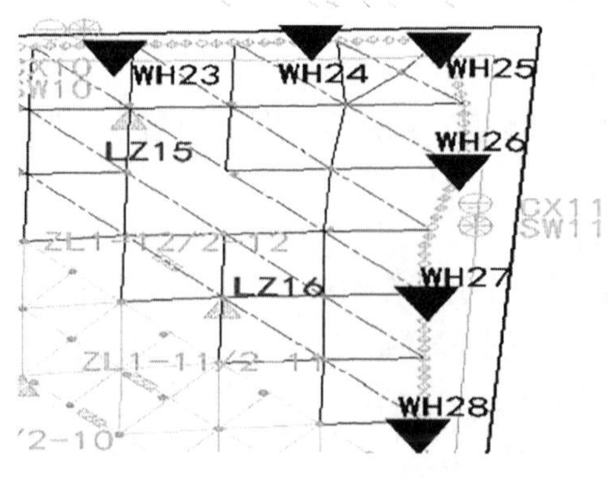

图 6　监测点布置图

7.3　实测数据分析（图 7）

MJS 工法桩施工日期为 2021 年 1 月 24 日—2021 年 2 月 4 日。根据 CX11 号监测点的监测数据来看，1 月 24 日起 MJS 工法桩施工周围的土体水平位移累计已达 66.86mm，超过了报警值 45mm，这表示此部分水土流失严重，大量的水和泥沙流入基坑中。而通过 1 月 24 日—2 月 4 日这 12 天的数据对比，可以看到曲线重合较好，说明 MJS 工法桩在施工期间对周边土体扰动较小，深层土体水平位移未发生较大改变，注浆压力控制较好，施工区域在可控状态。

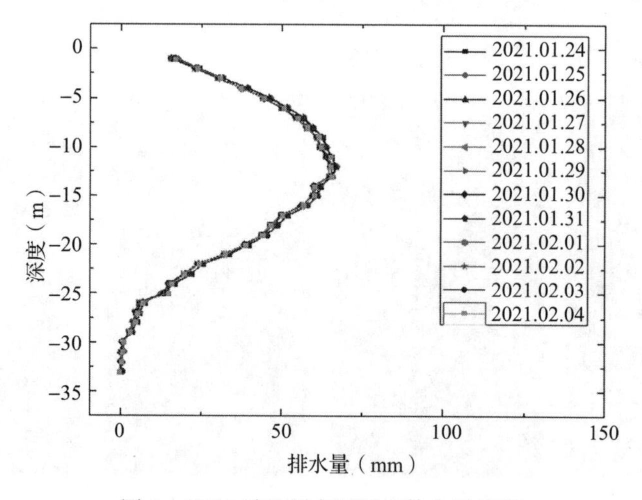

图 7　CX11 号监测点深层土体水平位移

8　结语

深基坑施工时由于发生了严重渗漏问题，时间紧迫，急需解决围护桩渗漏和路面沉陷问题，普通的堵漏措施已无法止住大量涌进基坑内的污水和泥沙。紧急采取了 MJS 工法桩加固措施。MJS 工法独特的多孔管和前端装置实现了孔内强制排浆和地内压力监测，减少了对环境的影响，适用于在环境复杂区域进行地基加固施工，丰富了地下空间开发施工的手段。MJS 工法成桩质量好，由于成桩的最深只有 25.5m，桩身垂直度也有保证。施工期间通过对土体的水平位移监测，也证明了 MJS 工法桩能有效地控制注浆压力，对周边扰动较小，适用于复杂工况。但在 MJS 施工期间，已经进行回土反压的围护桩又出现漏水现象，这是由于施工区域土体均为砂土，保水性差的原故，MJS 施工对于黏性土有更好的适用性，对砂土适用性较差。

参考文献

[1] 夏果夫．咬合桩+MJS工法桩在围护结构缺陷修复中的应用［J］．上海建设科技，2020（5）：28-31.
[2] 费曜侃．MJS工法在复杂环境下基坑止水帷幕围护缺陷补强加固的应用分析［J］．建筑科技，2019（3）：125-127.
[3] 徐宝康．MJS工法在邻近地铁车站的深基坑中的工程实践［J］．建筑施工，2015（7）：781-783.
[4] 张志勇，李淑海，孙浩．MJS工法及其在上海某地铁工程超深地基加固中的应用［J］．探矿工程（岩土钻掘工程），2012，39（7）：41-45.

永久预应力锚杆设计与施工要点分析

肖　豹　蒋春桂　徐瑜洵　曾　乐

中国建筑第五工程局有限公司　长沙　410000

摘　要：永久性支护桩锚体系中对于永久性锚杆的长期有效性有较高的要求，是确保桩锚体系安全运行的重点，为此需要从设计、施工、试验、监测维护等阶段严格把关，对锚固段、自由段、封头等多维度进行控制。研究表明，对于永久性拉力型锚杆，从以上各位置、各要素加以控制，能有效保证质量和安全。

关键词：锚杆；预应力；徐变；物探；动态化设计

1　引言

预应力锚杆作为一种由高强度钢绞线组成的锚拉体系，相比于支撑体系造价较低、施工简单快捷，因而在房建工程的支护结构中作为一种非常成熟的做法广泛使用。同时，预应力锚杆是人为对锚杆施加张应力，从而对边坡施加主动压力，属于主动加固措施，在边坡锚拉支护中，预应力锚杆应用相比于非预应力锚杆更为广泛。

预应力锚杆组成的锚拉体系作为永久支护工程已经广泛运用在市政、公路等边坡工程，但在房建工程中运用较少，现场条件、规范支撑均有不同，相关施工图设计、审查、施工、维护等方面也缺乏相关成熟的经验。而在实际工程中，如何保证永久性锚杆的质量和安全成为了一个亟待解决的问题。

2　工程实例

1.1　项目概况

本项目为泰康国际医学中心项目，位于江苏省南京市栖霞区，总建筑面积 18 万 m^2，包括单层地下室和地上 3 个单位工程，场地高差 20m，为典型坡地建筑。

1.2　项目基坑设计情况

基坑面积约 40000m^2，基坑开挖深度 5~18m，基坑周长为 1000m，其中永久支护段周长约 450m。永久支护段的典型剖面形式如图 1 所示。

3　基本要求

对于永久性拉力型锚杆的质量控制，结合其使用功能要求以及本工程做法，需着重考虑以下几个方面。

3.1　荷载计算

永久性锚杆的设计年限决定了其不仅需要考虑施工期间的荷载取值，更应该考虑工程投入使用后的道路、景观、车辆荷载。实际设计计算时，永久性锚杆不能用基坑支护计算，只能用永久边坡来计算，区别于基坑支护这类临时结构，不仅需要考虑支护结构后的侧土压力和基坑周边的荷载情况，还需要验算变形和强度等。

3.2　勘察数据

勘察数据的取值和详尽程度决定了预应力锚索的成败，具体包括成孔方式的选择、锚杆

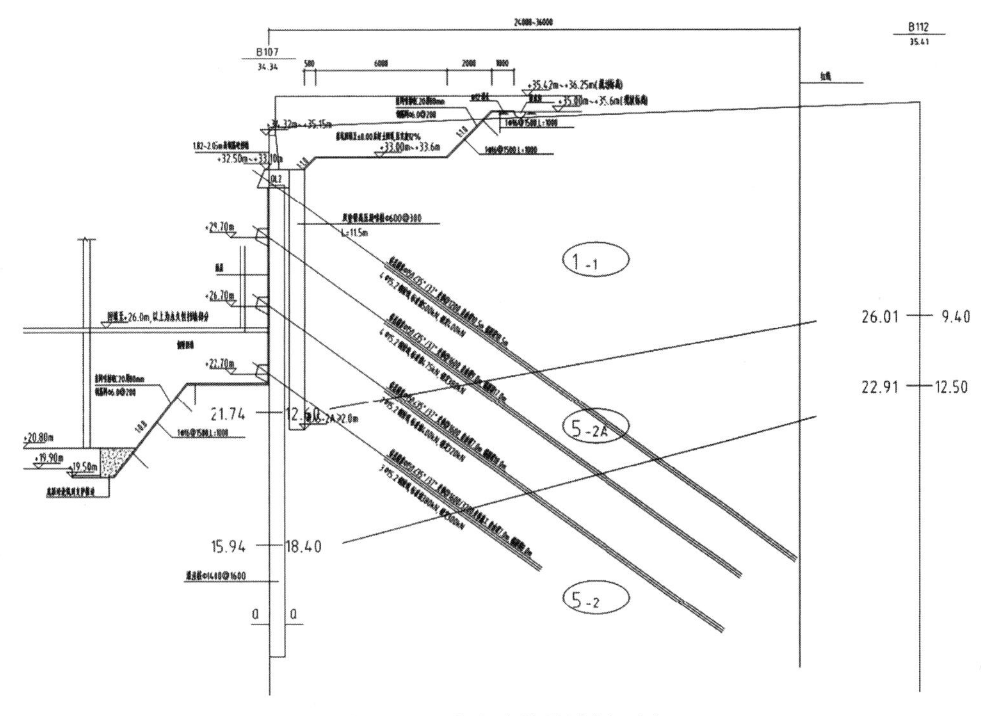

图1　基坑永久支护设计剖面图

黏结材料与孔壁岩土间的抗剪力取值、锚杆在拉拔试验中承受的拉力取值、锚杆杆体的极限抗拉能力取值等。

3.3　锚固段

增加锚固段长度来有效发挥锚固作用的黏结应力是有一定限度的，且很多项目实际现场条件不具备足够的场地条件。所以，结合地勘数据选择预应力锚索的锚固位置以及如何经济地选择锚固段长度，非常考验设计人员的相关设计经验。

3.4　试验

由于岩土层条件的多边形，单点的勘察并不能充分反映锚索所在的地层条件，为了准确地确定锚杆的极限承载力，正式施工前进行基本试验能根据土层的实际条件计算极限承载力，从而对锚索进行动态设计；为保证锚杆的长期工作性能，需要进行蠕变试验评估锚杆预应力损失情况；而验收试验则是验证工程锚杆是否符合设计要求。

3.5　监测维护

针对永久性锚杆在运营期内的结构特点，应重点做好荷载以及锚杆拉力的监测，而由于锚杆和地层的徐变，则有必要根据监测的荷载结果判定是否需要卸载或者控制荷载，根据锚杆的拉力情况判定是否需要卸荷或者补强等维护工作。

4　质量控制原则

针对永久支护的基本要求，在前期勘察、设计、施工、后期运维的过程中应严格把握质量控制原则，确保永久性拉力型锚杆的长期工作性能，满足其基本使用功能和安全要求。

4.1　荷载计算的全面性和设计的动态性

在永久性锚杆设计前，应由园林、景观、道路工程设计单位将设计位置、荷载向支护设计单位提出，以便于支护设计单位综合考虑支护周边荷载情况，选择合适的支护方式。

支护设计单位应根据周边荷载情况，考虑支护工作年限后，选择相关设计计算参数，从而使设计情况更贴近于工程实际情况，满足长期运营的安全要求。

对于永久边坡，在施工过程中还应该建立信息反馈制度，通过基本试验提取并复核地质结论、设计参数及设计方案进行再验证，如与原设计条件有较大变化，则应进行及时补充、修改原设计方案的动态设计。

4.2　勘察数据的完整性

常规的岩土工程详细勘察报告，勘察点的布距在 20m 左右，这样的布距对于常规平整场地、地形变化不大的临时工程是可以满足设计要求的，但是如果是山地建筑、地形变化起伏、地质复杂的工程，采用常规的钻探则会因其局限性而无法获得精确的地质数据。

为查清岩土层在地下空间的展布情况，如采用常规钻探需要大量钻孔，费时费力，效率较低，且不经济。随着物探技术的发展及先进的仪器设备的应用，可以以极高的效率完成对地下岩土体的形态、规模、分布的圈定及一些物理力学参数资料的提供。开展地质勘察结合应用物探和钻探手段，获得比较完整的地质数据。

目前常用的物探技术有地质雷达、瑞雷波法、瞬变电磁测深法、直流电阻率法等，不同于常规钻探点、线形揭露地质分布，物探技术是以更宏观的断面连贯的宏观角度分析地质结构和性质，将物探技术与钻探技术有效结合起来，提高工程地质勘察的工作效率，确保了数据的可靠性和完整性。常规瞬变电磁测深综合钻探数据推断溶洞情况如图 2 所示。

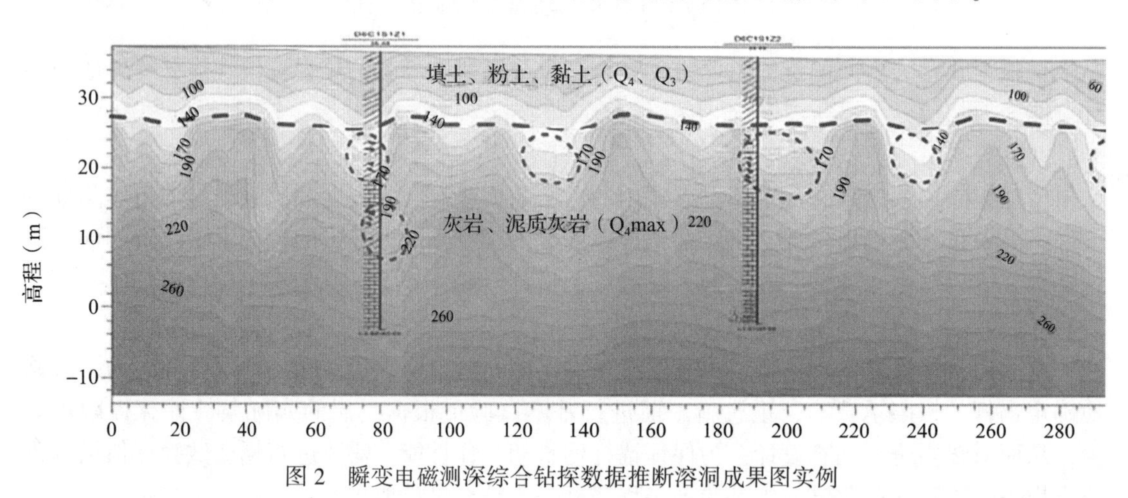

图 2　瞬变电磁测深综合钻探数据推断溶洞成果图实例

4.3　锚固段的可靠性

预应力锚杆锚固的基本原理是依靠锚杆周围稳定地层的抗剪强度来传递结构物（被加固物，一般是支护桩）的拉力，以稳定结构物或保持边坡开挖面自身的稳定。锚杆与周围稳定地层的抗剪强度主要取决于以下三个方面：

锚固体自身锚杆杆体与黏结材料间的最大抗剪力，即握裹力的保证，取决于黏结材料的强度以及黏结材料的充盈率，如在锚索成孔过程中跑浆或掉钻现象严重，则需考虑对该段岩土层进行注浆处理，以保证锚固体的成型。

将锚固段视为隔离体，锚杆黏结材料与孔壁岩土间的最大抗剪力，即黏结力（侧阻力）的保证，取决于锚固段所在岩土层位置、锚固段岩体是否稳定、是否可能发生滑坡或塌方，节理切割的锚固段岩块在受拉条件下是否产生松动等，锚固段达到岩层内部（不包括风化层）的长度应不小于 4.5m。

由于锚杆受力时，沿锚固段全长的黏结应力分布极不均匀，当锚固段较长时，初始荷载作用下，黏结应力峰值在临近自由段处，而在锚固段下端的相当长度上则不出现黏结应力；随着荷载增大，黏结应力峰值向锚固段根部转移，但其前方的黏结应力则显著下降；当达到极限荷载时，黏结应力峰值传递到接近锚固段根部，在锚固段前部较长的范围内，黏结应力值进一步下降，甚至趋近于零。因此，能有效发挥锚固作用的黏结应力分布长度是有一定限度的，随锚固段长度的增加，平均黏结应力逐渐减小。锚固段黏结应力沿锚杆长度变化如图 3 所示。

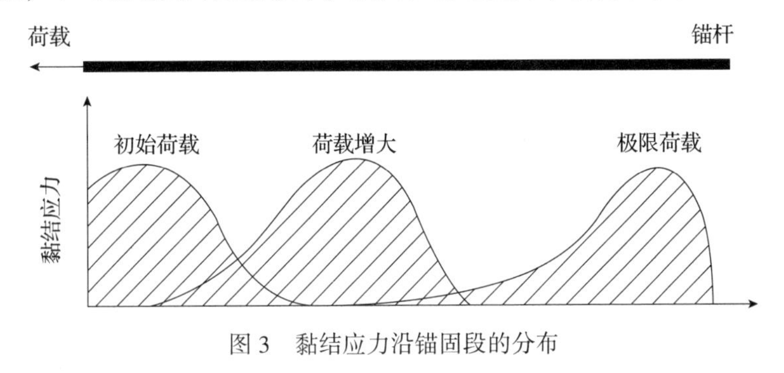

图 3　黏结应力沿锚固段的分布

因此，锚杆设计锚固段长度不仅需要参考国内外规范规程规定的锚固段长度，还需要结合本地成熟经验，如遇未曾应用过的地层或者没有任何可参考和借鉴的资料，还需要通过基本试验确认地层与锚固段的黏结强度的影响来综合判断，从而进行经济且有效的锚杆设计。

4.4　试验的多样性

永久性拉力型锚杆的试验分为基本试验、蠕变试验和验收试验，主要是为了验证锚杆与周围稳定地层的抗剪强度以及其强度的可靠性和真实性，各试验的实施阶段、侧重点又有所不同，具体表现如下：

基本试验是在正式施工前、边坡动态设计过程中的一个不可或缺的环节，其目的主要是验证锚杆的极限承载力和锚杆计算参数的合理性，其结果用于修正设计参数，为基坑边坡的动态设计提供数据支撑。由于基本试验需检验锚杆的极限承载力，所以其实质上是破坏性试验，表现形式为锚固段发生不允许的相对位移或者预应力锚杆发生破坏。

蠕变试验同样是正式施工前，针对部分特殊地层锚杆的试验，主要通过试验得出锚杆在某些对蠕变比较敏感的岩土层不同荷载作用下观测周期内的蠕变特征，推导出锚杆设计年限内的蠕变量，合理确定锚杆的设计参数和荷载水平，并采取适当措施，控制蠕变量，有效控制预应力损失，从而保证锚杆的长期工作性能。

验收试验是在施工完成后，在观测周期内逐级增加荷载并最终大于设计值（永久性锚杆最大试验荷载为锚杆轴向拉力设计值的 1.5 倍），测得锚杆的弹性位移量，并根据位移量判定是否合格（需最大试验荷载下蠕变量满足相关要求）。

4.5　监测和维护的持续性

因其长期工作的特征，因此对于永久性锚杆的监测和维护是在运营周期内一项长期的工作，具体的监测及相应的维护工作如下：

首先是锚头和被锚固结构的变形监测，其变形值应长期处于允许位移量范围内，如超过报警值并持续增大，则需要分析原因并制定相应的补强措施。

锚杆拉力值，在永久边坡中属于重要监测内容，其受地层和锚杆的徐变影响较大，对支护的安全使用有重大影响。锚杆拉力值随着地层的徐变或锚杆的徐变减少时，应及时对预应力锚杆进行再张拉至设计值；如锚杆轴力增大时，则需要适当地卸荷。

5 施工要点分析

永久性锚杆的质量控制重点在施工工艺，其施工要点主要集中在成孔、钢绞线、注浆等工艺。

5.1 锚杆成孔

锚杆成孔应根据岩土层性质选择不同的钻头。

在土层钻孔过程中应采取干钻成孔，严禁带水钻进，以免造成孔壁过于光滑，影响锚杆锚固体与孔壁岩土间的最大抗剪力和黏结力。

5.2 钢绞线安装

常规预应力锚杆由多根钢绞线组成，钢绞线共同承担锚固力，通过架线环使设计抗拔力合理地均分于每根钢绞线，因此在施工过程中要注意架线环设置间距（一般不超过 1m），避免钢绞线缠绕导致钢绞线受力不均匀、个别荷载过大强度失效，从而导致预应力锚杆失效。

预应力锚杆在抗拔力作用下，自由段会存在一定程度的位移，此位移不可受约束，否则存在安全风险，因此预应力锚杆应采用无黏结钢绞线，而锚固段的特征决定了需要钢绞线通过与浆体形成有效的整体将锚杆拉力传递到稳定岩土层中，所以无黏结钢绞线需要在锚固段长度范围内将表层漆皮剥离，并将每束钢丝间的油渍清理干净。

5.3 锚杆注浆

钢绞线安装后，应尽快注浆，避免孔洞内岩土坍塌、截面变形。

预应力锚杆注浆应保证均匀和充分两个原则：均匀，体现在二次注浆管的孔眼设置（一般不超过 1m），过密将导致孔眼注浆压力过小，过稀则可能导致注浆不饱满；充分，主要体现在二次注浆压力和间隔时间，二次注浆压力应为 1.5~2.0MPa，使浆液能冲破封口薄膜和初凝砂浆，二次注浆应在一次注浆 2h 后进行。

6 结语

永久性边坡工程设计年限一般随主体工程，其重要性不言而喻，因此对设计、施工、监测都要求比较高，需要专业水平和可参考经验、数据的支撑，应引起参建各方责任主体的足够重视。

本文通过对永久性预应力锚杆的设计、质量控制原则、施工要点分析，归纳出相应的质量控制要点、技术措施，希望对类似工程的施工起到一定的参考作用。

由于笔者理论和实践能力的局限，本文中并未提取永久性预应力锚杆的相关勘察、设计、试验参数，对永久性预应力锚杆仍然需要不断地积累工程应用数据，提高设计管理水平，以确保永久性预应力锚杆的高品质运营。

参考文献

[1] 陕西省建筑科学研究院．抹灰砂浆技术规程：JGJ/T 220—2010 [S]．北京：中国建筑工业出版社，2010.

[2] 中国建筑科学研究院．预拌砂浆：GB/T 25181—2010 [S]．北京：中国标准出版社，2010.

[3] 陈秀云，费建刚．民用建筑抹灰砂浆配合比设计方法的探讨 [J]．技术与市场，2008 (3)：44-45.

复杂场地条件下复合锚杆拉锚结构施工方法

肖　豹　杨小龙　蒋春桂　徐瑜洵

中国建筑第五工程局有限公司　长沙　410000

摘　要：拉锚结构支护体系保证质量、安全的控制要点在于锚杆。本文介绍一种复合锚杆拉锚结构，该施工方法通过控制预应力锚杆长度，增加非预应力锚杆的形式有效地解决了传统预应力锚杆场地受限、减少锚杆蠕变、锚固段有效长度受限等问题，取得了较好的综合安全效益、经济效益、社会效益。

关键词：预应力锚杆；非预应力锚杆；蠕变；复杂场地

1　引言

锚拉式支挡结构广泛应用在房建、市政工程临时或永久基坑支护工程中。锚拉结构作为锚拉式支挡结构中主要的受力体系，往往决定着基坑支护工程的成败。

为了加大预应力锚杆的抗拔承载力，需要设置较长的锚杆自由段和锚固段长度，但根据国内外的研究数据来看，预应力锚杆随着锚固段长度增加能有效发挥锚固作用的黏结应力是有一定限度的，且很多项目实际现场条件不具备足够的长度；当环境保护不允许在支护结构使用功能完成后锚杆杆体滞留于基坑周边地层内时，一般是采用可拆芯钢绞线预应力锚杆，而此类型锚杆造价均比较高。

本施工方法依托于泰康（南京）国际医学中心项目，成功解决了既有复杂场地距离红线过近且无法实施内支撑结构的情况下的困境，设置预应力与非预应力锚杆复合拉锚结构，可为类似工程起到指导性作用。

2　施工特点

采用预应力和非预应力锚杆复合拉锚结构施工工法。该方法施工简单，质量可控，能有效地减少预应力锚杆长度，极大地增强拉锚结构的抗拔承载力，尤其是适用于场地条件不足的临时、永久基坑、边坡拉锚式结构。

采用预应力和非预应力锚杆复合拉锚结构施工工法，削弱预应力锚杆的蠕变影响，提高临时、永久基坑、边坡拉锚结构中锚杆的耐久性和可靠性。

能有效地减少预应力锚杆长度，节约场地条件，减少拉锚结构的造价。

3　适用范围和工艺原理

该方法适用于复杂场地条件下高边坡预应力和非预应力锚杆复合支护拉锚结构的施工，对于一般的市政和公路工程的永久边坡支护均适用。

其原理是采用排桩式挡墙，在传统旋挖桩施工方法的基础上，用预应力锚杆、非预应力锚杆、冠梁（腰梁）等组成复合结构来增加支护结构体系的稳定性和可靠性，最大限度地利用现有的场地条件，在设计过程中减少了预应力锚杆的自由段、锚固段长度，增加了非预应力锚杆，保证了拉锚结构的可靠性和重要建筑的安全性，特别是对于复杂场地条件下高边坡的施工更具有可靠性，最大限度地增加了高边坡的稳定性。

4 主要工艺流程及操作要点

复合锚杆拉锚结构施工方法的主要工艺流程如图 1 所示。

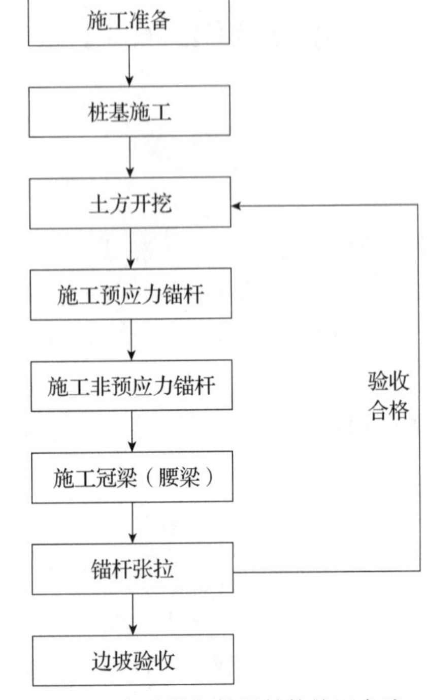

图 1 复合锚杆拉锚结构施工方法工艺流程图

4.1 施工准备

施工前，做好现场三通一平及人材机准备工作。

4.2 桩基施工

按照图纸设计要求，现场配备旋挖钻机用于排桩成孔，25t 吊车用于吊装钢筋笼，挖机用于平整场地、转移成孔土方。

4.3 土方开挖

排桩强度达到设计强度的 80%后开挖至圈梁（腰梁）底标高，每层挖土方作业面应在锚索孔标高以下 0.5m 处。

开挖一级、防护加固一级；逐级开挖，逐级防护。严格测定和掌控边坡的开挖（定位和坡率），台阶法逐级开挖，对高边坡地下水要重视，完善综合排水设施，坡顶修建截水沟。施工开挖过程中随时进行地质核查，对边坡稳（滑坡）定性进行施工监测。

4.4 锚杆施工

4.4.1 锚杆定位

预应力锚索施工在场地整理、搭设工作平台时，应对已施工完成的坡面根据设计图纸进行测量后确定预应力锚索的位置；在安装钻机时，应按照施工设计图采用全站仪进行测量放线确定孔位以及锚孔方位角（或拉线尺量配合测角仪定位），并做出标记。

4.4.2 预应力锚杆施工

（1）钻孔

经现场监理检验合格后，方可进行下道工序。锚固钻机应满足支护设计对锚杆钻孔参数的要求，土层钻进过程中应采取干钻成孔，不可带水钻进。针对土层厚度较大可采用麻花钻头加快钻孔效率。螺旋干作业成孔，在向土体钻进的同时将切割下来的土体排出孔外，可根据不同土质选用不同的回转速度和扭矩。岩层采用潜孔锤冲击成孔，潜孔成孔利用活塞的往复运动作定向冲击，使成孔器挤压土层、破碎岩层向前运动成孔。

图 2 潜孔钻机钻进施工

（2）注浆

锚孔钻造完成后，应及时安装锚固体并进行锚孔注浆，原则上不得超过 24h。锚孔注浆必须采用孔底返浆方法（注浆压力一般为 2.0MPa 左右），直至孔口溢浆充满，严禁抽拔注浆管或孔口注浆，如发现孔口浆面回落，应在1h内进行孔底压注补浆1~2次，遇有异常情况需经设计代表会同现场监理会诊确定处置方案。

4.4.3 非预应力锚杆施工

预应力锚杆注浆完成终凝后，立即组织非预应力锚杆的施工。成孔采用麻花钻干钻成孔，钻孔后进行清孔检查，对孔中出现的局部渗水塌孔或掉落松土应立即处理，成孔后及时安装非预应力锚杆并注浆。非预应力锚杆注浆时，注浆管应插至距孔底0.25~0.5m处，孔口部位宜设置止浆塞；非预应力锚杆每隔1.5m设对中定位支架。待锚杆工程施工完毕并达到设计强度的80%后，方可进行下级边坡开挖与防护。

4.5 冠梁、腰梁施工

锚杆注浆完毕并达到终凝后，进行混凝土冠梁、腰梁的施工（冠梁施工工艺同腰梁）。

4.5.1 锚杆处理

腰梁施工前，将灌注桩上腰梁位置凿毛，将非预应力锚杆锚入腰梁内，预应力锚杆通过PVC管隔离穿过腰梁（图3）。

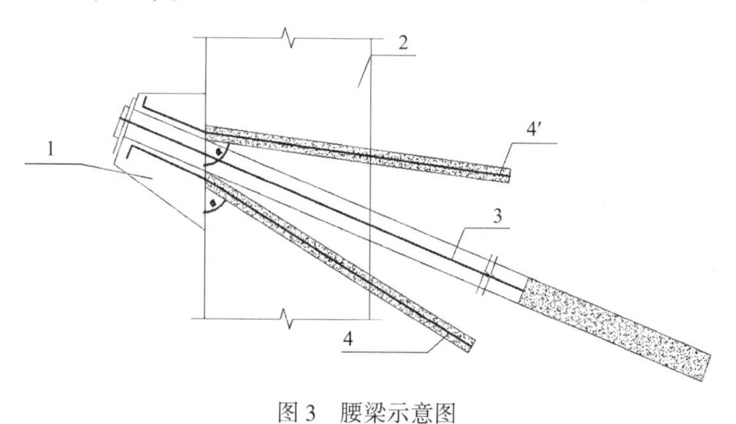

图3 腰梁示意图

4.5.2 模板安装

模板采用普通木模板，在锚孔周边，钢筋较密集，一定要仔细振捣，保证质量（图4）。

4.5.3 混凝土浇筑

可采用天泵进行浇筑，浇筑时应严格控制浇筑速度，如浇筑对腰梁模板冲击较大，不易施工，可考虑采用人工作业，确保腰梁浇筑质量（图5）。

图4 腰梁模板固定

图5 腰梁浇筑

4.5.4 张拉锁定

待锚固段水泥浆和混凝土垫墩的强度达到设计强度的80%时，按照设计要求进行预应力锚索的张拉锁定。

（1）基层处理

托台座的承压面应平整，并与锚筋的轴线方向垂直。

（2）锚具安装

锚具安装应与锚垫板和千斤顶密贴对中，千斤顶轴线与锚孔及锚筋体轴线在一条直线上，不得弯压或偏折锚头，确保承载均匀同轴，必要时用钢质垫片调整满足。

（3）预安装

锚索正式张拉之前，应取 0.10~0.20 倍锚索轴向拉力值，对锚索预张拉 1~2 次，使其各部位的接触紧密和杆体完全平直。

（4）张拉锁定

宜进行锚索设计预应力值 1.05~1.10 倍的超张拉，预应力保留值应满足设计要求。正式张拉宜分级加载，每级加载后持荷 3min，记录伸长值，张拉至锚索设计预应力值 1.05~1.10 倍，持荷 10min，再无变化即可锁定，锁定预应力不小于设计锁定值。

（5）封锚

锚索张拉后应对外露锚头采用 C25 混凝土封锚。

5　结语

在泰康（南京）国际医学中心项目支护工程施工中，我单位按此施工方法作业，实现了安全、质量、进度、成本等方面的可控，取得了良好的安全效益、经济效益和社会效益。

5.1　安全效益

在预应力和非预应力锚杆复合拉锚结构施工过程中，充分利用现有的有限空间，通过减小预应力锚杆的长度而减少预应力锚杆的蠕变影响，既保证了边坡的稳定和安全，又确保了施工的顺利进行，保证了工期。

5.2　经济效益

拉锚支护工程主要费用为：支护桩、冠梁、腰梁、锚索等分部分项工程费用，复合锚杆拉锚结构通过减少造价较高的预应力锚杆，增加造价较低的非预应力锚杆，经济效益显著。

5.3　社会效益

在泰康（南京）国际医学中心项目支护工程施工前，业主组织施工、监理、设计共同会审了我单位拟采用的预应力和非预应力锚杆复合拉锚结构施工工法，对工法特点、工艺原理和施工重难点处理理念进行了充分讨论，一致认为，按此施工方法施工，有利于保证安全、质量、成本、进度要求。该施工方法在各级的检查中得到了充分肯定，获得了良好的社会效益。

绳吊芯模滑升空心（夹芯）灌注桩工艺研究

梁　朋[1]　李栋森[2]　唐　娅[1]　白　雪[1]

1. 德成建设集团有限公司　常德　415000
2. 常德市怀德建设监理有限公司　常德　415000

摘　要：绳吊芯模滑升空心（夹芯）灌注桩工艺，能适应干湿作业，可解决超长大直径泥浆护壁成孔灌注空心桩的施工难题；工艺较简单，施工成本低。其主要施工方法：在桩孔完成、钢筋笼安放好后，吊入芯模和导管；先灌入一定高度的桩底混凝土，再分别向芯模内灌入一定合理密度的泥浆、向芯模外侧灌入一定高度的混凝土；同步提升芯模和导管，此时泥浆随芯模的滑升而及时填充了芯模留下的空间，且对新浇灌的混凝土筒壁进行有效护壁；通过每次滑升高度和计量投料的控制，经多次芯模滑升后成桩；成桩后泥浆仍处在桩中而形成夹芯复合桩体，清除泥浆后则成为理想的空心桩。

关键词：超长桩体；滑模夹芯；泥浆护壁；成桩连续；计量控制

2020 年 5 月，德成建设集团有限公司引用泥浆护壁成孔工作原理，采用预埋管法和后沉管法（对于大直径桩采用多管）成功研发出低成本的现浇混凝土空心（夹芯）桩成桩工艺。

传统成桩工艺因受钢管长度和相应动力设备的影响，其形成桩体空心（夹芯）长度有限。为了能制作出超长的空心（夹芯）桩，在上述成桩工艺的基础上，借鉴滑模成孔的施工方法，研制出了绳吊芯模滑升空心（夹芯）灌注桩工艺。该工艺解决了超长大直径空心（夹芯）灌注桩的施工难题，且综合效益显著。现将该工艺的制定过程简述如下。

1　绳吊芯模滑升空心（夹芯）灌注桩工艺的可行性分析

对于超长现浇混凝土空心（夹芯）桩，仍采用预埋超长钢管的方法，已明显不科学，也不现实；有必要改变思路，寻求积短成长的滑模方法来解决问题。

1.1　现浇混凝土空心（夹芯）桩的预埋钢管法和超深气井滑模成孔方法的启示

（1）现浇混凝土空心（夹芯）桩预埋管法成桩工艺简述

该方法是最近研发的成桩工艺之一，其主要工作原理是采用合理密度的泥浆，对处于流塑状态的新浇混凝土筒壁进行有效护壁。其工艺的简要流程：泥浆护壁成孔→清理孔底沉渣→沉放钢管居中器→吊安钢筋笼→吊安钢管、校正钢管→再次清理孔底沉渣→浇灌筒壁混凝土→同时在管内先浇灌所需高度混凝土后，再灌入合理密度的泥浆→各料浇灌至顶后，立即垂直拔出钢管，形成夹芯桩。参见图 1 ~ 图 4。

小结：该成桩工艺操作方法简单，浇灌和拔管连续、快速，混凝土成孔质量好，其拔管上升具有滑模的特性。使用的泥浆是就地利用余土中的砂石混合泥浆，当泥浆和混凝土的坍落度相近时，则具有可泵性和合理密度；但不足之处是其形成空心（夹芯）的长度受限于预埋钢管的长度。

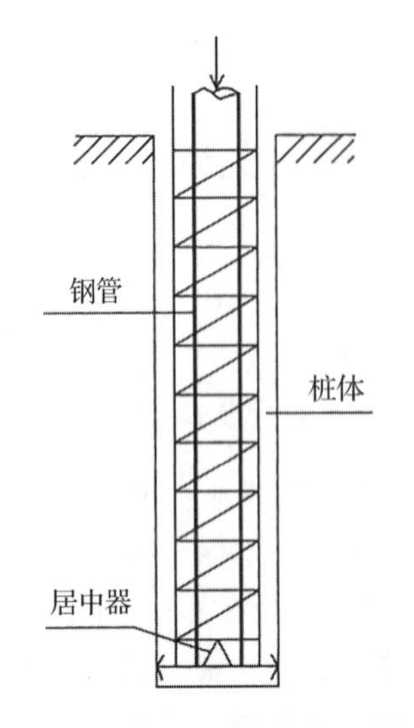

图 1　预埋钢管

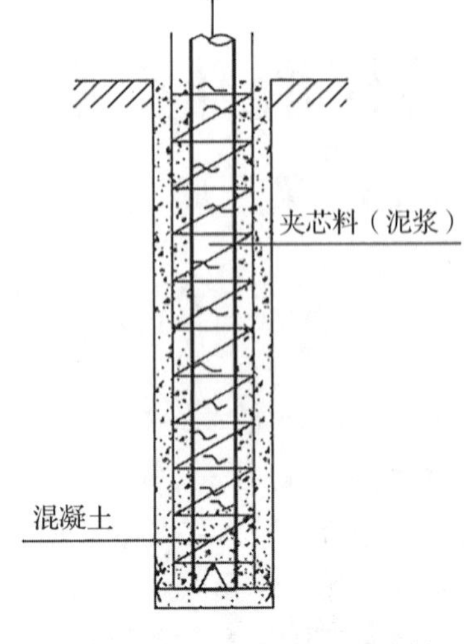

图 2　灌泥浆和混凝土后拔管

图 3　孔内泥浆夹芯节

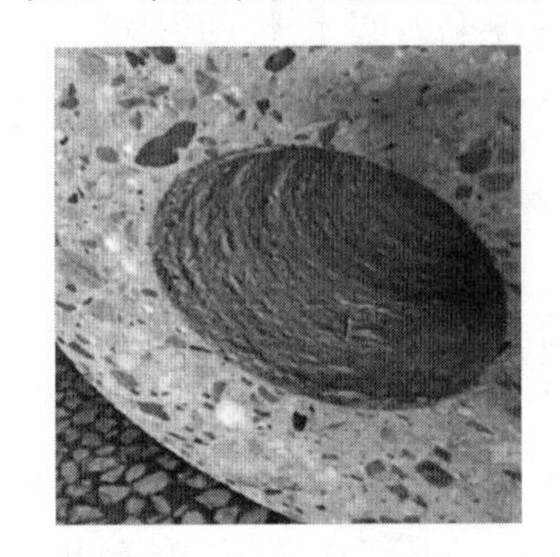

图 4　孔内泥浆冲洗后

（2）大直径山地人防气井滑模成孔方法简述

1977 年，某施工单位采用绳吊芯模滑模法成功施工了某山地多个人防气井。其井深 25m，直径 2m，孔径 1. 4m；因是干作业，采用了人工挖孔桩的方法成孔，再采用绳吊芯模滑模完成了混凝土气井的气孔部分。参见图 5、图 6。

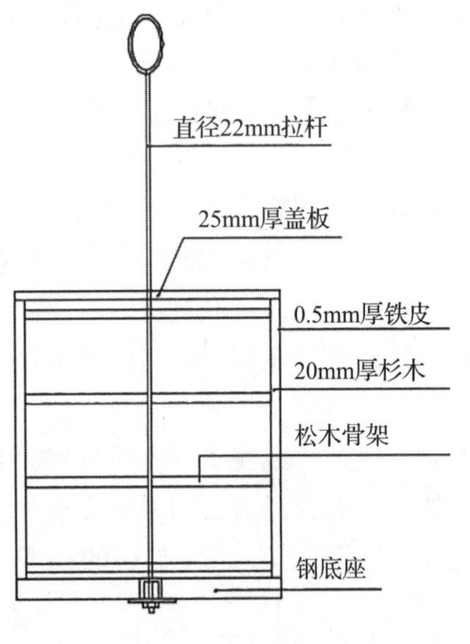

图 5　芯模示意

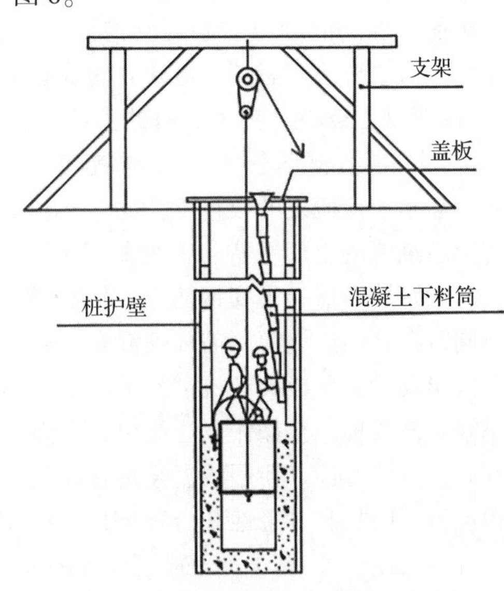

图 6　滑升示意

小结：该方法为干作业，其操作方法简单，采用绳吊短芯模滑升节省了整体装模板的材料和人工；但为了防止出现滑升芯模混凝土筒壁坍塌，必须采用坍落度极低的混凝土浇筑，其芯模的提升速度一般需控制在8m/d以内，所以完成一个超深混凝土井孔所需的时间较长。其最大的优点是采用短芯模滑升完成了超深井孔的施工，但此方法不适合湿作业。

1.2　可行性分析结论

从上小节（1）可知，合理密度泥浆不但能护壁桩孔，而且也能护壁新浇混凝土筒壁；通过泥浆护壁工作原理的创新性应用，促成预埋钢管能即时拔出，实现了现浇混凝土空心（夹芯）桩成桩连续、快速；但美中不足是成孔长度受限于钢管的长度。

从小节（2）可知，采用绳吊短芯模进行滑模成孔是一种成就超长混凝土孔的好方法；但存在的不足之处是成孔时间长，不能进行水下作业。

结论：将两种工法的优点相互借鉴，按水下浇筑混凝土的技术要求，采用合理长度的芯模，且及时向芯模内灌注合理密度的泥浆，令合理密度泥浆及时填充提升芯模留下的空间，经过多次滑升循环就能形成空心（夹心）桩。

2　模拟水下芯模滑升空心（夹芯）灌注桩试验

2.1　模拟试验目的

用模拟试验来验证其水下成桩的可行性；通过试验去发现施工过程中出现的问题；成桩后再分段切割检测各关键部位截面的成孔状态，泥浆与混凝土相互渗透的影响程度；检测桩体混凝土与预留试块的强度差异；总结试验结果，以便为今后实地试验和工程应用奠定基础。

2.2　模拟试验桩制作过程简介

本模拟试验桩是采用约4.85m长的DN600HDPE双壁波纹管替代桩孔；用长2.5m、外径DN275mm×3.5mm（内径268mm）的薄壁钢管作为芯模；夹芯料为黏土：砂：碎石=1：3：5，加水拌和为坍落度17cm（密度1.833kg/m^3）的泥浆混合物；混凝土为C25、坍落度为22cm（密度2.2kg/m^3）。在搭设好脚手架操作平台后，立安波塑管且灌满水。考虑到波塑管和芯模长度较短，每次芯模和导管的提升高度定为0.7m，每次浇灌前导管埋入浆体内不少于0.7m。参见图7、图8。

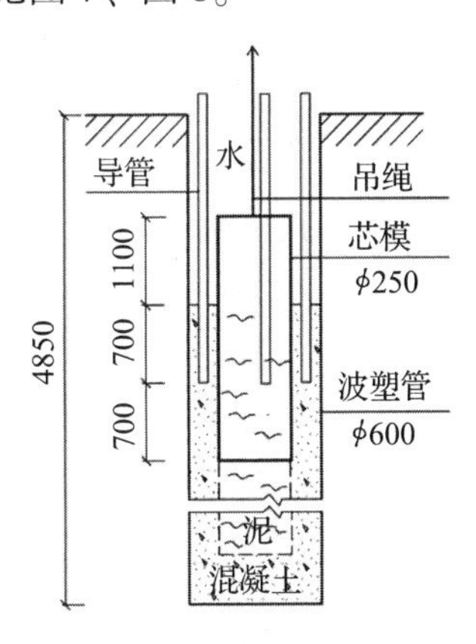

图7　每次浇灌前

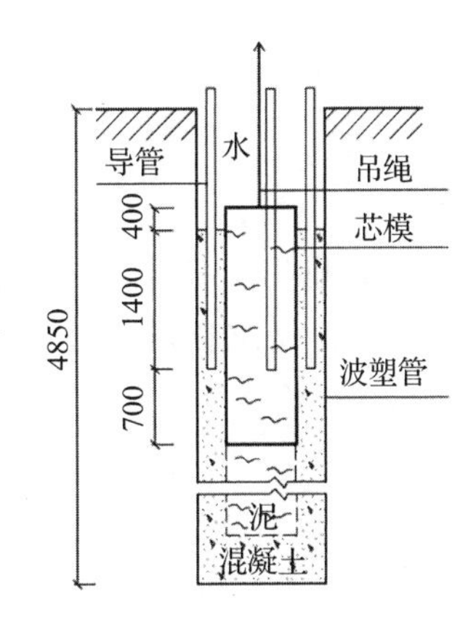

图8　每次浇灌后

2.3　成桩后观测，混凝土关键截面强度检测

成桩后放倒观测到桩体完整，外表未发现蜂窝、麻面和裂纹；选择提升节位进行切割，

观测其截面的夹芯直径仍为 268mm；混凝土截面密实，未发现泥浆有明显浸蚀混凝土的现象。

对截面混凝土和预留的混凝土试块进行回弹检测强度对比，未发现差异。

该模拟试验桩制作过程的灌料和提升芯模均进行得十分顺利，成桩构件十分理想：截面规整、夹芯成孔同芯模内径。模拟试验基本上验证了水下绳吊芯模滑升空心（夹芯）灌注桩工艺是可行的。

从图 9 与图 3 的比较来看，本试验夹芯料配比中的砂石成分偏多，今后应考虑适当增加泥浆成分，以便于夹芯的清除。参见图 9、图 10。

图 9　滑膜孔内泥浆夹芯节

图 10　孔内泥浆清除后

3　绳吊芯模滑升空心（夹芯）灌注桩工艺初步设计

在超深桩孔的水（泥浆）中采用滑模制作空心（夹芯）桩，其施工难点主要体现在水（泥浆）中的操作部分；芯模滑升过程看不见也摸不着，芯模和导管互动提升、混凝土和夹芯料的同步升高、投料的计量控制等均处于动态之中。在此连续施工过程中怎样控制各工序合理交叉运行，需对成桩工艺进行科学设计。

3.1　芯模设计

（1）芯模长度的确定

芯模的主要作用是隔离混凝土和夹芯料，控制桩体空心（夹芯）部分的直径等。

考虑到水下滑模提升作业混凝土浇灌应遵循水下浇灌的技术要求等，芯模应有一个合理长度值。其长度应由以下参数组成：芯模应低于导管底 2m，这一高差是考虑避免两种浆体输送的冲击对芯模以下混凝土产生过大影响；每次混凝土浇筑，其导管伸入混凝土不少于 2m；每节导管长度为 2m，则每次提升芯模的高度不小于 2m（便于导管拆除）；另考虑注入混凝土和夹芯料高度的误差，防止两种浆体的互串，要求芯模每次按提升前高于浆体不小于 0.5m，由此得出芯模的长度不应小于 6.5m。

（2）芯模的材质选定和船形耳片设置等构造要求

芯模是处于两种浆体中工作，芯模内外受到的侧压力基本平衡，所以对于芯模筒壁厚度要求较薄。当桩数较多时可采用 4~6mm 厚的钢板卷制；桩数较少时也可用 10~12mm 厚优质木胶板卷制，其芯模外侧宜包铁皮。但因木质较轻，施工时应有抗浮措施。

船形耳片是控制芯模与钢筋笼间距的必要构造措施，主要作用是令芯模居桩中位，因耳片上下端为锥形，可防止钢筋笼卡住芯模。船形片对称布置在芯模的四个方向，与钢筋笼内加劲箍的间距约为 15mm；耳片两侧应有八字形小斜撑加强其稳定，用料宜同芯模；芯模顶部还应设置加劲环、顶撑、吊环等。参见图 11、图 12。

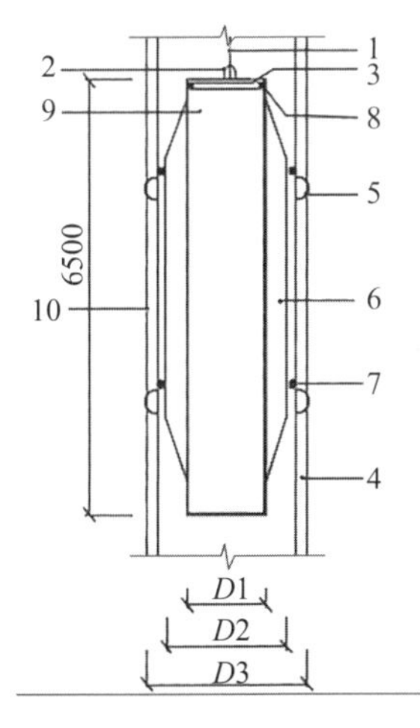

图 11　芯模立面示意

1—吊绳；2—吊环；3—顶撑；4—钢筋笼竖筋；5—“耳朵”（控制钢筋保护层）；6—耳片；7—钢筋笼内环形加劲箍；8—筒顶加强环；9—芯筒；10—桩孔壁；$D1$—芯筒内径；$D2$—钢筋笼内环形加劲箍内径；$D3$—桩身外径

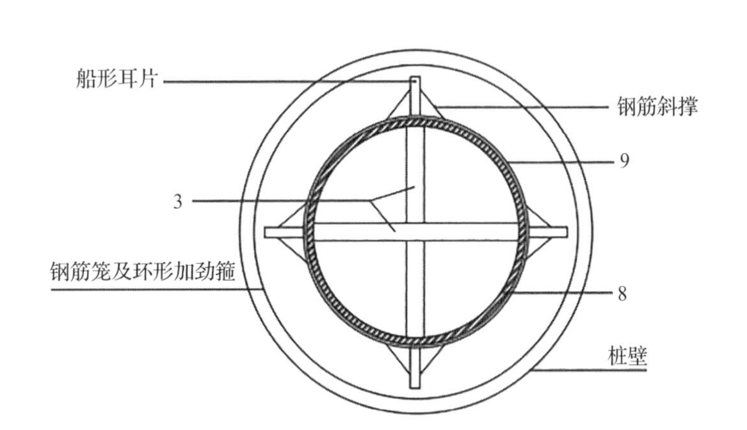

图 12　芯模顶面示意

3.2　芯模、导管提升设备设置

（1）提升设备宜使用卷扬机，卷扬机规格型号和吊绳直径应通过计算确定；吊入芯模前，应对吊绳标注尺度。

（2）导管应按输送浆料的流量选用相应的直径规格；设置导管 3 根，即 2 根导管在芯模外侧对称布置，用于输送混凝土，保证芯模两侧混凝土同步上升，防止芯模侧向受到不均衡挤压；另 1 根导管布置在芯模内，用于输送夹芯料。3 根导管与吊绳宜处在同一直径线上，以便导管和芯模通过吊绳同步提升；若施工不便，导管可另由导管提升机提升。

3.3　夹芯材料的选择

（1）优先选用桩成孔余土中的砂石混合泥浆，当其砂石含量合计达到 50%左右、坍落度同混凝土时可泵送，且密度合理。

（2）可采用山砾石加水拌和成浆体，当坍落度同混凝土时可泵送，且密度合理。

（3）有条件的场地可采用砂或砂石混合料作为夹芯料。

注意：不得采用纯黏性泥浆作为夹芯料，因其极易黏附在导管壁上产生气塞。

3.4　施工操作程序

在水（泥浆）下滑模施工空心（夹芯）桩，其混凝土和夹芯料的灌注方法需要有严格的计量投料措施，即要求每次灌注两种料的高度同每节导管长度为 2m。为了保证芯模、导管、夹芯料、混凝土的相对高度尺寸关系无误，每次芯模提升前，应读出提升绳上的标记高度和导管的提升高度。对于混凝土和夹芯材料已灌注的高度，除进行严格的计量投料外，还应在每次提升前采用测锤等探测出实际高度，测出无误后才能继续滑升施工。在此提示：灌注的混凝土初凝期不应小于 4h；每次提升 2m 拆除导管的时间不应超过 30min。每次滑升和投料高度参见图 13～图 15。

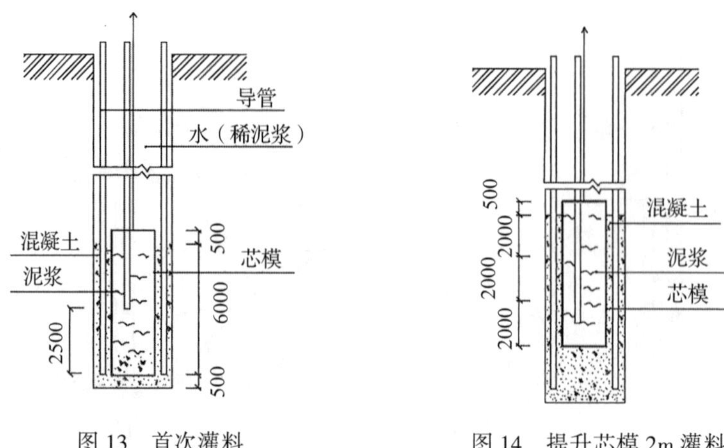

图 13　首次灌料　　　　图 14　提升芯模 2m 灌料

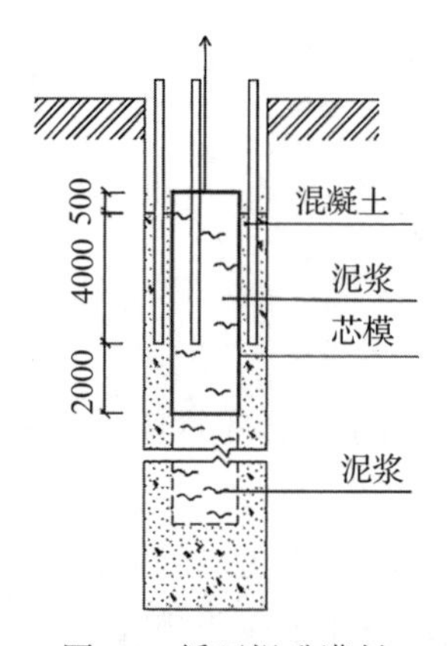

图 15　循环提升灌料

4　综合效益初步分析

（1）该滑模成桩工艺，能适应干、湿作业，基本不受场地条件的限制，能连续、快速完成超长大直径空心灌注桩的施工。

（2）桩的夹芯材料一般可就地利用桩成孔的余土制成，可泵送；余土回灌率按孔径大小可达 35%~53%，这就减少了余土外运的费用和泥浆对环境的污染。

（3）由于原实心桩的桩芯被夹芯料取代，节约了商品混凝土，减少了生产水泥对环境的污染。

（4）直接经济效益：主要体现在节省了桩体多余的混凝土部分。例如原设计的实心桩直径 D=2.5m、长 40m。现改为夹芯直径 D=1.8m、长 37m 的空心（夹芯）桩体时，可节约混凝土约 94m^3，按商品混凝土计价 450 元/m^3，节约费用 42300 元；考虑新增加的技术措施费 12000 元（估），则总节省费用 30300 元。

（5）若令夹芯桩转换成理想的空心桩，其桩身自重减轻，相应提高了单桩承载力。

5　结语

绳吊芯模滑升空心（夹芯）灌注桩工艺是预埋管法的技术创新延伸，减少了多根长钢管的投入，能在干、湿作业条件下解决超长大直径空心灌注桩的施工难题。该成桩工艺比目前普遍采用的预埋混凝土桩壳法工艺成桩速度快、成本低，也无须设置预制场地。

在此建议：当地质条件表现为上部土层较松软时，其大直径空心（夹芯）桩宜采用后沉多管法夹芯扩大桩径，这样能获得显著的综合效益；若大直径桩超过17m长时，宜采用绳吊芯模滑升工艺实现空心（夹芯）灌注桩。

目前我国科学技术正在飞速发展，若能在施工操作过程应用PLC计算机集成同步控制系统，使芯模滑升、导杆提升、两种浆料的升高值等能在电脑中清晰显示，那将会使成桩速度进一步加快，质量更易得到保证。

参考文献

[1]　现浇混凝土夹芯桩（空心桩）成桩工艺的研究 [J]. 建筑施工，2021，43（2）：291-294.

[2]　人工挖孔空心灌注桩施工技术 [J]. 建筑技术. 1995，22（3）：146-147.

[3]　埋入软土地基的混凝土筒体的施工方法及压入式一次成孔器 [P]. 中国专利，CN108910393 C.

[4]　一种新型大直径现浇混凝土空心桩（筒桩）成桩工艺及设备简介 [J]. 地基处理，2011，（22）6：10-15.

浅析破堤开挖施工技术

何汉杰　李　勇　张　瑛　柳金华　汤宝林

湖南望新建设集团股份有限公司　长沙　41000

摘　要：本文结合湘潭唐兴桥泵站河堤开挖施工及质量控制，针对施工过程中破堤施工工序以及施工过程中所需要注意的防范措施进行了详细的阐述。

关键词：河堤开挖；施工设计；质量；控制

1　工程概况

拟建唐兴桥泵站和辅助管理用房位于湘江南岸湘潭市雨湖区窑湾社区，沿线地貌属湘江河流的冲积Ⅰ级阶地和河漫滩。该处坝堤堤顶高程为40.60～41.20m，堤内池底高程为28.24～30.10m，堤外管涵底高程为33.50～34.60m，总体结构为现浇钢筋混凝土结构，大开挖施工，其中自排机排涵开挖深度超过5m（图1）。

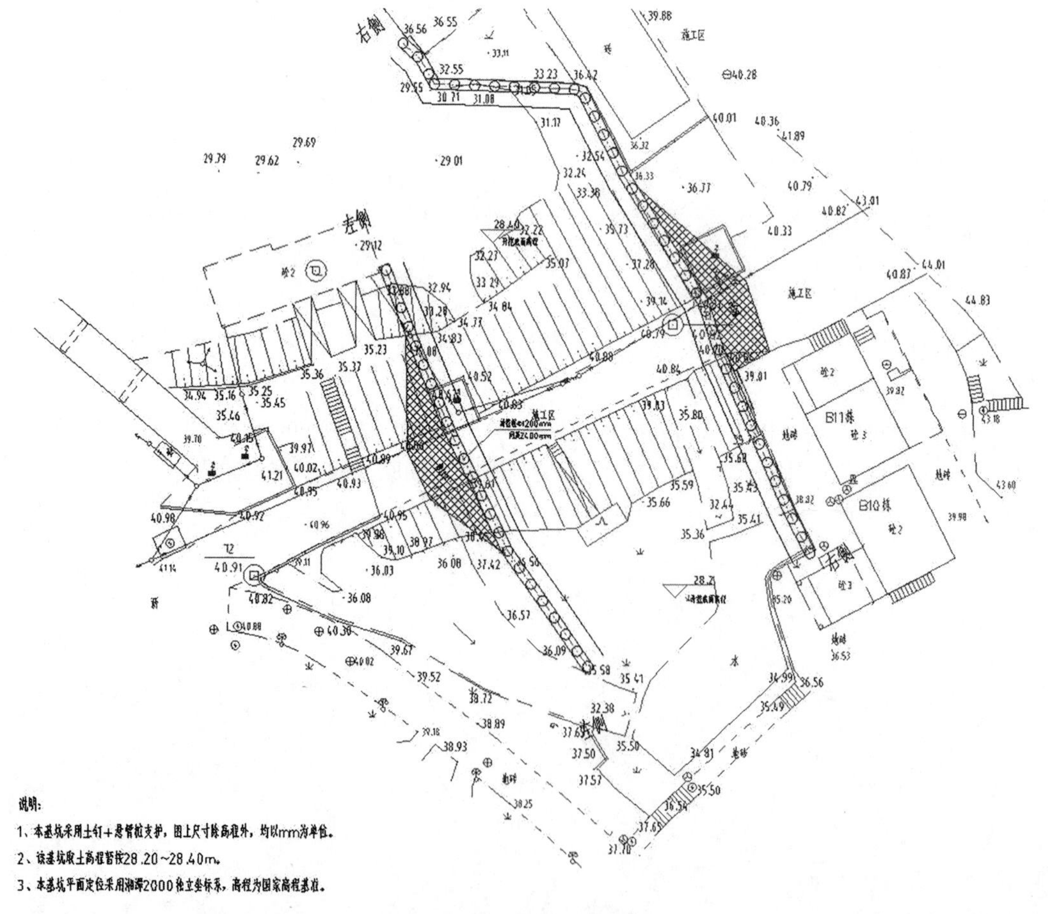

图1　基坑支护平面布置图

1.1　基坑支护设计概况

自排机排涵段根据基坑开挖深度，基坑支护采用了自然放坡及旋挖钻孔灌注排桩支护的支护形式。

1.2　施工围堰及施工导流设计概况

本项目涵盖一个枯水期围堰的设计、修筑、运行、维护及拆除工作。围堰设计洪水标准按枯期 2019 年 10 月—2020 年 3 月 5 年一遇洪水。

本项目采用土石围堰+钢板围堰设计。

水工建筑物土石围堰背水面坡比为 1∶0.75，迎水面坡比为 1∶0.75；围堰均采用土工布进行防渗，迎水面采用混凝土护坡，围堰宽度、围堰高度视施工期各建、构筑物现场情况及施工期水流、水位等情况具体考虑（图 2、图 3）。

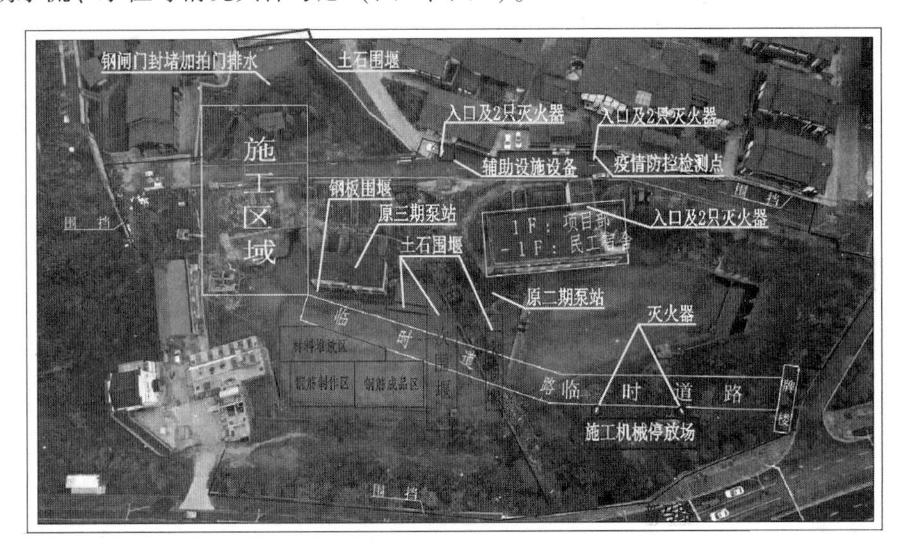

图 2　围堰平面布置图

施工导流采用原二期泵、原三期泵的机组和三台移动式水泵（800m³/h）进行抽排至原三期泵站的排水箱涵，当外河水位达到 31.73m 时，关闸启动原二期泵机组；当内水位达到 31.7m 时，启动原二期泵机组；当外河水位达到 34.07m 时，关闸同时启动原二期、原三期泵机组及移动式水泵；当内水位达到 34.07m 时，关闸同时启动原二期、原三期泵机组及移动式水泵。

2　施工工艺及质量控制

2.1　土石围堰施工

施工准备→测量定位→清淤→铺土石→压实→喷混凝土直到设计标高。

施工围堰工程的主要作用是截流、挡水，为后续施工创造施工条件。严防涌水，避免堰堤坍塌是围堰成败的关键，为此，特作如下要求：

（1）围堰施工前应对围堰位置进行测量，并做明确标识。

（2）采用后退法铺筑土石块并且采用打夯机压实。

（3）填筑堰堤的材料应以土石料各一半为宜。当堰堤填到一定高度后，应在迎水面一侧喷射混凝土 10cm 厚，以利阻水，减少渗水、漏水。填筑可从两边向中间进行。

（4）围堰完成后，应立即将堰内水排干并清除前池内的淤泥。

（5）不断监测临时围堰的渗水和沉降情况，发生渗水应及时用水泥或者其他材料堵漏，

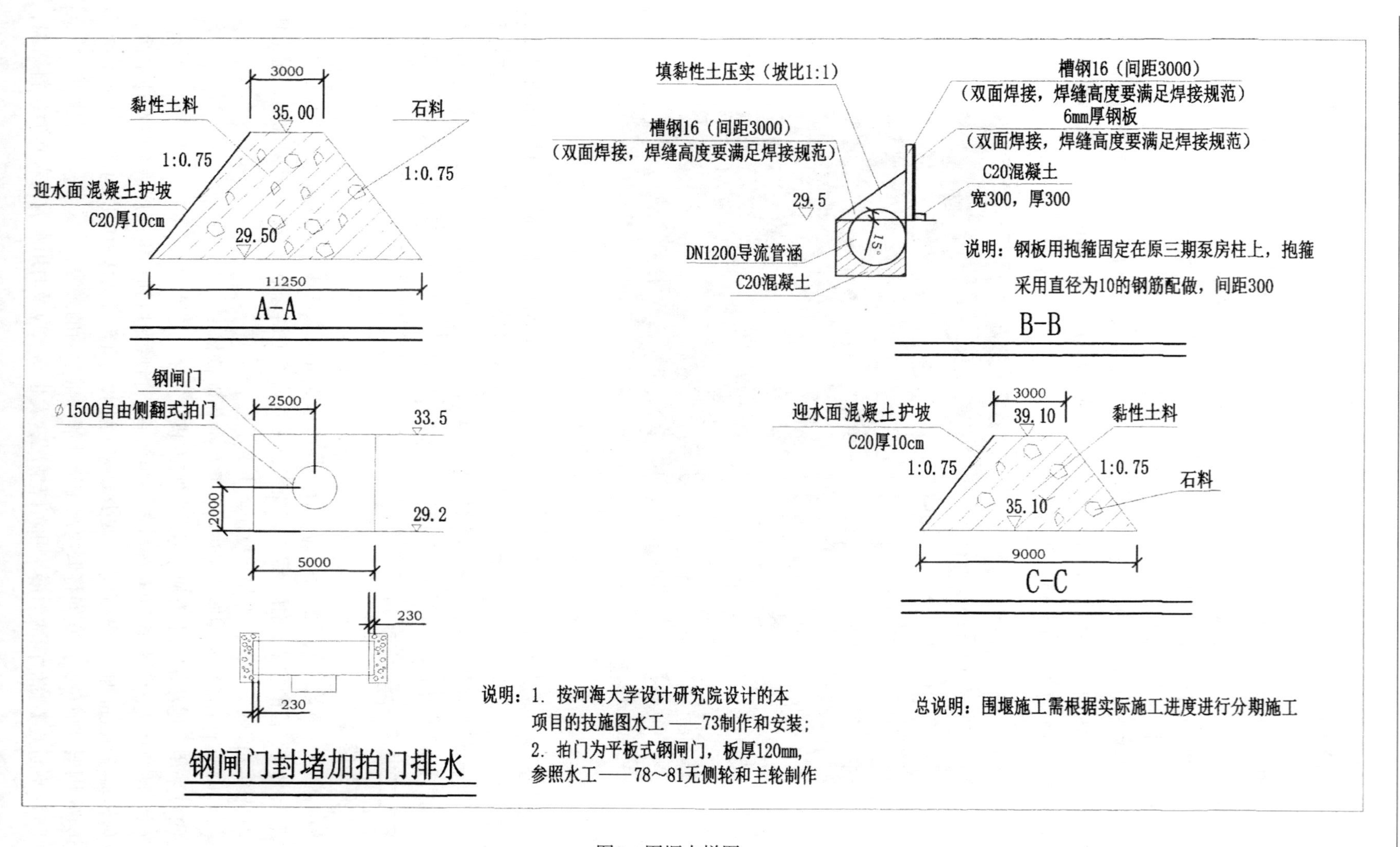

3000
黏性土料
35.00
石料
1:0.75
1:0.75
迎水面混凝土护坡
C20厚10cm
29.50
11250
A-A
填黏性土压实（坡比1:1）
槽钢16（间距3000）
（双面焊接，焊缝高度要满足焊接规范）
6mm厚钢板
（双面焊接，焊缝高度满足焊接规范）
槽钢16（间距3000）
（双面焊接，焊缝高度要满足焊接规范）
C20混凝土
宽300，厚300
29.5
15°
DN1200导流管涵
C20混凝土
说明：钢板用抱箍固定在原三期泵房柱上，抱箍采用直径为10的钢筋配做，间距300
B-B
钢闸门
∅1500自由侧翻式拍门
2500
33.5
2000
29.2
5000
230
230
钢闸门封堵加拍门排水
说明：1. 按河海大学设计研究院设计的本项目的技施图水工——73制作和安装；
2. 拍门为平板式钢闸门，板厚120mm，参照水工——78～81无侧轮和主轮制作
3000
迎水面混凝土护坡
39.10
黏性土料
C20厚10cm
1:0.75
1:0.75
石料
35.10
9000
C-C
总说明：围堰施工需根据实际施工进度进行分期施工

图3　围堰大样图

防止渗水事故发生扩大。

(6) 结束施工后临时围堰应用挖机挖除并外运。挖除应从围堰西侧开始向东侧挖除，并注意施工安全。

2.2 喷锚及桩支护

土方开挖→修整边壁→测量、放线→布孔位→钻机就位→接钻杆→校正孔位→调整角度→钻孔（接钻杆）→钻至设计深度→安装锚杆→压力灌浆养护→焊接钢筋网片→干配混凝土料→依次打开电、风、水开关→进行喷射混凝土作业→混凝土面层养护。

基坑开挖和支护自上而下分段分层施工，每段长度按25m控制，遇软弱土层时应缩短开挖长度。每层开挖的水平分段长度取决于土壁自稳能力，且与支护施工流程相互衔接，单段开挖长度不宜大于25m，每次开挖工作完成时请现场监理、业主验收合格后，再进行下一道工序施工。

当基坑面积较大时，允许在距离基坑四周边坡一定距离的基坑中部自由开挖，但应注意与分层作业区的开挖相协调。土层条件较好时，各水平分段之间可连挖，土质不好时应采取跳挖，严禁边壁出现超挖或造成边壁土体松动。

在确定锚杆孔位置后，采用钻机按设计方案角度 $\alpha=15°$ 及相应的钻孔长度进行钻孔。钻机施工前应调整好角度，角度误差±5%；孔深允许偏差±50mm；孔径允许偏差±5mm。钻孔时应做好原始记录，发现异常情况，应及时向设计人员进行汇报。

采用42.5级普通硅酸盐水泥配置的水泥浆，水灰比为0.5，水泥浆强度等级为M25。注浆采用孔底反向注浆法，常压灌注，注浆压力≥0.35~0.5MPa，锚杆采用二次注浆方式。注浆管在注浆前送入孔底，注浆时浆管距孔底250~500mm处，孔口部位设置止浆塞及排气管。浆液灌入孔底后，边注浆边缓慢拔出注浆管，使注浆管始终有一定长度埋于浆液中，直至砂浆注满。注满后，应保持压力3~5min，稍后需补浆1~2次。施工过程中，由于工期紧，需要适量掺入速凝增强剂。

2.3 土方开挖

合理安排土方施工流程，在确保基坑安全的情况下进行分区、分层开挖土方，分层开挖厚度不超过2m。相邻区域土方开挖高差不宜超过2m。每区开挖一层后，支护区域需及时进行锚杆连接，土钉加固或土钉墙加固区域须随着开挖及时跟进，避免边坡土长时间裸露。基坑开挖前，应做好坑顶周边地表硬化与排水沟，以防雨水对侧壁浸润冲蚀；基坑开挖中应做好坑内排水沟、集水井，及时将积水排出。开挖过程中应防止形成过陡的临时边坡，挖出土方应及时外运，不得堆置于边坡顶部，严禁超载。土方开挖的施工机械不得碰撞、损坏支护结构。

3 安全生产的保障措施

3.1 基坑临边防护措施

安全护栏应遵循挖土→底座→立柱→横杆→安全网的施工顺序。护栏底座采用C20素混凝土浇筑施工。护栏应设置在距离基坑坡顶不小于20cm至坡顶水沟之间的位置。为保证场内施工人员和车辆的通行安全，大堤破堤以后，堤顶两侧安装防护栏杆，防护栏杆高1.2m、间距3m、埋深0.5m，并在栏杆上同间距布置若干太阳能爆闪灯，栏杆用安全防护网围闭，以保证夜间行车安全。

3.2　机械设备安全措施

现场主要使用的机械有钻孔机、挖土机、汽车式起重机、塔式起重机、混凝土输送泵、电焊机等。这些机械需验收合格后方能使用。防雨防潮、防雷接地、制动装置必须安全可靠。操作人员必须持证上岗。所有机械设备应定期检查和维护保养，不得“带病”运转和超负荷使用，危险部位设置安全防护装置。桩机、汽车式起重机、塔式起重机等作业安全距离以内必须由专人看护，闲杂人员不得入内。起重机械和垂直运输机械在吊运物料时要做好指挥及防护工作。

3.3　土方开挖的安全措施

确保支护结构安全，挖掘过程中，抓斗距围护体至少30cm以上，避免撞击。场内运输道路应按设计要求制作。对围护体、管线及周边道路进行监测，发现问题及时报监理、甲方，采取有效处理措施。夜间施工要有足够的照明度，进出口处专人指挥，避免发生交通事故，挖机回转范围内不得站人，尤其是土方施工配合人员。做好各级安全交底工作。土方开挖以机械开挖为主，土方工配合建立合理的作业流程和施工区域划分，避免相互干扰，各自严格按照安全技术交底的要求执行。

3.4　施工安全用电

为了保证基坑的安全开挖，需要大功率的抽水设备，工程用电量大，安全用电要重点考虑。为此，将拟定本工程用电安全技术管理制度和施工作业方案，按计算选配各种电力器材，对电源走向、线路布设、各级配电装置的安装、用电单元划分等统筹规划，合理布局。严格按《施工现场临时用电安全技术规范》（JGJ 46—2005）要求架设现场临时用电系统并采用相应的保护措施，机电设备做好接零接地，实行一机一闸一箱一漏电保护器，专机专用。各配电箱采用铁皮箱（箱体外壳接零）上锁管制，同时做好防水防雨措施。

3.5　雨期施工保证措施

做好防汛人员雨期培训工作，组织相关人员定期全面检查施工现场的准备工作，包括临时设施、临电、机械设备防护等项工作。夜间设专职的值班人员，保证昼夜有人值班并做好值班记录，同时由技术部安排专人负责收听和发布天气情况，防止暴雨突然袭击，合理安排每日的生产工作。检查施工现场及生产生活基地的排水设施，沿建筑物四周设置环形排水沟，通过环形排水沟排入附近的污水管线，保证建筑物四周的雨水不流入基坑内。疏通各种排水渠道，清理雨水排水口，保证雨天场地内排水通畅。雨期前对现场所有的配电箱、闸箱、电缆临时支架等仔细检查，需加固的及时进行加固，缺盖、罩、门的及时补齐，确保用电安全。雨期所需材料、设备和其他用品，如水泵、抽水软管、草袋、塑料布、苫布等由物资及设备部提前准备，及时组织进场。水泵等设备应提前检修。

3.6　围堰异常状况处理措施

内围堰来水大于排水时，用现场准备的编织袋装砂石加高加厚围堰，同时启动备用的三台移动式排水泵（800m^3/h）。内围堰出现渗漏时，根据实际情况采用速凝混凝土在迎水面或背水面封堵，同时在背水面用编织袋装砂石加厚堰坝。内围堰出现溃口时，根据实际状况采用人工或机械在溃口处铺设编织袋装砂石，并在围堰背水侧加厚堰坝。原排渍机出现小故障时，立即派人进行维修；出现大故障时，从外租用（汛前完成租用联系）相应功率的排水设备，时常研判排渍机运转状况，以便提前租用相应功率的排水设备进场。外围堰在雨水夹坝时，同时在围堰两侧打钢管桩并铺设编织袋装砂石，钢管桩不便施工时，在围堰两侧先抛石笼，再铺设编织袋装砂石。

4　结语

在施工前，一定要对工程进行认真的分析，根据工程的实际情况综合考虑选择最佳的施工方法。同时在施工时，施工管理人员一定要做好协调与安排，对施工工艺进行严格的把控，施工人员做好质量控制及关键工序的验收工作，确保工程质量。

参考文献

[1]　湖南望新建设集团股份有限公司湘潭河西污水处理厂配套设施唐兴桥泵站项目经理部 . 破堤深基坑开挖 [Z]. 2020，11.

旋挖工艺在超高层项目基础工程施工中的运用

易志宇　高　伟　常战魁　宋路军　胡　超

长沙定成工程项目管理有限公司　长沙　410100

摘　要：随着改革开放的深入和城镇化建设的逐步加快，我国城市建设用地日渐紧张，各种小高层、高层、超高层建筑如雨后春笋般建成。该类建设项目对基础结构选型、施工新工艺新技术的运用提出了更高的要求。通过星城天地项目施工总承包工程一标段工程实例，叙述了大型旋挖成孔机械施工技术在人工挖孔桩基础工程施工中的应用，达到了增速、降效、低耗、安全的施工目的。

关键词：桩基础工程；旋挖成孔；施工技术

高层及超高层建设中的基础工程是关键中的关键。根据湖南省地质情况及目前基础工程结构设计特点，大多数以桩基工程为主，但桩基施工仍单纯采取人工挖孔施工工艺，存在着施工成孔速度缓慢、劳动力投入多、施工安全隐患大等弊病。

本项目根据现场实际情况，进行了成孔施工工艺的调整，大胆选用旋挖成孔工艺，提升了施工作业的机械化程度，既保证了原设计结构质量，又保证了施工作业安全，降低了施工人员的劳动强度，取消了原人工挖孔对井下作业的需求，相对于传统人工挖孔成孔工艺，减少了部分传统工序，有效地缩短了施工工期，更便于灵活把控现场施工，使关键线路的施工工期得到有力保障，有效降低了综合施工成本，整体经济效益显著，对类似桩基项目施工有一定的示范、推广意义。

1　工程概况

星城天地项目是湖南省内迄今为止最高的商业住宅楼，位于长沙市雨花区。本项目总建筑面积约为 20 万 m^2，其中含三栋超高层住宅，最大建筑高度为 176.95m，结构类别均为剪力墙结构。

其中 1 号楼和 3 号楼原设计为人工挖孔桩基础，设计桩端持力层为中风化泥质粉砂岩，桩端阻力标准值为 7000kPa（图 1）。

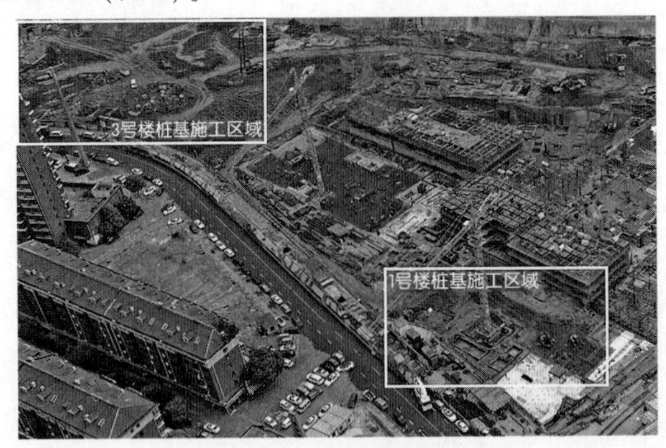

图 1　工程平面布置图

设计人工挖孔桩数量统计见表1、表2。

表1 1号楼人工挖孔桩数统计表

序号	桩型号	直径（mm）	扩大头（mm）	扩底高度（mm）	桩数（个）
1	ZH1200-2200	1200	2200	1250	24
2	ZH1300-2500	1300	2500	1400	40
3	ZH800/1000-2000/2800	800/1000	2000/2800	1000	22
4	ZH1000/900-2300/3100	1000/900	2300/3100	1500	8

表2 3号楼人工挖孔桩数统计表

序号	桩型号	直径（mm）	扩大头（mm）	扩底高度（mm）	桩数（个）
1	ZH1000-1900	1000	1900	900	16
2	ZH1100-2100	1100	2100	1000	28
3	ZH1200-2200	1200	2200	1000	12
4	ZH1300-2400	1300	2400	1100	14
5	ZH800/1000-2000/2600	800/1000	2000/2600	800	12
6	ZH800/1000-2200/3000	800/1000	2200/3000	1200	2

2 按原设计（人工挖孔桩）施工的工程难点分析

（1）本项目位于繁华市区，对交通组织、安全防护、文明施工等措施要求较高，是项目施工方在长沙的对外窗口项目；项目质量、安全、文明管控目标高、创奖目标高；防止重伤，杜绝死亡，达到无重大伤亡事故、无重大机械设备事故、无坍塌、无火灾事故、无食物中毒事故等“五无”要求。

（2）由于建设方规定的施工期正处于春季与新冠疫情期间，工人调配困难，工价较高。

（3）根据甲方移交的场地合理按排各楼的施工工期，每个楼号施工工期均控制在20d内完工，工期十分紧张；工程施工正值春季，雨水将对施工有直接的影响，采用常规人工原始挖孔作业施工质量难以保证。

（4）现场有效可供场地狭窄，基坑内标段土方、支护等施工交叉，相互干扰多；由于施工区域场地狭小，对于进场材料及人员住宿造成极大的局限，而采用人工挖孔施工需要人员众多，住宿及生活问题较为突出。

（5）受场地移交影响，供桩基施工的工作面不连续且不规律，前慢后快，操作人员前期窝工较多，后期工作面扩大但人员提供不易跟上，人员协调不确定因素较多。

（6）夜间施工不安全，空压机噪声扰民严重。

3 场地情况

3.1 原设计的桩基施工介入场地情况

桩基础入场前，基坑土方开挖及基坑支护工程已由建设方单独招标，且提前安排施工；地下室底板底标高300mm以上范围内的大面土方基本挖运后，可由西往东逐步提供初步具备桩基施工专业班组入场施工基础条件。

3.2 场地地质情况

（1）素填土（人工填土，Qml）：①、粉质黏土（Qal），②-1、粉质黏土（Qal），②-2、黏土（Qel），④。以上土层分层均为深基坑开挖的大型土方，桩基施工进场基本已经挖运完成。

（2）强风化泥质粉砂岩（K）⑤：岩体基本质量等级为Ⅴ级，属极软岩，在场地内连续分布，钻探揭露厚度在 1.4~17.1m，平均层厚 10.44m。

（3）中风化泥质粉砂岩（K）⑥：岩体基本质量等级为Ⅳ~Ⅴ级，为软岩，岩芯采取率 95%。该层在场地内连续分布，控制厚度为 19.6m，未揭穿。

（4）桩端持力层要求：桩端持力层为强风化泥质粉砂岩，桩端土阻力特征值为 7000kPa，要求桩端嵌入该层内≮桩径，当岩层表面倾斜时，嵌岩深度以坡下方为准。

3.3 地表水分布及特征

施工范围场地内无地表水体。大气降水主要靠蒸发和向场地设置的排水沟及地势较低南侧排泄，具有速汇速排特征。

3.4 环境保护

按项目管理法的要求组织各专业工程的平衡、交叉流水作业，通过有效的协调指挥，使整个工地自始至终保持最优化组合和最佳工效。

4 基础设计方案选择

根据地勘资料基础方案的建议，设计方案最终计算选型为大口径人工挖孔灌注桩基础，从 1 号楼施工前期直接引入人工挖孔施工队伍的效果来看，进度不可控因素还未全面呈现，节点进度目标实现存在不确定性；人工成孔至成桩过程间的空孔时间较长，安全隐患存在时间较长。

旋挖成孔施工是目前推广使用的桩基成孔工艺，具有单桩成孔作业速度快、机位调整方便、安全风险监管直观、机械化程度高等特点，能有效节约人工费用，杜绝井下作业安全风险，可以解决本项目桩基分部工程施工工期受制约的问题。

经与设计、监理、建设各方沟通协调，一致认可对桩基施工进度中影响最多的因素进行优化调整，同意在不调整桩基核心参数、确保结构安全的前提下，将旋挖机械成孔工艺结合运用于本项目桩基成孔施工中，使进度得到保障的同时，综合成本降低。项目实践表明，该方案是可行的。

5 施工常规方案实施与优化成孔方案比对

5.1 施工优缺点对比

（1）人工挖孔施工成孔作业：方式原始，辅助设备简单、施工方便、施工速度较慢；成孔质量受操作人员素质影响而不同，入岩深度判断主观；单桩成孔施工速度较慢，井下作业安全风险随掘进深度增加而增加，施工速度受土质、地下水的大小和水量水压影响，不能完全把控施工速度和防范井下孔壁坍塌以及井口人员高处坠落的风险；易受制于场地大容量电源供应是否到位，即使有工作面，也不能全负荷投入人力或引入移动电源供给，能源浪费很大，总体不经济；施工不连续，技术间歇时间长；一次性投入工器具、中小型设备多，设备简陋且无完备可靠的安全辅助配置，生产效率低下。

综合项目基坑现场场地分块逐步顺序移交的实际情况，前期人工挖孔人员上足了，但因无充足施工工作面导致人员窝工，致使人员出勤率不足 70%，造成人员流动性大，加之桩钢筋笼成品制作堆放的场地条件有限，现场总体进度受阻；后期现场经协调场地移交的工作由慢转快，但人员却一时上不来。根据设计基坑开挖岩层剥离外露情况，桩基孔位开挖面标高全基坑面均已到达强风化泥质粉砂岩层，人工掘进施工缓慢，操作成型效果也不容易规整。

（2）旋挖机械成孔：在市政及基坑支护施工中已推广，适用范围广；桩基施工技术及工艺成熟，施工工艺的绿色环保优势明显；单桩施工机械化程度很高，人员配备简单，大大减少了工地施工意外事故的发生概率，施工效率高；作业面移动与调整速度快，移机及场内转场十分方便，对场地工况要求较低；单桩成孔总体速度提升明显；避免了人工井下作业风险，受天气和地下水影响小，易于保证工期。

因旋挖钻机为全液压系统控制，设备自动化程度高，能确保成孔垂直度、孔位孔深及沉渣厚度等各项重要指标合乎施工质量验收规范要求。

钻机成孔施工适用地质范围广，成孔效率高，昼夜施工无障碍，深基坑下方施工噪声扰民少，无二次污染环境，尤其适合环境保护要求高的中心城区。

自然岩层孔壁直立稳定性好，成孔后沉渣清孔彻底，一次性成孔速度快。

综合以上对比情况，桩基施工后期选用机械旋挖作业是正确的。因其开挖面已处于旧城区自然面标高以下约12m以下的基面，成孔地层面层均为强/中风化泥质粉砂层，更利于机械作业成孔。

5.2　人力配备投入对比表（表3）

表3　两种施工方式人员配备对比表

序号	人员名称	人工挖孔方式成孔需配备人数（人）	旋挖方式成孔需配备人数（人）
1	项目部管理人员	10	10
2	专业队伍管理人员	8	8
4	成孔（扩底及配合试验辅助）人员	70	4
5	钢筋工	6	6
6	电工	2	2
7	机操工	0	3
8	机修工	1	1
9	混凝土工	10	10
10	电焊工	4	4
11	杂工	2	2
合计		113	50

5.3　机械设备投入对比表（表4）

表4　两种施工方式机械设备投入对比表

序号	名称	规格型号	单位	人工挖孔方式成孔需配备	旋挖方式成孔需配备机械设备
1	砂浆搅拌机		台	2	2
2	插入式振动器	HZ-50	台	4	4
3	大型空气压缩机	150kW	台	3	0
4	风镐	03-11	台	40	0
5	风动凿岩机	YT-28	台	4	0
6	钢筋切断机	6~40mm	台	1	1

续表

序号	名称	规格型号	单位	人工挖孔方式成孔需配备	旋挖方式成孔需配备机械设备
7	电焊机	21kW	台	1	1
8	对焊机	22kW	台	1	1
9	潜水泵	自吸型（40m扬程）口径ϕ75	台	20	20
10	鼓风机	离心式交流	台	10	2
11	手推人力车	0.3t	辆	15	0
12	钢模		套	50	0
14	氧气瓶		套	4	
15	混凝土汽车天泵	76m臂	台	2	2

5.4　工艺流程对比

5.4.1　人工挖孔桩施工工艺流程（工艺复杂）

场地平整→修建排水沟、集水井→C15混凝土垫层施工→放线、定桩位→架设支架、安装泥浆泵、鼓风机、照明设备等→边挖土边抽水→每下挖1m左右土层，进行桩孔周壁的清理、咬合桩孔的直径和垂直度→绑扎护壁钢筋→支撑护壁模板→浇灌护壁模板混凝土→拆模后继续下挖、支模浇灌护壁混凝土，达到强度后拆模→进入岩层一定深度确定能否作为持力层→对桩孔直径、深度、垂直度、持力层进行全面验收→排除孔底积水→吊装钢筋笼→放入串筒、浇灌桩身混凝土上升至设计位置→继续浇灌混凝土至高出桩顶设计标高300~500mm。

5.4.2　旋挖成孔灌注桩施工工艺流程（工艺明显简化）

场地平整、进场道路→修建排水沟、集水井→设备进场、安装调试→测放桩位→旋挖设备就位、开钻准备→钻孔→清孔、清渣→对桩孔直径、深度、垂直度、持力层进行全面验收→排除孔底积水→吊放钢筋笼→放入串筒、浇灌桩身混凝土上升至设计位置→继续浇灌混凝土至高出桩顶设计标高300~500mm→回填空桩段→整机移位至下一桩位。

6　桩基施工

6.1　施工准备

（1）在正式施工前，应具备以下工程资料：建筑物场地的工程地质和必要的地下水位资料；桩基施工图纸会审纪要；主要施工机械及其配套设备的技术性能资料；桩基专项施工方案以及桩基钢筋混凝土所用建材（商品混凝土、钢筋）的质检报告。

（2）施工前要制定周详的质量管理措施。在施工平面图上应标明桩位、编号、施工顺序；制定施工工序、检查程序；制定不良天气（雨期）施工的技术措施。

（3）桩基施工中安全措施非常重要，必须高度重视，应做到以下措施保障：孔内设应急软爬梯供人员上下井；施工人员进入孔内必须戴安全帽；使用吊笼、手动绞绳架等应有安全可靠的自动卡紧保险装置；开挖深度超过10m时应配有通风设备；挖出的土石方应及时运离孔口，不得堆放在孔口四周1m范围内，机动车辆的通行不得对井壁造成安全影响；注意安全用电，井下照明应采用12V以下安全灯。

6.2　施工方法

人工挖孔成孔：人员直接在孔内狭窄地下区域劳作，风镐开凿，掘进深度仅可目测粗估不精确，动力机械和用电设备共处一个空间，存在漏电和人工绞架或电动葫芦吊运出土过程中石头高空掉落而人员在孔内无处避开的情况；成孔及扩底过程中全程为井下高危，且停留时间长。

旋挖成孔：成孔过程中人员仅在孔上劳作，掘进孔深直观可控，也不受地下地质分层的影响，掘进过程人员安全且成效高、速度快；不存在漏电和人工绞架或电动葫芦吊运出土过程中石头高空掉落而人员在孔内无处避开的情况。

6.3　施工要点

（1）落实施工过程中备用设备的提前落实、易损易耗部件的采购常备。

（2）本项目桩基施工时地下水位低，基本处于干作业成孔状态，旋挖成孔施工应一次性成孔完成，成孔完毕后可以流水施工，一次性成桩完毕。

（3）成桩初凝后桩顶采用草垫加以覆盖，终凝后及时做好空桩段土层回灌保护和天然养护。

7　社会及经济效益分析

（1）本项目1号楼、3号楼单桩和群桩承台基础共计挖孔灌注桩178根，经完工实体抽芯检测，成型质量均满足设计要求。本工程在施工过程中，由于施工技术措施调整及时，成效明显，不但施工进度得到了有效保障，还为类似项目的基础工程施工积累了经验和技术结合运用案例。

（2）更利于桩基分片集中完成，更利于后续工序施工能及时介入，减少技术间歇时间。由于旋挖成孔一次投入费用较大，项目宜采取租赁形式灵活开展。因其成孔工效是其他方法的3~4倍，加之本项目水位偏低，实际作业为干作业成孔，无须再做护壁，同其他成孔扩孔工艺对比，其综合成本实际明显降低，同比工期降低了近30%。

（3）本项目因基底土层即为强风化泥质粉砂岩层，旋挖成孔施工无须满设钢护筒；因干作业成孔，也无须挖泥浆池，成孔孔壁均为岩层，无须采用泥浆护壁，场地文明施工程度高。

8　结语

随着工程建设项目机械化、智能化施工不断增加，作为项目建设尤为关键的基础工程，其分部工程的质量优劣直接决定项目的成败。本例中大直径灌注桩由井下原始人工开挖成孔工艺优化为机械成孔工艺，有效地解决了项目基础施工中的矛盾，既降低施工管理难度和风险，节约了项目综合造价、提高了施工工效，同比又合理有效地压缩了关键工序的施工工期，符合安全文明、绿色环保施工的建筑行业大趋势与严要求。

成孔施工应充分结合项目场内外现场交通条件、试桩或试成孔地质揭露情况、水文以及所处季节等综合因素，进行充分、科学的对比后再选取合理的施工工艺，以实现施工及建设成本综合效益最大化。

参考文献

[1]　建筑地基基础设计规范：GB 50007—2011［S］. 北京：中国建筑工业出版社，2012.
[2]　建筑桩基技术规范：JGJ 94—2008［S］. 北京：中国建筑工业出版社，2008.

锤击钢筋混凝土 U 形板桩施工技术

向宗幸　颜年云　王俊杰

湖南省第三工程有限公司　湘潭　411101

摘　要：河道治理工程中，常用砌挡土墙、浇筑混凝土墙等施工方法进行河道边坡临水面河道防护，在施工过程中需要围堰、清淤后再做主体结构，施工工期长，投入成本高。而采用锤击钢筋混凝土 U 形板桩不需要围堰，施工速度快，U 形板桩可作为永久围护结构使用，工程经济且环保美观。

关键词：锤击；钢筋混凝土；U 形板桩；河道治理；围护结构

为改善人居环境和治理水患，河道治理蓬勃发展起来。在河道治理工程中，常用的河堤围护结构形式有：抛石、打桩、砌挡土墙、浇筑混凝土墙。但是，抛石做河堤常占用河道过水断面，不节约用地。采用砌挡土墙、浇筑混凝土墙等工艺，则需要对河道进行围堰和清淤，施工工期长，投入成本高。而采用锤击钢筋混凝土 U 形板桩施工工艺，则不需要围堰，工程投入成本低；而且钢筋混凝土 U 形板桩做围护结构，不占用河道，并且能把河道的滩涂地加以利用，作为道路用地。

1　工程概况

东莞市某河河道宽 8~12m 不等，治理长度约 1100m，河堤成型后高约 2. 5m。从地质报告了解到，河堤顶面以下 2. 2m 为素黏土，素黏土以下为 9. 5m 厚为淤泥及淤质土，其下为黏性土。根据地质报告，该河道治理工程采用 14m 长的钢筋混凝土 U 形板桩进行河道防护，并在 U 形板桩顶设置冠梁连成整体。施工中，采用锤击的方式将该 U 形板桩沉入设计标高。该技术施工方便、速度快、节约了材料和人工成本，取得了很好的经济效应。并且，采用钢筋混凝土 U 形板桩做河堤围护结构后，将河道滩涂地作为了公园的休闲步道使用，使公园的有效用地面积增大约 5%，具有较好的社会效益。

2　工艺原理

锤击钢筋混凝土 U 形板桩的工艺原理是将钢筋混凝土插板桩设计成 U 形以增加插板桩的侧向刚度，并在插板桩的侧边设计成企口型（图 1），以便于插板桩完成后联结成整体板桩和起到防止渗漏的作用。通过振动锤锤击的方式使钢筋混凝土 U 形板桩插入到地基土层中，再通过企口连接，以及 U 形板桩顶部的冠梁连成整体，从而使桩体形成围护结构。

桩底嵌入深度内土层的被动土压力：

$$E_P = \frac{1}{2}\gamma h_p^2 K_p \tag{1}$$

式中　E_p——被动土压力；

γ——土的重度；

h_p——计算土压力的深度，从土层顶面算起；

K_p——被动土压力系数，与角 φ、α、β 和 δ 有关。

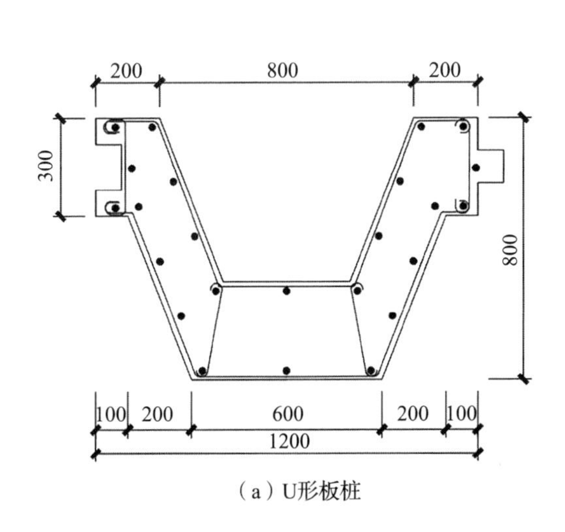

（a）U形板桩

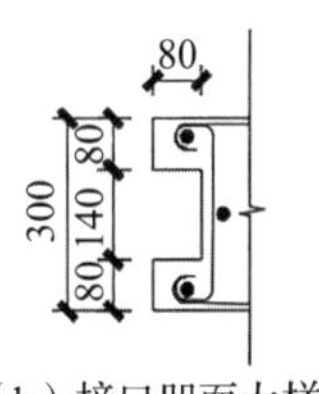

（b）接口凹面大样

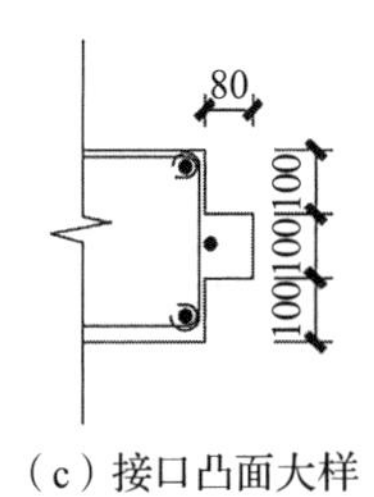

（c）接口凸面大样

图1　钢筋混凝土U形板桩结构图

桩底嵌入深度内土层的被动土压力对桩底的弯矩：

$$M_p = \sum E_{pi} \cdot h_{pi} \tag{2}$$

式中　M_p——被动土压力对桩底的弯矩；

E_{pi}——各土层的被动土压力；

h_{pi}——为 E_{pi} 作用点与桩底的距离。

桩侧河堤的主动土压力：

$$E_a = \frac{1}{2}\gamma h_a^2 K_a \tag{3}$$

式中　E_a——主动土压力；

γ——土的重度；

h_a——计算土压力的深度，从土层顶面算起；

K_a——主动土压力系数，与角 φ、α、β 和 δ 有关。

桩侧河堤的主动土压力对桩底的弯矩：

$$M_a = \sum E_{ai} \cdot h_{ai} \tag{4}$$

式中　M_a——被动土压力对桩底的弯矩；

E_{ai}——各土层的被动土压力；

h_{ai}——为 E_{ai} 作用点与桩底的距离。

当桩底嵌入深度内土层的被动土压力 E_p 和弯矩 M_P 足以抵抗桩侧河堤的主动土压力 E_a 和弯矩 M_a 时，可直接锤击沉入钢筋混凝土U形板桩，在桩顶设置冠梁即可，如图2所示。

当桩底嵌入深度内土层的被动土压力 E_p 和弯矩 M_P 不足以抵抗桩侧河堤的主动土压力 E_a 和弯矩 M_a 时，侧需在桩顶或桩身设置冠梁和锚索与河堤形成整体，增加围护结构的整体稳定性，如图3所示。

施打完后，钢筋混凝土U形板桩可作为结构使用，不用拔出，即可做围护结构，又可做永久主体结构。

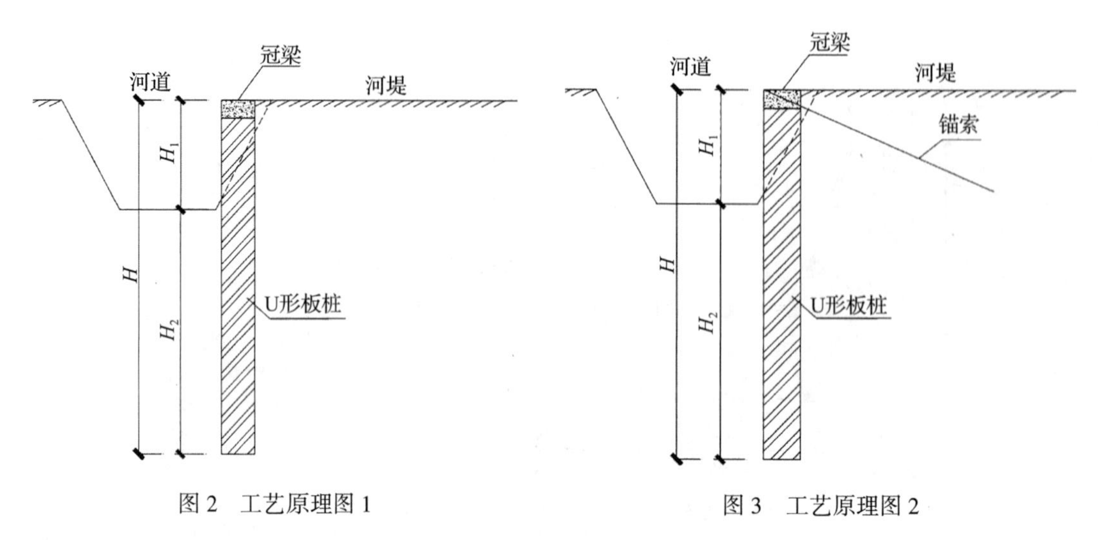

图 2　工艺原理图 1　　　　图 3　工艺原理图 2

3　工艺特点

（1）施工方便。不需要围堰，直接在岸上锤击施工。

（2）结构新颖。钢筋混凝土 U 形板桩用企口咬合结构，施工完后，在插板桩顶部浇筑一道钢筋混凝土冠梁，即做围护结构又做主体结构。

（3）工厂化预制、工程质量好。U 形板桩在工厂进行定型标准化预制，蒸汽养护，混凝土强度达到 100%后方可吊装运输到工地，提高了河道治理工程的装配化程度。

（4）施工速度快，结构整体性好，侧向抗剪强度高，避免了土体侧向位移，工程投入更节约，减少了对河流的污染，更环保美观。因无须围堰，改进了河道治理的施工工艺，节约了工期，同时降低了施工时对河流水体的污染，并且节约投入。

（5）机械化程度高。U 形板桩在工厂预制，吊装和运输为机械化作业，现场打桩 80%的工作量为机械作业。

4　施工工艺及操作要点

4.1　工艺流程（图 4）

4.2　操作要点

4.2.1　施工准备

（1）施工前应作好“三通一平”，确保设备安全进场。

（2）现场施工用电量按 120kW 配置。

（3）清除桩位处河底块石，大致平整工作面，放样核对后进行沉桩，施工场地周围应排水畅通。

（4）U 形板桩须具备产品合格证，施工按《先张法 U 形预应力混凝土板桩》（图集号 ZPZ-QC-BZ0012010）要求进行。

（5）修筑好材料进场道路和打桩机械行走道路。

（6）主要机械设备调试正常，安全进场。

4.2.2　桩的验收、起吊、搬运、堆放

（1）U 形板桩由预制厂生产，进入现场的成品桩，在施工前应由甲方、监理方、总包方、施工单位共同验收。验收依据：桩的结构图，规范中有关预制混凝土板桩外观检查条款，同时应提供以下资料：桩的结构图，原材料试验报告，隐蔽工程记录，混凝土强度试验报告、养护方法等。

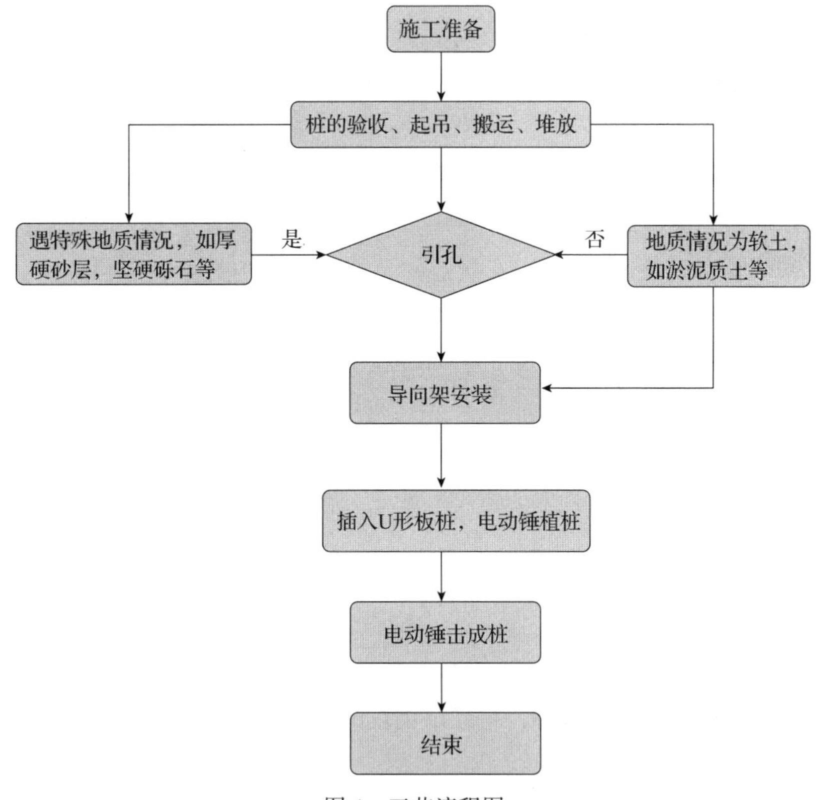

图 4　工艺流程图

（2）预制桩应达到设计强度的 100%方可起吊，桩在起吊和搬用时，必须做到平衡并不得损坏。水平调运：两点起吊时，吊点距桩端 0.207L（L 为桩长），单点起吊时，吊点距桩端 0.293L（具体尺寸由配筋情况进行计算确定）。

（3）桩的堆放场地应平整坚实，堆放层数不得超过两层，不同规格的桩应分别堆放。

（4）U 形板桩在施工过程中，搁置点和起吊点均应设置在吊钩的位置。

4.2.3　引孔

由于 U 形板桩端部面积大、插入深度深、地下地质条件复杂等原因，一般先进行引孔，再沉入 U 形板桩。

引孔可采用长螺旋钻孔机或小型旋挖机进行施工，在施工过程中必须保证引孔的位置准确，及时采用经纬仪观测引孔的轴线，如图 5 所示。

4.2.4　导向架安装

采用单层双面导向架，导向架由导梁和围檩桩等组成，围檩桩间距 5.5~7.5m，导梁之间的间距比 U 形板桩墙厚度略大 20~30mm。

导向架位置不能与 U 形板桩相冲突，围檩桩不能随 U 形板桩打设而下沉或变形。用经纬仪和水平仪控制好导梁位置和高度，以便于控制 U 形板桩的施工精度和提高工效，如图 6 所示。

图5　引孔

图6　安装导向架

4.2.5　插入U形板桩

（1）起吊

现场插入起吊，吊点位于桩的端部，采用履带式起重机起吊。起吊后，U形板桩铅直吊起离地0.5~1.0m，检查起重机各项性能，确认无误后，旋转起重机至插板桩导向架上空（图7）。

（2）插入

缓缓落下钢丝绳，使U形板桩缓慢铅直落入导向架内，再人工通过电动葫芦校正U形板桩，使两桩U形板桩的企口吻合（图8）。在人工校正过程中，起重机始终处于起吊状态。当校正后，再缓慢放下U形板桩，使桩体在自重的作用下插入土体中，桩体的稳定通过导向架固定，再通过桩顶上的卸索装置，将起吊钢丝卸下。

4.2.6　锤击成桩

（1）沉桩机械的选择

用振动锤植U形板桩，桩锤选择范围：强力高速液压打桩机（PCF200-PCF350）与大型挖掘机（350-500机）组合；电动振动锤（DZJ120-DZJ240，EP150-EP300）、液压振动锤（SV80-SV150）与履带吊（45t以上）组合施工，如图9所示。

图7　U形桩起吊

图8　插入U形桩

图9　电动振动锤与履带起重机组合（锤击施工）

（2）振动和环保锤击相结合沉桩

①振动锤的频率大于钢筋混凝土U形板桩的自振频率。振桩前，用振动锤的夹具U形

板桩上端，并使振动锤与U形板桩重心在同一直线上。

②振动锤夹紧U形板桩吊起，使U形板桩垂直就位，再将U形板桩由上往下插入导向架内，并辅以人工，使相邻两根U形板桩企口吻合。待桩稳定、位置正确并垂直后再振动下沉。

③沉桩中，U形板桩下沉速度突变慢，应暂停沉桩，并将U形板桩向上拔起0.6~1.0m，然后重新下沉。

④为保证U形板桩打设精度采用屏风式打入法。先用吊车将U形板桩吊至插桩点处进行插桩，板桩企口要吻合，每插入一根桩即套上桩帽轻轻锤击使其稳定。当导向内插满U形板桩后，再同时分层次打入。

⑤U形板桩分段分层打入，以一个导向架内空长度尺寸为施工段，分四个层次施打，首先由14m高打至10m，再次打至6m，第三次打至导梁高度，待导架拆除后第四次才打至设计标高。打设第一、二块U形板桩（定位桩）时，要确保位置和方向准确，每打入1m测量一次；打入其他桩时，每打入2m测量一次。

5　质量控制措施

5.1　提锤吊桩

（1）打桩机行走的道路应坚实。

（2）U形板桩放线施工，桩头就位必须正确、垂直。沉桩过程中，随时检测，发现问题，及时处理。

（3）U形板桩提升就位，吊点位置应在桩顶，桩提升离地时，下部应用缆风绳稳定，平稳和横向行走，防止撞击桩架。U形板桩起吊后，辅助用人力将桩插入导向锁口和嵌入U形板桩侧边企口，动作缓慢，防止碰撞导向架和损坏企口，插入后可稍松吊绳，使桩凭自重滑入。

（4）待桩尖送入导向架后，桩和锤缓缓下滑，桩尖、桩的重心和桩锤三点一线，对准桩位中心，将桩缓缓下放插入土中，扶正桩身，用经纬仪分别从90°的两个方向调整U形板桩的垂直度。

（5）桩就位后，在桩顶上扣上桩帽，保证桩帽与桩周围有5~10cm的间隙，待桩稳定后，即可卸去吊扣，再将桩锤缓缓落在桩帽上，桩锤底面、桩帽上下面及桩顶保持水平，桩、桩锤、桩架在同一中心线上，此时在锤击作用下，桩沉入土中一定深度，基本稳定后，再次校正桩位和垂直度，即可打桩。

5.2　打桩

（1）U形板桩锤击沉桩施工时，应先试桩，试桩数量不小于10根。试桩合格后，利用试桩做导向桩。导向桩打好之后，以槽钢焊接牢固，确保导向桩不晃动，以便打桩时提高精确度。

（2）初打时应采用小落距轻击桩顶数锤，观察桩身、桩锤、桩架在同一中心线上，待桩身入土一定深度后，桩尖不易移位时，再全距施打。

（3）打桩宜采用重锤低击方法，这样锤对桩顶冲量小，动量大，桩顶不易损坏。

（4）打桩时入土速度应均匀，锤击间隙时间不宜过长，否则会使桩身与土层之间摩擦力恢复，造成固结现象而使打桩困难。

（5）U形板桩锤击到设计标高20~40cm时，慢速锤击，防止超深。锤击成桩后U形板桩应垂直平顺，无严重扭曲、倾斜和劈裂现象，企口连接严密。

5.3　沉桩允许偏差

沉桩允许偏差应符合 JTJ 292—98 要求，见表 1。

表 1　沉桩允许偏差

序号	项目	允许偏差（mm）
1	桩顶平面位置	∓50
2	垂直板墙纵轴线方向的垂直度	∓10
3	沿板墙轴线方向的垂直度	∓15
4	钢筋混凝土板桩间的缝宽	<25
5	桩尖高程	∓100

5.4　中间验收与竣工验收

（1）对每根桩都应按国标 GB 50202—2018 规范要求进行中间验收。主要的验收内容有：预制桩的质量、外观尺寸、成型后桩的倾斜度、企口处理、桩位移、桩顶标高和最后贯入度等。

（2）做好中间验收的同时，应跟踪检查对中时的桩位和打桩完毕后的实际标高。

（3）竣工验收由建设单位组织进行，承建方及时提供桩位竣工图，提交竣工资料。

6　安全措施

（1）安全标准

《施工现场临时用电安全技术规范》（JGJ 46—2005）；

《建筑机械使用安全技术规程》（JGJ 33—2012）；

《建筑施工安全检查标准》（JGJ 59—2011）。

（2）在 U 形板桩起吊和沉桩过程中，设三根缆风绳，由三名工人拉持，维持 U 形桩在静止状态和插入导向架时的稳定。

（3）起重设备基础必须平稳、牢固，高大机械在多风季节前设缆风绳。

（4）U 形板桩插入导向架时，在导向架上先安装好限位装置，再缓慢插入。人工辅助插入导向架，避免 U 形板桩撞击导向架。

（5）基坑顶周边设置连续封闭的安全护栏，防止人员坠落。

（6）其他安全措施与锤击钢板桩施工类似。

7　环保节能措施

（1）严格执行国家施工现场文明施工有关规定：

《建筑施工现场环境与卫生标准》（JGJ 146—2013）；

《建筑施工场界环境噪声排放标准》（GB 12523—2011）。

（2）优先选用性能良好、噪声小的环保锤深入 U 形板桩，减小施工噪声排放。

（3）其他环保节能措施与锤击钢板桩类似。

8　结语

采用该技术进行河道防护施工，钢筋混凝土 U 形板桩在工厂预制，降低了现场的劳动强度，改善了工人的劳动环境，现场所需的人工少，提高了河道护堤施工的装配率，更有利于产业的转型升级。此技术比传统的挡土墙施工速度快 50%，建筑材料节约 60%以上，工程费用节约30%。并且，现场施工不需要围堰，场地占用面积小，对河道的影响少，对水环境的污染少，施工不受季节限制，是一种更绿色、更先进的施工技术，可广泛推广应用。

参考文献

[1] 朱太升，张会，马衣峰. U形板桩在郑集河输水扩大工程中的应用探讨 [J]. 治淮，2019 (11)：26-27.

[2] 朱建舟，张后禅. U形混凝土桩振动沉桩工艺研究 [J]. 混凝土与水泥制品，2016 (3)：79-83.

[3] 谭可，万小龙. U形预应力混凝土板桩在河道工程中的施工技术应用 [J]. 福建建材，2015 (8)：54-56.

[4] 胡亚楠. U形钢筋混凝土板桩在城市内河河道护岸工程中的应用 [D]. 郑州：华北水利水电大学，2014.

一种旋挖挤扩成孔施工工艺

陈霄鹏　董道炎　邱　行

湖南省机械化施工有限公司　长沙　412000

摘　要：为解决旋挖桩在工程应用中，遇有深厚软弱地层（一般指4m以上的新近回填土、淤泥质土）或小型溶洞、溶槽、土洞时的成孔施工难点问题，本文介绍了一种旋挖挤扩工艺，包括其工艺原理、钻具结构、适用范围及现场应用情况。

关键词：旋挖；挤扩；回填土；岩溶

1　前言

旋挖桩在建筑、桥梁、铁路、港口、地铁等领域地基基础设施建设中被广泛采用。其具有机械化程度高、施工效率理想等诸多优点。

旋挖桩在工程应用中，遇有深厚软弱地层（一般指4m以上的新近回填土、淤泥质土）或小型溶洞、溶槽、土洞时如何保证孔壁稳定，一次成孔，进而保证桩身质量，控制充盈系数（施工成本），是一个难点问题。

旋挖挤扩成孔工艺通过专用钻具的使用和相关控制措施解决了上述难点问题，经过现场验证，该工艺是一种效率高、成本低的解决方法。

2　工艺原理

旋挖挤扩成孔的原理是通过旋挖钻机施加扭矩及竖向力，使特制的螺旋挤扩式钻头挤压进入土层。钻头下旋钻孔过程中，将桩孔中的土体部分挤入桩周，使孔壁四周一定范围内的土体密实，提高土体自稳效果不致塌孔，达到成孔的目的。多余的土体可挤入螺旋挤土钻头叶片内，提升至孔外弃土。

同时，由于桩周和桩底部分土体同时进行挤扩，桩孔和桩底的周围形成一个高密实度的土层，挤密区的承载力大大增加，对于桩身承载力发挥颇有裨益。

3　钻具结构

钻具结构根据桩径大小其钻头直径、螺距、叶片截面形式存在一定差别。主要区别为，小孔径挤扩钻具可不通过料筒取出土体，通过螺旋叶片输送或取土即可持续钻进，大孔径挤扩钻具需具备取土料筒，保证钻进的持续性。不同孔径的挤扩钻具其结构形式如图1所示。

3.1　小孔径挤扩钻具

小孔径挤土钻头由连接段、护壁段、挤土段、取土段、定位芯五部分组成。

（1）连接段：中间为一正方形中空连接体，连接体四面，相对对称各开一个贯通圆形口，通过插销将钻头与旋挖机钻杆相连，在连接体上对称焊接4块加强板，以保证连接体刚度。

（2）护壁段：用厚度16~20mm厚Q235b钢板卷成圆筒并焊接，直径比设计桩径小60mm，圆筒高度300~500mm，圆筒外焊接16~20mm厚耐磨导渣条，圆筒内焊接钢板或型

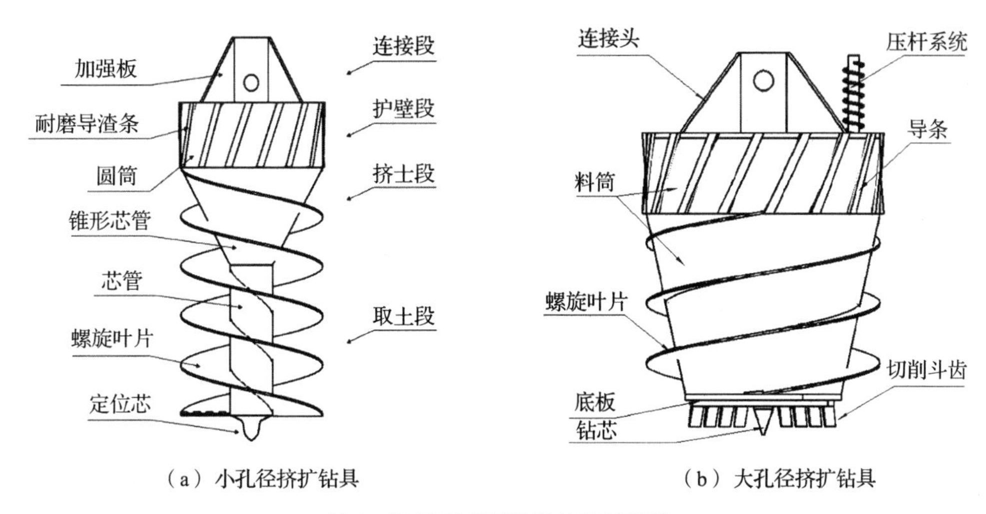

图 1　适用于不同孔径的挤扩钻具

注：1. 小孔径指旋挖灌注桩小孔径桩，即桩径≤1000mm；
2. 大孔径指旋挖灌注桩大孔径桩，即桩径≥1000mm。

钢加劲肋，顶部用 10～12mm 厚 Q235 钢板焊接，并与连接体焊接，下部与倒锥体上口焊接，作用为挤土、护壁。

（3）挤土段：由锥形芯管和螺旋叶片组成。锥形芯管用 Q235b 钢板卷成上口外径同护壁圆筒，下口外径为 150～300mm 的锥体并焊接，螺旋叶片落距 250～300mm，外径同护壁圆筒，内径随锥芯管外径变化，螺旋叶片焊接在锥芯管上。在钻机旋转的扭矩作用下，下部直螺旋段输送的土体慢慢挤入孔壁区。主要作用为挤土。

（4）取土段：由 200～300mm 芯管和螺旋叶片构成，螺旋叶片与芯管采用焊接连接。芯管直径为 150～300mm，可依据桩径进行调整，为减轻重量，芯管为空心，壁厚 10～15mm。螺旋叶片为双螺旋、直螺纹，其倾斜角度为 30°～45°，叶片间距为 300mm，叶片外径同护壁圆筒，叶片下端焊接钻齿，以便切削土体进入叶片。其作用为：在旋转过程中，土体能通过螺旋叶片上升至挤土区，提钻时，螺旋叶片亦能取出部分土体。

（5）定位芯：定位芯由芯座和钻齿组成。芯座焊接在取土段的芯管上，中心与钻头中心重合，钻齿安装在芯座上。作用是便于对准桩的中心。

3.2　大孔径挤扩钻具

大直径挤扩钻具由连接头、料筒、螺旋叶片、底板、压杆系统组成。

（1）**连接头**：中间为一正方形中空连接体，连接体四面，对称各开一个贯通圆形口，通过插销将钻头与旋挖机钻杆相连，在连接体上对称焊接 4 块加强板，以保证连接体刚度。

（2）**料筒**：料筒包含圆柱筒段和圆锥筒段，圆锥筒段直径比设计桩径小 60mm，高度 300～500mm，筒外焊接 16～20mm 厚耐磨导渣条，作用为挤土、护壁。圆锥筒段上口外径与圆柱筒相同，下口外径比上口外径小 200～400mm。料筒中部设有排气孔，在钻机扭矩及竖向力作用下，圆锥筒中心部分土体进入料筒内。

（3）螺旋叶片：螺旋叶片为双螺旋、直螺纹，其焊接在料筒的圆锥筒段，叶片间距 250～300mm，外径同护壁圆筒，内径随圆锥筒外径变化，在钻机扭矩及竖向力作用下，圆周土体可通过螺旋叶片慢慢挤入孔壁。

（4）底板：对称设有 2 个进土孔，以便土体进入料筒，其通过螺栓铰接在料筒底部，底板固定有钻芯和切削斗齿，以便对准桩位中心和切削土体。

（5）压杆系统：由压杆和压缩弹簧组成，其中压杆与底板连接，压缩弹簧套在压杆上，在卸土时通过压杆系统打开底板卸土。

4 适用范围

4.1 新近回填土

适用于较厚未经严格压实的回填土。旋挖挤扩工艺可以直接挤扩成孔，保证成孔效率。深厚回填区域采用泥浆护壁方式容易引起浆液在填土层中渗入，护壁效果并不理想，且造成单桩混凝土充盈系数增长。不利于成本控制和成桩质量。相较于配置专用振沉设备和护筒的工艺，又更加便捷，更加经济。

4.2 中段软土层

旋挖钻进遇有中段软土层（淤泥层）时，可采用挤扩钻头成孔。挤扩成孔具有更少排土、更强挤密效果，能有效减少中段软土层缩径。预防缩径可采用回填部分黏土后挤扩成孔。

4.3 小型岩溶

遇有小型溶洞、岩槽，更换专用挤扩钻具进行挤扩成孔。岩溶中填充物为可塑状态时不需回填。无填充或流塑状填充时可回填黏土后挤扩成孔。回填后采用挤扩成孔的成功率比常规钻具反复旋转造壁的成功率大大提高，孔壁更稳定，有利于桩身质量控制。

5 工艺流程及控制要点

5.1 工艺流程

工艺流程如图 2 所示。

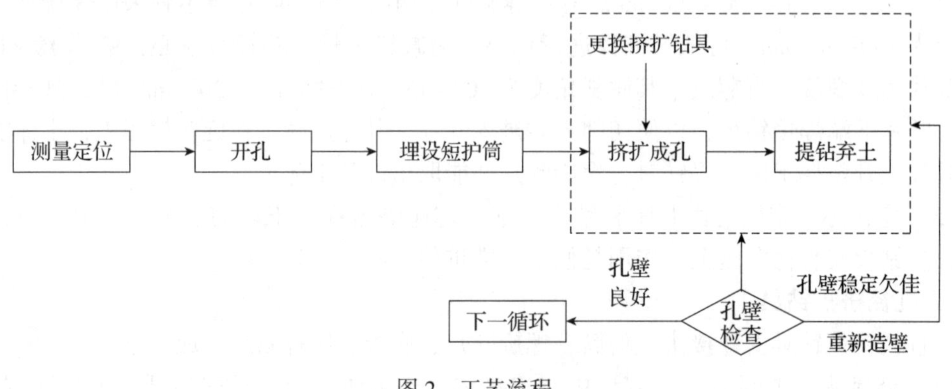

图 2 工艺流程

控制要点如下：

（1）测量定位：采用全站仪进行孔位测放。

（2）开孔：采用常规钻具进行开口，开孔孔径比设计桩径大 100～200mm。

（3）埋设短护筒：可采用旋挖机自配挂锁进行安放护筒，需对护筒埋设垂直度校正，必要时需挖机辅助。

（4）挤扩成孔：根据成孔大小，选择合适的挤扩钻具。机械操作时与常规钻具操作无异，注意机械钻压和钻速控制。挤扩成孔时，初始阻力较小，随钻深加大，阻力增大，宜适当增加钻压，应继续降低钻杆旋转速度与钻进速度，以利于桩孔土体密实，直至达到旋挖机输出扭矩限值或弃土条件。

（5）提钻弃土：

①当钻具在孔内钻进，孔内土体上返大量越过钻具护壁段，钻进进尺困难时，说明孔壁周围土体已达致密状态，无法进一步挤密，且孔内未挤入孔壁余土较多，不利于继续钻进。应提钻弃土后再行钻进。

②将旋挖机钻杆提出孔口，平转钻杆，至合适位置摆动钻杆，将钻具螺旋叶片间土体甩落。

③小孔径挤扩成孔一般钻进3～5m弃土一次，大孔径挤扩成孔一般钻进2～3m弃土一次。黏性较强土体可适当减少钻进深度，多次提钻取土。

（6）孔壁检查：当钻孔不深时，可以采用目测法，检查孔壁质量，观察孔壁是否稳定。钻深较大时，通过钻杆探测，如提钻弃土再次下放后孔深差别较大，即可判定孔壁稳定欠佳，提钻后垮孔，应先采用小钻压挤扩成孔，必要时回填部分桩土，至本段孔壁稳定，再进行下一循环成孔。

5.2　控制要点

旋挖挤扩成孔施工过程中应按如下要点进行控制，保证质量和施工效率。

（1）孔口土隆起：在松散地层易发生。挤扩钻具相比常规钻具，成孔时会对孔周土体产生更强的作用力，浅层松散填土易发生上部隆起。可通过埋设护筒，增加开口钻深解决。

（2）孔壁垮孔：除流塑状土层外，一般是钻进过快，钻压于扭矩不协调，导致孔内土体未充分挤密造成。施工钻进过程中应控制好钻速和加压力。当桩周土体达到一定密实度时，桩底土方上升速度降低，钻机扭矩加大，此时应继续降低钻杆旋转速度与钻进速度，以利于桩孔土体密实。当钻机扭矩达到极限时，停止钻进。

（3）杂填土钻进：主要是针对杂填土中大直径硬石，此时不可直接采用挤扩成孔，虽杂填土层一般较松散，但挤扩成孔遇大直径硬石，会造成孔位偏斜，且大直径硬石难以挤入孔壁，一直在与钻具摩擦，易损坏钻具，影响施工。可采用取土钻具将其取出，如硬石钻具超过整个桩径，应采用取芯钻将其击穿。

（4）中段软土：容易应提钻时负压导致缩径。再钻入软土层时，应先提钻弃土。同时检查芯管内部及排气孔是否淤积。确认排压系统通畅后，再下钻钻进。如含水率过高软土层挤密效果欠佳，可回填部分低含水率黏土，挤扩造壁。

（5）小型岩溶：应根据岩溶内填充物分别处治。填充物如为可塑造黏性土，则采用挤扩成孔一次性成孔率较高，遇塌孔，回填部分黏土或片石即可，再挤扩造孔即可。如为流塑状填充物或未填充，挤扩成孔前即回填黏土、片石，同时钻进过程中根据情况，再边回填，边挤扩。如果岩溶内存在水力通道，最好掺入水泥挤扩，及时浇灌，勤加量测。否则孔壁会因水力流通逐渐丧失稳定，严重影响成桩质量。

6　现场应用情况

对小孔径和大孔径挤扩成孔在不同项目进行了现场试验，其中小孔径挤扩成孔就应对为上部新近堆填深厚填土层及中部软土层进行了验证，大孔径挤扩成孔施工就应对深厚回填土及岩溶地质进行了验证。

限于篇幅，分别就小孔径及大孔径挤扩成孔施工各介绍一例。试验场地填土层土样如

图 3 所示，现场施工图如图 4 所示，成孔后孔壁挤密效果如图 5 所示。

（a）小孔径应用场地填土样

（b）大孔径应用场地填土样

图 3　填土层土样图

（a）小孔径挤扩施工

（b）大孔径挤扩施工

图 4　挤扩成孔现场图

图 5　孔壁效果图

6.1　概述

（1）小孔径应用概述

试验桩孔处素填土深 6m，素填土为红褐色，松散，稍湿，主要由黏性土组成，含少量强风化，中分化砾岩碎块，新近堆填，固结性差。天然地基承载力特征值 5kPa，压缩模量 4.6MPa，属高压缩性土，内摩擦角直剪试验标准值 12.2°，黏聚力直剪试验标准值 16.3kPa，天然密度 18.9kN/m^3，水平抗力系数的比例系数 3MN/m^4。

填土层含少量上层滞水，主要由大气降水垂直渗透补给，现场桩孔未见地下水。

（2）大孔径应用概述

场地土层为上部 0~13m 杂填土（含石块），未固结。40%以上桩遇有溶洞，填充物多为流塑状。采用旋挖钻孔灌注桩，桩径分别有 0.8m、1.0m、1.2m，桩长 20~48m，总桩数 436 根。试验桩直径 1.2m，试验桩数量 2 根。

6.2　试验过程

（1）小孔径钻孔试验过程

采用常规成孔工艺时以短护筒（2~3m）+泥浆护壁工艺施工桩孔，在距孔口 5~6m 位置容易小范围塌孔。采用泥浆护壁进行钻孔，对相邻桩孔施工产生一定影响，后进行施工钻孔，孔壁更不稳定，持续晴天施工，地下水位以上偶见孔壁渗水。

试验桩采用挤扩钻钻具一次成孔至 2.4m，成孔约 5mim，提钻甩土二次成孔至 5.1m，成孔时间7min，成孔至4.0m动压力加压至22MPa保证持续钻进。回填层孔壁稳定，穿越后，更换常规钻具+泥浆护壁进行施工至桩底。

（2）大孔径钻孔试验过程

非试验桩采用下放6~8m长钢护筒进行施工，护筒段施工完毕后，采用泥浆护壁成孔。未采用挤扩钻具施工，至7~9m以下存在塌孔，严重者无法成孔。遇溶洞难以成孔造壁，需反复回填黏土、片石造孔，流塑状填充物易渗入桩孔，难以彻底清理。

采用挤扩成孔工艺，2根试验桩在下放2~3m短钢护筒的前提下用挤土钻对护筒以下的回填土层进行挤土钻进，穿过回填土层后再加泥浆，更换常规钻具，钻穿溶洞顶部，溶洞内回填黏土、片石后经过1~2次挤扩成孔后，即可顺利穿越溶洞，孔壁较为稳定，成孔效果显著。

6.3　试验结果

（1）试验桩超声波及抽芯检测，桩身完整性及单桩承载力全部满足设计要求。

（2）试验桩桩身充盈系数均小于项目平均值。

7　结语

综合多个现场试验结果可得出如下结论：

（1）针对适用地层，挤扩成孔施工工艺可有效提高成孔成功率50%左右。

（2）该工艺，节省桩芯混凝土15%~30%；减少成孔弃土方量30%~50%。

（3）降低其他间接成本约2%~3%。

参考文献

[1]　张忠海，陈以田，吴永成．旋挖钻机行业发展及技术特点［J］．筑路机械与施工机械化，2005（1）：1-4.

[2]　刘传龙．建筑工程旋挖桩基础施工研究［J］．建筑技术开发，2019，46（21）：161-162.

[3]　拓伟民．旋挖钻机在桩基工程中的应用［J］．管理施工，2014（8）：214-216.

[4]　刘学峰，杨明武．旋挖钻机在厚杂填土地层成桩孔时的若干难点技术［J］．煤炭工程，2003（3）：634-636.

[5]　范铁军．岩溶地层桩基成孔施工技术［J］．江西建材，2017（10）：151-152.

沿河区域地下室底板后浇带防管涌技术研究

汪文斌

湖南省第五工程有限公司　株洲　412000

摘　要：随着建筑行业的迅猛发展，越来越多的建筑物建设在江河湖泊附近。随着汛期的来临，由于地下室修建过程中底板后浇带未封闭，存在较大的管涌危害。针对底板后浇带施工存在管涌的问题，笔者结合实践经验提出一种倒支模法设置支模系统。对于提升沿河区域地下室后浇带防管涌，具有一定的实践意义。

关键词：沿河区域；地下室；后浇带；防管涌

1　引言

在沿河区域的建筑施工过程中，地下室基坑距离河道较近，当汛期河水水位升高时，河堤内与河堤外水头差增大。基坑开挖施工挖除场地内的黏土等弱透水或不透水覆盖层（相当于盖重、压浸平台）后，改变了基坑内盖重及渗流路径，使基坑邻河侧、基坑底部的薄弱部位、现有已形成的渗漏通道在压力水作用下发生冲破及流砂加剧，可能酿成管涌事故。而地下室结构底板设置了众多后浇带，后浇带不能在短时间内浇筑混凝土进行结构性封闭，使已成型的后浇带素混凝土垫层局部存在薄弱节点和渗漏点，且其位置呈不规律分散性特点，给“对点”处理带来难度。考虑底板后浇带垫层的薄弱节点分布位置具有不确定性，为确保万无一失，应对结构底板所有后浇带采取防管涌的措施。笔者根据近些年来施工经验，研究出一种沿河区域地下室底板后浇带防管涌施工措施，可以有效防止管涌发生。

2　沿河区域地下室底板后浇带防管涌技术的原理

通过在地下室底板后浇带的空腔内填砂，填砂应充满整个后浇带的空腔，使其表面与现浇底板面平整，用麻袋覆盖住填砂的表面，再铺满 15mm 的模板，充分贴紧压住麻袋，以防流失。最后采用倒支模法设置支模系统，使“麻袋+模板”充分顶紧受力。通过此方法可以防止因后浇带空腔的存在，压力水突破垫层薄弱节点的位置或沿已形成的渗漏通道形成管涌。

此沿河区域地下室底板后浇带防管涌技术的实施要点如下：

2.1　技术流程

施工工艺流程及操作要点：施工准备→底板后浇带留设→后浇带内填防管涌砂→防管涌砂上覆盖麻袋+模板→搭设防管涌支撑体系→汛期过后拆除防管涌支撑体系→后浇带内清理→后浇带混凝土浇筑。

2.2　实施要点

（1）实施准备：根据地下室后浇带的尺寸，确定封闭后浇带所需的砂、麻袋、模板，并根据设计的倒支模支撑体系要求，选定所需钢管的规格型号以及数量；实施前应做好实施方案并交底让现场实施人员充分了解，熟悉此技术的操作要点；对操作工人进行各种技术培训及安全教育。

（2）底板后浇带留设：根据图纸设计要求，在地下室底板指定位置留设后浇带，后浇带宽度宜为700～1000mm。沿施工缝方向设置钢板止水带，后浇带两侧底板下皮第一排钢筋下设混凝土条挡浆，兼做钢筋保护层垫块，多排钢筋之间随钢筋绑扎同步设置快易收口网，拦截多排钢筋之间的缝隙，并在钢筋穿过快易收口网的位置绑扎镀锌钢丝网封堵小缝隙，以保证多排钢筋之间无漏浆。后浇带模板体系为钢筋支架上安装快易收口网模板体系，模板整体加固方式：在后浇带模板内侧（底板拟浇筑混凝土一侧）焊接对拉螺栓主加固方式，后浇带模板外侧（后浇带一侧）设钢筋斜撑辅助加固方式，来保证超厚底板后浇带模板在混凝土浇筑时整体不胀模、不跑模。

（3）后浇带内填防管涌砂：由于后浇带支模系统达不到拆模要求，填砂前应先拆除原后浇带支模架扫地杆，填砂采用人工运输，人工填筑。填砂应充满整个后浇带空腔，使其表面与现底板面平整。

（4）防管涌砂上覆盖麻袋+模板：使用双层麻袋覆盖住填砂的表面，再满铺15mm厚模板，充分贴紧压住麻袋，以防流失。麻袋应伸出后浇带两边各不少于100mm以确保封堵效果。

（5）搭设防管涌支撑体系：采用倒支模法设置支模系统，使“麻袋+模板”充分顶紧受力。模板次梁（压枋）为50mm×70mm木方，沿后浇带横向设置，设置间距300～350mm。模板主梁（ϕ48mm钢管）为三根，紧压木方，沿后浇带纵向通长设置。立杆为横向三根钢管，沿后浇带纵向间隔900mm设置，水平钢管杆步距1200mm。支架立杆顶部采用钢可调托座通过横向木方与上部结构顶紧受力。考虑负一层板后浇带处为悬挑性质，为避免负二层支撑系统被基底水压力加载后，对该处楼板产生不利影响，有必要采取加固加强措施。即对应的地下室顶板支撑架保留至少横向3排立杆不拆。如在施工中已拆除，则按此要求在负一层板上重新设置支撑架（图1）。

同时可根据需要在地下室底板后浇带防管涌措施的覆盖层上堆压几层砂包（400kg/m^2），产生反压作用，以进一步增强抵抗管涌的能力。

（6）汛期过后拆除防管涌支撑体系：待汛期过后，主体施工完毕，后浇带达到封闭条件，组织工人拆除防管涌支撑体系。拆除前应对作业工人进行安全技术交底，并安排专人现场旁站。

（7）后浇带内清理：使用高压水枪清理后浇带内防管涌砂，同时配合使用污水泵抽出。冲洗干净后，后浇带两侧的浮浆、松散混凝土应予凿除，并用压力水冲洗干净，涂刷混凝土界面处理剂；混凝土浇筑前应将后浇带处的钢筋除锈，并调整平直。

（8）后浇带混凝土浇筑并养护：后浇带处理完后，进行混凝土浇筑，混凝土应采用比两侧高一个强度等级的抗渗补偿收缩混凝土，保温保湿养护不得少于28d。

3　质量安全保证注意事项

（1）后浇带内防管涌砂填充率不得少于98%；双层麻袋覆盖严密无缺口；15mm厚模板压板覆盖率100%；防管涌支撑体系牢固可靠。

（2）施工前对进场职工进行一次全面的安全教育，强调安全第一，预防为主。

（3）进入施工现场必须带好安全帽，穿好绝缘鞋。严禁酒后进入现场。

（4）工程完毕时要及时清理作业区内的废料、杂物，并拉掉所有用电设备的电源，确认无误后，方可离开。

（5）特殊工种须经有关部门专业培训后持证上岗作业。

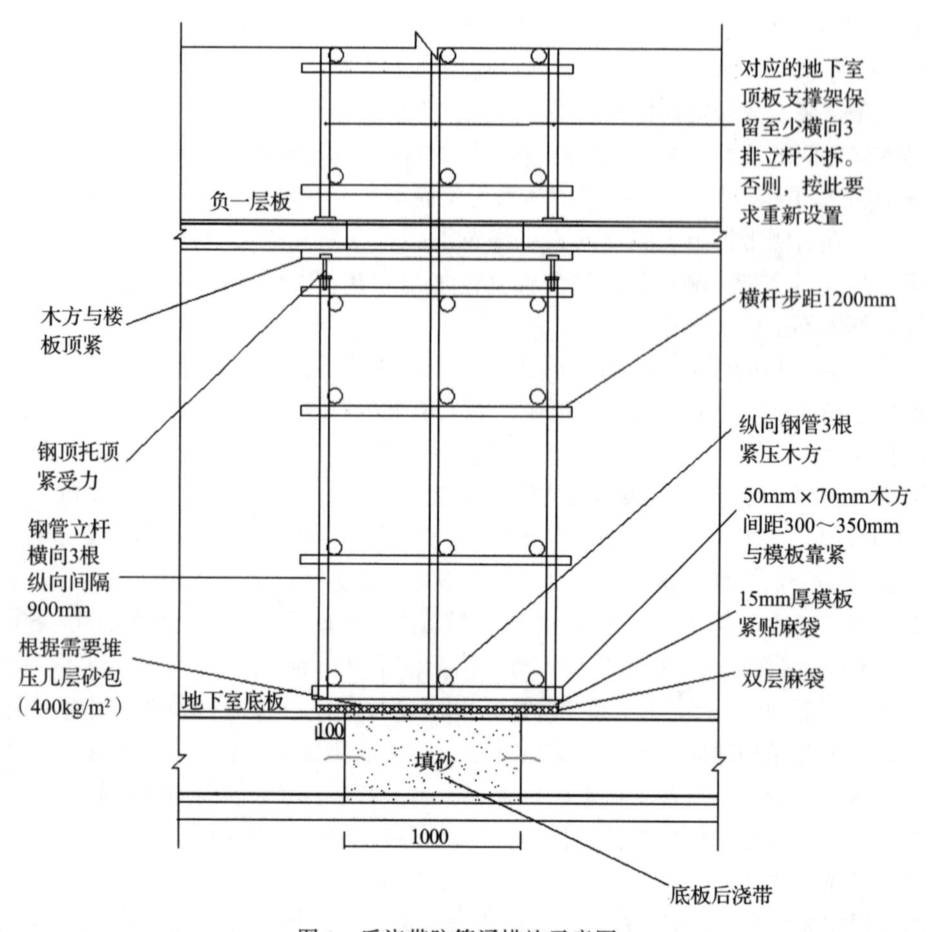

图 1　后浇带防管涌措施示意图

注：模板纵向接缝处必须压在木方上，模板下的麻袋必须贴合、搭接严密

4　结语

（1）此技术能够有效防止沿河区域地下室后浇带管涌，避免发生严重的灾害，为汛期地下室安全施工提供了技术支持，保障了工程施工期间的生命财产安全，具有经济实用、效果显著、适用性广等优点，尤其适合于后浇带在主体施工不能封闭期间防止后浇带垫层薄弱节点管涌发生。

（2）此技术操作简单，工程技术人员均可熟练运用，后浇带防管涌支撑系统消耗的人力物力较少，施工成本低；且在后浇带浇筑混凝土后，防管涌结构的材料均可回收利用，周转使用，节能环保，绿色施工。

长螺旋钻孔灌注桩技术工程施工应用

李金茂

湖南省第五工程有限公司　株洲　412000

摘　要：随着社会的发展和技术的进步，建筑工程的结构形式越来越丰富，建筑高度不断增加，对地基基础的要求更加严格。本文综合工程实例，简述了长螺旋钻孔灌注桩的施工工艺、影响钻孔灌注桩质量的因素以及施工过程中的常见问题与注意事项。

关键词：长螺旋钻孔灌注桩；施工工艺

长螺旋钻孔灌注桩是使用长螺旋钻机钻孔至设计标高，利用混凝土泵将超流态细石混凝土从钻头底压出，边压灌混凝土边提升钻头直至成桩，混凝土灌注至设计标高后，再借助钢筋笼自重或利用专门振动装置将钢筋笼一次插入混凝土桩体至设计标高，形成钢筋混凝土灌注桩。长螺旋钻孔灌注桩工程技术施工工艺是国内近年使用较广的一种工艺，适用于地下水位以上的黏性土、粉土等复杂地质，属于非挤土成桩工艺，与传统工艺相比，该工艺施工效率快、污染低，质量稳定性高等优势。

1　工程概况

某高层住宅建筑建设规模约15万m^2，由一个整体地下室与6栋剪力墙结构高层住宅建筑组成。其中一层层高5.3m，二层及以上楼层层高3.0m，共32/33层，地上部分有住宅及配套用房（包含物管、商业、社区用房），地下为车库和设备用房。

2　场地工程地质条件

根据地质勘察资料钻探揭露查明，场地岩土层结构自上而下可分布见表1。

表1　工程地质特征分述（自上而下）

序号	土层结构	地质特征
1	（1）素填土（Q4ml层序为①）	新近黏性素填土，松散，未固结，该零星分布于场地表层，该层层厚0.30~3.20m，平均1.33m
2	（2）卵石（Q4al层序为②）	冲积成因，灰褐色、浅灰色，稍密-中密状态，该层层厚2.90~20.60m，平均7.87m
3	（3）全风化泥岩（D层序为③）	黄褐色，泥质结构，土质干，强度、韧性高，局部夹强风化泥岩，该层层厚0.70~24.2m
4	（4）强风化泥岩（D层序为③1）	黄褐色，泥质结构，中厚层状构造，岩石破碎，软质岩石，局部夹泥，岩心多呈碎块状，少量短柱，岩石质量基本等级属Ⅳ级，局部夹全风化泥岩，该层层厚10.75~20.10m，平均15.21m
5	（5）强风化灰岩（D层序为④1）	泥盆系（D）地层，灰黑色、浅灰色，隐晶质结构，中厚层状构造，岩石较破碎，局部夹泥，岩心多呈碎块状，少量短柱，岩石质量基本等级属Ⅳ级，该层厚度为0.30~12.40m，平均2.74m
6	（6）溶蚀夹层（D层序为④2）	基底灰岩内部的岩溶化产物，多由灰岩碎块石和黏性土组成。该层厚度为0.20~13.80m，平均为1.75m

续表

序号	土层结构	地质特征
7	（7）溶洞（D层序为④3）	基底灰岩溶蚀后形成岩溶地质现象，内充填软塑黏性土，该层分布于场地基底灰岩内部
9	（8）中风化灰岩（D层序为④4）	泥盆系地层，灰黑色，隐晶质结构，中厚层状构造，岩质质硬，较完整，岩石质量指标 RQD = 60%～80%，岩石基本质量等级为较硬岩Ⅲ类

土层分布情况详见图1。根据勘察结果，强风化泥岩埋深较大，层厚较大，以该层作为持力层，地基基础形式采用长螺旋钻孔灌注桩，桩径设计600mm，单桩承载力特征值1600kN，设计桩长≥21m，桩身混凝土强度等级为C30。

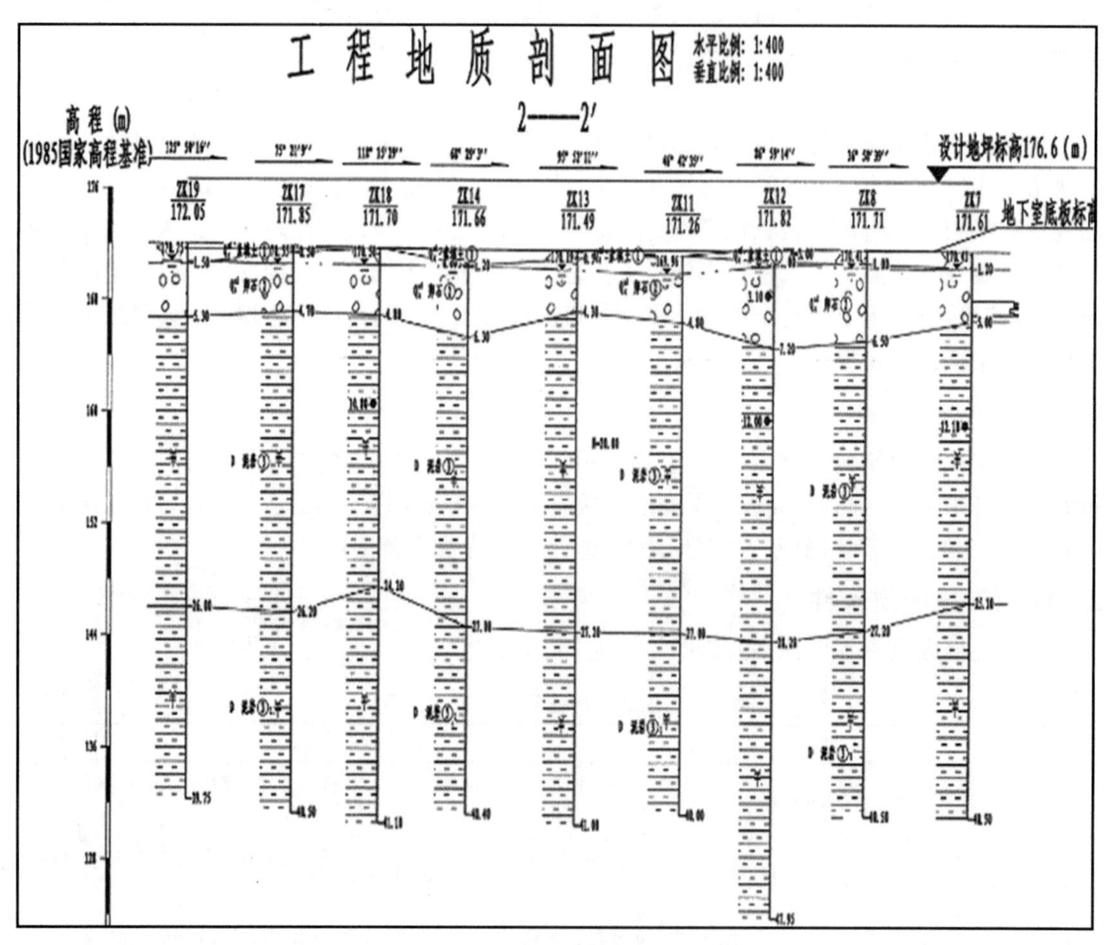

图1　工程地质分布情况剖面图

3　长螺旋钻孔灌注桩施工工艺

长螺旋钻孔灌注桩是利用长螺旋钻机钻孔至设计标高，停钻后在提钻的同时通过钻头下瓣口，灌注商品混凝土，当灌注混凝土到设计桩顶标高后，移开钻杆，振动下压钢筋笼在桩体中。

3.1　长螺旋钻孔灌注桩施工工艺流程

施工工艺流程图见图2。

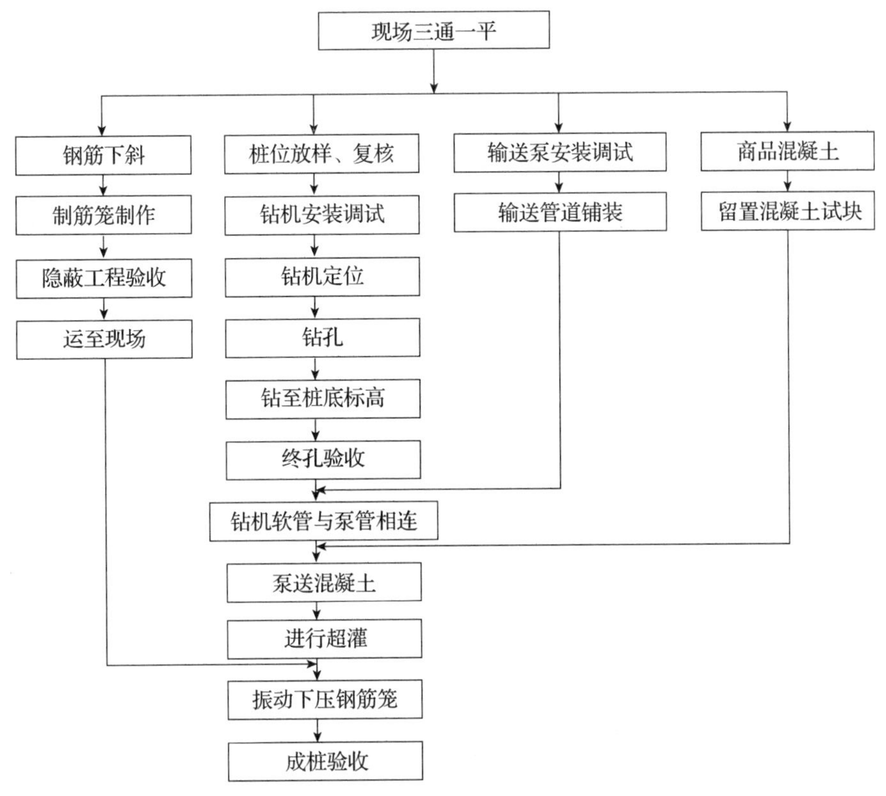

图2 长螺旋钻孔灌注桩施工工艺流程图

3.2 长螺旋钻孔灌注桩施工方法

(1) 测量定位：根据甲方提供的坐标控制点和设计图的桩坐标，建立闭合的控制网，按照施工图纸用全站仪确定桩中心定位，按每天计划完成的工作量先测设桩位，做好标识。

(2) 钻机就位：钻机移动到定位点之前，需要对场地进行平整处理。钻机就位后，要保证钻机的机座稳定，同时调整钻机回转器中心与桩定位中心在同一垂线上，现场通过经纬仪或者钻机自带的垂直度调整器对钻杆的垂直度进行调整和复核，经检查合格满足技术规范要求后，方可开钻。

(3) 钻进成孔：钻孔开始钻进时，先快后慢，并根据地基的地质土层情况对钻机的工作参数进行合理调整，确保成孔的各项数据，例如桩身直径、桩长、垂直度等偏差均在满足规范要求，及时纠正和调整。若发现钻机钻进工作困难，应降低钻进速率，放慢进尺，避免造成桩孔偏移或机械故障损坏。桩孔成孔口及时进行终孔检查，复核是否达到设计持力层与设计标高，经验收合格后方可进入下一道工序。

(4) 孔底虚土清理：成孔钻至设计深度后，需在原深处进行空转清土，然后停止转动、提钻，注意在空转清土时不得加深钻进，提钻时严禁回旋钻杆。

(5) 混凝土压灌：钻进成孔至设计标高后停止钻进，宜提升钻杆20cm左右，开始泵送混凝土，边灌注边提杆，提杆的速度要和泵送的速度与试桩工艺参数相适应，确保钻杆不被拔空和中心管内至少有0.1m的混凝土，按照设计及规范要求混凝土灌注至桩顶标高以上至少50cm以保证桩顶混凝土强度质量。

（6）吊放钢筋笼；成桩后应立即吊放钢筋笼，吊放钢筋笼之前，保证钢筋笼对中，垂直，在钢筋笼内套上振捣棒将钢筋笼深度范围内的混凝土振捣密实。

（7）根据设计要求，桩身混凝土达到龄期后进行静载检测和动测法检测。

4　注意事项及常见问题处理

4.1　导管堵塞

（1）混合料配合比不合理，搅拌质量有缺陷。坍落度太大易产生离析，泵压作用下，会造成骨料与砂浆分离，摩擦力加剧，导致堵管。坍落度太小，混合料在输送过程中流动性太差，也容易造成堵管。

（2）操作不当。泵送混合料时，管内空气从排气阀排出，提钻时间过长，在泵送压力持续的情况下，钻头端部的水泥浆液被分离排出，同样会造成管路堵塞。

控制措施：

（1）保证粗骨料的粒径级配、混凝土的配合比和坍落度符合技术规范的要求，确保坍落度控制在180~220mm之间。

（2）灌注管路尽量避免弯管，确保输送通畅，作业完成后导管必须清洗干净。

4.2　桩位偏位

桩位偏位一般有桩平面偏差和垂直度超标偏差两种，多数是因为场地原因，桩机与桩中心未对准，土层地质软硬不均造成。

（1）施工前保持场地平整，防止钻机偏斜。

（2）桩位放样时严格控制，及时复核。

4.3　窜孔

发生窜孔的条件存在以下几种情况：

（1）土层地质中有松散饱和粉土、粉细砂等土质。

（2）钻杆的螺旋叶片的剪切应力对土体的稳定性产生影响。

控制措施：

（1）采取隔桩、隔排跳打方法。

（2）减少在窜孔区域的打桩推进排数，减少对已打桩扰动能量的积累。

（3）及时调整钻进速率。

4.4　断桩、夹层

由于提钻太快，泵送混凝土与钻机提钻工作速度不平衡，其次因为相邻桩太近造成窜孔。

控制措施：

（1）保持混凝土灌注的连续性。

（2）提钻速率与泵送混凝土的泵送量相匹配。

4.5　桩身混凝土强度不足

混凝土坍落度控制住180~220mm为宜，确保和易性。注意地下水位以及现场施工施工环境对用水的使用，避免造成混凝土强度低。

控制措施：

（1）优化粗骨料级配。大坍落度混凝土一般用0.5~1.5cm碎石，根据设计的要求可以加入部分2~4cm碎石，并尽量不要加大砂率。

（2）根据情况适当添加外加剂。

（3）粉煤灰的选用要经过配比试验以确定掺量，粉煤灰至少应选用Ⅱ级灰。

（4）适当将水下混凝土的强度提高一个等级。

4.6　桩头质量问题，多为夹泥、气泡、浮浆太厚等，绝大多数情况是由于现行施工时操作不当造成的。

控制措施：

（1）及时清理桩口多余土方，防止混入桩身的混凝土中。

（2）保持钻杆顶端气阀开启自如，防止因为排气阀堵塞，使混凝土中积气造成桩顶空心。

（3）合理振捣，保证振捣质量。

4.7　钢筋笼下沉

一般随混凝土收缩而出现，有时由于桩顶钢筋笼固定措施不当造成，笼顶必须用铁丝加支架固定，12h后才可以拆除。

4.8　钢筋笼无法沉入

多由混凝土配合比不好或桩身周边的土壤对桩身产生挤密作用造成的。

控制措施：

（1）调整混凝土生产配合比，选择合适的外加剂，保证粗骨料的级配和粒径满足要求，改善混凝土的和易性。

（2）吊放钢筋笼时保证垂直和对位准确。

4.9　钢筋笼上浮

由于相邻桩间距太近，在施工时混凝土窜孔或桩周土壤挤密作用造成前一支桩钢筋笼上浮。

控制措施：

（1）相邻间距太近时进行跳打，保证混凝土不串孔。

（2）控制好相邻桩的施工时间间隔。

5　质量验收

（1）在终孔和清孔后应对成孔的孔位、孔深、孔形、孔径、倾斜度、泥浆相对密度、孔底沉淀厚度、钢筋骨架底面高程等进行检查。

（2）检验钻孔灌注桩混凝土的强度。

（3）凿除桩头混凝土后，看有无残缺的松散混凝土。

（4）检验需嵌入承台内的混凝土桩头及锚固钢筋长度。

（5）检验钢筋骨架底面高程。

长螺旋钻孔压灌桩质量检验标准详见表2。

表2　质量检验标准

项目	序号	检查项目	允许偏差或允许值	检查方法
主控项目	1	桩位	100mm	用钢尺量
	2	孔深	+300mm	桩机架刻度丈量
	3	桩体质量检验	合格	基桩检测技术规范
	4	混凝土强度C30	设计要求	试块报告
	5	竖向承载力1600kN	基桩检测技术规范	荷载试验检测

续表

项目	序号	检查项目	允许偏差或允许值	检查方法
一般项目	1	垂直度	1%	吊锤检查
	2	桩径 600mm	-20mm	用钢尺量
	3	钢筋笼安装深度	±100	用钢尺量
	4	混凝土充盈系数	>1. 0	检查每桩灌注量
	5	桩顶标高	+30～-50	水准仪

6　结语

本文结合工程实例项目施工情况简述了长螺旋钻孔灌注桩工艺特点与工艺、在施工过程中常见质量问题、如何控制处理等内容，希望能够对相似的工程提供有益的指导，在施工技术应用过程中，把控好每一道工序的质量，做好细节方面的处理，落实好质量标准，总结经验提高建筑工程施工效率，取得经济效益最大化。

试析桩基础技术在建筑工程土建施工中的应用

陶　晓

湖南省第五工程有限公司　株洲　412000

摘　要：在建筑行业不断发展下，其竞争也较为激烈，建筑企业要想在激烈的市场竞争中占有一席之地，就要注重提高建筑施工质量。桩基础技术能够有效提高土建施工质量，以下重点对桩基础技术的类型进行介绍与分析，并为建筑企业提供高效运用的策略。

关键词：桩基础技术；建筑工程土建施工；应用分析

建筑工程是我国现今经济发展的支柱产业，现代化城市建设中建筑工程土建施工质量会直接影响城市化建设的质量和速度，对此，建筑工程土建施工质量的逐步提升，也推动其建设施工技术水平不断创新与发展。在建筑工程土建施工中，桩基础技术相对比传统的施工技术具有较多的优势，且能够提高其施工质量和施工进度，更利于推动我国建筑行业创新转型，建筑行业也逐步朝着大数据、智能化、BIM技术等方向发展。

1　桩基础技术的类型

桩基础技术主要由两部分构成，分别为桩基和承载平台。桩在施工中通常安装到土层结构内，承载平台主要是在基桩与桩顶之间起连接作用的。桩基础技术现今已经被广泛地运用到建筑工程施工中，施工质量和施工进度都得以提高，建筑项目的稳定性和安全性也得以保障，施工中存在的问题也能够有效解决。现今在建筑工程土建施工期间，施工人员要根据实际施工建设要求和情况选择合适的施工技术，确保能够将桩基础技术的优势和价值充分发挥。桩基础技术分为振动沉桩和静力压桩两种，桩基础技术还有其他几种，本文重点对两科技术进行分析。

1.1　振动沉桩技术

振动沉桩技术在运用中主要是以自身桩重和振捣的方式完成施工作业。在施工期间，施工人员要根据实际施工情况安装振动器，确保其安装的位置处于桩顶。振动器处于桩顶能够很好地将桩重和振捣相结合，预制桩安装质量得以保障，也能够保障预制桩深入到土层中。振动沉桩技术的优势主要有占地面积小、易操作、操作简单，更能够保障施工的安全和简便，其缺点为噪声污染较为严重，在使用振动沉桩技术施工期间，要提前做好防噪声污染的措施，避免因为噪声而影响施工进度。

1.2　静力压桩技术

静力压桩技术主要是以静力对重型机械和桩重合理调配，确保预制桩能够深入到土层中，进而保证桩基础施工质量和进度。静力压桩的承载力较强，在施工中其使用性能也较为稳定，能够在一定的程度上提高施工质量，进而对建筑工程土建施工的整体质量予以保障，其技术的运用也能够避免其他因素而造成的经济损失。静力压桩技术的缺点是对土层会有较为严重的破坏，对此，静力压桩技术不能运用在土质较软的施工区域。

两种桩基础技术都是现今建筑工程土建施工中较为常用的技术，技术人员要根据其实际施工建设要求和建设情况选择合适的桩基础技术进行施工。

2　建筑工程土建施工过程中桩基础技术的应用作用及其特点

2.1　建筑工程土建施工中桩基础技术的作用

建筑工程土建施工中经常会遇到影响施工进度和施工质量的问题。建筑物自身的重量不断增加，其地域的承载力也不断增加，在压力超出土层的承载力时就会导致土层变形，建筑物的稳定性和安全性无法保障。这是建筑工程土建施工中最为重要和最需要解决的问题，桩基础技术能够有效缓解土层变形的问题，也能够缓解地质承载力，保障建筑工程的施工质量和建筑项目的安全与稳定。在实际操作运用期间，施工人员可以对岩土土层进行基桩灌入，进而增加土层对建筑物的承重能力，承重能力增加，建筑物的稳定性和安全性也就得以保障。

2.2　桩基础技术的特点

建筑工程土建施工中会遇到很多问题，在施工中使用桩基础技术能够有效应对常见的问题。例如在施工建设中遇到坚硬的岩石层，技术人员可以充分利用桩基础技术完成施工作业。桩基础技术的承载力极强，还可以降低负载的沉降量，其技术能够增加建筑物的稳定性，避免建筑物在使用中出现倾斜、倒塌等事故。桩基础技术能够辅助负载进行抵抗，其建筑物的稳定性也得以增加。对此，桩基础技术能够充分提高建筑物建设的稳定性和安全性，也可以对施工中存在的问题进行有效的应对与解决，避免施工中存在的安全隐患，进而降低安全事故发生，利于建筑企业按工期、保质量完成建筑工程土建施工作业。

3　建筑工程土建施工中桩基础技术的应用

3.1　建筑工程土建施工概况

以实际建筑工程土建施工为例进行分析，进而为建筑企业提供高效的桩基础技术的运用方案。某高层建筑项目，其建筑主要分为四个区域，其中一区、三区为十四层结构，另外两区域的结构较低，但对区域高度的顺序有相关的要求。其高层建筑项目建设的地域地势较陡峭，很大程度上增加了施工建设的难度，对此，在施工中使用桩基础技术，发挥其技术的优势，进而保障高层建筑项目的质量。

3.2　桩基础技术的应用过程中所需要的准备工作

桩基础技术在应用之前要做好准备工作，其一，技术人员要对施工场地以及周边的环境进行实际勘察，并对施工情况进行详细的掌握。勘察工作包括施工地点和周边的土质情况、地下水分布情况等，并根据勘察工作做出详细的记录，之后将其整理为系统化的信息内容，为施工计划方案提供有效的辅助资料。其二，施工方案落实后，要按照施工场地实际情况进行推演，确保施工方案的可行性和科学性。建筑企业要按照设计方案准备施工所需要的技术设备和施工材料，施工期间还要对施工资源最大化使用，在合理控制施工成本的同时提高施工效率。其三，做好地基清理工作，明确管桩的位置，避免出现偏差从而影响施工质量。技术人员还要利用复位法反复对管桩高度检测与调整，确保其位置与高度的准确，从而保障桩基础技术优势充分发挥。

3.3　建筑工程土建桩基础技术简要分析

我国很多土建施工中都运用桩基础技术，但在施工中也会因为各种因素而影响桩基础技术作用与优势的发挥，对此，建筑企业要重点对桩基础技术的运用与施工质量严格监管，并提高技术人员的桩基础技术施工水平，从而保证建筑工程的稳定性。另外，建筑企业要根据实际情况和建设要求选择合适的桩基础技术落实土建施工操作，并严格按照其技术标准施工，从而保障建筑工程质量。

4　结语

建筑工程土建施工建设中，桩基础技术极为重要，一方面能够保障建筑物基础的稳定，保障建筑物投入使用的安全；另一方面，其技术的运用能够推动我国建筑行业的进步与发展，更利于带动社会经济提升。对此，建筑企业要重点对桩基础技术探究，并将其技术优势充分发挥。

参考文献

[1]　贾成龙．建筑桩基础土建施工技术的应用分析［J］．江西建材，2017（23）：105，108.
[2]　时业林．桩基础施工技术在建筑工程土建施工中的实际应用［J］．四川水泥，2015（12）：180-181.
[3]　聂宝梅．建筑工程土建施工中桩基础技术的应用分析［J］．中国建材科技，2015（2）：275-275.

建筑工程施工钻孔灌注桩技术及其应用

谢　为

湖南省第五工程有限公司　株洲　412000

摘　要：近年来，钻孔灌注桩技术在建筑工程桩基加固中获得了普遍的运用，这种灌浆技术与传统灌浆方法对比具有更为显著的优势，如固结体强度较高、利于成本控制、施工效果优异等，可以在防渗加固施工中发挥明显的效果，建筑工程桩基加固效果也较为优秀。近些年随着钻孔灌注桩技术的不断应用与完善，技术手段也逐渐成熟，在工程中的应用使其质量得到保障。本文主要针对钻孔灌注桩技术的应用优势进行分析，并提出了有关的应用流程及要点，结合工程实例展开分析。

关键词：建筑工程桩基加固；钻孔灌注桩技术；应用策略

对于高层建筑施工来说，基坑开挖和支护一直都是重点和难点，其直接影响了建筑的质量，而桩基又是基坑施工中的重点部分。桩基是利用一定的技术工艺，在基坑开挖完毕后与地面呈一定角度的斜坡，能够为基坑施工提供便利，同时还有部分桩基是按照工程要求进行规划的。但不管桩基是出于怎样的目的而设计，在桩基完成后都要利用一定的技术方法进行支护，确保桩基的安全性。传统的桩基加固技术一般都是利用外部加固措施来实现基坑桩基加固，实际上这种方法效果并不明显。而钻孔灌注桩技术相比之下则更具优势，不管是支护效果还是支护持久性都能够达到施工要求，因此也有着普遍的应用。

1　钻孔灌注桩技术特点分析

最初钻孔灌注桩技术形成于日本，由于日本国地震灾害频发，这也使得基坑施工中对于桩基加固和处理具有更高的难度，对于技术工艺也有了更高的需求。钻孔灌注桩技术的应用原理便是利用高压将提前配制好的水泥浆注入到结构内部，使得支护体和地质岩层能够固定在一起，形成一个较为稳定的地基结构，从而实现对地基结构的加固与优化（图 1），钻孔灌注桩浆液配比及性能见表 1。

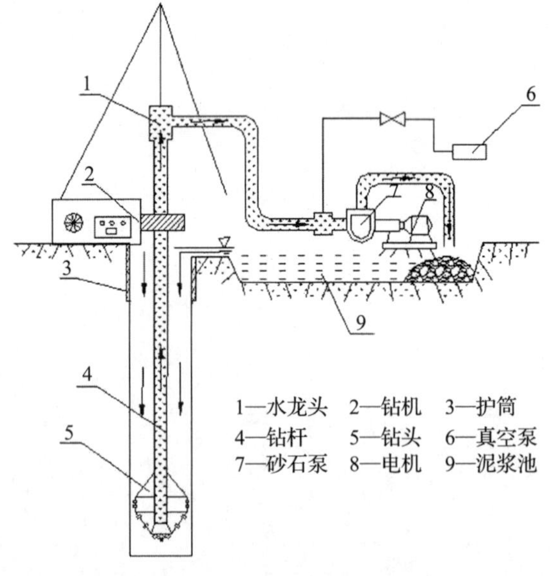

图 1　钻孔灌注桩应用原理

表 1　注浆压浆参数

压浆水灰比	—	0. 15～0. 17
压浆量	碎石层碎石含量 50%～70%，桩间距 4～5m	115T～210t
闭盘压力	结束压浆的控制压力	18MPa

钻孔灌注桩技术的主要特点如以下：

1.1　有利于固结体的控制

不同的建筑工程由于其地质特征和施工要求不同，针对桩基加固的需求也存在一定差异，而这些需求能够利用固结体的形状进行调整。而钻孔灌注桩技术的主要优势和特点便是能对固结体的形状进行有效控制。在建筑施工阶段，利用旋喷速度的控制和压力调整、喷嘴孔径控制对喷射流量进行调节，使得固结体的形状得到有效控制。如通过旋喷法来完成桩基加固施工，喷嘴在喷射的过程中进行旋转和提升，能够形成圆柱形的固结体。利用钻孔灌注桩技术可以对地基进行有效加固，加强地基结构的抗剪性，也能优化土质，形成闭合帷幕，控制地下水和流沙等现象的产生。而利用旋喷法喷射所产生的圆柱形固结体可以将其称作旋喷桩，若是喷射过程保持一定的方向，利用喷嘴喷射浆液的同时不断提升，则可以形成壁状固结体，这种工艺形式叫作定喷法，而若是喷嘴喷射且不断提升的同时，喷射方向具有一定角度并不断变换，那么便会形成厚度较大的墙状固结体，这种工艺方法便是摆喷法。

1.2　施工较为便利

与传统基坑桩基加固技术对比，钻孔灌注桩技术在运用原理和运用过程中具有明显的便利性。在建筑工程桩基加固过程中，只需要在土体中开挖一个直径在50~300mm左右的小孔，利用小孔来灌注水泥浆即可。在一定时间后，孔的周边能够产生一个直径在0.4~4m之间的固结体，从而完成建筑工程桩基加固施工。因此，钻孔灌注桩技术的应用更为便利，而且还具有较高的适用性，在不同的环境条件下能产生一定的支护加固作用，应用所需的设备和器材也较为简易。而相对较为便利的施工工艺对于建筑工程来说具有重大意义，能够有效提高施工效率，保证施工周期，也便于施工开展阶段规划方案的调整。

1.3　能够实现任意角度的喷射注浆

一般情况下，传统桩基加固技术因为水泥浆具有液化性，因此喷浆多为垂直方向，若角度过大，则会导致喷浆存在各种质量问题。而钻孔灌注桩技术的重点便是高压，在实际施工中也具有压力与喷射速度的共同作用。钻孔灌注桩技术的开挖钻孔技术能够实现任意角度的喷射灌浆操作，并不会出现挂浆等问题，也能有效降低材料的消耗。对于部分高层建筑工程来说，建筑工程桩基的坡度常常不固定，因此通过传统的支护工艺难以达到预期的支护效果，而通过钻孔灌注桩技术能够实现支护效果的进一步强化，从而满足桩基加固的实际要求。

2　钻孔灌注桩技术的应用流程

2.1　钻孔

在钻孔灌注桩技术的应用过程中，钻孔需要根据实际情况以及设备等现有条件进行调整，确保钻孔位置及深度的合理性。钻孔操作是为了将喷射注浆管插入进行初步处理后的地层中，从而完成灌浆处理，钻孔的深度可以达到30m甚至更深，而若是面对一些较为坚硬的土层，则需要利用地质钻机来实施钻孔操作。

2.2　插管

在钻孔操作完毕后，便需要将注浆管插入已经钻好的孔中，同时确保注浆管深入到预期设定的深度。但如果利用地质钻机进行钻孔，那么需要先拔出岩芯管，之后才能进行插管操作。插管阶段为了避免堵塞问题，需要在插管过程中不断射水，同时还需要控制好射水的水压。

2.3　喷浆

按照施工现场的土质及地下水等地质结构条件由下至上进行注浆，特定情况下还可以进行复喷，复喷过程中喷射流冲击目标为首次喷射的浆土混合体，喷射流的遇阻力不能高于首次喷射，这样能够提高固结体的直径。

2.4　补浆

在喷射注浆时，浆液有一定的析水效果，因此会导致一定的结构收缩现象，可能会引发顶部下陷，对地基的稳固性和强度都会带来一定不利。基于此，可以利用补浆的方式进行改善，通过喷口直接将浆液注入进去，从而填补收缩产生的空隙，或针对固结体从顶部开始进行再次注浆。

3　工程实例分析

某高层建筑在建筑工程施工时，预计基坑开挖深度30m，长60m，墙体厚80cm，利用柱摆式凝结体进行安装。地基土质结构为砂砾土，建设单位针对现场的实际情况进行实地勘察，并进行商讨，决定利用钻孔灌注桩技术进行建筑工程桩基加固，利用喷射杆和喷嘴进行喷射，并运用高压水及高压气对土体进行一定处理，之后进行水泥浆的灌注，最后在水泥浆充分凝结后产生凝结体，实现对建筑工程桩基的支护。在施工前期阶段，建设单位需要做好一系列的准备工作，并对建筑工程桩基加固施工中可能存在的问题进行商讨，并完善施工方案，根据施工图纸来进行现场的调度，同时根据现场实际情况分析是否需要对施工图纸及方案进行调整，确保规划方案的可行性。对钻孔灌注桩技术应用需要用到的设备和管道、泵等设备器材进行严格检查，对设备进行试运行，以保证设备在施工时能够稳定运作。此外，施工过程涉及到的其他内容也需要进行全面检查，确保材料质量和人员调度的合理，满足施工要求。在钻孔施工阶段，需要规划好填充堵漏方案，确保孔中的泥浆处于正常状态，钻孔施工需要以跟管钻进的方式开展，在不断钻进的同时下放套管，而施工人员在施工过程中还需要确保钻机的垂直运作，并且钻机不可以出现偏移或平移等现象，可以利用水平尺来检查钻机的立轴垂直以及钻机本身的水平度。只有确保钻机的稳定性，并对钻机垂直度进行检测和调整，才能控制好孔的斜率，确保施工过程的连续性。此外，施工作业中，施工人员还需要确保钻孔的孔位及理论孔位之间的差值处于0.5%以内，而孔斜率的差值则需要在50mm以内。成孔钻进需要确保钻进过程每隔4m进行一次测量，保证孔斜率不超过允许数值。钻孔阶段需要把握好孔距，结合现场的地质情况以及施工工艺和具体要求进行调整。在建筑土木桩灌注施工中，为了防止出现设计缺陷的情况，设计人员必须对工程有整体性的考虑，按照集中化、具体化、整体化、分散化、整合化五位一体的设计要求来设计，保证建筑结构整体的完整性。同时，在建筑土木桩灌注施工中，要考虑到建筑质量问题和当地生态环境的协调问题，有效规避设计缺陷，为后期施工提供便利，合理性是建筑土木桩灌注施工的基础原则。在建筑土木桩灌注施工中，进行实地考察，对建筑的结构特征进行因地制宜地立体化分析。在设计初期根据其相关要求，构思好建筑结构的定位、安全等级、发展等级及施工方向，确保结构设计的客观合理性，保证建筑土木桩灌注施工方案的科学性、合理性，为后续建筑结构施工的科学性与可操作性打下基础。在结构设计过程中，为保证桩灌注施工方案具有可操作性，设计人员必须明确建筑物设计图标，对建筑目标进行针对性的实地勘察，保证设计方案及设计目标能够客观、详细，对相关信息进行高效整合，对施工方、设计师要充分表明设计思路，提出设计过程中存在的细节问题以及难点问题，给出“施工设计策略”与

“施工设计补充说明”，避免失误，提高施工设计的准确性及高效性。该工程在建筑工程桩基加固施工中，建设单位经过全面勘察与分析，最终孔距选择为2.5m，有效半径为1.8m，而钻孔作业结束后，对孔进行处理，将孔口敞开，下放水管进行清理。钻孔灌注桩技术的运用需要把握好喷射杆及喷嘴的提升速度，而实际施工中，可能会由于土质结构和其他因素对喷射杆提升速度带来一定影响，因此需要根据具体情况进行合理调控。如对于沙层来说，施工人员则需要适当降低提升速度。此外，在建筑工程桩基加固施工中，还需要明确具体的施工顺序，需要针对先序孔进行调控，将后序孔适当调小，对喷射杆提升进行有效控制，期间施工人员还需要掌握好浆液的配比和进水，确保建筑工程桩基加固的整体效果。

4　结语

对于建筑工程桩基加固施工来说，钻孔灌注桩技术的应用能够起到更为显著的效果，能够进一步提高桩基结构的稳定性，避免基坑、桩基出现形变的问题，从而确保工程开展的质量。同时，钻孔灌注桩技术的运用还有利于施工成本的控制，降低成本投入，提高施工效率，因此，在建筑工程桩基加固中合理地运用钻孔灌注桩技术能够充分发挥其优势，对建筑工程的整体效益给予充分保障。

混凝土结构自防水技术的应用分析

李金茂

湖南省第五工程有限公司　株洲　412000

摘　要：本文就建筑工程中混凝土结构自防水技术进行应用分析，通过对混凝土结构自防水原理的整体概述，并结合混凝土自身结构渗漏原因对混凝土结构抗渗性能造成的影响，以及混凝土结构自防水技术在建筑工程的实施等方面进行浅析。

关键词：结构自防水；密实性；抗渗漏

在现代建筑工程施工领域中，建筑施工防水工程作为主要关键工序之一，施工质量的优劣将直接影响建筑的使用功能，如果在使用过程中建筑出现渗漏、潮湿、发霉等现象，则会对使用者的日常生活造成直接的影响，降低居住者的生活舒适度和生活质量，还容易给企业和使用者造成不必要的经济损失，甚至会影响到企业的信誉和建筑结构安全性能。

建筑防水技术是一项综合性、应用性很强的工程科学技术，是建筑工程技术的重要组成部分，对提高建筑物使用功能和生产、生活质量，改善人居环境发挥着重要作用。因此，混凝土结构自防水施工技术是建筑物抗渗漏的保障和基础。

1　结构自防水概述

建筑结构自防水又称刚性防水，既结构本身在承受荷载的同时又能达到防水的目的。结构自防水原理简而言之就是通过在混凝土中加入一定量的外加剂来补偿混凝土初凝、硬化过程中的收缩，减少混凝土收缩变形，改善结构性能，防止混凝土结构因自身原因导致开裂、渗漏等情况，进而实现结构自防水性能。

工程项目中混凝土结构自防水一般采用抗渗等级不小于P6的防水混凝土，对于地下混凝土结构采用的防水混凝土，可以通过调整配合比或者加入外加剂的方式进行配置试验达到相应的抗渗等级。在混凝土结构施工过程中，水泥品种的选择尤其重要，所选用的水泥品种是保障混凝土防水性能的关键，目前防水混凝土采用的水泥品种绝大多数都是普通硅酸盐水泥和硅酸盐水泥，因为其他品种的水泥掺入了一定量的矿物料，例如粉煤灰硅酸盐水泥产品当中就掺有一定量的粉煤灰，含量约为20%～40%，由于所掺入的矿物掺和料品种、质量、数量的不同，会造成生产出的水泥性能有很大差异，所以近年来一般工程中特别是防水工程，采用其他水泥品种时应经试验确定其性能，同时在施工的过程中不得使用过期或者受潮结块等质量不合格的水泥产品，并不得将不同品种或不同强度等级的水泥混合使用。在目前的建设工程项目中，对于砂、石的选用也有一些明确的规定，对所选用材料的颗粒级配、粒径等多个方面进行管控，使其品种、规格、用量都能够达到使用标准，选择最优化的配合比配置方案是确保混凝土施工质量的基础前提。

2　混凝土自身结构渗漏的原因

据目前统计工程渗漏实例的数据显示，绝大多数地下基础工程渗水都源于结构开裂，当结构出现裂缝，以至于混凝土结构的密实性无法发挥其应有的作用，地下水在外部水压力作用下透过混凝土裂缝，而产生渗漏现象，直接影响到结构本身的防水性能。混凝土出现裂缝的原因：(1) 混凝土结构问题。现浇防水混凝土本身具有一定的抗渗能力，能有效抵抗渗漏情况的发生，但由于混凝土选用材料的质量问题以及混凝土配合比、坍落度未严格控制，导致现场混凝土浇筑时，混凝土流动性较差或存在混凝土离析等情况，大大降低了混凝土的密实度，造成内部孔隙率较大，从而导致渗漏；(2) 现场施工技术与施工工艺实施较差。在混凝土浇筑过程前，施工技术交底未全面普及到作业人员，同时施工作业人员的技术水平参差不齐，在施工过程中，施工管理不到位，工序衔接不当，工人未按要求进行作业，混凝土出现未振捣均匀或振捣不当，导致成型后的混凝土存在蜂窝麻面以及大量的气泡；模板安装不当存在漏浆，垫块设置不到位造成漏筋等情况；混凝土成型后养护不到位，养护时间不充分，阻碍了混凝土反应过程中水泥的水化反应，直接影响结构的强度和抗渗性能。(3) 预埋件安装不当。在设置预埋件前，未对金属预埋件进行防锈处理，部件本身存在锈蚀，从而影响了混凝土与预埋件的黏结，另外还有可能由于预埋件未安装牢固，或者在浇筑混凝土过程中，由于作业人员的不注意，触碰到了预埋件造成松动和损坏，后续产生渗水的情况；(4) 地基不均匀沉降。随着项目建设进展，施工进度的推进，地基承受的荷载持续增加，而在这种情况下，地基可能会出现不均匀沉降，结构出现裂缝，造成渗漏的情况发生。这也是地下基础工程所采用的防水混凝土必须具备抗裂性的一个重要因素，提高混凝土结构的抗裂性，才是控制结构出现裂缝的根本。

3　混凝土结构自防水技术施工的实施应用

近年来伴随着科技的进步、发展和技术的创新，混凝土结构施工技术变得丰富多样，各种新材料、新技术与新工艺不断涌现，也使得混凝土施工技术更加成熟和稳定。在混凝土结构中，混凝土结构自防水施工技术对于工程项目施工有着很大的意义，也是最直接有效的一种施工方法。与传统的防水卷材或防水涂料相比，防水混凝土结构在施工的过程中具备着超强的防水质量优势。

在目前的防水混凝土施工项目中，绝大部分采用的都是商品混凝土，混凝土的加工、生产均在搅拌站进行，材料的采购、存放、使用统一管理，规范化标准控制更加专业，混凝土的质量和品质稳定性好，对于防水混凝土施工配置，着重控制以下几点：①保证配合比。因试验环境与现场作业时的环境差异等因素的影响，所以对防水混凝土的抗渗水压值要进行加强处理，试配的抗渗水压值比设计值要提高0.2MPa，以利于保证成型后的混凝土的施工质量和防水性。采用骨料级配法，适当地减少对粗骨料的投入使用，保证防水混凝土砂率，减少混凝土结构内部间隙，同时要在合理范围内尽量降低水灰比。②添加外加剂。可根据现场实际情况，浇筑部位所处的环境、浇筑现场的温度等综合考虑，在混凝土调配试验中可加入外加剂，在试验阶段还要考虑外加剂是否会对混凝土硬化过程的收缩性能的产生影响，在防水混凝土试验过程中，常掺加的外加剂种类有引气剂、引气型减水剂和膨胀剂，掺入减水剂，可减少水泥用量，改善混凝土和易性和流动性，提高混凝土结构强度和耐久性，降低混凝土水胶比，减少混凝土内部骨料间孔隙的生成，增强结构的密实度；加入引气剂，可以在混凝土内部形成封闭、均匀的小气泡，这些气泡有效地改善混凝土凝固后的结构特征，对硬化过程中自由水的蒸发路径起到阻隔作用，阻断了贯通混凝土内部毛细间隙的形成；加入膨胀剂，会使防水混凝土在生产过程中生成钙矾石（$C_3A \cdot 3CaSO_4 \cdot 32H_2O$），这种反应所产生的结合物，会使混凝土产生体积膨胀，形成预压应力，对混凝土反应所产生的体积收缩起到补偿作用，同时，这种水化产物可填充于混凝土结构内部的毛细孔隙中，固化孔隙，减小总孔隙率，密实混凝土。③添加活性材料。加入粉煤灰、硅粉、矿渣粉等活性矿物掺和料，会使矿物掺和料与水泥水化产物 $Ca(OH)_2$ 发生“二次水化”反应，降低混凝土内部的碱性环境，使混凝土结构更加稳定，进一步增强混凝土抗裂性和耐久性，从而提高抗渗防水性。

某项目的防水混凝土采用新型混凝土复合液（纳米结晶自密实剂）的使用实例：掺入混凝土复合液（纳米结晶自密实剂）的混凝土具备较强防水功能，30L 混凝土拌和物用量：水泥 6.6kg、矿粉 1.2kg、粉煤灰 2.49kg、石子 28.2kg、砂 27.39kg、水 3.51kg、外加剂 61.74g。该复合液部分成分针对水泥中的铝酸三钙早期放热的特性而研制，主要用于控制自防水混凝土核心温度，减少水化热，可将自防水混凝土 3~7d 中心温度控制在 65℃左右，一般可降低自防水混凝土水化热峰值 30%~40%，混凝土复合液对钢筋无锈蚀影响，不会影响整体结构，掺入混凝土复合液的混凝土在结构硬化后防水抗渗性能明显提升；还能适当延长自防水混凝土终凝时间，降低水化热，并推迟水化热的峰值期，适用于泵送混凝土要求（图 1）。

报告编号：KT2017-00002　　　　第 4 页 共 4 页

测 试 报 告

表 2

序号	检验项目		标准要求		检验结果	单项评定
			一等品	合格品		
1	减水率/%		——		31.2	——
1	安定性		合格		合格	符合
2	泌水率比/% ≤		50	70	36.8	一等品
3	凝结时间差/min ≥	初凝	-90	-90	+186	一等品
4	抗压强度比/% ≥	3d	100	90	210	一等品
		7d	110	100	208	一等品
		28d	100	90	161	一等品
5	渗透高度比/% ≤		30	40	10	一等品
6	吸水量比（48h）/% ≤		65	75	55	一等品
7	碱含量/%		——		1.32	——
8	氯含量/%		——		0.01	——
9	氯离子含量/%		——		0.08	——
10	放射性限量	内照射指数，I_{Ra}	≤1.0		0.22	符合
		内照射指数，I_r	≤1.0		0.48	
11	抗渗性（压力为 2.0MPa 时渗透深度）/mm		——		60	——
12	28d 碳化深度/mm		C30		5.3	——
			C40		4.3	——
			C50		2.4	——
13	28d 电通量/C		C30		998	——
			C40		761	——
			C50		608	——

混凝土外加剂检验报告

表 2

序号	检验项目		检验结果	单项判定
1	减水率/%		31	/
2	抗压强度比/%	1d	189	/
		3d	180	/
		7d	153	/
		28d	141	/
3	28d 电通量/C	C30	1615	/
		C40	785	/
		C50	620	/
4	28d 碳化深度/mm	C30	5.2	/
		C40	4.6	/
		C50	2.1	/
5	抗渗等级	C30	P12 以上	/
		C40	P12 以上	/
		C50	P12 以上	/

图 1　防水混凝土测试、检验报告

施工流程：泵机试运转→搅拌站供货→核实自防水混凝土配合比、开盘鉴定→检查混凝土结构自防水混凝土质量、坍落度→输送与混凝土结构自防水混凝土同配合比水泥砂浆润滑输送管内壁→开始输送混凝土结构自防水混凝土→浇筑→振捣→抹面→养护→成品保护。

防水混凝土浇筑、养护完成情况如图 2 所示。

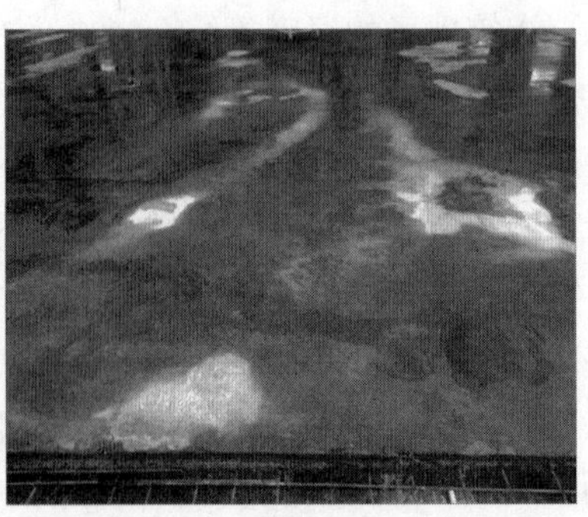

图 2　防水混凝土浇筑、养护完成观感质量

4　结语

本文从结构渗漏原因以及防水混凝土的实施进行了简要的分析和阐述，防水混凝土结构自防水具有较好的耐久性和广泛的适用性，优势十分明显，理论上其防水效果及耐久性均较好，在现场施工过程中，施工技术措施和施工工艺是取得预期防水效果的关键和重要保证。为保证结构自防水的防水效果，需加强现场质量管理过程控制，按施工方案及设计规范要求施工，采用试验效果达标的新技术与工艺，同时严格控制施工过程中关键部位、关键工序的施工质量和操作工艺，保证结构防水性能效果，提高工程质量。

参考文献

[1]　褚建军．浅述建筑防水工程项目施工管理［C］．全国第十四届防水材料技术交流大会．2012.
[2]　王丽娜．混凝土结构自防水施工技术分析［J］．黑龙江科技信息，2013（1）：25.
[3]　钱伟；范周扬．建筑工程中混凝土结构自防水分析［J］．建材与装饰，2020（1）：8.
[4]　丁庆权．地下室混凝土工程施工防裂防渗漏技术分析［J］．江西建材．2013（3）：59.
[5]　魏团卫，唐建．浅谈地下室自防水混凝土施工质量的控制［J］．建筑工程技术与设计．2015（3）：5.

大圆形深基坑垂直开挖施工技术

颜　颖

湖南省第五工程有限公司　株洲　412000

摘　要： 资兴水厂取水点上移工程的取水泵房为直径 22m，开挖深度约 12. 6m，是近年来施工难度大、要求严、条件极为艰难的民生工程。

关键词： 沉基坑；垂直开挖；施工技术

1　工程概况

本项目为资兴市自来水有限公司水厂取水点上移工程的取水泵房深基坑开挖。取水泵房水池池体采用现浇钢筋混凝土结构，水池为圆形，水池净高 15. 6m，内径 22m，采用筏板基础，筏板厚 1. 5m，水池基础底高为 122. 4m，地面现状标高为 133. 0~135. 0m，水池施工时需开挖基坑深 10. 6~12. 6m。钻探揭露资料表明，场地岩土结构自上而下可分为杂填土、粉砂土和微风化的灰岩。其中杂填土主要由小东江电站大坝修建时堆填而成，堆填年限大于 30 年，主要由灰岩块石和砂卵石组成，层厚在 2. 5~3. 8m；粉砂土主要成分为石英质，呈圆形、亚圆形，级配不良，孔隙充填黏性土，含量 10%~20%，局部夹卵石及漂石，层厚在 3. 3~6. 8m；下部微风化灰岩节理裂隙稍发育，岩心呈柱状，少量碎块状，岩质坚硬，锤击声清脆，有溶蚀现象，场地灰岩溶蚀情况比较严重，下部灰岩面极度不平整，且从西北—东南向有一斜穿溶水槽，溶水槽两侧灰岩面埋深浅，溶水槽处灰岩埋深较深。

2　基坑支护

设计采用悬挂式止水帷幕结合基坑底部满堂注浆封底的形式，于取水泵房基础外 1m 圆周布置帷幕注浆孔，帷幕注浆孔距 0. 5m，排距 0. 5m，靠近河边布置 3 排，其他位置 2 排，梅花形布置，注浆管采用ϕ108mm×8mm 的无缝钢管，钢管上开有梅花形布置的小孔，小孔直径 10mm，孔距 20~25cm，全管注浆；封底孔采用ϕ75PVC 管成孔，ϕ25 无缝钢管（或镀锌管）注浆，孔距 200cm，排距 200cm，所有孔深需入岩 3. 5~4m，注浆材料为水泥-水玻璃双液浆。ϕ108mm×8mm 的注浆无缝钢管作为基坑开挖支护。内圈注浆钢管直径为 28m，注浆管上面设计有 C30 混凝土冠梁，冠梁尺寸为 800mm×500mm 及 1300mm×500mm，基坑开挖时设有 10cm 厚 C20 喷射混凝土，间距 20mm×20cm 的钢筋网，9m 长的自进式锚杆及 4 道双拼 28mm 槽钢腰梁、4 道内环梁、横撑、竖向支撑等组成的支护体系（图 1、图 2）。

3　总体部署

根据主体结构施工顺序，先施工冠梁，待冠梁混凝土强度达到设计强度 85%以上时采用多种机械设备分层开挖，开挖到位后初喷射 3~4cm 厚 C20 混凝土，土体稳定后，施工自进式锚杆并压浆，挂钢筋网，再喷射 6~7cm 厚混凝土，采用汽车起重机安装第一道腰梁、横梁支撑、内环梁、竖向支撑等，待支护体系合格后，再进行下一循环土石方开挖及支护。

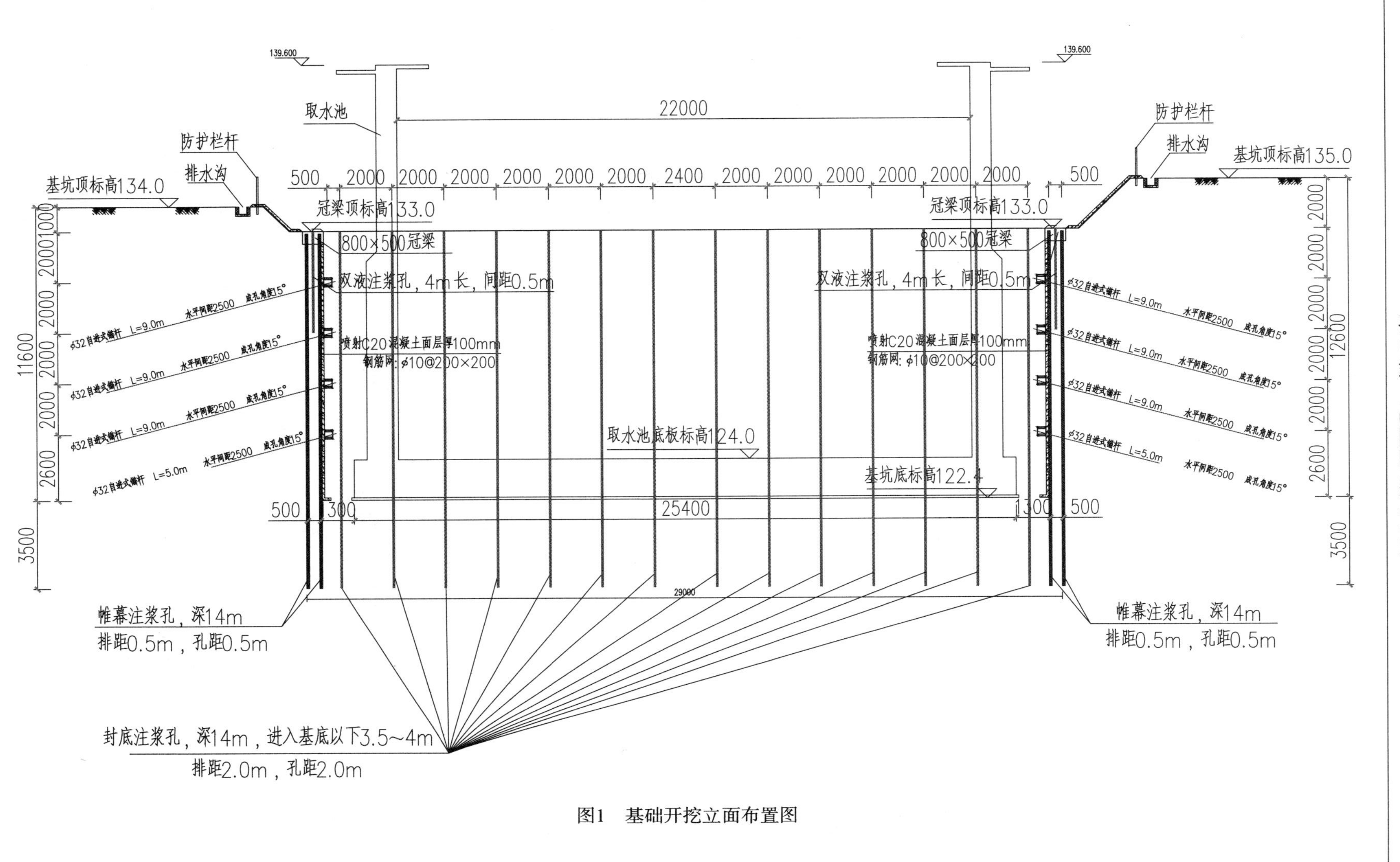

图1　基础开挖立面布置图

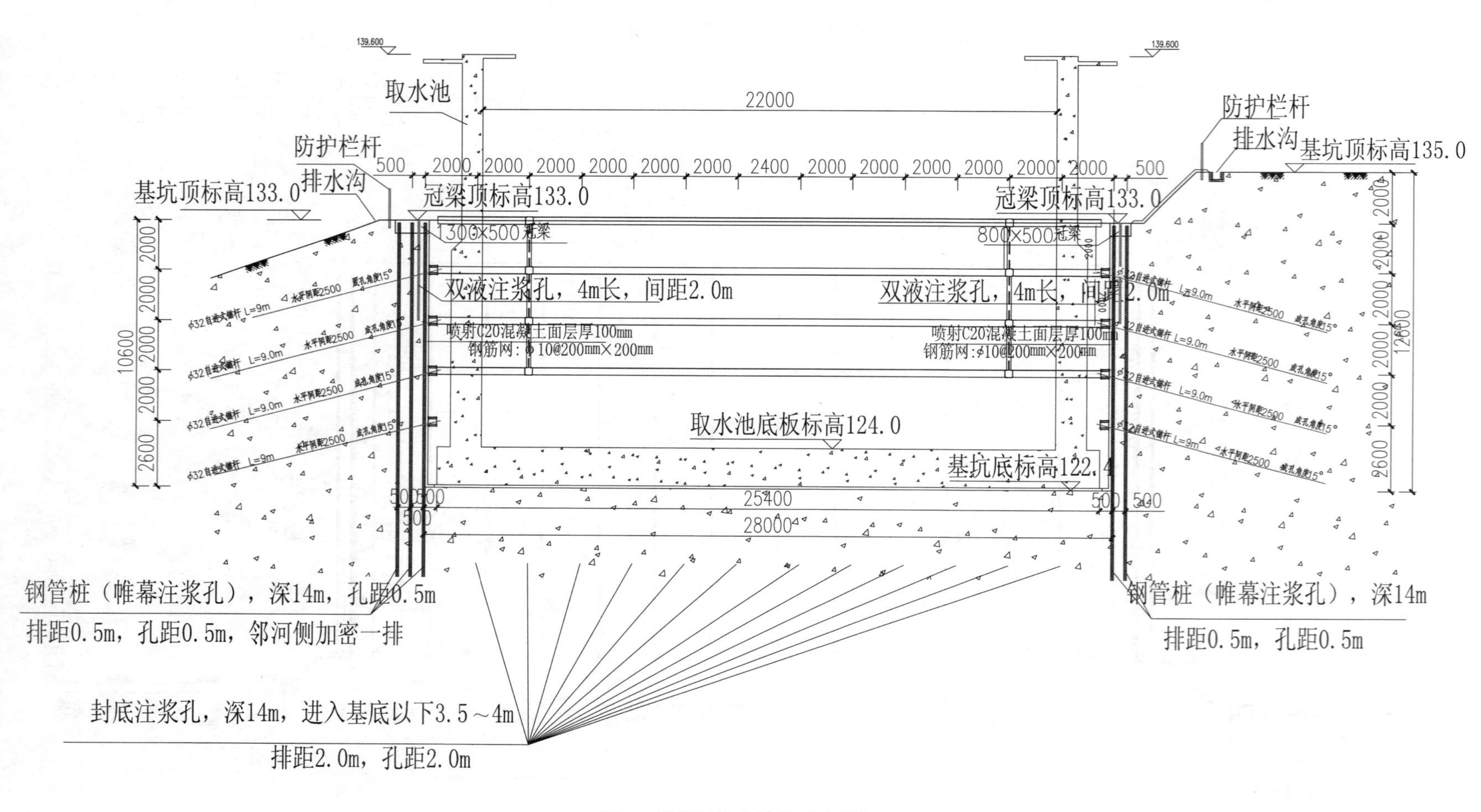

图2　基础开挖支护体系布置图

基坑开挖采用多种机械配合的开挖方案，配置 1 台长臂挖机、2~3 台普通挖机，1~2 台 0.4m^3 小挖机。为提高工效，各种型号挖机分层配合开挖，长臂挖机转土石，最后在基坑下设小型挖掘机、人工辅助开挖及清底，渣土采用 25t 汽车起重机提升出土石，开挖出来的土石方采用自卸汽车运至山海村弃渣场，运距 9km。

基坑石方开挖采用静态爆破方案，人工造孔后，在静态爆破剂的作用下使岩石胀裂、产生裂缝，再使用破碎锤或风镐解小、破除，破除后再采用长臂挖机及汽车起重机运出（图 3）。

图 3　基坑开挖

4　施工工艺流程

基坑开挖施工为取水泵房施工中一个最重要的工序，施工中按照施工规范及设计要求操作，在开挖过程中掌握好“分层、分步、对称、平衡、限时”五点，遵循“竖向分层、水平分区分段、先支后挖”的施工原则。

止水帷幕→冠梁施工→上层支护内土方开挖→挂网喷浆→锚杆施工→二次挂网喷浆→第一道圆弧槽钢圈梁施工→二层土方开挖→挂网喷浆→锚杆施工→二次挂网喷浆→第二道圆弧槽钢圈梁施工→三层土方开挖→挂网喷浆→锚杆施工→三次挂网喷浆→第三道圆弧槽钢圈梁施工→开挖至基底标高土方→挂网喷浆→锚杆施工→四次挂网喷浆。

5　主要施工要点

5.1　土方开挖

5.1.1　*施工方法*

基坑开挖配置 2~3 台挖掘机开挖土方，1 台长臂挖掘机位于基坑内转运土石方，内支撑下方 1 台小挖机、人工配合清理，25t 汽车起重机配合提升出土。施工中为提高工效，中间设圆形拉槽，周边预留宽 2m 平台。

具体就是开挖第一层土方时，自冠梁以下 1.3m，中间圆形拉槽 1.5m，将中间部分土体挖除，预留挖机操作空间，圆周留设 2m 宽的工作平台，便于架设支撑、挂网喷锚，放坡坡度不小于 1∶1，第一层向出土方向转土装车，第一层开挖过程中，同时施工 1.3m 范围内的喷射混凝土及锚杆；再开挖第二层土方，方法与第一层相同，开挖深度 1.5m，土石方向中心聚集，长臂挖机转运土石方，25t 汽车起重机提升出渣土装车，自卸车运输至弃渣场，同样，第二层开挖过程中，同时施工 1.5m 范围内的喷射混凝土及锚杆，待混凝土达到设计强度 85%以上后安装内支撑，依此类推，开挖剩余土石方和支护工程，详细如图 4 所示。

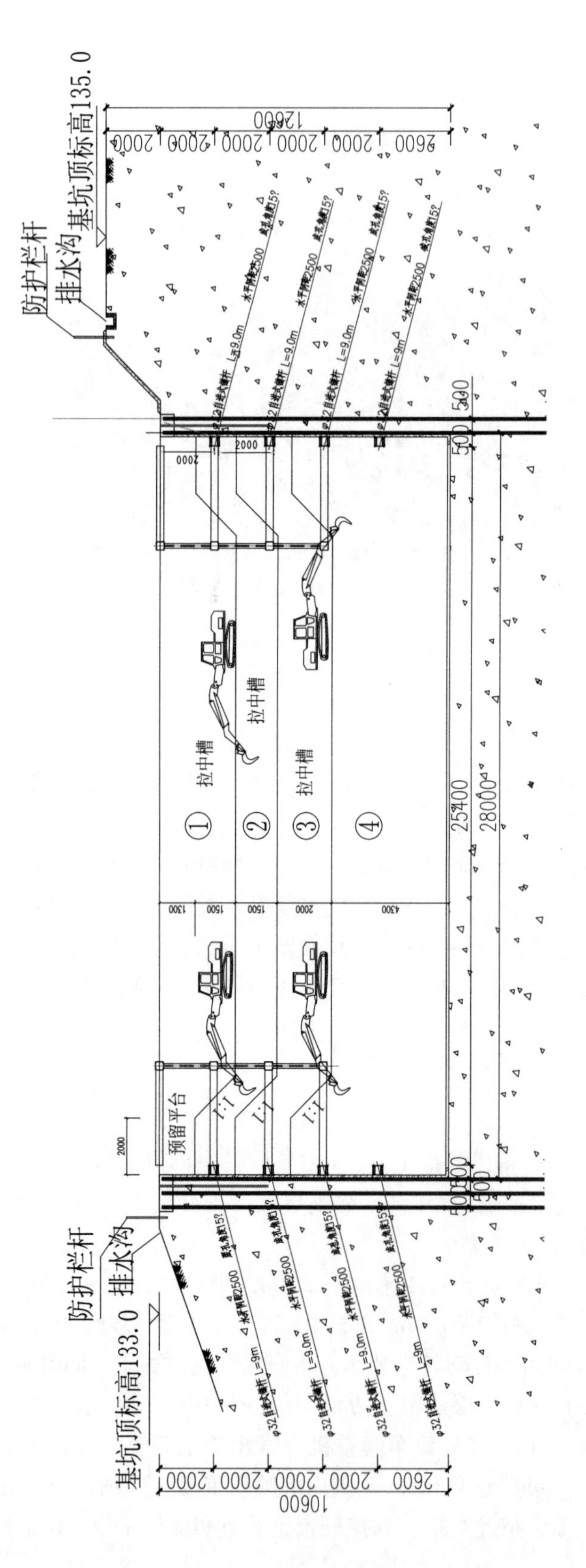
防护栏杆
排水沟
基坑顶标高135.0
12600
2000 2000 2000 2000 2000 2600
拉中槽
拉中槽
拉中槽
①
②
③
④
25400
28000
预留平台
防护栏杆
排水沟
基坑顶标高133.0
2000 2000 2000 2000 2600
10600

图4　基坑开挖示意图

5.1.2　基坑开挖技术要点

（1）土方开挖到各层钢管支撑底部时，及时施作钢管支撑。

（2）基坑开挖必须分层、分区、对称进行。内支撑下方开挖及出土困难，可以采用小挖机开挖、倒运，人工配合。

（3）开挖前对基坑四周边坡进行挂网喷锚，在坡顶设置截水沟或挡水土堤，防止地表水冲刷坡面和基坑外积水流入坑内。基坑开挖后及时设置坑内排水沟和集水井，防止基坑内积水。

（4）基坑圆周放坡根据地质、环境条件取开挖时的安全坡度，要求不得陡于1∶1。对暴露时间较长或可能受暴雨冲刷的部位采用钢丝网水泥喷浆等坡面保护措施，严防滑坡。

（5）土方开挖的顺序、方法必须与设计工况一致，平台开挖时间和钢支撑安装时间尽可能缩短。

（6）基坑开挖时严禁大锅底开挖，开挖至基底以上0.3m时，应进行基坑验收，并改用人工开挖至基底，及时封底，尽量减少对基底土的扰动。

（7）施工时严禁挖土机械碰撞支撑、立柱，严禁机械在支撑上行走，支撑表面不允许加荷载。

（8）基坑开挖时应及时施作桩间网喷层，保证桩间土体稳定。开挖至基底后及时施作接地网。

（9）加强基坑稳定的观察和监控量测工作，以便发现施工安全隐患，并通过监测反馈及时调整开挖程序。

观察涌水情况，个别涌水量大且水泵无法排除时，应在涌水的部位补孔注双液浆止水。

5.2　石方开挖

根据地质资料，基础内存在大量的石灰岩，项目邻近大坝，上方有110kV高压线路2处，另外基础距离东江近，如采用普通炸药爆破开挖，存在基础透水，大坝也存在极大安全隐患，而且，本工程基坑内场地小，施工紧，任务重，采用传统的“炮机”凿，时间慢，效率低，为此，本项目石方开挖采用静态爆破施工方法开挖。

人工造孔后，在静态爆破剂的作用下使岩石胀裂、产生裂缝，再使用“炮机”破除，从而达到开挖的目的。

6　观测

在冠梁顶面设置钢筋头，沿基坑周长冠梁顶每2m设置1个主测点，观测桩顶水平、垂直位移，在每道钢围檩上沿基坑周长每2m设置1个主测点，观测桩身变形及钢支撑、钢围檩变形。

施工期间要对全过程进行观测。各项监测工作的监测周期根据施工进程确定，在开挖卸载阶段，间隔时间不超过3d，其余情况下可延至5~10d。当变形超过有关标准或场地条件变化较大时，加密监测。当有危险事故征兆时，则需进行连续监测。

监测实施过程中，可根据现场情况，提出补充修正意见，经监理、设计、施工单位共同研究后实施。

原始数据经过审核、消除错误和取舍之后，可供计算分析。根据计算结果，绘出各观测项目的观测值与施工工序、施工进度及开挖过程的关系曲线。

观测资料经整理校核后，列出阶段或最终成果表，并绘制有关过程线和关系曲线，在此基础上，对各观测资料进行综合分析，以说明围护结构支撑体系在观测期间的工作状态、变化规律及发展趋势，判断其工作状态是否正常或找出问题的原因，并提出处理措施的建议。

7　结语

随着人民生活水平的提高，国家不断加大对饮水工程及污水处理等工程的投入。由于土地、场地的限制，地下深基坑施工有明显增多的趋势，因此对此类大圆形深基坑施工技术进行总结有着必要的意义：

（1）此类大圆形深基坑施工，为基坑支护、土石方开挖及垂直运输提供了施工经验。

（2）修订了公司对圆形深基坑施工作业的指导书。

参考文献

[1]　张震．软土地深基坑角撑+排桩组合支护下的土方开挖技术［J］．工程设计．2018（13）：225-228.

[2]　朱健．软土地区紧邻的深大基坑土方开挖技术［J］．建筑施工．2018，40（5）：656-658，661.

[3]　杨熙．大型地下建筑物深基坑土方开挖施工技术［J］．建筑施工．2018，40（1）：11-14.

第3篇

绿色建造与 BIM 技术

湖南创意设计总部大厦项目C栋钢结构BIM技术应用

刘永圣　罗　冰

湖南省工业设备安装有限公司　株洲　412000

摘　要： 以钢材为主的钢结构体系作为工程项目建设中重要的建筑结构形式，其工程规模越来越大、结构日益复杂，项目管理工作也面临越来越多的困难。要想有效地推动钢结构项目管理工作的发展，首先要做的就是将信息化技术引入到钢结构项目工程中来，利用BIM技术提高建筑行业的信息化水平，增强行业竞争力，推动钢结构项目相关企业的信息化发展。文中以湖南创意设计总部大厦项目C栋钢结构工程为例，从深化设计、材料设备管理、施工交底及施工过程等方面介绍了BIM技术的实施要点与效果，为以后类似项目的施工提供了大量的实践经验。

关键词： 钢结构；BIM技术；深化设计；指导施工

1　概述

湖南创意设计总部大厦项目位于长沙开福区东二环与滨河路相交的东南角，C栋为办公楼及裙楼，总建筑面积约36878.75m^2，主楼地上为21层、地下2层，裙楼为地上5层、地下2层。建筑总高度为94.8m，屋顶钢结构构架至106.0m（相对于场地标高），为全钢结构建筑。项目总平面图及鸟瞰图分别如图1、图2所示。

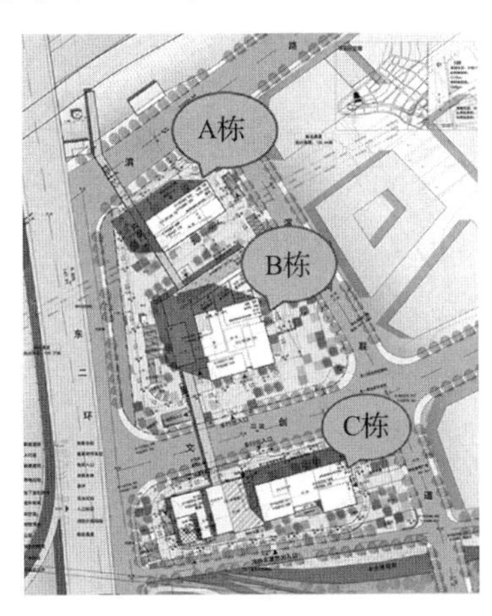

图1　项目总平面图

图2　项目鸟瞰图

2　技术应用

2.1　钢结构深化设计

本工程主楼结构形式采用钢框架-中心支撑结构体系，柱为钢柱（内灌混凝土），钢梁、钢支撑，楼板采用钢筋桁架楼承板；裙楼采用钢结构体系，钢柱、钢梁、楼板采用钢筋桁架楼承板。应用BIM专业的软件，在本项目中进行C栋结构深化设计。钢结构深化设计主要包括放样精度控制及碰撞校核、提取项目工程量等。

（1）放样精度控制及碰撞校核

本项目主体结构为钢框架架结构，通过建立三维模型（图 3、图 4），使整体效果可视化，直观检查放样精度。整体模型出深化图，实现精准下料，保证安装精度。通过碰撞校核检查整体钢结构模型与其他专业模型是否有干涉冲突，经过碰撞检查，发现主楼各层同部位隅撑与机电专业的竖向管道有碰撞（图 5），经过各方讨论决定，最终去掉隅撑。

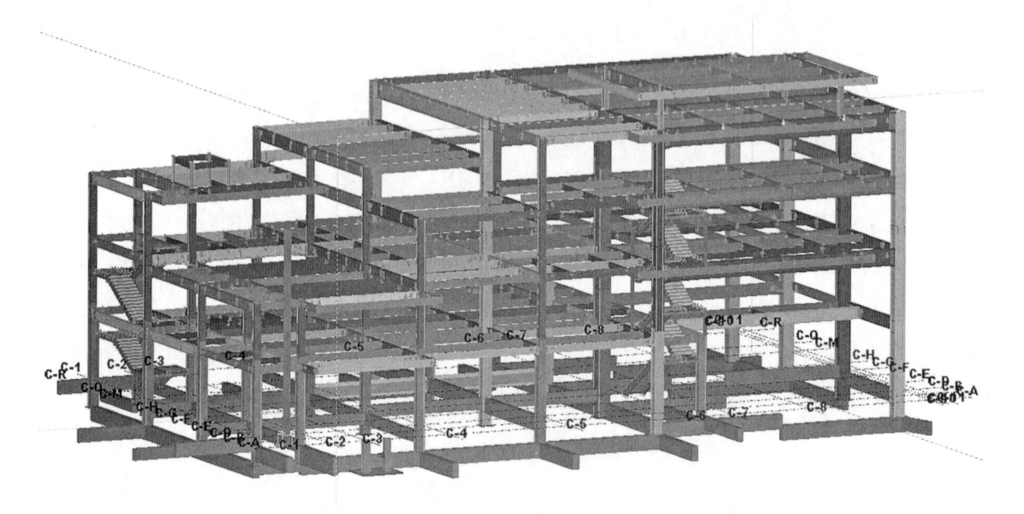

图 3　C 栋裙楼模型

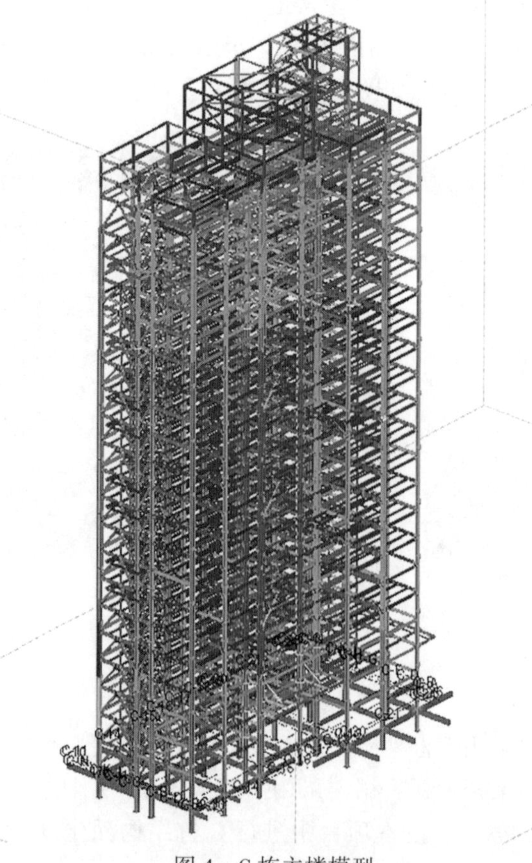
图 4　C 栋主楼模型

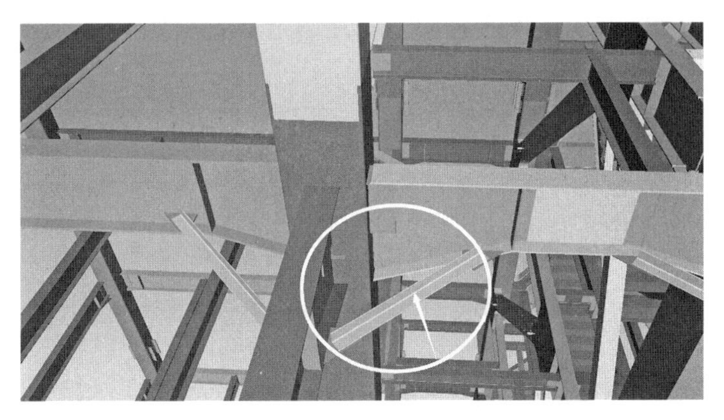

图 5　主楼隅撑与机电专业竖向管道碰撞处

（2）提取项目工程量，优化排板

把模型完善好，便可以提取准确的工程量（图 6），排板材料，控制损耗，编制采购计划。对材料成本精准把控。采用模型深化排板后，方便厂家制作的同时，大大降低了定制的成本。

1	湖南创意设计总部大厦主楼构件清单						
2	构件名	主截面型材	长度	数量	重量(kg)	总重(kg)	图号
3	GC4-1	ϕ180×8	3485	2	129.1	258.1	构件图
4	GC4-2	ϕ180×8	4638	2	167.7	335.5	构件图
5	9GKZ-13	口200×200×14×14	9004	1	772.6	772.6	构件图
6	9GKZ-14	口200×200×14×14	9004	1	772.6	772.6	构件图
7	9GKZ-15	口200×200×14×14	9004	2	780.6	1561.1	构件图
8	10GKZ-3	口200×200×14×14	8404	1	723.4	723.4	构件图
9	10GKZ-29	口200×200×14×14	8404	2	731.3	1462.7	构件图
10	10GKZ-30	口200×200×14×14	8404	1	727.4	727.4	构件图
11	11GKZ-1	口200×200×14×14	9584	1	820.1	820.1	构件图
12	11GKZ-2	口200×200×14×14	9584	1	828	828	构件图
13	11GKZ-29	口200×200×14×14	9584	2	828	1656	构件图
14	12GKZ-1	口200×200×14×14	9620	1	813.8	813.8	构件图
15	12GKZ-17	口200×200×14×14	2058	1	203.3	203.3	构件图
16	12GKZ-19	口200×200×14×14	9620	2	825.7	1651.3	构件图
17	12GKZ-20	口200×200×14×14	9620	1	813.8	813.8	构件图
18	12GKZ-24	口200×200×14×14	2500	2	215.8	431.6	构件图
19	12GKZ-25	口200×200×14×14	2497	1	207.6	207.6	构件图
20	12GKZ-26	口200×200×14×14	3322	1	318	318	构件图
21	12GKZ-27	口200×200×14×14	3950	1	329.1	329.1	构件图
22	12GKZ-28	口200×200×14×14	3950	2	334.4	668.7	构件图
23	GKZ25-1	口200×200×14×14	6154	1	544.1	544.1	构件图
24	GKZ25-2	口200×200×14×14	6154	2	546.9	1093.8	构件图
25	GKZ25-3	口200×200×14×14	6154	1	544.1	544.1	构件图

图 6　C 栋主楼构件工程量

2.2　材料设备管理应用

（1）预制加工

本工程进行深化设计后，出具材料的材质、规格、数量、质量等材料表，利用公司集采平台进行集中采购，运至加工厂进行精细化加工（图 7），解决现场堆场限制、场地狭小的问题。将零件板深化图的 CAD 图纸按 1∶1 尺寸导入排料软件 TurboNest 中，利用排料软件进行自动排料，选择最佳排料方案，并设置好各项切割参数，导出钢板自动切割程序，利用

U 盘拷贝到数控火焰切割机的计算机主机里，切割操作人员按切割程序自动切割出异型零件板（图 8）。

图 7　加工厂数控机床

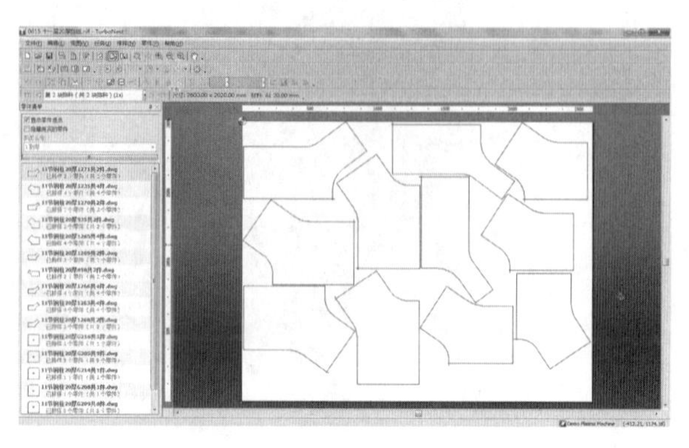

图 8　按切割程序自动切割出异型零件板

（2）二维码运用

将深化设计后的模型导入 BIM 管理平台进行材料设备管控，通过 BIM 模型构件生成二维码（图 9、图 10），包含构件属性、扩展属性、构件定位、资料、表单，可进行构件材料跟踪记录。构件到场后工人可扫描二维码确认构件堆放、安装位置。

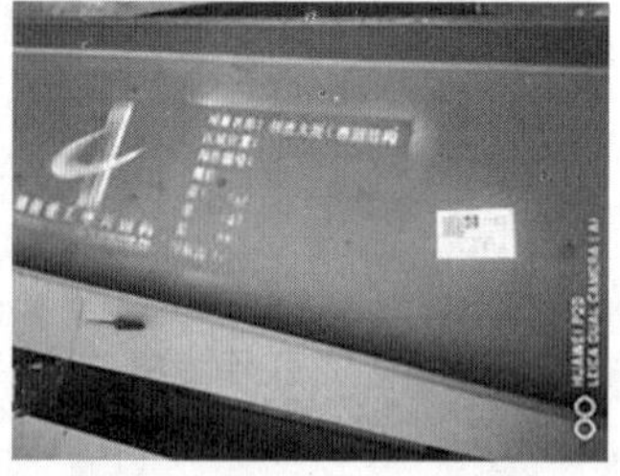

图 9　所有出厂构件标记二维码

已扫描到以下内容

湖南创意设计总部大厦钢结构构件信息
构件编号：GKL1-8
构件位置：二层梁
构件规格：HI600*10*16*200
构件长度：7520mm
构件数量：1根
构件单重：850.2Kg

扫描所得内容并非微信提供，请谨慎使用
如需使用，可通过复制操作获取内容

图 10　现场扫描二维码显示内容

构件到场后，在 BIM 云管理平台上更新构件信息，通过 BIM+二维码材料跟踪，使得现场物料管理更清晰、更高效，信息的采集与汇总更加及时与准确，达到项目进度实时把控、材料应用方向实时查看、数据汇总分析查看，同时对于后期运维，还可以扫码了解设备构件详情，设备维修后再反馈至 BIM 云管理平台，充分发挥 BIM 模型空间定位和数据记录的优势。

2. 3　施工工艺交底

传统的项目管理中的技术交底通常以文字描述为主，工人在理解时存在较大困难，尤其对于一些抽象的技术术语，工人更是摸不着头脑，交流过程中容易出现理解错误的情况，因此，传统纸质文本施工工艺交底难以迅速贯彻至施工班组人员。

按照样板先行原则，针对具体的不同节点、关键部位及复杂工艺工序等均采用 BIM 技术进行建模，事前精细策划，并三维技术交底，各节点以该样板施工为指导，各施工方法均按样板为要求，确保各节点均达到样板的要求。通过这样的方式交底，工人会更容易理解，交底的内容也会进行得更彻底（图 11）。从现场实施情况来看，效果非常好，既保证了工程质量，又避免了施工过程中出现问题而导致返工和窝工等情况的发生。

本项目共完成了 5 个重要节点（预埋锚栓、钢柱对接、梁柱连接、钢筋桁架楼承板安装等）施工方案 BIM 转化，大大提高了现场施工安装的沟通效率，同时也降低了因理解错误、交底不透彻引起的质量、安全问题（图 12）。

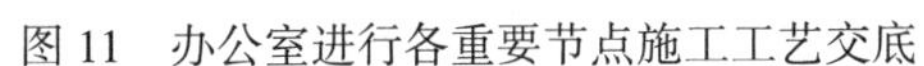
图 11　办公室进行各重要节点施工工艺交底

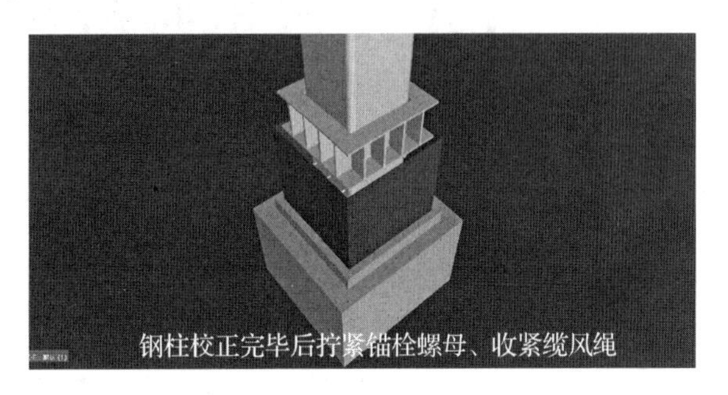

图 12　预埋锚栓施工工艺

3　结语

BIM 相关软件在本项目中，从计算工程量开始到最终项目安装完成全过程指导施工、服务施工，对保证施工质量、成本控制起到了至关重要的作用。

（1）钢结构深化设计，提前发现问题，及时解决，避免浪费人材机，保障施工进度，达到业主要求的进度节点。

（2）根据项目模型，对施工现场实时跟进。因施工过程中其他专业出现变动而影响管道布局的，提前找出问题并及时解决，保证了后期管道安装的顺利进行。

（3）通过项目模型导出的相关信息实时更新，保证数据的准确性，节省统计时间。项目材料的信息统计占比例大，因而更需要细心检查，保证材料到货数量更准确、到货时间更合理、项目施工更顺利。做好后期数据的归档及整理，确定相关工程量，方便与业主及班组结算。

本项目从钢结构加工到各种构件吊装及安装，均利用 BIM 相关软件，为以后类似项目的施工提供了大量的实践经验。

参考文献

[1]　廖立波．基于 BIM 的高层装配式钢结构住宅施工关键技术［J］．建筑施工，2019，41（6）：142-144.

[2]　王宏．超高层钢结构施工技术［M］．北京：中国建筑工业出版社，2013.

[3]　一种基于“BIM+RFID”技术的装配式钢结构施工方法［P］．中国专利：CN108647894A. 2018-10-12.

BIM 技术如何指导幕墙单元体下料

杨云轩　黄翠寒

湖南省第五工程有限公司　株洲　412000

摘　要：如何通过新技术的运用，推动幕墙行业持续、快速、健康地发展成为行业面临的新问题。BIM 技术，通过实测实量的尺寸，运用 BIM 技术进行前期的幕墙单元体的排板设计，将二维的图纸布局“搬”到三维空间进行布置，提前预览幕墙单元的排板和布局。保证了后期幕墙完成后的美观、材料利用率的最大化、材料的耗损降到最低。

关键词：BIM 技术；装饰装修；幕墙；单元体；下料

1　BIM 技术指导幕墙单元体下料的特点

通过计算机的配合，对幕墙单元体进行精确排板、下料，便于幕墙快速、准确地进行安装施工。工厂化加工幕墙单元体，将材料的损耗降到最低，又可以提前对幕墙单元体进行编号定位，实现了单元体的快速安装以及保证了安装的精准度。避免造成拆改返工，提高生产效率。

2　BIM 技术指导幕墙单元体下料的适用范围

适用于建筑外墙中使用幕墙单元体的区域。

3　BIM 技术指导幕墙单元体下料的工艺原理

3.1　工艺原理

基于工程特点，前期的施工策划、幕墙单元体的下料及单元体的安装是施工的重要组成部分，它需要充分考虑后期的施工过程。根据施工工艺及设计图纸的要求，结合 Revit 软件进行建模，提前规划设计单元体幕墙的百叶出风口，出具详细的幕墙单元体的编号图。

通过 Revit 软件进行三维建模，精确计算单元体定位。将幕墙单元体模拟现实施工工序监理三维模型，使幕墙单元体的排板一目了然，然后对每块幕墙单元体进行编码，标注使用区域，最后再根据编码定位图进行幕墙单元体的安装施工。这样满足幕墙单元体排板美观的同时又能保证幕墙单元体的准确下料，减少幕墙单元体的损耗和避免重复返工。

3.2　工艺流程和操作要点

3.2.1　施工准备

（1）结合现场实际情况校核设计图纸中幕墙单元体的具体的位置及尺寸；

（2）组织各专业相关人员进行综合布置；

（3）仪器配表（表 1）。

表 1　仪器配表

名称	型号	数量	用途	精度
激光垂准仪	DZJ3-L1	2	检测高精度的机械零件的垂直度	一测回垂准测量标准偏差 1/4 万；激光对点器对点误差（在 0.5～1.5m 内）≤1mm；视准轴与竖轴同轴误差≤5″；激光光轴与视准轴同轴误差≤5″

续表

名称	型号	数量	用途	精度
全站仪	KTS-442R10LC	1	检测高精度角度测量	1mm/0.1mm（可设置）
经纬仪	FDT02	1	测量水平角和竖直角	2″
红外线测距仪	H-D610	2	现场测距	±2mm
纤维皮卷尺	30m	2	距离测量	3mm
钢卷尺	7.5mm	2	距离测量	1mm

3.2.2　下料流程（图 1）

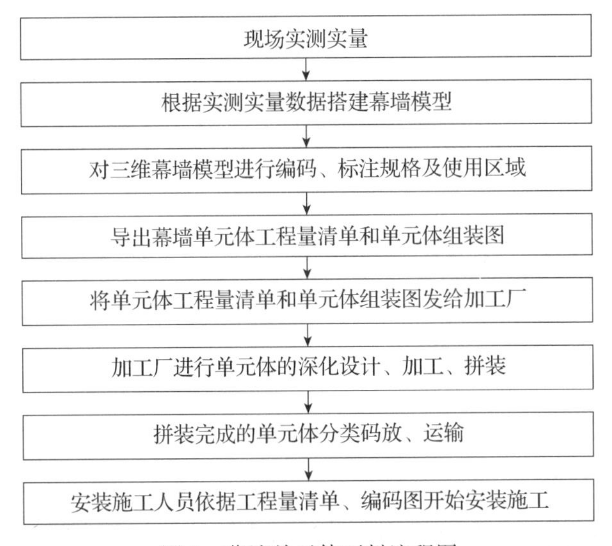

图 1　幕墙单元体下料流程图

（1）现场实测实量

为了保证幕墙单元体下料的准确性，减少单元体加工的误差。根据现场实际情况，对主体结构进行现场实测实量，尽量把误差降到最低值（图 2）。

图 2　现场实测实量建筑图纸

（2）根据实测实量数据搭建幕墙模型

根据现场实测实量的数据复核幕墙施工图，在 Revit 里面利用实测实量的数据和幕墙施

工图，基于主体结构模型，搭建幕墙模型。(图 3～图 5)

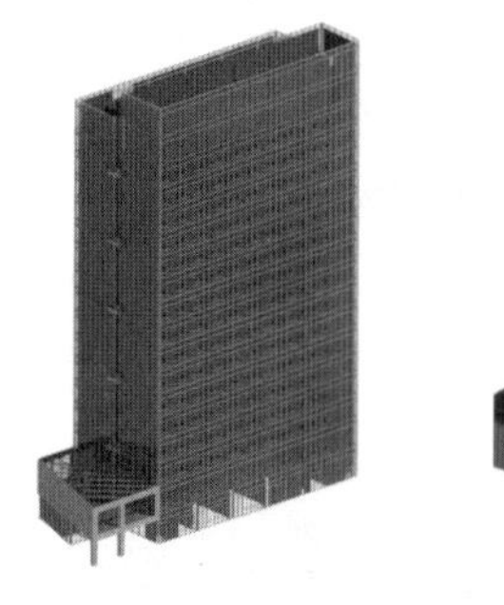

图 3　A 栋幕墙模型

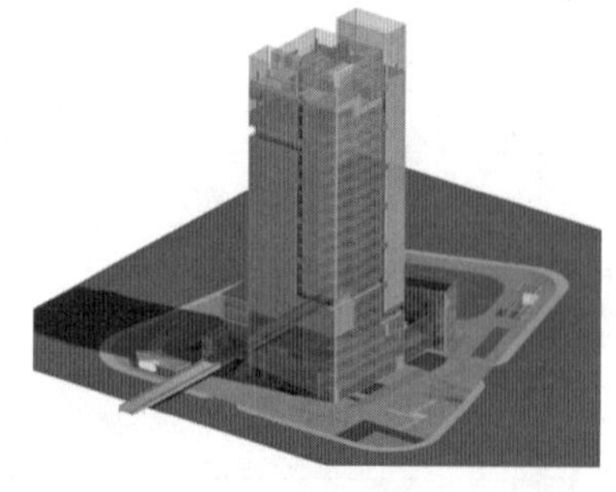

图 4　B 栋幕墙模型

图 5　C 栋基于 Revit 软件搭建幕墙模型

（3）对三维幕墙模型进行编码及使用区域

根据搭建的三维幕墙模型输入分类、编码及使用区域的基本信息，做到准确定位单元体幕墙的位置，减少单元体在加工过程中的误差、遗漏（图 6）。

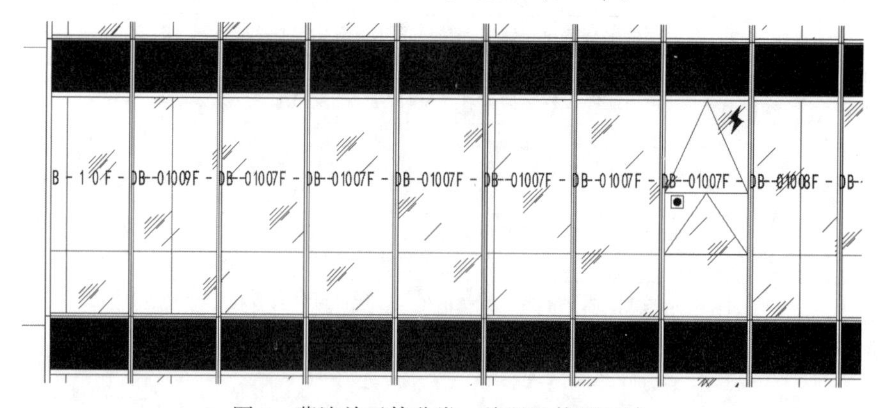

图 6　幕墙单元体分类、编码及使用区域

（4）导出幕墙单元体工程量清单和单元体组装图

利用 Revit 软件导出工程量清单，出具 CAD 二维图纸及三维图对工人进行可视化交底，防止因为安装失误造成材料的浪费，提供施工效率，节约用工成本（图 7、图 8）。

<单元体明细表>

A	B	C	D	E	F	G	H	I	J	K	L
族与类型	族	类型	传热系数(U)	可见光透过率	日光得热系数	热阻(R)	高度	宽度	面积	成本	合计
系统嵌板: 玻璃	系统嵌板	玻璃	6.7069 W/(m²·K)	0.9	0.86	0.1491 (m²·K)/W	350	1100	0.38		1
系统嵌板: 玻璃	系统嵌板	玻璃	6.7069 W/(m²·K)	0.9	0.86	0.1491 (m²·K)/W	350	1050	0.37		1
系统嵌板: 玻璃	系统嵌板	玻璃	6.7069 W/(m²·K)	0.9	0.86	0.1491 (m²·K)/W	350	1070	0.37		1
系统嵌板: 玻璃	系统嵌板	玻璃	6.7069 W/(m²·K)	0.9	0.86	0.1491 (m²·K)/W	350	1000	0.35		1
系统嵌板: 玻璃	系统嵌板	玻璃	6.7069 W/(m²·K)	0.9	0.86	0.1491 (m²·K)/W	350	1000	0.35		1
系统嵌板: 玻璃	系统嵌板	玻璃	6.7069 W/(m²·K)	0.9	0.86	0.1491 (m²·K)/W	350	1070	0.37		1
系统嵌板: 玻璃	系统嵌板	玻璃	6.7069 W/(m²·K)	0.9	0.86	0.1491 (m²·K)/W	350	1050	0.37		1
系统嵌板: 玻璃	系统嵌板	玻璃	6.7069 W/(m²·K)	0.9	0.86	0.1491 (m²·K)/W	350	1050	0.37		1
系统嵌板: 玻璃	系统嵌板	玻璃	6.7069 W/(m²·K)	0.9	0.86	0.1491 (m²·K)/W	350	1050	0.37		1
系统嵌板: 玻璃	系统嵌板	玻璃	6.7069 W/(m²·K)	0.9	0.86	0.1491 (m²·K)/W	350	1050	0.37		1
系统嵌板: 玻璃	系统嵌板	玻璃	6.7069 W/(m²·K)	0.9	0.86	0.1491 (m²·K)/W	350	1050	0.37		1
系统嵌板: 玻璃	系统嵌板	玻璃	6.7069 W/(m²·K)	0.9	0.86	0.1491 (m²·K)/W	350	1050	0.37		1
系统嵌板: 玻璃	系统嵌板	玻璃	6.7069 W/(m²·K)	0.9	0.86	0.1491 (m²·K)/W	350	1050	0.37		1
系统嵌板: 玻璃	系统嵌板	玻璃	6.7069 W/(m²·K)	0.9	0.86	0.1491 (m²·K)/W	350	1000	0.35		1
系统嵌板: 玻璃	系统嵌板	玻璃	6.7069 W/(m²·K)	0.9	0.86	0.1491 (m²·K)/W	350	1000	0.35		1
系统嵌板: 玻璃	系统嵌板	玻璃	6.7069 W/(m²·K)	0.9	0.86	0.1491 (m²·K)/W	350	1100	0.38		1
系统嵌板: 玻璃	系统嵌板	玻璃	6.7069 W/(m²·K)	0.9	0.86	0.1491 (m²·K)/W	1185	1205	1.43		1
系统嵌板: 玻璃	系统嵌板	玻璃	6.7069 W/(m²·K)	0.9	0.86	0.1491 (m²·K)/W	1020	1205	1.23		1
系统嵌板: 玻璃	系统嵌板	玻璃	6.7069 W/(m²·K)	0.9	0.86	0.1491 (m²·K)/W	1020	1205	1.23		1
系统嵌板: 玻璃	系统嵌板	玻璃	6.7069 W/(m²·K)	0.9	0.86	0.1491 (m²·K)/W	1020	1205	1.23		1
系统嵌板: 玻璃	系统嵌板	玻璃	6.7069 W/(m²·K)	0.9	0.86	0.1491 (m²·K)/W	1020	1205	1.23		1
系统嵌板: 玻璃	系统嵌板	玻璃	6.7069 W/(m²·K)	0.9	0.86	0.1491 (m²·K)/W	1020	1205	1.23		1
系统嵌板: 玻璃	系统嵌板	玻璃	6.7069 W/(m²·K)	0.9	0.86	0.1491 (m²·K)/W	1020	1205	1.23		1
系统嵌板: 玻璃	系统嵌板	玻璃	6.7069 W/(m²·K)	0.9	0.86	0.1491 (m²·K)/W	1185	1205	1.43		1

图 7　单元体工程量清单

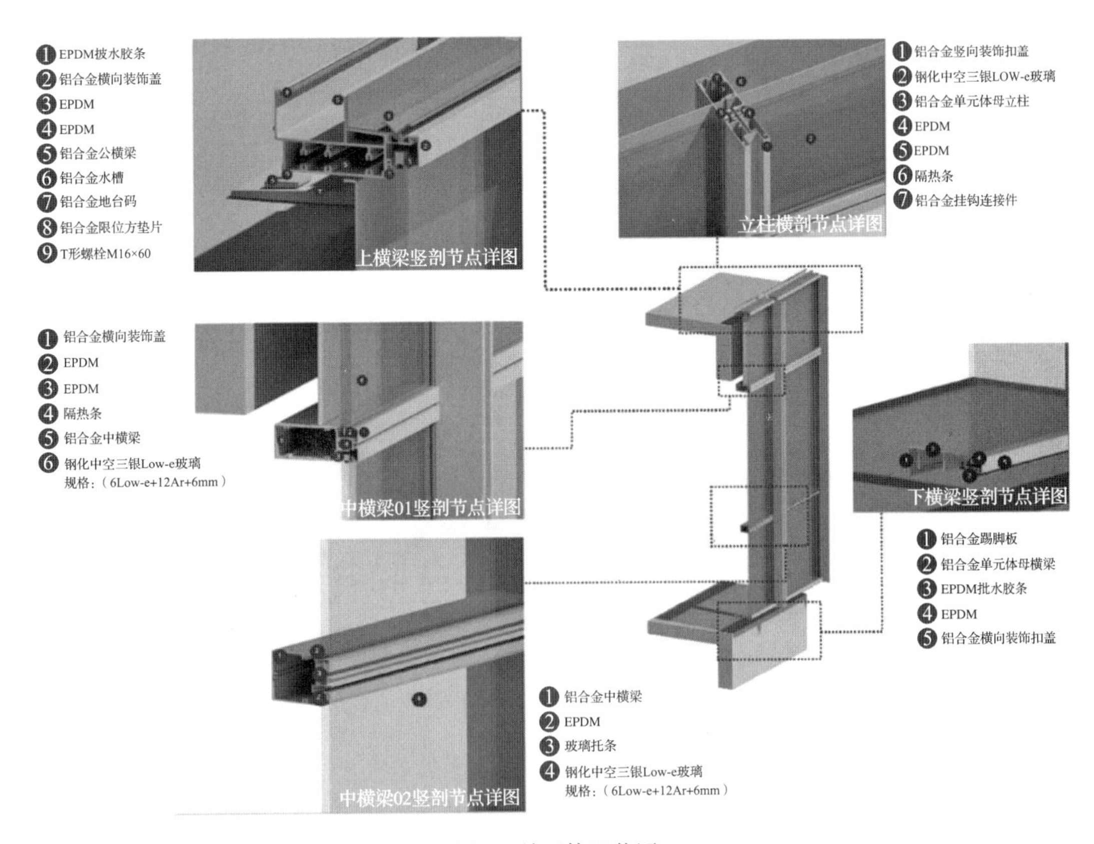

图 8　单元体组装图

（5）单元体工程量清单和单元体组装图发给加工厂进行深化设计、加工和拼装

将导出的单元体工程量清单和单元体组装图发送给单元体加工厂进行深化设计、加工和拼装，将所有的铝型材、胶条、玻璃等深加工在加工厂完成，保证了现场的绿色施工，工厂化的深加工也保证了幕墙单元体的标准化和规范化（图 9～图 16）。

（6）拼装完成的单元体分类码放、运输

单元体加工厂根据单元体的下料单、单元体的编码图分区域码放，方便运输工人打包、装车和运输（图 17、图 18）。

（7）安装施工人员依据工程量清单、编码图开始安装施工

施工人员核准单元体数量、规格，确认无误，并且没有损坏之后，依据单元体的编码图，确定安装点，开始单元体的安装施工相关步骤。

玻璃尺寸表

序	玻璃编号	加工图号	玻璃宽	玻璃高	数量	玻璃种类
70	BL-01		1154	854	1	6+12A+6
71	BL-02		1154	1594	1	6+12A+6+12A+6
72						
73						
74						
75						
76						
77						
78						
79						

图 9　单元体玻璃下单表

背衬板块表

序	板块编号	加工图号	板块宽	板块高	数量	板块规格
80	LBB-01	LB-A-05	1115	800	1	加带铝箔防火棉
81						
82						
83						
84						
85						
86						
87						

图 10　单元体背衬板下单表

装 饰 板 块 表

序	板块编号	加工图号	板块宽	板块高	数量	板块规格
90	LB-01	LB-A-02	1145	135	2	上下
91	LB-02	LB-A-03	868	135	2	左右
92	LB-03	LB-A-04	892	732	1	
93	LB-04	LB-A-05	915	755	1	
94	LB-05	LB-A-01	1118	446	1	花架盒子（穿孔板）
95						
96						
97						
98						
99						

图 11　单元体装饰板块下单表

型 材 尺 寸 表

序	型材名称	型材编号	下料长度	数量	角度	加工工艺
1	公立柱A	AY-001	3534.5	1	90*90	AY-001-001
2	母立柱A	AY-002	3534.5	1	90*90	AY-002-001
3	母横梁A	AY-007	1190	1	90*90	AY-007-001
4	中横梁A	AY-011	1120	1	90*90	AY-011-002
5	中横梁A	AY-011	1120	1	90*90	AY-011-001
6	公横梁A	AY-006	1120	1	90*90	AY-006-001
7	母横梁A	AY-007	1190	1	90*90	AY-007-002
8	竖向装饰扣盖1	CY-004	3571	1	90*90	CY-004-002
9	竖向装饰扣盖2	CY-005	3571	1	90*90	CY-005-002
10	铝合金副框A	AY-024	1120	1	90*90	AY-024-001
11	横向装饰扣盖	CY-008	1120	2	90*90	CY-008-001
12	30方管	AY-026	1120	2	90*90	AY-026-001
13	铝合金副框B	AY-025	804	2	90*90	AY-025-001
14	铝合金副框B	AY-025	1120	1	90*90	AY-025-001
15	压板	CY-012	1120	2	90*90	CY-012-001
16	玻璃托条A	AY-027	100	4	90*90	AY-027-001
17	横向装饰扣盖	CY-008	1120	1	90*90	CY-008-002
18	窗外框（两侧）	AY-028	959	2	45*45	AY-028-001
19	窗内扇（两侧）	AY-029	879	2	45*45	AY-029-001
20	窗外框（上）	AY-028	1119	1	45*45	AY-028-001
21	窗外框（下）	AY-028	1119	1	45*45	AY-028-001
22	窗内扇（上）	AY-029	1039	1	45*45	AY-029-001
23	窗内扇（下）	AY-029	1039	1	45*45	AY-029-001
24	挂钩连接件	CY-003	80	6	90*90	CY-003-001
25	铝合金挂件1	CY-019	75	1	90*90	CY-019-001
26	铝合金挂件1	CY-019	75	1	90*90	CY-019-002
27	铝合金挂件2	CY-020	160	2	90*90	CY-020-001
28	铝合金垫片	CY-023	160	2	90*90	CY-023-001
29	铝合金踢脚板	CY-010	1190	1	90*90	CY-010-001
30	铝合金地台码2	CY-026	200	2	90*90	CY-026-001
31	铝合金水槽	CY-009	200	1	90*90	CY-009-001

图 12　单元体型材下单表

五 金 附 件 表

序	配件名称	规格代号	单位	数量	使用方法
101	胶条A		米	36.4	
102	胶条B		米	14.3	
103	胶条C		米	33.3	
104	胶条D		米	13.9	
105	胶条E		米	0.1	
106	胶条F		米	3.1	
107	胶条I		米	3.62	
108	胶条J		米	1.12	
109	不锈钢螺栓	M12x40	套	4	
110	不锈钢限位钉(内六角)	M5x15	颗	1	
111	不锈钢内六角调节螺栓	M6x25	颗	2	
112	不锈钢盘头钻尾自攻钉	ST6.3×38	颗	34	
113	不锈钢螺栓	M6x30	套	12	
114	不锈钢沉头机丝钉	M5x10	颗	16	
115	不锈钢防坠拉杆	Φ4mm	根	2	
116	不锈钢绿植爬网	Φ4mm	张	1	成品
117	不锈钢盘头钻尾自攻钉	ST3.8×25	颗	8	
118	胶条K		米	4.16	窗
119	胶条L		米	7.67	窗

图 13　单元体五金附件下单表

五 金 附 件 表

序	配件名称	规格代号	单位	数量	使用方法
1	不锈钢角码	GJB-02	块	2	
2	不锈钢花架	GJB-01	块	1	13.8米
3	2孔尼龙垫	JD-A-02	块	2	
4	4孔尼龙垫	JD-A-01	块	2	
5	内开内倒执手		把	1	
6	内开内倒铰链		套	1	左右为一套
7	内开内倒风撑		套	1	左右为一套
8	传动杆		根	1	
9	锁点		块	2	
10					

图 14　单元体五金附件下单表

挂 件 支 座 表

序	钢件名称	规格代号	单位	数量	加工图号
1	起底转接件		块	2	GJ-A-01
2					
3					
4					
5					
6					
7					
8					
9					
10					

备注及说明：

图 15　单元体挂件支座下单表

单元编号	加工图	数量	成品宽度	成品高度
DY-JG-01	DY-JG-01	1	1200	3600

1200

立 面 分 格 表

		1200	908
		1200	1640
		1200	1053

图 16　单元体组装图

图 17　单元体分类码放

图 18　单元体分类运输

4　结语

利用 BIM 技术的数字化与模拟性，通过建筑信息模型对整个项目的幕墙单元体进行模拟，计算出每块单元体的精确尺寸，在整个项目的外墙区域进行幕墙单元体材料分析、计算。根据 BIM 计算出的幕墙单元体的精确数据尺寸进行单元体的下料。利用 BIM 导出的编码图，发往幕墙单元体加工厂，加工厂再依据幕墙单元体的组装图以及编码图，将加工好的幕墙单元体分类、分批运转至指定施工区域。现场施工人员按照导出的编码图进行安装施工。本方法将铝合金型材、玻璃、耐候密封胶、耐候结构胶等材料的浪费降至最低，达到节省材料、高效施工的目的。

通过该方法进行幕墙单元体的施工，比同类工程工期有明显缩短，保证了幕墙单元的准确性，同时对现场施工环境不会造成二次破坏。节约了大量人、财、物的投入。该方法施工的项目为同类工程施工提供了简便易于操作的参考依据，具有良好的推广价值。

参考文献

[1]　王成才．基于 BIM 技术的幕墙工程施工技术研究［D］．山东：青岛理工大学，2015.
[2]　周浩．BIM 在建筑幕墙中运用及管理研究［D］．苏州：苏州科技大学，2015.
[3]　梁少宁．基于 BIM 的幕墙工程集成化应用［D］．广州：华南理工大学，2015.
[4]　麻倬领．BIM 技术在装饰工程中的应用研究［D］．河南：河南工业大学，2018.

PK 预应力混凝土叠合板板缝改进技术

李双全

湖南省第五工程有限公司 株洲 412000

摘 要：PK 预应力混凝土带肋底板作为《建筑业 10 项新技术（2017）》第 4 大项第 4.3 小项混凝土叠合板技术，将成为未来的一个发展趋势。此项新技术应用目前还处于一个实践阶段，现阶段 PK 预应力混凝土叠合板施工技术安装精度难控制、装修后期板缝隙开裂现象普遍，且处理难度大且繁琐，只有不断加强对此项新技术的研究及施工工艺的改进、不断完善该项施工技术，才能推动 PK 预应力混凝土叠合板施工技术在整个建筑行业的发展。

关键词：PK 预应力混凝土叠合板板缝施工改进技术；新技术；施工工艺改进

现阶段 PK 预应力混凝土叠合板生产制作工艺，是两块 PK 板之间拼缝在 40mm 左右。一般公共建筑的房子面积较大，PK 板因宽度和长度受到限制，造成板缝较多，装修后开裂较多，且处理难度大，只有不断加强对此项新技术的研究及施工工艺的改进，才能推动 PK 预应力混凝土叠合板施工技术在整个行业的发展。本文所述技术就是对施工技术进行了改进，并在项目中实施，取得显著效果，加快了施工进度，提高了施工安全性。

1 改进前的设计图纸和做法

PK 预应力混凝土叠合板改进前图纸设计为 PKY-DB3005-1（PK 预应力叠合板长度为 3000mm，宽度为 500mm，板编号为 1，如图 1 所示），两块板缝之间的宽度为 40mm（图 2），

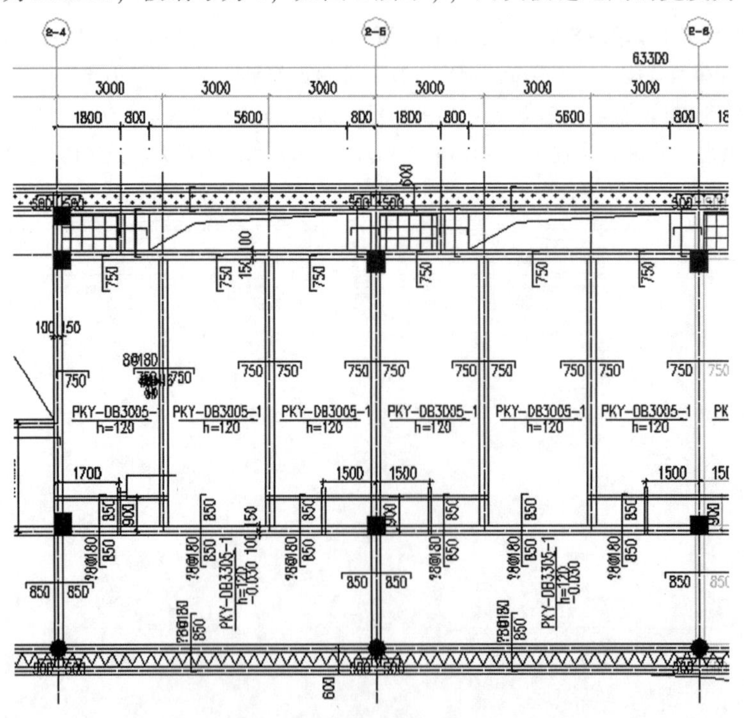

图 1 改进前的设计图纸

图2　改进前安装效果

为防止浇筑叠合层混凝土时漏浆，应对拼缝采用膨胀砂浆灌缝处理，砂浆强度等级不宜小于M15。根据现场实际情况，砂浆需求量少，配合比和强度很难控制，因板宽度较小，板缝较多，导致装修完成之后，由于结构细微变形，房间内墙顶棚部位出现大量间距较小的通裂缝，严重影响交付使用及视觉美观效果。

2　改进后设计图纸及效果

2.1　提高楼板整体性

PK预应力混凝土叠合板改进后图纸设计为PKY-DB3020-1（PK预应力叠合板长度为3000mm，宽度为2000mm，板编号为1，如图3所示）。经过改进，板缝数量减少五分之三，两块板缝之间的板缝宽度由40mm，缩小为不大于3mm，基本上相互贴紧（图4）。板缝之间在浇筑叠合层混凝土时不会漏浆，无须对板缝进行满灌砂浆等细部处理，在板缝之间的混凝土流浆，因板缝小，流浆可以起到黏结两块PK板的效果（浇筑完成后，如图5所示）。

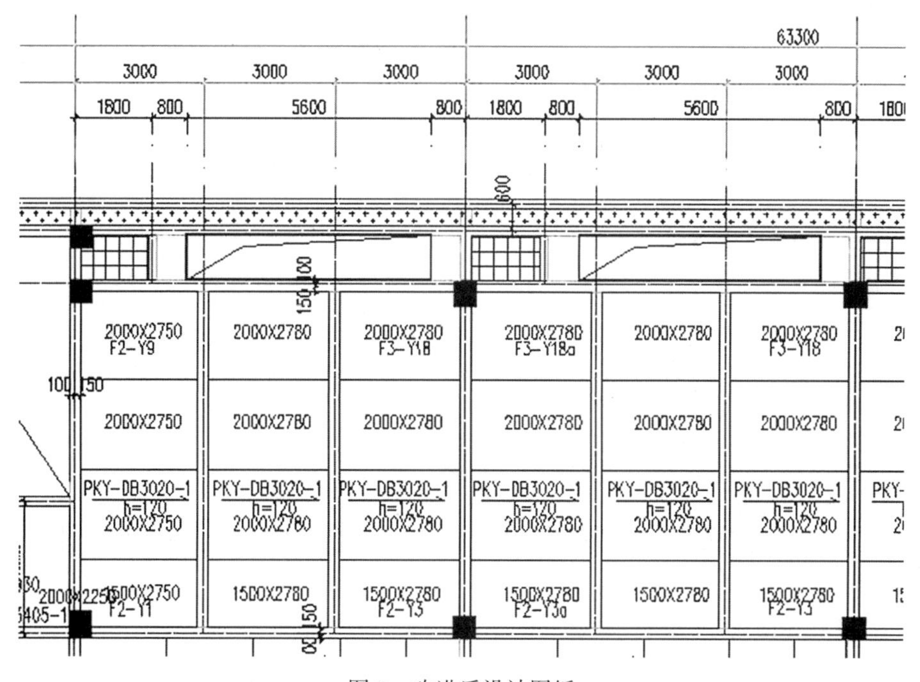

图3　改进后设计图纸

图 4　改进后安装效果

图 5　浇筑完成之后顶棚效果

2.2　加快施工进度

在安装完成叠合板之后，需进行浇水、膨胀砂浆灌缝、养护等工艺，全部灌缝之后才能进行下一步工序。经过改进之后，一次性安装到位即可进入下一步工序。无须对预应力混凝土叠合板进行灌缝，施工进度加快。在后期装修施工时，由于板缝大量减少，对板缝进行防开裂处理的环节可以省去。

2.3　减少质量缺陷和提高装修完成后的美观性

成型后因 PK 预应力混凝土叠合板的板缝大量减少和宽度变小，后期装修施工对板缝的处理难度大幅度下降，也减少了发生质量缺陷的风险。

3　适用范围

本技术适用于采用 PK 预应力混凝土叠合板施工工程部位。

4　改进后施工技术原理

PK 预应力混凝土叠合板生产和安装工艺改进后的施工技术：调整传统 PK 预应力混凝土叠合板制作和安装施工顺序，生产制作时，将 PK 预应力混凝土叠合板的宽度由原来的 0.5m 宽，调整为 2m 宽，两块 PK 板接缝位置由原来的斜口改为垂直平口，安装后无须进行灌浆工序，直接绑扎板钢筋和防开裂钢筋，最后浇筑 PK 预应力混凝土叠合板上部的混凝土。

5　工艺流程及操作要点

5.1　工艺流程

深化设计→工厂化预制生产→运输、现场堆放→搭设支模架→装梁模板→绑扎梁钢筋→PK 预应力叠合板吊装→安装→PK 预应力混凝土叠合板开线盒孔→防开裂钢筋、穿孔钢筋、板底筋→管线布置→负筋布置→叠合板混凝土浇筑。

5.2　操作要点

（1）深化设计

根据设计施工图由 PK 预应力叠合板生产厂家进行深化设计，绘制深化设计平面图、详图。最后报原设计单位核算并确认。

（2）搭设支模架、装梁模板、绑扎梁钢筋

根据模板工程专项施工方案要求，搭设梁模板支架，依据调整后的设计核算，对木方及钢筋下料，进行梁模板安装及钢筋绑扎。

（3）PK预应力混凝土叠合板吊装、安装

采用专用吊具，单块板起吊（图6）。根据深化设计图纸，每块楼板起吊用4个吊点，注意区分PK预应力混凝土叠合板安装方向，必须保证PK预应力混凝土叠合板安装方向与图纸所示方向一致。

吊装索链采用专用索链和4个闭合吊钩，平均分担受力，多点均衡起吊，首先将构件吊离地面，观测构件是否基本水平，各吊钩是否受力，构件基本水平、吊钩全部受力后起吊。

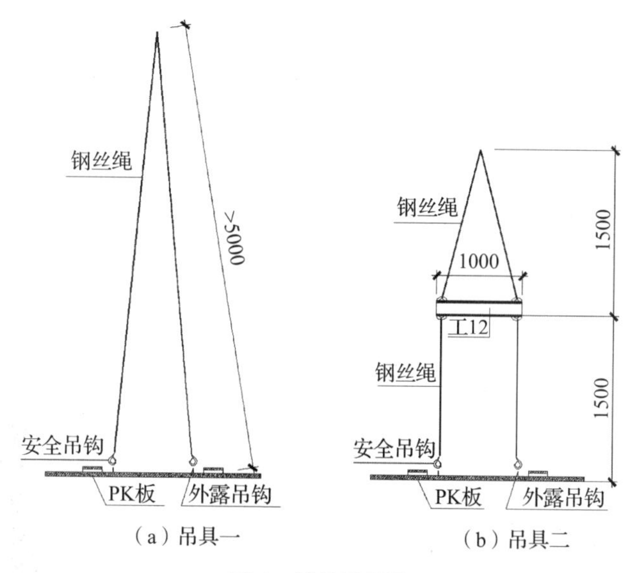

（a）吊具一　（b）吊具二

图6　吊具示意图

经过改进后的预应力PK预应力混凝土叠合板在安装时，两块板应紧贴在一起，不留缝隙。

（4）PK预应力混凝土叠合板开线盒孔、防开裂钢筋、穿孔钢筋、板底筋。

在PK预应力混凝土叠合板上开线盒孔应根据PK预应力混凝土叠合板钢筋的布置适当调整线盒孔的位置，尽量避开钢筋，使用水钻设备开孔，如打断钢筋，则应补强。

根据设计图纸布置PK预应力混凝土叠合预应力叠合板防开裂钢筋、横向穿孔钢筋、板底筋。

（5）管线布置

应根据PK预应力混凝土叠合板的布置方向横平竖直布置，垂直PK方向的管线沿PK预应力混凝土叠合板端头和穿过肋孔布置，平行PK预应力混凝土叠合板方向的关系沿肋间板底布置。

（6）负筋布置、叠合板混凝土浇筑

PK预应力叠合板支座负筋具体按照板配筋图施工，需要特别注意，顺肋方向的钢筋应放在垂直于板肋方向的钢筋下面，以避免楼板超厚。

浇筑前，必须对钢筋位置进行逐项检查，隐蔽项目验收合格后，方可进行叠合层混凝土浇筑。浇筑混凝土前必须将预制带肋底板表面清扫干净，充分洒水湿润，浇筑时应布料均匀，振捣密实，浇筑完毕，保温保湿养护不少于14d。

（7）板缝处理

板缝清凿打磨平整→2mm厚水泥砂浆贴耐碱玻纤网格布一层→整个PK预应力混凝土叠

合板面增加腻子找平。

6　结语

经过改进的 PK 预应力混凝土叠合板的经济效益：这种施工方法施工简单，方便、快捷，实现了工厂化、规模化制作和生产，省略了传统的叠合板安装施工的灌缝工艺。减少了顶棚的板缝，节省劳动工时，在未来劳动力成本大幅度提高的前提下，优势更加明显。

工期效益：相对于传统叠合板安装工艺，取消顶棚抹灰层，减少顶棚层抹灰工期；取消板底模板，减少木工作业天数；相对于常规 PK 板吊装，加快了 PK 板吊装进度，缩减吊装工期。

参考文献

［1］ 徐天爽，徐有邻．双向叠合板拼缝传力性能的试验研究［J］．建筑科学，2003（3）：11-14.
［2］ 龚江烈．PK 板预应力混凝土叠合楼板的承载力性能试验研究［D］．长沙：湖南大学，2008.
［3］ 周旺华．现代混凝土叠合结构［M］．北京：中国建筑工业出版社，1998.
［4］ 蒋森荣．预应力钢筋混凝土结构学［M］．北京：中国建筑工业出版社，1959.
［5］ 叶献国，华和贵，徐天爽，等．叠合板拼接构造的试验研究［J］．工业建筑，2010（1）：32-34.
［6］ 张微伟．PK 板预应力叠合楼板的试验研究与理论分析［D］．长沙：湖南大学，2007.
［7］ 陈科．大跨度 PK 板预应力混凝土叠合板的试验研究与理论分析［D］．长沙：湖南大学，2009.

分析绿色节能建筑施工技术的关键点

彭玉新　秦　维　李京桦　王湘圳　唐凯旋

湖南省第五工程有限公司　株洲　412000

摘　要：建筑是关系到民生，为了提升城市化建设水平，改善市民的生活质量，就要实施科学、合理的建筑设计，而如今绿色环保理念已经深入人心，将绿色可持续发展战略应用到居住建设设计中，不仅顺应城市的可持续发展要求，还能实现“以人为本”的发展理念。本文主要对居住建设及设计中绿色可持续发展战略的应用意义及措施进行分析。

关键词：建筑；建筑设计；可持续发展；设计策略

绿色设计方案运用于现阶段的建筑设计领域具有明显的必要性，建筑设计人员需要做到充分关注节能建筑的改造与优化。为了实现优化与改进，建筑设计人员亟待转变认识，合理运用多种绿色设计方案来创造良好的建筑生态节能效益。现阶段人们的生活水平不断提升，对生活质量的需求也逐渐增加。而建筑就是关系到人们生存发展的关键，因此在建筑设计中秉承着“绿色设计”“可持续发展”等理念则显得尤为重要，借助绿色可持续发展理念能够提升我国建筑设计水平，为建筑工程行业的发展提供崭新平台。

1　绿色节能建筑施工技术应用理念

1.1　人与自然和谐相处

在绿色建筑设计的过程中生态环境的稳定和谐发展是其中不容忽视的主体，也是人类社会能够持续建设的重要前提。在进行绿色建筑节能设计的过程中不能够故步自封、按图索骥，而是应当根据当下的自然环境和区域特点进行具有针对性和指向性的设计，设计出具有地域特点的绿色建筑节能蓝图，在确保建筑建设稳定安全的基础上，实现生态环境的和谐有效发展。

1.2　工程建设资源节约

在经济发展的进程中逐渐出现了资源缺乏、浪费等现象，在资源开采和使用的进程中没有保证自然环境和人文环境之间的协调，我国针对这种情况进行了相应的整合，提出了节地、节水、节能、节财、保护环境的发展理念。因此，在进行绿色建筑设计的过程中应当坚持建筑行业与生态环境相结合的原则，选用具有地域性的原材料，提升其在建筑行业中的节能效果，在有限的资源环境中有效降低对其的经济消耗和资源消耗，获得最大的经济效益。

1.3　落实可持续发展理念

近些年来，节能建筑设计的举措与思路已经被很多的建筑设计人员认可，并且明显转变了建筑设计模式。从基本内涵讲，节能建筑设计的本质在于充分运用节能手段来实施全过程的建筑设计，从而达到工程建设资源有效节约的目标，对于潜在的建筑生态污染风险予以彻底的消除。由此可见，节能设计方案运用于现阶段的建筑设计领域具有明显的必要性，建筑设计人员需要做到充分关注节能建筑的改造与优化。

2 建筑设计中绿色可持续发展优化措施

2.1 建筑门窗设计

建筑的门窗设计直接关系到建筑物的整体节能效果，因此对于门窗设计必须保证符合绿色设计的宗旨与目标。对于建筑的窗体而言，建筑物的朝向应当予以合理的选择，避免由于错误的建筑物朝向而浪费了自然光线资源。

对于西北朝向或者东北朝向的建筑窗体而言，垂直式的建筑遮阳设计方式应当被优先选择；对于坐北朝南的建筑物应当尽可能扩大南向的建筑物窗体面积，保证了建筑室内空间能够充分接受自然光线的照射，有效利用了天然的光线资源。设计人员对于建筑的遮阳措施应当做到合理运用，确保运用天然建筑材料来实施建筑遮阳设计。

2.2 关于建筑材料选择

民用建筑设计与绿色设计理念相融合的关键举措就在于选择绿色建筑材料，绿色建筑材料具备环保以及节能价值。节能型建材的充分运用有助于创造良好的建筑生态效益，全面突显绿色建筑设计的重要节能效果。建材市场中存在很多种类的建筑材料，因此建筑设计人员对于各类的建筑材料必须做到合理选择，在全面节省建材采购资金的同时也要创造良好的绿色建筑设计效益。

各类建筑材料在进行合理的搭配与选择时，基本思路在于优先选择节能建筑材料，确保将节能建材运用于设计建筑物的墙体、建筑门窗以及建筑地面的各个重要部位。为了达到优化分配建筑设计资源的目标，建筑设计人员需要充分重视墙体保温性能的提升，运用正确的方式来搭配组合各种不同类型的建筑设计资源。

2.3 优化建筑工程绿色设计方式

在建筑设计过程中，应该最大限度地考虑业主的要求，在保证设计满足标准的前提下，实现个性化的设计要求。城市建设的进程应当随着经济发展的整体规模前进，保证城市建设的过程中能够将生态环境、人文环境、经济社会环境中的各个因素进行有效的整合，贯彻落实可持续发展的理念，进行详细的规划设计和部署，保证完整性和协调性，促使城市绿色建筑面积得到有效的提升。

例如：在墙体结构的节能保温设计中，应当进行墙体保温设计，在建设的过程中进行墙体抹灰、粘贴等工艺。墙体保温层应当选择合适的原材料，促进工程建筑整体具备保温效果。技术人员在配置砂浆的时候可以在原材料中添加适当比例的石灰、水泥等物质，有效提升砂浆的保温功能。之后使用合理方式进行抹灰和喷涂。值得注意的是，在喷涂的过程中应当保证墙面的清洁性和均匀性，不能够过厚或者过薄，应当保证喷涂效果符合国家的相关标准。这样一来，能够有效提升土木工程中的墙面保温功效，同时降低工程中的成本，达到结构设计的绿色目标。

2.4 关于建筑墙体设计

对于建筑墙体全面实施绿色建筑设计的基本要点在于节省墙体设计材料，运用竹木材料及其他的自然资源来完成建筑墙体的优化设计。针对建筑室内的墙体与地面设计而言，合理运用自然资源的举措有助于改造建筑地面的性能，结合建筑物的室内空间特征来选择最佳的室内地面建造材料。建筑设计人员对于自然资源若能实现最大化的资源利用效果，则可以达到更好的建筑墙体设计成效性，充分体现绿色建筑设计思路融入目前建筑设计的良好效果。在多数的建筑设计过程中，自然资源都可以得到充分的运用。对于建筑物的墙体在进行优化设计时，为了避免损耗过多的建筑墙体热量，可以运用保温板或者保温砂浆来建造建筑物的墙体结构。

设计人员对于隐蔽性较强的建筑物部位应当给予更多的重视，充分考虑建筑安全性与建筑节能性的设计标准，从而做到灵活选择多种不同的建筑设计思路。针对建筑物的室内墙体在进行材料选择时，至少应当保证地面建筑材料本身具备良好的抗压性与阻燃性，如此才能达到避免建材自燃的目的。设计人员还应当格外重视连接建筑屋面与建筑外墙的关键部位，对于上述的重要建筑部位予以全方位的节能设计改造，确保在牢固连接各个关键建筑部位的前提下创造良好的建筑节能效益。这是由于，建筑设计人员不能仅限于重视建筑墙体以及建筑地面等关键建筑部位的节能性，并且还要做到充分重视上述建筑部位的坚固性与安全性。

3 案例分析

某商业办公楼建筑工程项目，建筑工程总面积为 17.6 万 m^2，建筑楼高 90m，地上 21 层。本工程位于商业繁华地带，周边存在居民区、商业街和学校，控制噪声、粉尘以及有害废弃物等成为工程建筑施工的关键，同时还要引入新型绿色节能技术以达到降低能源消耗，减少对周围生态环境影响的目的。因此，本工程采取了以下绿色节能施工技术。

3.1 建筑太阳能一体化技术

本工程所在区域的太阳能光照时间长，太阳能资源丰富，因此建筑施工过程中也引入了太阳能光热、光电一体化技术。前者利用在建筑工程的主要区域设置集热器来实现光热转换，满足建筑工程施工过程中所需的采暖和生活热水。同时集热器悬挂于 15~21 楼层的外墙，与建筑融合为一体，实现了太阳能与建筑的完美结合。后者则是利用光电转换技术，引入了 LED 照明系统，将太阳能发电作为建筑工程所需照明的 DC 直流供电，国家电网作为备用供电，有效节约了施工过程中的照明能源消耗。

3.2 新风体系技术应用

本工程为商业办公楼，室内办公的人数较多，为确保建筑物室内空气保持流通，同时减少对空调的使用频次。建筑工程还设置了新风体系，在施工过程中通过在地面安装新风系统，对位于地面的二氧化碳进行回收并通过屋顶的排风口排出，有效地改善了办公楼室内的空气质量，并减少了对室内气流的扰动，减少了紊流的产生。新风体系技术的应用减少了整个建筑 50%左右的空调浪费，起到了节约能源的作用。

3.3 节能建筑材料的应用

在建筑材料方面，除采用系统化的管理系统对材料进行进销存管理，来避免材料浪费外，还重点对建筑能耗最关键的墙体结构进行了节能改造。在室内间隔墙方面，运用火山灰混凝土材料作为室内间隔墙的主要材料，利用较低的导热系数（<0.45）来增强室内的保温效果。在外墙方面，采用了玻璃幕墙绿色节能技术，利用玻璃幕墙的美观提升了建筑物的外观美感，结合玻璃材料高强度、阻热等性能，降低建筑室内外的热量交换，减少了对空调、采暖等高能设备的使用频率。

4 结语

目前面临激烈的建筑市场竞争，很多建筑企业都会重视企业本身的效益。然而实际上，建筑设计人员未能做到充分关注建筑物具备的生态效益与节能效益，进而导致浪费了珍贵的建筑工程能源，或者给周边区域的建筑生态环境带来污染。因此，民用建筑设计要以绿色建筑设计思路作为基本支撑，如此才能达到建筑设计的良好生态效益与经济效益。

参考文献

[1] 刘心怡．建筑设计中绿色可持续发展策略［J］．百科论坛电子杂志，2018（16）：80.
[2] 周薇．建筑设计中绿色可持续发展策略［J］．中国室内装饰装修天地，2019（9）：132.
[3] 邓新华．建筑工程绿色节能施工技术研究［J］．价值工程，2019，38（34）：251-252.
[4] 岳磊．绿色节能建筑施工技术的应用［J］．建筑工程技术与设计，2020（2）：1180.

花篮拉杆工具式悬臂挑架在装配式建筑中的施工应用

李　骏

湖南省第五工程有限公司　株洲　412000

摘　要：为解决悬挑层叠合楼板预埋、墙柱结构预留孔洞隐患、楼面及外墙预留洞口渗漏风险，不影响悬挑层地面施工，加快施工进度，鑫湘半山豪庭项目B3号应用了花篮拉杆工具式悬臂挑架，取得了良好的效益。

关键词：花篮拉杆；工具式；悬挑脚手架（悬臂挑架）

1　概述

鑫湘半山豪庭项目B3号建筑为装配式框架结构，预制构件为叠合板及预制楼梯，建筑18层，层高3.2m，纵向20m，横向45m，方正规矩，施工工期较紧，山墙采用全现浇混凝土结构，主体结构框架边梁梁高600~700mm，梁宽250mm，阳台部位设置200mm高素混凝土翻边。通过对传统的悬挑工字钢梁挑架与花篮拉杆工具式悬臂挑架施工、效果及成本等分析对比，现场选择应用了花篮拉杆工具式悬臂挑架施工。

2　施工操作要点

（1）花篮拉杆工具式悬臂挑架搭设按工艺流程进行：搭设准备工作→悬臂挑架体材料检查→墙体或边梁埋设套管→安装工字钢悬臂挑架→安装花篮斜拉杆→拧紧花篮、调整悬挑架端头高度→验收→进行上部脚手架搭设。

（2）悬臂挑架搭设准备工作主要是熟悉工程建筑及结构施工图、编制悬臂挑架专项施工方案并进行施工交底，专项施工方案必须绘制悬臂挑架布置平面图、立面图、剖面图、锚固节点详图等，作为施工方案的必要内容。

（3）对悬臂挑架构配件检查

依据材料计划，将悬臂挑架构配件对照专项施工方案和规范要求进行全数检查。核对型号、规格、数量、构件外形变化，连接板是否存在缺陷，螺栓孔与螺栓是否匹配，填写检查验收表。

（4）梁内套管预埋

梁底模板支设完成后梁外模板合模前，根据脚手架工程施工图纸的工字钢梁平面布置图，精确地在模板或钢筋上放出定位线，然后进行螺栓套管预埋（图1，图2）。

①工字钢预埋套管定位偏差不能超过5mm，墙柱模板或梁侧模安装时，一端将套管预埋螺帽用钉子钉在模板上，另一端跟主体受力钢筋用扎丝绑扎在一起，必要时附加一根短钢筋用于绑扎固定。同时在模板上口做好油漆标识。

②边模安装后，在边模上用直径12mm的钻开孔，再用直径10mm的双头螺杆把预埋件固定在边模上。必要时在预埋件外端底部用水平短钢筋用扎丝固定作底部支撑，同时在模板上口做好油漆标识，便于浇筑混凝土振捣时避开预埋件。

③套管预埋好后，派专人对套管的平面布置尺寸和高度位置进行复核，确保套管的位置

偏差减小到最小。

④混凝土浇筑过程中，应派专人跟踪作业，严禁在有预埋套管的位置下料，在振捣过程中，操作人员严禁碰撞套管。

图 1　木模板中的预埋

图 2　铝模板中的预埋

（5）悬臂工字钢的安装

混凝土的强度达到安装要求后，拆除梁的侧模，疏通预埋梁内套管，将高强螺栓加垫片从套管孔中由内往外穿过，将加工好的悬臂工字钢梁锚固端套入放置好的两个高强螺栓，然后分别在螺栓上加垫片配两个高强螺帽，用扳手将螺帽拧紧（图 3）。

（6）脚手架扫地杆搭设

悬臂工字钢梁全部安装就位后，在悬臂工字钢梁上先布设悬臂挑架扫地杆，扫地杆布设好后，将立杆套在钢筋头上，并与扫地杆连接牢固，之后依据普通脚手架搭设要求完成悬臂挑层架体的搭设，见图 4。

图 3　悬臂工字钢的安装

图 4　悬挑架扫地杆布设图

（7）花篮螺栓上下拉杆安装

悬臂工字钢梁安装完即进行验收，首步架体搭设完毕后即进行验收，待悬挑层上一层混凝土达到强度后，拆除梁侧模，将高强螺栓加垫片从套管中由内往外穿出，并将上拉杆的耳板与高强螺栓用双螺母固定牢固，然后将下拉杆与工字钢上的耳板用高强螺栓进行初步固定，待上拉杆伸入后牢固固定，将花篮拉杆不断旋转，直至拉杆拉紧，旋转不动，确认拉杆拧紧后，结束上下拉杆的安装。

（8）悬挑层脚手架搭设完成后，及时将悬挑层封闭处理。

（9）花篮螺栓悬挑体系维护

拉杆拉好，应对所有牙具采用黄油包裹保护；定期检查花篮螺栓是否锈蚀、松动。

3　效益

3.1　经济效益

根据《建筑施工扣件式钢管脚手架安全技术规范》（JGJ 130—2011）规定，悬挑钢梁的锚固端需是悬挑端的 1.25 倍，项目采用花篮拉杆工具式悬挑钢梁悬臂长度 1.3m，减少了原搁置楼层内的 1.7m 工字钢和圆钢拉环锚固。

常规悬臂挑架每根悬挑梁需要 4m 钢丝绳拉结上层结构、6 只绳卡、两个鸡心环，钢丝、绳卡、鸡心环及锚固端工字钢经测算应用花篮拉杆式悬臂钢梁的直接成本费用可节省 176 元。

楼层叠合板不需要预埋锚环，传统悬挑工字钢梁遇转角或墙柱时需预留洞口以满足工字钢梁穿过，预留洞口会降低结构整体性，有框架柱的一般不能预留孔洞只能将工字钢埋入其中，二次结构外墙砌体等预留洞封堵不到位容易造成墙面及地面渗漏。采用花篮拉杆式悬臂挑等，改变了传统楼面预埋安装工字钢，将工字钢梁安装在结构边梁侧边，不影响楼面施工，且不需要外墙预留孔洞，减少外墙渗漏风险，且经济合理，降低成本。

半山豪庭 03 号楼，使用的花篮拉杆工具式悬臂挑架比普通钢丝绳悬挑脚手架成本节约了近 3 万元。

3.2　社会效益

花篮拉杆工具式悬臂挑架确保了安全与美观于一体。大大节约了成本，降低了悬挑层室内外装饰施工影响，缩短了施工工期，解决了外墙挑架预留洞渗水等质量通病，既缩短了工期又节约了成本。

4　结语

项目应用花篮拉杆式悬臂挑架采用螺栓将型钢挑梁固定在建筑外边梁或墙立面上，悬挑钢梁长度比传统悬挑钢梁缩短一半以上，而且悬挑钢梁不必伸入建筑物内，无须墙面预留洞口，墙面施工时无须再次封补，无须楼面预埋工字钢挑梁锚环，减小叠合板施工难度，对后续作业楼层地面施工不影响，无须等悬挑钢梁拆除后再进行地坪施工，降低了洞口渗水的概率又缩短了工期，具有实际应用价值。

机电管线综合 BIM 技术在创意大厦项目现场实施过程中的应用

谢 丰 凌慈明 刘 冰

湖南天禹设备安装有限公司

摘 要：湖南创意设计总部大厦项目为鲁班奖、詹天佑奖优秀工程，全过程采用 BIM 技术跟踪控制、策划、实施落地，解决了管线碰撞、创优方案难以实施的问题。提高工程质量、减少施工成本；进行机房及室外管网综合策划，各小组互相协调配合，以达到一次成优的效果。

关键词：BIM 技术应用；管线综合；机房创优策划；经济效益提高

1 引言

传统的机电安装项目，由于二维图纸不能全面反映各管线标高、相对位置、管线层叠堆布，且各专业并未在图纸中进行综合，管线交叉碰撞问题只有在施工时才体现出来，从而导致后期无序拆改及返工，造成大量人工和材料的浪费。我项目引进 BIM 技术以后，以设计院图纸为建模依据，建立起三维信息模型，利用模型可视化功能预先进行管线碰撞检查、模型漫游，将建筑管道信息及时反馈给业主、监理单位等其他参建单位，由业主单位与设计院进行沟通，设计院及时做出相应调整，重新对模型进行优化，实现虚拟施工，减少了施工现场的管线碰撞、无序拆改而引起的返工及材料浪费，从而降低了工程成本，提高了工程质量。本文将从主体机电模型、设备机房、室外综合管线三方面论述 BIM 技术在机电安装中的综合应用。

2 工程概况

湖南创意设计总部大厦项目由 A、B、C 三栋楼组成，A 栋为精品酒店（层高 59.55m、建筑面积 12559.18m^2）；B 栋甲级写字楼+裙楼（层高 99.15m、建筑面积 31843.8m^2）；C 栋定制写字楼（层高 94.8m、建筑面积 26878.75m^2），地下室共 2 层。建安总造价 10.28 亿元。本项目机电专业系统复杂、设备管线多，提前做好施工策划，切实做到施工过程的精细化管理，是保证施工质量、工期的重中之重。

3 项目重难点分析

（1）机电设计图纸存在部分的“错、漏、碰、缺”问题，且分包较多，图纸不全，变更协调不及时，导致深化设计难度较大；

（2）专业系统较多，机电管线分布密集，专业交叉施工协调难度大；

（3）项目为鲁班奖（詹天佑奖）重点工程，管线及设备排布除满足使用功能外，对美观度、优质度要求极高；

（4）图纸变更频繁，设计院各专业间协调沟通不到位，BIM 综合优化困难大；

（5）项目体量大、工期短。

4　机电主体模型建立、优化与出图交底

4.1　BIM建模流程和特点

运用各类Revit插件进行管线三维建模→对模型符合度、精细度进行调整→结合土建、装修模型进行管线综合初步调整→管线与管线、管线与结构进行碰撞检查→对碰撞结果逐个排查→出具管线综合图纸。

4.2　机电管线避让原则

依据项目特点，建模内容主要包括：各楼层空调管道、风管、消防管道、强电桥架、弱电桥架、给排水管道、强弱电井深化设计、管道井深化设计等。

本项目管线避让优先级别如下：（1）重力排水；（2）通风排烟风管；（3）空调管道；（4）压力排水；（5）成排电气桥架；（6）消防、给水干管等。

4.3　管线综合净高分析

管线综合应考虑吊顶高度，支吊架净空等因素，依据以往施工经验将各专业管道在装饰吊顶内合理分层排布，排布时应遵循管线避让原则，管道间距应满足规范要求且需考虑现场实际施工条件（焊接空间及安装空间），方便工人施工，排布时还需预留检修空间，防止因排布过满难以进行后期维护。管线综合主要流程：（1）定出装饰吊顶标高线、梁高。（2）在走廊剖面图中进行管线综合排布（考虑管道支管翻弯，支管进房间最省量）。（3）运用GLS、品茗等插件进行碰撞检查，对碰撞点依次排查。（4）出管线综合分析报告。本项目结合项目特点（钢结构建筑）使用了成品支吊架，C型钢由于采用全拼装式安装，故相较于传统支架还需在支架两侧吊杆各预留150mm的支架连接件宽度。

B栋一层、二层走廊剖面净高分析如图1、图2所示。

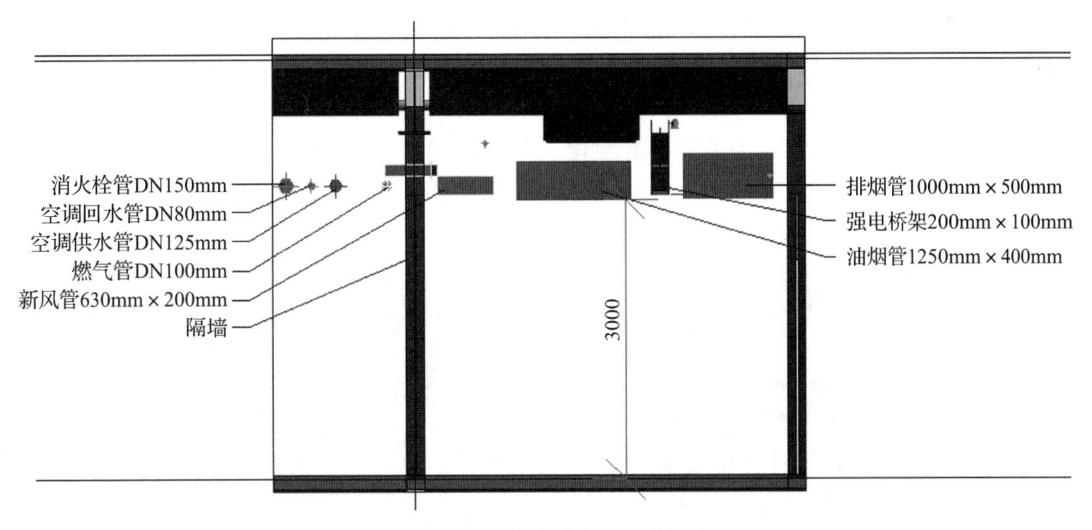

图1　B栋一层走廊剖面净高分析

4.4　BIM出图

BIM出图与施工蓝图不一样，该种图纸以三维模型为基础，每条管线从三个维度进行定位，出图分为各专业定点定位图以及综合平面图，且复杂位置可以单独出具局部三维图纸交底，简洁明了、易于施工。

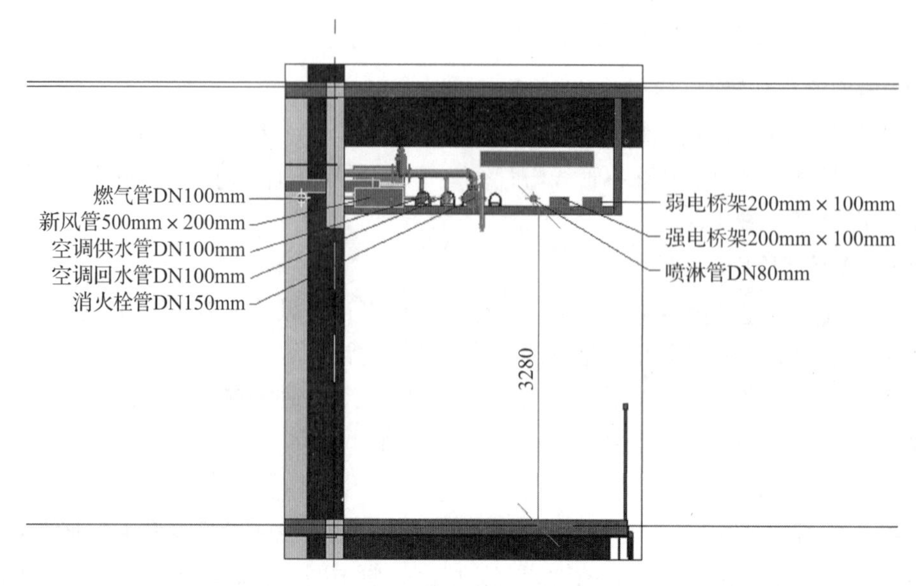

图 2　B 栋二层走廊剖面净高分析

5　设备机房优化及创优策划

本项目在实施过程中对 A、B、C 栋屋顶风机房、稳压设备、给水设备，地下室空调机房、消防泵房、生活水泵房及高、低压配电室进行了模型优化并成立专门小组进行美观度、规范度、符合度的创优策划。策划小组分为土建组、机电组、幕墙组，各个小组互相协调、配合，在符合各专业创优条件下进行模型调整及整合，以达到一次成优的效果。

5.1　设备与管道优化

与楼层机电管线不同，各设备机房对管道及设备间的横平竖直、基础间距、基础摆放位置、检修空间、管道净高、阀门及附件的安装距离以及设备摆放的合理性均有很高的要求。在进行设备与管道建模时，应根据设备机房的 CAD 图纸明确设备及阀门的尺寸、数量，将所有的设备及阀门按照 1∶1 比例进行精细化、参数化建族，再依照土建模型以及管道上阀门附件的合理摆放间距进行设备的摆放和机房各管段的建立。以消防泵房及空调机房为例，模型效果如图 3、图 4 所示。

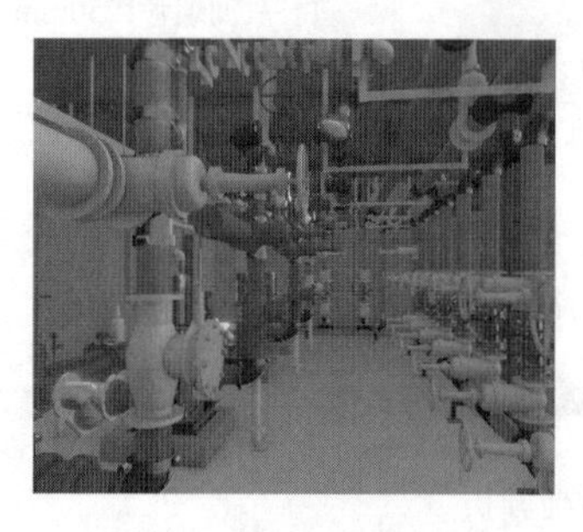

图 3　消防泵房模型

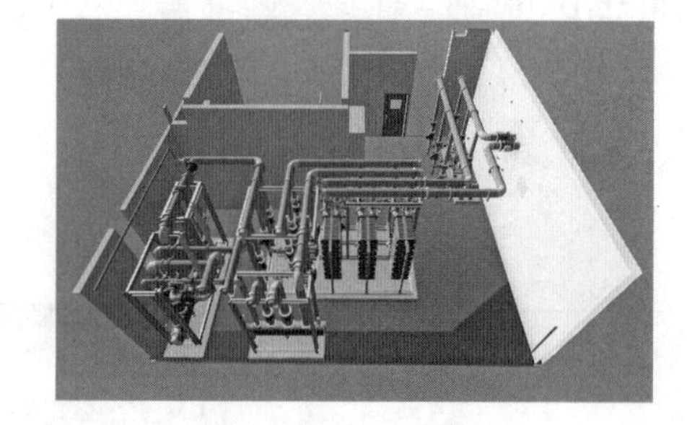

图 4　空调机房模型

5.2　基础设置

根据现有机电模型及机房施工平面图布置设备基础、确定基础完成面高度及形式（基础有无放坡及设备尺寸）。基础摆放应考虑规范允许最小间距以及预留检修空间及其他附属设备的摆放空间（如配电柜等），如图 8 所示。

5.3　机房模型的精细化调整

对施工现场机房的径深、横宽、梁与板高进行测量，与土建机房的结构、建筑模型进行比对，确定实际机房大小，对基础及管道进行符合性的细微调整，以满足使用及安装要求。

管道布置完成后，进行支吊架布置与设计。应对支吊架选型，考虑采用何种形式的支架（角钢、槽钢、C型钢），支架个数均应符合规范要求，布置完成后做出受力分析并出具受力分析报告，支吊架布置应美观、合理。

5.4　装配式机房的策划与落地

本项目为了拓展装配式应用，选用了空调机房进行装配式策划实施与落地，从策划到竣工分为如下阶段：策划阶段（编制装配式机房专题方案，组织研讨会）→设计阶段（运用BIM技术将设备机房三维模块化，将机房各管段分段标号，设备成套模块化出图）→加工阶段（将设备及管段加工图交付加工厂，工厂进行全机械化加工、拼装成模块）→运输及安装阶段（将按图纸加工好的模块编号后运输到施工现场，在机房内完成组装，并逐步调试完成）。

5.5　设备机房出图及交底

（1）设备及管道出图

对精细化调整后的三维模型进行标注出图，出图形式分为平面图及剖面图，平面图标注时应标出设备离墙间距、管道高度、管道距墙、柱间距。板式换热器定位出图如图5所示。

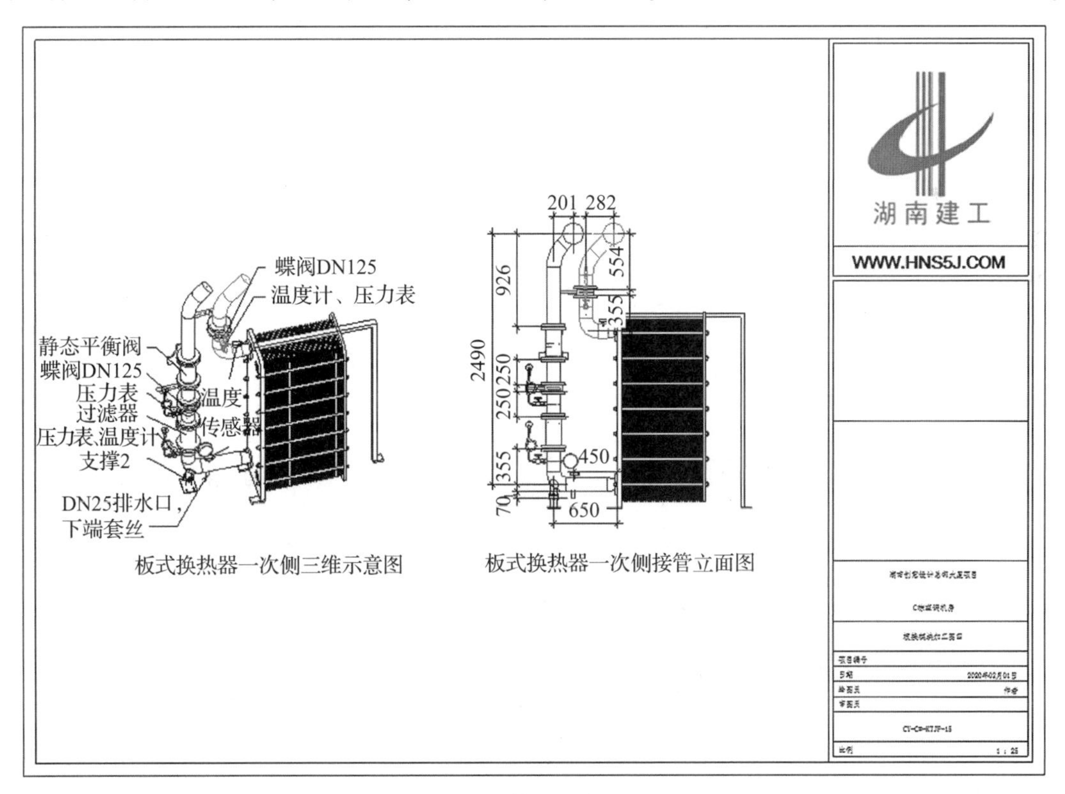

图5　板式换热器定位出图

（2）基础出图

将深化设计后的设备基础导成CAD图纸，标注内容应包括基础高度（完成面高度）、基础与参照物的间距、基础混凝土强度等级等内容（图 6、图 7）。

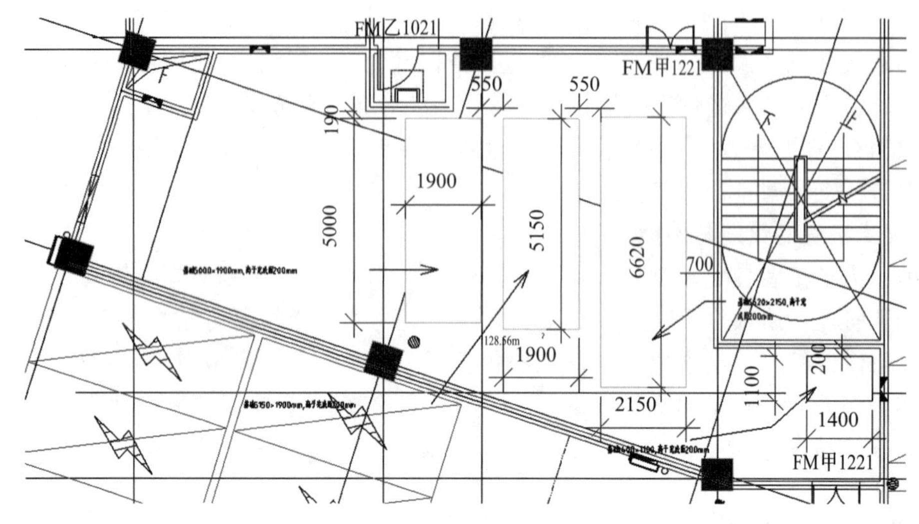

图 6　A、B 栋地下室空调机房基础出图

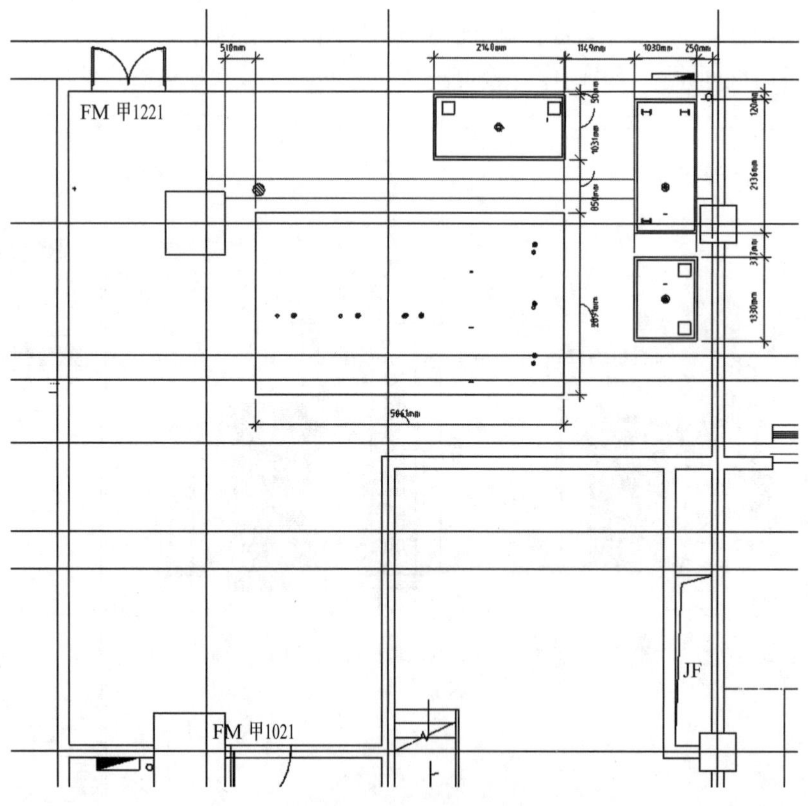

图 7　C 栋地下室空调机房基础图

（3）三维交底

采用会议形式进行三维技术交底，交底可选用 FUZOR 漫游、多方向轴测图等形式，以体现机房模型整体大样以及安装完成效果，如图 8、图 9 所示。

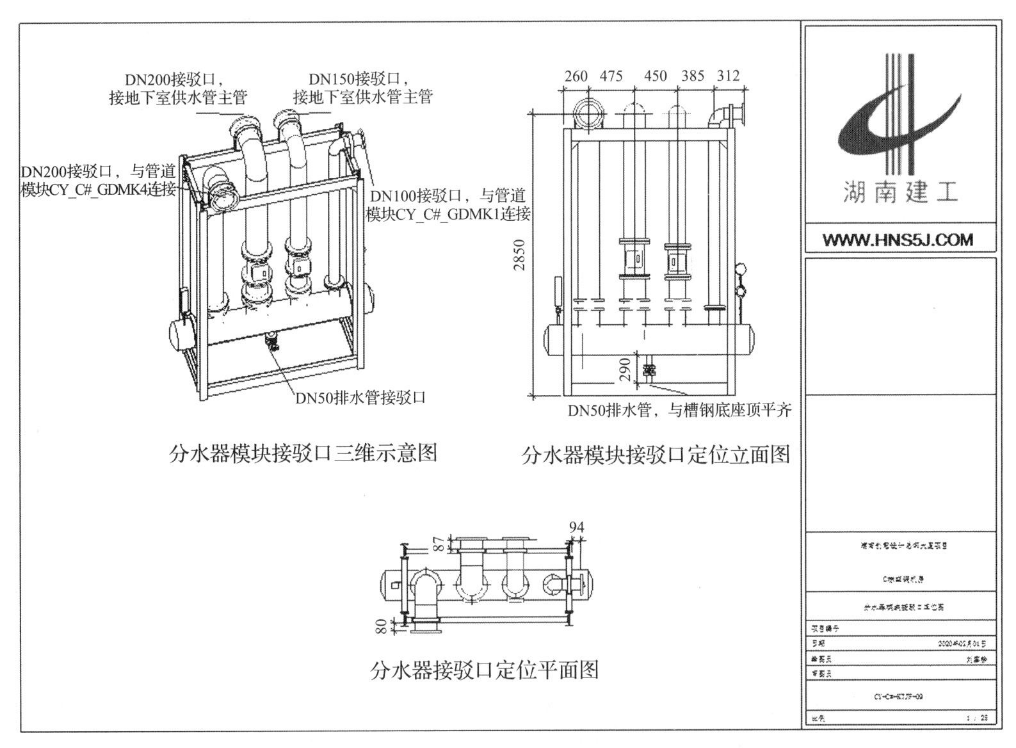

图 8　空调机房设备轴测图

图 9　FUZOR 三维演示

6　室外综合管网策划

室外管道主要包括给排水管道、消防管道、强弱电管线。

室外管道深化设计流程是要先确定标高基准面，测定现场±0 标高点以及地下室顶板相对标高，在相应的标高平面中建立各专业管道及检查井。

给排水管线的建立：室外给排水管道建模主要依据设计施工图上的管线标高及定位，摆放在相应合理的位置上，尽量避开消防车道，并符合规范要求，坡度依照设计说明而定（给排水管线还应测定起始点与末端点距离的放坡高度是否满足实际检查井高度，避免因市政井高度不够而引起的返工）。

消防管道的建立：室外消防管道的覆土深度，应根据土壤冰冻深度、车辆荷载、管道材质及管道交叉等因素确定。行车道下的管线覆土深度不宜小于 0.70m。

管道应沿区内道路敷设，宜平行于建筑物敷设在消防车道或草坪下；管道外壁距建筑物外墙的净距不宜小于 1m，且不得影响建筑物的基础。敷设时应尽量节才省料，各支管进入地下室应采用就近原则，避免浪费。室外消火栓及水泵接合器应成排布置于道路两侧，布置位置应醒目、不得有遮挡，且距离道路不宜大于 2m。

强弱电管廊的建立：室外强弱电管线同管沟布置时，间距应大于 500mm，且应尽量避免交叉。管线深化效果如图 10 所示。

各专业管线交叉时，排水管在最底层，消防管、强弱电管线依次往上避让。长距离管线排布时应保证横平竖直，避免拐弯。

室外管道综合优化及调整完成后，应根据土建的水平基准点进行定位，并标出离墙、道路两侧间距、覆土深度等内容，简化施工难度。如图 10、图 11 所示。

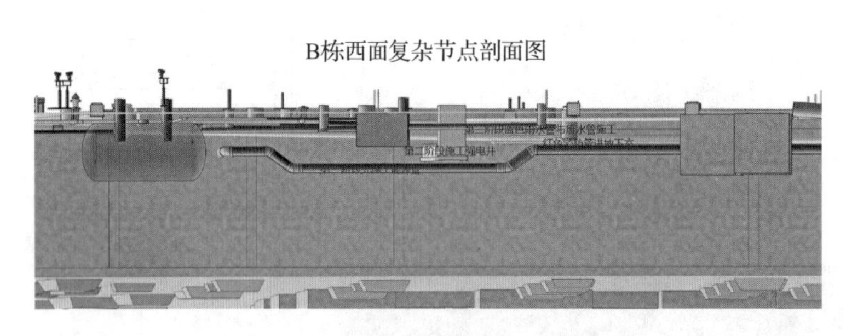

图 10　室外管线剖面三维效果图

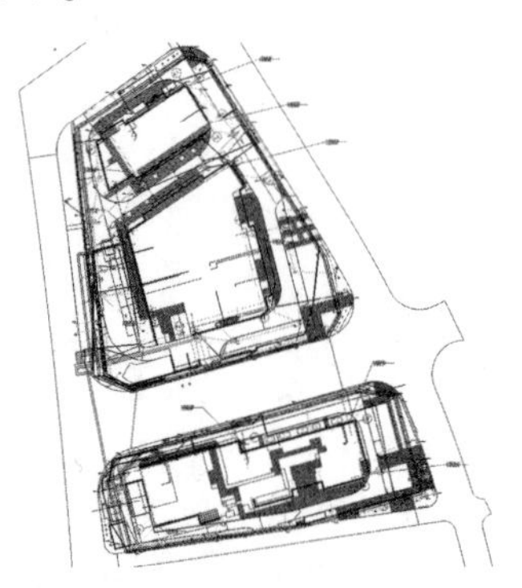

图 11　室外管线出图

7　经济效益分析

利用 BIM 的可视化功能进行管线碰撞检测，直观反映出碰撞问题，解决了专业内部、专业之间的管线碰撞。地下一层解决碰撞问题 1318 个，避免了施工过程中因为管线碰撞而产生的返工问题，保证了施工进度、避免了不必要的索赔。初步估算每减少一个碰撞点将节省材料、人工、工期等综合造价 280 元；共节省综合造价约 50 多万元，并增大建筑净空、提高使用舒适度。

8　经验总结

8.1　存在的问题

虽然 BIM 管线综合减少了图纸错误与工程返工索赔，但在实际应用过程中也存在一些问题。

（1）在施工过程中，许多建筑结构的机电安装预留洞口与 BIM 成果中的土建尺寸不符或者未预留。其原因则是机电进场时间滞后，土建施工方仅按设计图纸确定预留孔洞，与 BIM 深化设计的管线走向偏差较大，达不到施工要求。

（2）机电安装单位分包众多，发现部分分包单位未按照 BIM 图纸进行施工，抢占施工有力位置先行施工，导致后期其他专业无法按照 BIM 三维成果施工，此类情况须加强机电安装单位的管理，使 BIM 方案能切实落地实施，达到预期的效果。

8.2　BIM 应用前景

随着 BIM 技术的日渐发展，BIM 在工程建设领域已逐渐占据了核心竞争位置，BIM 的应用涉及招投标阶段、设计阶段、施工阶段、结算阶段，并涵盖了成本控制、施工信息收集、建筑模型搭建、BIM5D 平台搭建、BIM 装配等领域。在今后的工程项目中，BIM 技术必将得到更为广泛的应用，只有企业把 BIM 技术当成了自己的核心生生产力、竞争力，才能发挥 BIM 技术的应用价值。

参考文献

[1]　樊水利 . 机电设备安装工程的项目管理浅析 [J]. 化工管理，2013（20）：154.
[2]　阳汉桥 . 机电安装工程的项目管理 [J]. 中国高新技术企业，2007（12）：163-168.
[3]　叶建勋，谭潇 . 基于 BIM 技术的施工技术、组织和管理 [J]. 广东土木与建筑，2018（25）：7.

建筑施工现场节水与水资源利用绿色施工技术分析和探讨

谢 程

湖南省第五工程有限公司 株洲 412000

摘 要：随着我国建筑行业的飞速发展，作为大量消耗资源、影响环境的建筑行业，响应国家政策，全面实施绿色施工，必须承担起可持续发展的社会责任。对建筑行业来说，在建筑工程施工过程中结合绿色施工理念进行水资源的收集与再利用，不仅有助于节约资源、保护环境，还有利于社会、经济的可持续发展。目前，我国建筑行业经过长期的发展之后，体系逐渐健全，也更加注重施工中的环保节能。本文通过走访、调研多个施工工地，分析节水与水循环利用现状，并对不同的施工工地进行比较探讨，结合国内外先进节水措施案例及建筑施工工地的节水与水循环利用现状总结出较好的节水措施，增加非传统水源和循环水的利用效率，合理设计优化施工现场的管网系统，建立循环经济下的绿色节水管理机制，构建理想化的水循环系统，尽可能地将水资源最大化利用，降低施工成本，减少环境污染。

关键词：绿色施工；水循环利用；节水；节约成本

水资源是人类在生产和生活活动中广泛利用的资源，与其他资源不同，它具有相互竞争甚至是相互冲突的三重功能：作为环境要素，要维持生态环境平衡；作为生命要素，要维系人类生命安全；作为经济资源，要支撑社会经济发展。当这三种功能发生冲突，便会带来很多问题。

我国水资源短缺，随着人口的增长和社会的发展，各类资源枯竭和污染的现象越来越严重，环境保护、节能减排是实现可持续发展的道路上亟待解决的问题。而建筑工地又是耗能、耗水的大户，水资源回收与循环利用是当前发展的必然趋势，随着我国建筑行业的飞速发展，作为大量消耗资源、影响环境的建筑行业，响应国家政策，全面实施绿色施工，必须承担起可持续发展的社会责任。水资源在建筑工程施工中的用途，有的是消耗用水，有的则是非消耗性或消耗很少的用水，而且对水质的要求各不相同，这是使水资源一水多用、充分发展其综合效益的有利条件。对建筑行业来说，在建筑工程施工过程中结合绿色施工理念进行水资源的收集与再利用，不仅有助于节约资源、保护环境，还有利于社会、经济的可持续发展。节约需从点滴做起，一个建筑工程，以节水的方式施工，可节约数百吨的水，如果每个建筑工地都以节水施工的方式进行施工，不但可节省大量水资源，同时也可大大降低建筑工程企业的施工成本。

1 施工现场用水情况

目前，我国建筑行业经过长期的发展之后，体系逐渐健全，也更加注重施工中的环保节能。国家颁布了《绿色施工导则》《建筑工程绿色施工评价标准》《建筑工程绿色施工规范》等一系列的规范用以指导建筑工程实施绿色施工，甚至《建筑业 10 项新技术》（2017 年版）中新增了绿色施工技术的单独章节，更加证明了我国建筑行业对绿色施工的重视。

本文通过走访、调研多个施工工地，分析节水与水循环利用现状并对不同的施工工地进行比较探讨，结合国内外先进节水措施案例所获取的实际建筑施工工地的节水与水循环利用现状总结出较好的节水措施。同时希望更多的施工单位注意到水循环利用的重要性并行动起来。

针对建筑工程绿色施工理念，实现水资源的节约与再利用，主要是通过“开源节流”的思路进行。

1.1　开源

现有的施工现场用水来源较为单一，根据来源可分为传统水源和非传统水源。传统水源来源于人工水资源循环系统，即市政自来水；非传统水源主要有地下水、中水、雨水，但这一部分水源在大多数施工现场并没有得到广泛应用，以直接排入市政污水管道的情况居多。而开源即是从多方面考虑用水的来源，不仅考虑人工水循环系统，也考虑自然水循环系统，将两者进行结合，加强非传统水源中的地下水、雨水的利用，结合中水的回收利用，从而提高水资源的循环利用率。

以《绿色施工导则》中的节水措施为例：

（1）优先采用中水搅拌、中水养护，有条件的地区和工程应收集雨水养护。

（2）处于基坑降水阶段的工地，宜优先采用地下水作为混凝土搅拌用水、养护用水、冲洗用水和部分生活用水。

（3）现场机具、设备、车辆冲洗用水必须设立循环用水装置，现场机具、设备、车辆冲洗、喷洒路面、绿化浇灌等用水，优先采用非传统水源，尽量不使用市政自来水。

（4）大型施工现场，尤其是雨量充沛地区的大型施工现场建立雨水收集利用系统，充分收集自然降水用于施工和生活中适宜的部位。

（5）力争施工中非传统水源和循环水的再利用量大于30%。

1.2　节流

施工现场普遍存在用水循环利用效率偏低、浪费现象严重的问题。节流即是节水，并不是单纯地节省用水和简单地限制用水，而是对有限的水资源进行合理分配和可持续应用，提高水资源的综合利用效率。建筑工程节水应用可从以下三个方面考虑：①减少用水量；②提高用水的有效使用效率；③防止泄漏浪费。

以《绿色施工导则》中的节水措施为例：

（1）施工中采用先进的节水施工工艺。

（2）施工现场喷洒路面、绿化浇灌不宜使用市政自来水。现场搅拌用水、养护用水应采取有效的节水措施，严禁无措施浇水养护混凝土。

（3）施工现场供水管网应根据用水量设计布置，管径合理、管路简捷，采取有效措施减少管网和用水器具的漏损。

（4）现场机具、设备、车辆冲洗用水必须设立循环用水装置。施工现场办公区、生活区的生活用水采用节水系统和节水器具，提高节水器具配置比率。项目临时用水应使用节水型产品，安装计量装置，采取针对性的节水措施。

（5）施工现场建立可再利用水的收集处理系统，使水资源得到梯级循环利用。

（6）施工现场分别对生活用水与工程用水确定用水定额指标，并分别计量管理。

（7）大型工程的不同单项工程、不同标段、不同分包生活区，凡具备条件的应分别计量用水量。在签订不同标段分包或劳务合同时，将节水定额指标纳入合同条款，进行计量考核。

（8）对混凝土搅拌站点等用水集中的区域和工艺点进行专项计量考核。施工现场建立雨水、中水或可再利用水的搜集利用系统。

导则中指导建筑施工企业优先采用非传统水源和循环水系统，推广普遍适用于广大工地的开源、节流措施，通过加强非传统水源中的地下水、雨水的利用，结合中水的回收利用，从而达到提高水资源的循环利用率，通过分区域计量、应用节水器具、制订各类节水措施，从而达到减少用水量，提高水资源的有效使用效率。

2　节水与水资源回收再利用在施工现场的应用

通过走访、调研多个施工工地，除《绿色施工导则》中普遍适用于广大施工现场的开源、节流措施外，还有很多先进绿色施工技术值得推广，如：

2.1　基坑施工封闭降水技术

通过采用坑底和基坑侧壁截水措施，即在基坑周边形成止水帷幕，阻截基坑侧壁及基坑底面的地下水流入基坑，在基坑降水过程中对基坑以外地下水位不产生影响的降水方法，而多余的地下水，可作为混凝土搅拌用水、养护用水、冲洗用水和部分生活用水。沿海地区宜采用地下连续墙或护坡桩+搅拌桩止水帷幕的地下水封闭措施；内陆地区宜采用护坡桩+旋喷桩止水帷幕的地下水封闭措施；河流阶地地区宜采用双排或三排搅拌桩对基坑进行封闭，同时兼做支护的地下水封闭措施。

2.2　智能化水循环收集利用系统

该系统由三级沉淀池、集水坑、排水沟及雨水收集井、数控喷淋降尘系统、PLC 控制系统组成。施工现场主要区域场地进行硬化，沿场地四周砌筑连通式排水沟，并连接关键用水区，如洗车池、泵送点等设置三级沉淀池，以便于施工用水回收再利用；自然降水、数控喷淋降尘系统洒水、地面清扫用水等通过硬化场地、楼层竖向雨水管及地下室顶板导入排水沟后，汇集进入三级沉淀池，经沉淀完全后保存在雨水收集井。回收水体经检测合格后用做日常施工、自动喷淋降尘系统的主要水源、冲洗用水、绿化用水和部分生活用水（图 1）。

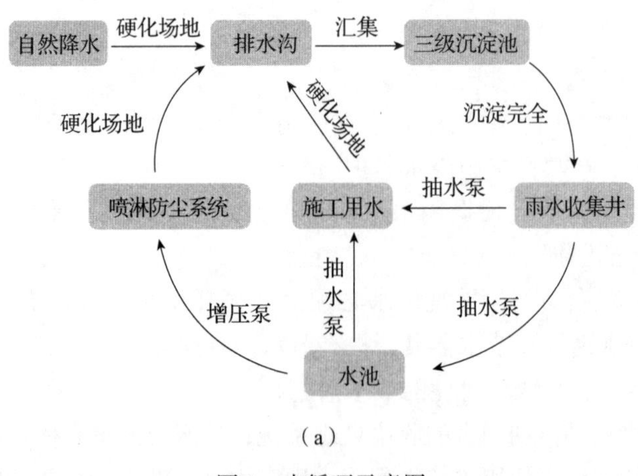

（a）

图 1　水循环示意图

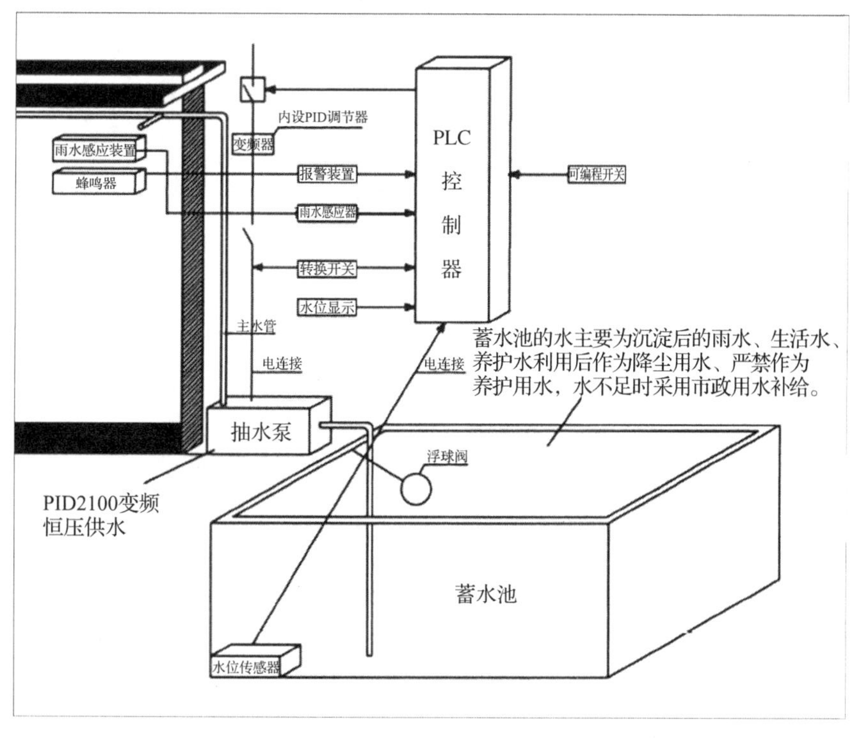

（b）

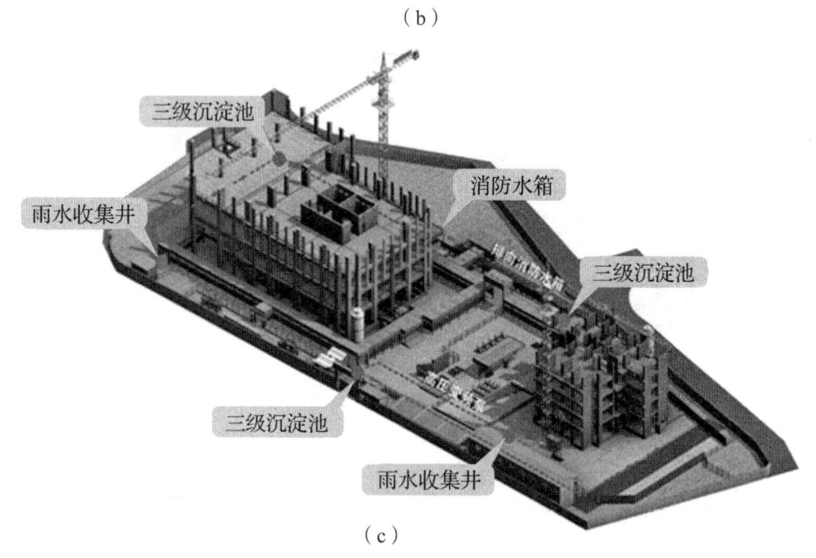

（c）

图1　水循环示意图（续）

2.3　新型的节水器具的应用

节水器具的推广普及是节约用水工作重要的一环，在“节能减排”的大环境下可一定程度改善供水与用水之间的矛盾，如各类养护用水占施工现场用水量的很大一部分。通过走访、调研，对比传统采用水管直喷混凝土构件及砌体的养护，有的工程通过采用新型高压喷雾装置进行养护，不但可以保证养护效果，更可有效降低30%~40%用水量，又如在生活区设置新型节水龙头、绿化设置增压花洒，在施工现场设置增压车辆冲洗设备、增压喷淋系统降尘等节水器具均可有效地提高用水效率，达到减少用水量的效果（图2~图7）。

图 2　围墙上增压喷淋降尘系统

图 3　架体上增压喷淋降尘系统

图 4　增压车辆冲洗设备

图 5　绿化增压花洒

图 6　移动式增压喷雾降尘设备

图 7　新型节水龙头

2.4　废水的分类回收与利用

废水作为中水的稳定来源，如何将废水进行分类回收与合理利用是节约用水工作重要的一环，施工现场的废水主要来源于生活废水和施工现场的污水，根据《建筑中水设计规范》（GB 50336—2018）中的规定，通过合理设计分区，优化管网系统，将生活区用水系统、施工区用水系统合理区分，根据处理方法的复杂程度和处理后水资源的用途，将水资源的净化处理进行合理分级，通过将这些废水进行收集、处理后，用于施工现场对水质要求不高的施工用水、机械用水、冲洗用水、绿化用水、防尘喷淋等，以节约水资源，提高水资源使用效率。如有的工程在生活区单独设置三级沉淀池，将淋浴、盥洗、食堂用水等优质杂排水通过沉淀池处理后，用于厕所冲洗、生活区绿化浇灌。在施工区域设置排水系统用以收集养护用废水、雨水、车辆冲洗废水，通过三级沉淀池处理后，用以施工区域的防尘喷淋、车辆设备清洗及对水质要求不高的施工用水等用途（图 8）。

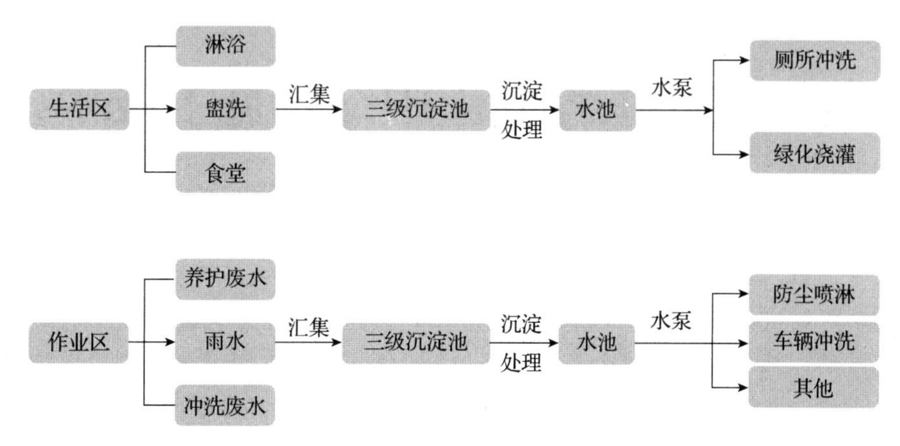

图8　废水的回收与利用示意图

3　结语

施工现场节水与水资源利用重在增加非传统水源和循环水的利用效率，合理设计优化施工现场的管网系统，建立循环经济下的绿色节水管理机制，构建理想化的水循环系统，尽可能地将水资源最大化利用，降低施工成本，减少环境污染。

建筑装饰装修工程施工中绿色施工技术探析

龙　呈

湖南省第五工程有限公司　株洲　412000

摘　要：环境污染问题是长期以来困扰及阻碍人类长远发展的关键性问题。自2015年我国出台及实施号称“历史最严”的全新环境保护法以来，地方政府及相关部门逐渐加大环境破坏及污染等违法违规行为的惩罚及打击力度，大力推行绿色环保理念，主张与各个行业及各个领域相互渗透、相互融合。同时，建筑作为国民经济的支柱型产业之一，将装饰装修工程与绿色施工技术相结合，能大幅度提升施工作业效率，保证施工作业质量，说明应用绿色施工技术是不可逆转的主流发展趋势。装饰装修作为建筑工程施工作业的关键性环节，应用绿色施工技术能有效控制装饰装修材料对外在环境的不利影响，极大限度地减轻资源浪费。鉴于此，本文针对建筑装饰装修工程中绿色施工技术的应用进行分析研究具有重要的意义。

关键词：建筑装饰装修；绿色施工技术；应用要点

伴随我国经济发展水平的逐步提升，老百姓的生活水平也在稳步提升，此时人们对于健康方面的需求越来越强烈，因而在建筑装饰装修工程中，相关的工作人员需要积极地采取绿色施工技术。通常来说，传统的装饰装修材料会产生大规模的能耗。在确保当下开发商费用不变的前提条件下，相关人员需要全面地考量环境污染问题，在装饰装修过程中积极采取绿色环保材料、清洁能源等，从而促进我国建筑领域可持续发展，升级传统的生产模式，减少其对自然环境的负面影响，促进建筑行业和自然环境的协调性发展。基于此，本文将进一步分析建筑装饰装修绿色施工的现实意义，简要地说明绿色施工技术发展现实状况，最后就建筑装饰装修工程中的绿色施工技术展开详尽地阐述，希望能够给同行带来一定的参考价值。

1　绿色施工技术的应用价值

目前，世界环境污染问题愈发严峻，面对此种情况，在生态环境保护方面，各国都在进行不断地探索。从我国目前环保政策实际情况来看，已经开始在资金投入及科技人才培养方面不断加大力度，借此确保更多的绿色生产技术及施工技术得以有效研发，进而在社会更多领域内进行广泛应用，为社会可持续发展提供强有力的技术支撑。面对此种情况，对于建筑装饰装修工程来说，其也应该跟随着社会发展需要与时俱进。为确保建筑装饰装修工程绿色施工得以实现，必然需要以各种绿色施工技术为依托，主要原因在于建筑装饰装修施工的全过程，不仅会有大量固体垃圾及废弃物等产生，同时一些噪声及空气等污染因素的存在，必然会对施工人员及业主身体健康造成严重威胁。对此，在可持续发展理念指引下，建筑装饰装修施工的必然举措之一就是应用绿色施工技术。在对多样化绿色施工技术具体应用时，需要施工人员严格遵循相关管理制度，同时以施工原则为依据，确保施工得以有序规范化开展，保证施工过程中避免有害物质的出现，促使因装饰装修工程而造成的各种污染得以最大程度地降低。

2　建筑装饰装修工程施工中的绿色施工技术

2.1　充分利用清洁能源

建筑装饰装修工程施工时要尽量使用绿色的清洁能源，如太阳能、风能等能源，加大对自然能源的利用可有效降低化石能源的消耗。在施工前还要合理规划好能耗标准，在能耗范围内最大程度地提高能源的利用率，降低能源消耗，并对建筑进行合理分区与规划，对不同区域进行不同设计，实行不同的能源标准。

2.2　建筑外部装饰的绿色选材和设计

建筑外部装饰对整个工程而言十分关键，其外部绿色施工技术选取，可从以下几方面体现：①选取节能环保施工涂料。近年来，伴随经济迅速发展，外墙装饰材料种类趋于丰富与多元，并拥有良好的防水性能。但市场上售卖的多数涂料，其环保效果不理想。在涂料选取过程中，应注重防水效果，关注节能环保效果，如材料导热性等，提升建筑装修工程环保效果。②加强外墙保温设计。可通过隔离保温材料，使建筑拥有良好的保温性能，减少夏天及冬天空调使用率，实现节能环保目标。③在外墙装饰中加强新材料应用。如外墙装饰的玻璃幕墙，选取优化后的玻璃材料可提升建筑观赏性，利于建筑内部温度恒定（图1）。

图1　建筑外部装饰应用绿色施工技术

2.3　严格控制灰尘

通常来说，在进行建筑装饰装修施工的过程中，不可避免地会产生诸多的灰尘，如果不马上予以处置，就会给相关的施工人员带来极大的负面影响，对四周的生态环境带来影响。为了确保这一问题获得有效的解决，相关的施工人员要在拆除建筑墙体期间，综合性地处置墙体拆除期间产生的灰尘污染。例如，在拆除建筑墙体期间，相关的施工人员需要严格把控墙体拆除力度，同时按照施工作业标准予以作业，防止出现盲目拆除的问题。不仅如此，建筑装饰装修施工人员还应该根据实际情况，适当地在地面上进行洒水处理，这样也可以防止墙体灰尘出现大面积地飘散。值得注意的是，为了更深层次地提高建筑装饰装修工程作业效果，在对墙体进行正式拆除之前，针对墙面以及顶面部位，需要完成好打磨及清理工作，在打磨清理期间，极易生成灰尘，此时需要采用吸尘器等设施，将灰尘吸收，最终减少对环境的污染。

2.4　加强环境保护技术

从环保技术角度来说，因建设范围较大，且所处位置又较为特殊，加之建筑装饰装修工程现场往往会涉及较为广泛的环境面积，而面对大面积范围内噪声及扬尘、垃圾、大气污染等问题，必须在施工前期建立相应的施工围挡结构，确保施工对环境造成的影响得以最大限度控制，与此同时还可进行适当的洒水，借此对现场扬尘情况实现有效控制。在项目中解决污染问题主要是运用以下方式：首先，切割时，尽可能让粉尘部位对准喷洒点，借此保证粉尘在空气中的飞扬和扩散得以有效控制；其次，对施工的噪声污染问题要进行全面考虑。装修工程的噪声污染源头体现在装修工程的各环节，如各机械设备高强度工作时噪声给人们正常生活环境造成影响，科学管理机械设备的工作时间，并且施工时尽可能避开人们休息时段；在一些高强度工作的机械设备周围，安装相应的噪声控制设备，此种方式可在一定程度上减少噪声污染。

3 结语

绿色施工技术具有节约能源、降低成本等优势，随着人们对可持续发展的重视、对健康生活的重视，在未来建筑装饰装修工程中，绿色施工技术的应用必将更为广泛。只有不断强化绿色施工理念，在施工中做好材料管理与运用，提高清洁能源的利用程度，积极应用新的施工技术，才能促进绿色施工技术的发展，实现真正的可持续发展。

参考文献

[1] 王汝昭．新型节能环保材料在建筑装饰施工中的应用探析［J］．中国室内装饰装修天地，2018（14）：22.

[2] 王卫明．浅析绿色节能施工技术在现代房屋建筑施工中的应用［J］．中国室内装饰装修天地，2018（3）：261.

[3] 叶其文．基于绿色施工管理理念下的建筑工程施工管理创新思考［J］．建材与装饰，2016（14）：175-176.

老旧小区加装电梯的难点与对策
——装配式预制混凝土电梯井的应用

鲁　滔

湖南建工五建建筑工业化有限公司　株洲　412000

摘　要： 本文从施工管理和施工技术两方面浅析了老旧小区加装电梯的难点并给出了解决方法，提出了运用装配式预制混凝土电梯井，在新型组织结构模式和BIM软件的应用下，有效统筹与协调多方因素，又快又好地推进加装电梯工作。

关键词： 老旧小区加装电梯；装配式预制混凝土电梯；管理；技术

1　引言

城镇老旧小区改造是重大民生工程和发展工程，对满足人民群众美好生活需要、推动惠民生扩内需、推进城市更新和开发建设方式转型、促进经济高质量发展具有十分重要的意义。完善小区配套和市政基础设施应作为老旧小区改造的重点内容。老旧小区是指我国20世纪建造的住宅楼，受当时的建筑技术和社会条件的限制，早期的多层住宅基础设施不完善。目前，由于人口老龄化的影响，上述住宅的住户大多为中老年人且数量众多，他们面临着极大的出行困难。因此，为了解决老旧小区居民的日常出行问题，方便中老年人上下楼外出活动，本文从老旧小区加装电梯工程的施工管理和技术层面提出了看法和建议。

2　老旧小区加装电梯的技术难点

根据住房城乡建设部2019年披露的数据，全国共有老旧小区近16万个，涉及居民超4200万。老旧小区改造计划数量，从2019年1.9万个到2020年3.9万个，数量翻番，改造计划加速。国家政策在助推老旧小区改造计划的实施时，工程人员应在改造提速的过程中力保工程质量，在改造工作初期应稳扎稳打，客观分析问题、抓住重点。

2.1　建设管理机制复杂

老旧小区加装电梯的工作，涉及规划、设计、土建、消防、制造与施工安装等各个方面，需要各方建设单位，多工种人员参与。加之老旧小区具备社会公共福利事业的属性，还应涉及政府部门和公共产权单位。执行主体繁多，同时还需要小区业主、物业管理公司、原房地产开发单位、原建设单位等多方协调配合，这使得老旧小区改造工作的监督、管理与协调异常复杂，项目的推进需要较长的时间成本。

2.2　加装因素复杂

2.2.1　规划因素

原有的建筑在建立之初并没有考虑电梯的安装，墙体、电梯竖井等硬件缺失，这就需要在室外建立电梯井。加之多层住宅楼为单元式住宅，每栋住宅楼的每个单位均需要独立设置电梯，每台电梯可能仅服务10户，且因楼梯多为双跑楼梯，电梯仅能将乘客运送到楼层半平台位置，乘客行走半跑楼梯才能入户。因此，加装电梯所占空间会增加建筑占地面积，减少了相邻楼的楼间距，还可能占用绿化用地、停车位，甚至影响消防通道。

2.2.2 建筑因素

加装电梯改变了既有住宅的建筑平面，还会造成建筑通行流线变化。加装电梯可能会遮挡住户部分房间，影响部分房间的采光和通风，对住户的舒适度有一定影响。此外，电梯运行产生的噪声、振动等也会对相邻房间造成一定影响。

2.2.3 结构因素

首先，老旧小区由于使用年限较长，地质条件会随着时间而变化，原始建设资料、勘察资料不准确或不全面都会导致与实际情况不相符。为了确保后期工程条件的准确性，需要重新检测和勘探，加大了时间和费用的投入。同时，原有建筑的沉降已趋于稳定，加装电梯产生的沉降很有可能与相邻的原建筑的沉降不同步，导致电梯与既有建筑连接处出现裂缝，甚至影响结构安全。此外，受老旧小区建设时的经济水平、设计标准、技术水平等影响，部分住宅结构可能存在抗震性能差、结构可靠性降低等问题。在对原有住宅开洞前应进行加固，避免影响原有结构的承载力和整体性。同时，电梯井道与原有建筑连接也会对原有建筑产生不同程度的影响。在设计和施工过程中也应予以重点考虑。

2.2.4 人文因素

加装电梯的施工应尽量避免对小区住户日常生活造成影响。这就要求施工的前期准备必须完善到位，制订完备的施工计划，合理组织和协调现场人员，加快施工进度，尽量避免施工对环境造成的扬尘污染、噪声污染，减少有害气体排放和夜间施工情况。

2.2.5 其他因素

首先，老旧小区的市政管线通常在楼栋单元出入口处进入室内，加装电梯的平面位置通常与燃气、电力、供热、给排水等市政管网位置重叠，施工时应予以排查，协调井道结构基础与已有管线的空间位置。但地下管线需要移位时，应按国家相关标准要求进行。此外，电梯属于特种设备，后期的维护和管理非常重要，电梯井结构的选用、电梯设备的安装、维修通道的设置都应充分考虑，避免后期施工的不便。

3 老旧小区加装电梯的对策

3.1 协调合作机制

3.1.1 组织结构模式

老旧小区改造项目的协调管理工作任务繁重，不仅涉及多个主体，还需要解决居民诉求多的问题。因此在传统的组织结构模式基础上，还应设立对外协调工作的部门，协调人员负责小区民众的投诉及建议，处理和相关关联单位的协调沟通，满足改造项目快速协调的需求。此外，除安排协调人员沟通，还应安排设计人员驻场，根据现场情况快速反应，并在工序施工前完成施工内容的设计确认，加快老旧小区电梯改造项目的施工速度。

3.1.2 搭建议事平台

针对老旧小区改造项目设计变更多、居民诉求多的问题，协调人员需提前组织相关单位和群体，即居民、业主、监理、设计、分包、供货商等，共同建立议事平台协调多方利益关系，构建良好的合作关系及施工氛围，有效集成各方资源，提高改造项目的施工管理能力，加快改造项目的施工进度。

3.2 装配式预制混凝土电梯井的应用

装配式预制混凝土电梯井是由混凝土和钢筋组成，在工厂加工成型，运至现场安装连接的电梯井。老旧小区加装电梯井工程如果采用传统现浇电梯，其时间成本高，普通的六层电梯至少需要半年时间，且现场噪声大、污染严重，对小区居民的正常生活影响大。而采用钢结构玻璃幕墙井则存在夏季电梯内温度高，后期的维护成本高，且钢结构的防火性能和耐腐蚀性能较差等问题。对比传统电梯井和钢结构玻璃幕墙电梯井，装配式预制混凝土电梯井有以下四大方面的优势。

3.2.1　结构方面

预制混凝土电梯井分成3m左右一节段，每节段均整体预制，节段之间纵向受力钢筋采用螺栓干式连接，此方法的预留孔较大，钢筋对位方便，易于现场安装，钢筋插入后，上垫片用螺母拧紧完成现场拼装。预制混凝土电梯井壁厚不小于150mm，整个井形成一个钢筋混凝土筒体，相比钢框架电梯井，竖向抗压承载力和水平抗侧刚度均有了极大的提高，能更好地抵抗强风和电梯启动和制动产生的冲击荷载，提升乘客使用的舒适度，但由于预制混凝土电梯井道自重大，导致井道的重心较高，设计人员要适度加大基础埋深、验算井抗倾覆力矩是否满足规范要求，基础是否会产生较大的不均匀沉降，因为此井道高宽比过大，不均匀沉降会对工程产生较大危害。基础可以采用筏板基础或桩基础，筏板基础扩出外墙边线建议不小于800mm，并适度加大基础埋深，利用外扩筏板上的土体自重降低井道的重心，提高其抗倾覆能力。

3.2.2　质量方面

构件通过结构设计、深化构件图设计，利用标准节段专用模具，在工厂加工养护，一次成型，严格按照国家标准，检测合格后出厂，构件质量好、精度高。

3.2.3　施工方面

预制混凝土电梯井的使用能减少传统施工的湿作业，有效实现“四节能一环保”。现场利用专用吊装工具安装，运用专业施工工法，能保证施工精度，加快施工效率，缩短工期。相比钢框架井道在现场拼装焊接，现场焊接速度慢，质量难以保证等，预制混凝土电梯井采用节段拼装，施工速度更快，不用搭设外脚手架，现场文明施工，施工工序简单。

3.2.4　后期维护方面

混凝土的抗冻性、耐久性、耐火性能好，井道的维护成本低。此外，预制混凝土电梯井能在墙体内添加保温隔热材料或外贴保温隔热材料等，保证电梯的温度不至于过高或过低，电梯的使用舒适度高，低碳环保。

3.3　BIM软件应用

BIM建筑信息模型能够帮助实现信息的集成，建筑的设计、施工、运行，各种信息始终整合在一个三维模型信息数据库中。不仅能够让设计团队、施工单位、设施运营部门和业主各方协调工作，还能够进行施工模拟管理。运用BIM软件多方协调工作能够提高沟通效率、保障工作安全有序进行。施工模拟管理能够模拟施工场地，能够有效解决老旧小区改造项目过程中场地狭小、工作面多的问题，合理规划作业路线和平面布置，同时根据物资存放空间和施工进度，合理安排材料进出场时间，保证进场物资在满足施工进度需求的同时不过多占用平面作业空间，以防影响居民的生活。

我们采用BIM软件Revit对电梯井进行建模，该预制电梯井长2700mm、宽度2200mm、高度3000mm。门洞尺寸为950mm×2180mm。上下预制电梯井通过灌浆套筒、连接盒以及现场设置插筋进行灌浆连接，使预制电梯井有效连接形成一个整体。

其次采用BIM软件进行施工流程模拟：

流程 1：首层预制电梯井吊装就位，并与基础预留钢筋进行有效连接（图 1）。

流程 2：上下电梯井通过灌浆套筒以及连接盒和预留钢筋进行连接（图 2）。

流程 3：通过电梯井预留牛担板，与连廊进行可靠连接（图 3）。

流程 4：依此进行后续预制电梯井安装，直至机房层安装完毕（图 4）。

流程 5：现场安装工人采用吊篮作业进行装配缝填充及防水施工处理。

最终安装完成后效果图见图 5。

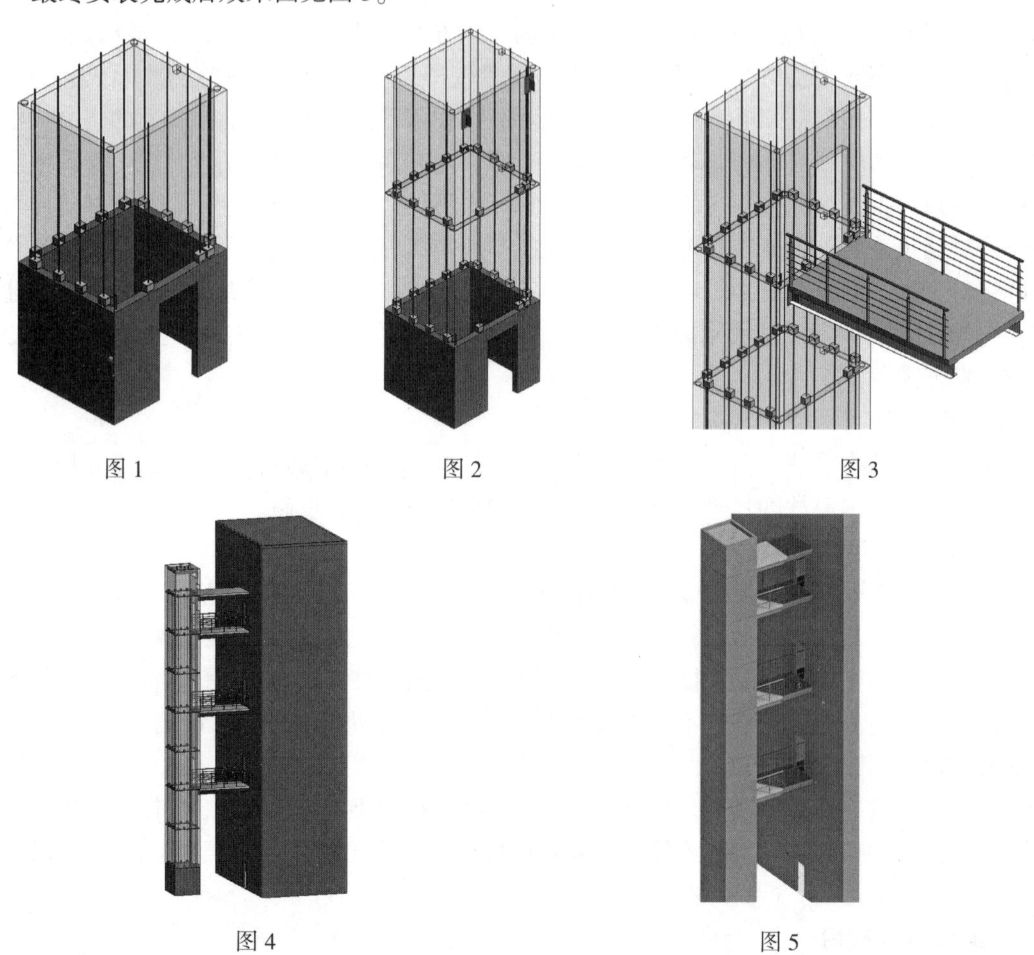

图 1　图 2　图 3

图 4　图 5

4　结语

老旧小区改造工程是一项利国利民的民生工程，在扩内需、促消费的趋势中，技术工作者应实时关注改造工程的动态，积极探索突破困境的方法，提升综合管理能力，稳抓改造工程质量，提高施工效率，让小区住户住得舒心，用得放心。

参考文献

[1]　王建军，熊珍珍，李东彬．既有多层住宅加装电梯可行性评估研究［J］．建筑科学，2020，36（05）：1-6.

[2]　周小艺．BIM 技术下的建筑工程概预算课程教学改革构想［J］．黑龙江科学，2019，10（23）：52-53.

论一种绿植单元体幕墙的施工

欧阳营

湖南艺光装饰装潢有限责任公司　株洲　412000

摘　要：环保、新型的建筑工艺和应用越来越受到人们的青睐，幕墙就是其中一种非常受关注的建筑技术。幕墙英文名是“curtain wall”，从它的名称上很容易看出，幕墙就是一种建筑围护外墙，它像幕布一样挂到建筑上，广泛应用于现代大型建筑和高层建筑的外体装饰，并能起到防护作用。

社会发展对建筑的“绿色建筑”“绿色外观”“绿色节能”等方面提出新的要求，所以要对幕墙材料、施工工艺进行革新，通过对项目幕墙工程的实践，我们总结经验，把装配式建筑（幕墙单元体）与绿植来一场“跨界”组合，把“绿植”带入到绿色施工的幕墙单元体中，将绿色建筑进行到底。

关键词：单元体；绿植模块化

绿植单元体幕墙施工工艺正是基于保护社会环境而产生，此工艺以幕墙单元体为载体，不会增加建筑幕墙的额外负重，简单、可操作性强；此工艺不需要在现场进行焊接，切割施工，可在幕墙单元体加工厂进行批量生产，尺寸精准，符合绿色施工的要求；此工艺使用后，有利于实现建筑物室内的节能、保温功能，减少“城市热岛效应”。另外，本工艺与建筑设计结合在一起，使得“绿植模块”无论是初次安装还是后期的定期养护、更换植物，都不需要工人进行室外高空作业，减少了施工和后期养护的安全隐患。

1　工艺特点

（1）此工艺是基于幕墙单元体的，不会再额外增加建筑幕墙的额外负重，简单、可操作性强。

（2）此工艺不需要在现场进行焊接、切割施工，可在幕墙单元体加工厂进行批量生产，尺寸精准，符合绿色施工的要求。

（3）此工艺使用后，有利于实现建筑物室内的节能、保温功能。

（4）本工艺与建筑设计结合在一起，使得“绿植模块”无论是初次安装还是后期的定期养护、更换植物，都不需要工人进行室外高空作业，减少了施工和后期养护的安全隐患。

2　适用范围

适用所有单元体幕墙中需要放置绿植的区域。

3　工艺原理

本工艺以幕墙单元体为载体，将树木、灌木、花草及其他自然生态系统的组成部分，通过栽培介质有机地垂直融入建筑的幕墙单元体中。

4　工艺流程和操作要点

4.1　施工准备

（1）结合现场实际情况校核设计图纸中幕墙单元体的具体位置及尺寸。

（2）组织各专业相关人员进行综合布置。

（3）仪器仪表（表1）

表1　仪器仪表

名称	型号	数量	用途	精度
激光垂准仪	DZJ3-L1	2	高精度的机械零件的垂直度测量	一测回垂准测量标准偏差1/4万；激光对点器对点误差（在0.5~1.5m内）≤1mm；视准轴与竖轴同轴误差≤5″；激光光轴与视准轴同轴误差≤5″
全站仪	KTS-442R10LC	1	高精度角度测量	1mm/0.1mm（可设置）
经纬仪	FDT02	1	测量水平角和竖直角	2″
红外线测距仪	H-D610	2	现场测距	±2mm
纤维皮卷尺	30m	2	距离测量	3mm
钢卷尺	7.5mm	2	距离测量	1mm

4.2　施工工艺流程（图1）

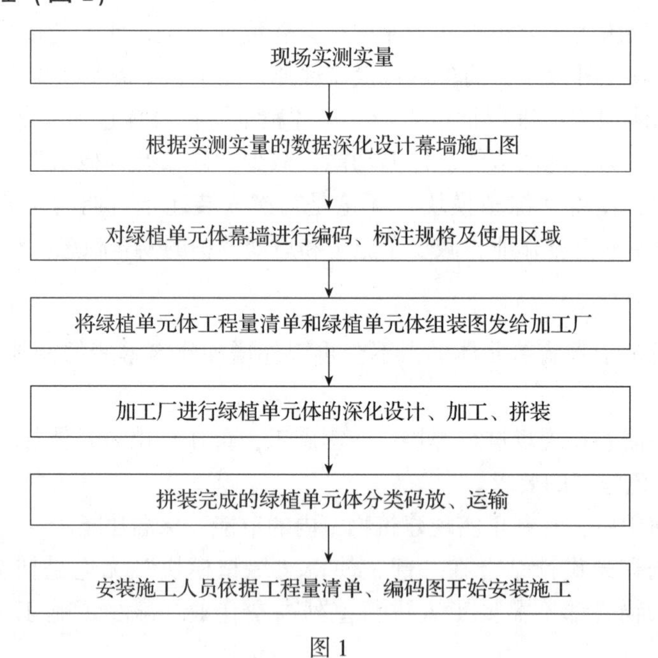

图1

4.3　施工操作要点

4.3.1　现场实测实量

为了保证幕墙单元体下料的准确性，减少单元体加工的误差，根据现场实际情况，对主体结构进行现场实测实量，尽量把误差降到最低值（图2）。

4.3.2　根据现场实测实量的数据深化设计幕墙施工图

由于本工艺是在绿植单元体的基础上进行操作施工的，为了保证材料数量的准确性，需要施工员根据现场单元体的情况确定绿植单元体幕墙的数量，再根据单元体的规格确定绿植单元体的规格（图3、图4）。

图2　现场实测实量

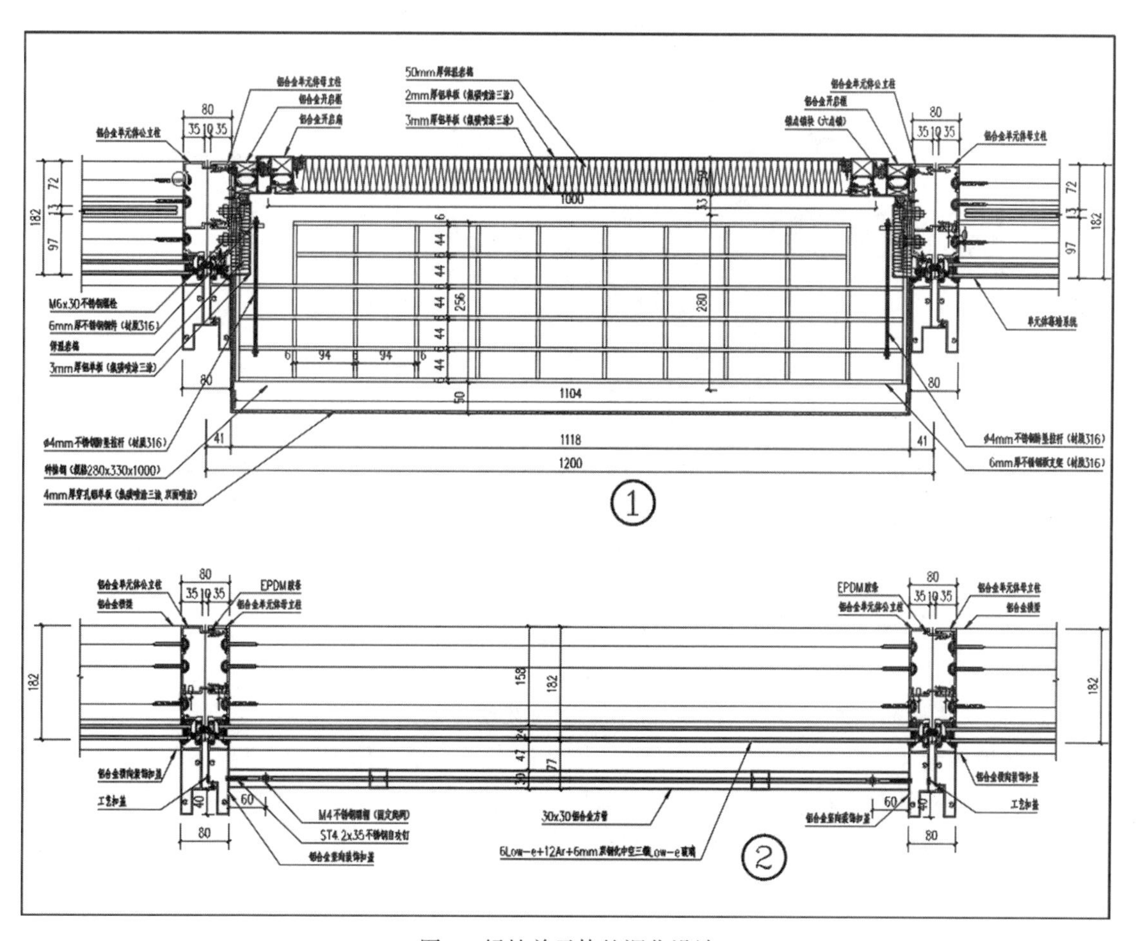

图3　绿植单元体的深化设计

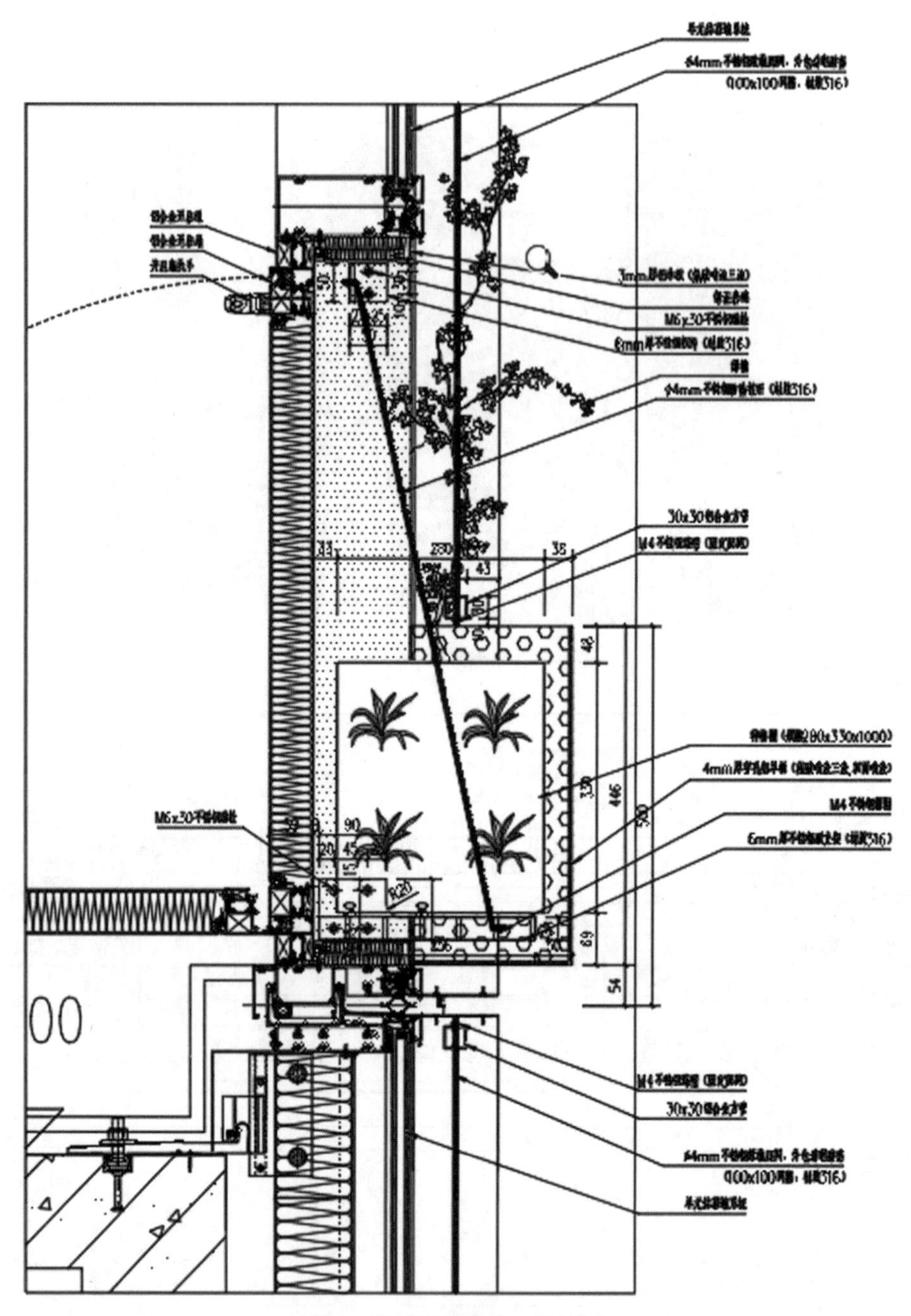

图 4　绿植单元体施工设计图

4.3.3　将绿植单元体工程量清单和绿植单元体组装图发给加工厂

将绿植单元体工程量清单和绿植单元体组装体发送给单元体加工厂进行深化设计、加工和拼装，将所有的铝型材、胶条、玻璃等深加工在加工厂完成，保证了现场的绿色施工，工厂化的深加工也保证了绿植单元体的标准化和规范化（图 5、图 6）。

4.3.4　拼装完成的单元体分类码放、运输

单元体加工厂根据单元体的下料单、单元体的编码图分区域码放，方便运输工人打包、装车和运输（图 7、图 8）。

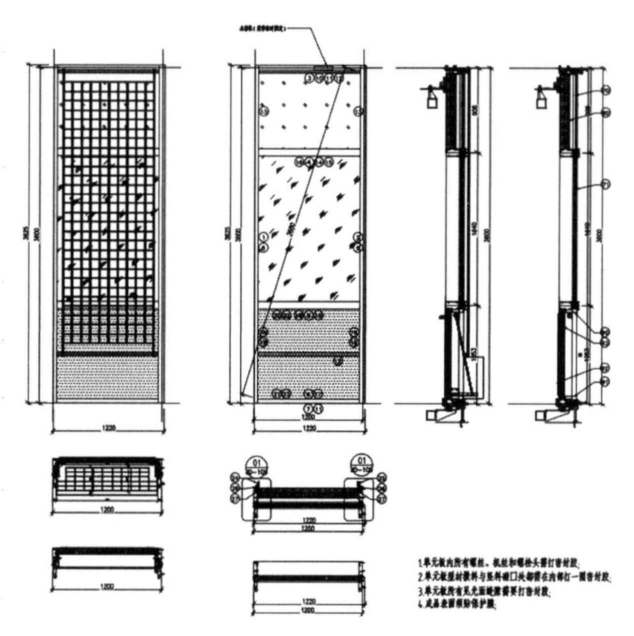

图 5　绿植单元体组装图

序	玻璃编号	加工图号	玻璃宽	玻璃高	数量	玻璃种类
70	BL-01		1154	854	1	6+12A+6
71	BL-02		1154	1594	1	6+12A+6+12A+6
72						
73						
74						
75						
76						
77						
78						
79						

A 单元体玻璃下单表

序	板块编号	加工图号	板块宽	板块高	数量	板块规格
80	LBB-01	LB-A-05	1115	800	1	加带铝箔防火棉
81						
82						
83						
84						
85						
86						
87						

B 单元体背衬板下单表

序	板块编号	加工图号	板块宽	板块高	数量	板块规格
90	LB-01	LB-A-02	1145	135	2	上下
91	LB-02	LB-A-03	868	135	2	左右
92	LB-03	LB-A-04	892	732	1	
93	LB-04	LB-A-05	915	755	1	
94	LB-05	LB-A-01	1118	446	1	花架盒子（穿孔板
95						
96						
97						
98						
99						

C 单元体装饰板块下单表

序	型材名称	型材编号	下料长度	数量	角度	加工工艺
1	公立柱A	AY-001	3534.5	1	90*90	AY-001-001
2	母立柱A	AY-002	3534.5	1	90*90	AY-002-001
3	母横梁A	AY-007	1190	1	90*90	AY-007-001
4	中横梁A	AY-011	1120	1	90*90	AY-011-002
5	中横梁A	AY-011	1120	1	90*90	AY-011-001
6	公横梁A	AY-006	1120	1	90*90	AY-006-001
7	母横梁A	AY-007	1190	1	90*90	AY-007-002
8	竖向装饰扣盖1	CY-004	3571	1	90*90	CY-004-002
9	竖向装饰扣盖2	CY-005	3571	1	90*90	CY-005-002
10	铝合金副框A	AY-024	1120	1	90*90	AY-024-001
11	横向装饰和盖	CY-008	1120	2	90*90	CY-008-001
12	30方管	AY-026	1120	2	90*90	AY-026-001
13	铝合金副框B	AY-025	804	2	90*90	AY-025-001
14	铝合金副框B	AY-025	1120	1	90*90	AY-025-001
15	压板	CY-012	1120	2	90*90	CY-012-001
16	玻璃托条A	AY-027	100	4	90*90	AY-027-001
17	横向装饰和盖	CY-008	1120	1	90*90	CY-008-002
18	窗外框（两侧）	AY-028	959	2	45*45	AY-028-001
19	窗内扇（两侧）	AY-029	879	2	45*45	AY-029-001
20	窗外框（上）	AY-028	1119	1	45*45	AY-028-001
21	窗外框（下）	AY-028	1119	1	45*45	AY-028-001
22	窗内扇（上）	AY-029	1039	1	45*45	AY-029-001
23	窗内扇（下）	AY-029	1039	1	45*45	AY-029-001
24	挂钩连接件	CY-003	80	6	90*90	CY-003-001
25	铝合金挂件1	CY-019	75	1	90*90	CY-019-001
26	铝合金挂件1	CY-019	75	1	90*90	CY-019-002
27	铝合金挂件2	CY-020	160	2	90*90	CY-020-001
28	铝合金垫片	CY-023	160	2	90*90	CY-023-001
29	铝合金踢脚板	CY-010	1190	1	90*90	CY-010-001
30	铝合金地台码2	CY-026	200	2	90*90	CY-026-001
31	铝合金水槽	CY-009	200	1	90*90	CY-009-001

D 单元体型材下单表

图 6　单元体工程量清单

序	配件名称	规格代号	单位	数量	使用方法
101	胶条A		米	36.4	
102	胶条B		米	14.3	
103	胶条C		米	33.3	
104	胶条D		米	13.9	
105	胶条E		米	0.1	
106	胶条F		米	3.1	
107	胶条I		米	3.62	
108	胶条J		米	1.12	
109	不锈钢螺栓	M12x40	套	4	
110	不锈钢机丝钉(内六角)	M5x15	颗	1	
111	不锈钢内六角调节螺栓	M6x25	颗	2	
112	不锈钢盘头钻尾自攻钉	ST6.3×38	颗	34	
113	不锈钢螺栓	M6x30	套	12	
114	不锈钢沉头机丝钉	M5x10	颗	16	
115	不锈钢防坠拉杆	Φ4mm	根	2	
116	不锈钢绿植爬网	Φ4mm	张	1	成品
117	不锈钢盘头钻尾自攻钉	ST3.8×25	颗	8	
118	胶条K		米	4.16	窗
119	胶条L		米	7.67	窗

E 单元体五金附件下单表

序	配件名称	规格代号	单位	数量	使用方法
1	不锈钢角码	GJB-02	块	2	
2	不锈钢花架	GJB-01	块	1	13.8米
3	2孔尼龙垫	JD-A-02	块	2	
4	4孔尼龙垫	JD-A-01	块	2	
5	内开内倒执手		把	1	
6	内开内倒铰链		套	1	左右为一套
7	内开内倒风撑		套	1	左右为一套
8	传动杆		根	1	
9	锁点		块	2	
10					

F 单元体五金附件下单表

序	钢件名称	规格代号	单位	数量	加工图号
1	起底转接件		块	2	GJ-A-01
2					
3					
4					
5					
6					
7					
8					
9					
10					
备注及说明:					

G 单元体挂件支座下单表

图 6　单元体工程量清单（续）

图 7　单元体分类码放

图 8　单元体分类运输

4.3.5　安装施工人员依据工程量清单、编码图开始安装施工

施工人员核准单元体数量、规格，确认无误，并且没有损坏，依据单元体的编码图，确定安装点，开始单元体的安装施工（图 9、图 10）。

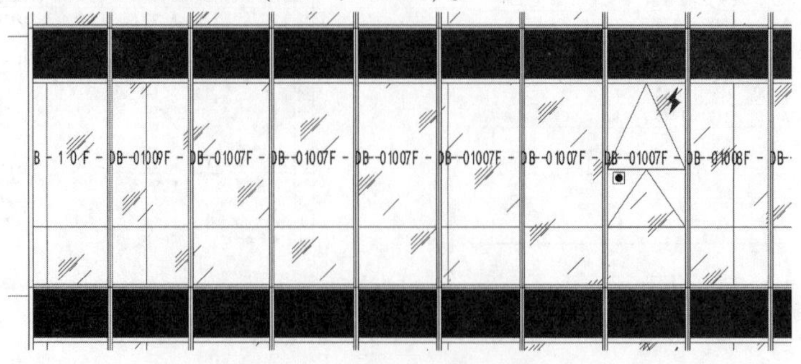

图 9　绿植单元体编码图

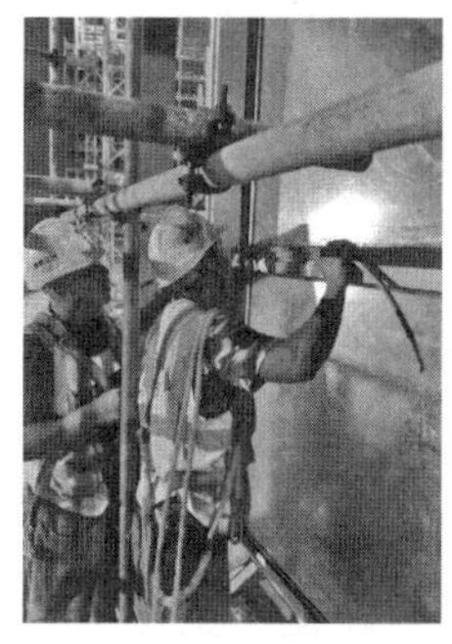

图 10　绿植单元体安装图

5　材料与设备

（1）测量仪器设备见表 1。

（2）现场使用的红外线测距仪、激光水平仪等设备要严格进行管理、检校维护、保养并做好记录，发现问题后立即将仪器设备送检。

（3）现场使用的材料应符合设计和规范要求，进行现场见证取样，并送检测机构检测。

6　质量控制

（1）执行标准及依据：《工程测量标准》（GB 50026—2007）、《建筑装饰装修工程质量验收标准》（GB 50210—2018）、《玻璃幕墙工程质量检验标准》（JGJ/T 139—2001）以及设计图纸等。

6.2　质量控制管理措施

（1）认真核对图纸，各工种做好图纸会审工作，对设计图纸以及工艺要求做到全面理解；做好单元体下料前的各项施工准备工作，严格按施工程序施工。做到先策划、后施工。计算机绘图人员必须准确地绘制单元体的位置及尺寸。

（2）严格遵守国家施工规范和技术操作规程以及工程质量验评标准。

（3）成立由单位工程项目经理部和操作班组长组成的检查小组，对单元体下料工作进行定期或不定期检查工作。

（4）坚持测量作业过程中，严格执行自检（自身）、互检（各工种）、交接检（施工人员）的流程。

（5）现场使用的全站仪、经纬仪、红外线测距仪、激光水平仪要严格进行管理、检校维护、保养并做好记录，发现问题后立即将仪器设备送检。

（6）质检员和技术负责人验收复核后方可进入下道工序并及时办理实测实量记录和验收复核记录。

（7）施工管理人员及特殊工种施工人员必须持证上岗，严禁无证操作。

（8）对上级主管部门和监理人员所提出的质量问题或隐患，必须虚心接受、认真整改，比较复杂或双方有争议的时候，应相互探讨，做到实事求是、取长补短。

（9）搞好工程技术资料的管理，从工程开工起就应按国家工程质量评定标准和省、市的有关工程技术资料的各种规定收集整理。

（10）各种材料必须按品种、规格、批量、进场日期、检验报告、使用部位及数量进行登记。

6.3　质量控制技术措施

实测实量由专业测量员、施工员与各工种施工员等有关人员一道进行，在施工场地设置基准点，经校对无误后，以基准点为基础，分别测量其他各个点位，使用全站仪进行幕墙定位，反复复核，使位置偏差控制在允许范围内。

建立测量复核制度，每次控制点、控制线实测后，须经技术负责人组织进行复核。每次测量均需完整地、详细地记录，并作为主要的施工技术资料进行归档保管。

7　安全措施

执行标准有：

《建筑施工安全检查标准》（JGJ 59—2011）、《建筑机械使用安全技术规程》（JGJ 33—2012）和有关地方标准。

安全措施包括：

（1）各工种上岗前应进行安全技术交底，严格遵守安全操作规程，并持证上岗。

（2）严格按照施工操作要点作业，按质量措施进行控制，防止各类事故的发生。

（3）六级以上大风、大雨、大雪等恶劣天气，禁止作业。

（4）型材切割过程中，应遵守操作规程，严防机械伤害。

（5）操作工人必须佩戴防护眼镜，避免异物喷溅的危害。

（6）在单元体加工区域四周设置警戒线，并有专人看护，在主要通道及入口处要有醒目的警示标语。

8　环保措施

（1）执行《建设工程施工现场环境与卫生标准》（JGJ 146—2013）。

（2）实行环保目标责任制，把环保指标以责任书的形式层层分解到有关班组和个人，建立环保自我监控体系。

（3）在施工现场施工过程中，严格执行国家、地区、行业和企业有关环保的法律法规和规章制度。

（4）加工厂各种施工材料、机具要分类有序堆放整齐，余料注意定期回收，废料及时清理，定点设垃圾箱，保持施工现场的清洁。

（5）采取有效措施控制人为噪声、粉尘的污染，并同当地环保部门加强联系。

9　效益分析

随着城市的快速发展，城市规模日益增大，城市人口日益增多，拥堵的城市交通、低质量的空气、恶劣的生态环境让人类的生存环境越来越严峻。一方面，人类无法阻止城市的快速发展，建筑幕墙的使用越来越多；另一方面，人类的生存环境越来越严峻，如何在快速的城市发展和优质的生态环境中找到一个平衡点越来越重要。

本工艺在幕墙单元体中设置一种“绿植模块”，“绿植模块”的设计与专业的园林绿化公司合作，利用他们的专业技能，选择适合在单元体内生长的绿植类型，并进行绿植种类的搭配，保证不同植物的灌溉时间，灌溉水量尽量统一，不同类型的植物长势基本一致，保证了绿植的观赏性。

本工艺考虑到了绿植模块需要精心养护，才能保证景观效果好且持续时间长，在单元体内留出了足够的检修空间和自动浇灌系统，减少了室外高空作业及室外进行养护的安全隐患的同时，也节省了绿植模块养护上的经济成本。

城市的快速发展为空气带来了大量的灰尘、颗粒，必然对人体的健康带来不利的影响，而采用本工艺施工，能有效地滞尘，吸收有害气体，减弱噪声等，能够为城市发展带来一定的社会效益。

10　应用实例

湖南创意设计总部大厦幕墙工程，工程地点位于湖南省长沙市开福区马栏山视频文创园，北邻滨河路、东邻滨河联络道、西邻东二环。本工程A栋为酒店配套商业、酒店和车库，B栋和C栋为设计总部办公及配套用房和车库。建筑高度A栋60.15m，B栋99.15m，C栋94.8m。本工程的幕墙面积为53578m^2，幕墙范围主要是单元体玻璃幕墙（最常规单元体）、构件式玻璃幕墙、地弹门、百叶窗、上悬窗、造型穿孔铝单板、铝单板幕墙、轻钢雨篷、室外玻璃栏杆、部分收口处铝单板（图11）。本项目采用本文介绍的工艺施工后，保证了幕墙单元体的材料利用率和单元体的合格率，顺利通过了各种检测试验和各项质量检测验收及竣工验收，取得了良好的经济效益，赢得了建设单位、设计单位、监理单位和建设行政主管部门的一致认可。

图11　湖南创意设计总部大厦幕墙工程

参考文献

[1]　王彩屏．建筑装饰工程质量监控中的技术管理要点［J］．科技资讯，2008（3）：33.

[2]　徐勇．关于建筑装饰工程质量监控问题的探析［J］．中国建筑科技，2007（10）：167.

浅谈机电管线综合 BIM 技术在武广地标项目中的应用

凌慈明

湖南天禹设备安装有限公司　株洲　412000

摘　要：传统机电安装设计图纸未能全面反映管线标高及相对位置，各专业管线在施工过程中交叉碰撞现象普遍存在，导致后期无序拆改返工，造成大量人工和材料浪费，增加了施工成本。项目应用 BIM 技术，依据设计图纸创建了三维信息模型，利用模型可视化功能预先进行管线碰撞检查、管线综合优化，为业主决策及后续装修施工提供可靠数据支持。

关键词：BIM 技术；机电安装；管线综合

1　项目概况

1.1　项目介绍

武广地标项目位于湖南省株洲市天元区栗雨南路与炎帝大道交会处，总建筑面积 15.9 万 m^2（地下室建筑面积 6 万 m^2），建筑高度 168m，由一栋 35 层 5A 甲级写字楼和一栋 10 层四星级酒店及商业街区、商业地下车库构成；项目建安造价 11.26 亿元，其中机电安装工程造价 2 亿元；项目质量目标为确保湖南省建设工程“芙蓉奖”，争创中国建设工程“鲁班奖”（图 1）。

1.2　项目重难点分析

（1）本工程为 EPC 项目，是株洲市在建第一高楼，工程质量要求高，备受各方关注施工过程中的各要素控制提出了更为严格的要求。

（2）机电安装工程涵盖通风空调、给排水、建筑电气、建筑智能化、气体灭火系统、热力管道、燃气管道等专业（图 2）。各专业协调配合多，施工前的施工策划、施工过程中的落实精细化管理，是把控项目施工安全、质量、进度、成本的关键。

图 1　武广地标项目效果图

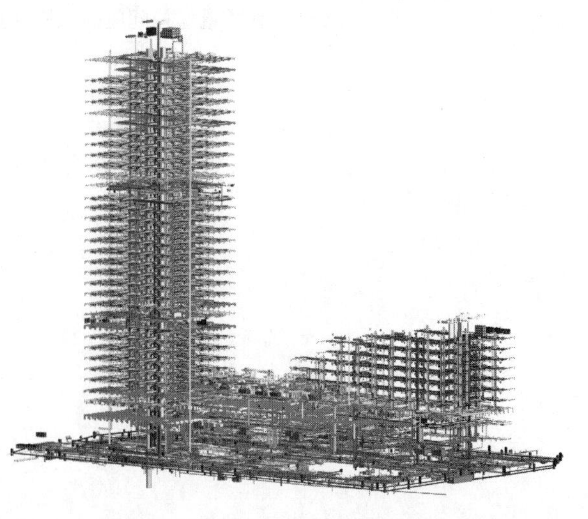

图 2　武广地标项目 BIM 机电模型图

（3）本项目大型机电设备包括：板式换热器、柴油发电机、油水分离器、污水提升设备、空调冷冻水泵、软化水装置、成套生活给水泵组、消防泵等设备安装在地下室，需提前踏勘现场确认运输路线、预留洞口及吊装方案后才能组织设备采购及进场安装。

（4）地下室净空要求高，尤其是核心筒内电梯前室为各机房管线汇集位置，局部截面管线多达20余根，施工前需利用BIM软件对管线进行综合优化及模拟施工，满足安装作业工序要求及竣工交付后“维保”要求。

（5）根据设计要求，充分考虑抗震措施，严格按照抗震等级和设计规范进行抗震计算和施工。

2　机电BIM技术应用

2.1　管线综合优化流程

武广地标项目BIM管线综合的主要流程：先建立建筑、结构模型，然后建立各专业机电管线模型，通过过滤器设置通风管道、给水管、排水管、消防管、强弱电桥架等，显示不同颜色便于区分。模型建立完成后，再根据各专业功能、安装空间、施工作业顺序等因素，对建筑、结构、机电三个专业的模型进行碰撞检测，预先发现项目施工过程可能出现的问题，并通过路径优化、局部避让处理使方案可行、可建，然后进行汇总出图指导施工（图3）。

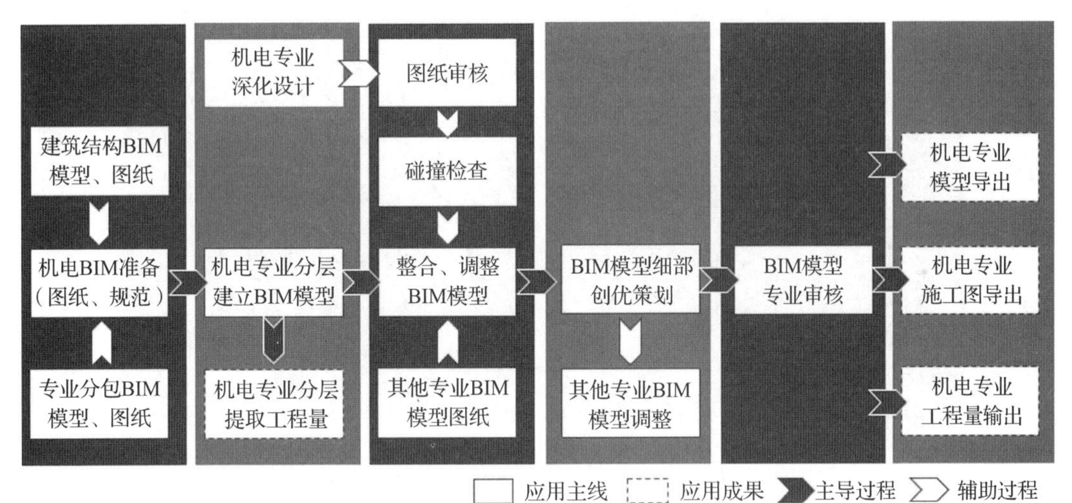

图3　管线综合优化流程图

2.2　管线优化避让原则

管线避让优先级别如下：（1）重力排水；（2）通风空调风管；（3）空调管道；（4）压力排水；（5）成排电气桥架；（6）消防、给水干管等。

本项目设计单位出图完成后，BIM工作站根据设计图纸及相关设计变更资料，进行BIM建模，地下一层局部模型优化方案如图4、图5所示。地下室局部管线优化与现场安装如图6所示。

2.3　机电BIM出图

同常规设计图纸相比，BIM施工图纸以三维模型为基础，管线综合完成后可生成机电管综平面图、各个专业平面图、综合支架深化设计图等，BIM施工图中每条管线从三个维度进行定位，复杂位置可以单独出具局部三维图纸交底，简洁明了、易于施工（图7、图8）。

图 4　酒店一层 BIM 优化方案及现场安装

图 5　酒店标准层公共走廊 BIM 优化方案及现场安装

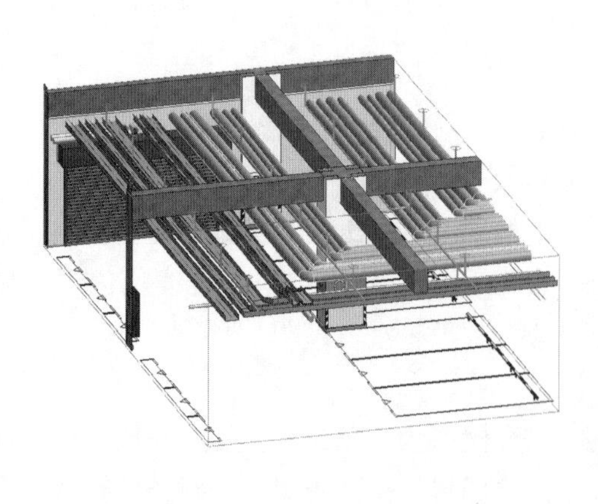

图 6　地下室局部管线优化与现场安装

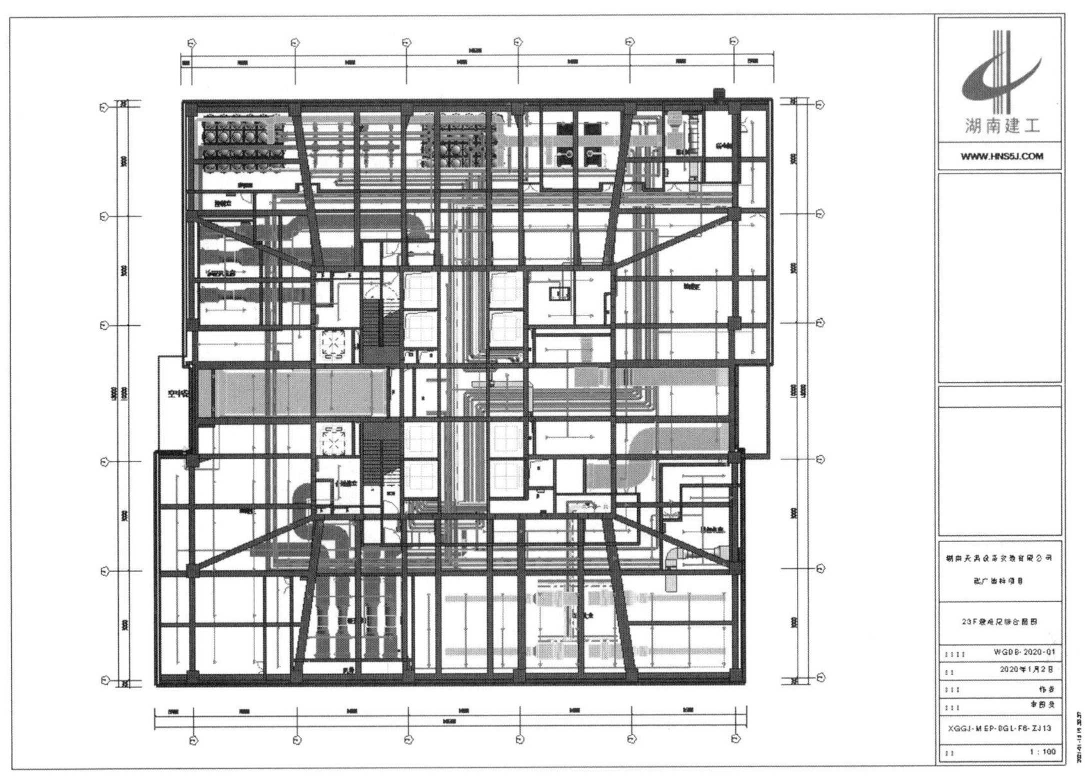

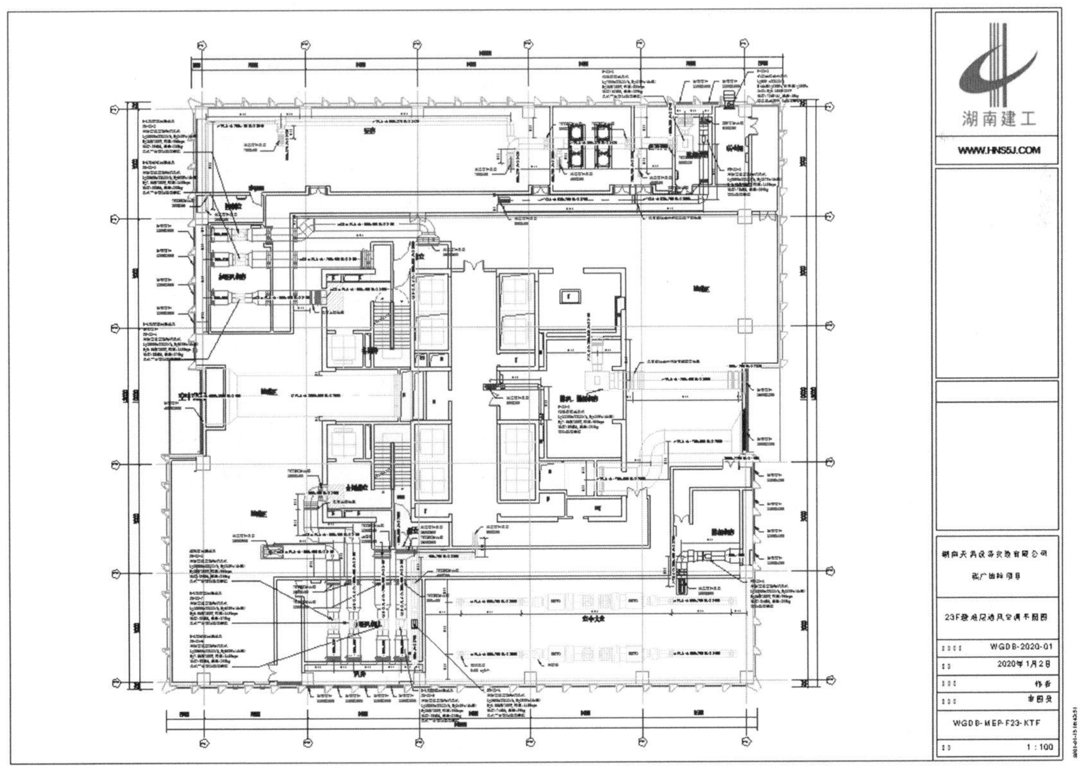

图7　办公楼十一层避难层综合平面图及通风空调平面图

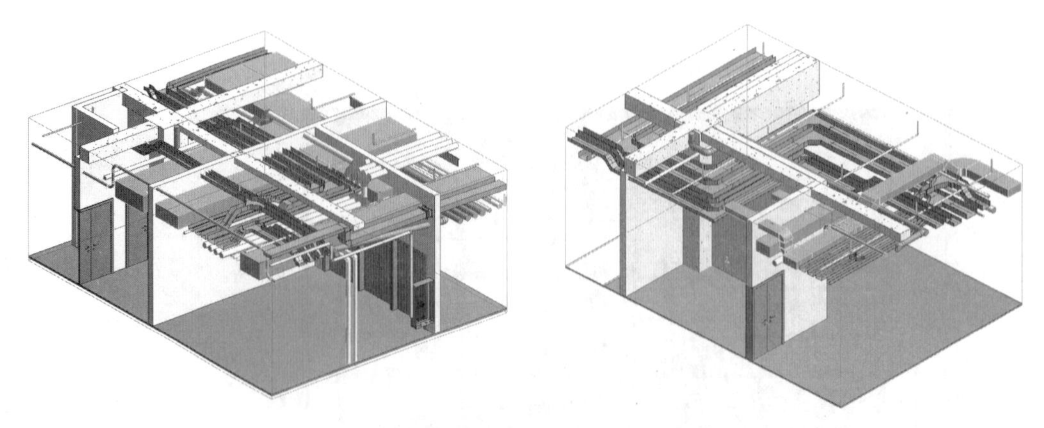

图 8　地下一层复杂节点三维交底图

2.4　综合支吊架设计

BIM 工程师利用 MagiCAD 软件结合设计及规范要求对管线复杂管线部位统筹规划，根据管线类型、数量、安装间距、检修空间及施工顺序等要求进行模拟安装，并通过软件三维可视化功能与支架受力分析功能进行细节优化，使管线排布满足施工功能需求、整齐美观，并且可解决下层管线施工过程中支吊架无法附着固定的问题。

设置机电管线综合支吊架可解决机电管线的标高和位置问题，避免交叉时产生冲突，有效地节约了吊顶上方的有限空间，保证了检修通道，减少施工安装后的拆改工作量及降低工程成本（图 9）。

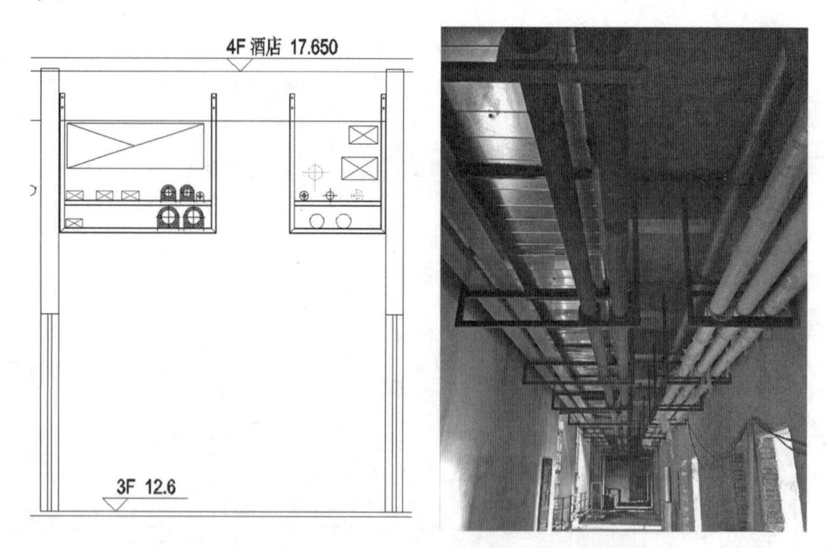

图 9　酒店三层综合支吊架优化方案及现场安装

2.5　空调换热站泵房策划

本项目空调面积约 73000m²，设计采用区域中央能源站集中供能。其中地下三层换热站主要设备管线包括：板式换热器 6 组，空调冷热水循环泵 27 台，加药装置 3 套，分集水器 2 组，各类管线约 660m。项目部工程师应用 BIM 技术，综合考虑管线标高走向、施工空间及施工后观感质量对机房设备及管线进行优化设计，绘制出设备基础图、管线施工图、支架详图等指导现场施工（图 10~图 12）。

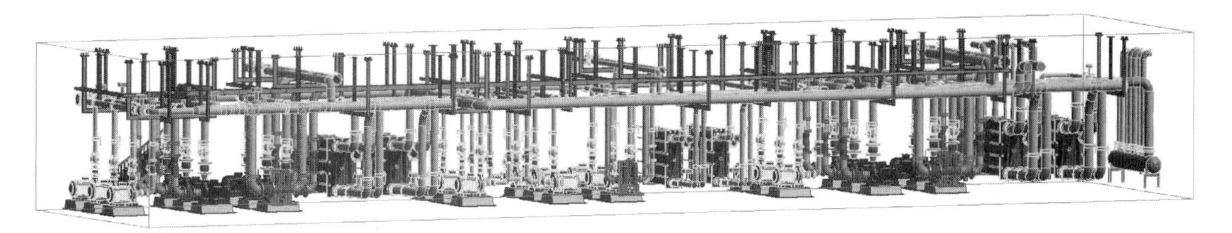

图10　地下三层换热站优化方案

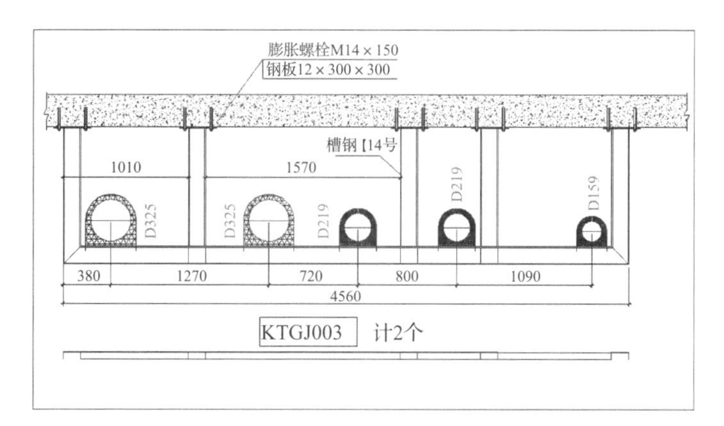

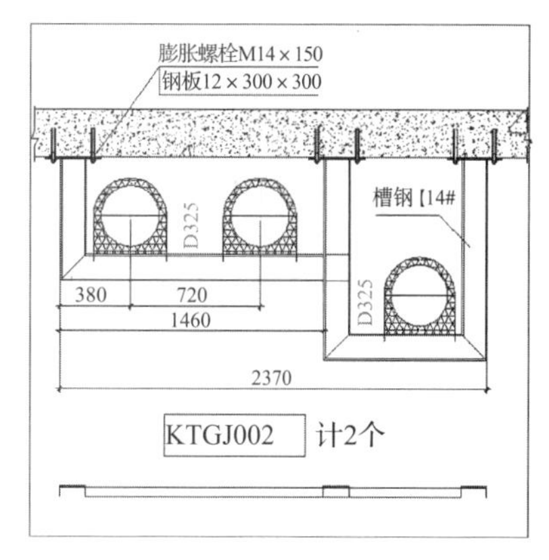

图11　换热站支架详图

图12　地下三层换热站现场安装

2.6　室外综合管网BIM技术应用

本项目室外综合管网主要包括雨水管、污水管、室外给水管（室外消火栓环管、绿化灌溉给水）、空调冷热源管道（接区域中央能源站）、燃气管道、通信及智能化管线、电力管线等（图13、图14）。在收集、整理室外管线各专业图纸后，BIM工程师在地下一层模型基础上建立室外管网模型（负一层模型涵盖主要出户管线，以此为基础建立模型，便于综合考虑室内雨水、污水、废水等管道引出排入室外雨、污水井）。

2.7　项目BIM应用初步效益分析

利用BIM可视化功能进行管线碰撞检测，能直观地反映出碰撞点，通过优化可解决专业内部及专业之间管线碰撞问题。武广地标项目地下一层解决碰撞问题1318个，避免施工过程中因为管线碰撞而产生的返工问题，初步估算每减少一个碰撞点将节省材料、人工、机具等综合费用约150元，该项目共节省约19.8万元，同时增大建筑净空，提高使用舒适度。

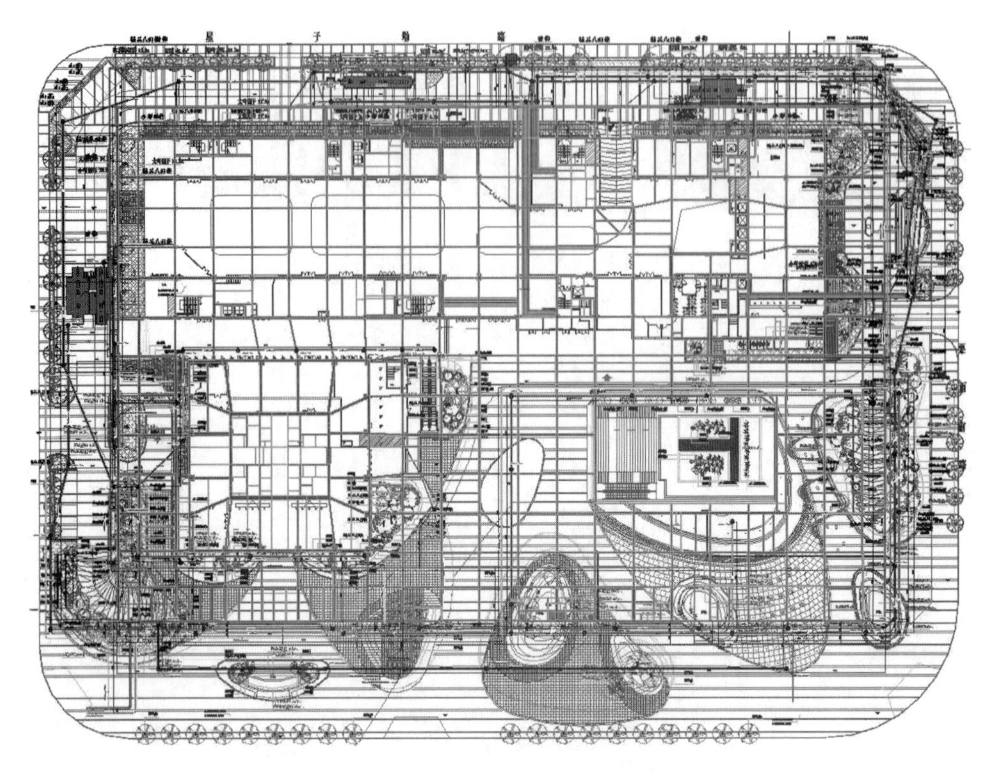

图 13　室外综合管网模型优化方案

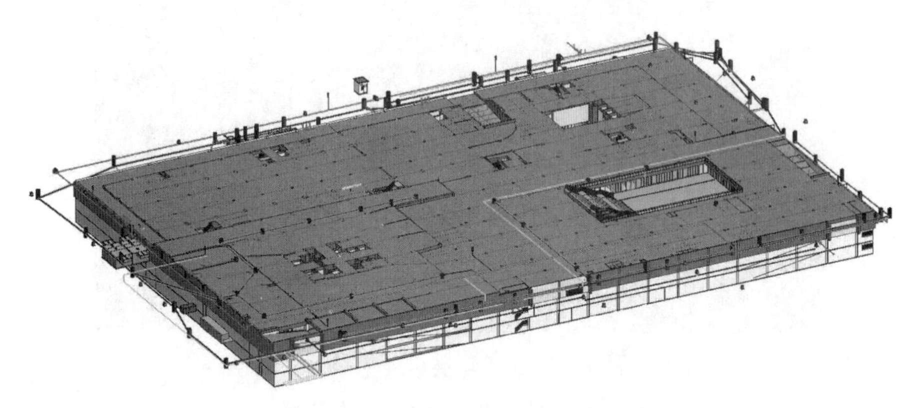

图 14　室外综合管网模型优化方案三维图

3　经验总结

通过应用 BIM 技术替代传统管理模式进行项目管理，实现了以模型为基础进行质量安全、施工进度、成本控制等方面管理工作，有利于公司实现项目精细化管理的目标。BIM 技术可减少管线施工过程中无序拆改及返工索赔，有效降低了施工成本，但在实际应用过程中也存在一些问题。

在施工过程中，建筑结构的机电安装预留洞口与大多 BIM 成果中的土建预留洞口尺寸、位置不符，其主要原因是机电进场时间滞后，土建施工方仅按设计图纸预留孔洞，与 BIM 施工方案不一致。其次，机电安装专业众多，部分分包队伍未按照 BIM 深化方案进行施工，施工过程中先行抢占有利位置，导致后期其他专业无法按照 BIM 方案施工，必须加强对分包单位的过程管理，及时复核关键部位管线位置，同时辅以奖惩制度，使BIM方案能切实落地实施，达到预期的效果。

参考文献

[1] 住房城乡建设部．建筑信息模型应用统一标准：GB/T 51212—2016 [S]. 北京：中国建筑工业出版社．2016.

[2] 汪翙．给水排水管网工程（第二版）[M]. 北京：化学工业出版社，2013.

[3] 范文利．机电安装工程BIM实例分析 [M]. 北京：机械工业出版社，2016.

[4] 中国建筑学会．BIM应用发展研究报告（2019）[M]. 北京：中国建筑工业出版社，2019.

浅析 BIM 技术在建筑工程中的应用价值

黄英财　曾　涛　马国科　张　波　彭岳生

湖南省第五工程有限公司　株洲　412000

摘　要：随着我国建筑行业的进步与发展，BIM 技术被广泛应用于各种大型建筑工程的施工中，相比二维图纸，BIM 技术所建立的数字化模型更加直观。在建筑工程中，BIM 技术的应用范围是极其广泛的，项目的前期策划、三维场地布置、建筑结构模型、水电管线的综合布置及各专业之间的碰撞检查等，都能够有效地提高工程管理效率，保证施工的正常开展。

关键词：BIM 技术应用；数字化模型；5D 技术

BIM 英文全称是 Building Information Modeling，是建筑物的信息处理模型。目前 BIM 技术正在逐步成为建筑行业发展的主流。利用 BIM 软件建立参数化模型可以整合一个项目的各种信息，确保这些信息在项目的前期策划、施工过程管理及后期的维护等工作中得到共享和传递，为施工单位、业主提供协同办公的环境条件，提高施工管理效率，缩短工期和降低成本。

1　BIM 技术主要功能特点：可视化、协调性、模拟性

（1）可视化。传统的二维图纸，无法直观地提供建筑的整体模型，空间立体感不强，而通过 BIM 技术建立三维可视化模型，可以体现构件的几何属性及其他信息（如：材料的混凝土等级、采购信息等），使施工管理人员快速地理解图纸，进一步地指导施工，提高施工效率。例如：在施工过程中应用 BIM 技术可实现施工现场各工序重点难点三维可视交底，直观通俗易懂，可以精准指出质量控制点，减少二次返工造成的成本增加。另外，可视化模型不仅可以作为效果图的展示，更重要的是，在整个建筑工程施工阶段能够通过可视化的方式进行决策，优化方案。

（2）协调性。在大型建筑工程中，不可或缺的因素必然会产生一些利益争议，为最终达到各方利益的平衡最大化，需要各管理项目和具体参与方共同进行商讨、优化并提出解决方案，提高工程的前期管理效率。而 BIM 技术通过对每一个建筑工程项目容易产生的一些问题进行综合分析，并形成数据，提高了整个工程的前期管理效率，保证了工程质量，缩短了过程工期。例如：在管线布置过程中，不同管线之间及管线与各个相关专业之间都可能存在一些碰撞问题，因传统的图纸都是通过 CAD 绘制，无法充分体现其空间立体感，因此可能会导致水电管线在施工过程中出现与其他专业之间的碰撞，进而出现导致管线重新拆建或者窝工现象，造成材料费及人工费的增加。而通过对各专业进行建模，如有碰撞则对管线进行修改后，提前对施工方案和材料进行优化，且工程量会自动调整，预决算控制对上可协助业主结算，对下可协助班组结算，提高了管理的效率。

（3）模拟性。为尽可能地避免不确定因素，通过 BIM 软件，进行简单的 3D 模拟，如紧急疏散、施工模拟、进度模拟等，以保证建筑工程的经济效益。例如：三维场地可视化布置模拟，应用 Revit 软件将前期建筑施工场地内临时及永久建筑进行摆放，通过场地可视化模

型，提前设计和优化场地布置方案，提高施工现场的空间利用率，其次，模拟后期施工场地内临时及永久性建筑的拆除和修复，确保利益的最大化，降低成本，节省时间。

2　BIM技术在建筑工程的应用

BIM在建筑施工阶段发挥着极大的作用，我国目前普遍存在着项目设计周期短、工期紧张等情况，且建筑工程本身就是一项复杂的工作，也产生诸多的不确定因素。故施工单位采用BIM技术主要包括如下原因：一是施工单位可以利用BIM对每一个施工节点进行模拟，向施工人员直观地展示施工过程。二是可以利用BIM相关软件进行施工进度模拟、资源的调度及施工工序的安排，提高业主的直观感受。三是提高施工管理效率。在工程建设项目中，施工过程中的工序搭接，各专业之间可能存在一些碰撞和其他不确定因素，往往都会使得工程中存在许多矛盾，施工单位可通过BIM软件建立一个数字化模型，对施工中的一些问题进行提前模拟，并及时加以解决，以保证项目如期顺利进行。四是在整个建筑工程管理的过程中，涉及多个参与方，BIM技术通过对建筑工程项目易出现的问题进行汇总并形成相应数据，便于各参与方后期的协商，提高施工管理的效率。

（1）项目前期的策划及项目方案的优化，利用BIM软件建立的参数化模型可以为建筑物提供相关信息，包括空间几何信息、材料资源信息等，由于现代建筑物的结构复杂程度仅凭施工人员无法做到精细的统计，因此BIM及其相关的软件能够提供一些复杂的项目方案优化的可能，如幕墙、异型构件设计等难度较大的分部工程和其他问题，对这些内容做出方案性的优化，可以显著地节约成本和有效缩短工期。

（2）可采用BIM5D技术为依托将合同、方案、施工、成本、进度等方面的管理相关联，实现工程全过程管理。如在施工过程中，质量员、安全员通过5D云平台将质量安全问题上传云端，可及时整理数据，制订整改措施。加强现场质量安全管控有助于企业大数据分析，为以后精细化管理及提高管理水平创造条件，提高项目效益。在进度方面，计划进度、成本预算、实际进度三者可以相关联，软件的预警功能可提醒当前的进度与计划进度偏差，缩小偏差范围及时纠偏，能够更加准确地反映进度滞后的关键点，便于及时调整人力物力财力。在成本控制上，5D技术能够提供准确的成本分析，可以大量减少预算人员繁杂的运算过程，可直接将工程预算录入软件，施工过程中录入实际成本，每月软件可自动分析生产数据，通过线图找出存在的问题，确保资源合理调配。通过软件不仅可以控制成本还可预测成本，帮助预算人员在工程量及资金方面等做到精细化管理。

（3）利用BIM软件可以提前模拟施工现场，优化管理体系。施工人员在面对复杂的设计图纸和规范，无法清楚地了解建筑的整体形状，而利用BIM软件提前对复杂构件建立几何模型，以立体模型让施工管理人员去理解构件的相关信息，并通过可视化功能指导施工和前期的策划。三维场地布置是其中的一种应用，利用Revit软件将施工场地内临时及永久建筑进行摆放，进行可视化，进一步提高现场的空间利用率，减少开工前不必要的麻烦。在进度管理方面，如编制的周进度计划和月进度计划是分开完成的，其协调性差，运用BIM软件可将周进度计划和月进度计划结合到一起，假设后期需要某一时间段的计划或者修改，只需要在这个计划中自行过滤和修改就可自动生成，以方便对现场施工进度进行每日管理，同时还能对施工内容进行进度模拟，确保工期的正常进行和现场的动态管理。安全管理方面，BIM参数化模型能够精确地表达建筑的几何形状，相对于CAD绘制的二维平面图，BIM模型不存在空间几何表达障碍，对复杂的构件能够精确地表达其空间几何信息，通过模型可以将危险源暴露出来，进行有目的的预控，同时将视频系统和主机联网，实时观看实地情况。因此，BIM 技术在施工进度控制和方案优化中有极大的价值。

3　结语

BIM 技术应用是极其广泛的，包括三维场地的布置、结构三维模型建立、土建计量、对进度计划进行施工周期的调整等，可给予施工管理人员更直观地感受，以便更好地进行方案的布置。

综上所述，BIM 技术在建筑工程中占有极大的优势，可以减少施工管理人员的工作量，确保施工的有效开展。BIM 的可视化将以往的二维平面图转换为立体的三维实体模型，使得各参与方能够更好地沟通，提高工程管理效率，保证工程的质量和进度。在工程领域，计算机技术及数字化技术已经展示了其独特的潜力，BIM 技术将引领建筑行业进入更高的层次。

BIM技术在超高层建筑大体积混凝土基础、场布、后浇带超前封闭施工中的应用

易志宇[1,2] 徐志杰[2] 高 伟[1] 宋路军[1,3] 龙华勇[2]

1. 长沙定成工程项目管理有限公司 长沙 410100
2. 湖南省第六工程有限公司 长沙 410015
3. 湖南望新建设集团股份有限公司 长沙 410100

摘 要：随着超高层建筑项目的增加，一系列施工技术问题接踵而至。此类项目一般地处繁华闹市区、场地狭小、周边环境复杂，对现场施工组织管理提出了挑战。本文主要针对项目施工场地狭小、大体积混凝土筏板施工困难的特点，以某项目为例，采用BIM技术进行施工方案、施工动画模拟及场地布置等应用，利用BIM技术可视化、模拟性、协调性等特点，为现场施工作业人员提供便捷的可视化交底，提高了管理人员的沟通协调效率，有效保证施工质量、进度、成本，为项目重难点提供优化方案及技术支持。

关键词：BIM技术；超高层；大体积混凝土

随着建筑行业的不断发展，超高层建筑建设项目的增加，一系列施工技术问题接踵而至，尤其是对地处繁华闹市区、场地狭小、周边环境复杂等项目的现场施工组织管理提出了挑战。如何有效利用BIM技术解决大体积混凝土基础施工组织、狭小场地布置、后浇带超前封闭处理等问题，对我们来说是一种挑战，而通过本例项目中BIM技术的实际运用使这些问题得到了较好解决，对今后类似问题的处理具有一定的借鉴意义。

1 工程概况

本项目为星城天地项目施工总承包工程一标段工程，总建筑面积约20万m^2，地上工程面积约16万m^2，地下面积约4万m^2，位于韶山南路与湘府路交叉路口东北角，1号楼、2号楼、3号楼为超高层住宅、幼儿园及小学各一座，其中1号楼、2号楼住宅地上55层、地下3层，建筑高度176.95m；3号楼住宅地上44层、地下2~3层，建筑高度148.3m。三栋超高层住宅为剪力墙结构。

2 BIM的概念

BIM是建筑信息模型（Building Information Modeling）的缩写，是一种以信息为基础的技术，在施工生命周期中起着重要的指导作用，有着可视化、协调性、优化性、模拟性、可出图性、一体化、参数化、信息完备性的特点。

在以往施工过程中，都是通过Auto CAD软件进行平面绘图及技术交底，此方法虽能体现平面图和立面图，但仍有部分死角、立体矛盾冲突细节无法完全体现，无法将设计师的想法完整表达出来。通过一系列工程案例表明：施工过程中，大部分返工原因是因为现场作业人员没有完全理解图纸所表达的信息，导致不必要的成本浪费，甚至延误工期。

3 BIM实施方案

项目部创建BIM工作站，根据专业配备BIM建筑工程师、BIM结构工程师、BIM机电

工程师。各专业 BIM 工程师工作任务不一样，作业难度也不同，最终将所建模型进行整合，导出动画后进行施工交底。BIM 工作流程图如图 1 所示。

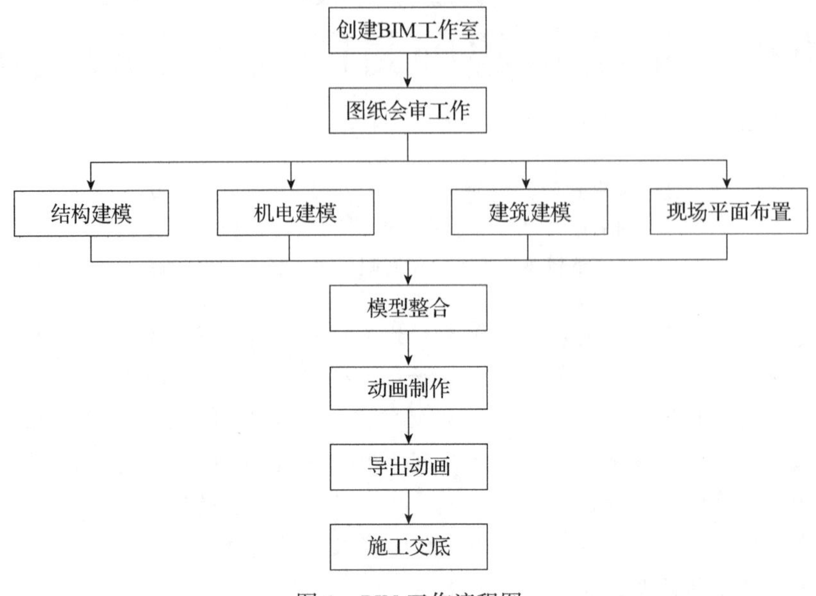

图 1　BIM 工作流程图

BIM 技术人员在指导施工过程中主要使用 Revit 作为主要建模软件和 Lumion、BIM-FILM 进行虚拟建造、施工工艺模拟，BIM 应用软件见表 1。为避免技术人员在建模和制作动画过程中出现卡顿的现象，项目部配备高性能处理器和有专业图形显卡的主机。

表 1　BIM 应用软件

软件名称	软件版本	软件作用	软件名称	软件版本	软件作用
AutoCAD	2018 版本	二维绘图	BIM-FILM	2.0 版本	施工动画制作
Autodesk Revit	2018 版本	建筑、结构、机电建模	Premiere	2018 版本	视频剪辑、导出
Lumion	10.0 版本	渲染、全景图片制作	建 E 网	网站	全景图片合成，生成二维码

4　BIM 技术工程应用

4.1　BIM 技术在大体积混凝土施工中的应用

大体积混凝土筏板施工顺序为：测量放线→准备设备摆放场地→电梯基坑及集水井模板设置→钢筋铺设→钢筋支架加固→冷却水管预埋→混凝土温度计预埋→固定车载泵、汽车泵→混凝土浇筑→混凝土养护→混凝土测温→混凝土取样及试验。

本工程 2 号塔楼基础为大体积混凝土筏板，通过后浇带分隔为 B1 区与 B2 区，塔楼底板与地下室后浇带布置图如图 2 所示。筏板厚度为 2.3m，其中电梯井最深处为 5m，电梯集水井最深处为 6.5m，电梯坑和集水井等落深区筏板厚度为 2.3~5m 与 2.3~6.5m，属于大体积混凝土施工；基础筏板呈方形，横向最大长度为 64.5m，纵向最大长度为 30.1m，地下室底板及主楼筏板布置图如图 3 所示。

底板一次性施工面积约 2250m^2，方量约 5200m^3，为方便现场施工人员施工，将底板分为 18 个区，A1~A9 区和 B1~B9 区。首先，需要 BIM 团队运用 Autodesk Revit 对基础筏板混凝土每个区进行方量计算，具体方量如图 4 所示，再通过建模人员提供的方量确定泵车数量。

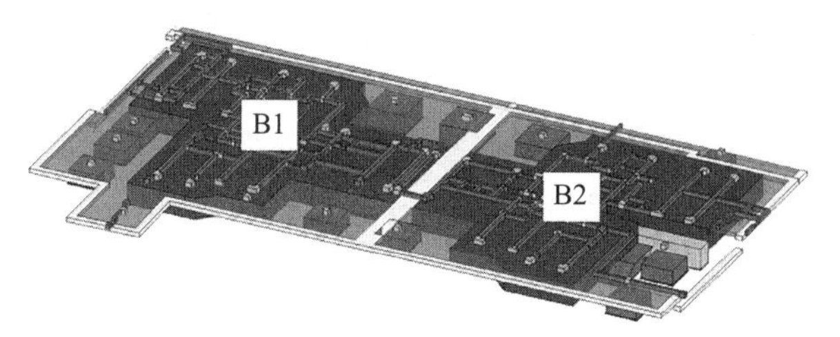

图2　塔楼底板与地下室后浇带布置图

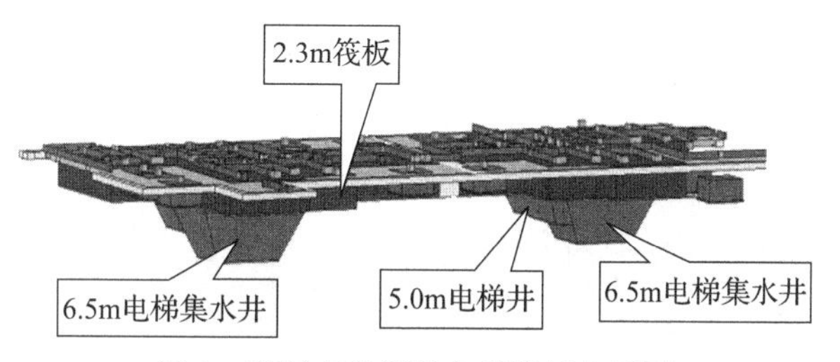

图3　地下室底板及主楼筏板布置图

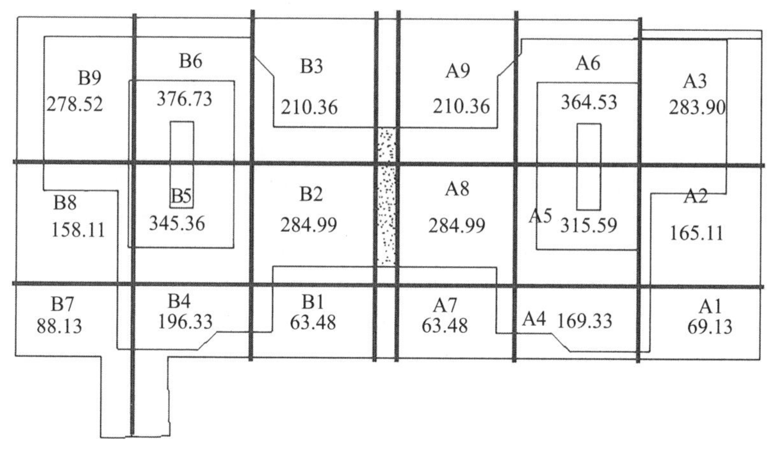

图4　混凝土分区及方量图

通过BIM技术模拟之后最终确定采用以下技术方案进行浇筑：选择大斜面分层踏步式推进（推移式连续浇筑）的浇筑法，斜面分层厚度为500mm。即混凝土从A区向B区浇筑，以同一坡度一次到顶由下而上地向前连续浇筑。沿长边方向自一端向另一端进行（各区内先施工电梯井），电梯集水井及电梯井浇捣示意图如图5所示，筏板混凝土浇捣示意图如图6所示。

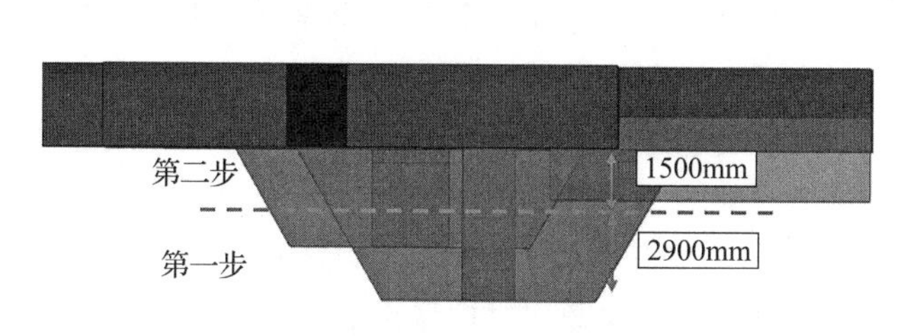

图5　电梯集水井及电梯井浇捣示意图

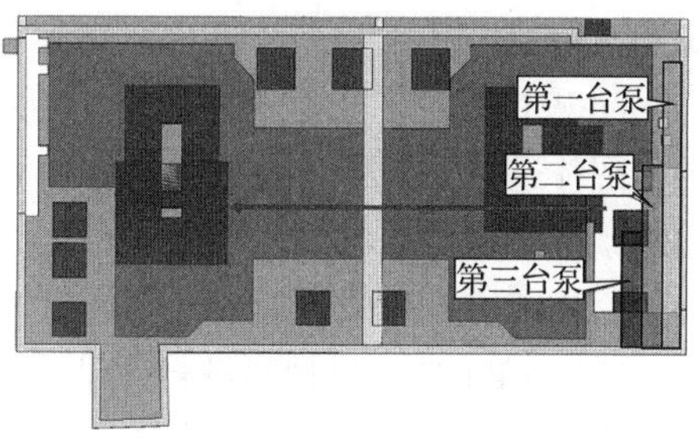

图6　筏板混凝土浇捣示意图

BIM 技术在本例施工中使现场混凝土工作体量、施工重点掌控位置分布有了更直观的参考模型，这为大体积混凝土施工在现场施工组织、场外交通疏导、车辆配备提供了有效参考，使大体积混凝土施工可紧张有序进行，进一步保证了其施工质量。

4.2　BIM 技术在场地布置中的应用

本工程位于市中心地段，项目基坑北向边距红线（市政人行横道）最短距离仅 3.5m（图 7），建筑南侧距红线（以后浇带为界限）最短距离仅 2.2m，施工场地严重受限，传统的 CAD 软件应用形式无法清晰地表述建筑、办公区域、施工设施、施工场地、市政道路之间的关系。为避免二次搬运带来的人工成本及时间损失，项目技术人员采用 BIM 技术对现场进行三维场布，通过三维模型找出布置不合理需要优化的区域。

图 7　基础施工阶段现场图

施工场地包括：办公区用房、升旗台、项目大门、实名制通道、配电房、动态汽车衡器（地磅）、洗车池、钢筋加工棚、机电安装设施加工棚、砂浆罐、班前讲评台、质量样板展示区、砌体堆场、混凝土输送泵车、排水沟、沉淀池。通过 Autodesk Revit 对现场地形及市政道路进行 1∶1 的建模，导入相应族文件，BIM 应用族构件如图 8 所示。

通过公司给出的现场临建设施标准方案文件，运用 BIM 参数化的特点，更改族的尺寸、材质，再将建筑、结构与施工场的模型进行合理规划。因场地狭小，需保证众多设施都完整，同时还需保证现场施工主干道 6m 宽度，雨水收集系统齐全（车道北侧约 300m 排水沟与众多沉淀池），施工建筑四周人员通行区通道安全。

为安全文明施工，保证施工现场及办公区域的整体美观性，技术人员通过公司给出的施工临建设施要求将模型文件导入 Lumion 中，对材质进行更改，并附上贴图，Lumion 效果图如图 9 所示。在后续更改当中只需运用 Revit to Lumion 插件即可同步更改，不需再次导入 Lumion 进行修改。先运用 Lumion 中的 360°全景功能将施工现场全景图片导出，再进入建 E 网将图片进行合成，生成二维码，然后通过手机扫描即可看到已布置完成的施工现场联合动态全景。如需与现场管理人员进行交底，不再需要通过电脑打开相应软件进行协调，发送二维码扫描即可获取设计所表达的信息。

通过 BIM 技术对现场进行三维场地布置，完美避开 CAD 二维图纸信息不完整、表达不清晰的不足，避免了设计中建筑与施工设施之间的碰撞问题，对现场可能出现的问题提前预知，也避免了在施工过程中发现场地设计不合理，特别是施工场地狭小、现场设施有位置更改、

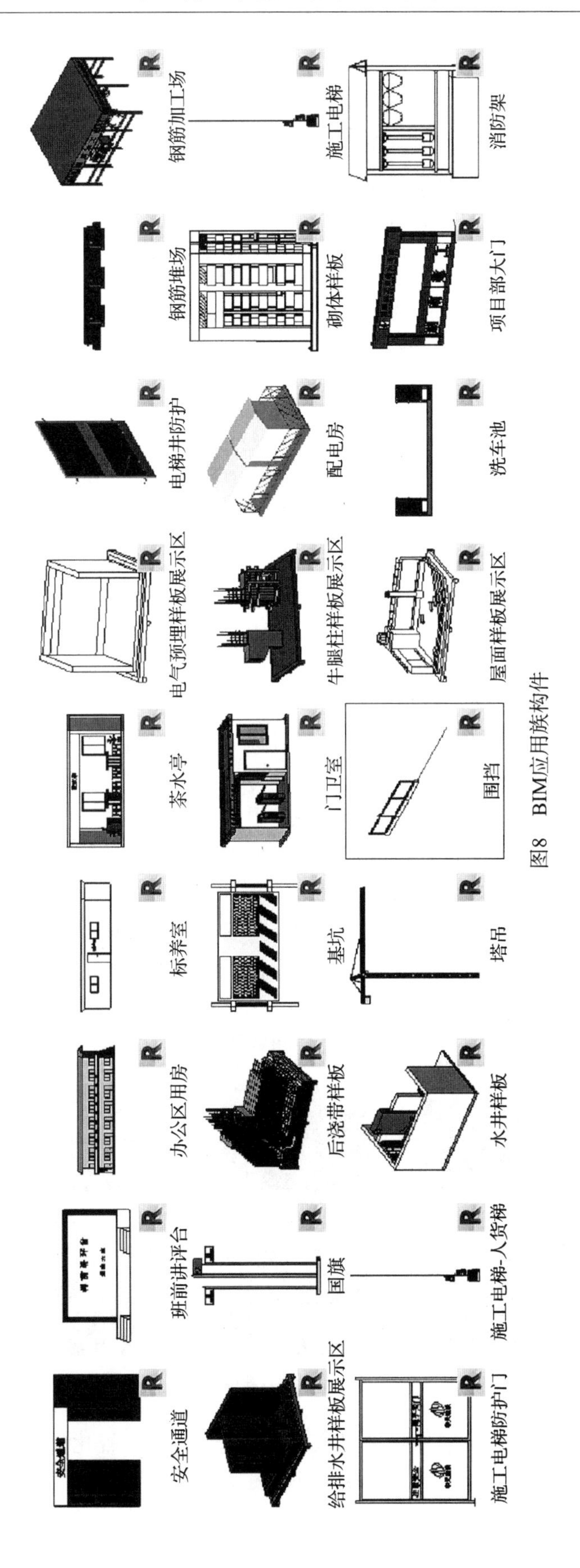
安全通道
班前讲评台
办公区用房
标养室
茶水亭
电气预埋样板展示区
电梯井防护
钢筋堆场
钢筋加工场
给排水井样板展示区
国旗
后浇带样板
基坑
门卫室
牛腿柱样板展示区
配电房
砌体样板
施工电梯
施工电梯防护门
施工电梯-人货梯
水井样板
塔吊
围挡
屋面样板展示区
洗车池
项目部大门
消防架
图8　BIM应用族构件

其他设施也需相应更换位置的情况。

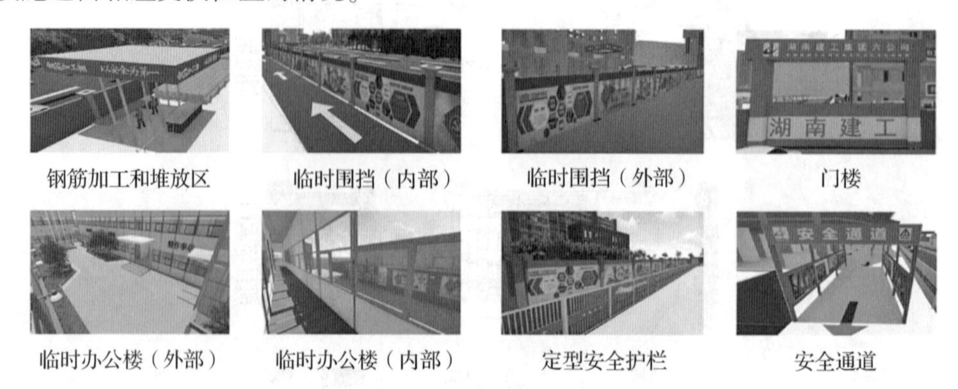

图 9　Lumion 效果图

BIM 技术在本例工程中的实际运用，节约了场地规划时间，增强了全景功能的效果感观体验，代入感强，适时有效地融入项目全体管理人员的集体智慧，使项目管理参与性更强；由于规划方案提前布局，且同时可对不同时段的“场布”进行竖向对比，减少了“场布”在不同时段的相互干扰返工浪费，确保经济性有保障。

4.3　基于 BIM 技术的地下室顶板后浇带超前封闭施工模拟技术

为解决场地狭小，增大现场可使用面积问题，项目现场采用地下室后浇带超前封闭技术（以下称为超前封闭技术）。

由于此新工艺、新技术工序复杂，使施工过程中工艺交底成了一个难题。通过一系列调查，以往的施工技术交底均以文字和图纸形式进行，这种方式虽快捷，却只适合简单、通用性的工艺，在操作繁多、复杂的工艺中却显得乏力，表达出来的信息施工人员往往难以完全吸收，从而导致过程管理不清晰而造成效率低或返工浪费。

超前封闭技术从后浇带支模到后浇带封闭约有 20 道工序，项目部通过 Revit 软件对支撑架、后浇带、土方等从下至上依次建模，再导入 BIM-FILM 中进行动画制作，控制构件的出场顺序及方式。例如防水卷材是土方回填前后进行的，动画制作是用剖切的形式体现，动画截图如图 10 所示。动画完成后对现场进行交底，通过动画的形式让作业人员更加直观地了解整项技术的流程，提高作业人员与管理人员间的沟通协调效率。

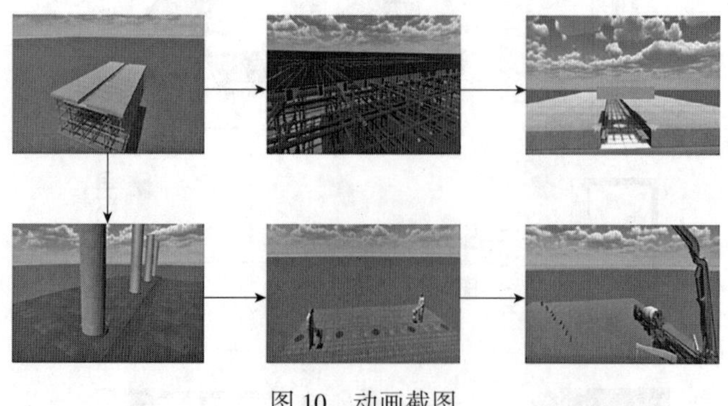

图 10　动画截图

本例工程中运用 BIM 技术，实现项目施工工法的创建、可视化动画视频交底演示直观，分步分工序立体分解，有助于项目施工各层级一线作业人员及施工管理人员对专项施工过程快速全面地了解，从而使施工作业及工程管理更加高效。

5　结语

BIM 技术在大体积混凝土施工、场地布置、复杂工序施工交底中取得较好的成效，通过三维模型确定施工工艺流程，直观地查看现场整体情况，从而有针对性地进行应对。将 BIM 引入施工中，弥补了传统技术的不足，不仅使资源利用更加高效，并且施工数据信息的精准度更高。随着 BIM 在项目中的应用，施工质量显著提高，返工情况明显减少，成本节约也更加数据化和可视化。

参考文献

[1]　胡宇琦，倪茂杰，陈旭洪 . BIM 技术在超高层建筑深基坑施工中的应用［J］. 重庆建筑，2020（11）：33-35.

[2]　张利东，童希明，许闯，等 . 国家会议中心二期基坑工程 BIM 技术应用研究［J］. 土木建筑工程信息技术 . 2021（2）：1.

[3]　谢宏，邓郎妮，秦美玲，等 . BIM 技术在大体积筏板混凝土浇筑过程中的探索应用［D］. 广西科技大学，2019.

智能化三维自动测量施工技术研发与应用

陆孟杰　陈洪根　蒋小军

中国建筑第五工程局有限公司　长沙　410000

摘　要：国家行业标准等验收规范明确指出了工程各阶段、各分部分项工程的实测实量要求，同时房企和购房者对施工实测实量质量要求愈加严格。而现阶段实测实量主要为人工测量，普遍存在耗时长、速度慢、抽测、数据准确度不高、工作枯燥、从业人员越来越少等难题。本文介绍了一种基于三维扫描仪和云计算的全自动化测量系统，该系统可实现单设备单人一分钟内完成房间垂直度、平整度、方正角等多种实测实量任务，并自动生成所需要的交付图表，操作简单、环保高效、经济社会效益明显，有效地解决了目前住宅类建筑实测实量存在的难题，值得推广。

关键词：实测实量；智能化自动测量；单人单工具；图表自动生成

1　引言

户内住宅实测实量工程检测重点囊括垂直度、平整度、开间进深等 7 个主要项目。传统人工测量所需仪器种类较多，包含测距仪、靠尺等多个工具。这种传统测量方式一般为手工测量（图 1）、人工采集数据及计算、墙面抽测等，存在对测量人员熟练度要求高、测量和数据分析速度慢、受人员和仪器误差影响较大、实测实量成本高任务重等难题，不能很好地满足建筑业快速高质量发展的要求。随着全球信息化技术和智能化设备的快速发展，建筑行业迎来了数字化的浪潮。为实现用数字化和智能化手段解决目前实测实量中存在的困难，结合目前快速发展的三维扫描系统、大数据云计算系统和建筑业数字化发展的前景，研发设计了一款智能化三维自动测量施工技术体系，可满足建筑业高质量发展的需求。

图 1　传统实测实量

2　行业现状

2.1　传统住宅实测实量方式

传统实测实量所需仪器种类较多，包含激光测距仪、靠尺等。一般需要 2 个熟练测量工操作。一户完成 7 项测量，熟练工现场操作最少需要 20min，检测完毕后，还需最少 10min 将数据记录及填写在纸上。如果做全面的检查，则需消耗数倍的时间。同时因测量所需仪器种类较多，相关的测量设备在每次检测前均需校对检查，消耗大量时间。可见，传统实测实量方式不能很好地满足建筑业快速高质量发展的要求。

2.2　新兴建筑业实测实量发展现状

为解决传统人工测量难题，部分单位开展了智能化快速测量研究，但现阶段智能化快速测量方案主要还是对测量工具的改进，如智能靠尺（采用传感器可以检测墙面的垂直度、平整度，实现数字显示，图2）、智能阴阳角尺（图3）等设备。但这些设备仅停留在对单一测量工具的改进上，准确度一般，数据缺乏整合，对实测实量整体提升无明显效果。

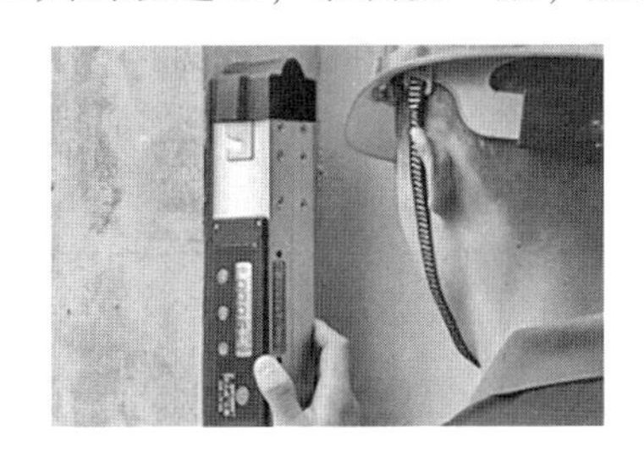

图2　智能靠尺

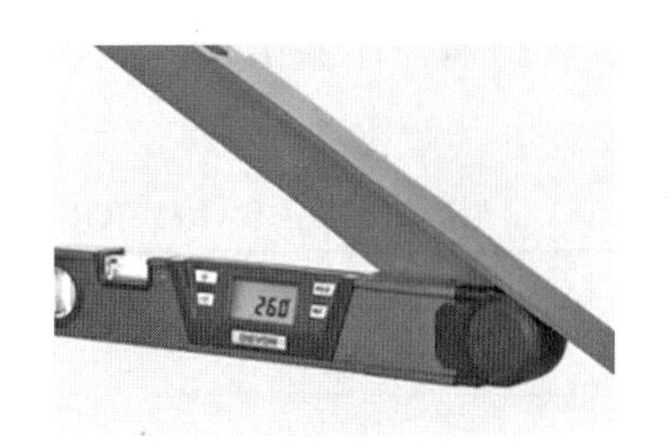

图3　智能阴阳角尺

2.3　三维激光扫描仪发展现状

三维激光扫描仪（图4）以其超强的性能优势可以迅速获取海量的点云数据，随着点云数据获取与处理技术以及点云模型三维重构技术的不断成熟，使得点云的数据量以及点云三维模型的数据量越来越多。如本研究所采用的Faro S70三维激光扫描仪可实现1min完成200多万个点的扫描，在0.6~70m的扫描范围内单个点的扫描精度可达±1mm。运用该三维扫描仪可获得海量的房间坐标信息。

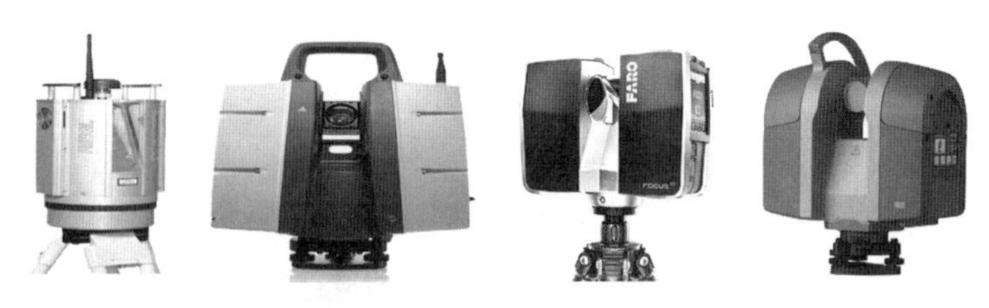

图4　三维激光扫描仪（Riegl、徕卡、法如、Trimble）

虽然现阶段激光测量数据分析手段和方法越来越多，但是多停留在对测量数据本身的分析和扫描建模方面，这些技术在建筑行业未能找到有效的突破口，急需结合建筑业发展要求对测量点云的二次分析，结合高性能的扫描设备设计算法及全新的实测实量方式，实现建筑业实测实量的智能化与数字化。

3　技术研发

3.1　三维扫描仪选取

法如（FARO）三维激光扫描仪（图5）是FARO公司研发的一种新型扫描仪，通过红外线光束的发射传递到镜头中央，通过镜头监测周边环境的激光，接触物体后及时将红外线位移数据反馈给扫描仪，从而计算出激光和物体之间的距离。利用调制技术和转码技术获得各位点的三维坐标。再利用计算机运行扫描，进行建模处理。

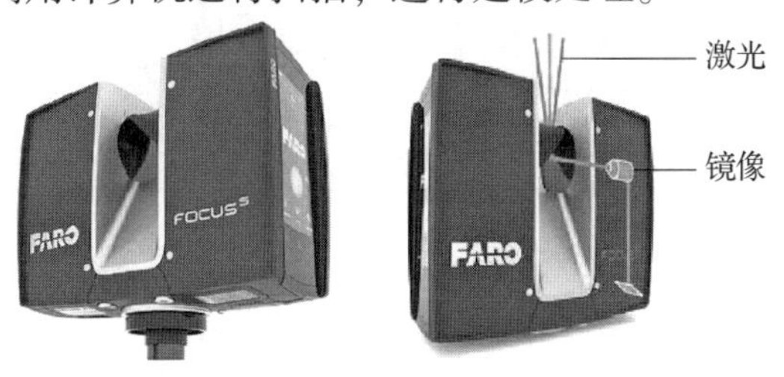

图5　FARO FOCUS S70扫描仪示意图

FARO 三维激光扫描仪具有非接触性、扫描速度快、实时、高精度、主动性强、全数字化等特点，突破了传统测量技术和固定化测量的局限，可以不受时间限制，随时扫描任意物体，将扫描物体的信息快速转换为待处理的数据，可节省大量时间，其具体参数见表 1。

表 1　FARO FOCUS S70 扫描仪的部分技术参数与特点

设备	FARO FOCUS S70 三维激光扫描仪
距离精度	±1mm
测距	0. 6~350m
防护等级	IP54 级防护
扫描视场	360×300
配套软件	FARO SCENE
仪器特点	高精度、高分辨率、高速，可通过内置触摸屏显示器进行直观控制。尺寸小、质量轻，快速充电电池，从而带来了高移动性。逼真三维彩色扫描，通过集成的彩色照相机进行。集成双轴补偿器，以自动校平记录的扫描数据，等等

3. 2　三维扫描仪点云分析关键算法开发

利用 FARO SCENE 软件对扫描来的原始点云数据进行点云生成、多站点云数据拼接以及点云色彩信息附加等前期处理，为后续的扫描点云数据预处理研究与三维场景的可视化提供完整的大场景点云数据（图 6）。

图 6　原始点云数据

通过在点云建立的模型基础上，开发专业算法对模型进行处理，模拟靠尺（图 7）、直尺、水准尺（图 8）等工具分析实测实量需要的数据。

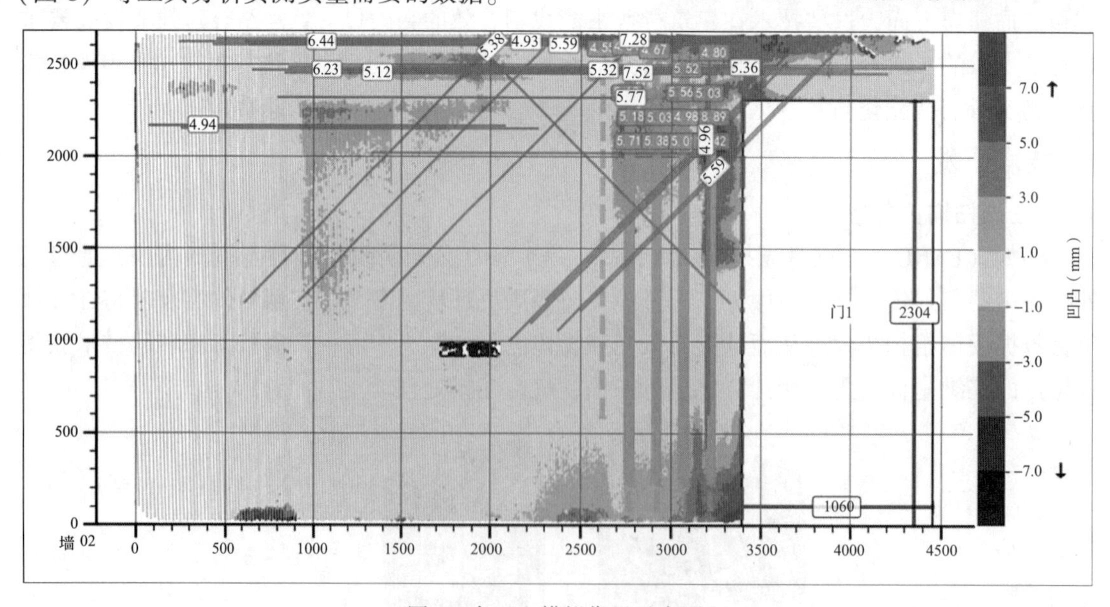

图 7　点云上模拟靠尺示意图

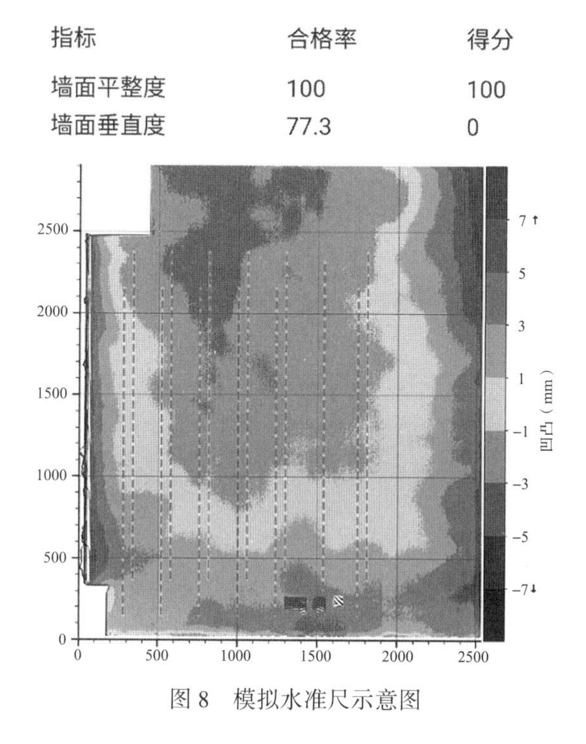

图8　模拟水准尺示意图

计划针对现行实测实量抽测存在的问题，联合当地政府主管部门和行业协会，结合点云计算系统形成实测实量全面测量的地级标准，将单个平面的测量误差运用不同颜色进行标识，正误差运用暖色、负误差运用冷色区分，分析整体墙面的合格率，形成全面测量的测量标准。

3.3　实测实量管理系统建设

基于云计算和大数据处理技术建立中建五局实测实量管理系统（图9），实现数据采集、传输、运算，再到绘图、制表、评分的全自动化，所有现场测量数据同步上传到自主研发的云端管理平台，自动生成符合要求的实测实量交付表格（图10）反馈到手机和PC端。

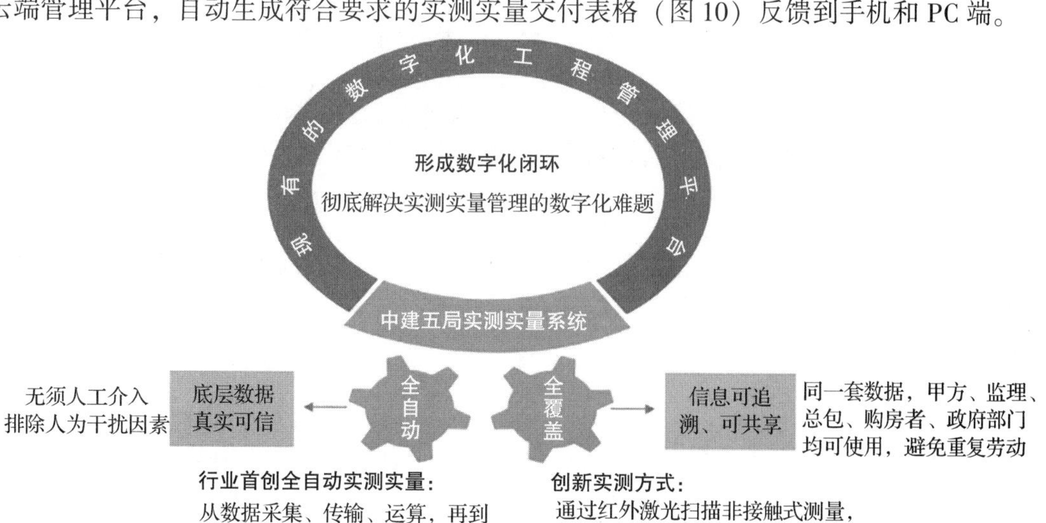

图9　实测实量管理系统流程示意图

住宅工程质量分户验收记录表（空间尺寸）

工程名称：广州雅居乐小雅项目

房（户）号	T311栋T31103房	抽测时间	2020-08-18 03:09:21

房编号	推算值（mm）			实测值（mm）									计算值（mm）					
													净高		开间		进深	
	净高	开间	进深	H1	H2	H3	H4	H5	L1	L2	L3	L4	最大偏差	极差	最大偏差	极差	最大偏差	极差
厅1	2666.9	2059.5	2299.2	--	--	--	--	--	2058.1	--	1741.4	--	--	--	1.4	0	557.8	0
厅2	2715.8	2162.5	2401.2	--	--	--	--	--	1736.4	2118.1	--	--	--	--	426.1	381.7	--	--

图 10　实测实量自动生成交付表格

3.4　自动行走设备研制与开发

研制一款智能自动行走底座（图 11），实现测量机器人的自动行走和测量时的自动找平，节约人力。研发设备自主学习程序，实现设备能够自动规划路线行走。

图 11　自动行走底座研制

借鉴智能扫地机器人的行走记忆自动学习方式，单个户型一次学习，即可实现剩余楼层层面的自动测量功能。

4　操作流程

4.1　基本设置

（1）项目管理设置：录入本项目名称、项目地址、项目负责人等信息，便于区分不同项目（图 12）。

（2）选择不同的的测量阶段（图 13），设置相应的测量参数阶段指标。

（3）选择不同的户型。

图12　添加项目

图13　选择不同测量阶段

4.2　测量任务下发

（1）测量员管理（图14），为本项目的测量员开通测量权限。

（2）当项目开始进入实测阶段时，项目管理员可通过账户登录数据管理系统，进行实测任务的设置和分配（图15）。任务分配完成后，相关任务将同步上传到对应测量员的手机App账户上。

4.3　现场实施

（1）测量员根据手机App上收到的任务（图16），前往指定的任务地点开展实测工作。

（2）测量员到达任务指定的房间后，架设扫描仪，扫描仪开机后在触摸屏上做好相应的参数设置。

（3）点击扫描仪液晶屏幕的“开始”按钮，约5s后，扫描仪开始自动采集房间数据，约1min后，扫描仪复位，本测站扫描完成并保存上传（图17）。

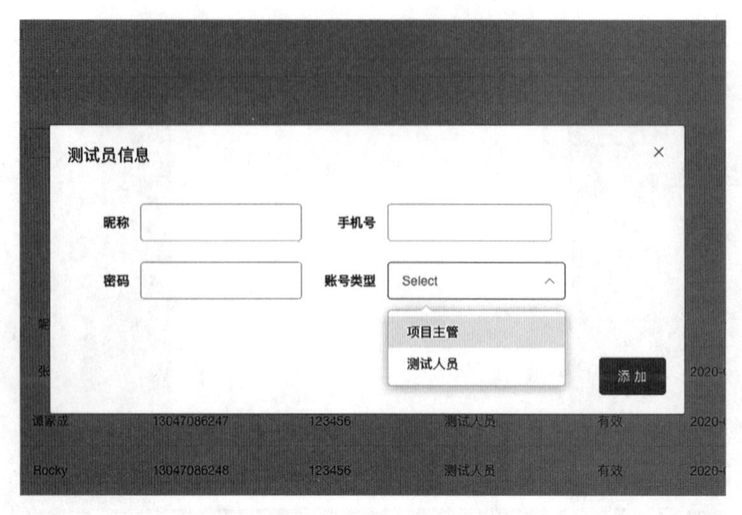

图 14　测量员管理

图 15　测量任务下发

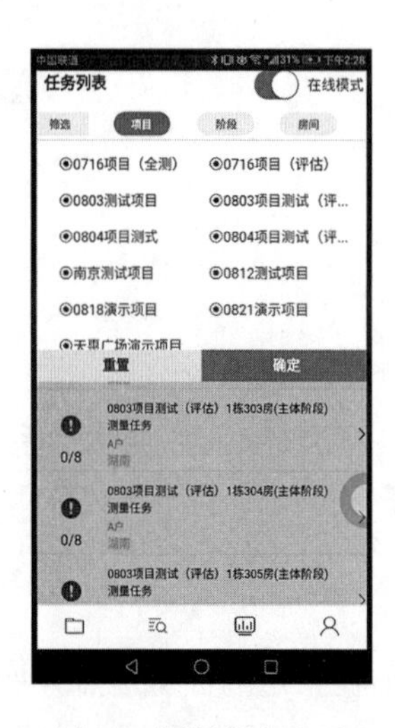

图 16　测量任务查看

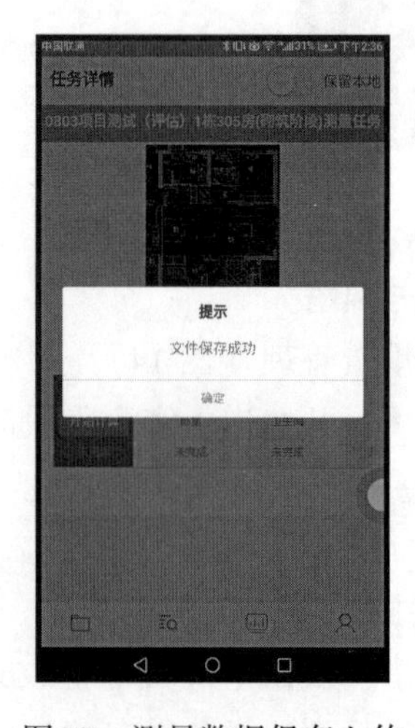

图 17　测量数据保存上传

4.4　数据上传与查看

（1）在手机 App 点击相对应的任务，选择测量测站点击“开始计算”按钮，App 会自动获取扫描仪数据并进行压缩上传至云服务器，云服务器计算完成后会通过手机提示“计算完成”。此时即可在App中查看各实测指标成果图（图18）。

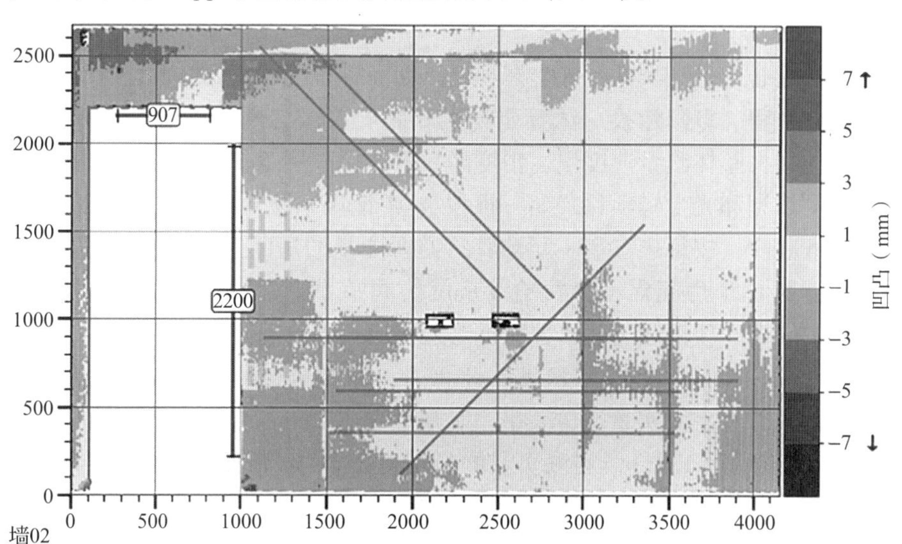

图18　自动生产指标图

（2）实测员每完成一次实测任务，相关数据即通过云平台下发给网页后台，通过手机和电脑向用户输出实测结果，输出形式包括实测成绩数据库、不合格点分布图和综合实测成绩单，最终形成所需的实测实量表格。

5　技术创新性与效益分析

5.1　技术创新性

（1）本研究可实现1min内完成房间垂直度、平整度、开间进深、门洞尺寸、方正角、阴阳角等实测实量数据测量，解决了传统人工测量需要2名测量人员配合、需10min才能完成的难题，实现了快速测量。

（2）本研究三维测量机器人操作简单，不受光线、温度、湿度等外部环境影响。传统人工测量对测量员的技术水平要求较高，否则可能导致测量数据不准确，新入职或者工作经验不足的人员不能有效地开展实测实量工作，速度慢、质量差。采用三维测量机器人，对测量人员水平要求较低，一般管理人员经过简单的培训即可开展测量工作，测量时数据不受测量员测量水平的影响，数据准。

（3）本研究可完美解决测距仪、靠尺、扫平仪、塞尺等多种工具转换的难题。传统情况下实测实量存在测量工具多、携带不便、易丢失等问题，本解决方案仅需要1台设备即可，可实现单人单工具完成全部测量工作，省事省力省时。

（4）本研究可实现所有现场测量数据同步上传至自主研发的云端管理平台，自动生成可定制的实测实量交付表格反馈到手机和PC端，实现测量外业和内业工作同步进行、同步完成。

（5）本研究采用大数据处理和云计算相结合的技术，实现数据采集、传输、运算，再到绘图、制表、评分的全自动化，全程不需要纸张，实现数字化管理。

（6）本研究可实现实测实量的全面测量，拒绝抽测，全方位掌握项目实际信息。

（7）本研究研制了一款自动行走底座，实现测量机器人的自动行走和测量时的自动找平，节约人力。

5.2 效益分析

本技术先后在合肥保利滨湖和光尘樾项目二期一标段（04 地块）、合肥市公共卫生管理中心施工总承包工程、阜阳建投·沐春苑（太和路安置区二期）安置区施工项目、阜阳新华学院等项目应用，整体测量速度快、精度高，大大提高了工作效率，取得了良好的效果。

如合肥保利滨湖和光尘樾项目二期一标段（04 地块）土建及水电安装工程项目，本项目住宅房间约 650 户，按每户三室一厅计算，需要测量的房间达 2600 间，实测实量工程量大，传统手工测量单个房间需双人配合 10min 方可完成，整体完成全部测量任务需双人 26000min，成本较高。项目通过利用智能机器人快速三维自动测量施工工法，可以实现单人单工具 1min 内完成房间垂直度、平整度、开间进深等实测实量工作，所有测量数据均通过云计算自动生成安徽省实测实量交付表格，实现了单人 2min 完成 1 个房间的所有测量工作（单人 5200min 完成测量工作），实测实量测量速度提升 10 倍，见表 2。整体测量速度快、精度高，大大提高了工作效率，取得了良好的效果。

表 2 合肥保利滨湖和光尘樾项目经济效益分析表

技术进步效益分析	固定成本节约	节约工期和项目固定开支，可单阶段实现节约实测实量工期 10d，节省项目固定开支 10 万元
	材料损耗及人工费降低	单阶段实测实量节约人员费（按 1 人每天实际测量 6h 计算）：73d×2 人×500 元/人/d-15d×1 人×400 元/人/d=6.55 万元 节约采购测距仪、靠尺等设备费用共计 5000 元
技术进步创效统计	按主要实测实量三个阶段进行计算（砌体阶段、抹灰阶段和交付阶段）共实现技术创效（10 万元+6.55 万元）×3+0.5 万元=50.15 万元	

单个住宅类项目有效解决直接成本 50 万元，取得了很好的管理效果，具有很强的推广性。

6 结语

智能化三维自动测量施工技术对于加快建筑工程数字化建设和智慧化发展具有重要意义，该技术不同于现阶段对实测实量工具的简单改造，而是采用全新的方式实现实测实量，同时结合大数据和云计算技术使该技术具有较强的先进性，为实测实量和建筑业数字化发展提供了新的方向。可以实现实测实量的全面测量，数据客观准确；同时全过程不需要纸张，节能环保；设备简单，操作方便，安全可靠；符合国家大力提倡的建筑数字化发展和产业转型的要求，未来必将取代传统测量模式。

参考文献

[1] 万邦旭. 竣工测量中三维激光扫描技术的有效运用研究 [J]. 工程技术研究，2019（3）：69-70.
[2] 张松镇. 试论三维激光扫描技术在建筑工程竣工测量中的运用 [J]. 江西建材，2016（1）：219，242.

大空间异型结构与装饰全过程数字化技术综合应用探讨

蒲　勇　谭　凯

中建五局装饰幕墙有限公司　长沙　410004

摘　要：随着科技进步日新月异，社会发展要求各行业摒弃粗放型发展模式，提倡绿色、节能、环保。因此，作为传统实体经济支撑的建筑业，更需要结合专业本身，打造绿色环保的建筑生态圈。本文从有着建筑衣裳之称的装饰装修角度出发，通过数字化信息技术的综合应用，解决传统模式在材料损耗控制、测量放线和大空间异型结构中存在的诸多难题。在数字化技术综合应用的基础上，提高装饰装修板块装配集成率，充分分配产能，提高各类工程材料的利用率，提高生产及施工效率，进而降低人工和材料损耗，从而达到绿色、节能、环保要求。

关键词：数字化；BIM；装配化装饰；3D扫描；建筑全生命周期

1　工艺原理及适用范围

以礼嘉天街项目和威海国际交流中心项目为载体，集各类三维建模、计算、施工、下料软件为一体，以时间线为轴，将其整理为有机结合体，从源头开始管控，吸收优秀做法，通过建模论证新做法，降低全过程损耗。施工过程中通过3D扫描实现精准测量，对空间装饰进行再分配，对各装饰材料精准下单套裁，现场安装精细化管理对号入座，从而提高装饰装修装配集成率和准确率，提高工作效率，质量可控，进而实现工程绿色、节能、环保的综合效益。通过经验集成，对全过程数字化技术综合应用的工艺流程及标准进行一些分享和探讨。其优选技术适用于大空间和异型结构的装饰装修、室内外装饰。对一般大体量的装饰装修项目需要提高其装配率时亦适用。

2　技术应用及效果

2.1　技术介绍（表1）

表1　主要技术介绍

序号	名称	工作内容	适用范围
1	SAP2000非线性有限元分析技术	三维结构整体性能分析	模型比较复杂的结构，如网架等
2	3D扫描及点云数据处理技术	施工现场全景扫描测量，点云数据归集建模	适用于高大空间、异型结构等
3	BIM技术	三维建模，方案论证及碰撞检查	具备普适性
4	装配集成化施工技术	集中加工，装配式施工，提高材料利用率和施工效率	具备普适性
5	Rhino+Grasshopper参数化批量处理技术	在BIM模型的基础上，进行参数化分析、调整，批量导出数据及图纸进行材料精准下单加工	适用于异型结构

2.2　应用效果

2.2.1　全周期管理，减少过程重大变更

通过结构分析和 BIM 模型方案论证，整体结构及装饰体系定稿，减少过程中的设计变更，有利于控制成本。同时，通过全周期的管控，最终实现各项目标。

2.2.2　装配集成化，提高材料利用率和施工效率

集中化加工，有利于质量控制和提高材料利用率，减少施工现场场地占用。通过单元板块装配式吊装，提高了施工效率。

2.2.3　精准测量，降低损耗

采用 3D 扫描技术，实现高大和异型结构的精准测量，有效消化施工误差，实现精准下单，精确安装，极大地减少了施工损耗。

2.2.4　运维快捷、高效

以施工成品的模型移交运维，实现计量和维护的精准定位和快速补料。即使原项目人员调离，通过模型定位和复查料单，亦可实现快捷运维。

2.2.5　全过程绿色、节能

贯穿建筑工程的全生命周期，利用 BIM+3D 扫描模式为基础架构，部分穿插大数据检索运用和企业平台资源库，对于全过程的损耗，从设计角度事前减少一部分，施工装配精细化找回一部分，运维再响应一部分，最终实现全过程的绿色、节能。

3　实际工程应用例证

3.1　工程概况

以礼嘉天街项目大跨度异型采光顶钢结构和装饰为载体进行举例说明。钢结构标准跨度为 24m，最大跨度为 33m，纵向总长为 167.55m。面材采用 6+1.14pvb+6+12A+6 中空夹胶玻璃和双层 3.0mm 厚铝板+夹芯岩棉，各个面材板块随着钢结构的延续变化，分割为不同的三角形。项目团队从采光顶设计阶段介入，参与结构计算，再在过程中进行方案优化及节点论证，强调过程精细化管理，充分运用 BIM 等数字化技术，达到完美交付要求。项目效果图如图 1 所示。

图 1　礼嘉天街项目效果图

3.2　工艺及流程（图2）

全过程数字化技术应用流程如图2所示。

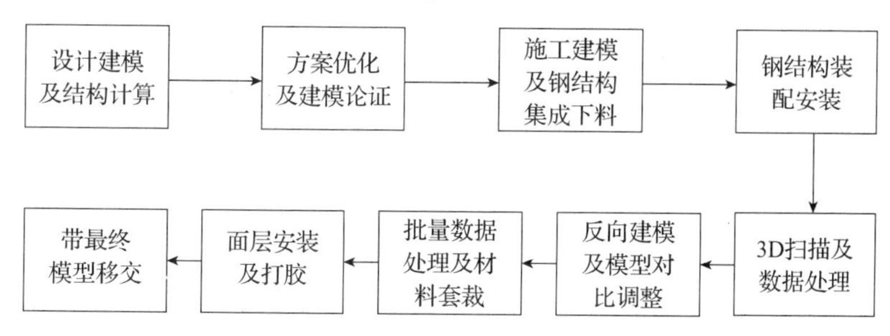

图2　全过程数字化技术应用流程图

3.2.1　设计建模及结构计算（图2）

根据我公司以往红星、仁怀项目，以及实地考察成都大悦城、悠方等项目，礼嘉天街项目采光顶采用单层网壳钢结构作为钢结构主体，结合建筑方案，实现连续性曲面大跨度的采光顶方案设计。综合考虑各类工况，使用SAP2000整体建模分析内力和变形，保障结构安全性。钢结构连接节点过渡件的设计，有效提高了施工阶段的容错率，也更有利于钢结构的加工和安装，及控制加工焊接精度。其连接节点效果、剖面和部分计算过程如图3～图6所示。

图3　钢结构连接节点效果

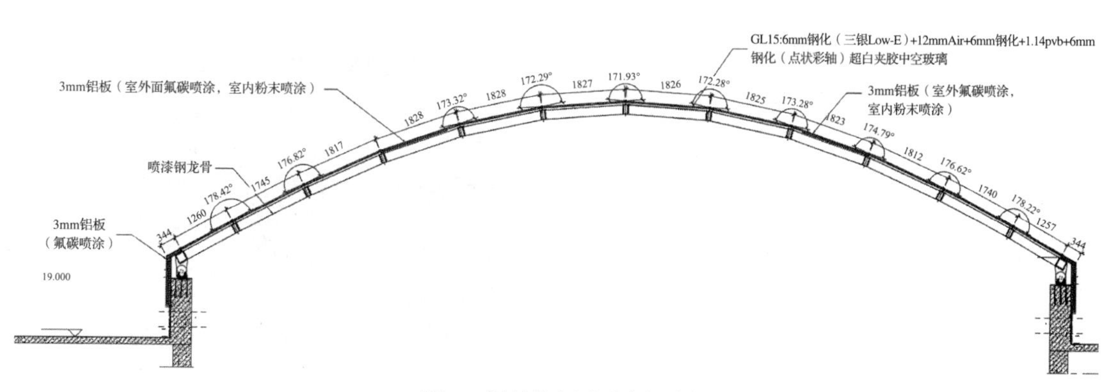

图4　钢结构标准跨剖面图

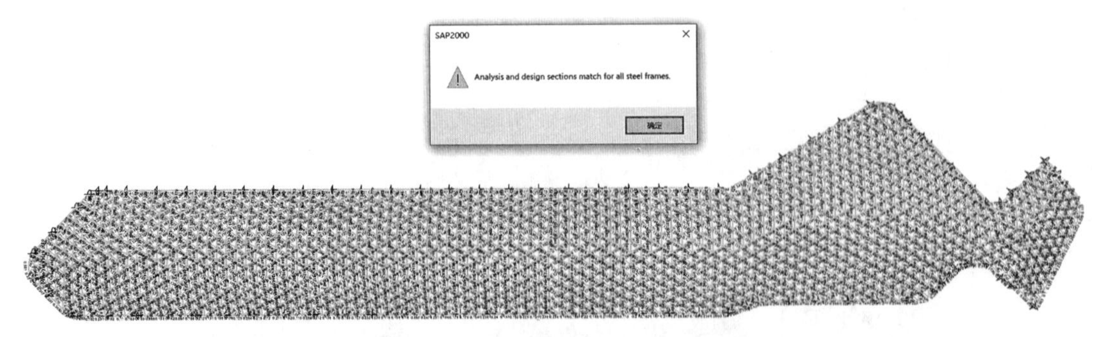

图 5　采光顶钢结构整体建模计算模型

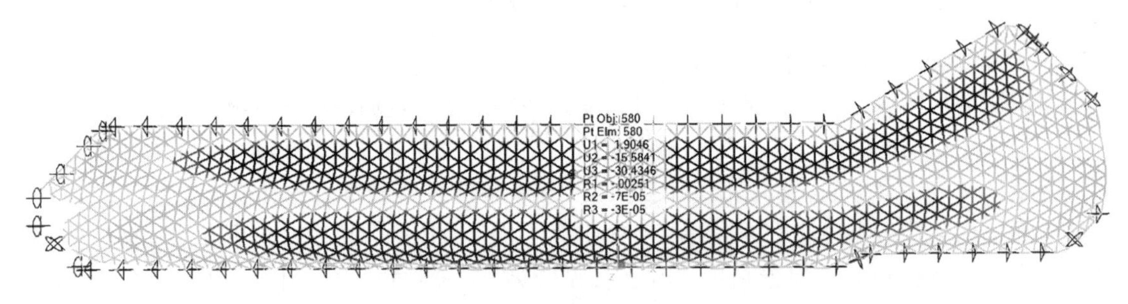

标准值组合df3下变形最大为30.5mm

图 6　采光顶钢结构变形计算结果

3.2.2　方案优化及建模论证

钢结构定稿完毕后，在装饰阶段的设计上，通过数据检索和资料归集，为更好地适应结构曲面变化和变形要求，选择了转轴体系，实现面层板块外水平面夹角 165°～195°的调节，强化了面板装饰适应能力。另外，通过建模分析，本采光顶结构造型为三角形网壳，玻璃面与龙骨面定位非法向投影，玻璃分格线与龙骨定位线在空间错位，集水槽形成可靠连续排水，难度极高。为控制现场质量，采用双道密封胶条进行双层防水密封以确保防水完整可靠。且经过采光顶热工计算结露分析，满足室内不结露要求，因此优化集露槽做法。综上所述，利用专业数据支撑和建模方式，将空洞的理论转化为数字模型，利于各方理解，进一步为后期质量和工期控制创造了先决条件。其具体做法如图 7 所示，建模论证如图 8 所示。

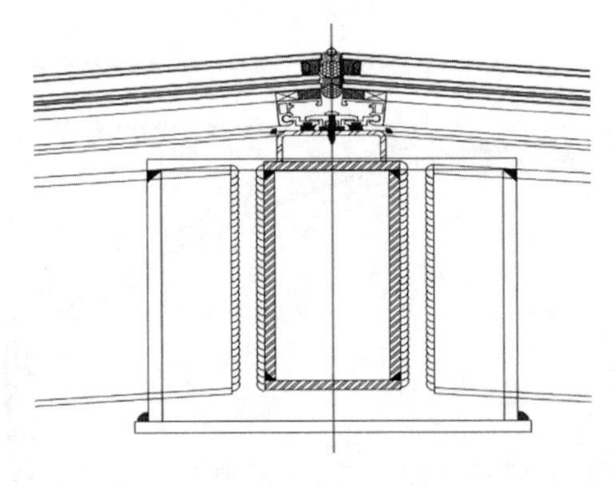

图 7　面层装饰转轴节点构造

图 8　集露槽空间六面碰撞建模检测

3.2.3　施工建模及钢结构集成下料

项目采用Tekla软件在对施工现场女儿墙基础全面复测的基础上，对钢结构进行施工和下料建模，对各杆件、圆筒连接节点、耳板和销轴进行单元板块分析，实现各零配件全部转化为定量数字模型，从而进行统计归类分析和套裁，便于材料采购。同时在工厂焊接组装为各类单元板块，保障焊接质量，提高施工现场的安装效率，最终实现了钢结构的集成下料和装配化，节约了材料和保障了工期。钢结构施工模型如图9所示，下料及加工如图10和图11所示，单元装配板块制作如图12所示。

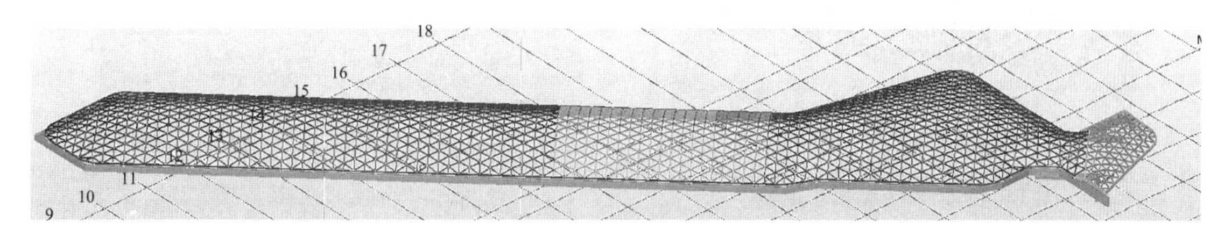

图9　钢结构Tekla施工模型

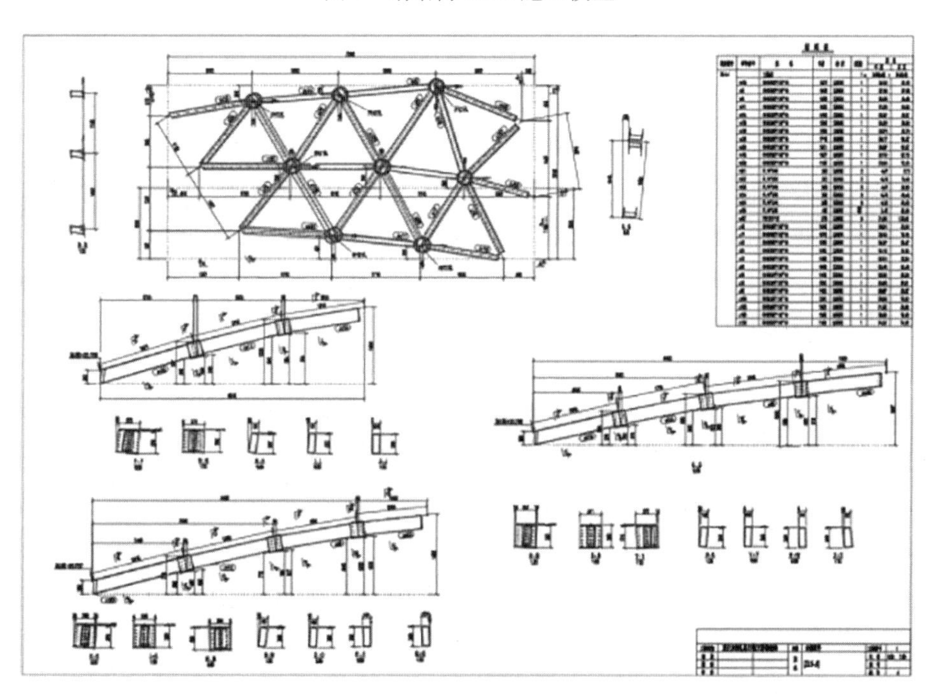

图10　单元板块及批量下料加工图

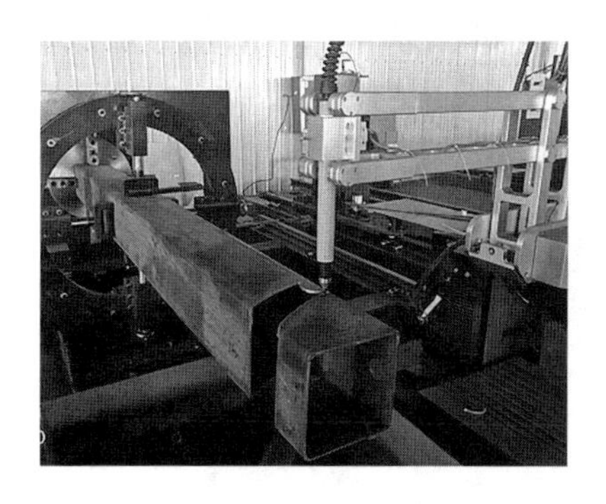

图11　数控相贯线等离子切割钢型材

图12　钢结构单元装配板块工厂预拼装

3.2.4　钢结构装配安装

钢结构装配板块运输至现场后，提前配备好人员及相关工具，根据施工模型提供的坐标定位点，使用全站仪进行坐标定位，使用塔式起重机及辅助胎架进行安装就位。着重控制现场安装人员对板块间和支座的焊接安装作业质量。其具体实施如图13、图14所示。

图13　钢结构装配板块运输

图14　钢结构板块安装

3.2.5　3D扫描及数据处理

由于钢结构为空间曲面结构，存在多处的角度变化，传统的放线测量工效慢、周期长。测量人员长期位于钢结构表面作业，较为危险，且测量结果无法兼顾整体的平整度、美观要求。因此，项目引进3D扫描技术，使用徕卡RTC360型号扫描仪，仅需相邻间隔10m设置扫描站进行扫描工作。整个采光顶表面积近4000m^2，3d扫描完成，扫描第一段后，立即用Cyclone REGISTER进行点云数据处理。整体扫描+数据处理历时7d，大大缩短了测量时间。其实施过程如图15、图16所示。

图15　现场3D扫描

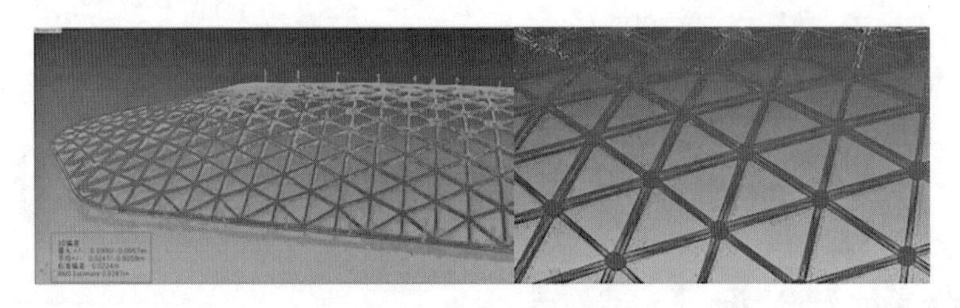

图16　点云模型数据

3.2.6　反向建模及模型对比调整

根据点云数据模型，与理论BIM模型进行叠合对比，局部对BIM模型进行修整，逆向建模得到与现场实际结构一致的钢结构数字模型，有效地消化了钢结构现场施工误差。其过程如图17、图18所示。

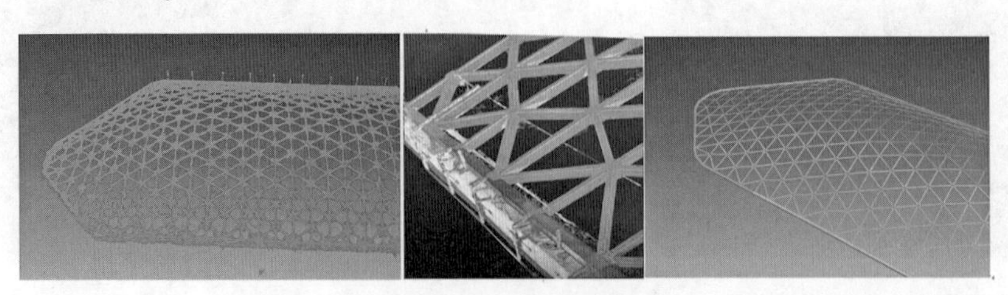

图17　逆向建模过程

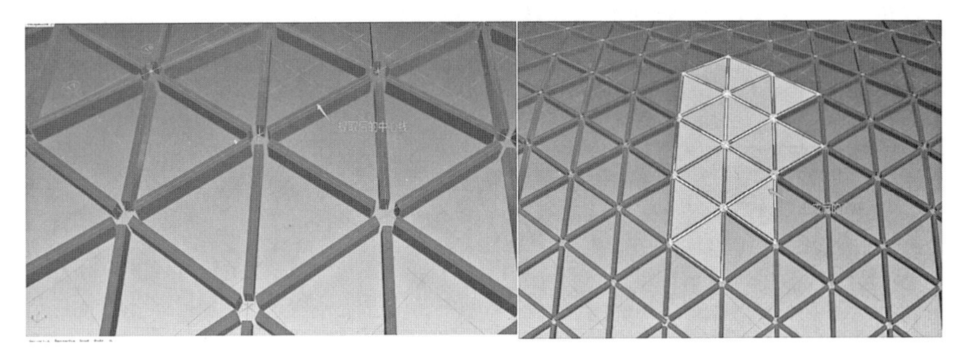

图 18　模型修正过程

3.2.7　批量数据处理及材料套材

根据修正后的模型，利用 Rhino+Grasshopper 进行面层材料参数化建模优化、分析和批量编号，导出 1∶1 加工图。实现材料的批量化套裁和加工，提升工效，降低损耗。其过程如图 19、图 20 所示。

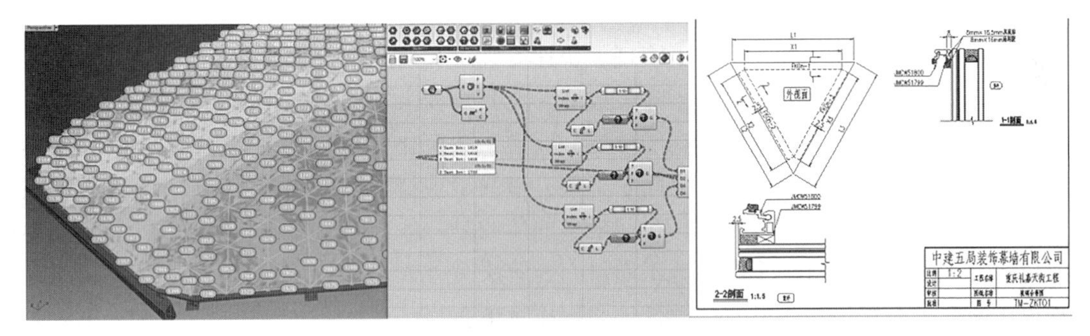

图 19　模型批量参数化及数据导出

图 20　材料批量加工

3.2.8　面层安装及打胶

根据模型及导出的统一编号图，面层材料运输至现场后，对号入座数字化参数安装，整体效果良好。整个采光顶共计 3800 块各不相同的面层板块，因尺寸或角度不符引起的损耗几乎可忽略不计。面板安装完成后，进行双道密封胶的注胶工序，严格注胶环境及质量，防止漏水。其施工过程如图 21 所示。

3.2.9　最终模型移交

整个装饰施工完毕，经过专项验收合格后，现场实体移交于建设单位。同时，在资料移交公司工程售后时，将最终的模型也一并移交。当项目当事人员调离或其他情况发生时，即刻调出模型，对号入座查询、下单，做到响应及时、维护及时，为公司赢得良好的市场口碑。

图 21　面板安装及打胶

4　结语

文中工程项目通过数字化技术的充分利用，实现结构到装饰的装配集成施工，减少了现场施工场地占用，提高了施工工效，实现了快速安装。相对于传统模式而言，其在提高材料利用率和降低施工损耗方面，取得了显著成绩。尤其是在大空间异型装饰装修工程中，解决了传统二维模式难以测量和精度不高的顽疾。而且，数字化技术在建筑全生命周期的综合运用，全面节约了材料和劳动资源，提高了工效，节约了项目建设工期和运维周期，符合可持续发展要求，对于各单位均有利，其时间成本的节约是一般经济效益不能衡量的。同时，大量集成化装配的运用更有利于提高施工质量。为解决劳务人员老龄化和匮乏、培养产业化工人提供了新的思路和途径，具有广泛推广和应用价值。

参考文献

[1]　王仑，王志明，焦建军，等 . BIM 技术在装配式结构施工过程的综合研究与应用 [J]. 建筑技术，2019，50（8）：910-912.

基于倾斜摄影的BIM可视化技术在建筑方案设计中的应用研究

冯新儒 蒋春桂 杨小龙 肖 豹

中国建筑第五工程局有限公司 长沙 410000

摘 要： 本文以江苏园博园景区项目工程的大场景BIM方案设计为例，介绍通过使用无人机倾斜摄影实景建模技术建立场景DSM（Digital Surface Modeling）模型，结合LUMION场景渲染软件成功以沿途京沪高铁乘客为视角对江苏园博园宣传标语立牌进行视域分析，方案渲染出具BIM效果图，供业主比选和敲定宣传标语立牌的设计方案，验证BIM可视化技术作为方案比选核心应用之一的优越性。

关键词： BIM；倾斜摄影；视域分析；LUMION；方案设计

倾斜摄影技术是国际测绘领域近年来发展起来的新兴技术，已经在众多领域被广泛使用，如建筑设计、地图制图、施工和建造等。倾斜摄影通过无人机在空中对研究环境进行五向飞行，并收集影像数据，从而获得研究环境的空间三维信息。收集的影像数据通过Context Capture空中三角测量算法，构建不规则三角网TIN三维模型框架，将影像表面纹理信息进行映射，生成有真实、自然纹理的高分辨率实景三维数字表面模型DSM。DSM可以直观地表达地物的高低起伏，是构建空间基础框架数据必不可少的数据。本文以江苏省南京市的江苏园博园项目为例，介绍无人机倾斜摄影BIM技术在方案设计中的应用。

1 方案背景

江苏园博园位于江苏省南京市江宁区汤山区，北邻东西向的京沪高铁线，如图1所示；本方案计划在江苏园博园北侧二号入口附近的商业街附近设立江苏园博园景区的宣传标语，旨在向乘坐京沪高铁线的乘客直观地展示项目宣传标语。采取倾斜摄影实景建模的方式完成方案设计中的大场景视域分析并深化设计，为方案决策提供依据，从而保证和优化景区宣传标语立牌的实用性、经济性和美观性。

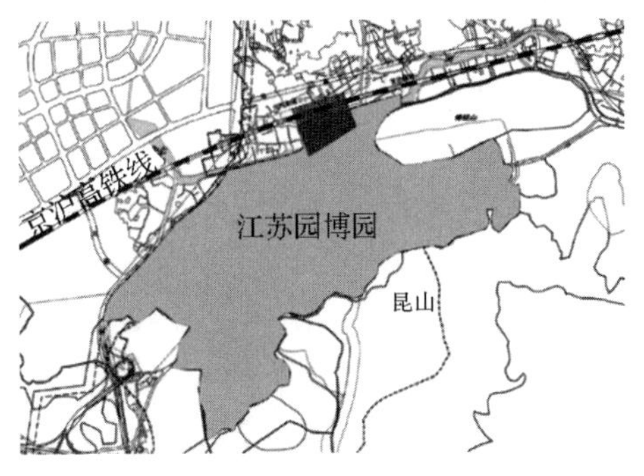

图1 项目地图

2 方案流程及原理

2.1 方案流程

通过BIM应用模拟工程设计方案的效果，为业主提供决策依据，确定最优的方案。针对江苏园博园宣传标语立牌计划放置区域如图1中深色标识区域，进行无人机倾斜摄影作业，收集的影像数据在Context Capture软件数据处理后建立实景场景DSM模型，并与二维CAD设计图纸建立的各专业BIM模型整合，为方案视域分析打下基础。江苏园博园宣传标语方案设计的流程图，如图2所示。

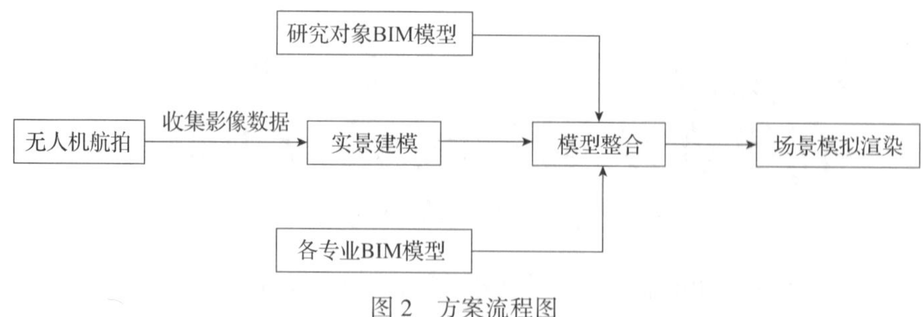

图 2　方案流程图

2.2　方案原理

在 Revit 中建立的研究对象江苏园博园项目宣传标语立牌 BIM 模型附有方案需求设定的尺寸、字体、材质等参数信息。通过倾斜摄影收集的影像数据创建的场景 DSM 模型，表达了现场研究环境的地物空间信息。将研究对象模型与倾斜摄影模型在 LUMION 中整合并渲染，出具方案效果图和视域分析视频作为方案比选依据，具体的方案原理关系图，如图 3 所示。

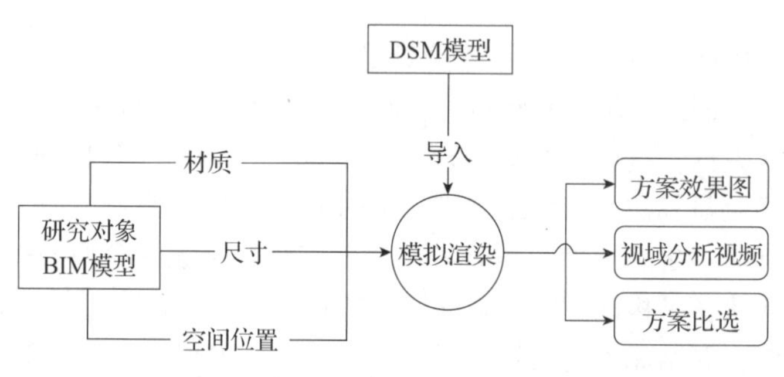

图 3　方案原理关系图

3　应用实施

3.1　飞行数据处理

无人机搭载的数码相机存在光学畸变，光学畸变是影响像点坐标的关键因素，光学畸变会使物点、像点和投影中心点不共线，影像的形状发生变形，同名光线不再相交，从而降低了获取影像数据的精度，造成系统性误差。

大疆无人机镜头畸变参数存储于图像文件中，在空中三角测量计算中使用这些参数，可以提升三角测量中有效点位数量和倾斜摄影模型的精度。在 Context Capture 软件中进行空间三角测量，确定无人机拍摄位置，如图 4 所示。空间三角测量完成后，开始倾斜摄影模型重建，生成格式为 DAE，用于 BIM 可视化分析。运行电脑内存为 64G，由于实景建模场景大，模型精度高，对模型进行自适应切块，32G 内存用于模型产生，模型被分为 28 个“瓦片”进入建模队列。最终的模型成果为这 28 个“瓦片”的结合体。

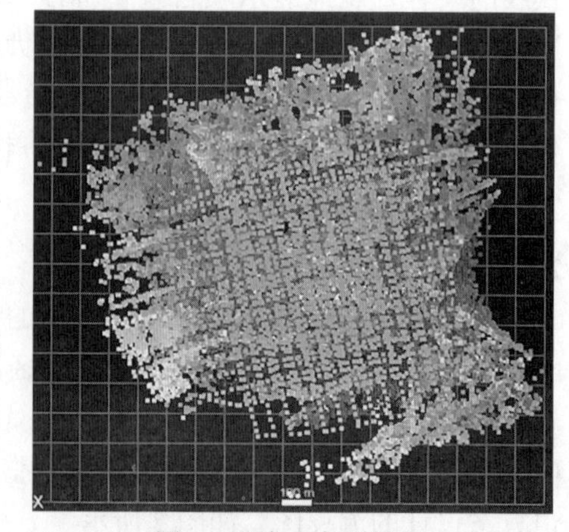

图 4　空中三角测量图

3.2　模型整合

将倾斜摄影产生的28个“瓦片”实景模型进行整合，这些“瓦片”的纹理对应无人机取景范围内的实景地物，如图5所示。整合后的模型在范围上完全满足方案设计的视域范围，为了让方案模拟在视觉上更加符合实际，但不增加繁重的航拍工作，本方案将倾斜摄影模型与视域中能看到背景处的BIM模型结合，此BIM模型包含CIVIL 3D生成的卫星照片贴图地形地表模型和实景中能看到的包含道路市政等多专业模型。补充后的模型，充实了方案视域分析中对整个场景的模型需求。在LUMION的场景渲染中能有更好的表达，整合完成的模型如图6所示。

图5　倾斜摄影模型

图6　整合模型

3.3　效果模拟

研究对象上，在LUMION中将江苏园博园宣传标语立牌模型放置在整合模型中的对应位置上，通过LUMION调整研究对象的材质，让模型更加真实。在沿途的高铁乘客视角上，本方案在倾斜摄影实景模型建立的高铁高架桥铁道模型上，将视角定位到车厢内乘客人眼位上，透过列车的车窗，真实模拟沿途乘客对宣传标语的视觉感受，如图7所示。在视域分析上，由于人眼视角与50mm焦距相机参数取景相近，不会增加人眼的视域范围，不会有广角和长焦的相机效果，所以本方案将LUMION中相机50mm焦段作为模拟高铁乘客视域的参数。

图7　乘客视角位置图

4　方案成果及分析

4.1　方案成果

在LUMION中完成参数设定后，渲染出方案效果图，如图8所示；将LUMION中的环境调整到夜晚，通过更改材质的自发光参数和增加在场景中的灯光素材后进行渲染，模拟出研究对象在夜晚的灯光效果，如图9所示。

图8　BIM方案效果图

图9　夜景效果图

4.2 方案分析

在效果表达方面，此方案基于 DSM 场景模型渲染出的 BIM 效果图中包含实景纹理的地物环境模型，让效果更加真实；同时，由于无人机相机的大光圈和长焦的特性，单纯利用无人机航拍照片直接制作的效果图画幅很大，不利于视域分析；本方案利用 LUMION 软件确定相机的焦距来模拟人眼的视域，更好地模拟出高铁乘客的视觉效果。在方案设计流程方面，研究方案以倾斜摄影提供的 DSM 实景模型为基础，通过模型整合的方式，先输出研究对象的参数，再根据参数出效果图，在研究方案的效果图上，研究对象的参数是可以控制的变量，这样出的结果可以直接进行方案比选。通过倾斜摄影 BIM 技术来协助方案设计的方式，使实景重现在模型中，体现了 BIM 技术的信息化，让研究对象参数化并模拟人眼的视角进行视域分析，体现了 BIM 技术的智能化，科学的方案设计流程符合当下建筑设计的热点——BIM 正向设计的观念。

5 结语

本文提出利用倾斜摄影进行可视化分析协助 BIM 正向设计的方法，针对沿途高铁乘客进行江苏园博园项目宣传标语立牌的视域分析模拟的案例研究。其中，通过对倾斜摄影生成研究环境 DSM 模型的场景渲染，模拟方案效果在现实中的表达，为研究对象的方案设计及比选提供依据。倾斜摄影实景建模技术的信息化、智能化和真实的特点，有助于 BIM 应用的创新和实用落地，同时为 BIM 正向设计提供思路和决策依据。

参考文献

[1] 冯启翔．基于无人机倾斜摄影技术的三维实景建模技术研究［J］．地理空间信息，2018，16（8）：34-37.

[2] 张数，杨德宏．数字近景摄影测量的二维影像三维建模的关键技术应用［J］．软件，2018，39（2）：133-138.

[3] 李永利，卢小平，侯岳．倾斜影像三维建模方法与应用［J］．河南科技，2017（19）：30-32.

[4] 刘宇，郑新奇，艾刚．无人机遥感真正射影像高精度制图［J］．测绘通报，2018（2）：83-88.

[5] 杜培贞．基于近景摄影测量的建筑物变形监测研究［D］．青岛：山东科技大学，2007.

[6] 连浩东．基于无人机影像的建筑物变化量提取研究［D］．西安：西安科技大学，2013.

BIM技术辅助钢网架拼装球形节点测量定位技术

杨玉泽　谢　地　许　梦　孙志勇　刘　毅

湖南省第三工程有限公司　湘潭　411101

摘　要：钢结构异型网架拼装、吊装新工艺相比传统方式，此技术提高了施工中的紧凑性及顺畅性，减少了工期；提升了大型、异型结构施工中的精度把控，很好地适应了时代建筑的发展要求。

关键词：异型钢结构；BIM；球形节点测量定位

1　工程概况

岳阳浮空器总装、试验厂房项目，该工程的主体钢结构（钢网壳）长124.4m、宽64m，高65.5m，采用双层椭圆柱面网架+四角锥单元结构形式，网架结构杆件为圆管，节点采用焊接球节点（图1）。铝嵌板幕墙造型复杂，端部为异型双曲，整个网架展开面积约为26200m^2，总用钢量2400t。该工程精度要求非常高，采用此技术，成功解决了异型建筑在施工中对缝及精度等难题，完美展现建筑的设计美感。该项目荣获2019年中国建筑金属结构协会颁发的“中国钢结构金奖”。

（a）

（b）

图1　岳阳浮空器总装、试验厂房钢网架

2　技术特点

此技术的主要特点是通过BIM技术提供高精度依据，配合函数计算式，提高拼装、吊装过程中调整的紧凑及顺畅性，节省机械成本、降低工人高处作业风险及缩短施工周期。

（1）通过BIM精确建模，球心理论坐标精度高；

（2）在施工拼装、吊装过程中，BIM技术可多次辅助精度把控；

（3）通过模型球心理论坐标和小程序计算与实测坐标对比，施工调整时间短，实现小节拍、快流水作业，加快施工速度，节省机械和人工成本。

3　适用范围

此技术对大型、异型钢网架的施工定位有显著效果，也适用于一般规整形状的钢网架施工。

4　工艺原理

（1）通过钢结构软件建立高精度 BIM 模型，获取所有球心坐标及半径。

（2）依据球面方程公式 $(X-X_0)^2+(Y-Y_0)^2+(Z-Z_0)^2=R^2$，在拼装单榀网架和吊装施工过程中，通过反光贴，实测某个球面上任意 4 点的坐标［(X_1, Y_1, Z_1)，(X_2, Y_2, Z_2)，(X_3, Y_3, Z_3)，(X_4, Y_4, Z_4)］，将 4 点坐标带入球面方程，得到以球心坐标 X_0，Y_0，Z_0 和半径 R 为未知数的四元二次方程组［$(X_1-X_0)^2+(Y_1-Y_0)^2+(Z_1-Z_0)^2=R^2$；$(X_2-X_0)^2+(Y_2-Y_0)^2+(Z_2-Z_0)^2=R^2$；$(X_3-X_0)^2+(Y_3-Y_0)^2+(Z_3-Z_0)^2=R^2$；$(X_4-X_0)^2+(Y_4-Y_0)^2+(Z_4-Z_0)^2=R^2$］，通过小程序输入 4 点坐标，得到实测的球心坐标及半径。

在设计蓝图中已知网架球理论半径，考虑加工误差，将理论半径作为已知数代入方程组，会导致数据偏差。所以在施工中，将网架球理论半径作为一个校核条件，当程序计算出的网架球半径与理论半径差值大于±5mm 时，应对该网架球重新测量。如差值小于 5mm 时，表示这组计算值有效，再通过对比 BIM 模型球心理论值与计算值 X_0，Y_0，Z_0 的差额调整吊装方向。

5　工艺流程和操作要点

5.1　工艺流程

（1）单榀钢网架拼装。

建立高精度网架模型→网架模型合理分区→在 BIM 模型中将立着的单榀网架按拼装方式倒横，收集网架球心相对坐标→建立加工控制网→胎架制作→每个焊接球上贴 4 个测量反光贴→复核球心相对坐标→无误后连接杆件焊接→焊接点探伤、合格后除锈防腐。

（2）网架吊装。

建立高精度网架模型→在 BIM 模型中将单榀网架按模型位置，收集网架球心相对坐标→建立施工测量控制网→测量吊装网架球心反光贴组→将球表面任意 4 点实测值输入小程序→与模型球心理论坐标对比、调整网架吊装位置→无误后焊接、探伤、除锈、防腐→钢架与滑移平台临时固定。

5.2　技术操作要点

（1）建立高精度网架模型。

钢网架按设计图纸要求，进行高精度深化建模（图 2）。

（2）网架模型合理分区。

结合工程实际情况，考虑分块划分重量、外形尺寸、安装高度、机械性价比等综合因素，将主体钢结构网架划分为 48 个安装大分块，其中侧面墙体 24 个分块，山墙 12 个分块，屋盖 12 个分块（图 3、图 4）。

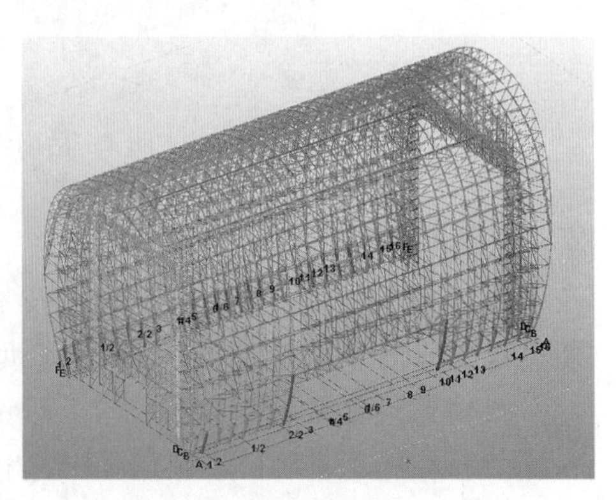

图 2　钢网架高精度模型

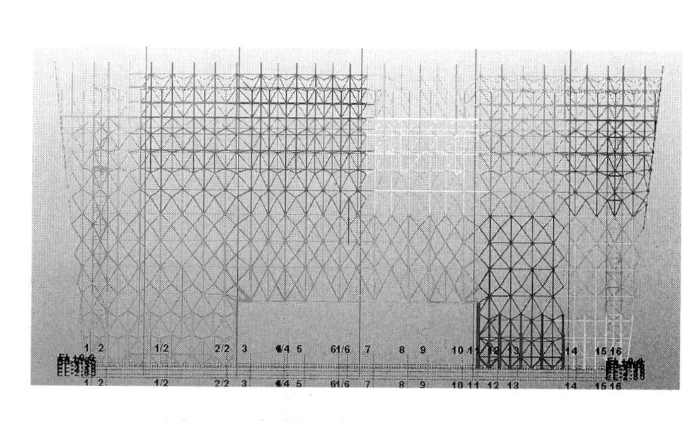

图3　网架模型合理分区（按颜色）

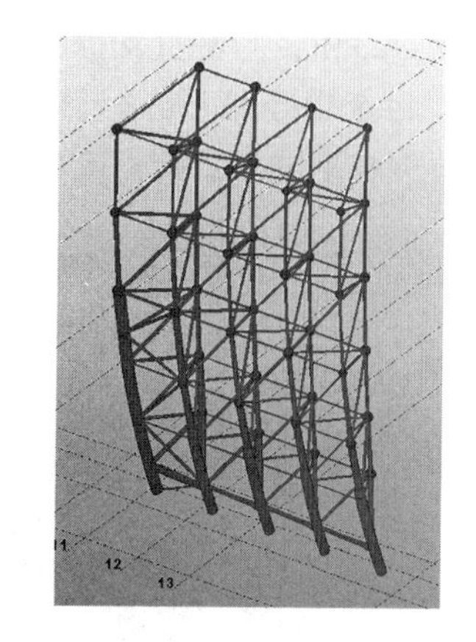

图4　单榀钢网架在模型中的定位位置

（3）在BIM模型中将立着的单榀网架按拼装方式倒横，收集网架球心相对坐标（图5）。

将每块网架单独提出，按方便加工的倒横方式调整模型，收集单榀网架新形态下的球心相对坐标（图6）。

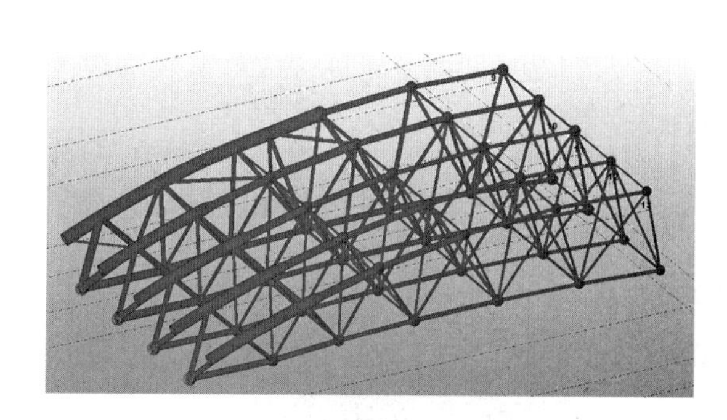

图5　单榀钢网架在拼装中的定位位置

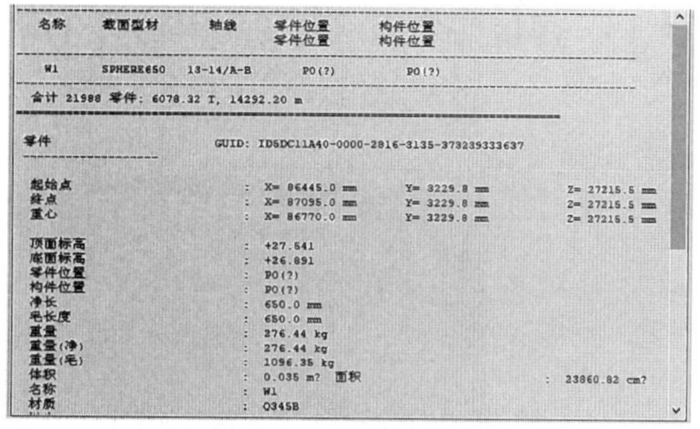

图6　转换之后的球心相对坐标数据

（4）建立加工控制网。

在规划加工区域浇筑垫层混凝土，保证加工区域平整，在垫层上弹出加工控制网，并在拼装前，通过三维动画对人员进行技术及安全交底（图7）。

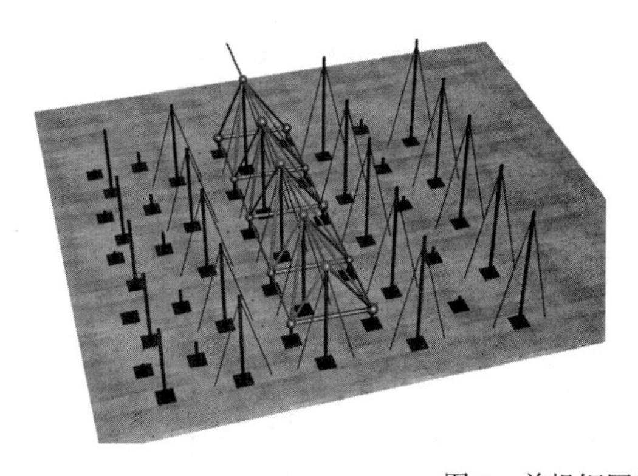

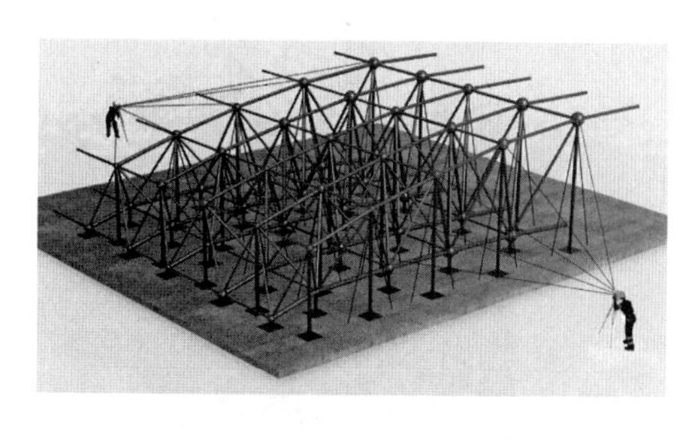

图7　单榀钢网架拼装工艺动画

（5）胎架制作。

拼装胎架垂直方向采用圆管支撑，规格ϕ168×8，材质Q235B，长度300～5000mm不等（具体根据网架弧度现场放样确定）；垂直支撑大于2m的设斜撑，斜撑采用规格为ϕ89×4圆管，材质 Q235B，与垂直支撑夹角不小于 30°（图 8）。

（6）每个焊接球上贴 4 个测量反光贴。

将四个测量反光贴贴在网架球安装位置处，朝内朝下的一面，方便施工测量（图 9）。

图 8　现场胎架

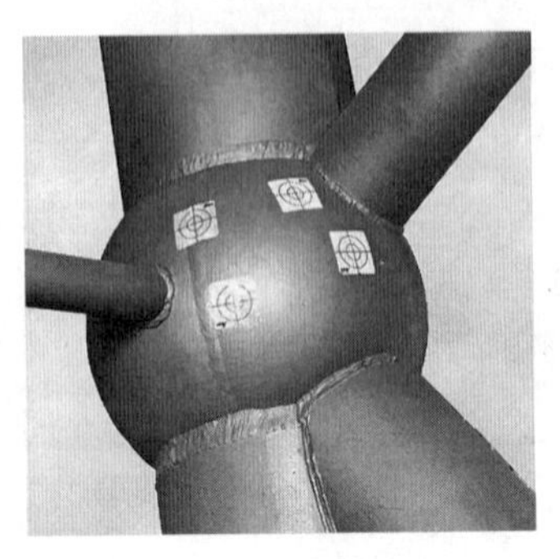

图 9　球上 4 个任意位置测量反光贴

（7）复核球心相对坐标。

（8）无误后连接杆件焊接。

（9）焊接点探伤、合格后除锈防腐（图 10）。

图 10　现场单榀拼装焊接

（10）在 BIM 模型中将单榀网架按模型位置，收集球心在网架安装位置处的坐标（图 11）。

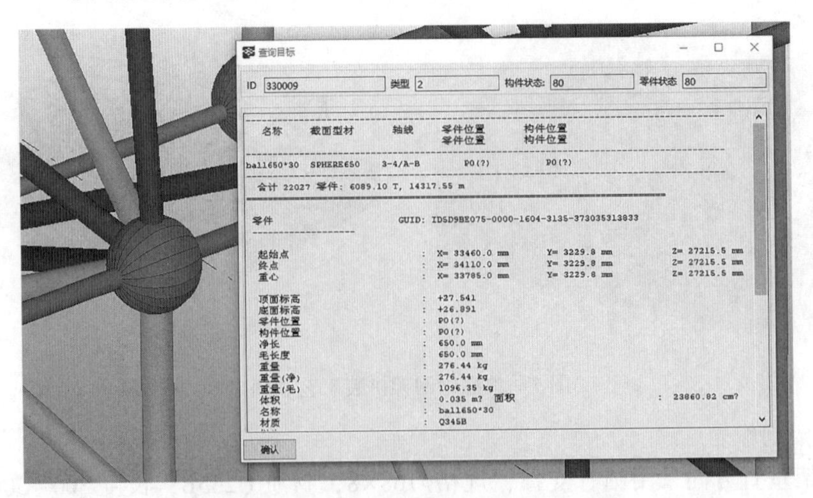

图 11　网架球在安装位置的球心坐标提取

（11）建立施工测量控制网。

由于本工程的各部分结构体系的施工精度直接影响下道工序的安装误差精度，因此必须在现场拼装制作至吊装过程中，严格按照测量方案实施，并将测量把控要点制作成三维动画技术交底（图12、图13）。

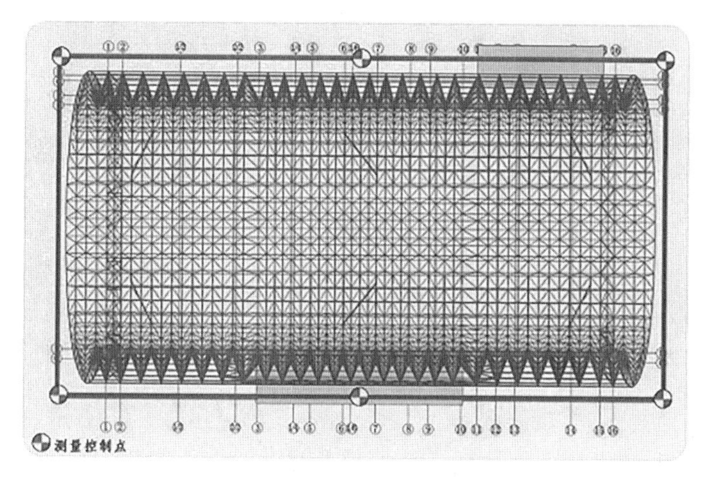

图12　吊装施工测量控制网

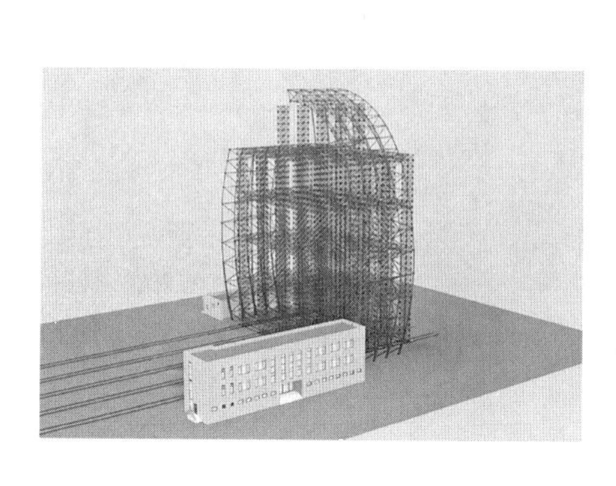
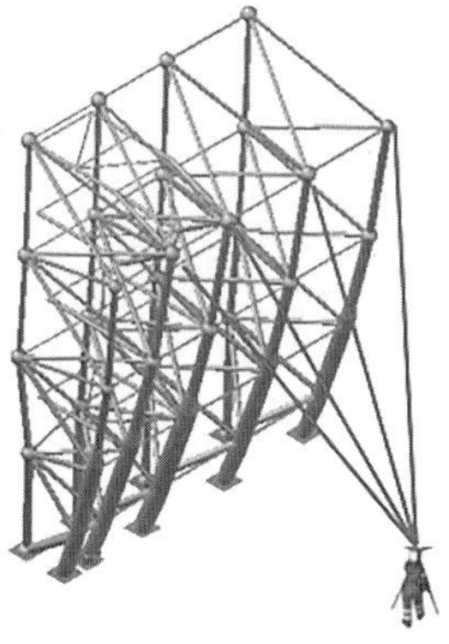

图13　吊装把控要点三维动画

（12）测量吊装网架球心反光贴组（图14）。

图14　吊装测量及调整定位

（13）将球表面任意4点实测值输入小程序。

输入4点球面实测值，得到现有球心坐标位置（图15）。

```
C:\Users\Administrator\Desktop\4点测量球心坐标和半径.exe
Format:x y z
Point1:23.121 142.271 11.132
Point2:23.267 142.139 11.123
Point3:23.290 142.138 11.050
Point4:23.060 142.266 11.177
x: 22.9989  y:141.9979 z: 11.0017 r: 0.32689
请按任意键继续. . .
```

图15　自动生成测量球心和半径的小程序

（14）与模型球心理论坐标对比，调整网架吊装位置。

（15）无误后焊接、探伤、除锈、防腐。

（16）钢架与滑移平台临时固定（图16）。

图16　单榀吊装定位焊接后与滑移平台临时固定

6　质量控制

6.1　构件制作、加工

钢管的加工精度决定了最后的安装精度，在工厂加工过程中，严格按照《钢结构工程施工质量验收规范》（GB 50205）和《钢结构焊接规范》（GB 50661—2011）进行加工制作。所有钢管严格按照模型相贯线要求数控切割，出厂前需进行预拼装。

6.2　现场施工

（1）设置高精度控制网，经常复核，确保拼装、吊装测量精度。

（2）焊接时合理选择工艺和焊接顺序，以减少焊接应力和焊接变形。所有焊缝都需饱满，焊脚尺寸满足计算要求，所有焊条焊丝需与母材配套。

（3）通过BIM模型精确转换球心的相对位置，在拼装过程中第一次精度把控，可将单榀拼装尺寸偏差控制在5mm以内。高于《钢结构工程施工质量验收标准》（GB 50205）（表1）。

表1　分条或分块单元拼装长度的允许偏差　　（mm）

项目	允许偏差
分条、分块单元长度≤20m	±10
分条、分块单元长度>20m	±20

（4）通过 BIM 模型精确定位球心在整体网架中的位置，在吊装过程中第二次精度把控，可将网架整体尺寸偏差控制在 20mm 以内。高于《钢结构工程施工质量验收规范》（GB 50205）（表 2）。

表 2　钢网架、网壳结构安装的允许偏差　(mm)

项目	允许偏差
纵向、横向长度	±L/2000，且不超过±40.0
支座中心偏移	L/3000，且不大于 30.0
周边支承网架、网壳相邻支座高差	L_1/400，且不大于 15.0
多点支承网架、网壳相邻支座高差	L_1/800，且不大于 30.0
支座最大高差	30.0

注：L 为纵向或横向长度；L_1 为相邻支座距离。

7　安全措施

（1）遵循安全标准、规范：

《建筑机械使用安全技术规程》（JGJ 33—2012）；

《建筑施工高处作业安全技术规范》（JGJ 80—2016）；

《施工现场临时用电安全技术规范》（JGJ 46—2005）。

（2）建立安全生产管理体系。项目经理为本工程项目安全生产、文明施工第一责任人，技术负责人和安全员统一抓各项安全生产、文明施工管理措施的落实工作。

（3）上岗前教育。对全体施工人员进行安全生产教育，考核合格后方可上岗，严格执行动火审批报验制度。

（4）正确使用安全防护用具。进入施工现场必须戴安全帽。焊接作业前，需穿合格的焊接防护装束，焊接施工区域必须摆放相应的警示牌并拉警戒线。

（5）高处作业人员严禁酒后或疲劳作业，高空危险作业须挂安全带。

（6）项目网架结构高，整个屋盖下方未设置钢柱或其他支撑体系，故专制特殊的滑移平台当作临时支撑（图 17）。

图 17　钢网架与滑移平台临时支撑

（7）安排专人了解当天的气象信息，及时做出大风、大雨预报，采取相应稳固安全措施，防止发生倾覆事故。禁止在大风、暴雨等恶劣的气候条件下进行吊装作业施工。

（8）在网架上增设马道，配通长安全绳和防坠安全网（图 18）。

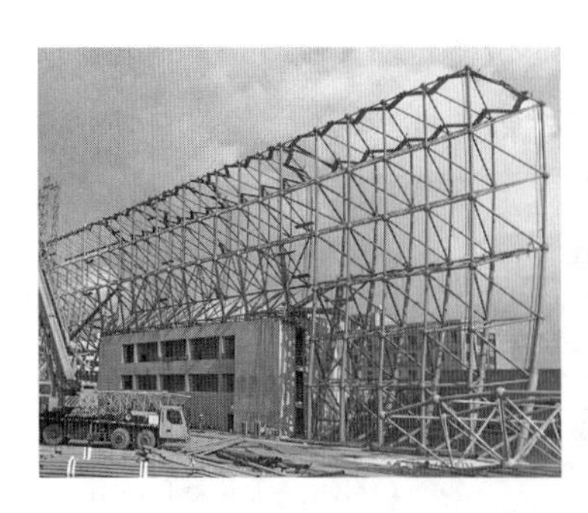

图 18　现场马道、安全绳、防坠安全网

（9）为保证施工安全，布置外脚手架、安全网（图 19）。

图 19　现场外脚手架、安全网

8　环保措施

严格执行国家施工现场文明施工有关规定：

《建设工程施工现场环境与卫生标准》（JGJ 146—2013）；

《建筑施工场界环境噪声排放标准》（GB 12523—2011）。

对施工人员进行文明教育，做到谁做谁清，工完料清，场地干净。在施工现场产生的各类边角料，收集至指定地点，应由相关人员统一回收处理。

遵守甲方相关管理制度，加强现场用水、排污的管理，做到施工场地整洁，搞好现场清洁卫生。

施工现场的各种机械设备、零件材料、单榀网架等，均须按指定位置堆放整齐，不得随意乱放，保证现场安全文明施工形象。

对施工人员进行文明教育，做到谁做谁清，工完料清，场地干净。在施工现场产生的各类废弃物，应由相关人员统一回收处理。

施工现场提倡文明施工，建立健全控制人为噪声的管理制度，尽量选用低噪声或备有消声降噪设备的施工机械。对发出强噪声的旧机械设备应及时更换设备零部件。对噪声超标造成环境污染的机械施工，其作业时间限制在 7:00~12:00 和 14:00~22:00。

9　效益分析及总结

9.1　经济效益

与传统异型拼装、安装方式相比，同造型建筑传统工艺吊装为 7t/d，新工艺通过 BIM

技术精确定位，程序对测量数据调整分析，吊装速度为8t/d，减少钢网架加工拼装周期约15%，同比节约机械、人工成本约15%。

9.2 技术指导意义

此技术满足未来建筑造型各异的发展趋势，合理将BIM技术与钢结构已有的前沿技术、先进设备整合在一起，提高精细度，开拓新思路，创新建造、智能建造。

参考文献

[1] 柳强，喻明灯，史学．襄阳东站站房屋盖钢网架施工分析［J］. 建筑，2020（13）：72-74.

[2] 黄铭枫，寇金龙，胡德军，等．基于BIM仿真与多目标决策的网架结构安装方案优选［J］. 施工技术，2019，48（24）：8-11，36.

[3] 孙秋荣．基于BIM的钢网架结构模拟施工与变形监测［J］. 钢结构，2019，34（3）：107-110.

[4] 曹乐，张涛，孙艺健，等．BIM技术在云南科技馆新馆项目中钢结构吊装方案应用［A］.//中国科学技术协会．第十六届中国科协年会论文集［C］. 2014：1-11.

[5] 线登洲，杜磊，刘岑，等．BIM在河北奥体中心项目中的应用［J］. 低温建筑技术，2016，38（7）：145-147.

[6] 江苏兴宇建设集团有限公司．一种基于BIM的钢网架安装施工方法：CN202010396554.3［P］. 2020-09-07.

[7] 青岛一建集团有限公司．一种基于BIM技术的钢网架定位安装施工方法：CN201910770294.9［P］. 2019-11-21.

[8] 河南天元装备工程股份有限公司．一种基于BIM的钢结构网架预拼装定位装置：CN201821366503.0［P］. 2019-05-20.

[9] 青岛一建集团有限公司．基于BIM放样与三维扫描的钢网架施工工艺：CN201811287107.3［P］. 2019-01-10.

第 4 篇

建筑经济与工程项目管理

高层住宅铝模免抹灰质量通病防治关键技术研究

杨　涛

湖南省第五工程有限公司　株洲　412000

摘　要： 在目前的建筑形势下，传统的工艺方式已不能完全适应建筑业市场的需要，所以我们必须要注重工艺的改革与创新，来达到甚至超越日趋规范的标准。铝模免抹灰工艺是采用铝合金模板体系使墙体在表面允许偏差范围内，观感质量达到免抹灰或直接装修的质量水平。想要达到免抹灰条件，施工过程中质量通病的防治工作尤为重要，本文针对铝模工艺施工过程中常见的质量通病问题进行罗列，着重分析原因，提供相应的解决方案，以供广大工程人员参考。

关键词： 铝合金模板体系；免抹灰工艺；质量通病防治

1　前言

铝模免抹灰工艺，由于省去了混凝土结构抹灰这一环节，对结构成型有较高要求，需对主体阶段容易出现的一些质量通病进行防治（图 1）。本文结合项目案例，对较为普遍的 23 个质量通病原因进行分析，提出防治措施，有助于提升免抹灰工艺成型效果，值得广大工程管理人员参考实施。

铝模免抹灰施工应做到事前控制，对本文提到的主体结构阶段共 23 个质量通病提前采取防治措施，对出现的质量问题进行原因分析，提出解决方案（图 2），并形成文本输出及时对班组进行技术交底，杜绝后续施工出现同样问题。

图 1　铝模工艺主体结构

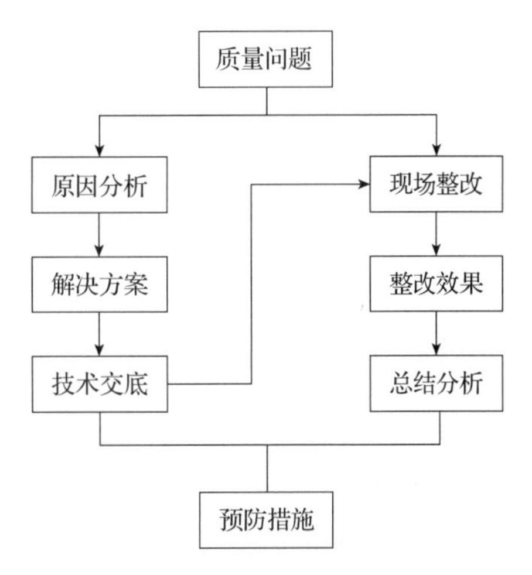

图 2　铝模免抹灰质量通病防治实施流程

2　免抹灰主体结构阶段质量通病防治

2.1　沉箱吊模反坎偏位

2.1.1　原因分析

吊模、反坎定位加固措施不足（图 3、图 4）。

图 3　沉箱吊模偏位

图 4　卫生间反坎偏位

2.1.2　解决措施

采用 EA 角铁拉结优化加固措施，螺杆采用三段式止水螺杆加固定位（图 5、图 6）。

图 5　沉箱加固

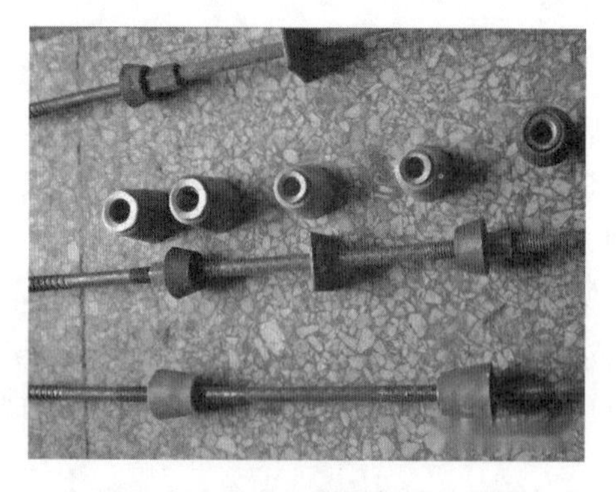

图 6　三段式止水螺杆定位加固

2.2　上下层结构间出现错台

2.2.1　原因分析

在外墙、楼梯等部位，混凝土错台现象较为严重，严重影响到免抹灰成型效果（图 7、图 8）。

图 7　外墙剪力墙错台

图 8　楼梯间墙体错位

2.2.2　解决措施

(1) 应严格按照深化设计的图集要求设置外墙 K 板、楼梯间 K 板、沉箱 K 板。

(2) K 板应独立固定于结构上，在拆除下部墙面板时禁止扰动上部 K 板。

(3) 楼梯间上端必须使用 EA 角铁拉结模板，防止偏位（图 9、图 10）。

图 9　外墙 K 板安装

图 10　EA 角铁拉结模板

2.3　下挂梁偏位

2.3.1　原因分析

下挂梁侧面无可靠支撑，浇筑时偏心受力导致偏位（图 11）。

图 11　下挂梁偏位

2.3.2　解决措施

采用 EA 角铁螺栓连接下挂梁底部和楼面板的方式对下挂梁进行对拉斜撑加固（图 12）。

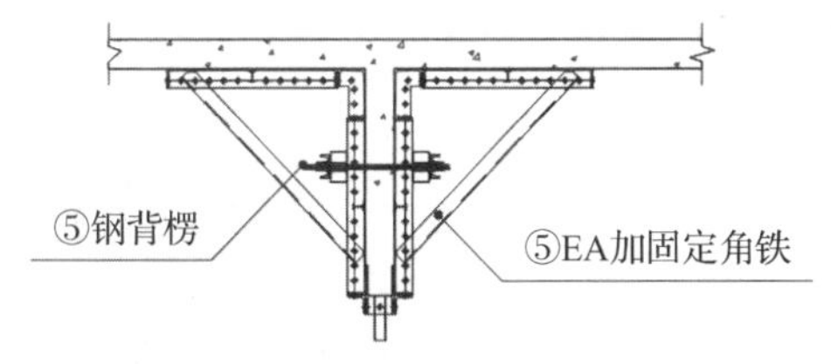

（a）板下挂梁加固剖面图　梁高≤600

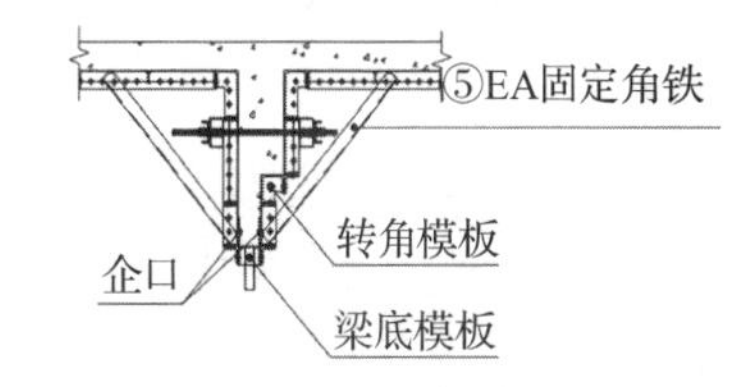

（b）梁下挂梁加固剖面图　梁高≤600

图 12　下挂梁斜撑加固

2.4　下挂梁深化不到位致使交接处抹灰开裂

2.4.1　原因分析

(1) 下挂梁企口未深化（图 13）。

（2）下挂梁支座长度不足，砌体与混凝土交接处开裂（图 14）。

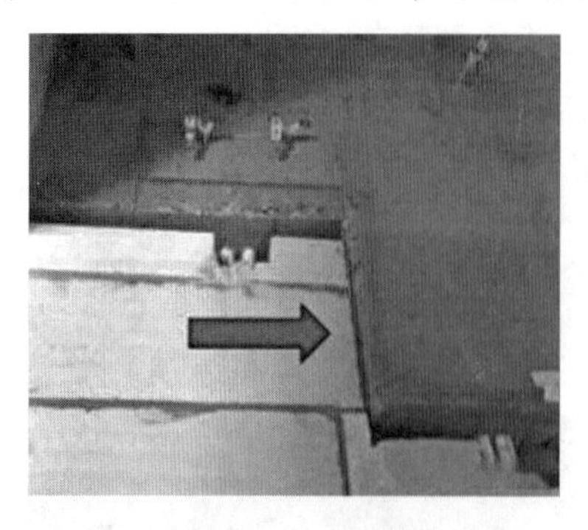

图 13　下挂梁未留置抹灰企口

图 14　砌体与混凝土交接处开裂

2.4.2　解决措施

（1）下挂梁两端延伸 150mm。

（2）离墙端不大于 600mm 时拉通下挂梁（图 15）。

（3）下挂梁与砌筑交接处设置 150mm 宽的企口（图 16）。

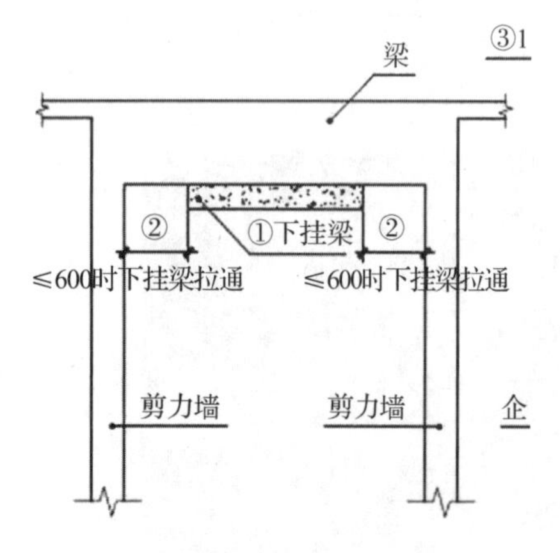

图 15　门头梁下挂示意图（mm）

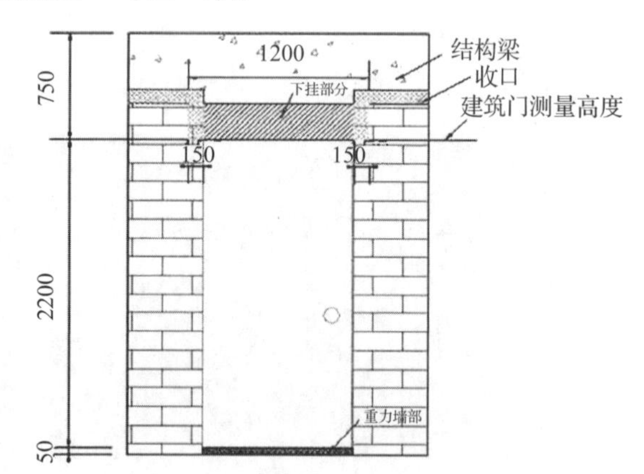

图 16　下挂梁两端延伸 150mm

2.5　飘窗变形

2.5.1　原因分析

飘窗部位由于难以浇捣，在施工过程中，需要振动棒的长时间振捣才能保证飘窗部位的混凝土密实，致使飘窗面板往往受力较大，如果没有有效的加固措施，飘窗面板将出现严重胀模，进而导致飘窗顶板起拱（图 17、图 18）。

图 17　飘窗上板起拱

图 18　飘窗台胀模

2.5.2　解决措施

（1）模板内侧设置K板，上盖板设置钢背楞，增加抗浮能力，下模板与浇筑成型的飘窗板对撑（图19）。

（2）飘窗模板沿短边方向配模，沿长边方向设置背楞，通过对拉螺栓将上盖板与下层浇筑成型的飘窗板拉结（图20）。

（3）飘窗矮墙横向钢背楞与两端墙体拉通，设置@800mm的对拉螺杆防止胀模。

（4）盖板上@600mm设置一个透气孔。

（5）飘窗@1200mm设置竖向支撑，每个支撑头至少设置2根支撑立杆（图21、图22）。

图19　飘窗上下板拉撑体系

图20　飘窗盖板抗浮背楞

图21　飘窗上下板拉撑体系

图22　飘窗盖板抗浮背楞

2.6　楼梯企口漏设、尖角拆模困难

2.6.1　原因分析

（1）图纸深化时楼梯未按要求设置抹灰企口，上下为砌筑墙体时无法挂网抹灰（图23）。

（2）梯梁与梯板阴角未填平处理，影响铝模拆除和楼梯成型的观感效果（图24）。

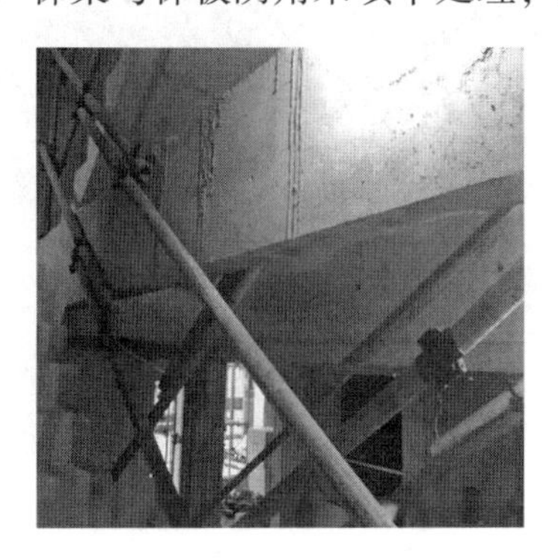

图23　楼梯企口漏设

图24　梯板与梯梁交接尖角不利于施工

2.6.2　解决措施

（1）梯梁应按照铝模深化要求进行压槽预留企口（图25）。

（2）铝模深化设计时将梯梁与梯板尖角填平接通处理（图26）。

图25　楼梯上下均设置企口

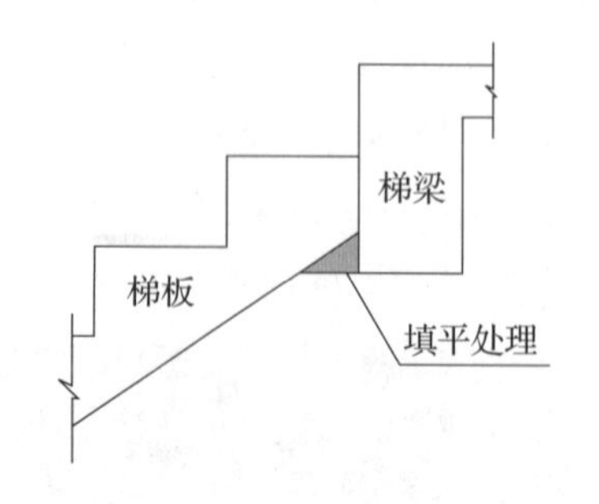

图26　楼板与梯梁交接尖角填平

2.7　抹灰企口漏设，无法收口

2.7.1　原因分析

铝模深化设计时未对混凝土结构抹灰企口进行深化，导致无法抹灰收口（图27、图28）。

图27　墙体未设置抹灰企口

图28　下挂梁未设置抹灰企口

2.7.2　解决措施

（1）铝模深化设计时参照建筑图对抹灰企口深化（图29）。

（2）预拼装验收及首层拆模后对企口全数检查整改（图30）。

图29　设置抹灰企口

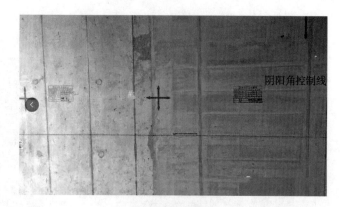

图30　抹灰完成效果

2.8　砌体规格不匹配致使免抹灰失败

2.8.1　原因分析

（1）企口规格留置错误（图31）。

（2）砌体尺寸未深化（图32）。

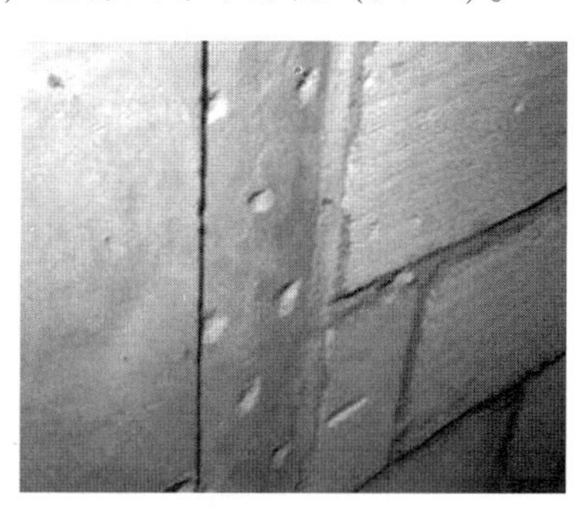

图31　常规抹灰企口宽度不足15cm

图32　砌体规格未按结构企口深度优化

2.8.2　解决措施

（1）按要求设置企口，其中常规抹灰企口为150mm×10mm，专用砂浆薄抹灰企口为100mm×8mm，预制墙板免抹灰企口为50mm×5mm（图33）。

（2）砌体规格结合抹灰工艺提前确定尺寸，提前采购备料。

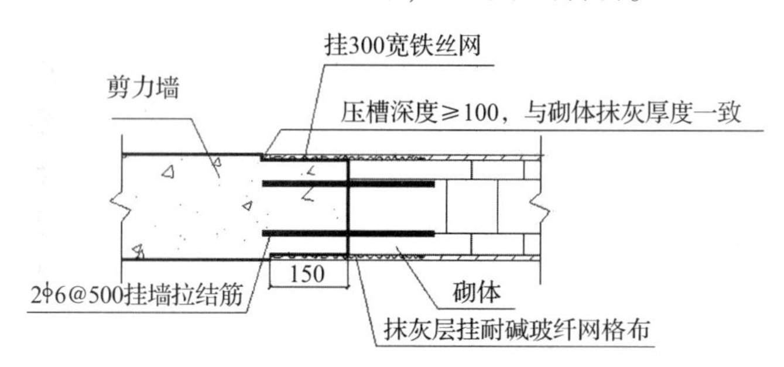

图33　常规抹灰企口节点大样（mm）

2.9　窗洞企口或窗垛漏设，无法收口

2.9.1　原因分析

铝模深化设计时未对窗企口和窗垛进行深化，导致无法收口或保温层吃框（图34、图35）。

图34　未设置企口致使抹灰压框收口开裂

图35　外窗无窗垛，致使保温材料吃框

2.9.2 解决措施

（1）铝模深化设计时参照深化图集对各类窗型进行抹灰企口深化（图 36）。

（2）外飘窗应对两侧进行窗垛优化，避免保温层吃框（图 37）。

图 36 深化窗企口

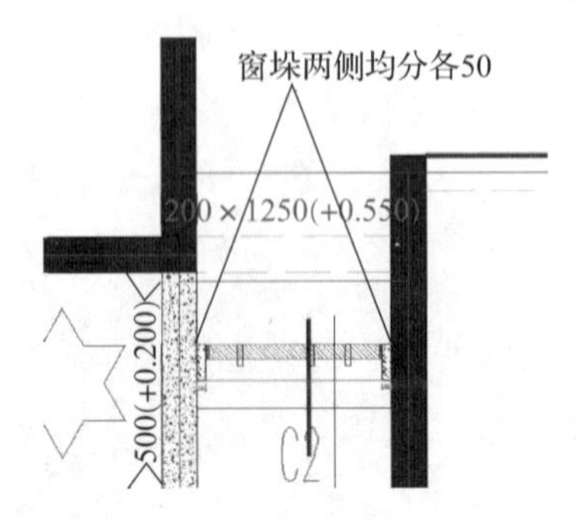

图 37 深化外窗窗垛（mm）

2.10 窗企口深化尺寸错误

2.10.1 原因分析

（1）企口尺寸未结合铝窗型材厚度调整，企口宽度过小致使窗框挡住滴水线（图 38）。

（2）企口宽度留设过大，窗框安装完成后，抹灰塞缝空间较大（图 39）。

图 38 防火窗企口宽度不足

图 39 企口留设过大，塞缝空间较大

2.10.2 解决措施（图 40、图 41）

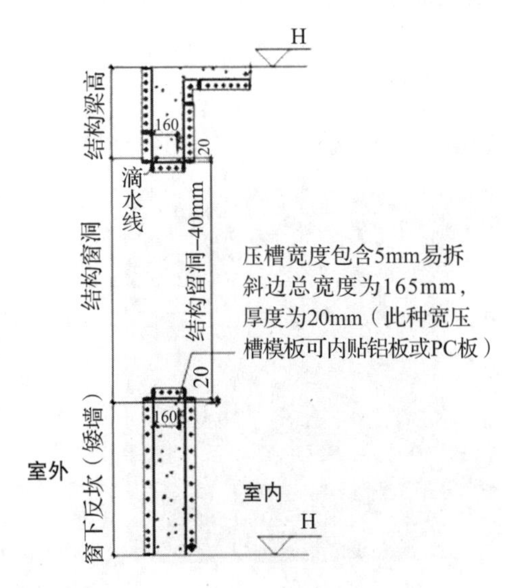

图 40 防火窗企口深化图（mm）

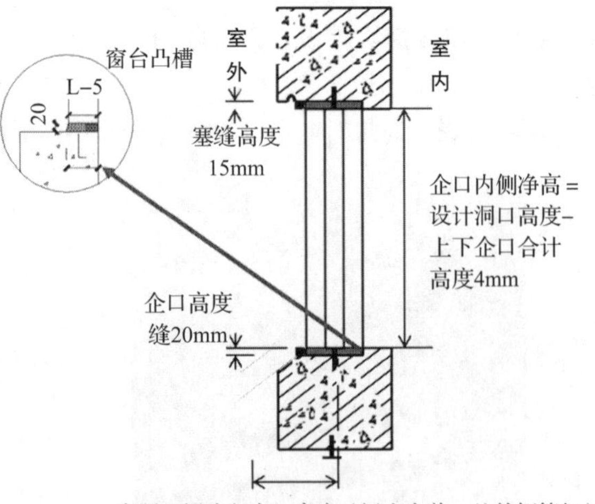

图 41 严格按照要求进行深化（mm）

在深化时针对不同型材厚度设置不同的企口宽度（50型材企口宽125mm；90型材企口宽150mm；100防火窗企口宽165mm）。

2.11　滴水线安装错误

2.11.1　原因分析

（1）滴水线安装错位（图42）。

（2）早拆头处没有安装滴水线，或者施工的时候错用无滴水线的早拆头（图43）。

图42　滴水线安装错位

图43　早拆头无滴水线

2.11.2　解决措施（图44、图45）

（1）试拼时重点检查窗洞模板、企口、滴水线是否齐全、顺直（外墙滴水线距饰面层2cm断开）。

（2）做好企口、滴水线的铝模板编码，严格按照编码拼装。

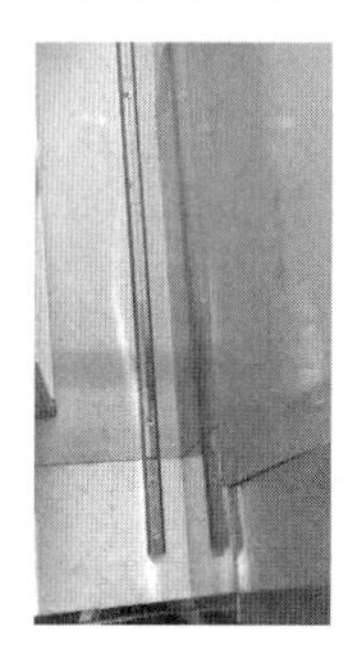

图44　加强预拼装验收管控

图45　根据编码进行现场安装

2.12　给水管压槽漏设或偏位变形

2.12.1　原因分析

（1）铝模预拼装验收时未结合水电全面排查，漏设给水管压槽，后期打凿开槽，影响免抹灰效果（图46）。

（2）给水管压槽未采用刚性材料一次压制成型，混凝土浇筑时偏位变形（图47）。

图46　给水管压槽漏设，人工开凿

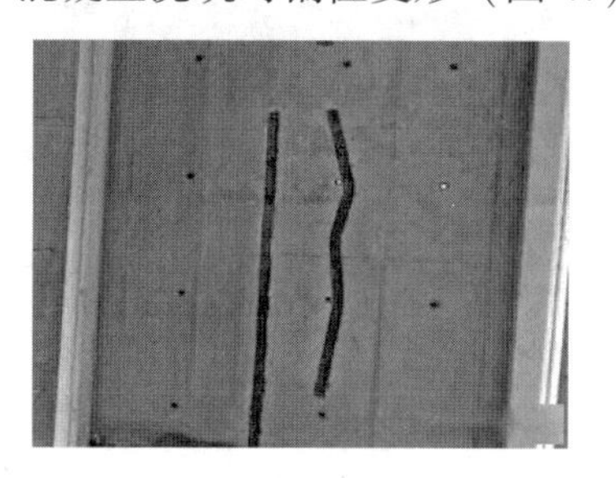

图47　给水管安装槽偏位、变形

2.12.2　解决措施

（1）预拼装验收和首层评估时全面校核水电设计图，发现问题及时整改（图48）。

（2）采用刚性一次压制成型材料，固定于铝模板上（图49）。

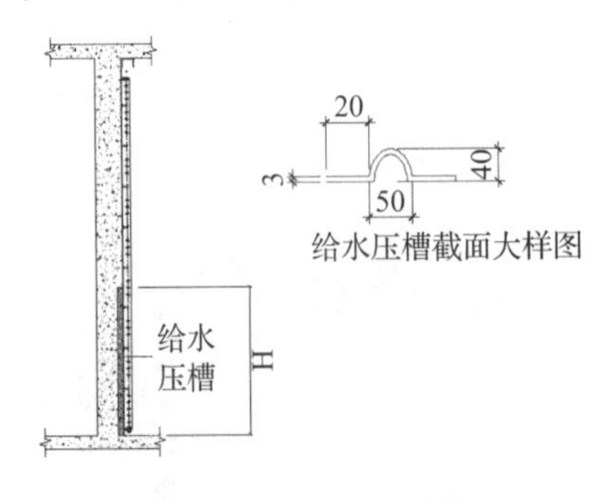

图48　给水压槽设计

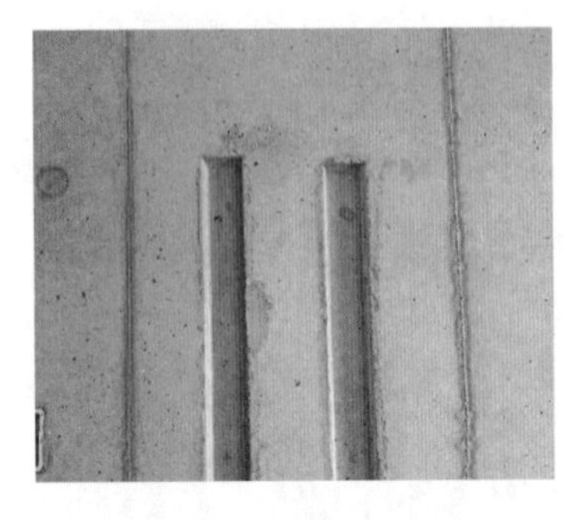

图49　压槽一次成型

2.13　水电点位偏位

2.13.1　原因分析

（1）线盒外部没有可靠的固定措施，混凝土浇筑时偏位（图50）。

（2）线盒内部无填充加固，混凝土浇筑时受挤压变形（图51）。

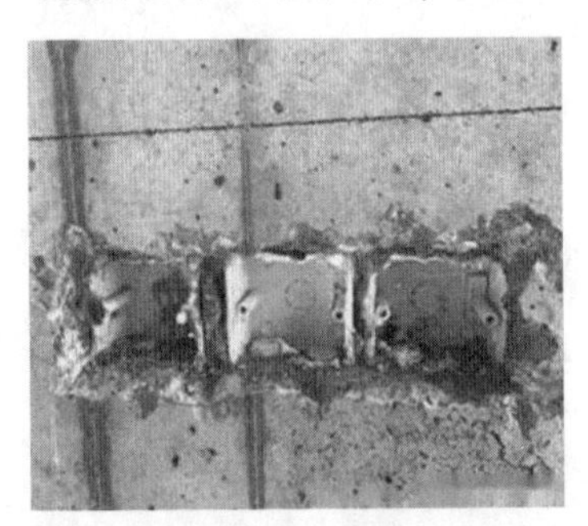

图50　线盒偏位

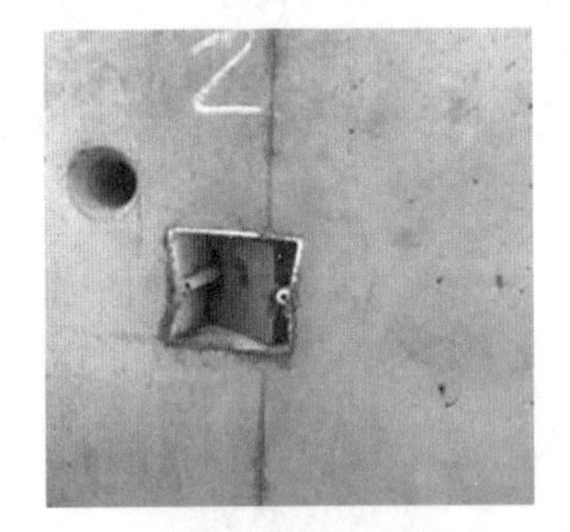

图51　线盒加固不到位

2.13.2　解决措施

（1）制作井字形固定框架，线盒固定于框架内，框架满绑满扎或焊接于墙体钢筋上，固定牢固（图52）。

（2）线盒内部使用填充物（如锯末）填充密实并压紧密封，多个线盒并行时应采用整体联排线盒（图53）。

图52　线盒可靠固定

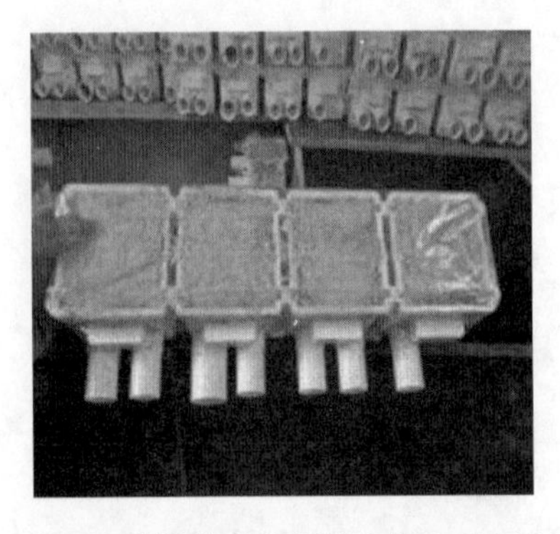

图53　联排线盒内部填充锯末并压实

2.14　墙体方正性控制较差，致使混凝土砌体交接处出现错台

2.14.1　原因分析

（1）墙柱模板安装时与定位线偏差较大（图54）。

（2）墙柱安装时未进行模板初调，后期校调难度大（图55）。

图54　墙柱安装偏位

图55　抹灰错台

2.14.2　解决措施

（1）严格按照定位线进行安装，同时在梁板安装前进行初调并完成背楞、斜撑的加固（图56）。

（2）在布设灰饼时应结合整面墙体（砌筑+剪力墙）的情况，对墙体方正性进行微调（图57）。

图56　加强初调检查

图57　墙体方正性整体调校

2.15　阴角不方正

2.15.1　原因分析

阴角加固方式错误（图58、图59）。

图58　阴角不方正

图59　阴角加固方式错误

2.15.2　解决措施

（1）转角墙长≤500mm设置定型转角背楞（图60）。

（2）斜撑距墙端距离不大于600mm。

（3）阳角采用草字头定位筋，阴角离墙角100mm设置定位筋，离地高度50~80mm（图61）。

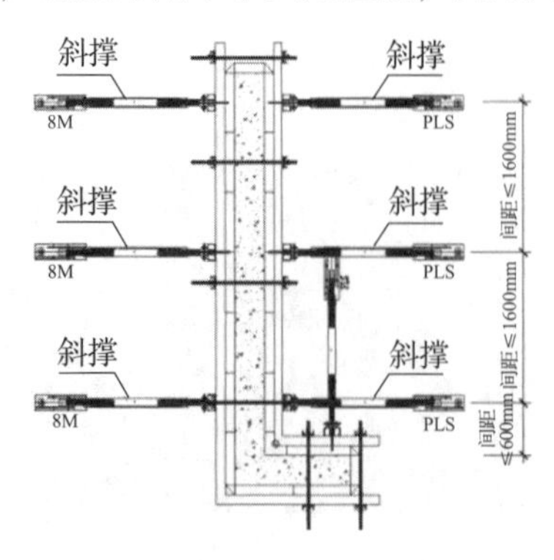

图60　阴角加固深化设计

图61　背楞连续加固、斜撑满布

2.16　门洞尺寸偏差

2.16.1　原因分析

门洞胀模导致铝合金门无法安装（图62、图63）。

图62　门洞胀模

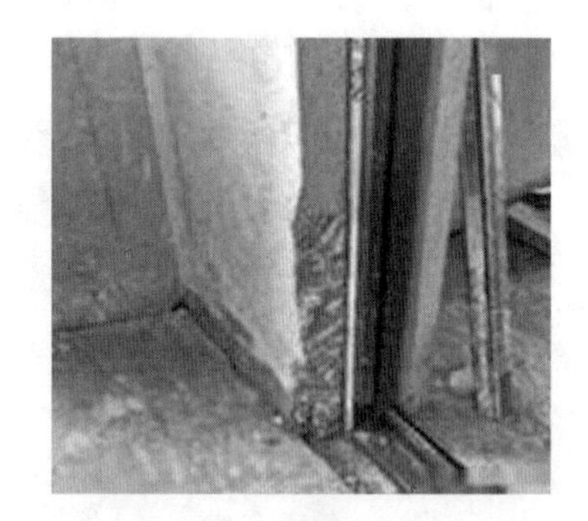

图63　铝合金门无法安装

2.16.2　解决措施

（1）门洞口端头采用定型背楞加固，或采用阳角锁对拉（图64、图65）。

（2）浇筑过程中专人护模、专人实测、专人调模，发现问题及时整改，避免成型后打凿影响免抹效果。

图64　沿洞口背楞连续加固

图65　阳角锁对拉

2.17　墙柱根部漏浆、烂根

2.17.1　原因分析

（1）浇筑混凝土前未对墙柱根部采取有效的封堵措施，成型后烂根（图66）。

（2）采用砂浆、细石混凝土封堵时未达到一定强度即浇筑混凝土，封堵砂浆等破损失去作用（图 67）。

图 66　成型后烂根

图 67　浇筑时漏浆

2.17.2　解决措施

（1）浇筑混凝土前，采用可靠措施对墙柱根部进行封堵，防止漏浆，避免后期烂根（图 68）。

（2）混凝土浇筑完成后，墙柱根部 300mm 范围内人工收平，收平偏差（-5，8mm），见图 69。

图 68　墙柱根部模板封堵

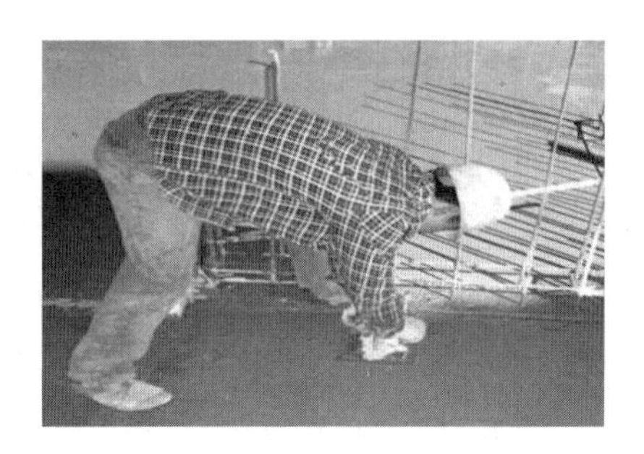

图 69　墙柱根部 300mm 范围内人工收平

2.18　混凝土表面起皮、观感差

2.18.1　原因分析

（1）由于安装铝模过程中，模板表面未涂刷脱模剂，导致拆模后混凝土表面起皮（图 70）。

（2）涂刷脱模剂时未按照要求使用专用水溶性脱模剂，使用油性脱模剂容易污染钢筋，且拆模后混凝土表面观感较差（图 71～图 72）。

图 70　混凝土表面起皮

图 71　油性脱模剂污染钢筋

图 72　拆模后观感差

2.18.2　解决措施

（1）每次拆模后马上将模板清理干净，并涂刷水溶性脱模剂（图 73、图 74）。

（2）严禁使用油性脱模剂，钢筋上楼前对钢筋进行除锈，防止锈块污染楼面。

图 73　水溶性脱模剂原液

图 74　涂刷脱模剂

2.19　梁与楼板交接处开裂

2.19.1　原因分析

（1）模板竖向支撑距离墙边间距过大，开裂、渗漏（图 75、图 76）。

（2）拆模时间过早，混凝土未到达一定的强度便拆除顶板，或在楼板上过量施加荷载。

图 75　楼板与梁交接处开裂渗漏

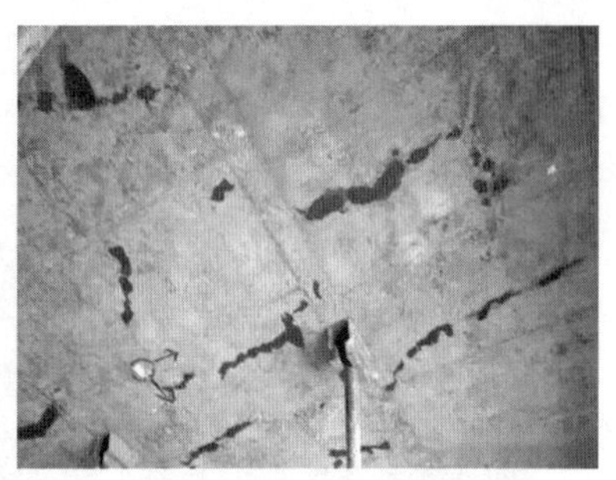

图 76　楼板开裂渗漏

2.19.2　解决措施

（1）短边方向竖向支撑距离墙边间距必须≤750mm，支撑间距≤1200mm。

（2）在强度达到要求后拆模，严禁集中过大加载；施工时竖向模板在 12h 后拆模，梁侧模 24h 后拆除，梁、板底模在 48h 后拆模（图 77）。

（3）拆除模板时不得扰动竖向支撑体系，严禁拆除竖向支撑再回顶（图 78）。

构件类型	构件跨度（m）	达到设计的混凝土立方体抗压强度标准值的百分率（%）
板	≤2	≥50
	>2，≤8	≥75
	>8	≥100
梁、拱、壳	≤8	≥75
	>8	≥100
悬臂构件	—	≥100

图 77　拆除底模混凝土强度标准

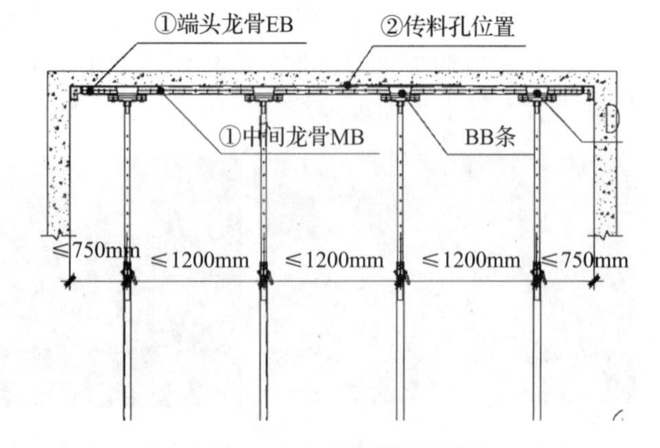

图 78　竖向支撑间距控制

2.20　模板清理不及时致使漏浆、梁垂直度不足

2.20.1　原因分析

（1）墙板拼缝处水泥浆积累过多，致使混凝土墙面拼缝漏浆严重（图 79）。

（2）楼面板拼缝处水泥浆积累过多，致使梁侧空间受积压，使梁截面变小（图80）。

图79　墙模板泥浆积累致使拼缝过大

图80　楼面板泥浆积累挤压梁板空间

2.20.2　解决措施

（1）做好对工人的交底工作，并对模板定期进行清理（图81）。

（2）销钉按要求满打，并严格验收（图82）。

图81　定期清理模板

图82　销钉按要求满打

2.21　螺杆孔洞空鼓、渗漏

2.21.1　原因分析

（1）未采用微膨胀砂浆对螺栓孔洞进行封堵，造成螺杆孔洞内封堵砂浆空鼓开裂，存在渗漏隐患（图83）。

（2）外墙螺杆孔洞封堵完成后，未及时涂刷防水涂料，留下渗漏隐患（图84）。

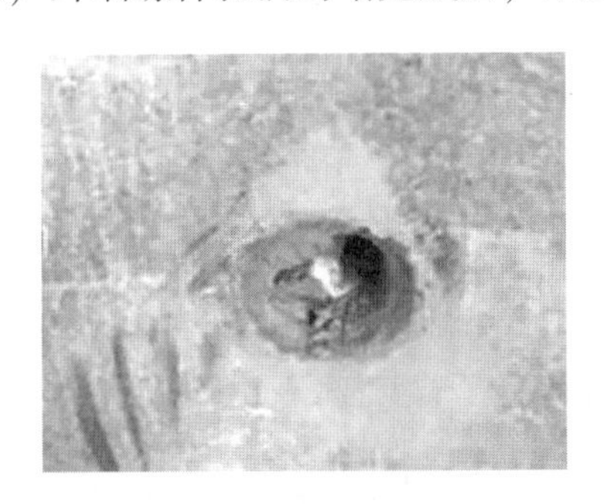

图83　螺杆孔洞空鼓开裂

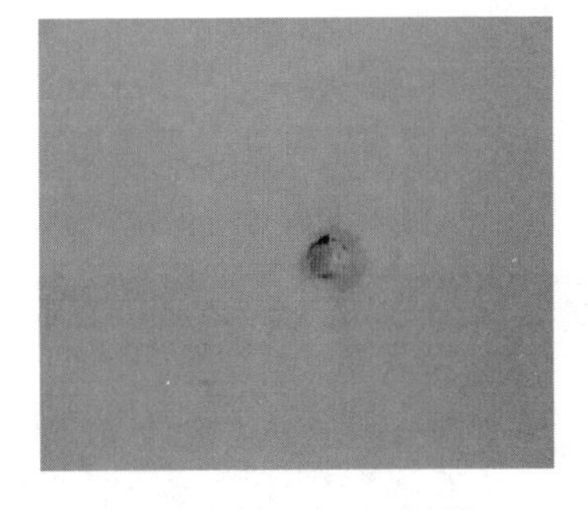

图84　螺杆孔洞处渗漏

2.21.2　解决措施

（1）螺杆孔洞内混凝土残渣等清理干净。

（2）螺杆孔洞中部先填充100~120mm发泡剂。

（3）发泡剂内外两侧用膨胀水泥砂浆封堵密实（图85）。

（4）外墙侧刷一道聚合物防水涂料（图 86）。

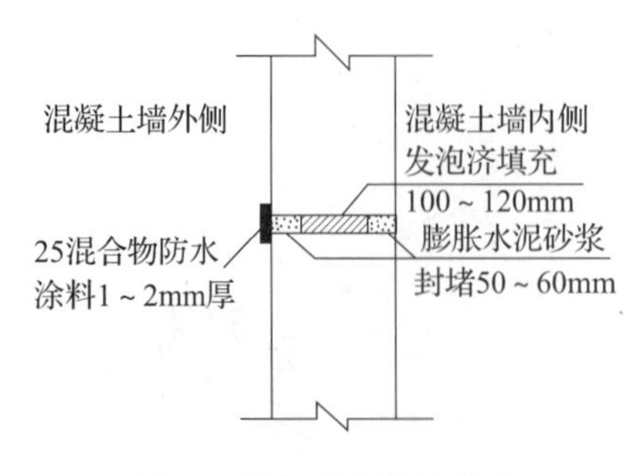

图 85　螺杆孔洞封堵做法

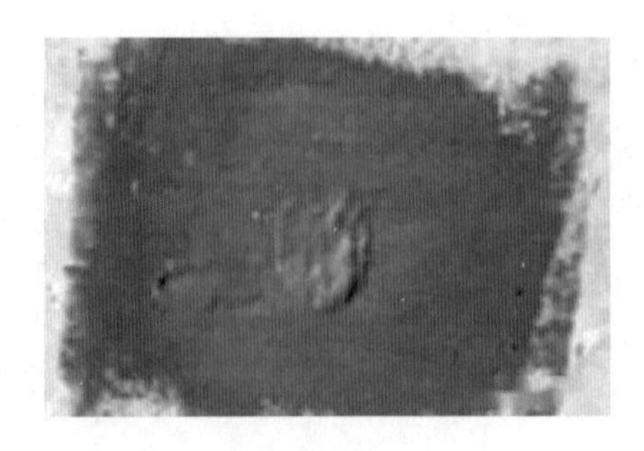

图 86　外墙刷防水涂料

2.22　全现浇外墙窗边开裂

2.22.1　原因分析

窗洞口边等应力集中部位出现开裂、渗漏（图 87）。

2.22.2　解决措施

（1）要求设计院对结构外墙按照全剪力墙进行设计。

（2）设计采用非承重外墙时，应设置拉缝板及构造加强措施：交界处剪力墙两侧各加三根直径为ϕ8 钢筋（45°），见图 88。

图 87　全现浇外墙窗边开裂

图 88　设置结构拉缝板、设置加强筋

2.23　悬挑外架穿结构

2.23.1　原因分析

部分因楼层数限制等原因，采用悬挑脚手架的项目，因传统悬挑脚手架需要穿结构进行悬挑，必须在铝模板上开孔，严重影响结构成型质量，同时对后期砌体及装修构成影响，而大量的预留洞成为后期外墙渗漏的隐患（图 89、图 90）。

图 89　悬挑工字钢穿剪力墙、飘窗

图 90　工字钢穿阳台反坎

2.23.2　解决措施

螺栓连接式悬挑脚手架的应用，则可以很好地解决前述问题。悬挑工字钢采用螺栓连接，避免对于结构的破坏，同时也避免了在铝模上开孔，降低铝模损耗；此外，工字钢没有锚固端，不占用室内空间，减少对后续施工的影响；悬挑架拆除后仅需完成螺杆洞的封堵，大大减少了外墙渗漏的隐患（图91）。

图91　螺杆连接式悬挑脚手架施工样板

3　结论

通过“高层住宅铝模免抹灰质量通病防治”在多个项目上的实践，节约了返工成本，缩短了施工工期，显著提高了工程质量，为施工企业利用铝合金模板体系在免抹灰工艺实施过程中提供了思路，进一步规避了质量风险，具有一定的实践价值和现实意义，有利于免抹灰工艺的推广。

关于精细化管理在建筑工程施工管理中的应用策略分析

江石康

湖南省第五工程有限公司 株洲 412000

摘 要：施工精细化管理要求运用现代化思维，不断优化建筑工程的控制与管理。本文从精细化管理理念融入到建筑工程施工管理的意义入手，进一步分析了工程施工管理的要点，最后提出了在施工管理过程中实现精细化管理目标的措施，供参考。

关键词：精细化管理；建筑工程施工管理；意义；要点；措施

要想促进建筑工程施工管理工作的现代化转型，就要不断融入精细化管理等先进理念与方法，这将有利于创新建筑工程施工管理模式，有利于保证工程质量与安全，而如何体现精细化管理的作用，值得思考。

1 将精细化管理理念融入建筑工程施工管理的意义

1.1 有利于创新建筑工程施工管理模式

将精细化管理理念融入建筑工程施工管理，是为了更进一步地实现工程建设目标和建筑企业生产经营目标，全面推动企业高质量发展，不断满足广大群众对房屋工程、园林工程等的需求。将施工管理工作做实了就是生产力，做强了就是竞争力，做细了就是凝聚力，因此要将精细化管理理念与模式引入到项目建设中，统筹推进现代化施工项目管理机制，全面推进精细化管理工作，切实把工程进度控制、安全生产、经营管理、创优争先、提质增效等都纳入施工管理的范畴。

1.2 有利于保证工程质量与安全

众所周知，建筑工程的施工建设需要用到各种各样的、数量可观的材料、设备、资源，每一要素都与工程质量有着紧密的联系，如果材料质量不达标、设备性能不足、资源供应不到位，就可能形成豆腐渣工程。不仅如此，因为项目建设周期长，包含大量的高危、隐蔽项目，任何环节的控制不当，都可能引发严重的安全事故，最终给施工人员的人身安全造成威胁。可见，施工单位必须加强施工管理，并且实现精细化标准管理，这样才能将各要素、各环节控制到位。

2 建筑工程施工管理要点

2.1 设备与物料管理

如前文所述，工程建设离不开大量设备、物料的使用，因此必须对其进行高效、严格的管理。企业可以成立以项目经理为组长的现场施工领导小组，负责现场的设备、物料管理，确保各类物资、设施、资金能及时供应到位。根据工程建设的现实需要，对所需材料、设备的性能、数量等进行合理选择，确保物资、设备的保质保量供应；物料进场后，要对其进行妥善管理，以免其遭到损坏，例如在冬季严寒时期，为保护混凝土，施工单位可以通过搭设暖棚以及在保温棚内设置暖风机等取暖措施，保障棚内施工温度，以免出现混凝土冻结、体积收缩等现象。

2.2　造价管理

对工程造价加强控制，不仅能降低建设单位在工程建设过程中的经济成本，还可以对建筑行业现代化发展、打造优质工程更具深远意义的影响。这是因为通过全员加强成本控制，可以强化员工的成本意识，能够使其在日常生活中形成珍惜资源、充分利用资源的良好习惯，为帮助企业实现节约成本目标奠定良好的群众基础。

2.3　安全管理

当前的经济形势下，新闻报道中频频爆出煤化工企业突发安全事故的消息，安全事故对于企业员工的人身安全、煤化工企业的利益乃至于整个社会的整体效益都造成了较为严重的威胁。基于此，政府部门就煤化工生产问题提出了专门的安全生产标准，要求企业严格按照相关生产流程、生产优质煤化工产品，控制好生产加工现场的各方面要素与细节，全面排查安全隐患。煤化工企业唯有做好安全管理，才能达到有关行业、国家的要求，实现安全生产目标。

3　在施工管理过程中实现精细化管理目标的措施

3.1　对精细化管理理念进行深入解读

精细化管理理念是随着建筑行业不断发展进步而出现的全新理念，为对其进行正确运用，相关单位要对其内涵进行深入解读，持续推进施工精细化管理、项目标准化、规范化建设；要注重实效，实现精细化管理理念与现代化工程建设要求的高度吻合，全力助推施工生产任务高标准、高质量完成。

3.2　创新精细化管理手段与方法

为体现精细化管理的优势，建筑企业要注意创新精细化管理模式与手段，在项目建设过程中，不仅要积极推广应用建筑业新技术、新工艺、新材料、新设备，开展绿色施工，实现降本增效，严格项目管理，不断提升项目整体管理水平和创优创效能力，还要通过开展劳动竞赛、冲击节点任务、技术创新、现场安全风险评估、突发事件处置等活动，化解施工管理中的问题，共同推进工程建设，提升精细化管理实效。具体来说，建筑企业要围绕施工生产、技术攻关、管理优化等核心，制订打造“先锋工程、精品工程、廉洁工程、活力工程”的目标，抓好管理队伍的建设、日常监督巡视工作站的管理，不留管理死角。

3.3　提升施工管理人员素质

施工单位要积极探索将精细化管理理念工作融入施工管理领域的新方法，充分发挥领导干部的示范、带动和辐射作用，鼓励施工管理人员以“勇立潮头、勇挑重担”的精神，兢兢业业做好管理工作。为提升管理人员素质，企业可以采取集中学习、研讨交流、专题辅导等形式，通过领导干部带头讲课、传授现代化管理思路等，激发员工积极主动完成精细化管理目标的积极性。此外，还可以建立坚持集中学习与个人自学相结合的学习机制，科学制订理论学习计划，做到年度有安排、月度有计划、每次有主题。

3.4　建立健全施工精细化管理机制体系

建筑企业要以创建“工程优质、效益优良、干部优秀”的施工管理体系为目标，建立健全施工精细化管理机制，落实施工精细化管理。利用智慧工地管理平台，实现多方位、多角度的精细化管理，在健全施工管理组织体系方面，要通过甲乙方组织联建、多方组织共建等方式，完善组织架构，坚持整合资源、强化优势互补，通过品牌联建等方式，形成甲乙方、施工各方的合力（图 1）。在具体的精细化管理规划方面，要对照工程建设节点目标，结合项目实际，明确管理部门的任务分工，落实攻坚举措，层层分解责任，全面实施“任务倒逼、时限倒推、责任倒追”机制，督促施工管理工作得到高度落实。尤其是在出现交叉作业、平行施工、轮班施工情况时，为确保多个作业面同时施工、现场秩序井然，尤其要体现制度的引导、规范作用。

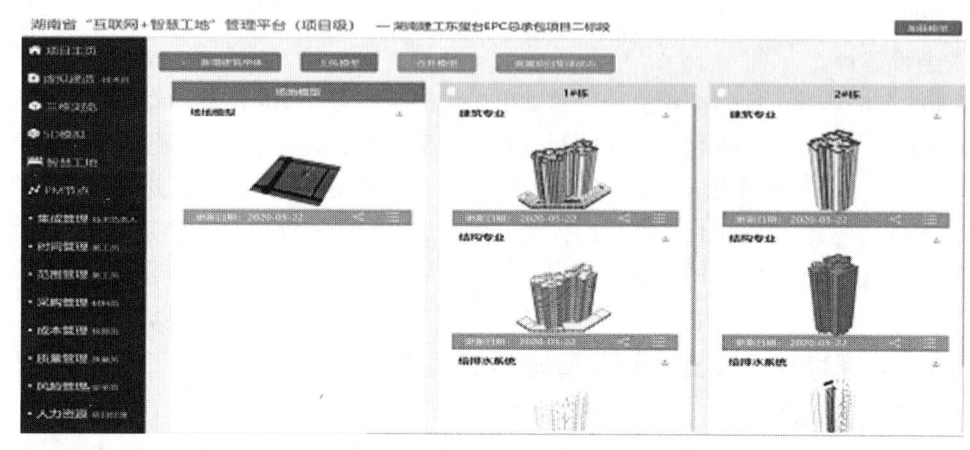

图 1　湖南省“互联网+智慧工地”管理平台

3.5　畅通工程建设与管理的信息渠道

在实现施工的精细化管理过程中，畅通工程建设与管理的信息渠道是一项基本要求。建筑企业要积极搭建与各方沟通的信息平台，方便大家资源共享、优势互补、合作共赢。例如，施工管理部门可以借助信息技术与网络系统的优势，在工程进度、造价控制、原料供应情况等方面进行及时的信息交流，为各项工作的开展提供良好的条件。除此之外，完善的信息渠道，还方便管理部门内部定期进行总结，就施工现场存在的主要困难和问题进行探讨，并就如何更好地做好管理工作提出建议。

4　结语

相关工作人员需要把握工程施工管理要点，包括设备与物料管理、造价管理、安全管理等，在此基础上提出实现工程精细化管理目标的措施，对精细化管理理念进行深入解读，创新精细化管理手段与方法，提升施工管理人员素质，建立健全施工精细化管理机制体系，畅通工程建设与管理的信息渠道。

参考文献

[1]　张鸿达．探析精细化管理在建筑工程施工管理中的应用［J］. 建材与装饰，2018（34）：136-137.

[2]　赵琨．对精细化管理在建筑工程施工管理中的应用探讨［J］. 科技风，2018（31）：115，127.

[3]　宁新泉．论精细化管理在房地产建筑工程项目管理中的应用［J］. 住宅与房地产，2018（28）：135.

[4]　张海刚．精细化管理在建筑工程施工管理中的应用分析［J］. 绿色环保建材，2018（9）：211，214.

浅谈施工现场水循环与自动喷淋系统结合的应用

刘　扬

湖南省第五工程有限公司　株洲　412000

摘　要： 本文以某工程为例，在施工现场建立水循环收集利用系统，使施工与生活污水通过沉淀收集与自动喷淋降尘系统相结合，有效做到节水及水资源利用，同时最大限度地降低施工现场作业扬尘对环境的污染。与传统人工作业降尘相比，节省了大量人工及用水成本，创造了良好的经济及环境保护效益。

关键词： 水循环；三级沉淀；PLC；自动喷淋

1　引言

为了贯彻国家建筑节能的政策，加强绿色施工指导和管理，该工程成立了公司层、项目层绿色施工领导小组。甲方、监理、设计参与，将绿色施工分工落实到部门和具体实施员工，保证绿色施工目标的实现。本文着重介绍该工程在绿色施工过程中节水措施与环境保护措施相结合的工作流程。

2　工程概况

株洲市新桂广场 · 新桂国际工程由 1 号办公楼及裙楼、2 号住宅楼和 2 层地下车库组成，项目新建总建筑面积 54567. 71m²。1 号办公楼为地上 26 层，建筑高度 99. 75m；2 号住宅为地上 24 层，建筑高度 72. 45m。安装、装饰要求为精装修。绿色建筑设计等级为二星。

3　原理介绍

施工现场建立水循环收集系统与自动喷淋降尘系统，生产、生活废水以及雨水等经现场排水沟送入三级沉淀池，通过三级沉淀池的过滤形成可重复利用的中水并储存使用。在房屋建筑工程施工过程中容易扬尘的部位布置喷淋装置，通过 PLC 控制系统与传感器的搭配，从循环系统蓄水池中抽水喷淋，以达到降尘效果（图 1）。

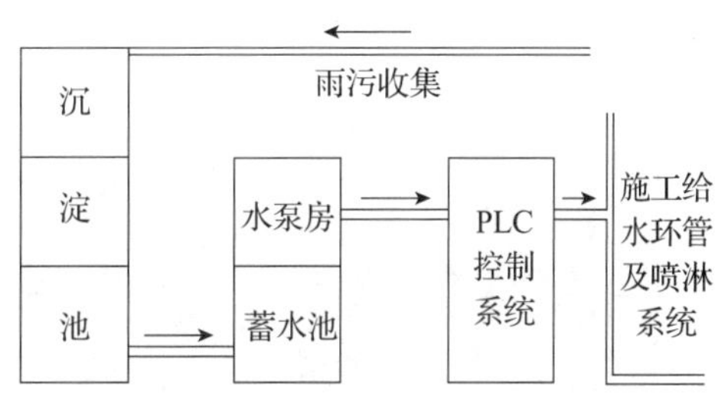

图 1　水循环收集系统示意简图

4　施工工艺

4.1　水循环收集系统

水循环收集系统由排水沟、三级沉淀池、雨水收集井、蓄水池等组成（图 2）。

（1）排水沟

施工现场排水沟采用 300mm×300mm 明沟，标准砖砌筑，水泥砂浆抹面，水流坡度由施工区域特征设置为 1%～2%，沿场地四周砌筑连通式排水沟，并于关键用水区如洗车池、泵送点等设置集水坑，以便于施工用水初步沉淀回收后再利用。

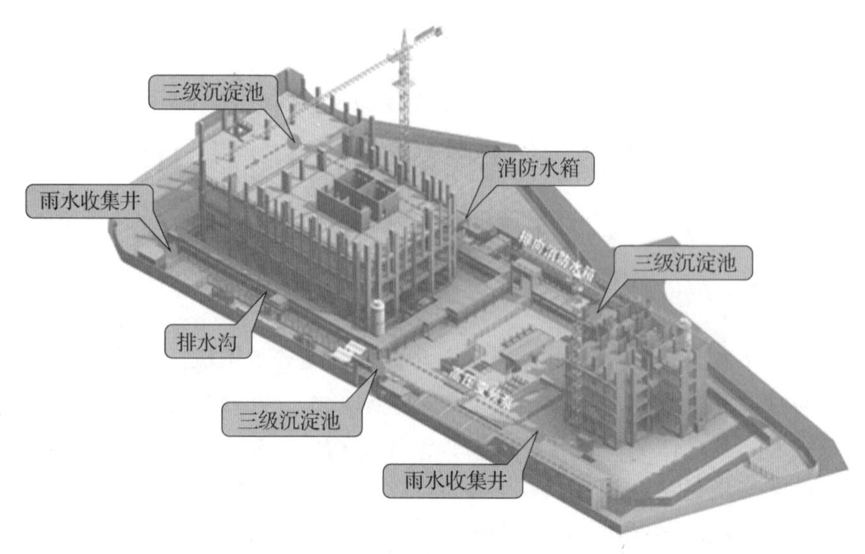

图 2　水循环示意图

（2）三级沉淀池

本工程生产、生活废水以及雨水通过排水沟与集水坑收集，最终流入三级沉淀池内。三级沉淀池由三个池组成，依次为沉淀池、过滤池、清水池（图 3）。生产、生活废水先由沉淀池开始沉淀，沉淀池需配合排泥泵同步使用，并安排专人定期查看沉淀池内淤泥堆积情况，完成记录并及时清理。沉淀池与过滤池相连，其顶部设置过水阀，当废水完成沉淀后，经由过水阀到达过滤池。过滤池中依次分层设置卵石层和粗砂层，水流通过各过滤层将水中杂质予以过滤，防止因杂质过多而导致管道或喷头堵塞。过滤池与清水池相连，在过滤池底部设置过水阀，过水阀处安装密目钢丝网，进一步提升过滤池的过滤效果。水流完成过滤后经钢丝网由过水阀流至清水池，清水池也可作为最后一级沉淀池，沉淀池中的水需定期进行水质检测，以保证工地用水安全（图 4）。回收水经三级沉淀后由管道输送至蓄水池储存，以备现场喷淋及生产使用。

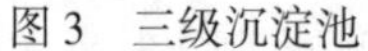

图 3　三级沉淀池

图 4　定期水质监测

（3）雨水收集井

施工现场同时设置多个雨水收集井，收集的雨水经水质检测后经由潜水泵抽取储存在蓄水池内，可用作施工现场喷淋降尘、施工用水、消防用水、绿化浇灌，减少使用市政用水量。

（4）蓄水池

蓄水池需配合变频稳压系统使用，变频稳压系统由水泵、变频控制柜、稳压补偿器及闸阀、蝶阀、压力表等组成。根据现场实际情况，可增加多个周转式储水箱，储水箱配合增压水泵使用，主要安装在各喷淋系统及施工用水区域附近，以保证喷淋及施工用水的及时性。

4.2　自动喷淋降尘系统

自动喷淋系统需要与智慧工地PLC控制相结合，在项目现场设有环境监测系统显示牌，显示牌上实时显示了工地的噪声、$PM_{2.5}$等数值，当环境监测系统检测到$PM_{2.5}$污染指数达到临界值时，自动喷淋系统就会开启，通过围墙喷淋系统、塔吊喷淋系统、脚手架喷淋系统、雾炮机等设施进行降尘。

（1）PLC控制系统

PLC即可编程序控制器（Programmable Logic Controller）的简称，它是由一些控制器、通信模件、输入输出子模块、电源模块、底板或机架组成的统一体。施工现场自动喷淋系统由报警装置、传感器、GPRS无线传输模块、变频增压供水泵与PLC控制器配合使用，其原理为传感器实时监测施工现场扬尘高度及$PM_{2.5}$浓度，当控制软件接收到高度或浓度超标信息时，PLC控制终端将控制系统的给水水管上的电磁阀开启进行供水，喷淋自动开启。当扬尘高度或$PM_{2.5}$浓度经喷淋回到设计临界值以内且传感器持续5min感应环境达标时，PLC控制器将喷淋系统关闭。施工单位可向自动喷淋降尘专业单位采购，并根据使用要求定制安装方案。

（2）围墙喷淋系统

围墙喷淋系统是尽量减少工地内的扬尘扩散到外面，以免污染城市环境，影响居民生活。该系统架设在场地外围的围墙上，围墙的高度为2.5m，喷淋头之间的间距为3m。该系统采用PE管或PPR管作为承压水送水管道，管道间用热熔焊接连接，防止因硬性连接而造成连接件崩裂的状况。喷头采用三喷嘴高压雾化喷头，当有运输车辆经过时，会引起道路上的扬尘浓度增加，这时位于道路旁边的传感器接收到信号，并向控制室发出控制信号，由控制室控制道路旁边的喷淋系统开启，降低扬尘浓度。

（3）塔吊喷淋系统

塔吊喷淋系统是借助塔吊可调节高度、覆盖范围广、可自由旋转、喷洒高度高的特点，吸附空气中弥漫的扬尘颗粒，湿润地面防止扬尘再度飘到空中，达到降尘目的，一般应用于主体阶段和结构装修阶段。与普通喷嘴水雾降尘相比，塔吊喷淋降尘系统降水高度较高、水压较大，容易将弥漫在空气中的粉尘、颗粒吸附，达到完全除尘的目的。其原理是利用高压水泵将蓄水池中的水提升到塔吊悬臂喷头处，喷出的水滴与空气中的固体粉尘黏结，增加其重力而使其自由下落，物理学上称其为重力沉降。塔吊喷淋可设置为自动定时喷淋，无须人工控制，随时保持现场环境清洁无污染。

（4）脚手架喷淋系统

建筑施工主体结构高度每超过10层，可在外脚手架上设置喷淋系统，并适时喷雾、喷淋降尘。喷淋头每隔3m布置一个。其可进行雾化喷淋，降低主体阶段建设中造成的高空扬尘，也可用于消防喷淋。当主体建筑周围的扬尘浓度过大时，由传感器接收信号发给PLC控制室，PLC控制室发出控制信号，控制脚手架喷淋系统开启，进行降尘（图5）。

图 5　脚手架喷淋系统

（5）雾炮机

施工现场雾炮机可作为移动式喷淋装置，主要用于基坑开挖以及砂石堆场、水泥堆场等容易产生扬尘的部位。雾炮机可喷出雾化液滴，增加空气湿度，与扬尘结合后落到地面，雾炮机供水可灵活使用现场循环用水或者市政管网用水。本工程雾炮机主要布置在工地出入口及砂石堆场附近。

5　实施效果

为加强现场施工用水管理，本工程针对主要用水区域进行用水监测，根据每日水数据统计与既定目标值对比，及时进行纠偏管理。受场地制约影响，现场办公区和生活区仅提供项目管理人员办公和生活用水，平均约为 $10m^3$/月。土方施工阶段，现场车辆清洗及降尘管理用水量大，约为 $1300m^3$/月，用水峰值出现在墙体砌筑养护作业区段。综合现场用水实时数据统计，经过用水措施的实施，本工程用水管理情况良好，现场总用水量为 $28269.7m^3$，比目标用水量 $57110m^3$ 节省了 $28840m^3$。在绿色施工节约用水一项中增加投入成本 4.75 万元，节约用水、人工、设备成本约 50 万元，产生经济效益约 45.25 万元，取得了可观的经济、环境效益。

6　结语

本文以实际工程为对象，通过施工现场水循环系统与自动喷淋系统结合的施工方法，对现场喷淋降尘进行专项设计，与智慧工地相结合，有效地控制了扬尘，降低了施工现场 $PM_{2.5}$ 浓度，降低了施工现场对周围环境的影响。通过智能终端 PLC 的控制，有效减少了现场人工喷洒以及租赁洒水车的费用投入；利用三级沉淀技术，充分加强了水资源的利用效率，创造了良好的经济效益及环境保护效益。两套系统的结合，符合绿色施工的要求，对推进智慧工地的建设产生了积极作用。

参考文献

［1］ 马超，刘荣彬，孟庭锴．施工现场中水回收与自喷淋相结合的探讨［J］．智能建筑与智慧城市，2020（11）:74-76.

［2］ 吴前昌．基于塔吊高空喷淋降尘系统设计与施工技术［J］．建筑安全，2015（12）：14.

道路排水管道工程的质量控制

姚　文

湖南省第五工程有限公司　株洲　412000

摘　要： 随着国内经济的快速发展，市政基础设施建设已成为城市建设的重点，是居民生活质量及城市运转的保障。道路排水管道工程的施工质量，将影响人们正常生活，本文对施工过程中容易出现的一些质量问题进行了分析，提出了控制措施。

关键词： 道路排水管道；质量控制

1　工程概况

株洲市高新区某道路，长度1.85kM，其排水工程采取雨污分流，其中排污管道位于主路车道下，管径D400~D700mm，雨水管道位于两侧，管径D400~D1200mm，材质均为PVC-u管及预制混凝土管。

2　管道偏位及坡度偏差

2.1　原因分析

造成管道偏位及坡度偏差的主要原因：一是测量放线偏差较大，水平仪、全站仪等未校正及定期进行检验，测量人员对管道施工的重要性认识不足，认为管道是隐蔽工程，有部分偏差问题不大，因此造成测量误差。二是管道施工中基层未按测量标高进行控制，管道安装后高差较大。三是遇到原有构筑物进行避让时，坡度不够或者反坡。

2.2　控制措施

（1）测量仪器必须按要求进行校验及检测。

（2）管道动工前要对测量员、施工员及班组进行交底，熟悉图纸及重要技术要求，测量员要对图纸中的管道标高及坐标位置进行计算后在CAD中预先放样，并对提供的高程及坐标基准观测点自行复测，同时根据现场实际情况布置场内观测基准点方便管线施工测量，从而保证管网坡度的精度。

（3）管道开挖沟槽基底标高要严格按图纸要求控制，并根据设计的坡度计算各主要控制点的标高，严禁出现多挖或欠挖现象，如出现多挖情况应采用级配砂砾石回填并夯实防止基底沉降，垫层施工时标高应严格控制，宜在垫层浇筑前沿管道设置钢筋头作为浇筑标高控制点，混凝土摊铺后按控制点高度对垫层找坡。

（4）管道必须拉线安装，标高允许偏差严格按规范要求控制，禁止出现无坡及倒坡。

（5）遇到原有地下构筑物需要避让时，应根据实际情况设置检查井。

3　管道渗漏

3.1　原因分析

造成管道渗漏水的主要原因：基底土质较差且未进行处理，地耐力不满足要求；管道材质较差，管体本身抗渗较差；管道接口施工质量差，接口封堵处渗漏；检查井、雨污水井施工质量差引起渗漏；管道施工完成后未进行闭水试验即进行回填施工。

3.2 控制措施

（1）基底开挖后应对沟槽进行验槽，确认土质或地耐力是否满足要求，对不满足要求的部位，应采取换填或改良的方法处理，开挖后应及时铺设垫层防止地基被水浸泡。

（2）填方区域应先将土方回填到位并分层进行压实，满足压实度要求后再对管道土方进行反开挖，避免管底土方沉降对管道产生破坏。

（3）材料采购人员要加强对管道材料的质量管控，对供货厂家要进行考察，管材应有相应批次的出厂合格证及有效质量检验报告，混凝土管要外观密实、无蜂窝孔洞，进场检查合格后再取样复检，对不合格及问题产品应做好标记并及时退场。

（4）管道接口是最易产生渗漏的部位之一，以下几点需着重控制：①PVC-U管一般采用承插连接，接头前应将两个管道接口部位清理干净，胶粘剂应涂抹均匀，插入长度要满足要求。②钢筋混凝土管接口：采用抹带接口，施工前应将两根管道接口处外壁表面混凝土各约100mm宽用电锤进行凿毛并用水清洗干净，为加强抹灰的强度减少抹带开裂，沿管道接口布置一圈加强钢丝网，钢丝网应垫起，不能贴着管道表面，采用水泥砂浆内掺防水剂进行抹带接口，接口厚度宜不小于管壁厚度，宽度约100～200mm，两侧用定制模具固定，抹带要分两次进行施工，首先抹一遍打底，初凝前对表面拉毛，然后再进行面层抹灰，将面层沿模具抹平、压实、压光，完成后用毛毯进行保湿养护4～5d。

（5）检查井及雨污水井也是最易产生渗漏的部位之一。首先，砌砖前，砖应提前浇水湿润，砌筑砂浆要按配合比要求拌制，砌筑灰缝要饱满，灰缝厚度要满足要求；井壁抹灰要及时跟进，抹灰之前表面要清理干净，对灰缝不饱满处要先进行修复，抹灰表面要压光并及时做好养护；井与混凝土管道交接处要对混凝土表面湿润并涂刷水泥浆加强黏结，管道周边要坐浆。

（6）管道的闭水试验。闭水试验是对管道抗渗最有效的检验方法，闭水试验要在管道回填前进行，对出现渗漏部位进行标识，根据实际情况按不同管道材质及部位采取措施堵漏防渗，可能需要经过反复堵漏处理再闭水试验几次后才合格，合格后才能进行回填施工，回填时应注意两侧对称施工。

4 管道上部面层下沉、开裂

4.1 原因分析

回填料选用不当，压实度控制不到位。

4.2 控制措施

（1）回填料必须符合要求，杂物应清除干净，沟槽内的积水应及时抽干。

（2）回填料不得直接倒入沟槽内更不能直接倾倒在管道上，避免对管道尤其是接口处造成破坏，管道两边应同步回填并人工夯实，确保夯实遍数，不得漏夯，管道以上500mm内不得回填大于100mm的石块，距管道顶部500mm以上采用8t压路机静压，每填完一层要进行压实度检测，达到要求后再填下一层。

5 结语

通过以上措施，能有效减少管道施工中的质量通病，确保管道排水通畅，减少管道渗漏对路面带来的危害，减少路面因质量问题造成的返修，保障人们的日常出行及城市运转，取得较好的经济效益及社会效益。

压力管道安装焊接质量控制的系统工作和措施

喻终德

湖南天禹设备安装有限公司　株洲　421000

摘　要：随着全球化经济发展进程的推进，我国工业取得了突飞猛进的发展，压力管道的需求量增加。本文分析了影响压力管道焊接安装质量控制的各种问题，研究制定在管道焊接安装前需要做的各种准备工作，以及提高焊接安装质量的具体措施。

关键词：压力管道；安装焊接质量控制系统；存在的问题；准备工作；应对措施

全球化经济形势的不断推进，促进了我国各个领域的快速发展，同时大大提升了压力管道的需求。但压力管道具有易燃易爆的危险性，必须加强压力管道安装焊接质量的管理和控制。安装企业应深入了解管道生产材料的性质及对安装焊接工艺造成的各种危险，认识到管道焊接材料种类多，现场施工环境恶劣，工期长等对焊接质量控制造成的难度，并针对这些原因做好安装焊接前的准备工作，改进有可能出现各种质量问题的环节和施工方法，提高压力管道安装焊接质量的控制管理水平（图1），为社会公众提供高效优质的管道输送服务。

图1

1　影响压力管道安装焊接质量的各种因素

1.1　管道安装焊接工艺危险性大

一般压力管道输送物质都是易燃易爆，或者腐蚀性较强的有毒物质，比如硫化氢，各种酸、碱等液体物质，它们的自燃点都较低，还具有很大的腐蚀性，给管道造成严重损害，影响管道的使用寿命及效率。而焊接安装管道时又需要在高温高压，或者深冷、真空条件下进行，施工过程中的加热温度很容易超出输送物质自燃的临界点，一旦泄漏极易发生火灾爆炸等危险事故。

1.2　管道材料的多样性增加了安装焊接质量控制的难度

管道生产原料和介质种类，以及管径规格繁多，并且涉及国内外许多牌号，甚至有的一条管线工程会使用多种不同的材料，这增加了压力管道的焊接和质量检测难度，增加了管道建设质量控制的难度。

1.3　管道施工现场条件恶劣

露天作业是压力管道安装焊接的常态，基本贯穿了整个施工流程。特别是南方夏季的雷雨等恶劣天气，增加了管道施工环境的危险性和难度。

1.4　施工周期长影响管道质量检测控制的管理

很多管道从购置材料到安装焊接完工都会经历不低于2年的时间，有的工期预算不合理还会延长施工周期，给整个压力管道的安装焊接质量管理工作带来相当大的难度。

2　压力管道安装焊接施焊程序及质量控制要点

压力管道安装焊接流程如图2所示。

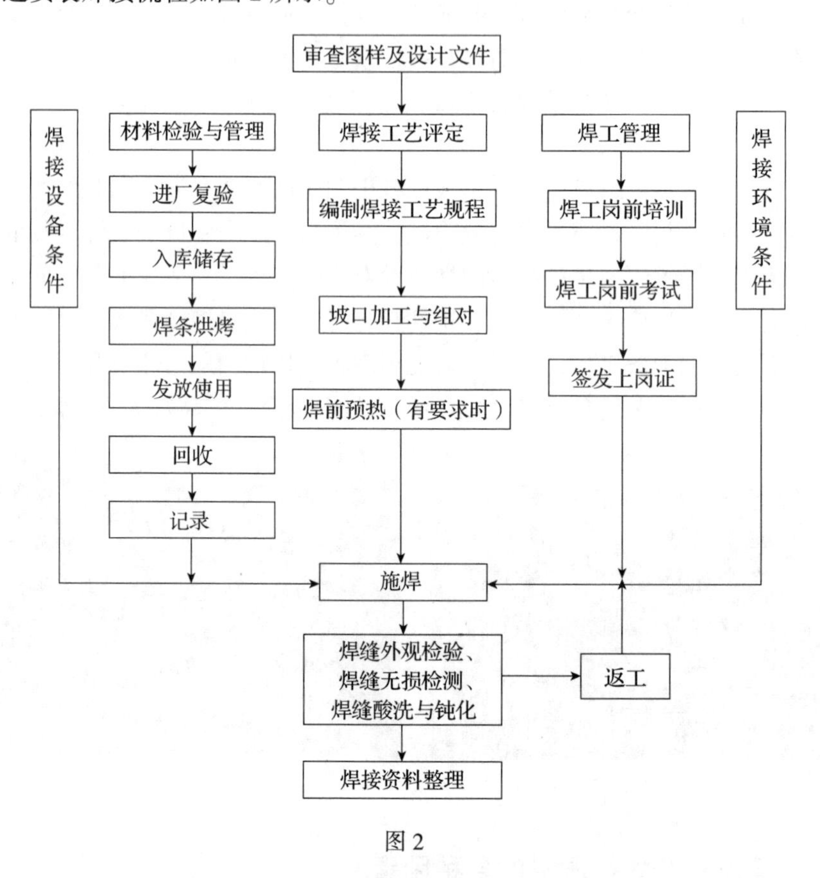

图2

2.1　做好“人、机、料、法、环”的全面质量控制

“以人为本”加强对焊接作业人员的培训，取得相应项目的合格证，并在认证有效期内才能上岗工作，严禁无证上岗。焊接设备选用要以焊接工艺为基础，不同的焊接方法选用的焊接设备不同，其中电弧焊和氩弧焊设备主要有交流电弧焊机、旋转直流电弧焊机和整流电弧焊机，统称为电焊机或焊接电源。焊接材料与母材材质应接近。合理充分的焊接工艺评定和焊接作业指导是对现场压力管道安装焊接质量的有力保障。焊接环境是不容忽视的影响压力管道安装焊接质量的一大因素，当相对湿度≥90%，风速：手工电弧焊时≥8m/s；气体保护焊时≥2m/s，应严禁施焊。

2.2　压力管道接口和特殊材料的处理

根据施工项目的特点，选择合适的安装焊接加工工艺和方法，例如进行机械加工，利用氧气、乙炔等气体进行金属材质管道的分割加工。但这些加工方式不能处理石头、皮革布料等非金属材质。在焊接金属材质的接口时，要把管道表面的焊接熔渣、污垢和氧化物等清理干净，保证管道接口面的洁净，防止因接口处的残渣污染物影响安装焊接质量。一般要清洁接口两侧20mm以上范围的表面，保障接口焊接的应力，提高接口焊接质量控制能力。采用坡口缠胶带的密封保护方式对易生锈的碳钢等材质进行防锈处理，施工时还要注意防止异物进入管道，影响管道输送物质的纯净度。

2.3　做好压力管道焊接定位测量工作

压力管道安装焊接过程中，施工人员要保证接口的清洁度和尺寸，然后再进行管道接口对接施工，有效地保证错边和间隙满足管道施工要求。灵活运用“看摸敲照，靠量吊套”检验方法对焊缝进行实测。管道对接间隙要均匀，接管定位要齐整水平，错边率要低于10%，误差控制在2mm之内。对于接口两侧壁厚差较大的管道，按照相关施工工艺要求进行修磨或加厚处理，使之符合工艺标准要求。在不借助外力的情况下保证接缝的焊接应力，并严格按照相关工艺标准进行焊接定位，确保定位焊没有气孔和焊接杂质，方可施焊。

2.4　压力管道焊后处理与焊缝检验

焊接完成后，应对焊缝清渣处理，清除焊缝周边的渣皮、飞溅物，清理焊缝表面，然后进行焊缝外观检查，焊缝与母材应圆滑过渡，焊缝表面不得有裂纹、未熔合、夹渣和气孔，外观质量不合格的焊缝，必须返修合格，否则不许进行其他项目的检查。为了控制好压力管道安装焊接的质量，一般设计文件都有整体或局部的无损检测的工作要求。对焊缝无损检测时发现的不允许缺陷，应消除后进行补焊，并对补焊处用原规定的方法进行检验，直至合格。对规定进行局部无损检测的焊缝，当发现不允许缺陷时，应进一步用原规定的方法进行扩大检测，扩大检测的数量应执行设计文件及相关标准。无损检测合格后，压力管道即可进行压力试验和泄漏性试验。对于极度和高度危害介质以及可燃介质管道必须进行泄漏性试验。对于不锈钢管道，焊缝还应进行酸洗钝化处理。

2.5　压力管道定期检验

在压力管道安装完成、投入使用后，由使用单位负责定期（按照一定的时间周期）接受特种设备检验机构对压力管道安全状况的符合性验证。管道焊缝是检验的重点部位，检验人员可对焊缝进行无损检测来判断焊缝在使用过程中的质量问题。使用单位应重视压力管道的定期检修与保养，确保压力管道处于安全状态。

3　压力管道安装焊接质量控制的相关措施

3.1　选择适当的焊接材料

压力管道施工单位要建立专门的焊条仓库，规范焊接材料的保管和使用管理，在焊接材料出库前，先对这些材料进行烘干处理，相关技术人员按照要求检查确认领用的焊接材料、材质、规格型号等是否符合安装焊接工艺要求，防止因材料领用错误造成的焊接质量问题。在施工前，焊接施工人员要比对焊接工艺卡中复查焊接工艺和焊接材料是否符合，确保焊接材料满足压力管道施工工艺要求。

3.2　合理评定并设置焊接工艺和工艺卡

由于管道材料的多样化特点，在遇到首次使用的焊接材料和新开发的材料时，焊接人员应该先对这种材料的焊接施工工艺进行评定，并按照材料生产厂家发放的资料中的技术参数和图纸，检测制订焊接工艺指导方法（图 3）。结合单位的现有焊接设备和施工人员的技能水平，挑选优秀的焊接施工人员利用现有焊接设备试焊，在焊接质量达到相关的力学和质量检验标准后，技术人员根据试焊的过程编制焊接工艺卡，为压力管道的现场安装焊接施工提供专业化指导和参考依据。

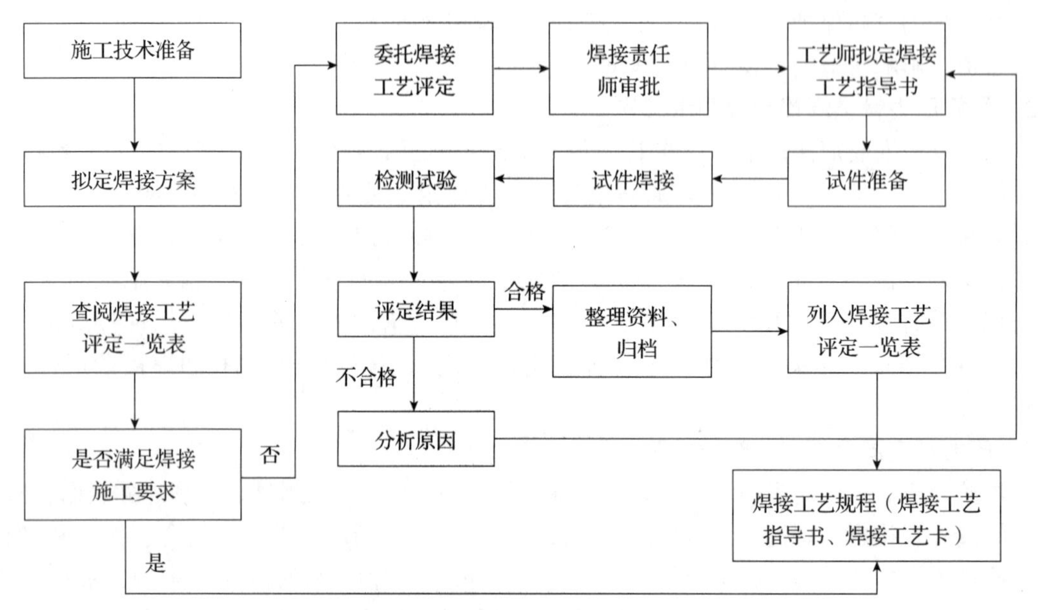

图 3　焊接工艺评定程序流程图

3.3　保证压力管道安装焊接施工过程的质量

焊接技术管理人员应该在压力管道安装施工之前，对施工人员进行焊接工艺技术和焊接安全讲解培训，要求具体施工人员必须检查调试好焊接设备的各种参数，严格按照焊接工艺卡的要求操作，必须精细到打底焊的起始位置，控制好各层间的焊接速度和温度。

在压力管道安装焊接施工中，尽量采用预制分段和自动焊的组装形式，合理设置焊口，避免焊接死口，而且不能把焊接接口位置留在环境恶劣和狭小的环境空间内。在施工过程中加强对压力管道安装焊接质量的自检和互检力度，及时查出焊接的缺陷，为下道焊接工序的顺利进行扫除障碍。对查出的焊接问题按照工艺卡的要求进行返修处理，保证返修一次成功。

3.4　对管道的安装焊接质量进行耐压测试

耐压测试是压力管道安装焊接质量的重要检测控制方法，必须严谨对待。尤其是一些大型的压力管道装置系统，比一般压力管道的耐压测试复杂，因为不可能对全部管道的耐压水平进行测试。这就需要管道施工单位按照不同的工艺压力标准和材料，合理分析设计压力测试系统和试压包，测压人员在测试前应该先对测压系统和试压包的合理性进行分析，看是否符合被检测管道的压力要求。在耐压测试中要注意因管道设计温度高于测试温度，但未及时修正压力；或者压力表校对不规范、精度不够等造成的耐压测试不合格现象，对造成压力检测错误的因素进行修正后重新进行检测调整，保证压力管道符合施工设计工艺要求（图 4）。

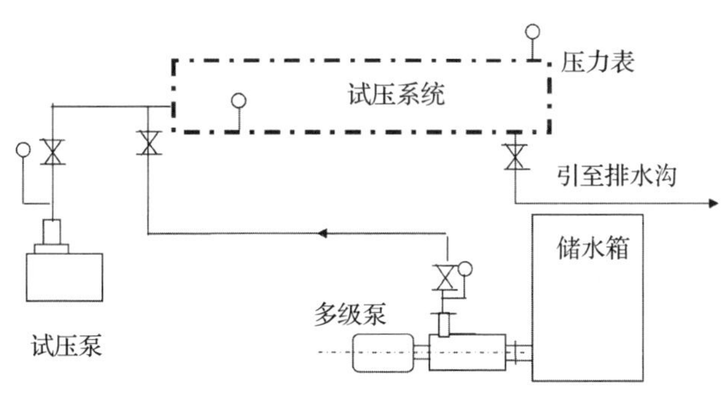

图 4　耐压测试原理

3.5　定期进行压力管道使用的检修保养

根据压力管道的施工使用特点，定期进行管道使用质量的日检、月检和年检，以便及时发现管道使用中存在的安全隐患，保障管道使用安全。一般通过铁谱分析、油液质量以及温度检测等故障诊断方法，进行管道安全定期维保，提升管道使用效果。在日常的定期维保中，要精细化处理定期检修内容，不断提高管道设备维修养护人员的技术水平和业务能力，便于他们对压力管道进行全面系统的维修保养，消灭一切可能造成安全事故的隐患因素。并使其不断积累各种维护经验，便于在发现管道输送故障后能够及时找到故障原因，并利用过硬的业务技能排除故障，或者根据细微的异常现象推断出可能发生的故障，防患于未然，在有效控制压力管理下安装焊接质量的基础上，保障压力管道的使用安全，提升管道的使用寿命和使用效率。

4　结语

总之，在经济和科技不断发展的当今社会，压力管道安装焊接施工技术人员要不断提高自己的专业知识水平和业务能力，清楚地认识到压力管道安装焊接存在的各种安全质量隐患，并据此做好安装焊接前的准备工作，通过选用恰当的管道焊接材料，合理评定焊接工艺，制订科学规范的焊接工艺卡，控制好安装焊接施工质量，采用针对性方案对不同材质和工艺的管道进行耐压测试，保证管道压力符合施工工艺标准要求等具体应对措施，不断提高压力管道的安装焊接质量的控制能力，加强后期管道的检修保养，提高压力管道的使用安全和效率，为广大群众提供优质高效的管理传输服务。

高大圆形筒仓锥形仓顶工具式支模体系施工技术

顾　佳　彭昊云　韩宗勇　易　璐　孙志勇

湖南省第三工程有限公司　湘潭　411101

摘　要：高大圆形筒仓锥形仓顶工具式支模体系安拆方便，在浅圆仓仓顶施工中，可以免去从仓底开始搭设满堂的超高支模架，仅仅在格构柱和钢桁架构建的平台上搭设一般满堂架即可，节省了大量的人力、物力，加快了施工进度，拆除后，还可以在类似工程中重复利用。

关键词：筒仓仓顶；工具式支模体系；格构柱；钢桁架

筒仓结构为工业建筑中常见的构筑物，其结构特点为净空高、直径大。而其锥形仓顶结构在现场的施工操作中难度较大，施工时若采用传统的满堂支架支撑，存在着搭设周期长、搭设高度高、安全隐患大、钢管扣件需求量大、拆除工作量大等不足、安全监测工作缺乏先进性且较难控制主要的风险因素，因此使用传统支模体系难以满足施工要求。若采用高大圆形筒仓锥形仓顶工具式支模体系施工技术，以格构柱支撑替代底部支模架达到施工设计标高，钢桁架为上部满堂架提供搭设平台。格构柱与钢桁架均采用工厂预制，安拆方便，施工时还可辅以高科技手段监测格构柱和钢桁架的变形。使用高大圆形筒仓锥形仓顶工具式支模体系施工技术可以达到减少劳动力投入、增加经济效益、降低风险的目的。现将该施工技术总结如下。

1　工程概况

中储粮（天津）仓储物流有限公司物流项目为 2019 年新建工程，2020 年 8 月已竣工，主要包括 7 个单仓容量为 10000t 的浅圆仓；1 座提升塔架，栈桥及其支座、消防泵房、水池、变配电间以及场区道路、围墙。7 个浅圆仓建筑面积为 10262m^2。浅圆仓仓壁结构为钢筋混凝土结构，厚度 280mm。仓顶盖为现浇钢筋混凝土锥壳顶盖结构，厚度为 200mm。仓壁钢筋混凝土结构采用滑模施工，最后进行浅圆仓仓顶施工；锥形仓顶施工根据现场实际情况，采用格构柱结合钢桁架平台做支撑体系，并在支撑体系上进行支模的施工方法。

2　技术原理

高大圆形筒仓锥形仓顶工具式支模体系采用以格构柱+钢桁架+满堂脚手架作为锥形仓顶模板支撑体系的施工技术。格构柱通过提前预埋在楼板中的地脚螺栓安装在筒仓楼板中心的四角之上，楼板之下采用钢管对其进行加固，将格构柱组装至设计标高后，再以格构柱为中心向筒壁方向辐射钢桁架，钢桁架一端与钢平台焊接，另一端与提前预埋在仓壁上的牛腿用螺栓连接，在仓内的预定高度上形成一个整体的钢平台，再在钢平台上搭设满堂脚手架作为仓顶锥形模板的支撑体系（图 1）。

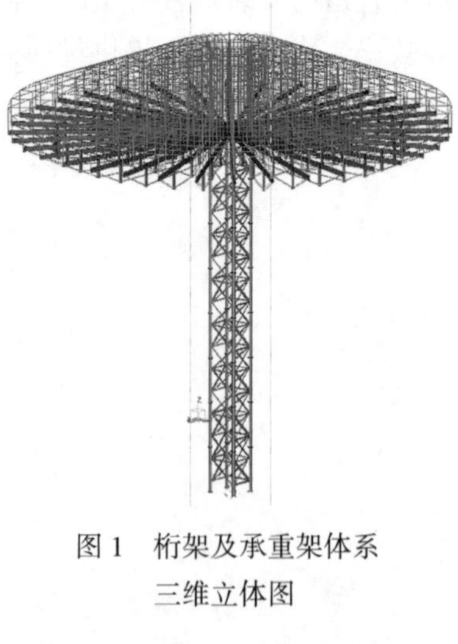

图 1　桁架及承重架体系三维立体图

3　施工工艺流程及施工方法

3.1　施工工艺流程

施工准备→预埋格构柱、拉绳埋件→预埋牛腿埋件→安装牛腿→安装格构柱→安装桁架→搭设上部脚手架→施工仓顶结构→脚手架的拆除→桁架拆除→格构柱拆除→牛腿拆除。

3.2　施工方法

3.2.1　施工准备

（1）熟悉施工设计图纸。

（2）检查进场材料的合格证明、检测报告。

3.2.2　预埋格构柱、拉绳埋件

（1）预埋格构柱

楼板浇筑混凝土前预埋长度为 850mm 的 L 形、直径为 30mm 的三级钢筋作为底部带加劲板的圆盘固定埋件，端部套丝安装螺栓（图 2）。

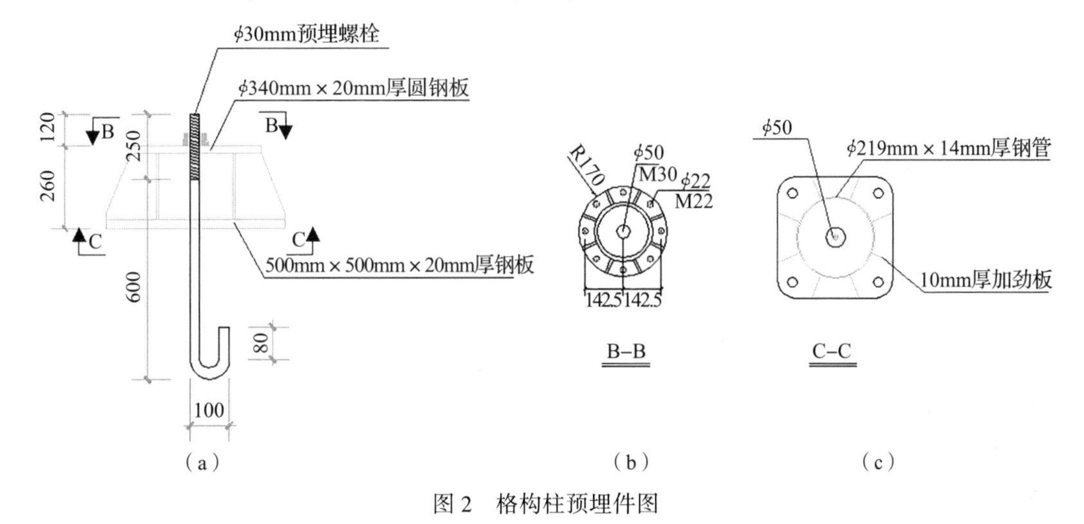

图 2　格构柱预埋件图

（2）拉绳的预埋

楼板进行混凝土浇筑前，在以仓体圆心为中心呈十字的四个点，预埋直径≥16mm 的一级钢筋，作为稳定格构柱钢丝绳的拉环，钢丝绳与地面的水平夹角宜为 45°~60°，其预埋深度及锚固长度符合规定值（图 3）。

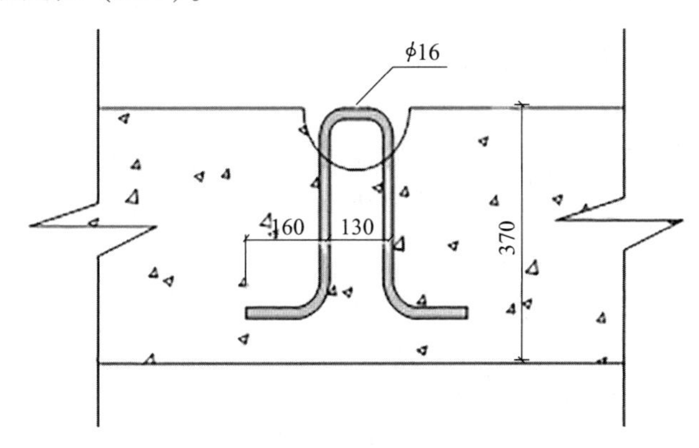

图 3　拉绳预埋环图

3.2.3　预埋牛腿埋件

（1）在滑模施工到达埋件设计标高之前，将仓壁等分若干个预埋点。

（2）滑模施工到设计标高时，将牛腿板埋至混凝土仓壁内，牛腿采用不小于 6mm 厚钢板上焊制 4 个 ϕ28mm 直径的螺纹套筒，将直螺纹套筒一端安装 ϕ28mm 的钢筋（图 4）。

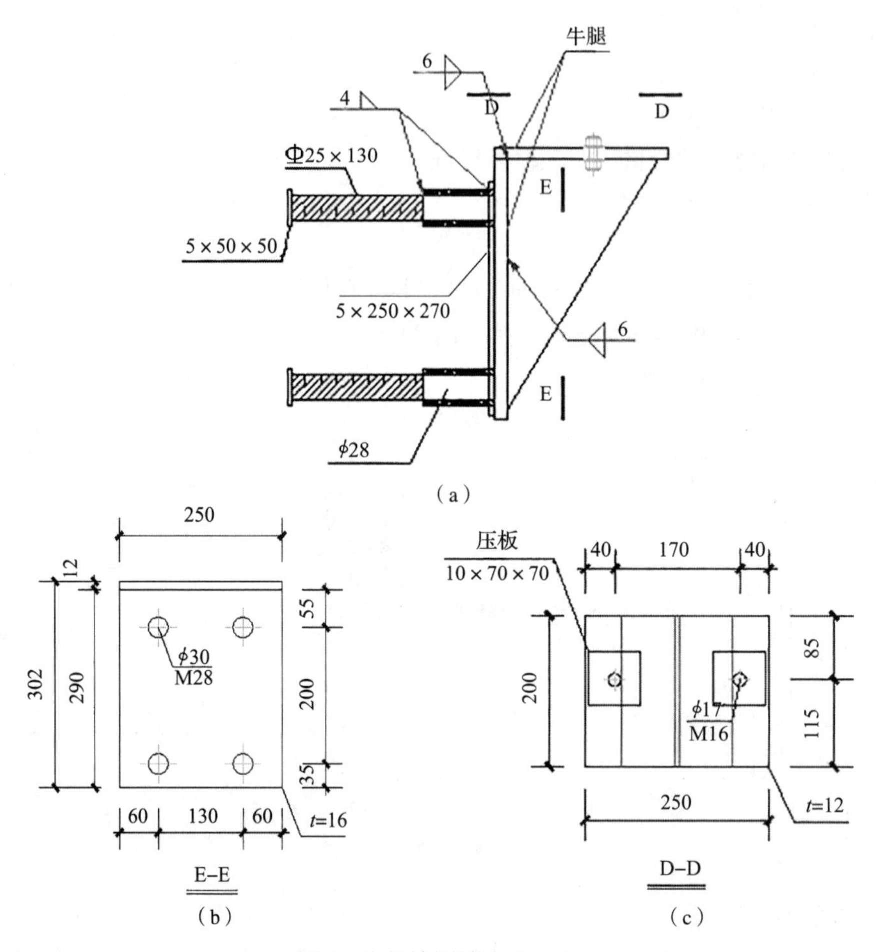

图 4　牛腿结构详图（mm）

3.2.4　安装牛腿

待滑模继续施工将牛腿整个露出时，先清除钢板表面浮浆，待混凝土强度达到 2MPa 后，采用不小于 6mm 厚钢板焊制成三角牛腿。

3.2.5　安装格构柱

（1）首段格构柱四角的法兰盘通过高强螺栓固定在楼板中心的基座上，格构柱四角的平整度偏差应控制在±2mm 之内，首段格构柱吊装完成后测量格构柱垂直度，要求偏差小于 2mm。

（2）首段格构柱安装无误后开始吊装标准节。标准节就位后，首先测量垂直度，要求偏差小于 2mm。满足要求后，拧紧格构柱间法兰连接螺栓。拧紧法兰螺栓后，按底段格构柱的操作方法，将格构柱法兰盘间的高强螺栓拧紧。再次测量安装精度，满足要求后，连接格构柱间的斜拉杆。按上述方法，直至上部格构柱组装完毕。整体塔架垂直度偏差应控制在 40mm 之内。

（3）格构柱每2节使用不小于ϕ14mm钢丝绳与提前预埋在楼板上的拉环通过花篮螺栓连接，钢丝绳应绷紧但不应受力，四角呈“十”字形对拉，保证竖向格构柱稳定。

（4）在顶节格构筑的上部安装直径为2800mm、厚度为30mm、内径为1500mm环形托盘作为桁架的支柱，下部相应位置焊接4个法兰盘，使用高强螺栓与顶节格构柱连接。

3.2.6　安装桁架

（1）整个桁架构造为对称单元，加上桁架之间的支撑拉杆构成稳定体系。使用长13.850m桁架36榀以格构柱为中心呈辐射状布置。桁架之间上部及下部分别用2道钢管环向连接（扣件连接），相邻的两榀桁架采用钢管做2道剪刀撑，以保证侧向稳定。单榀桁架如图5所示。桁架之间的剪刀撑如图6所示。

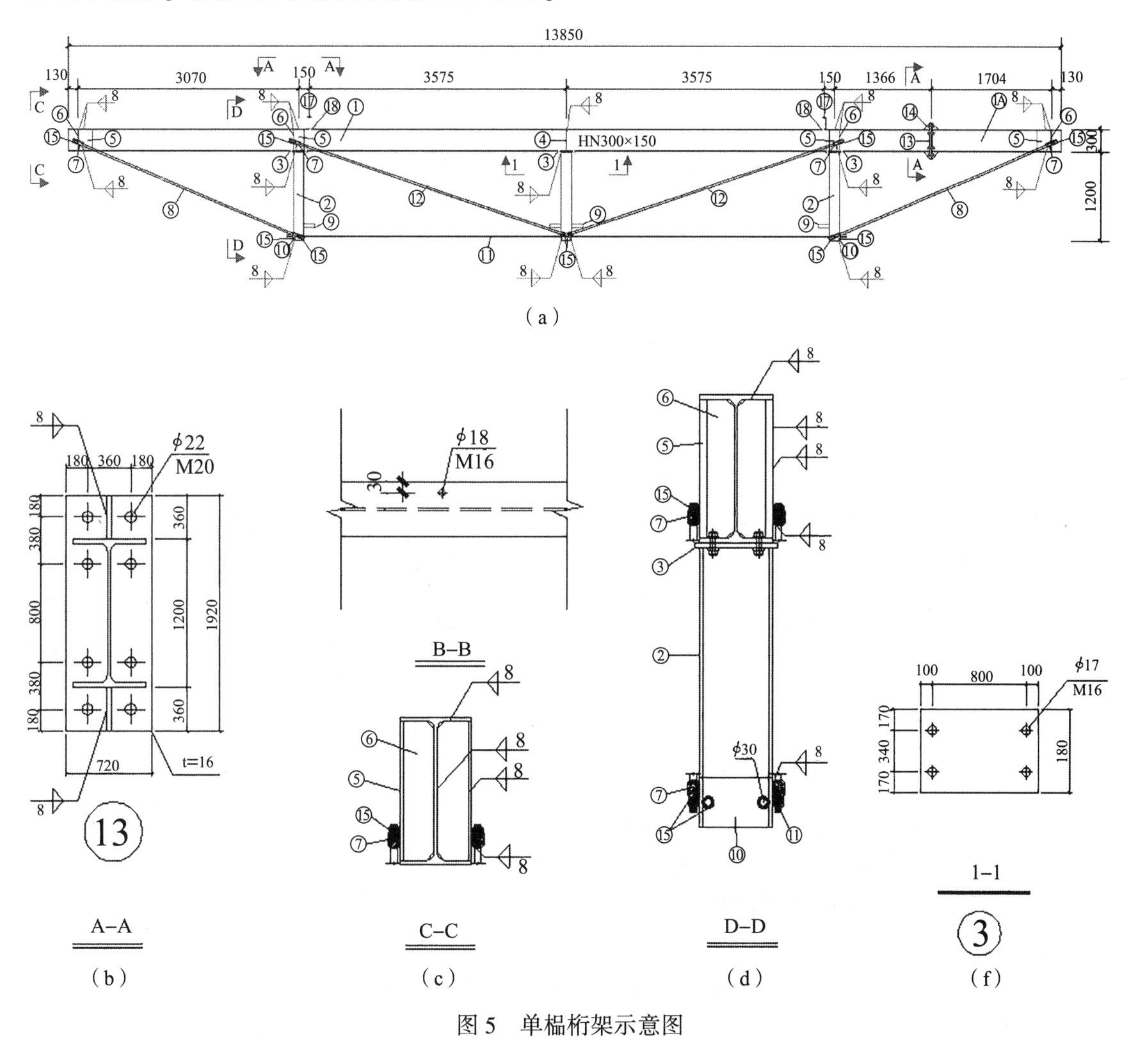

图5　单榀桁架示意图

（2）桁架吊装就位后，一端使用焊接固定在格构柱的圆形托盘上，一边使用高强螺栓固定在仓壁的牛腿上，安装顺序宜对称安装（图7）。

（3）桁架安装时，检查桁架的平面度，相邻3榀桁架的平面高差超过5mm，增设垫板予以调整。

（4）桁架安装完成后，对整个体系进行复查，复查内容包括：高强螺栓是否全部安装；

抽查高强螺栓的扭矩值；调校塔架垂直度偏差；桁架的整体平整度。

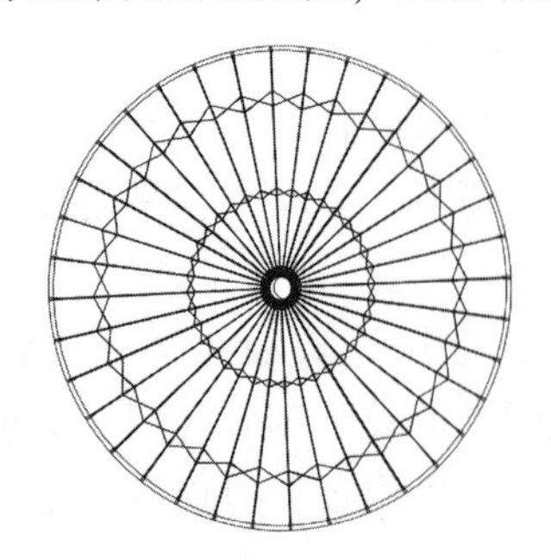

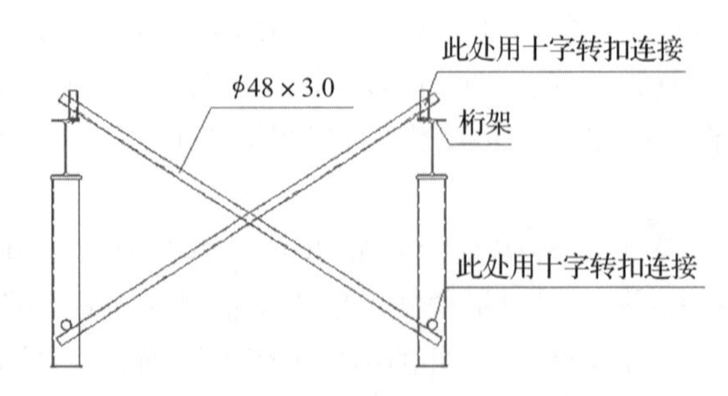

图 6　桁架之间的剪刀撑

图 7　桁架安装

（5）复查后，在桁架之间满铺安全网及跳板，脚手板两端固定牢固，不能滑动，为上部满堂支模架提供施工作业面（图 8）。

图 8　铺设安全网及跳板

3.2.7　搭设上部脚手架

（1）脚手架搭设前在钢结构支撑平台上满铺脚手板，脚手板两端固定牢固，不能滑动，作为搭设上部钢管脚手架的施工作业面，脚手板有空隙的地方，要用模板进行覆盖，防止落物。

（2）在钢结构平台梁下弦杆处满挂安全网，平台四周搭设 1.5m 高防护栏杆，防栏杆满挂安全网，确保施工期间安全。

（3）按照上部满堂钢管脚手架的搭设方案，在每根立杆的位置，用 5～10cm 长的ϕ20mm 钢筋焊接一个限位，确保立杆不滑动。

（4）安装竖立管并同时安扫地杆→搭设水平杆→搭设剪刀撑→按铺脚手板的顺序进行脚手架搭设。

（5）脚手架搭设采用外径 48mm，壁厚 3.5mm 的焊接钢管，径向间距 730mm，环向最大间距 1500mm，随圆锥顶盖升高逐渐变窄，环向最小间距 393mm，竖向步距 1200mm。圆形布置脚手架的每 1/4 圆周的径向设置一道剪刀撑。

（6）按照《建筑施工扣件式钢管脚手架安全技术规范》（JGJ 130—2011）规范要求进行满堂支模架的构造搭设。

3.2.8　施工仓顶结构

（1）钢筋工程

仓顶板环梁主筋采用绑扎连接，板钢筋接头采用绑扎接头。钢筋制作、加工、绑扎工艺按照图纸和规范要求进行。

（2）模板工程

脚手架工程施工完成后即进行模板工程施工，模板的制作、加工、安装按照图纸和规范要求进行。

（3）混凝土工程

①混凝土浇筑时，首先浇筑仓壁环梁混凝土，应集中力量在短时间内完成，使混凝土尽快完成初期强度。然后浇筑仓顶板混凝土，浇筑仓顶板的原则是自下而上，从圆周对称的两点同时向各点的两个方向浇筑，最后结合在另外两个对称点上。第一圈浇筑时宽度在500mm左右，缓慢进行，其目的是使仓顶板混凝土与仓顶环梁混凝土交接良好不形成施工缝，且尽量使环梁混凝土的早期强度能抵抗顶板的施工荷载，不产生裂缝。在进行第二圈的浇筑时，可浇宽度1m左右，以后每圈浇筑宽度可掌握在1～1.5m，以浇筑到交接时原浇筑混凝土没有完成初凝为宜。整个仓顶板施工不得留施工缝，并能逐渐形成封闭的圆形状薄壳体，减轻对模板及支撑的受力，有利于施工荷载的均匀分布。

②严格控制施工缝。若因不可控制的原因，导致要留施工缝，一定要严格按施工缝处理程序进行，必须要加止水带。

3.2.9　脚手架的拆除

（1）拆架前，全面检查拟拆脚手架，根据检查结果制订作业计划，报请批准，进行技术交底后才可工作。拆架时应划分作业区，周围设绳绑围栏或竖立警戒标志，地面应设专人指挥，禁止非作业人员进入。

（2）拆架的高处作业人员应戴安全帽、系安全带、扎裹腿、穿软底防滑鞋。拆架程序应遵守由上而下，先搭后拆的原则，即先拆拉杆、脚手板、剪刀撑、斜撑，而后拆小横杆、大横杆、立杆等，并按“一步一清”原则依次进行。严禁上下同时进行拆架作业。

3.2.10　桁架拆除

仓顶板、梁脚手架、模板拆除完成后即进行库顶支撑钢结构的拆除工作。将预埋件（牛腿）螺栓拆除完成后，用卷扬机钢丝绳吊住钢桁架两端，吊点距桁架边缘500mm，缓缓降落到仓底板位置后，从仓底门洞口运出。钢平台采取单件依次拆除，拆除顺序为先安装的后拆，后安装的先拆。首先拆除副桁架，其次拆除主桁架。

3.2.11　格构柱拆除

桁架拆除后，通过相同的方法将格构柱分段拆除，从仓底门洞口运出（图9、图10）。

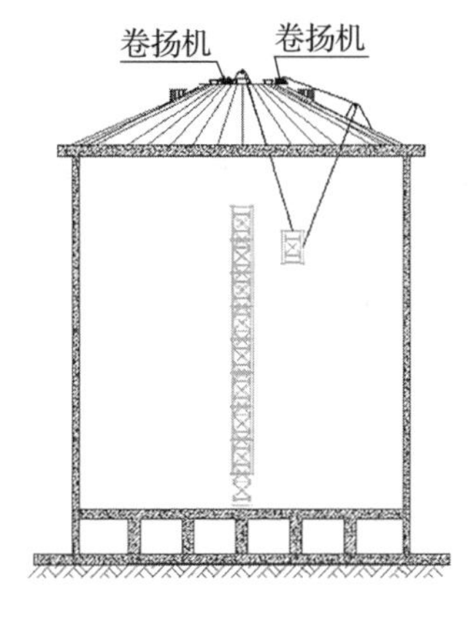

图9　格构柱拆除示意图

图10　格构柱拆除、运输

3.2.12　牛腿拆除

（1）桁架拆除完成后，先将牛腿外露仓壁部分拆除后涂防锈漆。

（2）将操作平台的三角支架以及跳板拆除。

（3）仓外利用吊篮，将3m长的钢管抽出后，在洞内支设吊模，浇筑同强度等级的微膨胀细石混凝土，细石混凝土外面凹进仓壁10～15mm，待细石混凝土有一定强度后再用掺10%防水剂的1∶2.5水泥砂浆补嵌密实至与墙面平。

4　施工质量控制

钢结构安装质量标准及检验方法，按照国家标准《钢结构工程施工质量验收标准》（GB 50205—2020）执行。

钢管搭接质量标准及检验方法见表1。

表1　钢管搭接质量标准及检验方法

序号	项目	搭设允许偏差（mm）	变形预警值（mm）	检查工具
1	立杆钢管弯曲 3m<*L*≤4m 4m<*L*≤6.5m	 ≤12 ≤20	 10 16	钢板尺
2	水平杆、斜杆的钢管弯曲 *L*≤6.5m	≤30	24	
3	立杆垂直度	≤100	80	经纬仪及钢板尺
4	立杆脚手架高度*H*内	相对值≤*H*/500	*H*/625	吊线和卷尺
5	支架沉降观测	<10	8	水准仪
6	支架水平位移	—	10	经纬仪及钢板尺

5　施工安全措施

（1）遵守的相关安全规范及标准：

《施工现场临时用电安全技术规范》（JGJ 46—2005）；

《建筑机械使用安全技术规程》（JGJ 33—2012）；

《建筑施工安全检查标准》（JGJ 59—2011）。

（2）用塔吊吊运钢构件时，必须由起重工指挥，严格遵守相关安全操作规程。

（3）遇到5级以上风天气条件，严禁高空室外作业。

（4）施工用电安全：施工用电必须遵守安全用电规章制度，按指定配电柜专人接线操作，非电工严禁操作。

（5）施工人员进场前进行安全培训，合格后方可上岗；执行安全一票否决制，违反安全规定者责任自负。

（6）施工人员必须佩戴好安全帽，登高作业人员必须系好安全绳，穿防滑鞋。

6　环保措施

（1）严格遵守国家、地方及行业标准、规范：

《建设工程施工现场环境与卫生标准》（JGJ 146—2013）；

《建筑施工场界噪声排放标准》（GB 12523—2011）。

（2）加强环保意识，严格执行有关文件或环保审批手续。

（3）按照施工总平面布置，材料构件按规格堆放，钢构件、钢管等要码放整齐。

7　结语

通过工程实践，采用高大圆形筒仓锥形仓顶工具式支模体系增强了支撑体系的稳定性，相比传统施工时采用的满堂支架支撑，高大圆形筒仓锥形仓顶工具式支模体系具有搭设周期短、搭设高度高、安全隐患小、拆除工作量少等优点，通过安全监测工作能减少施工中的安全隐患，降低了安全事故发生的概率。该支模体系在我公司的中储粮（天津）仓储物流有限公司物流项目推广，有效降低了施工成本、缩短了工期，并获得了建设方、监理方的好评。

参考文献

[1]　李秉汶．大直径筒仓锥壳混凝土施工支撑平台研究［D］．邯郸：河北工程大学，2014.

[2]　王文星．筒仓仓顶钢管桁架支撑体系研究［D］．天津：天津大学，2013.

[3]　杜月萍．浅圆仓仓顶钢结构支撑的设计与施工探讨［J］．特种结构，2003（2）：69-70.

[4]　肖树豪，赵海龙，李勤山，等．大直径筒仓仓顶施工支撑体系优化分析［J］．工业建筑，2018，48（5）：139-143.

[5]　夏军武，周勇利．大直径筒仓仓顶钢桁架施工支撑平台设计［J］．钢结构，2011，26（8）：40-42.

预应力碳纤维板加固混凝土结构裂缝施工技术

王　山

湖南省第三工程有限公司　湘潭　411101

摘　要：在湘潭市二大桥维修改造项目中，针对北引桥部分出现裂缝的预应力空心板梁采用“预应力碳纤维板加固”施工技术。研究表明，通过在空心板梁梁底张拉预应力碳纤维板，能有效控制结构裂缝的继续发展，提升空心板梁结构承载能力，增加结构刚度，提高桥梁运营能力和使用寿命。

关键词：预应力碳纤维板；加固；结构裂缝；施工技术

在城市危旧桥梁的混凝土结构裂缝维修加固改造施工中，传统的施工方法为增大截面、钢板加固或注浆等施工工艺，这些施工方法操作复杂，人工、材料耗费多，处理病害效果不彻底。预应力碳纤维板加固混凝土结构裂缝施工技术通过在裂缝处铺贴碳纤维板、锚具实现碳纤维板的张拉和固定，施加张拉预应力，提升构件承载力。同时通过预应力使碳纤维板在张拉时受力均匀，紧贴梁底，与梁形成共同受力整体，不易发生新的横向拉裂破坏。对梁底横纵向裂纹宽度较大或者裂纹较多部位采取碳纤维板张拉处理，较好地解决了桥梁结构等混凝土结构质量通病。

我公司在湘潭市二大桥维修改造项目中应用此施工技术，均取得了很好的效果。现将该施工工艺总结并形成本施工技术。

1　工程概况

湘潭市湘江二桥位于湘江一桥的上游，是107国道上的一座特大桥梁，横跨湘潭市区至湘潭县城易俗河镇的湘江两岸，为湘潭境内的咽喉要道。大桥于1988年开始施工图设计，1993年竣工通车。总长1830.4m，主桥分跨为50+5×90+50+7×42.84(m）连续梁；南北引桥分别为7×16+2×12(m）和2×15+11.42+49×16(m）简支空心板。

由于大桥通车后使用时间较久、车辆荷载大等多种原因，桥梁上部结构出现较多病害，根据专业检测公司检测和技术评定，北引桥技术状况等级为D级，桥梁技术状况为不合格状态。其中北引桥桥梁上部结构预制空心板梁出现纵向开裂，部分空心板梁开裂较严重，纵向裂缝对桥梁梁体的整体性及刚度产生影响。同时，裂缝的存在使得钢筋发生锈蚀，影响构件使用的耐久性，降低使用寿命。根据设计方案，在北引桥16m跨径空心板横桥向靠近防撞护栏处的三块空心板中板（合计每跨6片中板）每块中板底面粘贴并张拉预应力碳纤维板2条以增加空心板承载能力，改善梁体内力、应力状态。北引桥合计49跨294片，16m跨径先张法空心板底面实施张拉碳板施工（图1）。

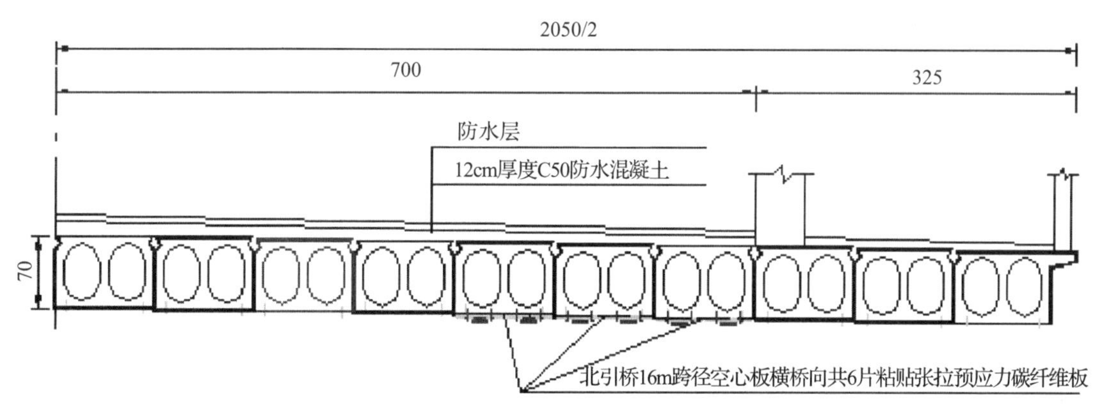

图1　北引桥张拉预应力碳纤维空心板位置示意图

2　工艺原理

在裂缝处粘贴碳纤维板、锚具实现碳纤维板的张拉和固定，施加张拉预应力，提升构件承载力。同时通过预应力使碳纤维板在张拉时受力均匀，紧贴梁底，与梁形成共同受力整体，不易发生新的横向拉裂破坏。预应力碳纤维板加固属于主动加固技术，利用碳纤维板高强、高弹的材料特性，通过对碳纤维板预张拉，产生初始预加力，用来平衡原梁一部分载荷，从而延缓裂缝的开展和减小裂缝宽度，有效增加结构刚度，减小结构构件的挠度，缓解内部钢筋的应变，提高钢筋的屈服荷载和结构的极限承载能力，从而提高空心板梁的刚度和耐久性，提高使用寿命。

3　施工工艺流程及施工方法

3.1　施工工艺流程

施工准备→混凝土表面处理→锚板位置放样并凿毛→锚板安装→安装预应力碳纤维板张拉系统→碳纤维板下料及安装端部张拉锚具→碳纤维板粘贴面涂胶→安装、张拉→碳纤维板表面防护→验收。

3.2　施工方法

（1）施工准备

正式施工前，将施工所用的材料、人员、机具到位。技术人员熟悉图纸，了解相关参数。对现场裂缝情况进行调查，对进场的碳纤维板、锚具、夹片规格、型号、性能指标等进场验收，并对原材料和锚具按照规范要求进行抽检检测，经有资质的检测单位检测合格方可进入施工现场（图2、图3）。对操作人员进行施工技术交底和安全技术交底，达到开工的条件。

图2　空心板底裂缝调查

图3　碳纤维板进场验收

（2）混凝土表面处理

对在空心板上粘贴预应力碳纤维板的混凝土表面进行打磨处理，要求打磨宽度大于碳纤维板周边 2cm，打磨深度至出现混凝土新面，且松动部分和粉刷层应全部去除。

（3）锚板位置放样并凿毛

按施工图要求对锚板位置进行放样，并对锚板安装区域内进行打磨，要求打磨宽度大于锚板周边 2cm，打磨深度至出现混凝土新面，且松动部分和粉刷应全部去除。

（4）锚板安装

用钢筋探测仪测量锚固区域内钢筋分布情况，结合原空心板设计图纸，在锚固区域内钻孔安装 RM16 化学锚栓，然后在锚板上涂抹一层结构胶将锚板用化学锚栓固定在空心板上，固定后的锚板表面应平整、顺直。

（5）安装预应力碳纤维板张拉系统

将预应力碳纤维板张拉系统的反力架安装至锚板端部，用 12.9 级螺栓进行固定。安装时应调整反力架的平面位置，使之垂直于碳纤维板的张拉方向（图 4）。

图 4　碳纤维板张拉系统安装

（6）碳纤维板下料及安装端部张拉锚具

测量好锚板及张拉装置之间的距离，确定碳纤维板下料长度，现场用碳纤维锚具安装设备安装碳纤维板端部的张拉锚具。锚具安装应由厂家技术人员现场指导安装。

（7）碳纤维板粘贴面涂胶

在碳纤维板粘贴面涂抹结构胶，涂胶时应确保中间厚、两边薄，在张拉时结构胶能从碳板边缘挤出，且密实不空鼓为宜。涂胶后 45min 内完成张拉全过程，否则结构胶将失去操作性影响黏结效果。

（8）安装、张拉

将安装好锚具的碳纤维板安装至锚板上，锚具上的张拉杆穿过反力架的中孔，套上千斤顶，锁紧锚固螺丝，调整碳纤维板姿态，进行张拉。张拉控制力为碳纤维板抗拉强度的 50%，即 168kN。张拉时分三个阶段进行，每阶段张拉力 56kN，测量伸长率，观察锚具有无滑动现象，并根据情况及时做出相应调整。张拉完成后锁紧锚固螺栓，松开千斤顶，将锚板的上压板安装到位，等待结构胶固化（图 5）。

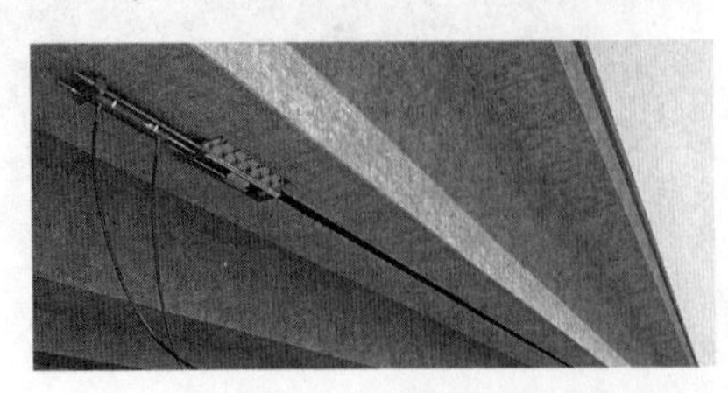
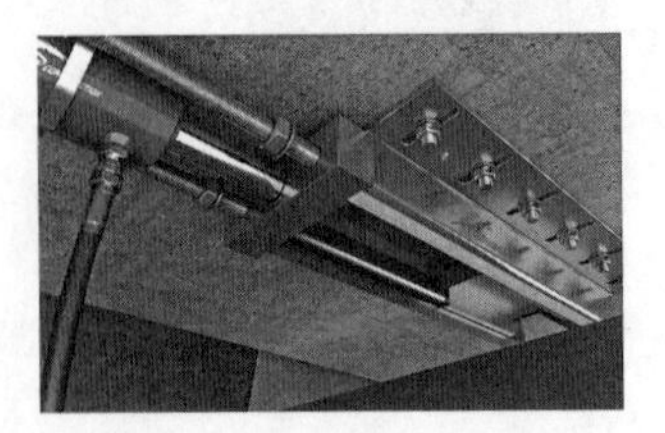

图 5　碳纤维板预应力张拉

（9）碳纤维板表面防护

碳纤维板张拉完成以后，与梁体一道，在碳纤维板表面涂刷一层聚氨酯面漆，涂刷要均匀，美观。

（10）验收

施工完毕后组织建设单位、监理单位及设计单位进行质量验收。

4　施工质量控制

4.1　施工材料质量控制

（1）预应力碳纤维板施工所用的碳纤维板、锚固、夹片等产品的品种、规格、性能必须符合国家有关标准的规定和设计要求。

（2）工程所用的构（配）件和主要原材料等产品进入施工现场时必须进行进场验收并妥善保管。进场验收时应检查每批产品的订购合同、质量合格证书、性能检验报告、使用说明书、产品的商检报告及证件等，并按照国家有关标准规定进行复验，验收合格后方可使用。

（3）碳纤维板质量应重点检查下列内容：面密度、树脂含量、纤维含量、厚度、抗拉强度、弹性模量、锚具和夹片等。

4.2　施工过程中质量控制

（1）检查纤维板是否符合标准规定；

（2）检查锚具、夹片是否符合设计要求；

（3）检查预应力张拉是否符合设计要求；

（4）检查锚栓植入深度是否符合设计要求；

（5）张拉过程中对梁体挠度进行监测。

（6）各分项工程应按照施工技术标准进行质量控制，分项工程完成后，应进行检验。

（7）相关各分项工程之间，必须进行交接检验，所有隐蔽分项工程应进行隐蔽验收，未经检验或验收不合格不得进行下道分项工程施工。

4.3　工序质量控制要点

（1）基面处理质量

混凝土基层表面打磨约1~2mm，粗糙、平整且无粉尘。混凝土基层的表面平整度满足<5mm/2m的要求。

（2）碳纤维板检查与验收

碳纤维板的受拉弹性模量实测值高于170GPa，纤维体积含量高于70%，现场还应检查成品的外观，经检查碳纤维板外观顺直、无毛刺、厚度均匀。

（3）张拉机具安装检查与验收

根据设计要求，结合《公路桥涵施工技术规范》（JTG/T 3650）的相关规定，碳纤维板中心线、锚具（夹具单元和张拉单元）安装的容许误差为±5mm。

（4）粘贴质量

胶粘剂厚度应为2mm±1mm，且空鼓面积与总黏结面积之比小于1%。

（5）碳纤维板张拉施工与验收

根据设计要求，参照《混凝土结构设计规范》（GB 50010）的相关规定，碳纤维板张拉采用张拉力与伸长值双值控制，由于碳纤维板为树脂、纤维丝按照一定的比例通过高温固化挤压形成的，其弹性模量差异系数相对较大，确定其张拉力和张拉伸长量容许误差均为 10%。

（6）由于碳纤维板胶粘剂在常温下的凝固时间为 24h 左右，故在胶粘剂凝固之前，严禁活载对胶粘剂的过大扰动，以保证黏结效果。

5 安全措施

（1）在施工中贯彻执行“安全第一，预防为主，综合治理”的方针，采取有效措施确保施工安全。

（2）作业前，对现场管理人员和作业人员进行安全交底和安全教育。

（3）工程实施时，严格按照审批的方案和安全生产措施的要求组织施工。操作工人等必须严守岗位职责，遵守安全生产操作规程。特种作业人员应经培训持证上岗。安全员深入施工现场，督促操作人员遵守操作规程，制止违章操作、无证操作、违章指挥和违章施工。

（4）严格执行操作规程，加强施工机械设备及临时用电检查。临时用电严格按照三相五线、一机一闸一漏、接零接地执行，做好用电设备的安全防护。

（5）施工现场用 2. 5m 高围挡封闭施工，出入口建立门卫制度，夜间设置警示灯，严禁无关人员进入施工现场。吊装作业派专人指挥和制定相应的安全技术措施，并划定作业范围，设置警戒线。

（6）张拉作业时，设置警戒区域，安排专人值守，禁止无关人员进入。

（7）桥下张拉必须设置供操作人员操作的操作平台，确保安全，桥上一定范围内限速通行。

（8）针对施工现场存在的危险源制定应急预案，储备应急物资和人员，定期开展应急演练，遇到危险，随时启动应急预案。

（9）施工所用各种机具和劳动用品应经常检查，及时排除安全隐患，确保安全，严禁各类机械设备在带病、超负荷、限位不灵敏等状态下操作。加强施工安全巡查，发现安全隐患及时整改。

（10）碳纤维板为导电材料，使用碳纤维板时应尽量远离电气设备及电源，使用中应避免碳纤维板的弯折。碳纤维板配套树脂的原料应密封储存，远离火源，避免阳光直接照射，树脂的配制和使用场所，应保持通风良好。现场施工人员应根据使用树脂材料采取相应的劳动保护措施。

（11）在碳纤维板张拉的过程中，要对梁体挠度的变化进行观测，如果挠度变化有异常情况，应停止张拉，并检查原因。

6 环保措施

（1）施工现场材料包装袋及建筑垃圾及时清运，做到工完场清，严禁焚烧建筑垃圾。

（2）现场进出口设车胎冲洗设施，保持进出车辆的清洁。

（3）现场建立洒水清扫制度，配备洒水设备，并由专人负责，采取有效的喷雾设备降尘，及时清理建筑垃圾。

（4）夜间施工时，有防止照明灯具强光外泄、控制噪声等措施。

（5）加强物料管理。施工现场的材料、构配件、料具按平面布置码放整齐。

（6）施工现场安装扬尘和噪声在线监测系统，实行动态管理。

7　结语

目前，预应力碳纤维板加固混凝土结构裂缝施工技术在湘潭市二大桥维修加固改造项目中应用完毕。实践证明，采用预应力碳纤维板加固施工，与传统粘贴钢板等施工方法相比，节约人工费 10%以上，节约机械材料费用 20%左右，具有良好的经济效益。预应力碳纤维板加固技术可以显著提高桥梁结构的承载能力，增大其刚度，改善其内力分布，从而有效提升桥梁的运营能力，提升桥梁使用寿命，具有非常良好的经济效益和社会效益。在类似城市桥梁维修加固项目或混凝土结构维修加固施工中，可广泛推广应用。

参考文献

[1]　戴洲游．预应力碳纤维板梁底加固施工技术要点分析［J］．中外建筑，2018，207（7）：249-252.
[2]　张海兵，曲直．预应力碳纤维板加固桥梁施工工艺研究［J］．中国公路，2014（9）：126-127.
[3]　王忠锋，左连滨．预应力碳纤维板后张拉技术在桥梁加固中的应用研究［J］．公路交通科技（应用技术版），2017（10）：251-254.
[4]　赵增强．桥梁 T 梁施工中预应力碳纤维板加固施工技术［J］．工程技术（全文版），2016（9）：107.

高大空间斜钢管柱及外挑组合结构曲线退台定位施工技术

何　欣　张洪伍　卫世全　程勋明

中国建筑第五工程局有限公司　长沙　410000

摘　要： 针对结构曲线退台定位过程中容易产生的问题，在施工开始的初期，建立 BIM 模型，进行可视化技术交底；退台曲线用 CAD 标定坐标点，利用 GPS 结合全站仪进行曲线退台控制点定位，将 CAD 标定坐标点精确定位；利用测量机器人对曲线退台放线定位进行复核，确保了曲线退台施工准确。

关键词： 曲线退台结构；定位；精确

现代社会随着人们审美标准的提高，造型新颖独特的弧形建筑结构越来越受人青睐。曲线退台外侧圆弧段由多段不同圆心的圆弧组合而成，其半径小、弧度大、圆弧梁截面尺寸大、退台施工空间小、定位放线难度大，若不能确保曲线退台的定位精度，将无法实现设计效果。

1　工程概况

合肥市公共卫生管理中心 1A 楼（公共卫生管理中心）建筑层数 17 层，地上建筑面积 22975. 54m²，东侧设计有 34. 8m 高的 9 层挑高大厅和大直径倾斜钢管柱，钢管柱从地下室到地上 8 层顶处，共计 6 根，倾斜钢管柱呈弧形排布，倾斜角度不同，在每层钢管柱外侧均连接有多道悬挑型钢梁，悬挑型钢梁配合混凝土楼板共同构成组合结构曲线退台，圆弧退台总面积约 2177. 28m²（图 1）。

图 1　合肥市公共卫生管理中心效果图

2　施工技术要点

（1）建立 BIM 模型，进行可视化技术交底；分解构件模块，实现构件工厂化制作，现场吊装安装，解决了复杂艺术构件的精确加工和安装。

（2）将退台曲线用 CAD 标定坐标点，沿着弧形分段设定控制点，精准确定控制点坐标和距离轴线距离，并将 CAD 标定坐标点按照 1 : 1 的比例在楼层的下一层平面上弹出控制线和控制点，使用时，将每个点和线垂直引至相应高度，从而利于施工。

（3）利用 GPS 结合全站仪进行曲线退台控制点定位、弧形坐标放样，保证了控制点的精度。

（4）利用测量机器人对曲线退台放线定位复核，确保了曲线退台施工准确。

综合利了 BIM 技术建立模型进行可视化交底，用 CAD 对结构退台圆弧分段建立坐标系，精准确定控制点坐标和距离轴线距离；运用 GPS 进行钢管柱连接点坐标定位、曲线退台控制点定位、弧形坐标放样，保证了控制点的精度、弧形的轴线位置及截面尺寸；利用测量机器人对曲线退台放线定位进行复核，确保了曲线退台施工的准确性。

3　施工工艺流程及操作要点

3.1　施工工艺流程（图 2）

图 2　钢管柱及外挑曲线退台定位施工流程示意图

3.2　实施方法

3.2.1　施工准备

（1）BIM 建模

1A 楼外挑钢结构曲线退台连接超高大倾斜度钢管混凝土柱，其测量定位要求精度高，节点复杂，工期紧。在施工的过程中充分应用了 BIM 技术，采用 Tekla（x-steel）软件进行建模，分析方案可行性并利用直观的三维模型对施工技术人员和作业班组进行可视化施工技术交底，指导现场施工（图 3、图 4）。

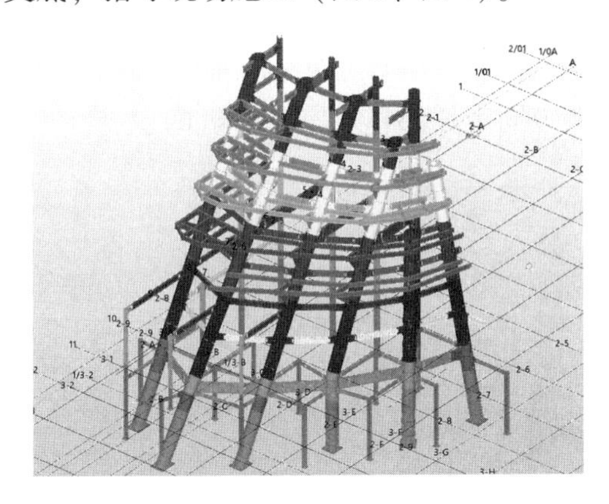

图 3　钢管混凝土柱模型

图 4　悬挑退台模型

（2）CAD 深化设计

通过使用 CAD 深化设计，可以对弧形梁的线条进行精准放线。首先要确定楼层控制点，使用 CAD 软件在图纸上对控制点坐标进行标识，用 GPS 对控制点坐标在首层进行定位，并进行固定。使用垂准仪对控制点坐标进行楼层的传递，在楼层用全站仪对使用 CAD 软件标识的弧形梁控制点坐标进行定位，后放设弧形梁边线。

控制点位置需根据施工图及现场环境在楼层内部选定，选点时需要避开框架柱，每个方向使用仪器能够通视。在 CAD 中将弧形梁分段分解，放线时为保证精确，沿着弧形每隔 300mm 定一个控制点，确定控制点坐标及弧形梁各点与轴线间的距离，在高支模底层放好线。利用 CAD 在图上拉取任意点坐标，抽检复核。

3.2.2　钢管柱定位安装

本工程斜圆管柱分布于 1A 楼地下室及地上 8 层顶处，共计 6 根。斜圆管柱整体高度达 45.7m，直径为 1800mm，壁厚为 30mm，采用“双夹板对接自平衡”方法进行定位安装。

（1）吊装准备

根据钢柱的分段重量及吊点情况，准备足够的相应的钢丝绳和卡环，并准备好倒链、揽风绳、爬梯、工具包、榔头以及扳手等机具。利用 BIM 模型数据，提前设计每根钢丝绳对应的长度，使吊装时预安装的圆管柱倾斜角度与设计角度相同，减少劳动力，增加工效。

（2）斜钢管柱吊点设置

通过施工准备阶段 Tekla 节点深化，在柱身四侧各设置一个吊耳，用来吊装以及临时固定。吊装时利用水平端左右两个吊耳以及背侧吊耳三点吊装（图 5）。

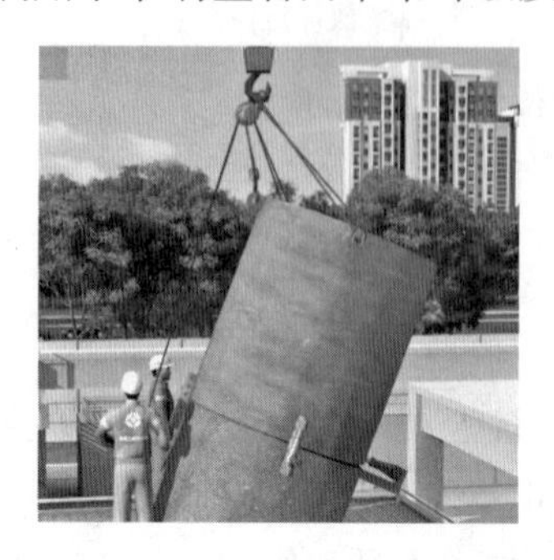

图 5　斜钢管柱吊装示意图（带操作平台和爬梯）

（3）精确定位

在设置的斜钢管柱上部操作平台上，采用钢柱错位调节措施进行精准定位，使待安装的钢管柱与之前的同轴、四面兼顾。主要工具包括调节固定托架和千斤顶（图 6）。

图 6　错位调节措施

（4）定位复核

利用 BIM 模型，计算出任意两个钢管柱间的平面距离。用全站仪架设在任意位置，使用距离联测程序测出两个钢柱间的实际距离，对两者进行核对校正。

（5）钢管柱焊接

由两名焊工对称、匀速施焊，焊缝分三道进行，先打底两道（每道厚度约 5mm），再填焊至面层。为避免焊接温度过高对钢结构焊接质量造成影响，对钢管柱焊接部位进行后热及保温处理，同时严格按照焊接工艺，焊缝多遍成型，避免集中依次焊接成型；每焊接一道及时清理焊渣，待温度降低后，进行第二道焊接。

3.2.3　悬挑型钢梁定位安装

在每层钢管柱外侧均连接有多道悬挑型钢梁，悬挑型钢梁配合混凝土楼板共同构成组合结构曲线退台。为保障钢管柱与悬挑型钢梁安装定位准确，首先对退台部位钢梁安装进行深化设计，根据深化设计图纸，准确定位钢柱牛腿与钢梁之间的角度，在安装前将钢梁与钢柱牛腿上下翼缘通过连接板连接牢固，如图 7 所示。利用全站仪定位钢管柱中线位置，测量型钢梁与钢管柱连接点标高，并在钢管柱上进行标识，通过定位型钢梁与钢管柱的连接点，确定安装位置。安装时，根据钢梁悬挑位置搭设格构式支撑胎架，然后进行悬挑钢梁安装。

图 7　钢管柱与外挑型钢梁连接

悬挑型钢梁安装完成后，进行退台外围框架梁安装。根据建筑曲线设计，外围框架梁与各悬挑型钢梁之间的夹角不断变化，为控制安装精准度，在框架梁预制之前进行深化设计。在框架梁制作时，在腹板上根据安装角度焊接一块相应角度的外伸板，现场安装时根据安装图纸将对应角度的钢梁外伸板拼接在一起，并使用高强螺栓连接，准确控制了安装精度。

3.2.4　退台圆弧段放样定位

放线前先根据施工图及现场环境确定楼层内部控制点位置，需要避开框架柱且每个方向使用仪器能够通视，放线时为计算方便，不少于 4 个控制点。

使用 CAD 软件对控制点坐标进行标识。使用 GPS 对控制点坐标进行定位，并用Φ20 的钢筋固定，埋深不小于 0.6m，在钢筋顶部锯“十”字形凹槽。

梁底支模架搭设时，用垂准仪将此前确定的控制点垂直向楼层传递，在楼层使用全站仪进行放样，根据立杆定位线安装支架。利用全站仪将弧形点坐标全部放样在铺设的整板上，从一侧开始铺设，并保证拼缝严密，将底模固定在支模架上。

对于较规则的弧形梁部分，铺设弧形梁底模板时，全部用整板铺设；对不规则弧形梁部分，对底模进行 CAD 深化，将弧形梁底模分块分解，确定模板尺寸和形状，现场放样制作。

制作木方次楞时，底模边角两条次楞根据梁弧度，在木方侧面锯 V 形槽，以便和梁底模弯折出同样的弧度。保持过程监控，确保梁底模弧度和牢固。

3.2.5　测量机器人复核

退台放线定位及底模搭设完成后，利用三维扫描测量机器人对放线成果进行检测复核，对定位放线精准度进行控制。

三维扫描测量机器人是一种能代替人进行自动搜索、跟踪、辨识和精确照准目标并获取角度、距离、三维坐标以及影像等信息的智能型全自动电子全站仪。其放样精度能够精准到 3mm 以内，放样效率是传统方法的 6~7 倍，仅需单人操作，具有任意设站、高程自适应、贯通点自适应、实时导航、实时检查、自动生成放样报告等多种先进功能。

本工程外轮廓形状复杂、曲线设计多、形状不规则，利用三维扫描测量机器人，将 CAD 平面坐标图、三维坐标图、BIM 模型直接导入手簿，在模型上抓点放样，避免了传统作业中点坐标计算、输入等烦琐过程和出错机会，简化了工作流程，超越了传统施工精度，极大地提高了测量工作效率。

利用测量机器人在放样的同时，可以记录现场的放样点并将数据返回原来的 BIM 模型，通过把施工现场的实际数据和设计数据做比对，进行误差分析，大大提高了放样精度及工作效率（图 8）。

图 8　CAD 图纸导入测量机器人手簿

4　结语

通过使用新工艺、新技术，提高了曲线退台定位放线的准确性，在模板搭设等施工过程中减少了现场废料的产生，安全文明施工效果较好，具有节能、绿色、环保作业的特点。本工程曲线退台结构施工定位精度高，质量成型美观，取得了业主、监理的一致好评，为后续装饰、幕墙施工打下了坚实的基础。

参考文献

[1] 计克贤，单红波，吴奇，等．退台式超高层悬挑结构快速安装技术 [J]．施工技术，2013，44（21）：1-4.

[2] 范欣．论退台式建筑的结构设计 [J]．建筑结构，2008，94（5）：47-49.

[3] 甘洁沂．梯田式退台高层办公楼结构设计分析 [J]．建筑与装饰，2020（17）：9-11.

基于超声波传感器数字成像技术检测饰面砖粘贴施工质量的研究

郭志勇　杨高旺　黄赛武

中建五局装饰幕墙有限公司　长沙　410004

摘　要：实际工程中瓷砖粘贴3d后才能进行检查，检查时常用小铁棒或小木棍对墙地面的瓷砖逐个敲击，听声音判断饰面砖是否出现空鼓，该方法只能事后控制，不能过程把控。本文研究了采用超声波传感器数字成像技术检测饰面砖粘贴施工质量。通过试验研究、比对和工程实例资料验证，超声波传感器数字成像技术可用于饰面砖粘贴施工质量检测，对施工质量技术验证、过程监控和后期检修意义重大，为传统的无视化隐蔽工程变为可视化检测提供了一种有效的检测方法。

关键词：数字成像技术；饰面砖粘贴；施工质量；无损检测

近年来，部分建筑外墙、内墙和地面饰面砖出现空鼓、开裂、脱落等质量问题，引发较多质量投诉，个别建筑甚至出现了外墙饰面大面积脱落事故，不仅危及人民生命财产安全，也严重影响了城市形象。

根据《外墙饰面砖工程施工及验收规程》（JGJ 126—2015）和《建筑工程饰面砖黏结强度检验标准》（JGJ/T 110—2017）中的相关规定，饰面砖必须粘贴牢固，不得出现空鼓。在实际施工过程中，由于工人操作不当或者材料本身存有缺陷，时常发生黏结层漏浆、少浆、干缩、空鼓的情况，导致饰面砖粘贴质量不符合要求，带来安全隐患，造成不利影响。因此，对饰面砖粘贴施工质量进行检测尤为重要。在实际工程中，常用小铁棒或小木棍对墙地面的瓷砖逐个敲击，如果瓷砖发出咚咚的清脆声，则说明瓷砖存在空鼓；如果瓷砖发出的声音比较沉闷，则说明瓷砖铺贴比较牢固。通常在瓷砖铺贴3d后进行检查，如果空鼓达到瓷砖的1/3，那么这块砖需要重贴，不然以后容易破碎或掉落，若因工程体量大出现漏检，则会给结构的安全性和耐久性埋下巨大隐患，因此，施工过程中急需一种无损且高效的检测方法检测饰面砖的粘贴质量。

本文重点研究超声波传感器数字成像技术检测饰面砖粘贴施工质量的可行性和影响因素，并据此对超声波传感器数字成像技术检测应用到工程中的可行性方案进行探讨。

1　检测原理

超声波在工业方面的应用已很成熟，典型的应用有对金属的无损探伤和超声波测厚两种。过去，许多技术因为无法探测到物体组织内部而受到阻碍，超声波传感技术的出现改变了这种状况。当然更多的超声波传感器是固定地安装在不同的装置上，“悄无声息”地探测人们所需要的信号。在未来的超声波传感器应用中，超声波将与信息技术、新材料技术结合起来，会出现更多的智能化、高灵敏度的超声波传感器。

现代传感器技术具有巨大的应用潜力，它是高度自动化系统乃至现代尖端技术必不可少的一个关键组成部分。作为一种检测装置，传感器不仅能感受到被测量的信息，还能将检测感受到的信息按一定规律变换为电信号或其他所需形式的信息输出，而传感器输出信号应易于信息的传输、处理、存储、显示、记录和控制等。

如果饰面砖粘贴基层内部存在缺陷（空洞、孔洞、不密实等），那么透过射线的强度与周围区域将产生差异，所成图像对应区域就会产生灰度差，进而判断其缺陷的形状、大小和位置等(图 1)。

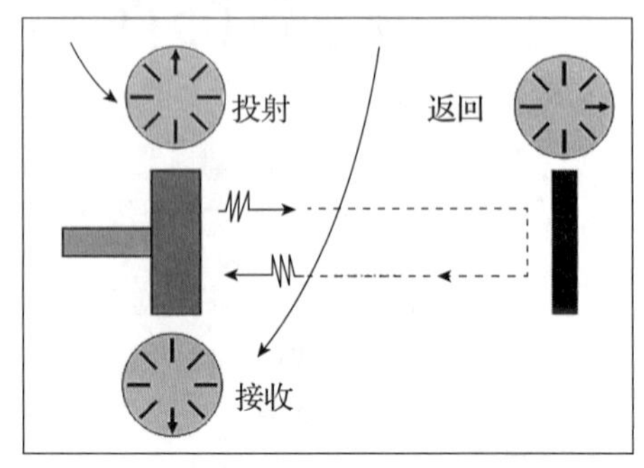

图 1　超声波传感器工作原理示意图

2　检测方法

根据被检测对象的体积、材质以及是否可移动等特征，传感器检测的应用包括：有无检测，即检测物体有无/到位/计数；颜色检测，即检测区分物体的颜色/浓度；尺寸测量，即检测物质的长/宽/高/厚度/温度/距离；纠偏检测，即外观检测。超声波传感器采用的检测方式有所不同，常见的检测方式有如下 4 种：

穿透式：发送器和接收器分别位于两侧，当被检测对象从它们之间通过时，根据超声波的衰减（或遮挡）情况进行检测。

限定距离式：发送器和接收器位于同一侧，当限定距离内有被检测对象通过时，根据反射的超声波进行检测。

限定范围式：发送器和接收器位于限定范围的中心，反射板位于限定范围的边缘，并以被检测对象无遮挡时的反射波衰减值作为基准值。当限定范围内有被检测对象通过时，根据反射波的衰减情况（将衰减值与基准值比较）进行检测。

回归反射式：发送器和接收器位于同一侧，以检测对象（平面物体）作为反射面，根据反射波的衰减情况进行检测。

3　现场检测

目前，工程施工中饰面砖粘贴施工有干铺法和湿铺法两种。干铺法是指在瓷砖铺贴前，先在地面上垫铺一层干灰层（采用水泥和砂子混合，兑少量的水，灰浆手抓可捏成团，摔在地下会散开）并压密实，然后在砖背面抹水泥砂浆，铺贴于干灰层上。湿铺法主要用于粘贴墙面瓷砖，在砖背面抹水泥灰浆后直接粘贴在粗糙的抹灰层上或者拉毛的墙面上（图 2）。

由于水泥砂浆或胶泥粘贴层厚度不均匀，平板探测器接收到的透射射线强度变化很大。射线检测时透照厚度的变化会导致成像时的灰度差异很大，透照厚度较薄的部位产生饱和现象，而透照厚度较厚的部位曝光不足，最终获得的图像会无法判别粘贴内部质量。为此，尝试利用与粘贴层相同的材料做成的补偿块减少透照厚度差，使得平板探测器能接收到比较均匀的射线，从而获得较清晰的粘贴层图像，据此分析粘贴施工质量情况。

基于上述方法，如果要精确检测，就要根据不同场合使用不同的检测方式及标准的超声波传感器。根据被检测物体所处环境的不同和输出信号的变化，对传感器进行校准，并在条件允许的情况下，对相关参数进行温度检测。目前，工采网提供的超声波传感器是基于超声波原理的传感器，用于帮助所有需要被检测物体获取其周围环境的信息，不仅能够准确地检测物体和距离，还能提供卓越的背景抑制功能以及不受环境中多种类型杂质的影响，可通过非接触式或者接触式两种模式检测不同距离物体的信息。

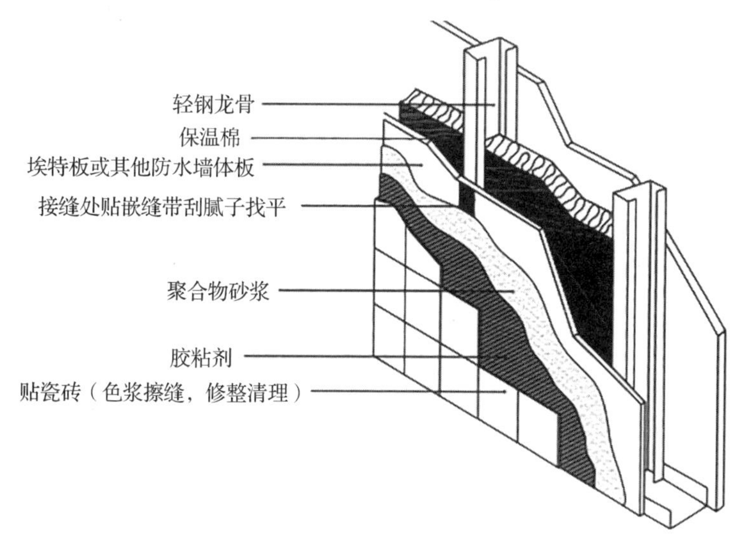

图 2 瓷砖粘贴示意图

4 结果分析

饰面砖粘贴密实度可通过 DR 图像直接观察，比较直观，通过灰料密实区与不密实区的灰度差异，可直接辨别粘贴质量的好与差。现场检测时发现瓷砖背面未见布料，或布料不饱满，都会对瓷砖粘贴的安全性和稳定性有一定的影响。这也是研究 DR 技术检测饰面砖粘贴施工质量所要发现的问题，并进一步研究、提供更加准确可靠的检测数据和解决方案。

在规范允许偏差范围内的，可通过注胶加固；大面积空鼓的，只能进行破损拆除并重新粘贴。通过前后 DR 图像检测对比验证可以看出，超声波传感器数字成像技术能够比较准确地测量出饰面砖粘贴内部的质量缺陷，DR 检测结果与剖开测量值的偏差在 3mm 以内。结果表明，超声波传感器数字成像技术不仅能够定性地发现粘贴内部的质量缺陷，而且能够进行定量的检测（图 3）。

图 3 瓷砖粘贴无损检测剖面图

5 结语

综上所述，通过试验研究、比对和工程实例资料验证，超声波传感器数字成像技术用于饰面砖粘贴施工质量检测，对施工质量技术验证、过程监控和后期检修意义重大。由于楼板厚度、粘贴层厚度会影响检测结果，厚度变化较大时需进行厚度补偿才能获得灰度较一致的图像。由于瓷砖结构及粘贴材料的多样性、复杂性，目前黏结密度还未能通过灰度值进行量化，为此，还需要大量的试验和研究寻求两者之间的关系，形成更全面、可靠的超声波传感器数字成像技术检测饰面砖粘贴施工质量的方法。

参考文献

[1] 高润东，李向民，张富文，等. 基于 X 射线工业 CT 技术的套筒灌浆密实度检测试验［J］. 无损检测，2017，39（4）：6-11.

浅谈常规地下室环氧树脂地坪漆地面找平层混凝土空鼓或开裂产生原因及处理措施

蔡喜斌　苏　毅　贺小燕

中建五局装饰幕墙有限公司　长沙　410004

摘　要：环氧自流平材料（以下简称环氧自流平）自 20 世纪 90 年代进入我国以来，经过 30 余年的发展，已经被国内市场广泛认知和接受。虽然环氧自流平在国内已经非常普及，但国内的生产者和使用者对作为环氧树脂自流平地坪漆地面基层的混凝土找平层（含找坡层）的施工质量控制还不够重视。往往只关注地坪漆面层质量而忽视作为其基层的施工质量；楼面细石混凝土找平层（含找坡层）的质量问题或缺陷主要有：开裂、空鼓及起砂等。本文重点从产生的原因、预防措施及相关补救措施 3 个方面对常规地下室环氧树脂自流平地坪漆地面找平层（含找坡层）混凝土空鼓或开裂的质量问题进行总结分析。

关键词：常规地下室；地面基层；环氧自流平；开裂；空鼓；二次浇筑

1　前言

“十裂九空”这句话对于我们参与建筑工程的人来说一点也不陌生。车库、厂房、现浇混凝土楼板等二次浇筑的混凝土工程，其找平层的裂缝空鼓已经严重影响到工程项目的使用功能甚至结构安全。混凝土结构的破坏往往源于微不足道的一道小小裂缝，而对于二次浇筑的混凝土结构来说，两层之间的空鼓往往是造成混凝土开裂的最主要原因。房屋质量中的“空鼓”一般是指房屋的地面、墙面、顶棚装修层（抹灰或粘贴面砖）与结构层（混凝土或砖墙）之间因粘贴、结合不牢而出现的空鼓现象，俗称“两层皮”。检测的时候，用空鼓锤或硬物轻敲抹灰层及找平层发出咚咚声为空鼓。传统楼地面找平层施工工艺是先清理基层板面，刷水泥素浆，做灰饼，冲筋，然后再用细石混凝土浇筑 8~10cm 混凝土找平层。这种施工方法由于水泥素浆收缩变形大，使得找平层和结构层黏结力不足而出现混凝土的裂缝空鼓事故。因此，二次浇筑混凝土空鼓问题是我们应该注重以及亟待解决的问题。

本案以中南大学湘雅医院教学科研楼项目为例，从混凝土空鼓或开裂产生的原因、预防措施及相关补救措施 3 个方面对常规地下室环氧树脂地坪漆地面找平层（含找坡层）混凝土空鼓或开裂的质量问题进行浅析。

2　楼面细石混凝土找平层裂缝（空鼓）缺陷产生的主要原因

（1）在施工前基层卫生清理不到位。

（2）基层处理不到位，未进行甩浆等界面处理，基层表面有积水，在浇筑面层混凝土后，积水部分水灰比突然增大，影响面层与基层之间的黏结，易使面层空鼓。

（3）混凝土浇筑完成后养护不到位，导致水分流失过快。

（4）上人、上设备施工过早，一般不能早于混凝土浇筑后 24h（一般强度达到 1.2MPa 以上才能上人）。

（5）切缝不及时，切缝开始时间超过 3d。

3　找平层混凝土浇筑前空鼓预防措施

清理干净基层，基层处理到位后进行甩浆、刷界面剂等处理，在找平层浇筑之前采取有效措施，预防二次浇筑出现混凝土裂缝空鼓问题。

4　楼面细石混凝土找平层裂缝（空鼓）缺陷产生后的补救措施

4.1　案例基本情况

针对中南大学湘雅医院教学科研楼项目地下室地坪缺陷，前期充分排查地下室车库混凝土地坪施工质量，并对空鼓、开裂位置做好标记，同时根据实际情况合理选用针对性的整改措施。实地勘查之后就湘雅医院科教楼项目地下负一层地面缺陷汇总为三大类：

一类是局部开裂或单独裂缝（非贯通裂缝）；

二类是空鼓面积不大或裂缝较少；

三类是网状开裂或空鼓面积大且集中。

4.2　针对性补救措施

针对一类地坪缺陷采用放大开槽嵌填环氧修补胶（环氧树脂胶+石英砂+水泥）的方案，修补措施如图 1、图 2 所示。

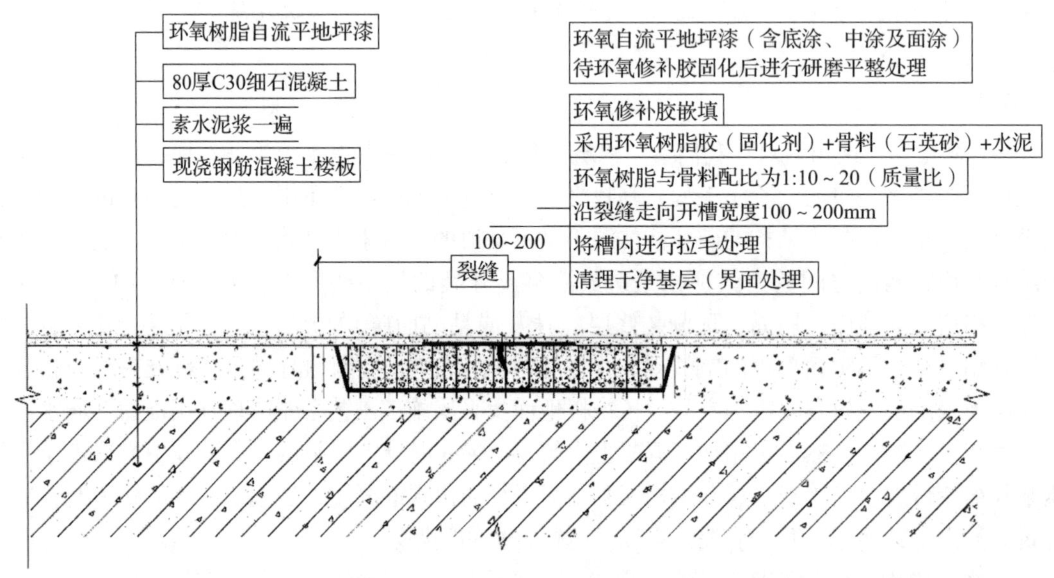

图 1　（地坪开裂）整改做法详图

修补措施：

（1）在垂直于裂缝延伸方向上先用切割机分段切缝断开混凝土，降低后期打凿对结构楼板的振动影响。

（2）再用电锤沿裂纹方向开槽，并清理干净，待验收通过后施工下一道工序。

（3）环氧树脂+粗骨料配置成环氧树脂混凝土填充修补，并在终凝前用抹刀压实抹光，环氧树脂与骨料配比为 1∶10～20（质量比）。

（4）用磨地机打磨平整，然后施工环氧自流平地坪漆。

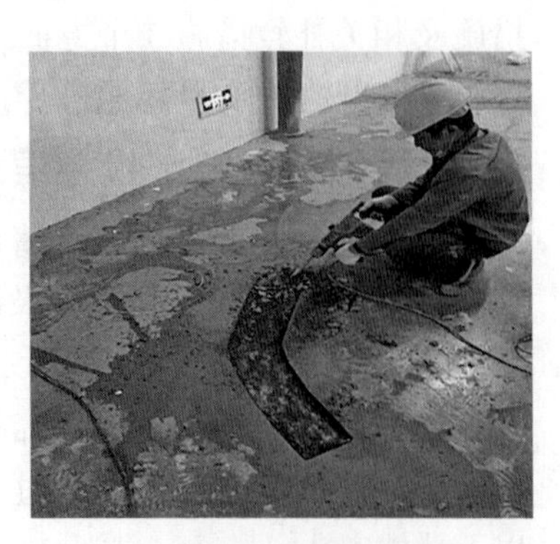

图 2　开槽施工

针对二类地坪缺陷采用环氧树脂压力注浆的方案（图3）。

修补措施：

（1）沿裂缝方向两侧交叉钻孔埋入注浆嘴并高压注入环氧树脂注浆液，孔与裂缝断面应呈45°~70°交叉，打入混凝土地坪深度约为50~80mm。

（2）先用环氧胶泥封闭裂缝，同时每隔30~40cm预埋注浆嘴。

（3）待封缝环氧胶泥和预埋注浆嘴环氧胶泥硬化后，开始向裂缝内压注环氧树脂浆液。

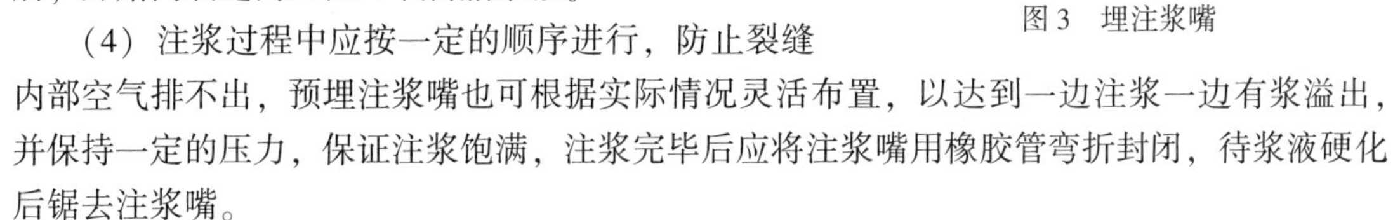

图3　埋注浆嘴

（4）注浆过程中应按一定的顺序进行，防止裂缝内部空气排不出，预埋注浆嘴也可根据实际情况灵活布置，以达到一边注浆一边有浆溢出，并保持一定的压力，保证注浆饱满，注浆完毕后应将注浆嘴用橡胶管弯折封闭，待浆液硬化后锯去注浆嘴。

（5）最后用高强度防水砂浆封填针孔，以恢复其原貌。

（6）环氧胶泥和环氧注浆浆液推荐配方：

①环氧胶泥配方：

环氧树脂（E51）：邻苯二甲酸二丁酯：乙二胺：白水泥=100：20：10：100（水泥用量可根据需要适当调整）。

②环氧注浆浆液配方：

环氧树脂（E51）：邻苯二甲酸二丁酯：乙二胺：（丙酮）=100：22：8：（2~5）（丙酮根据需要调节稀稠度，最大掺量不要超过5%，如灌注顺利，可不加）。

针对三类地坪缺陷采用放大凿除后重新浇筑混凝土的方案，修补措施详见图4、图5。

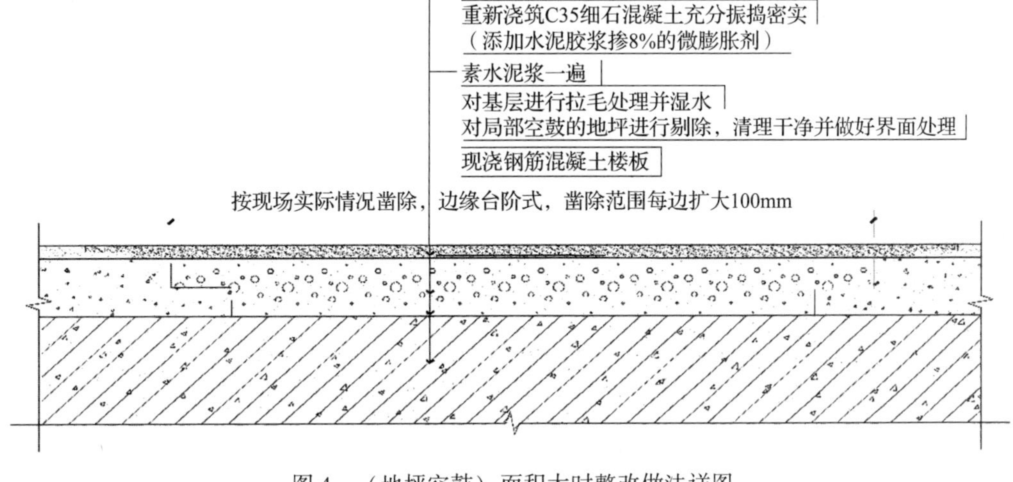

图4　（地坪空鼓）面积大时整改做法详图

修补措施：

（1）先对成片开裂或空鼓面积大且集中的区域用切割机分段切缝将混凝土断开，以降低后期打凿对结构楼板的振动影响。

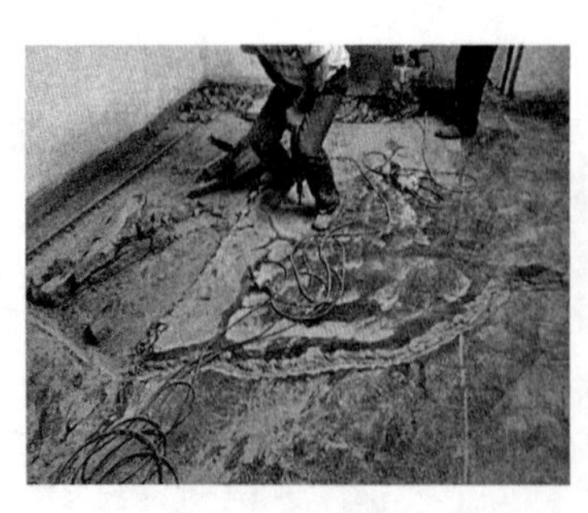

图 5　电锤凿除大面积空鼓混凝土

（2）再用电锤凿除已失去承载力的混凝土找平层，并清理干净做界面处理，待验收通过后施工下一道工序。

（3）基层拉毛并湿水，涂刷素水泥浆一遍。

（4）浇筑比原混凝土高一等级的混凝土（添加水泥胶浆掺 8%微膨胀剂）并充分振捣密实。

（5）待新混凝土含水率低于 8%后用磨地机打磨平整，然后施工环氧自流平地坪漆。

5　结语

找平层混凝土空鼓已成为工程质量通病，前期积极采取措施防治，后期找准有效处理方法尤为重要。有效的预防措施和修复方法能更好地融洽施工单位与建设企业之间的关系，也能更经济地帮助施工单位解决问题。

装配式铝模板体系应用效益分析

——以长沙星城·东宸花园项目为例

刘　维　胡凤祥　邹　红

湖南省第二工程有限公司　长沙　410015

摘　要：随着工程建设科技的快速发展，绿色、低碳、环保经济发展模式已经成为全球的共识。装配式铝模板承载力强、施工简便、可重复利用，在高层建筑建设中应用可有效提升施工质量、缩短工期，达到节能环保、经济节约的目的。本文对长沙星城·东宸花园项目建设中装配式铝模板体系应用情况进行分析，对装配式铝模板与其他模板在施工难度、效率、成本、应用范围等方面进行对比，为相关人员提供参考。

关键词：装配式；铝模板；高层建筑；绿色施工

1　概述

随着建设科技的不断进步与建筑形式的不断更新，当代建筑对建造精度、节能减排的要求也在不断提升。模板作为混凝土结构成型的模壳和支架，也正在朝着轻型、环保、可回收的方向发展。在高层住宅工程中，目前使用的主要有木模板、钢模板、竹胶合板模板、钢（铝）框胶合板模板、铝合金模板、塑料模板等。装配式铝模板作为新型建筑材料，在建筑施工领域有一定应用优势，自 1962 年在美国诞生以来，已有近 60 年历史，在世界各新兴工业国家建筑中均得到了广泛应用，在我国也得到了住房城乡建设部的积极推广与市场的高度认可。

2　当前使用较多的几种模板体系介绍

2.1　木胶合板模板

用木材加工成的模板。

优点：质量轻，单次使用价格便宜，可根据需求进行定制加工，适于异型结构使用。

缺点：周转次数少，加工损耗大，施工工期长，人工消耗大，用于异型结构上述缺点更加严重。对于木胶合板模板的木材资源状况而言，我国木材供需矛盾十分突出，必须严格控制用量。

2.2　竹胶合板模板

优点：竹胶合板模板制作比较简单，应用范围广，成本低。

缺点：现阶段的竹胶合板模板发展存在很大问题，比如产品质量低劣、生产厂家盲目扩张、技术低端、浪费严重、没有良好的回收渠道等。另外，容易导致脱模后混凝土构件表面缺陷多，需花大量时间和费用做后期修复工作，这也是我国建筑施工效率较低和质量较差的原因之一。

2.3　钢模板

用钢板和型材焊接而成的模板。

优点：强度高，可以多次重复使用。

缺点：自重大，需采用大型垂直运输机械协助吊装；易被腐蚀，在一些特殊环境中无法使用，使用成本高。随着现代建筑施工技术发展和理念的更新，模板必然向轻质、高强方向发展，钢模板终将被取代。

2.4 塑料模板

塑料模板是一种新型的模板材料，利用PE废旧塑料和粉煤灰、碳酸钙及其他填充物挤压形成。

优点：表面光洁、不吸湿、不霉变、耐酸碱、不易开裂，成本相对钢模板低很多，是当今比较推崇和大力发展的模板类型之一。

缺点：强度和刚度较低，而热膨胀系数较大。塑料模板作为一种新型模板在使用上有一定的局限性，在国外有大量使用，但在国内建筑市场上还较为鲜见。

2.5 装配式铝模板

装配式铝模板系统是利用铝合金型材通过焊接成型和现场铆接、栓接而成的模板体系，联合其支撑体系共同组成了铝合金模板快拆系统。

优点：自重轻、周转次数多、承载能力强、施工方便、回收价值高。

缺点：相较于传统的木（竹）胶合板模板而言，初始投资较大。国内过分追求模板单方造价低，装配式铝模板使用率不高。

目前，我国广泛使用的模板形式有木（竹）胶合板模板、组合钢模板、重（轻）型钢框架胶合板模板等。现阶段我国大力倡导调整经济发展结构、淘汰落后产能、强调节能环保，那些技术含量低、资源消耗量大、节能环保性差的模板体系势必会遭到淘汰。铝模板系统秉持绿色环保理念，近年来发展迅速，已成为建筑模板行业发展的新趋势。铝模板与其他模板技术指标对比见表1。

表1 铝模板与其他模板技术指标对比

序号	项目	铝模板	组合钢模板	重型钢框架胶合板模板	轻型钢框架胶合板模板	木模板
1	面板材料（mm）	4.0厚铝板	2.3~2.5厚钢板	18厚覆膜胶合板	15厚覆膜胶合板	18厚覆膜胶合板
2	模板厚度（mm）	65	55	120	120	15
3	模板质量（kg/m²）	25~27	35~40	56~68	40~42	10.5
4	承载力（kN/m²）	50	30	60	50	30
5	周转次数（次）	300	100	200	150	8
6	施工难度	易	较容易	难	易	易
7	维护费用	低	较低	高	高	低
8	施工效率	高	低	低	较高	低
9	应用范围	墙、柱、梁、板、桥梁	基础、墙、柱、梁、板	墙、柱、梁、板、桥梁	墙、柱、梁、板、桥梁	墙、柱、梁、板、桥梁
10	混凝土表面质量	平整光洁度达到饰面清水要求	表面粗糙精度不高	平整光洁度达到饰面及装饰清水要求	平整光洁度达到饰面及装饰清水要求	表面粗糙
11	回收价值	高	中	低	低	低
12	对吊装机械的依赖	不依赖	不依赖	依赖	依赖	不依赖

3 工程概况

星城·东宸花园住宅小区项目位于长沙市黄兴镇，工程为居民小区群体住宅区，有配套的商业和公共建筑，其中1号楼为商业楼，2号楼~11号楼为商住综合体，12号楼为幼儿园，13号楼栋为垃圾站。本文基于2号楼~11号楼高层住宅楼施工中装配式铝模板的应用，通过与木模板的各项指标比较，对装配式铝模板的经济性进行研究分析。本项目高层住宅楼建筑标准层层高3.0m，建筑层数为27层到32层不等，高度为79.10m到93.60m不等，建筑面积为11105.27m² 到24688.00m² 不等。

4　模板选择

根据工程情况，桩承台、基础梁、底板的底模采用混凝土垫层，侧模均采用砖砌胎模；标准层以下采用木模板，散装散拼，钢管支模体系搭设；标准层以上采用装配式铝合金模板。

5　主要指标对比

5.1　工艺流程

木模板与装配式铝模板体系的工艺流程对比见表2。

表2　木模板与装配式铝模板体系工艺流程对比

工艺项目	木模板	铝模板
安装前准备	技术交底→测量放线→材料运送→挑选木方模板→切割模板、木方→模板刷隔离剂	图纸深化设计→模板生产、预拼、编号→技术交底→测量放线→材料运送→分类摆放→模板刷隔离剂
柱、墙	绑扎、竖焊墙柱钢筋→放置水电预埋件→墙柱钢筋垫块→底部清理→墙柱钢筋验收→墙柱模板拼接→安装木方竖楞作夹方→安装钢管横楞→设置对拉螺杆→安装斜撑	绑扎、竖焊墙柱钢筋→放置水电预埋件→墙柱钢筋垫块→底部清理→墙柱钢筋验收→墙柱模板拼接→安装定制横楞→设置对拉螺杆→安装斜撑
梁、板	梁板底支模架搭设→加顶托→铺设底部钢管主龙骨→铺设板底木方→铺设底板→梁钢筋绑扎→梁侧模板安装→梁侧模背楞及压角木方→竖向钢管及对拉螺杆（或梁底步步紧）→楼面钢筋绑扎及水电预埋	梁底立杆早拆头与模板安装→梁侧模板安装→安装楼面转角→连接安装楼面早拆头、龙骨→安装楼面板→梁板钢筋绑扎及水电管预埋
楼梯	支设平台梁、板模板→支设梯段底部支模架→加顶托双木方→底板木方铺设→梯段底板模板→绑扎楼梯钢筋→安装楼梯狗牙→安装楼梯踏步板→设置双钢管对拉螺杆	支设平台梁、板模板→拼装支设梯段立杆早拆头与底板龙骨→安装底板模板→绑扎楼梯钢筋→安装楼梯狗牙→安装楼梯踏步板
挑檐、阳台	支底部支模架加顶托→铺设钢管龙骨及木方→铺设底模板→固定安装侧模板→绑扎钢筋	拼装支设底部立杆早拆头龙骨→安装底板模板→安装侧模板→绑扎钢筋

由表2对比可知，装配式铝模板支模体系施工工艺流程简洁，所用的构件也较少，同时拆模周期短，利于组织流水施工，节省工期。

5.2　成本对比

本项目层数为32层，标准层层数为30层，每层面积为500m²，按每层模板展开系数为2.4，模板展开面积为1200m² 计算。

（1）木模板按购买计算，铝模板按租赁计算，成本对比见表3。

表3　成本对比　元/m²

类型	人工	材料				合计
		模板	木方	支撑	小计	
木模板	34	5	5	3	13	47
		材料租赁				
铝模板	32	18				50

通过计算可知，木模板工艺直接成本比装配式铝模板工艺低 3 元/m^2（模板接触面积）。

（2）装配式铝模板购买并多次利用情况下与木模板的成本对比。

使用木模+木方+钢管的传统混凝土结构模板支撑体系的木模板成本见表 4；根据厂家提供的理论数据，最多可重复使用 300 次，如结构造型发生变化，则需要返厂重新加工，每次按 30%的返厂率计算，返厂部分需另外增 700 元/m^2 的加工费。装配式铝模板价格见表 5。

表 4　木模板价格

材料分项	计算依据	费用计算
配置模板面积（m^2）	每套模板平均周转 6 次，配置 5 套模板，模板展开系数 2.4	5×500×2.4＝6000m^2
模板费用（元）	51.2 元/m^2	6000m^2×51.2 元/m^2＝307200 元
木方费用（元）	每 1m^2 模板配 3.5m 木方，每 1m^2 木方 9.3 元	6000×3.5m×9.3 元/m＝195300 元
钢管、扣件租赁费（元）	工期约 5d/层，总工期按 5 个月算，内模架钢管 200kg/m^2，扣件 140 只/t 钢管，钢管 80 元/(t·月)；扣件 0.25 元/(只·月)；每栋楼需配置 3 套钢管、扣件支撑系统	钢管：500×0.2×80×5×3＝120000 元； 扣件：500×0.2×0.25×5×140×3＝52500 元
合计总费用	30 层标准层计算	681000 元
材料费单价	按建筑面积	45.4 元/m^2
人工费	按建筑面积	81.6 元/m^2
辅材及耗损费用	按建筑面积	3 元/m^2
使用木模板的造价	按建筑面积计算	130 元/m^2

表 5　装配式铝模板价格

<table>
<tr><th>铝模板（租赁）</th><th>计算规则</th><th>费用</th><th>铝模板（购买）</th><th>计算规则</th><th>费用</th></tr>
<tr><td rowspan="6">租费</td><td rowspan="6">（包括辅材，按建筑平方米计算）</td><td rowspan="6">18 元/m^2×2.4＝43.2 元/m^2</td><td>购买价</td><td>按模板面积</td><td>1500 元/m^2</td></tr>
<tr><td>周转 30 次</td><td>按建筑面积计算</td><td>1500×500×2.4/15000＝120 元/m^2</td></tr>
<tr><td>周转 60 次</td><td>对上一次的模板进行加工，需增加 700 元/m^2，同样修建一栋单层 500$m^2$30 层建筑</td><td>(1500×500×2.4＋500×2.4×0.3×700)/(15000×2)＝68.4 元/m^2</td></tr>
<tr><td>周转 90 次</td><td>同上</td><td>(1500×500×2.4＋500×2.4×0.3×700×2)/(15000×3)＝51.2 元/m^2</td></tr>
<tr><td>周转 120 次</td><td>同上</td><td>(1500×500×2.4＋500×2.4×0.3×700×3)/(15000×4)＝56.8 元/m^2</td></tr>
<tr><td>周转 300 次</td><td>同上</td><td>(1500×900×2.4＋500×2.4×0.3×700×9)/(15000×10)＝27.12 元/m^2</td></tr>
<tr><td>人工费</td><td>按建筑面积</td><td>81.6 元/m^2</td><td>人工费</td><td>按建筑面积</td><td>76.8 元/m^2</td></tr>
<tr><td>合计</td><td>按建筑面积</td><td>124.8 元/m^2</td><td>合计</td><td>按建筑面积</td><td>196.8 元/m^2(30 次)
145.2 元/m^2(60 次)
128.00 元/m^2(90 次)
119.4 元/m^2(120 次)
103.92/m^2(300 次)</td></tr>
</table>

对比表 4 与表 5 数据可得出，在本项目中，租赁装配式铝模板成本比木模板可减少（130.00 元/m^2－124.80 元/m^2）5.2 元/m^2；若采用购买全套装配式铝模板的方案，循环 60

次左右基本与木模板成本持平，往后循环次数越多成本越省。若循环次数达 300 次，可直接节省成本（130.00 元/m^2−103.92 元/m^2）26.08 元/m^2。

此外，装配式铝模板体系浇筑成型的混凝土结构基本无剔除，节省人工材料费+人工费 3 元/m^2，后期可节省内外抹灰（材料费+人工费：内抹灰 30×1.5+外抹灰 45×1）90 元/m^2，整个项目可减少塔吊使用频率、卸料平台费用、工期等多方面的隐形成本共计数百万元。

5.3　工期对比

根据本项目施工情况，木模板与装配式铝模板施工工期对比见表 6。

表 6　施工工期对比

<table>
<tr><th colspan="4">木模板主体施工阶段</th><th colspan="4">铝模板主体施工阶段</th></tr>
<tr><th>施工阶段</th><th>时间（d）</th><th colspan="2">模板工期</th><th>施工阶段</th><th>时间（d）</th><th colspan="2">模板工期</th></tr>
<tr><td>正负零至封顶</td><td>168</td><td>首层结构</td><td>8d/层</td><td>正负零至封顶</td><td>177</td><td>1~3 层结构</td><td>首层：10d/层
二层：9d/层
三层：8d/层</td></tr>
<tr><td>正负零至砌体完成</td><td>213</td><td>标准层</td><td>5d/层</td><td>正负零至砌体完成</td><td>190</td><td>标准层</td><td>5d/层</td></tr>
<tr><td>正负零至抹灰完成</td><td>231</td><td>顶层结构</td><td>10d/层</td><td>正负零至抹灰完成</td><td>198</td><td>顶层结构</td><td>10d/层</td></tr>
<tr><td>正负零至毛坯竣工</td><td>322</td><td>砌体</td><td>主体结构至 11 层开始 5d/层，封顶后 45d 完成</td><td>正负零至毛坯竣工</td><td>295</td><td>砌体</td><td>主体结构至 11 层开始 5d/层，封顶后 13d 完成</td></tr>
<tr><td colspan="2" rowspan="2">备注：
1. 主体阶段采用传统木模板；
2. 砌体采用加气砌块。</td><td>抹灰</td><td>砌体施工至 11 层开始，4d/层，封顶后 60d 完成</td><td colspan="2" rowspan="2">备注：
首层、顶层等非标准层采用木模板，标准层采用铝模板，每单元配备 1 套铝模板、不少于 25 人进行模板施工较为合理</td><td>抹灰</td><td>砌体施工至 11 层开始，4d/层，封顶后 21d 完成</td></tr>
<tr><td>外立面</td><td>封顶后 90d 开始外涂，2d/层</td><td>外立面</td><td>封顶后 3.5 个月完成外立面</td></tr>
</table>

分析表 6 可知，虽然在前三层采用铝模板比采用木模板工期慢 9d（在铝模板操作工人不是十分熟练情况下），但自正负零施工至毛坯竣工整个流程下来，采用装配式铝模板可提前 27d 完成，在工期方面有明显优势。因装配式铝模板工艺平整度、垂直度较好，将大大减少因抹灰而出现的空鼓、开裂，移交工作面时整改减少，可有效缩短工期。

5.4　质量对比

装配式铝模板体系浇筑的混凝土观感质量明显优于传统木模板体系。木模板浇筑混凝土结构成型精度难控制，混凝土表面修补量较大；而装配式铝模板体系混凝土成型效果好，混凝土表面光滑；门窗洞口、阳台飘窗口、楼梯、墙柱梁面与节点等一次成型规矩，修补量极少。木模板与装配式铝模板拆模对比效果如图 1 所示。

5.5　安全文明对比

采用装配式铝模板体系的施工现场不需要定时清理模板垃圾，高空落物概率低，施工用电、切割等安全隐患少，安全性优，现场文明施工管理难度低。同时，装配式铝模板施工支模量少，可大大节约施工场地。木模板与装配式铝模板支模现场效果如图 2 所示。

木模板拆模效果

装配式铝模板拆模效果

图 1　拆模后混凝土效果对比

木模板现场支模

装配式铝模板现场支模

图 2　支模现场效果对比

5.6　节能环保对比

木模板浪费木材，无残值率，产生垃圾和额外清理费；装配式铝模板有 30%残值率，可重复利用、无污染，符合国家产业政策和绿色施工要求。

5.7　其他性能指标对比

除以上关于木模板与装配式铝模板基本介绍及性能对比外，其他性能指标对比见表 7。

表 7　木模板与铝模板其他性能指标对比

序号	比较项目	木模板	铝模板
1	人员培训	2 年以上	3 个月
2	施工效率	每人 10~15m^2/d	每人 30~40m^2/d
3	拆模时间	168h	最快 12h 最慢 36h
4	变更	容易，造价低	难，造价高
5	应用范围	所有	适用于剪力墙、框剪结构的标准层
6	支撑形式	满堂脚手架及木方	单支撑
7	模板配置	按构件尺寸制作	标准板
8	机械化程度	低	高
9	前期准备时间	短（即买即用）	长（至少 2.5 个月）
10	对图纸完备性要求	低	高

6　结语

长沙星城 · 东宸花园项目通过采用装配式铝模板体系，节省了工期、节约了成本、减少了污染排放，实现了绿色施工与新技术应用，取得了良好的社会经济效益。与传统模板施工材料相比，铝模板的节能、环保效益比较高，质量轻，安装方式便捷，平整度及垂直度好，通过将其应用于高层建筑工程施工中，能够有效提升模板施工效率以及混凝土浇筑施工效果，符合当前建筑行业所倡导的绿色施工要求。

参考文献

[1] 罗丽莎．铝模板技术在澳门某高层建筑中的应用研究 [D]．广州：华南理工大学，2016.
[2] 王金伟，高志尧．探析铝合金模板在高层建筑的应用 [J]．建筑技艺，2019 (S1)：46-50.
[3] 徐炎生，薛燕飞．铝模板在建筑施工中的应用 [J]．建筑安全，2017，4 (12)：69-70.
[4] 陶光明．铝模板技术在高层建筑绿色施工中的应用 [J]．山西建筑，2020，8 (16)：88-90.
[5] 刘玲，沈岑．绿色建材铝模板在工程中的应用及推广 [J]．中国新技术新产品，2016 (8)：132-133.

筒仓滑模施工质量控制策略探讨

占云海　张亚林

湖南省工业设备安装有限公司　株洲　412000

摘　要：筒仓是水泥生产、冶金矿产骨料、煤灰储存生产过程中的关键设施，针对筒仓滑模施工中常见的质量问题进行分析，提出有效的控制措施，对于建筑行业的发展意义重大。本文对湖南省工业设备安装有限公司承接的新疆紫金有色冶炼工程筒仓滑模施工质量控制策略进行探讨，有效地控制成型尺寸，取得了较好的施工效果。

关键词：滑模施工；质量控制；质量问题

1　引言

近年来，滑模施工技术不仅广泛用于建筑项目，而且还广泛用于筒仓建造中。随着国内工程建设行业的不断发展，建设项目数量越来越多，难度也越来越大。当建筑物到达指定楼层时，许多重复性工作任务被隐藏起来，从而使建筑过程中的劳动强度更大。随着机械化施工水平的提高，许多现代机械和设备已用于工程建设项目，并在施工过程中发挥了重要作用。滑模施工技术充分利用了机械结构的优势，减少了施工时间，并降低了施工环节人为干预的发生，对于提高效率起到了巨大的作用。

2　滑模施工的优势

滑模工程一般分为模板设计计算、模板安装与拆卸、模板维护与存储以及模板运输四个部分，这四个部分是密切相关的。滑动模板的优势主要体现在以下几点：

①结构高度完备，工程质量高，大大提高了建筑物的刚度和抗震性，施工速度相对较快。

②由于模具少，所以在组装底部并成型后，可以将其滑动至浇筑高度以使横截面收缩。

③施工安全、方便，在工作台上完成钢筋的混凝土浇筑和绑扎，工作效率高。此外，既经济又环保，并且可以循环使用。

3　滑模施工质量控制要点

（1）支撑杆安装的质量控制要点

①选用ϕ48mm 钢管用于钢管支架制作，壁厚大于 3.2mm。材料采购要在滑模施工之前进行，钢管进入施工现场之后，使用游标卡尺检查横截面尺寸和壁厚，避免出现不符合标准的材料而影响到滑模结构。

②焊接接头并使立柱垂直，接头形式采用插入式焊接连接方式，支撑杆一端进行缩口，一般缩口长度 80mm，间隙 1.5mm，接头用长度为 150~200mm 的内衬钢管焊接，并在完成后进行抛光和打磨，支撑杆接头尽量错开，不可都在同一平面，支撑杆在同截面接头不超过 25%。在施工过程中应定期检查支撑杆的工作状态，发现支撑杆被千斤顶顶拔或局部侧弯等情况，应立即对支撑杆进行加固处理。

③严格遵守支撑杆的施工计划和技术标准。附加的加固杆由48条钢管与钢筋焊接成格子结构，并经过加固，以确保支撑系统的稳定性。

（2）滑模机具组装的质量控制要点

①围圈刚度：围圈的装配是根据滑动施工机械的装配计划进行的。安装围圈后，对其进行加固，在筒仓墙壁的内外圈同一侧的上部和下部用钢筋进行加固。围圈安装必须完全封闭，并且设计转角为刚度节点，以增加围圈的刚性。连接时要求模板与围圈扎紧且不留缝隙，围圈在系统组装完成后全部采用焊接连成整体，变截面处还应采用型钢对围圈进行加固，在保证围圈的完整性的同时防止受力变形。同时外模板下口应采用直径不小于22mm的钢筋焊成套箍。安装围圈后，检查焊缝，重新焊接不合格的焊缝，提高围圈的刚性。

②截面面积：根据设计的截面面积安装下围圈。围圈接头焊缝光滑，横截面尺寸经过全面检查。在安装之后，钢模板的底孔较大，顶孔较小，外模的锥度为零，内模的一侧倾斜，倾角为高度的0.2%~0.5%。

③开字架：开字架开口均匀，最大间距为1800mm以下。当安装开字架时，应及时检查，调整超出要求的尺寸距离，避开门洞口或预埋件位置，避免构件位置冲突，开字架间距可根据实际情况进行微调整。

（3）平台支持中心框架质量控制要点

施工前制定专门的施工计划。预先搭设架体，回填好场地，浇筑厚度为200mm以上的混凝土垫层，并进行压实。将杆安装在倾斜的表面上，底部支撑表面是水平的，并且安装倾斜的扫地杆，紧固件不能省略。

（4）筒仓质量控制要点

在滑升前，必须先测试混凝土的初始强度增长率，要添加特定的混凝土外加剂，必须根据混凝土的浇筑量满足滑动速度要求。

滑模提升系统如图1所示。

①初始滑升：在提升之前，加固门洞过高的支撑杆，以防止支撑杆弯曲，门窗开口的胎模应比钢板开口小10mm。当初滑混凝土浇筑厚度达到700mm时，滑升30~50mm，开始滑升前，对从模具出来的混凝土进行检查，待第一层混凝土强度达到0.2~0.4MPa或贯入阻力值为0.3~1.05kN/cm^{2}时应进行（1~2）个千斤顶行程的提升，观察混凝土出模强度，符合要求即可将模板滑升到30cm高，对所有提升设备和模板系统进行全面检查。修整后，可转入正常滑升，正常混凝土脱模强度宜控制在0.2~0.4MPa。

②正常滑升：滑升时，必须严格控制滑升速度，并尽可能保持施工的连续性。应安排专人对特定岗位进行观察，以观察和分析混凝土的表面状况，并控制滑升速度和分层注浆。厚度要根据混凝土表面状况、室温和滑动速度来决定。两次升降之间的间隔，以混凝土达到0.2~0.4MPa强度的时间来确定，一般控制在1.5h，每个浇筑层的控制浇筑高度为30cm，每滑升30cm，应对千斤顶进行一次调平，且操作平台应保持水平，千斤顶的相对高差不得大于40mm，相邻两个千斤顶的升差不得大于20mm。在较高的温度下，可以在中间添加一个或两个松散的模板提升机，以防止模板黏附到混凝土上并增加摩擦阻力。提升时，所有千斤顶油必须完全排干，如果在提升过程中液压升至正常滑动液压的1~2倍，则不能使千斤顶全部升起。

③末端滑升：当模板滑升到距离设计高度1m时，滑模进入最后的爬升阶段。此时，有

必要降低速度，并进行正确的高度调整和校正工作，以确定顶面的高度。当浇筑的混凝土达到最高高度时，每小时将其抬升直到顶部混凝土和模板不再黏在一起。

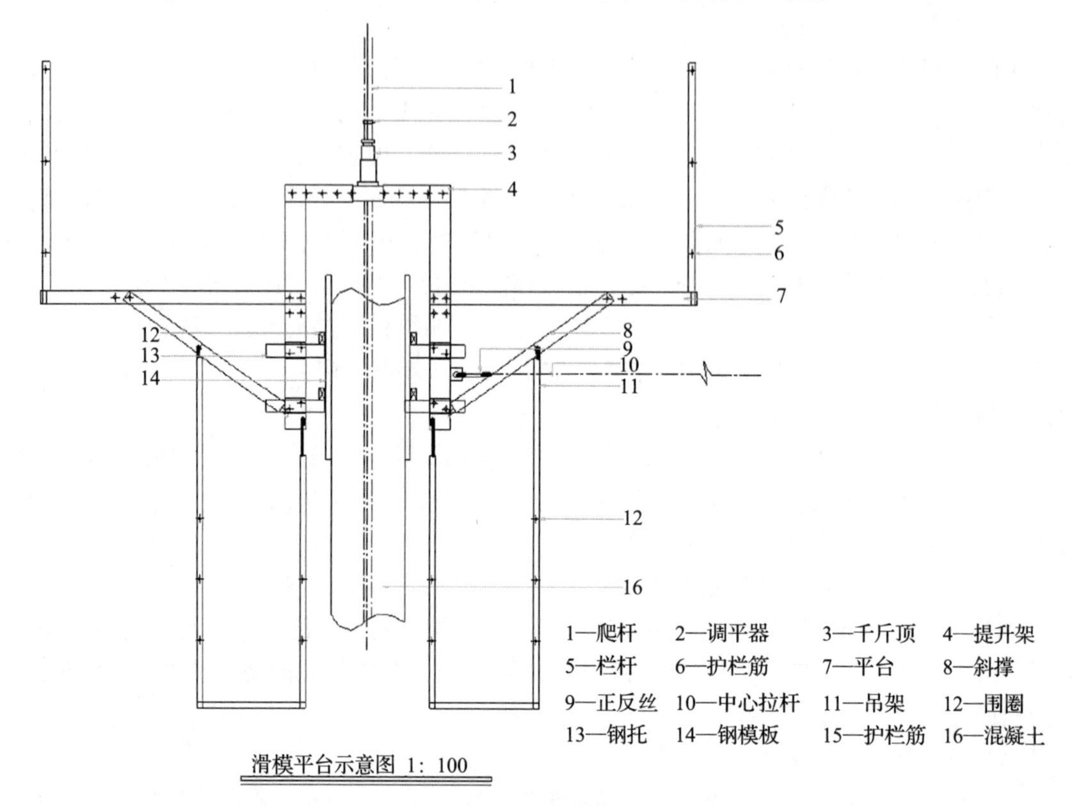

图 1 滑模提升系统

（5）停止滑升

如果由于其他原因在滑升过程中需要中断施工，则应采取停止滑升措施。当混凝土浇筑在同一平面上时，模板以整体 0.5～1h 的间隔提升，连续运行超过 4h，直到模板和混凝土失去黏结。

（6）滑模拆除

滑升到设计水平之后，拉出模板，执行滑空步骤，然后通过与组装相反的步骤拆除模板。

4 滑模施工中常见的质量问题

（1）中心偏移

在施工过程中，因为强风和碰撞之类的外力影响以及混凝土不均匀地变化，浇筑总是沿相同的方向进行，这些因素导致中心移动。

（2）垂直度问题

滑模施工是一种连续成型的技术。在构建滑动模板时，必须严格控制结构的垂直度，及时发现问题，并做出偏差调整。

（3）裂缝问题

滑升施工中裂缝也是常见的质量问题，裂缝包括纵向裂缝和水平裂缝。纵向裂缝通常是由于过载导致支撑杆弯曲而引起的。

水平开裂的原因如下：

①新建混凝土的强度不高，滑动力大于新建混凝土的黏着力。

②模板组装时的倾斜度不符合要求，形成倒锥。

③模板会因侧向压力和其他外力而变形，从而增加滑动阻力。

5　滑模施工中的质量控制措施

（1）中心偏差控制措施

人为控制面板倾斜。可以在偏离设计轴最大值的中心偏移方向上调整和升高操作平台，正确计算如何调整每个千斤顶，然后按计划逐渐倾斜平台。可以使用千斤顶底部垫铁垫片的方法。通过垫片，使千斤顶缓慢地沿偏移方向垂直倾斜以进行连续调节，纠偏到位后抽出垫片。在调整偏移量的过程中，需要注意发生但未超过指定要求的中心偏移量，不能暂时调整时，需要经常检查，以避免因过度调整偏移量而引起的反向偏移量。如果偏移量趋于增加，检查并调整偏移量。调整偏移量时，应该缓慢进行，以避免过度操作引起的急剧弯曲，甚至损害操作平台的整体刚度。

（2）垂直度控制措施

在滑动模板的施工过程中，必须严格控制结构的垂直度，及时发现问题，并做出调整偏差。通过观察结构的垂直度，可以知道垂直偏差的方向和程度，并且观察图可以准确地反映垂直偏差。

滑模垂直偏差纠正方法有千斤顶升高法和外力偏差校正方法。千斤顶升高法意味着如果结构的一侧存在垂直偏差，则平台的同一侧也会存在偏差，可以抬升发生偏差一侧的千斤顶以消除偏差。外力校正方法更为普遍，链条和钢丝绳的一端固定在围圈上，另一端固定在地板上的预留孔中，用相反的外力校正偏差，在此过程中，需要随时检测偏差值和校正程度，不要纠正得太快。

（3）防裂措施

在施工过程中，必须合理布置支撑杆，支撑杆上的荷载不超过标准值，并控制上升速度。在滑动模板的建造过程中，必须仔细管理模板的强度并掌握滑升时间。

模板在设计及安装时，按规范设置 2‰~3‰的斜度，使模板上口小、下口大，以减少出模混凝土的摩阻力，并防止在施工过程中出现倒锥的情况而导致仓壁拉裂。

黏模严重时摩阻力增大也容易拉裂仓壁，当出现黏模时要采用木锤、橡胶锤等工具，敲打模板外侧，以使黏在模板内壁的砂浆脱落，保持模板内光洁，减少摩阻力。

纠偏时平台倾斜过大，是造成仓壁拉裂的关键因素，因此在纠偏时不能过急，要保持缓慢地使偏位纠正过来。

混凝土的出模强度过高，也是引起仓壁拉裂的主要原因之一，因此，在室外气温高于 35℃时，除应加快滑升速度外，还要在混凝土中掺入粉煤灰、高效缓凝型减水剂或采用低水化热的硅酸盐水泥，以使混凝土的入模温度降低，避免黏模。

6　质量验收标准

（1）结构允许偏差：

垂直偏差：塔高 $H/1000$，总偏差值不大于 16mm。

筒体椭圆度（长短轴偏差）：≤10mm。

（2）滑模部件制作的允许偏差见表 1。

表 1　滑模部件允许偏差

名称	内容	允许偏差值（mm）
模板	表面凹凸度	1
	侧面平直度	2
围圈	长度	5
	弯曲长度≤3m	2
	弯曲长度>3m	4
提升架	高度	3
	宽度	3
	围圈支托位置	2
	连接孔位置	0. 5
支承杆	弯曲	2/10000
	内径	0. 5
	接头中心	0. 25

（3）滑模组装质量允许偏差见表 2。

表 2　滑模组装质量允许偏差

项目	允许偏差值（mm）
模板结构轴线相对工程结构轴线位置	±3mm
围圈的水平及垂直位置	±3mm
提升架的垂直偏差	平面内不大于 3mm
	平面外不大于 2mm
安放千斤顶提升架钢梁相对标高	不大于 5mm
考虑斜度后模板尺寸	上口-1mm 下口+2mm
千斤顶位置	不大于 5mm
圆模直径	-2/3mm
相邻两块模板平整度	不大于 1. 5mm

（4）滑模组装后允许偏差见表 3。

表 3　滑模组装后允许偏差

内容		允许偏差值（mm）
模板中心线与相应结构截面中心线位置		3
围圈位置的横向偏差	水平	3
	垂直方向	3
提升架垂直偏差	平面内	3
	平面外	2
提升架安装千斤顶的横梁水平偏差	平面内	2
	平面外	1
考虑倾斜后的模板尺寸	上口	-1
	下口	+2

续表

内容		允许偏差值（mm）
千斤顶安装位置偏差	提升架平面内	5
	提升架平面外	5
圆模直径、方模边长		5
相邻两块模板表面平整度		1

筒体要求：1. 中心垂直偏差≤H/1000≤16mm；
2. 椭圆度（长短轴偏差）≤10mm。

7　结语

滑模施工技术在筒仓施工中发挥着重要作用，有必要加强施工过程中的质量控制，采取有效措施避免滑模施工出现问题，确保筒仓滑模施工的质量水平和经济效益。

参考文献

[1]　左海林．钢筋混凝土立筒仓滑模施工质量控制［J］．四川水泥，2016（9）：220-221.
[2]　李小强，石恩河．筒仓滑模偏扭控制技术［J］．天津建设科技，2015，25（6）：33-34.
[3]　文金生，汪洪枫．浅析大直径筒仓滑模施工质量控制中易忽略的两个因素［J］．工业建筑，2013（1）：667-669.
[4]　马永利．筒仓施工中滑模技术的运用分析［J］．建材与装饰，2018（39）：11-12.
[5]　王健．浅谈小直径单体筒仓滑模施工工序质量的控制措施［J］．电子制作，2013（15）：223-223.

项目信息化签证管理设计与应用

谢　欢　石小洲　王　娟　熊艳兵　梅建军

湖南省第一工程有限公司　长沙　410011

摘　要： 工程结算时往往出现签证结算纠纷，究其原因主要是传统纸质签证资料不齐，手续不完善，签证事项描述不清楚，而工程建设时间长又导致签证难以一一回溯，造成合同双方就签证费用难以达成一致。本文以金沙湾项目为例，从签证系统、操作流程、管理制度方面介绍了项目信息化签证管理整体设计，并以劳务、材料签证实例展示数字化签证管理具体应用，对比传统签证方法，信息化签证管理可对签证信息随时调取，并能将签证类别统一归类汇总，减少传统签证管理所花费的人力资源，有效提高项目签证管理水平。

关键词： 信息化；数字化；成本管理；签证管理。

1　前言

签证贯穿于建设工程的全过程，是工程合同价款调整及项目盈亏的重要依据之一，它是对合同外发生施工内容所消耗的人、材、机等事实的签认证明。项目签证一般分为两部分：一是对甲方工程签证，即建设施工合同外，因甲方需求引起的施工任务量变化从而消耗的人、材、机签认，例如设计图纸变更、地基开挖时遇到障碍物等；二是对内现场签证，即在劳务、材料供应商合同外，额外增加任务从而消耗的人、材、机等，例如因图纸变更涉及到的劳务工作量的变化、材料供应合同外转运材料的搬运费等。

传统项目签证管理常出现签证程序不规范、签证资料不齐全、签证量价认定口径不统一、重复签证、签证事项文字描述不清晰等问题，最后难以进行结算，施工合同双方只能通过打官司来解决签证结算纠纷。当前，国内信息化技术不断发展，借助信息化手段来管理项目签证成为可能。本文以金沙湾项目为例介绍信息化签证管理设计与应用。

2　签证管理设计

金沙湾项目位于湖南省祁阳县金盆西路与栖霞路交会处，总建筑面积 243450. 56m^2，包括住宅及商业建筑共 16 栋单体建筑。该项目全面应用信息化成本管理系统，信息化签证管理主要从签证系统、操作流程、管理制度上进行整体设计。其中，签证系统设计基于传统签证范围、内容、格式，并综合考虑了系统应用后可能出现的诸如签证认可、签证软件操作、签证应用执行等问题。同时，项目管理团队通过开展信息化签证操作流程培训以及制定信息化签证制度，确保信息化签证管理在项目上的稳步推行。

3　签证系统

签证系统主要包括：任务版块、签证范围、签证内容及格式标准等。

3.1　任务版块

根据项目实际需求，金沙湾项目信息化签证设计了四个任务版块：对内签证、对内签证结算、对外签证、对外签证跟踪。其中，对内签证结算是合同内容完成后立即进行，对外签证则需工程竣工结算时进行（二次经营）。

3.2　签证范围

金沙湾项目签证范围如下：

对内签证：项目合同范围外零星工程、临时设施增加、设计图纸修改等。金沙湾项目根据上述范围标准，设计对内签证范围包括：挖机台班、土方回填开挖、地泵劳务、机上人工加班、杂工加班、破桩头、临时水电、计日工等。

对外签证（二次经营）：建设施工合同范围外施工内容变化或新增补充合同协议等。金沙湾项目对外签证设计为设计图纸变更带来的施工内容增减。

3.3　签证内容

为保证签证内容可追溯，内外签证内容整体设计保持了一致。

对内签证内容设计包含：签证名称、签证类型、实施合同、付费单位、工程量、计量单位、签证详情、签证依据、附件等。

签证名称：填写栋号、部位及签证类别（计时工、挖机台班、土方开挖回填等）。

签证类型：填写指令依据（指令由谁发出）。

实施合同：劳务分包合同。

付费单位：默认项目部。

工程量：实际发生的工程量。

计量单位：工程量合理计量单位。

签证详情：填写申请签证的事项部位、工程量、预估成本。

签证依据：发生原因说明，并附证明人员签名。

附件：附工程量草图及施工前后照片。

对外签证内容设计包含：事项部位、事项内容、详细说明和预估成本；图片需添加草图、现场甲方现场照片、施工前照片、完成后图片、联系单等。技术部及时进行签证跟踪，上传甲方、监理签字文档图片。

3.4　格式标准

为对上传信息进行归类汇总，上传的签证格式必须统一，金沙湾信息化签证系统设计了内嵌式格式，将上传的标准格式进行统一，上传人员只需根据签证信息操作界面提示及内嵌菜单列表选择对应信息即可完成签证信息上传（图 1）。

内部签证详情

* 签证名称	C6栋甲方广告牌外架搭设	* 签证类型	公司项目指令
* 实施合同	陈付兵架子工合同	* 实施单位	陈付兵架子工劳务供应商
* 付费单位	项目部	工程量	89.00
计量单位	工日		
* 签证详情	C6栋搭设甲方广告牌外架长22米，宽6米，高15米包括跑道，搭设拆除共89工日，89×350=31150元		
* 签证依据	广告牌属于甲方新增，无WPS分解工作单元需要签证，栋号长陈建山		
* 附件组	+		

图 1　内部签证内容及格式

4　签证操作流程

对内签证流程：供应商申请→供应商信息录入→验收→结算→付款。

供应商申请：劳务、材料供应商到数字化管理中心部门填写供应商申请单。

供应商信息录入：数字化管理中心部门专员根据供应商申请单信息在平台中创建该供应商信息。

验收：由施工员在信息化 App 上发起工作单元签证事项，质量员对签证事项的质量进行验收。

结算：责任人上传→劳务班组及数字化管理中心确认→商务经理、项目经理确认→结算员内部签证结算。

付款：由数字化管理专员线下打印结算单→供应商签字确认→财务付款。

对外签证流程：责任人申请→签证信息录入→签证信息状态跟踪。

5　签证管理制度

5.1　签证上传制度

（1）对外（建设单位）工程签证由主管人员在当天上传到信息平台二次经营，技术部及时进行签证跟踪，上传甲方、监理签字文档图片。

（2）对内签证由责任主管当天上传至签证系统对内签证版块。

（3）项目部现场管理人员严格按照数字化管理中心出具的格式要求上传内容。

（4）签证上传内容遵循时效性原则，签证事项发生后不得超过 24h 上传，班组长进行追踪。

（5）签证不能出现误报及补报情况，如需修改需在班组确认前就修改。签证依据需责任领导填写，如发生的签证依据有填写，则默认是责任领导填写。班组长需在一天内审核当天上传的签证信息。未及时或未按要求上传签证、审核做无效处理。

（6）对内签证未按要求上传，退回重新上传，造成未及时上传由责任人承担。签证未在 24h 内发起、及时审核，做无效处理，相关费用由责任领导承担。

5.2　结算制度

台班、计日工结算需 24h 内上传。对外签证按完成阶段上传。

对不能按工程量、测量数据进行结算的签证（例如：地泵劳务、机上人工加班、杂工加班、破桩头、临时水电），需每周上传。

6　案例实践

6.1 供应商申请

按签证操作流程，供应商（劳务或材料商）填写供应商申请单送至数字化管理中心（图 2）。

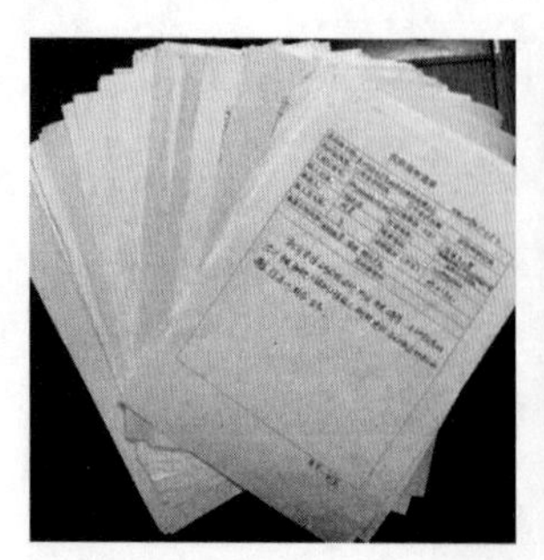

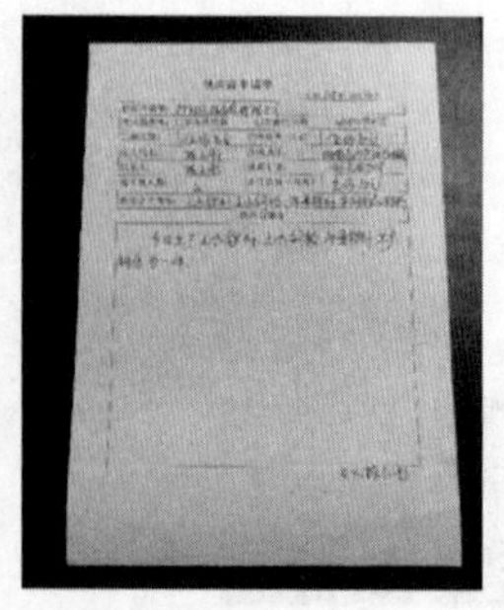

图 2　供应商线下申请单

6.2　供应商信息录入

平台创建供应商信息（图3、图4）。

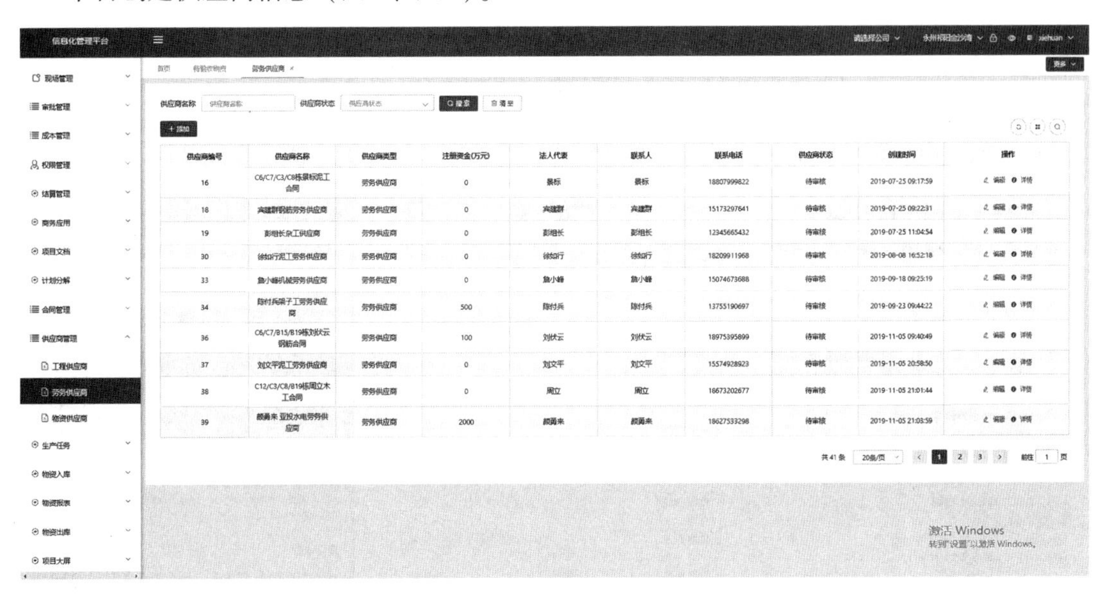

供应商编号	供应商名称	供应商类型	注册资金(万元)	法人代表	联系人	联系电话	供应商状态	创建时间	操作
16	C6/C7/C3/C8栋景标泥工合同	劳务供应商	0	景标	景标	18807999822	待审核	2019-07-25 09:17:59	编辑 详情
18	宾建群钢筋劳务供应商	劳务供应商	0	宾建群	宾建群	15173297641	待审核	2019-07-25 09:22:31	编辑 详情
19	彭组长杂工供应商	劳务供应商	0	彭组长	彭组长	12345665432	待审核	2019-07-25 11:04:54	编辑 详情
30	徐如行泥工劳务供应商	劳务供应商	0	徐如行	徐如行	18209911968	待审核	2019-08-08 16:52:18	编辑 详情
33	鲁小峰机械劳务供应商	劳务供应商	0	鲁小峰	鲁小峰	15074673688	待审核	2019-09-18 09:25:19	编辑 详情
34	陈付兵架子工劳务供应商	劳务供应商	500	陈付兵	陈付兵	13755190697	待审核	2019-09-23 09:44:22	编辑 详情
36	C6/C7/B15/B19栋刘伏云钢筋合同	劳务供应商	100	刘伏云	刘伏云	18975395899	待审核	2019-11-05 09:40:49	编辑 详情
37	刘文平泥工劳务供应商	劳务供应商	0	刘文平	刘文平	15574928923	待审核	2019-11-05 20:58:50	编辑 详情
38	C12/C3/C8/B19栋周立木工合同	劳务供应商	0	周立	周立	18673202677	待审核	2019-11-05 21:01:44	编辑 详情
39	颜勇来 亚投水电劳务供应商	劳务供应商	2000	颜勇来	颜勇来	18627533298	待审核	2019-11-05 21:03:59	编辑 详情

图3　供应商信息一览表

供应商编号　16

* 供应商名称　C6/C7/C3/C8栋景标泥工合同　　* 供应商类型　劳务供应商

工商注册号　1　　注册资金(万元)　0.00

法人代表　景标　　注册地址　请输入 注册地址

* 联系人　景标　　* 联系电话　18807999822

供应商状态　待审核

供应商简介　从事砌筑、抹灰、混凝土浇捣等工程劳务分包，能够组织300人以上，突击大型工程项目，从业25年

创建时间　2019-07-25 09:17:59

取消

图4　供应商基本信息填报表

6.3　对内（劳务、材料供应商）现场签证发起

找到现场签证版块中对应的具体签证内容，按内容格式详细填写签证事项信息（图5）。

签证上传实例（图6~图9）：

以C12多余砌体材料转运为例，签证编号按照签证发生的顺序逐一进行编号，签证名称写明C12多余砌体材料转运这一事项，签证类型为公司项目指令（因为是项目部指令要求），发起人为项目管理人员（这里为项目施工员廖磊），发起时间为填写完信息后信息指令完成时间（自动填写），状态栏可以查看该签证目前所处状态（是否审批），实施合同为项目对内合同名称，实施单位填写合同承包方，付费单位因为是对内签证，所以默认为项目部。签证详情：叉车转运材料的台班时间，1.5 个台班。签证依据，描述：C12 栋（建筑）多余砌体材料（三角块、门垛砖）转运至 C6 栋（建筑），材料堆码打包，使用了叉车进行该材料的转运。证明人：栋号长，陈建山。附件：上传现场材料通过叉车转运的照片，并附上线下签证纸质资料。

图 5　签证信息汇总

图 6　C12 多余砌体材料转运

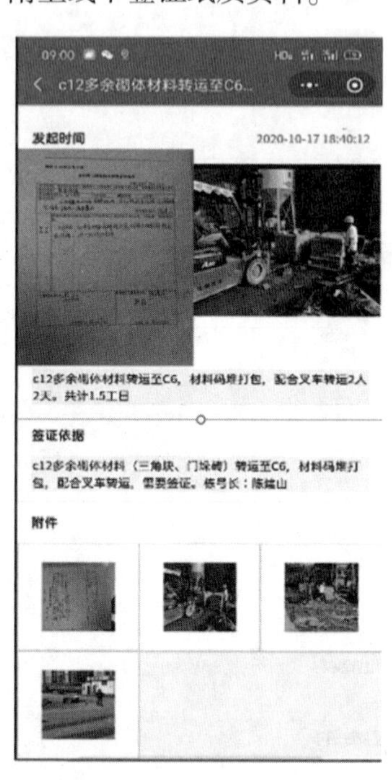

图 7　对内签证合同中机械台班信息

图 8　签证信息填报详情一览

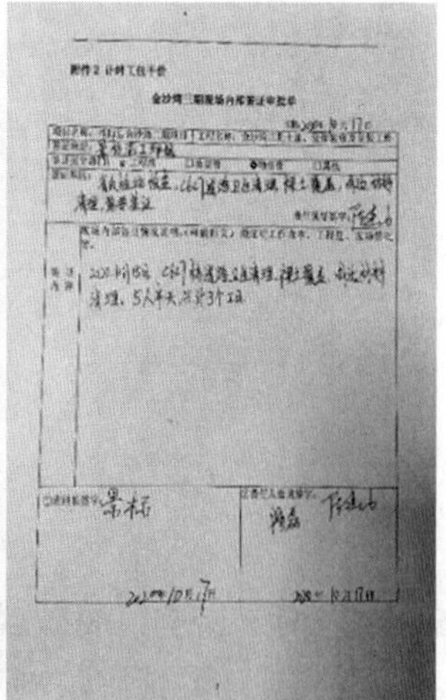

图 9　现场签证资料及照片

6.4　对内（劳务、材料供应商）现场结算

对内结算上传实例（图 10~图 12）：

单据编号：结算编号按结算顺序进行。签证名称：C6、C7 栋卫生清理。

采购合同，填施工分包合同。发起人，由数字化管理人员发起结算（制度要求）。实施单位：C6、C7 栋泥工合同，这里指泥工进行的卫生清理，签证费用计入泥工合同一栏，方便汇总归纳。计量单位：按劳务工日计入。工程量：3 个工日。成本科目，这里由数字化管理人员录入，方便后期成本汇总归集。签证详情：C6、C7 栋地下室裸土覆盖，共 5 人，计 3 工日（考虑卫生清理与泥工合同内容不一致做出的折中计量，按费用相似计入）。附件：卫生清理的照片与纸质签证证明资料。该附件是由签证发起时附件直接转移生成的，无须再附资料。原则上签证发起结算后不再修改，考虑到人工可能误操作及结算金额计算方式随着工程量变化可能会变化，系统设置了可修改结算操作（需要最高管理权限）。

图 10　对内签证详细信息

图 11　对内结算信息一览

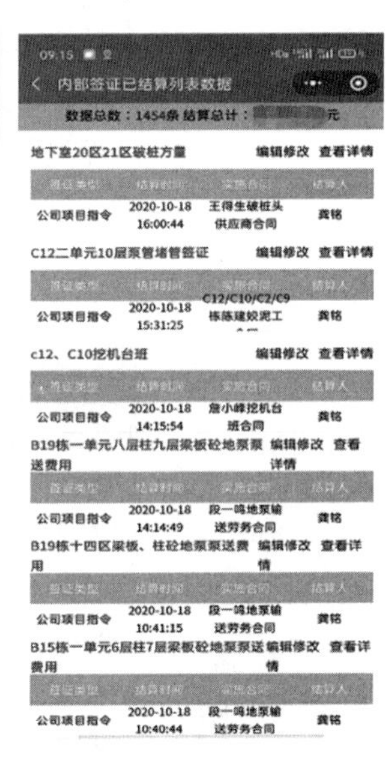

图 12　对内签证修改

6.5　对外签证（二次经营）

签证上传实例（图 13~图 15）：

对外签证填写签证类型：经济签证。发起人：主要对外签证人员，这里为项目签证管理人员朱诗辉。状态：发起状态（对外签证信息一旦完成，即进入发起状态）。经营详情：C3、C8 栋及周边地下室区域基础承载力不满足设计要求，基础开挖超深后进行级配石换填。附件：上传基础承载力测量结果、基础开挖超深与级配石换填的技术核定单（监理、甲方签字），基础开挖换填的高度、宽度，级配石采购合同、现场开挖施工照片等。

图 13　对外签证详情

6.6　对外签证跟踪（二次经营跟踪）

对外签证跟踪：对甲方签证签认的状态进行跟踪，防止对外签证遗漏以及确保签证资料不会因工期长而丢失。

图 14　对外签证状态一览

图 15　对外签证基本信息一览

以上为金沙湾三期项目运用信息化技术进行签证管理的实例，系统经过 1 年的运行，取得了良好的效果，电子化的保存方式使得现场签证资料可以随时追溯，无形中降低了合同双方人员的沟通成本。通过信息化手段及管理制度，使班组及供应商及时督促责任工程师上传，形成了良好的循环，同时资料按管理要求上传并形成统计，可为成本核算及成本纠偏提供基础依据。

7　结语

金沙湾三期项目信息化签证管理，是探索业内成本精细化管理方法的一次尝试，除了量身定制的签证管理系统，项目还制定了线上管理流程与制度，保证了项目信息化签证的顺利进行。该项目通过实践创新提高了签证管理效率，也为项目成本管理模式的探索创新提供了新的思路。

参考文献

[1]　熊建辉 . 清单模式下建设方的现场签证管理 [J]. 建筑技术开发，2019（23）：114-115.

防水外墙对拉螺杆重复利用施工技术的分析与研究

李勤学

湖南省第四工程有限公司　长沙　41000

摘　要：根据地下室外墙或水池防水混凝土螺栓孔渗径短、易渗漏的特点，通过扩孔剔凿改变对拉螺栓孔止水结构、迎水面水头压力顶推止水塞、膨胀砂浆封堵等措施可实现螺杆周转使用，彻底解决螺栓锈蚀、预埋管壁渗漏水等问题。与目前我国普遍的工具式对拉螺栓施工工艺相比减少螺杆投资，埋入的加工遇水膨胀止水塞耐久性好。与传统的通丝埋入式螺杆相比，在拆模时螺杆已拔出，没有外露螺杆的阻碍，一次性大面积脱模，可缩短一两天工期，大大提高了施工效率，缩短了施工工期。本施工技术适用于所有房建工程外墙防水、给排水工程池壁混凝土防水、污水处理厂池壁混凝土防水，其最佳的技术经济条件是地下工程外墙、各类池壁较薄（小于300mm）墙体的模板加固。

关键词：外墙防水；预留孔洞；台阶扩孔；封堵；薄壁结构

1　引言

我国传统的防水混凝土墙体模板加固方法主要为对拉螺杆加固法，即对拉螺杆部分预埋在混凝土中，靠金属止水片及膨胀环止水，或通过预埋塑料套管，对拉螺杆可抽出周转，螺栓孔靠遇水膨胀止水腻子和膨胀砂浆止水。以上传统工艺常因止水片锈蚀或预留套管管壁空隙渗漏造成渗漏水等质量问题，且螺杆无法周转利用，投资大，后期漏水处理难度大、成本高。我公司经过施工经验总结，形成了“防水外墙对拉螺杆重复利用的扩孔封堵施工工法”，通过扩孔剔凿改变对拉螺栓孔止水结构、迎水面水头压力顶推止水塞、膨胀砂浆封堵等措施，在墙体混凝土浇筑完成，对拉螺杆抽出后可多次周转利用，解决了传统预埋PVC管壁空隙渗漏等质量通病，减少了螺杆投资，成本低且安全可靠。李明华多年来对对拉螺栓研究，提出了采用可周转对拉螺栓，具有很好的实践意义；张立恒、马福荣、于长春、马海霞利用遇水膨胀止水橡胶圈施工技术对对拉螺栓与周围混凝土之间形成的缝隙造成的许许多多渗水通路等问题进行研究与探讨，对混凝土螺杆形成的渗透路径进行封堵防水；李洪宾、张建华、张勇梅对止水对拉螺杆周转使用进行了理论研究及实践分析，其施工技术解决了止水螺杆重复利用的问题，为螺杆重复利用提供了很好的施工经验。

2　施工工艺流程及操作要点

2.1　工艺流程

PVC套管加工预埋→模板制作及安装→混凝土浇筑→模板拆除→对拉螺栓扩孔→止水塞加工→安装遇水膨胀止水塞→膨胀水泥砂浆封堵→养护→水压试验。

2.2　操作要点

2.2.1　PVC套管加工预埋

PVC套管加工根据图纸选用硬质PVC-U塑料管（水头大于8m时选用硬质波纹管），螺杆直径 14mm，PVC 管内径 18mm，外径 20mm，下料长为墙厚。PVC 套管的安装预埋位置应根据模板安装专项施工方案中墙体强度稳定性验收要求的安装位置及间距要求设置，外墙墙体一侧模板安装完成后打孔埋设 PVC 套管，墙体厚度 300mm 时，模板内套管周围还应设置钢筋支架，防止混凝土浇筑、倾倒、振捣时 PVC 套管发生位移及变形，如图 1 所示。

2.2.2　模板制作及安装

（1）地下室墙体模板安装厚度、螺栓孔间距、对拉螺杆直径及围檩等参数应根据混凝土浇筑工况进行受力计算，确保模板系统安全。按监理工程师批准的模板工程专项方案施工。

（2）先钻模板板孔，后立一侧模板。将对拉螺杆穿入模板板孔后，再穿入 PVC 套管，最后立另一侧模板，将螺杆完全穿过两侧模板孔洞，如图 2 所示。

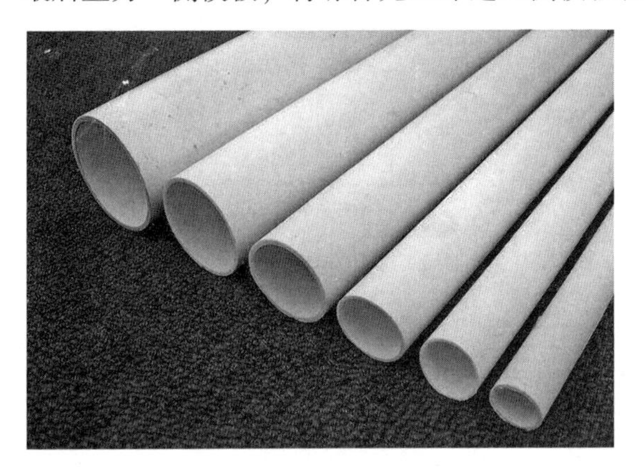

图 1　PVC-U 波纹管

图 2　PVC 套管及模板安装

2.2.3　混凝土浇筑

（1）混凝土应分层下料，严禁直接冲击 PVC 套管。

（2）混凝土下料严格控制地泵流速，低速下料，墙体第一层浇筑高度严格控制在 1.5m 内，墙体第二层浇筑高度也必须严格控制在 1.5m，第三层浇筑至墙体上口，分层浇筑，下料点应分散布置。墙体应连续浇筑，间隔时间不应超过 2h。在混凝土接槎处应振捣密实，浇筑时随时清理落地灰。

（3）混凝土浇筑振捣严禁碰触 PVC 套管，振捣器的水平移动间距为 400mm，根据振捣棒的有效长度确定，振捣上层混凝土时，插入下层混凝土内的深度不小于 5~10cm，振捣要做到“直上直下、快插慢拔、上下抽动、不漏振、不过振”，上下微微抽动，以使上下振捣均匀。在振捣时，使混凝土表面呈水平，不再显著下沉、不再出现气泡，表面泛出灰浆为止。振捣中，避免碰撞钢筋、模板、预埋件等，发现有位移、变形，与各工种配合及时处理。

2.2.4　模板拆除

混凝土经养护达到允许的拆模时间后，先拆除对拉螺杆，再拆除两侧模板。

2.2.5　对拉螺杆扩孔

对手持电钻钻头长度进行标记，标记长度 80mm，在迎水面侧用冲击电锤进行扩孔（图 3），扩孔直径 22mm，孔深 80mm；在背水面侧用电锤进行扩孔，直径 22mm，孔深 20mm；要求在扩孔孔深范围内彻底破除预埋 PVC 套管隔离层，使孔壁形成台阶，扩孔后孔径略大于预埋 PVC 套管管径外壁直径，如图 4 所示。

图 3　预埋 PVC 套管电锤扩孔

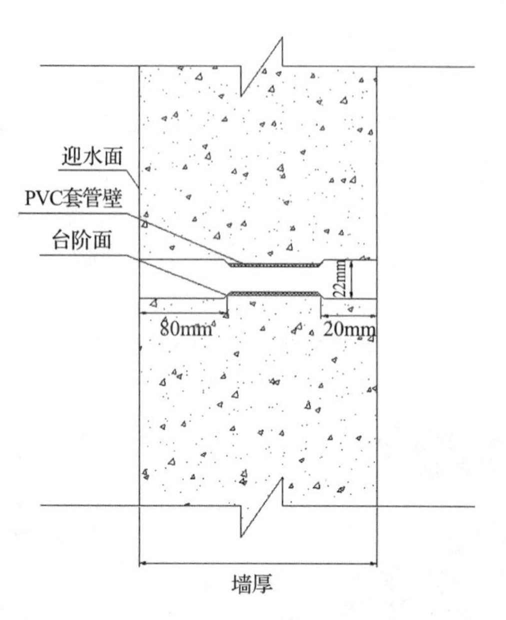

图 4　扩孔台阶面剖面图

2.2.6　止水塞加工

（1）在孔内壁台阶前安装的止水塞，采用 BW-95 型遇水膨胀圆柱形材料。遇水膨胀圆柱形止水条进场必须进行原材料复验，包括产品出场合格证、膨胀率检测报告及产品说明书等。

（2）止水塞采用 BW-95 型遇水膨胀圆柱形止水条，直径 22mm，下料长度 25mm；其中 BW-95 型遇水膨胀止水条使用前应对其膨胀率进行检验，如图 5 所示。

图 5　BW-95 型遇水膨胀圆柱形止水条

2.2.7　安装遇水膨胀止水塞（图 6）

（1）扩孔封堵施工工法的关键部位在于止水塞，关键工序是止水塞的安装。遇水膨胀止水塞加工长度不小于 25mm，安装前必须进行清孔和润孔，用小型气锤连续打入止水塞，直到有较大的顿挫感为止，保证安装到位，压紧严密。

（2）安装前首先检查止水塞和扩孔质量，用高压水枪清孔并湿润。从迎水面将遇水膨胀止水塞用小型气锤打入塞紧，如图7所示。

图6　BW-95型遇水膨胀止水塞安装

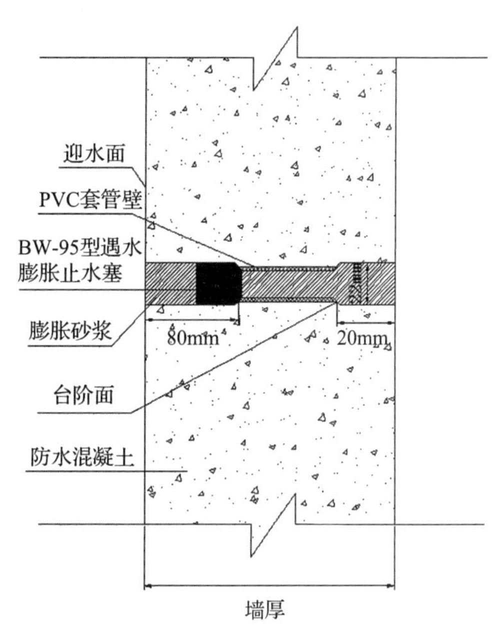

图7　90型小型气锤机

2.2.8　膨胀水泥砂浆封堵

（1）首先应对膨胀砂浆原材料质量进行验收，配合比为1∶1（质量比），稠度为70～90mm，膨胀剂为防裂型膨胀剂，膨胀剂为水泥用量的10%。用口径19mm的水泥填缝枪对螺杆孔进行填塞、压实、抹平。

（2）膨胀水泥砂浆需集中搅拌，禁止直接在顶板或楼面搅拌。

（3）堵塞前，孔内垃圾清理完成并洒水湿润孔内后，请项目质检员验收，合格后方可进行砂浆填充。

（4）正式施工前，先施工样板，砂浆配合比需挂牌，标明各种材料的用量，质检员必须过程跟踪检查填充质量，发现填充不合格及时下发整改通知单，并及时上报。

（5）水泥为32.5级硅酸盐水泥，膨胀剂为防裂型膨胀剂。

2.2.9　养护

（1）初凝后喷洒混凝土养护剂养护，冬期施工时应有防冻措施。

（2）根据工程实物量备好塑料膜等保温覆盖材料，做好冬期施工保温措施。

（3）砂浆强度达到要求后，立即进行浇水养护，养护期不少于3d。

（4）特殊工况处理：地下室混凝土墙体两侧都有防水要求时，需在两侧进行对拉螺孔止水封堵。

2.2.10　水压试验

有满水试验要求的污水处理厂池体及自来水厂池体，应通过满水试验观察对拉螺孔封堵质量。对不具备满水试验条件且水头较小的给排水构筑物，参照满水试验方法，利用水柱法进行抗水压强度试验；对不具备满水试验条件且水头较大的防水混凝土，参照管道单口打压试验方法，利用手动打压泵进行抗水压强度试验，如图8、图9所示。

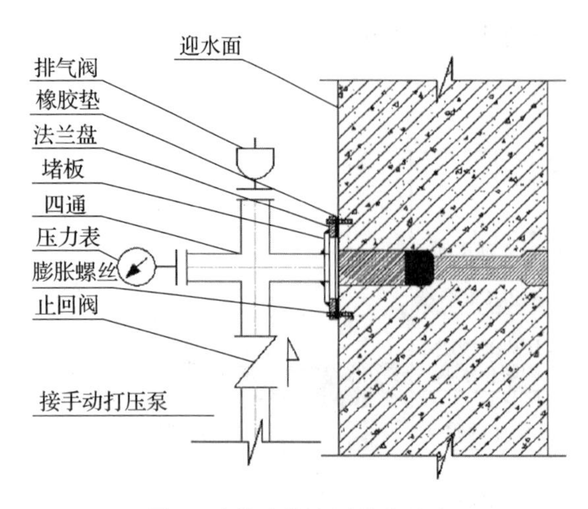

图 8　水柱法抗水压强度试验

图 9　单口打压抗水压强度试验

3　质量安全注意事项

（1）外墙孔洞在钻孔扩孔及灌浆前，现场采取措施进行封闭。

（2）楼层高度超过 2m 的外墙扩孔封堵需搭设操作平台，操作平台搭设及平台作业需满足高空作业安全作业标准规范要求。

（3）不得酒后作业，不得穿拖鞋作业。

（4）模板切割作业时，严格按安全技术交底要求进行切割，切割机具施工前认真检查其工作性能。

（5）施工现场严禁电缆线随意拖地。

（6）在外墙扩孔封堵施工过程中，安排专人对临边防护栏杆进行拆改，并及时恢复。

4　结语

本技术的特点为施工简单、操作方便、安全可靠、劳动强度小、施工速度快、工程质量容易保证；防水混凝土墙体对拉螺杆重复利用扩孔封堵施工工法，避免了传统施工方法螺杆锈蚀或套管管壁空隙漏水等质量问题，保证了止水抗渗强度和降低施工成本，同时也保证了工程安全施工，加快了施工进度。与传统工艺相比，减少了模板的损坏，节约了木材，螺杆由原来的一次损耗变为可周转使用，大大节约了工程成本。

参考文献

［1］ 李明华．可周转对拉螺杆在薄壁自防水混凝土上的运用［J］．内蒙古科技与经济，2009（24）：116-117.

［2］ 张立恒，马福荣，于长春，马海霞．对拉螺栓遇水膨胀止水橡胶圈施工技术［J］．科技信息，2011（25）：694-651.

［3］ 李洪宾，张建华，张永梅．可周转使用的止水对拉螺杆［J］．建筑工人，2011（11）：40-41.

分格缝后置施工技术在混凝土刚性保护层施工中的运用

姚 强 周佳伟 唐亚波

湖南省第四工程有限公司 长沙 410119

摘 要：本文以中国联通湖南数字阅读基地新建工程屋面混凝土刚性保护层施工为例，介绍了为保证屋面施工质量，提高屋面成型后的观感质量，运用分格缝后置的施工技术，达到一次成优的效果。

关键词：分格缝；后置；刚性层

1 引言

随着建筑施工技术的不断进步，施工质量要求不断提升，传统的施工工艺已不能满足精细化施工的要求。为此，针对传统屋面刚性保护层施工工艺中分格缝模板难固定、易跑模、成型质量不佳等问题，通过调查、研究、论证、实施，对屋面刚性保护层采用分格缝后置施工技术，可以弥补传统分格缝施工工艺的不足，有效提高了分格缝的顺直度及棱角的完整性，减少混凝土裂缝，能够获得较好的质量效果。

2 工程概况

中国联通湖南数字阅读基地新建工程位于长沙县黄花镇。地下1层，地上8层，建筑高度38.25m，总建筑面积33487.95m^2。屋面为倒置式上人屋面，面积约3000m^2，屋面刚性保护层采用40mm厚C20细石混凝土内配ϕ4钢筋，间距150mm。

3 工艺原理

混凝土刚性保护层分格缝后置施工技术的原理是对刚性保护层结构进行整体钢筋绑扎及混凝土浇筑，混凝土浇筑完成后在混凝土面层上满铺玻纤网格布，待混凝土强度达到1.2MPa后，按照先大块后小块的原则进行第一次切割，消除混凝土收缩应力，14d后采用双面弹线方法，将分格缝加宽至8~10mm，30d后对分格缝进行防水打胶处理。

4 施工方法

4.1 施工准备

（1）熟悉图纸，充分了解待施工区域刚性保护层厚度、标高、坡度等构造要求，确保施工质量。

（2）将刚性保护层混凝土浇筑、网格布保护层控制、切缝时间及顺序等工序的操作要点进行详细交底，确保成型质量。

（3）刚性保护层施工前，将基层钢筋进行清理，且确保基层无混凝土或砂等浮渣杂物、无积水。刚性保护层施工前，对基层有防水构造的，应确保防水层及隔离层施工完毕并通过验收。

4.2 工艺流程

施工准备→刚性保护层钢筋整体绑扎→混凝土整体连续浇筑→满铺玻璃纤维网格布→按设计分格缝设置要求进行弹线→混凝土强度达到 1.2MPa 后进行第一次切缝→双面弹线进行二次切缝→分格缝内清渣，注耐候胶。

4.3 操作要点

（1）刚性保护层钢筋整体绑扎

①屋面防水层施工完毕后，按设计要求铺设纤维布隔离层。

②隔离层施工完成，进行屋面钢筋网片整体绑扎，钢筋采用ϕ4 冷拔低碳钢丝，间距 150mm，单层双向配置，钢筋网片整体连续设置，在分隔缝处无须断开。

③设置保护层垫块，钢筋网片绑扎完成后，设置保护层垫块，垫块间距不大于 1000mm，梅花形布置，上部保护层厚度控制在 10~15mm。

（2）刚性保护层混凝土连续浇筑

①刚性层细石混凝土的水灰比不应大于 0.55，混凝土水泥用量不小于 330kg/m^3，含砂率宜为 35%~40%，灰砂比应为 1∶2~1∶2.5，施工参考配合比见表 1。

表 1 屋面用细石混凝土施工配合比

混凝土强度等级	配合比（kg/m^3）							坍落度（cm）
	水泥	矾土水泥	石膏粉	砂	石子		水	
					粒径（mm）	用量		
C20	380	—	—	653	5~15	1086	209	1~2
C20	420	—	—	630	5~15	1050	214	2~4
C20	301	20	29	710	5~15	951	197	1~2

注：水泥为 32.5 级普通硅酸盐水泥。

②刚性层混凝土整体连续浇筑。

③混凝土厚度采用插钎控制，边刮平、边提升钢筋网至保护层位置。钢筋网提升采用人站在钢筋网空隙间或设置矮马凳作为施工平台的方式，用拉钩提升，钢筋保护层厚度控制在 15~18mm。

（3）满铺玻璃纤维网格布

混凝土振捣刮平后，面层满铺抗裂网格布，采用直尺提浆，保护层厚度控制在 5~8mm，确保机械抹面不翻网。

（4）弹线

混凝土强度达到 1.2MPa 或表面脚踏无印迹后，按照纵横向间距不大于 6m 进行分格缝的测量、弹线，并进行第一次切缝。

混凝土分格缝的设置应预先进行设计排板，确定各分格缝的平面位置及切割顺序。

（5）第一次切缝（图 1）

①第一次切缝按照分格缝预排板确定的位置及切割顺序，先大块后小块进行，边弹线边切割。

②分格缝切割时，刚性层底部应留 5mm 左右不切；根据分格缝切割深度在混凝土切割机上设置切割厚度限位装置，以保证切割时不破坏底部防水层。

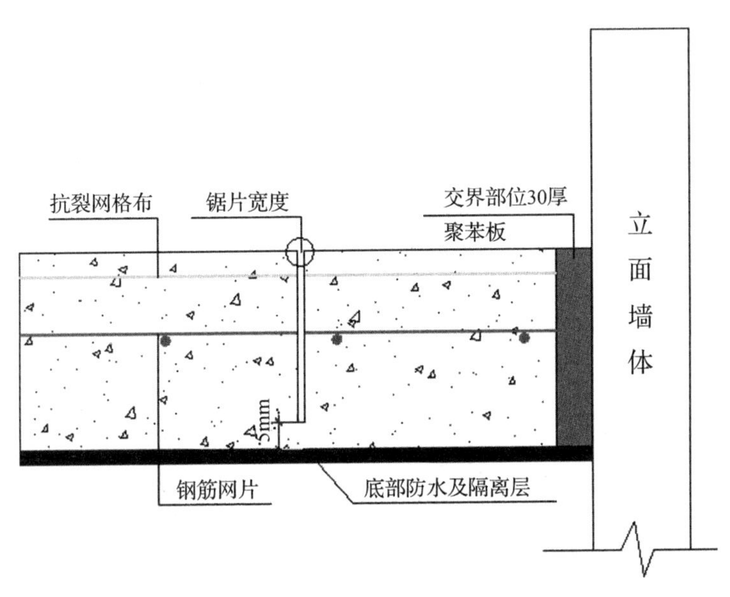

图1　第一次切缝工况图

③第一次切缝宽度无特殊要求，按锯片厚度即可，目的是使分格缝部位的混凝土、网格布、钢筋网片断开，消除混凝土的早期收缩应力。

（6）二次切缝（图2）

①当混凝土浇筑并正常养护14d或强度达到70%后，在原切割线条两侧进行弹线。弹线以原切割线为基线，两侧均分。

②双面弹线，两线间距8~10mm，进行二次切缝，将分格缝加宽至8~10mm，深度与首次切割一致。

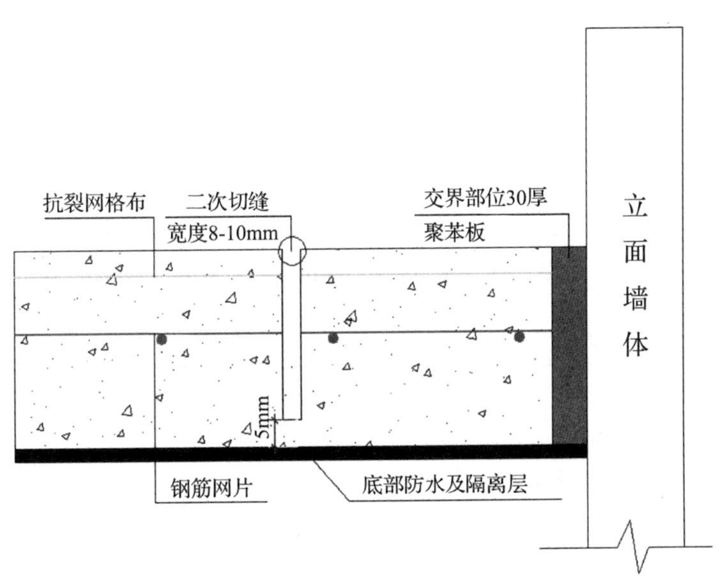

图2　第二次切缝工况图

（7）分格缝内清渣、注耐候胶（图3）

①分格缝切割完成后，采用平口起子将分格缝底部剩余的5mm厚刚性层混凝土捣碎，

采用高压气枪清理缝内杂物。

②清除刚性层与立面墙体交接部位聚苯板，用高压气枪将缝内杂物清理干净，填塞防水胶泥。

③人工灌注耐候胶。灌注前，沿分格缝两侧贴美纹纸，缝面宽度 10～12mm，耐候胶灌注应一次性充满分格缝，灌注完成后表面应抹平，铲除表面多余耐候胶。

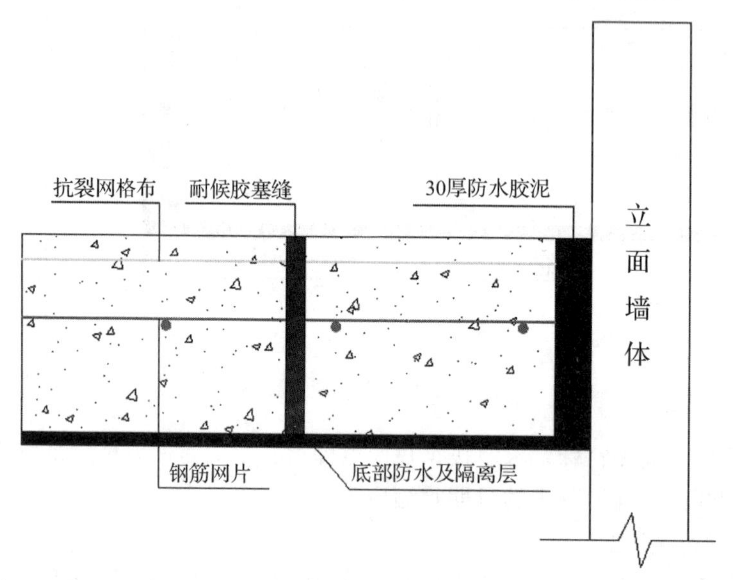

图 3　分格缝灌缝工况图

5　保证措施

5.1　质量保证措施

严格按照《屋面工程施工质量验收规范》（GB 50207—2012）、《混凝土结构工程施工质量验收规范》（GB 50204—2015）、《建筑工程施工质量验收统一标准》（GB 50300—2013）、《硅酮建筑密封胶》（GB/T 14683—2003）等相关规范执行。

5.2　安全保证措施

严格按照《建筑机械使用安全技术规程》（JGJ 33—2012）、《施工现场临时用电安全技术规范》（JGJ 46—2005）、《建筑施工安全检查标准》（JGJ 59—2011）等相关规范执行。

5.3　环境保护措施

（1）严格遵循《建设工程施工现场环境与卫生标准》（JGJ 146—2013）的规定。

（2）在施工前，项目部管理人员应对操作工人进行环保知识教育和环保措施技术交底，施工过程中，操作个人应按交底要求自觉地形成环保意识。

（3）成立专门的施工环境卫生管理小组，落实各项环保责任制度。

（4）对现场施工机械采取降噪措施，并合理安排机械使用时间，防止噪声污染。

（5）混凝土切缝施工时做好降尘措施。

6　效益分析

刚性层分格缝后置工艺施工简便，质量可靠，分格缝周边无破损，排水畅通，无隐患。本工程 3000m^2 屋面刚性保护层施工过程中，严格按照上述施工工艺和操作要点执行，各板块混凝土面层无可见裂缝；分格缝高低小于 3mm，合格率为 98%；分格缝周边无破损合格率为 98%，成型质量好，防水性高，减少了后期渗水等质量隐患，与传统分格缝采用塑料材料制作模板的施工工艺相比，减少了材料的用量及施工时间，提高了工作效率，经济效益显著。

7　结语

分格缝后置施工技术较传统分格缝设置工艺相比，具有工艺简便、质量可靠、线条顺直、缝宽一致、屋面整体平整度高等优点。本工程通过采用分格缝后置施工技术，保证了施工质量，使屋面工程一次成优。本技术还可推广应用于厂房等大开间结构现浇混凝土楼地面分格缝的施工，同时也为工程技术人员处理类似工程提供参考。

浅谈外墙保温板与其他外墙材料黏结施工技术要点

邓玉森

湖南省第四工程有限公司　长沙　41000

摘　要：新建建筑外墙保温板的黏结强度直接影响建筑外墙装饰的耐久性。常见的因外墙无机保温板黏结不牢，发生外墙装饰材料脱落的现象，给社会造成极大负面影响。如何保证外墙无机保温板的黏结强度需引起各方的高度重视。

关键词：外墙涂料；真石漆；墙面砖；无机保温板

因外墙无机保温板刚度较低，为块状材料，整体性不好，施工时应根据外墙装饰材料的特点，特别是材料自重和材料的安全性，选择不同的施工方法，保证无机保温板的黏结强度，施工中如何保证外墙无机保温板的黏结强度将对建筑耐久性和建筑行业发展产生重要意义。

本文根据外墙无机保温板的材料特点，分别以外墙涂料、真石漆和墙面砖三种不同装饰材料相结合的外墙无机保温板外墙构造进行分析，总结了外墙无机保温板与三种材料黏结施工的技术要点。

1　外墙材料的特点

1.1　外墙涂料

涂料自重轻，一般为 0.2~1.5kg/m^2，不存在破损坠落的问题，适用于绝大部分的材质和形状表面，可使用范围很广，价格低廉，施工简便，工期短，易于更新，使用中可根据自身需要及时翻新。

1.2　真石漆

真石漆属外墙涂料的一种，是以天然花岗岩、天然碎石、石粉等为主要材料，以合成树脂乳液为主要黏结剂，并辅以多种助剂配制而成。自重较重，一般为 4~5kg/m^2，存在破损坠落隐患，适用面广，高品质的真石漆使用寿命可长达 15 年。

1.3　墙面砖

墙面砖自重较重，一般为 5~6kg/m^2，存在破损坠落安全隐患。使用的范围有一定局限性，多用于平整的表面，对胶粘剂及施工要求较高，使用寿命长，一般为 10~30 年。

1.4　无机保温板

无机保温板由无机材料制成，具有极佳的温度稳定性和化学稳定性，耐酸碱、耐腐蚀、不开裂，不存在老化问题，与建筑墙体同寿命，绿色环保无公害，防火阻燃安全性好，可达 A 级，热工性能好，其导热系数可以达到 0.050W/(m·K) 以下，施工简便，综合造价低，适用范围广，可广泛用于密集型住宅、公共建筑、大型公共场所、易燃易爆场所、对防火要求严格场所，还可作为防火隔离带施工，提高建筑防火标准。

2　外墙装饰为涂料时无机保温板黏结施工技术要点

2.1　基层处理

先清除钢筋混凝土墙表面的灰尘、垃圾，并扫净墙面，再拍浆，挂钢丝网。

2.2　砂浆找平层

用 15mm 厚 1∶3 水泥砂浆进行找平。

2.3　拌制黏结砂浆

黏结砂浆的温度为 5~30℃。黏结砂浆每袋 40kg 需要 10kg 干净水（水灰比 0.25∶1），用量：10~13kg/m^2。使用过程中不可再加水拌制、拌制好的材料宜在 2h 以内用完。

2.4　粘贴无机保温板

粘贴方法采用满粘法。黏结砂浆应避免直接放置在风口处，避免结皮，搅拌均匀的黏结砂浆在使用时应在每粘贴一片无机保温板前用抹刀搅拌一下，避免结皮而降低黏结强度。

将黏结砂浆按相应标准和施工要求涂抹在无机保温板上，然后迅速将无机保温板粘贴在墙上（注意：黏结砂浆涂抹在无机保温板表面后，若在空气中暴露时间过长，黏结砂浆表面易形成一层薄薄的结皮，影响黏结强度），用水平尺压平保证平整度和粘贴牢固。板与板之间要挤紧，板间不留空隙，接缝处不得涂抹外墙保温黏结砂浆。每粘完一块板应及时清除可能挤出的黏结砂浆。

用抹刀涂抹黏结剂时，抹刀底面与无机保温板之间应维持 70°~80°，以保证有足够的黏结剂用量；在板四周抹黏结砂浆时，应离板边 10mm 左右，以防止在粘贴上墙时砂浆挤出，造成浪费及影响系统透气、防水；还应注意的是应在板的上、下留出缺口，以便系统透气；中间的点应分布均匀，大小一致，以保证系统均匀受力，提高系统安全性；对有严重空鼓的板应取下重贴（对出现轻微空鼓的无机保温板可用补加锚栓的方法进行加固处理）。

无机保温板应无拼接缝，缝隙用切割成相应大小的无机保温板条来填补，不可用砂浆填充，如无机保温板之间的表面出现不平整，可采用砂纸打磨抹平，碎屑应及时清除掉。

无机保温板的粘贴应自上而下，并沿水平横向粘贴以保证连续结合，而且两排无机保温板竖向错缝应为 1/2。

在墙拐角处应先安排好尺寸并裁切好无机保温板，使其粘贴时垂直交错连接，以保证拐角处平整和垂直。

2.5　抗裂砂浆

抗裂砂浆的抹面胶浆水灰比 0.25∶1。墙面抗裂砂浆抹面厚度为 6mm，拌制采用先加水后加粉的机械搅拌方法，时间不低于 5min。搅拌好的料在使用过程中不可再加水搅拌使用，拌制好的材料应在 2h 内用完。

2.6　网格布

网格布的铺设应自下而上，沿垂直及水平方向拉直绷平，网格布搭接宽度不小于 10cm，门窗洞口外侧周边各加一层 300mm×200mm 的斜面网格布进行加强，面层抹面砂浆的施工时等底层抹面砂浆初凝后 1~2h 后再抹面层砂浆，抹面完后 24h 后进行养护，养护时间不得少于 3d。

因涂料自重轻，不存在破损坠落安全隐患，可在外墙保温板施工完成后，直接在抗裂砂浆表面进行涂料施工，如图 1 所示。

3　外墙装饰为真石漆时保温板黏结施工技术要点

由于真石漆自重较重，存在破损坠落隐患，保温板和抗裂砂浆需要做加强处理，用锚固件来固定保温板，同时加镀锌钢丝网，增加抗裂砂浆厚度，再进行真石漆施工。其他施工要点与外墙装饰为涂料时无机保温板黏结施工技术要点相同，如图 2 所示。

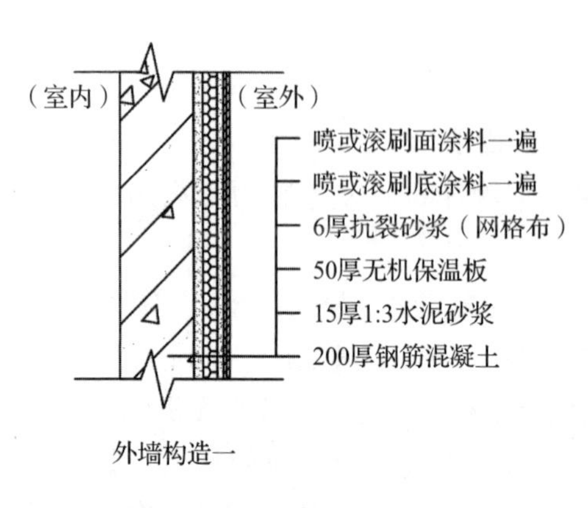

图 1　外墙构造（一）

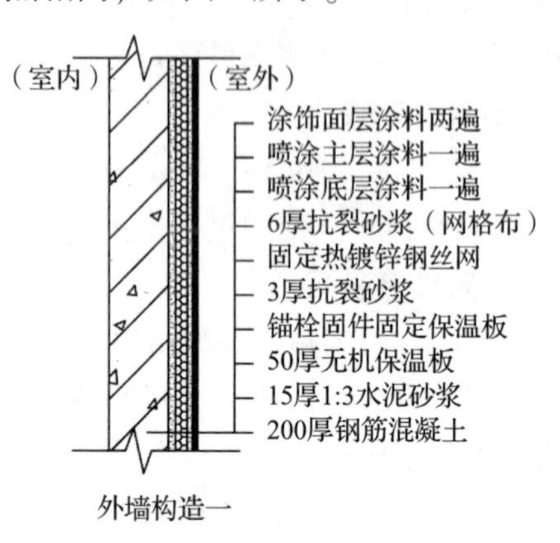

图 2　外墙构造（二）

4　外墙装饰为墙面砖时保温板黏结施工技术要点

因墙面砖自重较重，存在破损脱落隐患，保温板和抗裂砂浆必须做加强处理，用锚固件固定保温板，增加镀锌钢丝网，增加抗裂砂浆厚度，再进行墙面砖施工。墙面砖施工时用面砖胶粘剂。其他施工要点与外墙装饰为涂料时的无机保温板黏结施工技术要点相同，如图 3 所示。

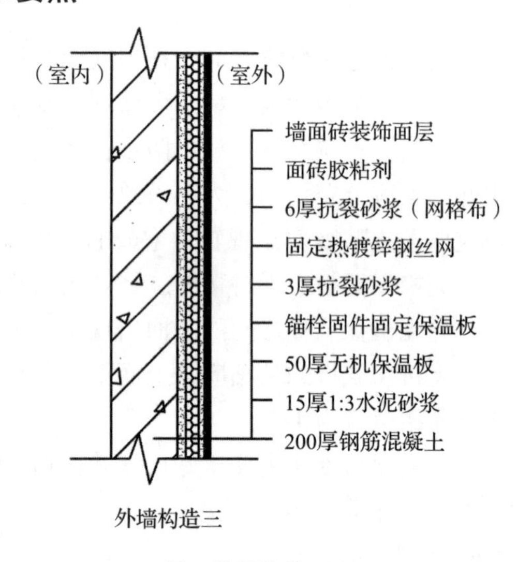

图 3 外墙构造（三）

5　结语

对于自重较轻的外墙涂料，无机保温板及抗裂砂浆的强度足以承受外墙涂料的自重，可直接在抗裂砂浆表面施工，对于自重较重的真石漆和墙面砖材料，为了防止脱落，应对无机保温板和抗裂砂浆做加强处理，保证外墙保温板的黏结强度，防止脱落。

参考文献

［1］　中南地区工程建设标准设计：15ZJ001［S］. 北京：中国建筑工业出版社 .

［2］　王兆利，高倩，赵铁军 . 外墙涂料品种与性能特点［J］. 建筑节能，2001（5）：45-47.

［3］　王洪雨 . 工程建设中节能建筑外墙保温板的施工技术研究［J］. 黑龙江科技信息，2014（3）：170-170.

后　记

《绿色建筑施工与管理（2021）》一书的内容突出了科技创新与绿色发展，是湖南省土木建筑学会施工专业学术委员会所属全省建筑施工企业和建筑科技工作者在绿色建造、工程管理与科技研究等方面积累的丰硕成果与经验，可供工程技术人员与大专院校有关师生参考与应用。

本书在编写过程中得到了湖南建工集团有限公司、中国建筑第五工程局有限公司、中建五局装饰幕墙有限公司、长沙定成工程项目管理有限公司、湖南北山建设集团股份有限公司、湖南望新建设集团股份有限公司、德成建设集团有限公司、中南大学、湖南大学、长沙理工大学以及中国建材工业出版社等单位的有关专家学者、教授的大力支持与帮助，在此，致以衷心的感谢与崇高的敬意！

本书由于编写时间仓促，加上绿色建造等正在不断发展与完善之中，同时编者水平有限，书中错误和不足之处在所难免，恳请广大读者批评指正。

主编

2021 年 10 月

湖南省工业设备安装有限公司

湖南省工业设备安装有限公司是湖南建工集团有限公司旗下的骨干企业，始建于1958年，为有限责任公司（国有法人独资），注册资金15亿元，属国家大型综合施工企业、国家高新技术企业。公司具有机电工程、电力工程、冶金工程、建筑工程、市政公用工程、石油化工工程六项施工总承包壹级资质；建筑机电安装工程、消防设施工程两项施工专业承包壹级资质；电子与智能化工程、环保工程、建筑装修装饰工程三项施工专业承包贰级资质；同时具有GA1乙级+GB1、GB2级+GC1级+GD1级压力管道安装资质；锅炉安装（含修理、改造）A级资质；起重机械安装（含修理）桥式、门式起重机（B）资质；承装（修、试）电力设施贰级资质；电梯安装（含修理）资质。

公司下辖二十余家分支机构，分布于湖南省内、北京、上海、深圳、广州、石家庄、厦门等地；拥有湖南中兴设备安装工程有限责任公司、湖南湘安新能源科技有限公司、湖南湘安运维科技有限公司、湖南湘安长青供应链有限公司等6家控股子公司，涉及压力容器制作及安装、运营维护、物资集采、检测调试等多个相关行业。

公司现有员工3200余人，其中高级职称206人，中级职称742人，一级、二级建造师471人。公司现有施工机械设备4000余台套，是国内综合实力最强、规模最大的综合性建筑安装施工企业之一，年产值100亿元以上。

创建半个多世纪以来，公司在国内外承接了建筑安装工程近6000项，涉及机电、房建、化工、市政、电力、冶炼、消防、管道、钢结构、造纸、汽车、新能源、建材、制药、航空、电子等行业和领域，施工足迹遍布全国，目前已形成浆纸设备、汽车生产线、中小电站锅炉、压力管道、工业装置总承包等拳头产品。国际市场正稳步推进，在也门、阿尔及利亚、利比里亚、马来西亚、坦桑尼亚、澳大利亚、印度尼西亚、印度、埃及、越南、加纳、蒙古国、萨摩亚、阿曼、布基纳法索等国承建了多项国际工程。

公司于1998年通过了ISO9001质量管理体系认证，2003年通过了环境、职业健康安全管理体系认证，以“干一项工程，创一座精品；交一方朋友，献一片真情”的质量方针服务社会。公司注重科技创新与科研的研发工作，积极开展“四新技术”的应用与总结，目前已形成企业级科技成果1300多项，省部级科技成果（工法）41项，通过省级新技术应用示范工程2项，国家级工法2项，国家专利26项。公司通过关键技术的创新与成果的应用，极大地提升了工程质量与施工效率，赢得了客户的广泛赞誉。

近二十年来，公司先后有200余项工程获得国家、省（部）级优质工程奖，其中12项工程荣获国家建筑行业工程质量最高荣誉——“鲁班奖”；10项工程获“国家优质工程奖”；10项工程获“中国安装之星”奖；4项工程获“中国钢结构金奖”，1项工程获“全国市政金杯示范工程”奖。2010年—2015年连续六年获全国“守合同重信用企业”称号，并且连续三十年被评为“湖南省守合同重信用企业”；2007年—2021年，中国建设银行授予公司“AAA信用等级证书”，2008年中国银行授予公司“特级信誉企业”；先后荣获“全国优秀施工企业”、“全国先进建筑施工企业”、“湖南省先进企业”、“湖南省文明单位”等多项荣誉称号。

请扫码关注安装公司微信公众号